电动工具国家标准汇编

全国电动工具标准化技术委员会 编
中 国 标 准 出 版 社

中国标准出版社
北 京

图书在版编目(CIP)数据

电动工具国家标准汇编/全国电动工具标准化技术委员会,中国标准出版社编,—北京:中国质量标准出版传媒有限公司,2024.7(2024.9 重印)
ISBN 978-7-5026-5378-1

Ⅰ.①电… Ⅱ.①全… ②中… Ⅲ.①电动工具-国家标准-汇编-中国 Ⅳ.①TS914.5-65

中国国家版本馆 CIP 数据核字(2024)第 092791 号

中国标准出版社出版发行
北京市朝阳区和平里西街甲 2 号(100029)
北京市西城区三里河北街 16 号(100045)
网址 www.spc.net.cn
总编室:(010)68533533　发行中心:(010)51780238
读者服务部:(010)68523946
中国标准出版社秦皇岛印刷厂印刷
各地新华书店经销
*
开本 880×1230 1/16 印张 46 字数 1 384 千字
2024 年 7 月第一版 2024 年 9 月第二次印刷
*
定价 330.00 元

前　言

电动工具具有结构轻巧、携带使用便利、工作效率较高、能耗低等特点，现已从广泛应用于工业领域逐渐发展到成为家庭生活中不可缺少的机械化工具，尤其手持式电动工具在家庭生活中的使用更是普遍。基于对全球生态环境的保护，以及因居住绿化率提高而迅猛发展的用于家庭绿化作业的手持式或步行移动操作的园林电动工具的需求量呈上升趋势。

随着科技的发展，新技术迅速渗入电动工具领域，新能源、新技术、新材料、新工艺的开发和应用给行业带来了新一轮能源、技术的升级，迎合了技术发展的需求，同时符合国家的“转型升级”战略目标。此外，智能电动工具的研发和制造、专业场景的应用为行业的发展开启了新的篇章，不仅提升了整体技术要求和能力，更是对接了未来发展。与之相伴的智能制造、绿色制造也逐渐显露出独特的优势，助力行业转型而迈上新台阶。

2014 年，我国发布了 GB/T 3883.1—2014《手持式、可移式电动工具和园林工具的安全　第 1 部分：通用要求》，将原 GB/T 3883（手持式电动工具部分）、GB/T 13960（可移式电动工具部分）和 GB/T 4706（仅园林电动工具部分）三大系列电动工具的通用安全标准的共性技术要求进行了整合。与 GB/T 3883.1—2014 配套使用的特定类型的小类产品专用要求共三个部分，分别为第 2 部分（手持式电动工具部分）、第 3 部分（可移式电动工具部分）、第 4 部分（园林电动工具部分），均转化自对应的 IEC 62841 系列的专用要求。整合后的标准名称的主体要素扩大为“手持式、可移式电动工具和园林工具的安全”，沿用原手持式电动工具部分的标准编号 GB/T 3883。小类产品的标准分部分编号由三位数字构成，其中第 1 位数字表示对应的部分，第 2 位和第 3 位数字表示不同的小类产品。新版 GB/T 3883 系列标准形成了一个科学、完整、通用、统一的电动工具产品的安全标准体系，使得标准的实施更加切实可行。新版系列国家标准充分结合了电动工具的发展情况，提出了借助于电力电子器件、软件技术和通信技术等关键安全功能的概念、要求和评价方式，对锂电产品提出了有针对性的测试要求，同时相关的专用要求结合具体产品进行了细化，这些均成为衡量标准技术水平的重要标志。

本汇编系统汇集了现行的电动工具安全标准22项，其中19项是手持式、可移式电动工具和园林工具的专用要求(GB/T 3883系列)，1项是园林工具的专用要求(GB/T 4706系列)，2项是电动工具可充电电池包和充电器的安全要求(GB/T 34570系列)，可供从事电动工具科研、设计、生产、检验、销售的行业从业人员和使用者查阅，也可用作制定电动工具领域其余相关标准的技术依据。

标准的制定、实施推动了我国电动工具行业的技术进步，并对电动工具采用新能源、产品的转型和升级换代，同时确保安全起到了至关重要的作用。标准将持续有效地为电动工具行业乃至电动工具产业链的健康有序高质量发展保驾护航，使我国真正成为世界电动工具制造大国和强国。

本次汇编工作得到了上海电动工具研究所(集团)有限公司、宝时得科技(中国)有限公司、江苏东成工具科技有限公司、正阳科技股份有限公司 、浙江信源电器制造有限公司、百得(苏州)精密制造有限公司、锐奇控股股份有限公司、慈溪市贝士达电动工具有限公司、宁波汉浦工具有限公司、浙江恒友机电有限公司、山东威达机械股份有限公司、东莞赛微微电子有限公司、浙江明磊锂能源科技股份有限公司、宁波得力工具有限公司、浙江皇冠电动工具制造有限公司、江苏大艺科技股份有限公司、中认尚动(上海)检测技术有限公司、南京泉峰科技有限公司、江苏苏美达五金工具有限公司、弘大集团有限公司、浙江三锋实业股份有限公司和山东中兴电动工具有限公司的大力支持。

刘建华、潘顺芳、陈建秋、顾菁、陈勤、丁玉才、徐飞好、金红霞、曹振华、朱贤波、俞黎明、徐李天浩等同志为本汇编的出版付出了辛勤的努力。在此，对各支持单位和个人一并表示衷心感谢!

编　者

2024年4月

目　　录

注:本汇编收集的标准的属性(GB或GB/T)已在目录上标明,其中一些标准根据中华人民共和国国家标准公告(2017年第7号)已由强制性转为推荐性,正文部分扔保留了原样。

ICS 25.140.20
K 64

中华人民共和国国家标准

GB 3883.1—2014
代替 GB 3883.1—2008、GB 13960.1—2008

手持式、可移式电动工具和园林工具的安全 第1部分:通用要求

Safety of motor-operated hand-held, transportable electric tools and lawn and garden tools—Part 1: General requirements

自2017年3月23日起,本标准转为推荐性标准,编号改为GB/T 3883.1—2014。

2014-12-05 发布 2015-10-16 实施

中华人民共和国国家质量监督检验检疫总局
中国国家标准化管理委员会 发布

前　言

本部分的全部技术内容为强制性。

GB 3883《手持式、可移式电动工具和园林工具的安全》分为4个部分：

——第1部分：通用要求；

——第2部分：手持式电动工具的专用要求；

——第3部分：可移式电动工具的专用要求；

——第4部分：园林工具的专用要求。

本部分为GB 3883的第1部分。

本部分按照GB/T 1.1—2009给出的规则起草。

本部分代替GB 3883.1—2008和GB 13960.1—2008。

本部分的制定是以手持式电动工具安全通用部分为基础，基本覆盖可移式电动工具和园林工具的安全共性要求，主要条款的修改、变化如下：

——耐热性、阻燃性和耐电痕化移到第13章，并删除耐电痕化的要求，修改为耐热性和阻燃性；

——防锈、辐射毒性或类似危险从第30章、第31章分别移到第15章和第6章；

—泄漏电流检测和电气强度试验从第13章和第15章分别移到附录C和附录D；

——关键安全功能被增加到第18章；

——低功率电路的判定从第18章移到附录H；

——第9章、第13章、第19章中增加了柔软材料（弹性体）的说明；

——修订了开关的规定，从附录I移到第23章；

——附录D（规范性附录）增加D.3冲击电压试验方法；

——增加附录E（资料性附录）电动工具施行GB/T 22696的方法；

——增加附录I（资料性附录）噪声和振动的测量；

——在附录K和附录L中增加锂离子电池系统的规定。

本部分由中国电器工业协会提出。

本部分由全国电动工具标准化技术委员会（SAC/TC 68）归口。

本部分负责起草单位：上海电动工具研究所。

本部分参加起草单位：浙江恒友机电有限公司、弘大集团有限公司、泉峰（中国）贸易有限公司、江苏金鼎电动工具集团有限公司、扬州金力电动工具有限公司、苏州宝时得电动工具有限公司、佛山市云雀振动器有限公司、慈溪市贝士达电动工具有限公司、百得（苏州）精密制造有限公司、牧田（中国）有限公司。

本部分主要起草人：潘顺芳、李邦协、顾菁、徐忠鑫、徐鹏、蒋鹏飞、吴文俊、陈建秋、王樾、陈勤、周宝国、曹振华、周远、邓堪谊、丁玉才、俞黎明。

本部分所代替标准的历次版本发布情况为：

——GB 3883.1—2008；

——GB 13960.1—2008。

根据中华人民共和国国家标准公告（2017年第7号）和强制性标准整合精简结论，本标准自2017年3月23日起，转为推荐性标准，不再强制执行。

手持式、可移式电动工具和园林工具的安全　第1部分：通用要求

1　范围

GB 3883 的本部分涉及电动机或电磁铁驱动的：

——手持式电动工具(第 2 部分)；

——可移式电动工具(第 3 部分)；

——园林工具(第 4 部分)。

以下简称“工具”。

交流单相或直流工具的额定电压不大于 250 V，交流三相工具的额定电压不大于 440 V。最大额定输入功率不超过 3 700 W。

本部分涉及人们在正常操作以及合理可预见的使用工具时遇到的由工具引发的危险。

带电加热元件的工具属本部分范围。这些加热元件的要求在 GB 4706 的相关部分中规定。

对于不与电网隔离、且基本绝缘由不按工具额定电压设计的电动机，其要求在附录 B 中规定。对于由可充电电池供电的电动机驱动或电磁铁驱动的工具以及用于这些工具的电池包，其要求在附录 K 中规定。对于能直接接在市电或非隔离电源上操作和/或充电的这类工具，其要求在附录 L 中规定。

不用对工具自身作任何改造便能够安装到一个支架或工作台当作固定式工具使用的手持式电动工具属于本部分范围，由第 3 部分来规定。

本部分不适用于：

——在爆炸性环境(尘埃、蒸汽或气体)中使用的工具；

——制备和加工食品用工具；

——医疗用工具；

注 1：GB 9706 系列、GB 10793 和 GB 11243 覆盖了一系列医疗用工具。

——与化妆品和药品一起使用的工具；

——加热工具；

注 2：GB 4706.41 覆盖了一系列加热工具。

——电动机驱动的家用或类似用途电器；

注 3：GB 4706 系列覆盖了一系列电动机驱动的家用和类似用途电器。

——工业机床用电气设备；

注 4：GB 5226 系列涉及机械的电气安全。

——用来制作模型的由低压变压器驱动的小型台式工具，如制作遥控飞机模型或汽车模型等。

注 5：要特别注意根据地方政府或特殊工作条件等规定的附加要求。

2　规范性引用文件

下列文件对于本文件的应用是必不可少的。凡是注日期的引用文件，仅注日期的版本适用于本文件。凡是不注日期的引用文件，其最新版本(包括所有的修改单)适用于本文件。

GB 1002—2008　家用和类似用途单相插头插座　型式、基本参数和尺寸

GB 1003—2008　家用和类似用途三相插头插座　型式、基本参数和尺寸

GB/T 1406.1—2008 灯头的型式和尺寸 第1部分:螺口式灯头(IEC 60061-1:2005,MOD)

GB/T 1804—2000 一般公差 未注公差的线性和角度尺寸的公差(ISO 2768-1:1989,EQV)

GB 2099(所有部分) 家用和类似用途插头插座[IEC 60884(all parts)]

GB/T 2423.55—2006 电工电子产品环境试验 第2部分:环境测试 试验Eh:锤击试验(IEC 60068-2-75:1997,IDT)

GB/T 2893.2—2008 图形符号 安全色和安全标志 第2部分:产品安全标签的设计原则(ISO 3864-2:2004,MOD)

GB/T 2893.3 图形符号 安全色和安全标志 第3部分:安全标志用图形符号设计原则(GB/T 2893.3—2010, ISO 3864-3:2006,MOD)

GB/T 3667(所有部分) 交流电动机电容器[IEC 60252(all parts)]

GB/T 3956—2008 电缆的导体(IEC 60228:2004,IDT)

GB 4208—2008 外壳防护等级(IP代码)(IEC 60529:2001,IDT)

GB 4706.1—2005 家用和类似用途电器的安全 第1部分:通用要求(IEC 60335-1:2001,IDT)

GB/T 4956—2003 磁性基体上非磁性覆盖层 覆盖层厚度测量 磁性法(ISO 2178:1982,IDT)

GB/T 5013.4—2008 额定电压450/750 V及以下橡皮绝缘电缆 第4部分:软线和软电缆(IEC 60245-4:2004,IDT)

GB/T 5023.5—2008 额定电压450/750 V及以下聚氯乙烯绝缘电缆 第5部分:软电缆(软线)(IEC 60227-5:2003,IDT)

GB/T 5169.11—2006 电工电子产品着火危险试验 第11部分:灼热丝/热丝基本试验方法 成品的灼热丝可燃性试验方法(IEC 60695-2-11:2000,IDT)

GB/T 5169.13—2013 电工电子产品着火危险试验 第13部分:灼热丝/热丝基本试验方法 材料的灼热丝起燃温度(GWIT)试验方法(IEC 60695-2-13:2010,IDT)

GB/T 5169.16—2008 电工电子产品着火危险试验 第16部分:试验火焰50 W水平与垂直火焰试验方法(IEC 60695-11-10:2003,IDT)

GB/T 5169.21—2006 电工电子产品着火危险试验 第21部分:非正常热 球压试验(IEC 60695-10-2:2003,IDT)

GB/T 5465.2—2008 电气设备用图形符号 第2部分:图形符号(IEC 60417 DB:2007,IDT)

GB/T 6462—2005 金属和氧化物覆盖层 厚度测量 显微镜法(ISO 1463:2003,IDT)

GB 7247.1—2012 激光产品的安全 第1部分:设备分类、要求(IEC 60825-1:2007,IDT)

GB/T 8332—2008 泡沫塑料燃烧性能试验方法 水平燃烧法(ISO 9772:2001,IDT)

GB 8898—2011 音频、视频及类似电子设备 安全要求(IEC 60065:2005,MOD)

GB 9364(所有部分) 小型熔断器[IEC 60127(all parts)]

GB/T 11021—2014 电气绝缘 耐热性和表示方法(IEC 60085:2007,IDT)

GB/T 11918—2001 工业用插头插座和耦合器 第1部分:通用要求(IEC 60309-1:1999,IDT)

GB/T 11919—2001 工业用插头插座和耦合器 第2部分:带插销和插套的电器附件的尺寸互换性要求(IEC 60309-2:1999,IDT)

GB/T 12113—2003 接触电流和保护导体电流的测量方法(IEC 60990:1999,IDT)

GB 13140.2—2008 家用和类似用途低压电路用的连接器件 第2部分:作为独立单元的带螺纹型夹紧件的连接器件的特殊要求(IEC 60998-2-1:2002,IDT)

GB 13140.3—2008 家用和类似用途低压电路用的连接器件 第2部分:作为独立单元的带无螺纹型夹紧件的连接器件的特殊要求(IEC 60998-2-2:2002,IDT)

GB/T 14472—1998 电子设备用固定电容器 第14部分:分规范抑制电源电磁干扰用固定电容器(IEC 60384-14:1993,IDT)

GB 14536.1—2008　家用和类似用途电自动控制器　第1部分：通用要求(IEC 60730-1:2003，IDT)

GB 15092.1—2010　器具开关　第1部分：通用要求(IEC 61058-1:2008,IDT)

GB/T 16273.1—2008　设备用图形符号　第1部分：通用符号(ISO 7000:2004,NEQ)

GB 16754—2008　机械安全　急停　设计原则(ISO 13850:2006,IDT)

GB/T 16842—2008　外壳对人和设备的防护　检验用试具(IEC 61032:1997,IDT)

GB/T 16855.1—2008　机械安全　控制系统有关安全部件　第1部分：设计通则(ISO 13849-1:2006,IDT)

GB/T 16935.1—2008　低压系统内设备的绝缘配合　第1部分：原理、要求和试验(IEC 60664-1:2007,IDT)

GB/T 16935.3　低压系统内设备的绝缘配合　第3部分：利用涂层、罐封和模压进行防污保护(GB/T 16935.3—2005,IEC 60664-3:2003,IDT)

GB 17196—1997　连接器件　连接铜导线用的扁形快速连接端头　安全要求(IEC 61210:1993,IDT)

GB 17464—2012　连接器件　电气铜导线　螺纹型和无螺纹型夹紧件的安全要求　适用于0.2 mm² 以上至35 mm²(包括)导线的夹紧件的通用要求和特殊要求(IEC 60999-1:1999,IDT)

GB 17465(所有部分)　家用和类似用途器具耦合器[IEC 60320(all parts)]

GB/T 17626.2—2006　电磁兼容　试验和测量技术　静电放电抗扰度试验(IEC 61000-4-2:2001,IDT)

GB/T 17626.4—2008　电磁兼容　试验和测量技术　电快速瞬变脉冲群抗扰度试验(IEC 61000-4-4:2004,IDT)

GB/T 17626.5—2008　电磁兼容　试验和测量技术　浪涌(冲击)抗扰度试验(IEC 61000-4-5:2005,IDT)

GB/T 17626.6—2008　电磁兼容　试验和测量技术　射频场感应的传导骚扰抗扰度(IEC 61000-4-6:2006,IDT)

GB/T 17626.11—2008　电磁兼容　试验和测量技术　电压暂降、短时中断和电压变化的抗扰度试验(IEC 61000-4-11:2004,IDT)

GB 19212.1—2008　电力变压器、电源、电抗器和类似产品的安全　第1部分：通用要求和试验(IEC 61558-1:2005,IDT)

GB 19212.5—2011　电源电压高于1 100 V及以下变压器、电抗器、电源装置和类似产品的安全　第5部分：隔离变压器和内装隔离变压器的电源装置的特殊要求(IEC 61558-2-4:2009,IDT)

GB 19212.7—2012　电源电压高于1 100 V及以下变压器、电抗器、电源装置和类似产品的安全　第7部分：安全隔离变压器和内装变压器的特殊要求(IEC 61558-2-6:2009,IDD)

GB 19212.18—2006　电力变压器、电源装置和类似产品的安全　第18部分：开关型电源用变压器的特殊要求(IEC 61558-2-17:1997,MOD)

GB/T 19639.1　小型阀控密封式铅酸蓄电池　技术条件(GB/T 19639.1—2005,IEC 61056-1:2002,MOD)

GB 20044—2005　电气附件　家用和类似用途的不带过电流保护的移动式剩余电流装置(PRCD)(IEC 61540:1997,MOD)

GB/T 22084.1—2008　含碱性或其他非酸性电解质的蓄电池和蓄电池组——便携式密封单体蓄电池　第1部分：镉镍电池(IEC 61951-1:2003,IDT)

GB/T 22084.2—2008　含碱性或其他非酸性电解质的蓄电池和蓄电池组——便携式密封单体蓄电池　第2部分：金属氢化物镍电池(IEC 61951-2:2003,IDT)

GB/T 28867—2012　含碱性或其他非酸性电解质的蓄电池和蓄电池组　方形密封镉镍单体蓄电池(IEC 60622:2002,IDT)

GB 29303—2012　用于Ⅰ类和电池供电车辆的可开闭保护接地移动式剩余电流装置(SPE-PRCD)(IEC 62335:2008,MOD)

ISO 7010:2011　图形符号　安全色和安全标志　已注册安全标志(Graphical symbols—Safety colours and safety signs—Registered safety signs)

IEC 61984　连接器　安全要求和试验(Connectors—Safety requirements and tests)

IEC 62233　人体对家用电器及类似装置电磁场辐射吸收的测定方法(Measurement methods for electromagnetic fields of household appliances and similar apparatus with regard to human exposure)

IEC 62471　灯和灯系统的光生物安全性(Photobiological safety of lamps and lamp systems)

IEC/TR 62471-2:2009　灯和灯系统的光生物安全　第2部分:有关非激光光学辐射安全的制造要求导则(Photobiological safety of lamps and lamp systems—Part 2:Guidance on manufacturing requirements relating to non-laser optical radiation safety)

3　术语和定义

下列术语和定义适用于本文件。

除非另有规定,所用术语"电压"和"电流"均指有效值。

本部分中,凡出现"借助于工具"、"不借助于工具"和"需使用工具"处,"工具"一词均指可用来拧动螺钉或其他紧固件的手动工具,例如螺丝刀。

3.1

易触及零件　accessible part

用GB/T 16842的试具B能触及的所有导电零件或绝缘材料表面。

3.2

附件　accessory

仅附装在工具输出机构上的器件。

3.3

可调节护罩　adjustable guard

整体可调节和含有可调节零件的护罩。对手动可调节护罩,在特定操作时调节装置保持固定。

3.4

全极断开　all-pole disconnection

由单一触发动作断开除保护接地导线以外的所有电源导线。

3.5

配件　attachment

附装在工具外壳或其他组件上的器件,它可装在或不装在输出机构上,且不改变本部分范围的工具的正常使用。

3.6

基本绝缘　basic insulation

用于对带电部分提供防电击保护的绝缘。不用于对带电部分提供防电击保护的绝缘被称作功能目的的绝缘,比如电磁线绝缘。

3.7

Ⅰ类工具　class Ⅰ tool

这样的一类工具:它的防电击保护不仅依靠基本绝缘、双重绝缘或加强绝缘,而且还包含一个附加安全措施，即把易触及的导电零件与设施中固定布线的保护接地导线连接起来，使易触及的导电零件在基本绝缘损坏时不能变成带电体。具有接地端子或接地触头的双重绝缘和/或加强绝缘的工具也认为是Ⅰ类工具。

3.8

Ⅱ类工具　class Ⅱ tool

这样的一类工具：它的防电击保护不仅依靠基本绝缘，而且依靠提供的附加的安全措施，例如双重绝缘或加强绝缘，没有保护接地措施也不依赖安装条件。

3.9

Ⅲ类工具　class Ⅲ tool

这样的一类工具：它的防电击保护依靠安全特低电压供电，工具内不产生高于安全特低电压的电压。

3.10

Ⅰ类结构　class Ⅰ construction

工具中依靠保护接地作防电击的部分。

3.11

Ⅱ类结构　class Ⅱ construction

工具中依靠双重绝缘或加强绝缘作防电击保护的部分。

3.12

Ⅲ类结构　class Ⅲ construction

工具中依靠安全特低电压作防电击保护的部分，并且该部分不产生高于安全特低电压的电压。

3.13

电气间隙　clearance

两个导电零件之间，或一个导电零件与可视作易触及的绝缘材料表面上紧贴着一层金属箔的机壳外表面之间测得的最短空间距离。

注：电气间隙的示例在附录A中给出。

3.14

控制装置　control device

用来调节和/或调整工具的电气或机械功能的装置。

3.15

爬电距离　creepage distance

两个导电零件之间，或导电零件与机壳外表面之间，沿绝缘材料表面测得的最短路径，可视作易触及的绝缘材料表面上紧贴着一层金属箔。

注：爬电距离的示例在附录A中给出。

3.16

可拆卸零件　detachable part

不需借助于工具即可拆除或打开的零件，或按使用说明书规定要拆除的零件(即使拆除需要使用工具)，外部可触及的电刷盖除外，或不能通过21.22试验的零件。

3.17

双重绝缘　double insulation

由基本绝缘和附加绝缘两者组成的绝缘系统。

3.18

电子电路　electronic circuit

至少含有一个电子元件的电路。

3.19

电子元件　electronic component

主要靠电子穿过真空、气体或半导体的运动实现导电的零件，霓虹灯或氖灯除外。电子元件的示例有二极管、晶体管、晶闸管、单块集成电路。不认为电阻、电容和电感为电子元件。

3.20

爆炸　explosion

外壳猛然破裂并且主要组件抛射出来，这种失效的发生可能导致伤害。

3.21

特低电压　extra-low voltage

由工具内部的电源供电的电压，并且当工具以额定电压供电时，该电压在导体之间以及导体与地之间均不大于 50 V。

3.22

固定护罩　fixed guard

例如通过螺钉、螺母或焊接的方式来固定的护罩，只有借助工具或破坏固定方式才能被打开或拆除。

3.23

护罩　guard

设计成工具的一部分、用以防止机械危险的挡板。

3.24

手持式工具　hand-held tool

用来做机械功，提供或不提供安装到支架上的装置，设计成由电动机与机械部分组装成一体、便于携带到工作场所，并能用手握持或支撑或悬挂操作的工具。

注：手持式工具可装有软轴，而其电动机可以是固定的，也可以是便携式的。

3.25

固有运行周期　inherent operating cycle

设计成完整周期持续时间无法被操作者改变的工具的重复运行。

3.26

互连软线　interconnection cord

提供工具两零件之间电气连接的外部软线。

3.27

预期使用　intended use

按生产者提供的信息，对产品(包括其零件、配件、说明和包装)、过程或服务的使用。

3.28

园林工具　lawn and garden machinery

园林维护用的工具。

3.29

供液系统　liquid system

完成工具预定功能所必须使用的外部或内部水或水基液体系统。

3.30

带电零件　live part

正常使用时通电的任何导线或导电零件，包括中性线。

3.31

平均危险失效时间　mean time to dangerous failure;$MTTF_d$

预期的危险失效平均时间。

3.32

瞬动电源开关　momentary power switch

操动装置释放后不能保持在"接通"状态的开关。

3.33

不可拆卸的零件　non-detachable part

只能借助于工具才能拆除或打开的零件,或能通过21.22试验的零件。

3.34

非自复位热断路器　non-self-resetting thermal cut-out

要求手动复位或更换零件来恢复电流的热断路器。

3.35

正常操作　normal operation

当工具连接到电源,以正常使用方式操作的条件。

3.36

正常使用　normal use

设计规定的,参照生产者说明书对工具的使用。

3.37

性能等级　performance level;PL

在可预期使用的条件下,用于规定控制系统有关安全部件执行安全功能的离散等级。

[GB/T 46855.1—2008,定义3.1.23]

3.38

电源开关　power switch

在电源接通位置起动工具的主功能和在电源断开位置解除工具相同功能的装置。

3.39

保护装置　protective device

在不正常操作条件下其动作能防止某种危险状态的装置。

3.40

保护阻抗　protective impedance

接在带电零件与易触及导电零件之间的阻抗,其值在工具正常使用和可能发生故障的情况下,把电流限制在安全值以内。

3.41

额定电流　rated current

生产者规定的工具的电流。

3.42

额定频率　rated frequency

生产者规定的工具的频率。

3.43

额定频率范围　rated frequency range

生产者规定的工具频率范围,以上、下限值表示。

3.44

额定输入功率 rated input

生产者规定的工具的输入功率。

3.45

额定空载速度 rated no-load speed

生产者规定的工具的空载速度。

3.46

额定电压 rated voltage

生产者规定的工具的电压。对三相电源而言,指线电压。

3.47

额定电压范围 rated voltage range

生产者规定的工具的电压范围,以上、下限值表示。

3.48

合理可预见使用 reasonably foreseeable use

未按生产者的规定对产品、过程或服务的使用,这种结果是由很容易预见的人为活动所引起的。

3.49

加强绝缘 reinforced insulation

提供防电击保护程度与双重绝缘相当的带电部分的绝缘。

注:加强绝缘的例子是不能仅单独地当作基本绝缘或附加绝缘进行试验的单层或多层物质。

3.50

剩余电流装置 residual current device;RCD

具有剩余电流检测,将剩余电流值与剩余电流动作值相比较以及当剩余电流超过该值时断开被保护电路等功能的开关电器,一种能检测到电路中有使用户面临电击危险的电流装置,在此情况下,该装置会断开电路。

注:该装置有便携式剩余电流装置(PRCD),接地故障电流断路器(GFCI)或接地漏电流断路器(ELCB),以及可开闭保护接地剩余电流装置(SPE-PRCD)。

3.51

关键安全功能 safety critical function;SCF

本标准规定的功能,在不正常条件下,此功能的丧失会导致用户暴露在超出本标准允许的风险中。

3.52

安全特低电压 safety extra-low voltage

导体之间以及导体与地之间不超过 42 V 的电压,其空载电压不超过 50 V 的电压。

当安全特低电压从电网获得时,应通过一个安全隔离变压器或一个带分离绕组的转换器,此时安全隔离变压器和转换器的绝缘应符合双重绝缘或加强绝缘的要求。

3.53

安全隔离变压器 safety isolating transformer

通过至少相当于双重绝缘或加强绝缘的绝缘将变压器输入绕组与输出绕组电气分离的、以安全特低电压分配给电路、工具或其他设备供电的变压器。

3.54

自复位热断路器 self-resetting thermal cut-out

工具的有关部分冷却到规定值后,能自动恢复电流的热断路器。

3.55

附加绝缘 supplementary insulation

在基本绝缘一旦失效时,为了防止电击而在基本绝缘之外又设置的独立绝缘。

3.56

电源线　supply cord

安装到工具上的供电软线。

3.57

限温器　temperature limiter

动作温度可固定或可调的温度敏感装置，在正常工作期间，当被控零件的温度达到预定值时，以断开或闭合电路的方式来工作。在工具的正常操作期间，它不会造成断开和闭合电路的相反动作。

3.58

热断路器　thermal cut-out

在不正常操作期间，通过自动切断电路或减小电流来限制被控零件温度的器件，用户不能改变其整定值。

3.59

热熔体　thermal link

只能一次性工作，之后要求部分或全部更换的热断路器。

3.60

控温器　thermostat

动作温度可固定或可调的温度敏感装置，在正常工作期间，通过自动断开或闭合电路让被控件的温度保持在某限值之间。

3.61

可移式工具　transportable tool

具有以下特点的工具：

a) 工具被带到不同的指定工作场所。工具被安装在工件上或被放置在工件的附近，对要加工的材料进行作业；
b) 由一人或两人搬动，配有或不配诸如手柄、轮子和类似简单装置以便搬动；
c) 在工作凳、工作台、地面建立的固定位置上，或在内装的起到工作凳或工作台作用的装置上使用，装有或不装诸如快速夹紧装置、螺栓和类似的固定装置，或工具被安装在工件上；
d) 在操作者的控制下使用；
e) 工件或是工具由手动进给；
f) 不作连续生产和生产线使用。

3.62

X 型联接　type X attachment

一种由生产者规定的易于更换电源线的联接方式。

3.63

Y 型联接　type Y attachment

一种只能由生产者或其代理商或相类似的专业人员更换电源线的联接方式。

3.64

Z 型联接　type Z attachment

一种不破坏工具就无法更换电源线的联接方式。

3.65

用户保养　user maintenance

由用户根据使用说明书完成的各种保养工作。

3.66

工作电压　working voltage

当工具的电源电压为额定电压，并在额定输入功率或额定电流下运行时，不考虑瞬态电压的影响，在所指零件上受到的最高电压。

4　一般要求

工具应构造成能安全工作，不致对人身或周围环境产生危险。

具有明显独立操作模式的工具，应分别符合适用的每个特殊操作模式的要求。

多功能工具应分别符合第2、3、4部分的要求，并且应该考虑任何其他的由于功能组合所导致的危险。

通过达到相应要求，并进行相关试验来检验是否符合要求。

5　试验一般条件

5.1　符合本部分的试验为型式试验。除非本部分另有规定，否则本章适用。

注：例行试验见附录F。

5.2　试验在各单独试样上进行，但可以按生产者要求，使用较少的试样。

要避免由于连续试验而产生的对电子电路的累积应力，可能有必要更换元件或使用附加试样。

5.3　如果从工具的结构上看，某一特定试验显然不适用，则不进行该项试验。

5.4　试验时，把工具和/或其可移动零件放在正常使用时可能出现的最不利位置。

5.5　装有控制器或转换器件的工具试验时，如果其整定点能由使用者改变，就把这些控制器或转换器件调节到最不利的整定点。电子控速器整定在最高速度上。

如果不借助于工具即可触及控制器的调节装置，无论是用手还是借助于工具来改变整定点，本条均适用。如果不借助于工具不能触及调节装置，而且不打算由使用者改变整定点的，则本条不适用。

充分密封能防止使用者改变整定点。

5.6　试验在无通风且环境温度为20 ℃±5 ℃的场所进行。

如果任何部位所能达到的温度受到温度敏感装置的限制，或受环境温度的影响，则在有疑问时，环境温度要维持在23 ℃±2 ℃。

5.7　有关频率和电压的试验条件在5.7.1～5.7.3中规定。

5.7.1　交流工具，如标有额定频率，则以额定频率进行试验；交直流两用工具以其较不利的电源频率进行试验。

对于未标额定频率的交流工具以50 Hz进行试验，对于标明额定频率范围为50 Hz～60 Hz或者50 Hz/60 Hz的工具，以较不利的频率进行试验，除非工具仅使用串励电动机，在此情况下，两者皆可。

5.7.2　对于有多个额定电压或有额定电压范围的工具，以最高电压进行试验。

5.7.3　如果试验要求额定电流值，但工具未标有额定电流，额定电流值以工具在最低额定电压或额定电压范围的下限按额定输入功率运行时测量得到的电流值替代。

5.8　当生产者提供适合于工具的可供选择的加热元件或配件时，工具装上那些产生最不利结果的加热元件或配件进行试验。

5.9　工具接上规定的软线进行试验。

5.10　如果Ⅰ类工具的易触及零件不与接地端子或接地触头连接，又未用与接地端子或接地触头相连接的中间金属零件与带电零件隔开，则这类零件要按对Ⅱ类结构规定的相应要求进行检验。

5.11　如果Ⅰ类工具或Ⅱ类工具具有在安全特低电压下运行的零件，这类零件要按Ⅲ类工具规定的相应要求进行检验。

5.12　当试验电子电路时，电源不要受到会影响试验结果的外部源的干扰。

5.13　在正常使用中，如果只有在电动机运转时，加热元件才能工作，则加热元件要在电动机运转的情况下进行试验。如果不需要电动机运转，加热元件即能工作，则选择电动机运转或不运转两种情况中不利的一种对加热元件进行试验。除非另有规定，装在工具内的加热元件要接至一独立电源。

5.14　对于执行相应第2、3、4部分范围内的功能的配件，按第2、3、4部分该章进行试验。

5.15　如果要施加转矩，所选加载方法要避免诸如由侧向推力等引起的附加应力，但是要考虑到那些工具正确运行所必需的附加负载。

如果用一制动器来施加负载，必须逐渐施加负载以保证起动电流不致影响试验。为加载而对输出装置做出改动以便与制动器连接是允许的。

5.16　对于以安全特低电压运行的工具，工具要连同其电源变压器一起试验。

5.17　如果某个要求基于工具的质量，则质量应定为不装电缆、工具刀头或附件，但装上所有正常使用所需的装置和配件。要求的附件、装置和配件由相应第2、3、4部分规定。

如果工具装有超过一个附件、装置或配件，安装最重的配置来确定质量。

5.18　如果没有规定线性和角度尺寸公差，则GB/T 1804—2000的粗糙C适用。

5.19　所有电气测量的最大测量误差为±2.5%。

测量电压的仪器应有至少1 MΩ电阻和最大25 pF电容并联的输入阻抗。

5.20　每3 min测量一次，当三次连续的温度值总偏差不超过4 K，则认为达到了热平衡。

6　辐射、毒性和类似危险

6.1　工具不应产生有害的辐射，或产生毒性或类似危险。

必要时，通过第2、3、4部分中规定的试验来检验。

注：前期研究已经表明，如果产生电动工具电磁场辐射(EMF)的唯一重要来源是交直流两用电动机、直流电机(带电刷或无刷)、感应电机或螺线管电机，则按照IEC 62233测量的这些产品的EMF等级远低于应用限值。因此，认为没有必要按照IEC 62233通用要求进行测量。

6.2　如果工具装有指示切割线或类似用途的激光器，根据GB 7247.1，激光类别应是2M或更低。

另外，工具应标有GB 7247.1规定的相关激光类别的符号。

通过观察来检验。

6.3　如果工具装有非相干光源，且存在光生物危害，则应警告工具使用者潜在的风险。

根据光源的类型，6.3.1、6.3.2或6.3.3的要求适用。

6.3.1　用来发送信号和通信的可见光指示器和红外光源被认为没有光生物伤害，不需要标志。

通过观察来检验。

6.3.2　工具上从冷光源、白炽灯或LED光源发出的可见光，其照射既是偶然的，又是断续的，被认为是短期的、非一般用途的光。

从这些源发出光的工具应标有以下标志之一：

——“**警告**　不要盯着发光灯看”；

——[符号]。

如果证明发出的光对身体无害，则该标志可省略。

如果符合下述之一，则认为发出的光对身体无害：

——沿着工具任何方向发出的光在200 mm以外低于500 lx；

——在可见光范围内光的亮度低于10 000 cd/m^2；

——通过IEC 62471的方法评估的属于风险组别1或更低光源(非外部镜片聚光得到的)；

——工具本身通过 IEC 62471 的方法评估为风险组别 1 或更低类别。

通过测量和 IEC 62471 的方法来检验。

6.3.3 对于通过其他除 6.3.2 之外的光源得到的光，产品需要通过 IEC 62471 的方法进行评估，其标志应参考 IEC/TR 62471-2:2009 的 5.4。

通过观察和 IEC 62471 的方法来检验。

7 分类

7.1 工具按防电击保护分类应属于下列各类中的某一类：

——Ⅰ类；

——Ⅱ类；

——Ⅲ类。

通过观察和进行相关试验来检验。

7.2 工具应按照 GB 4208 规定具有恰当的防止有害进水的防护等级。如果要求具有非 IPX0 等级的则应在相应第 2、3、4 部分中规定。

通过观察和进行相关试验来检验。

8 标志和说明书

8.1 工具应标有以下的额定信息：

——额定电压或额定电压范围，单位为伏特(V)；对于星-三角联接的工具应清楚地标明两种额定电压(例如 230△/400Y)。对于标有符合本部分要求的电压范围的工具，也可以标有任一单电压或范围内的较小电压范围；

——电源种类符号，但标有额定频率或额定频率范围者可不标。电源种类符号应紧接在额定电压标志之后，但适用于单相电源的三相工具除外；

——额定输入功率，单位为瓦或千瓦(W 或 kW)；或额定电流，单位为安培(A)；标在工具上的额定输入功率或额定电流是指同时在外部电路上出现的最大输入功率之和或最大电流之和。如果工具上有由控制器件选择的可替换组件，则额定输入功率或额定电流对应于可能的最高负载；

——Ⅱ类结构符号(仅用于Ⅱ类工具)；

——防止有害进水的防护等级代码(IP 代码)，IPX0 除外。如果 IP 代码省略了第一位数字，该省略的数字应由字母“X”取代，例如 IPX5。

通过观察来检验。

8.1.1 有额定范围值(电压、频率等)且在额定范围值内无需调节即可运行的工具应标有范围的上下限值，用一短划(-)隔开。

示例：

115 V-230 V：工具适用于标明范围内任一电压值。

有不同额定值且必须由用户或安装者调节到特定值才能使用的工具应标有不同额定值，用一斜线(/)隔开。本要求还适用于既能连接单相电源又能连接多项电源的工具。

示例：

115/230 V：工具仅适用于所标出的电压值。

230/400 V：工具仅适用于给出的电压值，230 V 是用于单相运行，400 V 是用于三相运行。

通过观察来检验。

8.1.2 标有多挡额定电压、额定电压范围或多挡额定电压范围的工具应标明各个电压的额定输入功率。

额定输入功率的上限值和下限值应标在工具上，使其清楚地表示出输入功率与电压间的关系，除非额定电压范围上下值之差不超过该范围平均值的 20%，在这种情况下，额定输入功率值的标志可仅对应于电压范围平均值。

通过观察来检验。

8.2　工具应当标有以下安全警告之一：

——“⚠**警告**-为降低伤害风险，用户必须阅读使用说明书”；

——ISO 7010：2011 的 M002 标记；

——第 2、3、4 部分中指明的适当符号。

如果使用“**警告**”两字，则应使用不小于 2.4 mm 高的黑体字，且不得与警句或 GB/T 16273.1—2008 的序号 123 图形符号分开。

如果使用警句，除了“使用说明书”可用“操作手册”或“用户指南”外，警句的内容应按规定顺序逐字写出。

如果使用附加符号，则应符合 ISO 7010 的规定或被设计成符合 GB/T 2893.2 或 GB/T 2893.3 的规定。

通过观察和测量来检验。

8.3　工具应标有以下附加信息：

——生产者或其授权代表的商业名称、地址，任何地址都应确保可以联系。国家、地区、城市和邮编(如有)被认为足以满足此要求；

——原产地；

——工具的名称，该名称可由字母和/或数字组合而成。如果使用说明书内解释了代码，该代码明确了工具的名称，例如“电钻”、“电刨”，则该名称可以以代码的形式表示；

——系列的名称或类型，允许用产品的技术标识，它可以由字母和/或数字组合而成，也可以与工具名称组合而成；

注：“系列的名称或类型”也被称为型号。

——至少标识年份的制造日期(或生产者日期代码)；

——对由最终用户把它的散装零件组装起来的工具，每个零件或包装上应标有特有标识；

——“＞25 kg”，如果工具的质量超过 25 kg。

增加的标志应不会引起误解。

通过观察来检验。

8.4　8.1～8.3 规定的标志不应置于工具的可拆卸零件或电源线上。8.1 中规定的标志应放在工具上易于识别的同一区域中，例如铭牌。

从工具外面应清晰可辨 8.2 中规定的标志。符号以外的标志可以使用折叠标签置于 Y 型联接或 Z 型联接的电源线上。如有必要，拆除罩盖后，工具上其他标志仍应显而易见。

开关和控制器的标记应置于该组件上或其近旁，不应置于能改变位置的零件上，也不应置于会引起对标记产生误解的位置上。

通过观察来检验。

8.5　如果工具能加以调节以适应不同的额定电压，则调节到的电压应清晰可辨。

本要求不适用于星-三角联接的工具。

对于不需要频繁变动电压整定值的工具，只要工具要调到的额定电压能由固定在工具上的接线图确定，即认为满足了本要求。接线图可以置于连接电源导线时必须拆下的罩盖内壁上。接线图不得置于松散连接于工具的标签上。

通过观察来检验。

8.6 应使用以下单位：

V …………………………………………………………………………………………… 伐特

A …………………………………………………………………………………………… 安培

Hz …………………………………………………………………………………………… 赫兹

W …………………………………………………………………………………………… 瓦特

kW …………………………………………………………………………………………… 千瓦

F …………………………………………………………………………………………… 法拉

μF …………………………………………………………………………………………… 微法

L …………………………………………………………………………………………… 升

g …………………………………………………………………………………………… 克

kg …………………………………………………………………………………………… 千克

bar …………………………………………………………………………………………… 巴

Pa …………………………………………………………………………………………… 帕斯卡

h …………………………………………………………………………………………… 小时

min …………………………………………………………………………………………… 分

s …………………………………………………………………………………………… 秒

r/min …………………………………………………………………………………………… 转每分

/min 或 min^{-1} …………………………………………………………………… 每分钟往复次数

Ah …………………………………………………………………………………………… 安时

mAh …………………………………………………………………………………………… 毫安时

应使用以下符号：

n_0 …………………………………………………………………………………………… 空载速度

⎓ 或 DC ……………………………………………… [GB/T 5465.2—2008 的符号 5031]直流

～或 AC ……………………………………………… [GB/T 5465.2—2008 的符号 5032]交流

3～ …………………………………………………………………………………………… 三相交流

3N～ …………………………………………………………………………… 带中心线的三相交流

[熔断体符号] A …………………………………………………… 相应熔断体的额定电流，单位为安培(A)

[X 熔断体符号] ………………………… 延时小型熔断体，X 为 GB 9364 中规定的时间/电流特性符号

[保护接地符号] ……………………………………………… [GB/T 5465.2—2008 的符号 5019]保护接地

[回符号] ……………………………………………… [GB/T 5465.2—2008 的符号 5172]Ⅱ类工具

IPXX …………………………………………………………………………………………… IP 代码

[警告三角符号] ……………………………………………… [GB/T 16273.1—2008 的序号 123]警告

[手册符号] ……………………………………… [GB/T 16273.1—2008 的序号 168]手册；技术说明书

[阅读说明书符号] ……………………………………………… [ISO 7010:2011 的符号 M002]阅读说明书

[灯符号] ………………………………………………………… [GB/T 5465.2—2008 的符号 5012]灯

注：灯的额定瓦数可以结合该符号表示。

[可见辐射符号] …………………………………………………………………… 可见辐射，教学保护

⌀ ………………………………………………………………………… 直径

如果使用其他标志，应确保不至于引起误解，且在说明书中应予以解释。

采用其他单位时，这些单位及其符号应是国际单位制和符号。

通过观察来检验。

8.7 凡要联接两根以上电源导线的工具应有固定在工具上的联接图，除非其接线端子能被清楚地识别。

接地导线不被认为是电源导线。对于星-三角联接的工具，其接线图应标明如何联接绕组。

通过观察来检验。

8.8 除Z形联接外，接线端子应如下标识：

——专用于联接中性线的端子应由字母N标识；

——接地端子应由GB/T 5465.2—2008的符号5019标识。

这些标识不应标在螺钉、可拆卸垫圈或其他接线时可能会拆下的零件上。

通过观察来检验。

8.9 操作时可能引起危险的开关，应标志或放置得能清楚地表明它控制工具的哪一部分。

通过观察来检验。

8.10 多稳态电源开关的"断开"位置应予标识；应用图形符号"○"标识，如GB/T 5465.2—2008中符号5008规定。能被锁定在"接通"位置的瞬动电源开关不认为是多稳态开关。

仅起"断开"作用的开关按钮应用标志或位置上带有图形符号"○"来标识，且按钮颜色应为红色或者黑色。

图形符号"○"不应用作其他任何标记。

注：图形符号"○"也可用在数字可编程键盘上。

可移式工具的开关操动件或其罩盖的颜色不应使用按GB 16754规定的用于急停功能的黄色和红色组合。

如有罩盖且仅覆盖启动按钮，则此罩盖不应是黑色、红色或黄色。

如有罩盖且覆盖停止按钮，则此罩盖应是红色或黑色。

通过观察来检验。

8.11 运行期间需调节的控制装置应有对所调特征量调高或调低的方向标记。用"＋"和"－"的标记可以认为满足此要求。

此要求不适用于其调节构件的完全"接通"位置与"断开"位置处于相反两极端位置上的控制装置。

如果数字用以表示不同挡位，则"断开"挡位应用图形符号"○"表示，其他的挡位则用反映较大的输出功率、输入功率、速度等的数字表示。

控制装置操动件不同位置的标记应当在控制装置本身上，或者紧邻操动件。

通过观察来检验。

8.12 本部分要求的标志应易于辨认和耐久。符号应当使用与背景对比度大的颜色、纹理或凸起，使得符号提供的信息或说明从(500＋50)mm处以正常视力的肉眼能清晰可见。符号不必与GB/T 2893.2要求的蓝色一致。

通过观察以及先用手拿一块浸过水的湿布擦拭标志15 s，再拿一块浸过汽油的湿布擦拭标志15 s的方法来检验。

试验后，标志仍应易于辨认，标牌不应被轻易去除，并不应卷曲。

在考虑标志的耐久性时，要考虑正常使用的影响。例如，在可能经常清洗的容器上用油漆或瓷漆(瓷釉除外)制成的标志就不认为是耐久的。

本试验采用的溶剂为脂肪族溶剂乙烷，所含芳香族至多为容积的0.1%，贝壳松脂丁醇值为29，始沸点约为65 ℃，干点约69 ℃，密度约为0.689 g/cm^3。

8.13 如果是否符合本部分取决于可更换热熔体或熔断体的动作，则应把用来识别热熔体的代号或其他方法标在熔断体上，或者标在热熔体熔断后显而易见的部位，此时工具已被拆到需要更换热熔体的程度。

本要求不适用于只能与工具的某一种零件一起更换的熔断体。

通过观察来检验。

8.14 使用说明书和安全说明应随工具和包装提供，当工具从包装中取出时，它们应轻易地被用户注意到。本部分所要求的并用于本工具的符号的解释应写入使用说明书或安全说明内。

它们应以该工具销售所在国的官方语言书写。

它们应清晰和醒目。

它们应包括生产者和其授权代表的商业名称、地址。任何地址都应确保可以联系。国家、地区、城市和邮编(如有)被认为足以满足此要求。

它们应包括8.1中规定的工具的名称、系列或者型号，包括工具的描述，例如“电钻”、“电刨”等。

8.14.1 安全说明的主题是8.14.1.1给出的“电动工具通用安全警告”、相应第2、3、4部分的专用工具的安全警告和生产者认为必要的附加安全警告。“电动工具通用安全警告”和专用工具的安全警告，如用中文书写，应按规定顺序逐字写出，且与其他官方语言的含义相同。下述给出的安全说明的编号不是强制性的，可以被省略或由其他例如着重号的排序方法替换。“电动工具通用安全警告”可以与使用说明书分开。

所有“安全警告”的格式必须采用突显的字体或类似方法与条文内容区分开，如下所示。

安全说明中的所有注释不用印刷，它们是给说明书设计者用的信息。

8.14.1.1 电动工具通用安全警告

⚠警告！阅读随电动工具提供的所有安全警告、说明、图示和规定。不遵照以下所列说明会导致电击、着火和/或严重伤害。

保存所有警告和说明书以备查阅。

警告中的术语“电动工具”是指市电驱动(有线)电动工具或电池驱动(无线)电动工具。

a) **工作场地的安全**

1) **保持工作场地清洁和明亮。**杂乱和黑暗的场地会引发事故。

2) **不要在易爆环境，如有易燃液体、气体或粉尘的环境下操作电动工具。**电动工具产生的火花会点燃粉尘或气体。

3) **操作电动工具时，远离儿童和旁观者。**注意力不集中会使你失去对工具的控制。

b) **电气安全**

1) **电动工具插头必须与插座相配。绝不能以任何方式改装插头。需接地的电动工具不能使用任何转换插头。**未经改装的插头和相配的插座将降低电击风险。

2) **避免人体接触接地表面，如管道、散热片和冰箱。**如果你身体接触接地表面会增加电击风险。

3) **不得将电动工具暴露在雨中或潮湿环境中。**水进入电动工具将增加电击风险。

4) **不得滥用软线。绝不能用软线搬运、拉动电动工具或拔出其插头。使软线远离热源、油、锐边或运动部件。**受损或缠绕的软线会增加电击风险。

5) **当在户外使用电动工具时，使用适合户外使用的延长线。**适合户外使用的电线将降低电击风险。

6) **如果无法避免在潮湿环境中操作电动工具，应使用带有剩余电流装置(RCD)保护的电源。**RCD的使用可降低电击风险。

注：术语“剩余电流装置(RCD)”可以用“接地故障电路断路器(GFCI)”或“接地泄漏电路断路器(ELCB)”术语代替。

c) **人身安全**

1) **保持警觉，当操作电动工具时关注所从事的操作并保持清醒。当你感到疲倦，或在有药物、酒精或治疗反应时，不要操作电动工具。**在操作电动工具时瞬间的疏忽会导致严重人身伤害。

2) **使用个人防护装置。始终佩戴护目镜。**防护装置，诸如适当条件下使用防尘面具、防滑安全鞋、安全帽、听力防护等装置能减少人身伤害。

3) **防止意外起动。在连接电源和/或电池包、拿起或搬运工具前确保开关处于关断位置。**手指放在开关上搬运工具或开关处于接通时通电会导致危险。

4) **在电动工具接通之前，拿掉所有调节钥匙或扳手。**遗留在电动工具旋转零件上的扳手或钥匙会导致人身伤害。

5) **手不要过分伸展。时刻注意立足点和身体平衡。**这样能在意外情况下能更好地控制住电动工具。

6) **着装适当。不要穿宽松衣服或佩戴饰品。让你的头发和衣服远离运动部件。**宽松衣服、佩饰或长发可能会卷入运动部件。

7) **如果提供了与排屑、集尘设备连接用的装置，要确保其连接完好且使用得当。**使用集尘装置可降低尘屑引起的危险。

8) **不要因为频繁使用工具而产生的熟悉感而掉以轻心，忽视工具的安全准则。**某个粗心的动作可能在瞬间导致严重的伤害。

d) **电动工具使用和注意事项**

1) **不要勉强使用电动工具，根据用途使用合适的电动工具。**选用合适的按照额定值设计的电动工具会使你工作更有效、更安全。

2) **如果开关不能接通或关断电源，则不能使用该电动工具。**不能通过开关来控制的电动工具是危险的且必须进行修理。

3) **在进行任何调节、更换附件或贮存电动工具之前，必须从电源上拔掉插头和/或卸下电池包(如可拆卸)。**这种防护性的安全措施降低了电动工具意外起动的风险。

4) **将闲置不用的电动工具贮存在儿童所及范围之外，并且不允许不熟悉电动工具和不了解这些说明的人操作电动工具。**电动工具在未经培训的使用者手中是危险的。

5) **维护电动工具及其附件。检查运动部件是否调整到位或卡住，检查零件破损情况和影响电动工具运行的其他状况。如有损坏，应在使用前修理好电动工具。**许多事故是由维护不良的电动工具引发的。

6) **保持切削刀具锋利和清洁。**维护良好地有锋利切削刃的刀具不易卡住而且容易控制。

7) **按照使用说明书，并考虑作业条件和要进行的作业来选择电动工具、附件和工具的刀头等。**将电动工具用于那些与其用途不符的操作可能会导致危险情况。

8) **保持手柄和握持表面干燥、清洁，不得沾有油脂。**在意外的情况下，湿滑的手柄不能保证握持的安全和对工具的控制。

e) **维修**

由专业维修人员使用相同的备件维修电动工具。这将保证所维修的电动工具的安全。

8.14.1.2 安全警告的顺序

安全警告的顺序应按照 A)项或 B)项中任意一项以及 C)项：

A) 第 1 部分的警告后加相应第 2、3、4 部分的警告。第 1 部分和第 2、3、4 部分中警告的顺序应和上文及相应第 2、3、4 部分中保持一致。

B) 第 1 部分和第 2、3、4 部分的警告可以分成几个节(段)归入分标题中，相关联的警告放在同一个分标题下。每一部分中警告的顺序应和上文及相应第 2、3、4 部分中保持一致。

当警告以这种方式出现时，第1部分“**电动工具通用安全警告**”的标题应删去，且8.14.1.1警告第一句和8.14.2，如适用，应改为：

⚠警告！阅读用⚠符号标出的所有安全警告和所有说明。

各部分的安全警告应出现在说明书的相应主题中。

说明书中第1部分各节警告的标题应有这样一个格式：

⚠通用电动工具安全警告—【节分标题】

示例：

⚠通用电动工具安全警告—人身安全

说明书中第2、3、4部分警告的标题应有这样一个格式：

⚠【工具分类名】安全警告—【部分分标题】

示例：

⚠圆锯安全警告—锯割程序

如果特定第2、3、4部分的警告没有编号的分标题，则该第2、3、4部分要求的所有警告应以规定顺序出现，且上述标题格式应没有**【部分分标题】**。

C) 生产者认为有必要的附加警告不应插入在第1部分或第2、3、4部分的任何警告中。它们可以根据安全警句的主题，被附加到第1部分或第2、3、4部分中相应节的后，或者放在说明书的其他部分。

8.14.2 如果安全说明与说明书是分开的，则说明书中应放入以下警告。这些警告，如用中文书写，应按规定顺序逐字写出，如用其他官方语言，含义应相同。

⚠警告！阅读随本工具提供的所有安全警告、说明、图示和规定。不遵照以下所列说明会导致电击、着火和/或严重伤害。

保存所有警告和说明以备查阅。

如适用，说明书应提供以下信息：

a) 投入使用的说明：
   1) 将电动工具安装或固定在一个适当的稳定位置，以便其可以被安装在一个支架上或固定在地上；
   2) 装配；
   3) 电源连接、电缆、熔断体、插座型式和接地要求；
   4) 能调节到不同额定电压的工具应有改变电压的说明或图示或两者兼备。如果电动机的连接必须加以改变才能在不同于出厂时连接的电压下运行，则应提供端子标识；
   5) 功能的图解；
   6) 环境条件的限制；
   7) 根据19.1的规定，护罩的固定和调节；
   8) 工具在运输和/或使用时适用的拆卸和重新装配信息。
b) 操作说明：
   1) 设定和试验；
   2) 刃具更换；
   3) 工件夹装；
   4) 工件尺寸和材料种类的限制；
   5) 使用一般说明；

6） 根据19.4的规定，手柄和握持表面的标识；

7） 对带有电子调速或负载调节器，制动后不会立即重启的工具：该工具制动后会自动重启的警告；

8） 仅对可移式工具：起重和运输的说明。

c） 保养和售后服务说明：

1） 用户保养，例如清理、刃磨、润滑、售后服务和/或零件的更换；

2） 生产者或代理商的售后服务及地址列表；

3） 用户可更换的零件表和更换说明；

4） 可能需要的专用工具；

5） 对于X型联接工具：工具的电源线如果损坏，必须用维修机构提供的专门制备软线来更换的说明；

6） 对于Y型联接工具：如果必要更换电源线时，为了避免对安全性产生危害，必须由生产者或其代理商进行更换的说明；

7） 对于Z型联接工具：工具的电源线不能更换，工具应报废的信息。

d） 对于带供液系统的工具，适用时，应有以下内容：

1） 说明：

——液源的连接；

——为避免工具受液体影响，液体和配件的使用应符合14.4；

——软管和其他会劣化的关键零件的检查；

——液源的最大许用压力。

2） 对装有RCD的工具：

——禁止使用不装上随工具提供的RCD的工具的警告；

——始终在作业前测试RCD是否正常运行的说明，除非RCD属于自检型的；

3） 对于与隔离变压器一起使用的工具：禁止不接上随工具一起交付的变压器或其说明书规定类型的变压器而使用工具的警告；

4） 更换插头或电源线应由工具生产者或其维修机构进行的说明；

5） 清除工具零件上的液体，且使液体远离作业区域内的人群的说明。

8.14.3 如果提供工具质量或重量的信息，它应是5.17规定的质量。

通过观察来检验。

9 防止触及带电零件的保护

9.1 工具应构造和包封得足以防止意外接触带电零件。该要求适用于工具正常操作时的所有位置，甚至在拆除可拆卸零件和柔软材料（弹性体）后，例如柔软握持覆盖层。

通过观察和9.2～9.4（如适用）的试验来检验。

9.2 一个易触及零件若满足下列任一条件，即不认为是带电的：

——零件由安全特低电压供电：

- 对交流而言，电压峰值不超过42 V；
- 对直流而言，电压不超过42 V；

——零件由保护阻抗与带电零件隔开。

在有保护阻抗的情况下，该零件与电源间的电流应为：直流时不超过2 mA，交流时峰值不超过0.7 mA，而且：

——电压峰值大于42.4 V和不大于450 V的，其电容量不应大于0.1 μF；

——电压峰值大于 450 V 和不大于 15 kV 的，其放电量不应大于 45 μC。

通过工具在额定电压下运行来检验。测量有关零件与电源任一极之间的电压和电流。放电量要在切断电源后立即测量。

用一标称 2 000 Ω 的无感电阻器测量放电电量，通过记录在电压/时间图表上的面积总和计算出电量，计算时不必考虑电压极性。

注：测量电流的适用电路详见图 C.3。

9.3 如果工具能通过插头或全极开关与电源隔离开来，那么不必拆下位于可拆卸罩盖后面的灯泡。但在插拔那些位于可拆卸罩盖后面的灯泡时，应确保防止触及灯头的带电零件。

不允许使用不借助于工具即易接触的螺纹型熔断器和螺纹型微型断路器。

除了通常在地面上使用的，且质量超过 40 kg 的工具不必斜置外，其余工具处于每一个可能的位置，用不大于 5 N 的力施加到 GB/T 16842 的试具 B 上去探触。试具通过孔隙伸到允许的任何深度，并且在伸到任一位置之前、之中和之后，转动或弯折试具。

如果试具不能进入孔隙，则使用与 GB/T 16842 的试具 B 相同尺寸的不带关节的刚性试具，施加力增加到 20 N，然后再用带关节的 GB/T 16842 的试具 B 重复试验。

该试具应不能触及带电零件和仅由清漆、瓷漆、普通纸、棉织物、氧化膜、玻璃粉或密封胶保护的带电零件。

清漆、瓷漆、普通纸、棉织物、金属零件上的氧化膜、玻璃粉或密封胶（自硬性树脂除外）均不认为会提供防止触及带电零件所需的保护。

9.4 以不大于 5 N 的力施加到 GB/T 16842 的试具 13 来探触Ⅱ类工具或Ⅱ类结构上的各孔隙，但通向灯头和插座中的带电零件的孔隙除外。该试具应不能触及到带电零件。

试具还施加于表面覆盖一层非导电涂层如瓷漆或清漆的接地金属外壳上的孔隙。

9.5 Ⅱ类工具和Ⅱ类结构应构造和包封得足以防止意外触及基本绝缘和仅由基本绝缘与带电零件隔开的金属零件。

凡不是由双重绝缘或加强绝缘与带电零件隔开的零件均不应是易触及的。

本要求适用于当工具按正常使用方式，甚至拆去所有可拆卸零件后的所有操作位置。

通过观察以及用 9.3 规定的 GB/T 16842 的试具 B 来检验。

10 起动

10.1 工具应能在使用中可能出现的所有正常电压下起动。

通过工具以 0.85 倍最低额定电压或 0.85 倍额定电压范围下限空载连续起动 10 次来检验。除调速装置外，如有控制装置则按正常使用方式整定。

工具还要以 1.1 倍额定电压连续起动 10 次。

连续起动的间隔应足够长以防过热。

在所有情况下，工具应能运行，装在工具内的过载保护装置不应动作。如有离心开关和其他自动起动开关，应运行可靠，触头不应颤动。

10.2 工具在起动时不应产生过高输入电流，否则会导致电源设备过流保护装置的异常动作。

通过在额定电压和空载下，将调速装置设置在最大速度且所有其他控制装置设置在正常使用方式下起动工具一次来检验。

工具起动后 2.0 s±0.2 s 时的电流不应超过 30 A 或 4 倍的工具额定电流，取较大值。

11 输入功率和电流

额定输入功率或额定电流应至少为所测空载输入功率或电流的 110%。

通过在所有能同时工作的电路处于运行状态且达到稳定时，测量工具的输入功率或电流来检验。试验应在不带附件和外部负载时进行。

对于标有一挡或多挡额定电压的工具，在每一个额定电压下进行试验。对于标有一挡或多挡额定电压范围的工具，在各额定电压范围的上、下限进行试验，除非标示的额定输入功率是对应于电压范围平均值，则以该电压范围平均值的电压进行试验。

12 发热

12.1 工具在额定输入功率或额定电流下不应产生过高的温度。

通过在 12.2 至 12.5 中规定的条件下测定工具各部分的温升来检验，紧接着在 1.06 倍额定电压下的发热条件进行 C.3 试验。

12.2 对于没有固有运行周期的工具，按 12.2.1 进行试验。对有固有运行周期的工具，按 12.2.2 进行试验。

12.2.1 本条仅适用于没有固有运行周期的工具。对有一挡或多挡额定电压的工具：工具处于静止空气中在每一个额定电压下运行，施加能达到额定输入功率或额定电流的扭矩直至达到热平衡，测量施加的扭矩。保持测得的扭矩不变，然后将电压调节到各个 0.94 倍额定电压和 1.06 倍额定电压。

测量两种电压下最不利的温度。

对于有额定电压范围的工具，工具处于静止空气中：

——运行在额定电压范围的下限，施加能达到额定输入功率或额定电流的扭矩直至达到热平衡，测量施加的扭矩。保持测得的扭矩不变，然后将电压调节到 0.94 倍额定电压范围的下限值。

且

——运行在额定电压范围的上限，施加能达到额定输入功率或额定电流的扭矩直至达到热平衡，测量施加的扭矩。保持测得的扭矩不变，然后将电压调节到 1.06 倍额定电压范围的上限值。

测量每一个电压下的温度。

12.2.2 本条适用于有固有运行周期的工具。对有一挡或多挡额定电压的工具：工具处于静止空气中在每一个额定电压下运行，在工具的每一个运行周期中，施加能达到额定输入功率或额定电流的扭矩一段时间。工具周期性连续运行 30 min。保持之前施加的扭矩不变，调整电压至 1.06 倍额定电压和 0.94 倍额定电压。在每一个电压下，工具连续运行 30 min。

测量两种电压下最后一个运行周期中最不利的温度。

对于有额定电压范围的工具，工具处于静止空气中：

——运行在额定电压范围的下限，在工具的每一个运行周期中，施加能达到额定输入功率或额定电流的扭矩一段时间。工具周期性连续运行 30 min。保持之前施加的扭矩不变，调整电压至 0.94 倍额定电压范围的下限，工具周期性连续运行 30 min；

——运行在额定电压范围的上限，在工具的每一个运行周期中，施加能达到额定输入功率或额定电流的扭矩一段时间。工具周期性连续运行 30 min。保持之前施加的扭矩不变，调整电压至 1.06 倍额定电压范围的上限，工具周期性连续运行 30 min。

测量每一个电压下的温度。

12.3 当工具以 1.06 倍额定电压的上限运行时，如有发热元件，要在 GB 4706.1—2005 第 11 章规定的条件下运行。

对于带有自动卷线盘的工具，拉出软线总长度的三分之一。软线护层的温升应尽量靠近卷线盘的毂盘处测量，并还在位于卷线盘上最外两层软线之间测量。

对于工具工作时用来存贮部分电源软线的贮线装置（自动卷线盘除外），拉出 50 cm 的软线。在最不利的位置上测定被贮部分软线的温升。

12.4 除绕组外，温升用细丝热电偶测定。热电偶的选用和放置应使其对被测部分温度的影响最小。

除绕组绝缘以外，电气绝缘的温升要在绝缘表面测定，其部位为：绝缘损坏时可能引起短路、带电零件和易触及零件相互接触、绝缘被跨接、或爬电距离或电气间隙减少到28.1规定值以下的各处。

绕组温升用电阻法测定。但如果绕组为非均质的，或用电阻法测量电阻所必需的接线方法十分复杂，则用热电偶测量。

测定手柄、操作钮、握持部分及类似部位的温升时，要考虑是正常使用中所有要握持的部分，如果是绝缘材料制成的，还要考虑那些与热的金属接触的部分。

注1：如果为了放置热电偶而必须拆开工具，则要再次测量空载输入功率以检查工具是否已被正确地重新装配好。

注2：多芯软线的线芯开叉处是放置热电偶部位的示例。

注3：认为线径不大于0.3 mm的热电偶是细丝热电偶。

12.5 试验期间，保护装置不应动作。如有密封胶，则不应流出。除12.6允许之外，温升不应超过表1和表2所示值。

表1 最高正常温升

零(部)件	温升/K
绕组[a]，若绝缘结构为：	
——105级	75(65)
——120级	90(80)
绕组[a]，若按GB/T 11021，绝缘结构为：	
——130级	95(85)
——155级	115
——180级	140
——200级	160
——220级	180
——250级	210
器具进线座插销：	
——对于热环境	95
——对于冷环境	40
开关、限温器的周围环境[b]：	
——无 T 标志	30
——有 T 标志	T-25
内、外接线(包括电源线)的橡皮绝缘或聚氯乙烯绝缘：	
——无温度额定值[c]	50
——有温度额定值(T)	T-25
作附加绝缘用的软线护层	35
用于密封垫或其他零件的非合成橡胶，其劣化可能会影响安全：	
——用作附加绝缘或加强绝缘时	40
——其他情况下	50
E14和B15灯座：	
——金属型或陶瓷型	130
——非陶瓷的绝缘型	90
——有T标志	T-25

表 1（续）

零(部)件	温升/K
用作绝缘的材料(规定用于导线和绕组的材料除外)[d]	
——浸渍或涂漆过的纺织品、纸或纸板	70
——用下列材料粘结的层压板：	
• 三聚氰胺—甲醛，酚醛树脂或酚—糠醛树脂	85(175)
• 脲醛树脂	65(150)
——环氧树脂粘结的印制电路板	120
——由下列材料制成的模压件：	
• 带纤维素填料的酚醛塑料	85(175)
• 带矿物填料的酚醛塑料	100(200)
• 三聚氰胺—甲醛	75(175)
• 脲醛	65(150)
——玻璃纤维增强聚酯	110
——硅橡胶	145
——聚四氟乙烯	265
——用做附加绝缘和加强绝缘时的纯云母和致密烧结陶瓷材料	400
——热塑性材料[e]	—
普通木材[f]	65
电容器外表面[g]：	
——有最高工作温度标志(T)	T-25
——无最高工作温度标志：	
• 抑制无线电和电视干扰用的小陶瓷电容器	50
• 符合 GB/T 14472 或 GB 8898—2011 的 14.2 的电容器	50
• 其他电容器[g]	20
与闪点为 t(℃)的油接触的零件	t-50

[a] 考虑到交直流两用电动机、继电器、螺线管等的绕组平均温度通常要高于绕组上放置热电偶部位的温度，使用电阻法时，不带括号的数值适用；使用热电偶时，带括号的数值适用。但对于振动器线圈和交流电动机的绕组，不带括号的数值对两种方法均适用。对于其结构能阻止空气在机壳内外之间循环，但不一定包封得足以达到气密程度的电动机，温升限值可以提高 5 K。

[b] T 表示最高工作温度。
开关、控温器和限温器的环境温度是距离开关和相关组件表面 5 mm 处最热点空气温度。
就本试验而言，只要工具生产者提出请求，本身标有额定值的开关和控温器可以认为没有最高工作温度标志。

[c] 此限值适用于符合相应 IEC 标准的电缆、软线和电线。对其他电缆、软线和电线，可能有不同的限值。当联接件没有限值时，则认为这些电线的限值适用于终止于联接件处的这个点的内部布线。

[d] 如果材料是用于手柄、操作钮、握持部分等并与热金属接触的，则括号内的数值适用。

[e] 承受 13.1 试验的热塑性材料没有规定限值，但必须测定温升。

[f] 规定的限值与木材材质劣化有关，而不考虑其表面涂层的劣化。

[g] 对于在 18.6.1 中要被短路的电容器，没有温升限值。

如果使用表格中未提及的材料，它们承受的温度都不应超过由材料本身老化试验时测定的耐热能力。

绕组温升值由式(1)算出：

$$\Delta t=\frac{R_2-R_1}{R_1}(K+t_1)-(t_2-t_1) \qquad \cdots\cdots(1)$$

式中：

Δt ——温升；

R_1 ——试验开始时的电阻；

R_2 ——试验结束时的电阻；

K ——对铜绕组为 234.5，对铝绕组为 225；

t_1 ——试验开始时的环境温度；

t_2 ——试验结束时的环境温度。

试验开始时，绕组要处于环境温度下。建议用下述方法确定试验结束时的绕组电阻：在开关断开后尽可能立即测量绕组电阻，然后以较短的时间间隔再多次测量绕组电阻，使能作出电阻对时间的曲线，从而外推开关断开瞬间的电阻值。

表 2 最高外表面温升

零(部)件	温升/K
机壳外表面(正常使用中握持的手柄除外)	60
正常使用中连续握持的手柄、操作钮、握持及类似部位等:	
——金属的	30
——瓷质的或玻璃质的	40
——模压材料、橡胶或木质的	50
正常使用中仅短时握持的手柄、操作钮、握持及类似部位等(例如开关):	
——金属的	35
——瓷质的或玻璃质的	45
——模压材料、橡胶或木质的	60

12.6 当转子和/或定子绕组温升超过表 1 的数值时或者对绝缘结构的温度分级存在异议时进行以下试验:

3 个转子和/或定子试样经受以下试验:

a) 将绕组放在烘箱内,历时 10 d(240 h),烘箱温度比按 12.4 测定的温升高 80 ℃±2 ℃。试样应当在不受到热冲击的情况下,逐渐冷却至环境温度;

b) 经此处理后,不应出现匝间短路,匝间是否短路可用 D.3 冲击电压试验来检验;

c) 然后,试样按 14.1 规定进行潮湿处理;

d) 经此处理后,试样应立刻经受 D.2 电气强度试验。

如果在第 12 章试验期间不显示出过高温升而绝缘可能出现的损伤可被忽略,必要时,为了完成本条试验,可予以修复。

13 耐热性和阻燃性

注:附录 J 列出了本章试验的选择和顺序。

13.1 如果热变形会导致工具不符合本部分要求,则以下材料应有足够的耐热变形能力:

——非金属材料的外部零件;

——支撑载流零件的热塑性材料零件;

——提供附加绝缘和加强绝缘的热塑性材料零件;

就本条而言,“支撑”是指为满足 28.1 的要求需要依赖绝缘材料将带电零件保持在原有位置和状态。如果仅是接触,不能构成支撑。

该要求不适用于:

——陶瓷材料;

——以下电动机的绝缘零件:轴绝缘、端板、槽绝缘、槽楔、换向器。

通过相关零件经受 GB/T 5169.21 的球压试验来检验。应拆下任何柔软材料(弹性体)后,例如柔软握持覆盖层。

可用两片或多片零件达到所需厚度。

试验在(40±2)℃再加上第 12 章试验中测得的最高温升的温度下进行,但至少应为:

——对外部零件,(75±2)℃;

——对带电零件的支撑件,(125±2)℃。

13.2 非金属材料零件应具有足够的耐燃和防火焰蔓延的能力。

本要求不适用于：

——距起弧的零件例如换向器、未包封的开关触头和类似零件超过 13.0 mm 的内部零件；

——距非起弧且未经绝缘的带电零件例如母线排、连接带、端子、漆包线和类似零件超过 1.0 mm 的内部零件；

——距连接器或在正常操作中载流 0.2 A 或以下的导线，或附录 H 的低功率电路 1.0 mm 及以下的内部零件；

——线的绝缘；

——不会加剧燃烧的齿轮、凸轮、皮带、轴承、风扇、装饰件、操作钮；

——陶瓷材料；

——以下电动机的绝缘材料：轴绝缘、端板、槽绝缘、槽楔、换向器；

——含塑量少于 5 g 的小零件；

——其他不可能燃烧的外部零件，或那些不蔓延火焰(由工具内部产生的)的外部零件。

通过下述之一来检查：

——非金属材料零件经受 GB/T 5169.11 的灼热丝试验，试验温度为 550 ℃；

——根据 GB/T 5169.16，只要试样不厚于相应零件，材料至少为 HB 类；

——根据 GB/T 5169.13，只要试样不厚于相应零件，材料至少具有 575 ℃的灼热丝燃点温度。

不能进行上述试验的零件，例如由软的或发泡材料制成的零件，应满足 GB/T 8332—2008 对 HBF 材料分类规定的要求，试样不厚于相应零件。

14 防潮性

14.1 工具应能经受正常使用中可能出现的潮湿条件。

通过下述防潮试验来检验。

如有电缆进线孔，则将其打开；如具有敲落孔，则打开其中一个。

将不借助于工具即能拆卸的电气组件、罩盖和其他零件都拆下。如有必要，这些零件都随工具主体一起经受防潮试验。

在空气相对湿度为(93±3)%的防潮箱内进行潮湿处理，该湿度可以通过例如在防潮箱内放入与空气有足够大接触面的硫酸钠(Na_2SO_4)或硝酸钾(KNO_3)的饱和水溶液来获得。箱内所有能放置试样处的空气温度保持在(20～30)℃间任何易达到的温度 t，并保持在±2 K 的波动范围内。为了实现防潮箱内的规定条件，必须保证箱内空气不断循环，而且通常使用隔热的防潮箱。

试样在放入防潮箱前，其温度要达到 t 与 t+4 ℃之间。在潮湿处理前保持这一温度至少 4 h，即认为工具达到了规定温度。

工具在防潮箱内存放 48 h。

该试验后，工具立即在额定电压下经受 C.2 试验，然后工具应在防潮箱内经受 D.2 试验，或把那些可能已被拆下的零件重新装配好后，在使工具达到规定温度的室内经受 D.2 试验。

另外，D.2 试验施加在易触及金属零件和进线衬套、电缆护层或电缆固定装置处覆盖有金属箔的电源线之间，所有夹紧螺钉以表 10 规定的扭矩旋紧。Ⅰ类工具的试验电压为 1 250 V，Ⅱ类工具的试验电压为 1 750 V。

14.2 工具的外壳应按工具分类提供相应的防潮等级。

通过工具在 14.2.1 的条件下，按 14.2.2 规定进行相应处理来检验。

14.2.1 工具不接电源。

试验期间，不停地转动工具，使之通过最不利的位置。

将不借助于工具即能拆卸的电气组件、罩盖和其他零件都拆下。如有必要，这些零件随工具主体一起经受相应处理。

14.2.2 非 IPX0 的工具经受如下 GB 4208—2008 的试验：

——IPX1 工具经受 14.2.1 规定的试验；

——IPX2 工具经受 14.2.2 规定的试验；

——IPX3 工具经受 14.2.3 规定的试验；

——IPX4 工具经受 14.2.4 规定的试验；

——IPX5 工具经受 14.2.5 规定的试验；

——IPX6 工具经受 14.2.6 规定的试验；

——IPX7 工具经受 14.2.7 规定的试验。

进行 IPX7 试验时，将工具浸在含约 1%氯化钠(NaCl)的水中。

紧接在相应的处理后，工具应能经受 D.2 电气强度试验，并且观察结果应表明在绝缘上没有会使爬电距离和电气间隙减小到 28.1 规定值以下的水迹。

14.3 液源系统或液体的溢出不应增加使用者的电击风险。

通过以下试验来检验：

如有剩余电流装置，试验期间应断开。除那些满足 21.22 试验的零件外，将不借助工具即能拆卸的电气组件、罩盖和其他零件都拆下。

工具在额定电压下，如适用，用约 1.0%氯化钠(NaCl)溶液按下述情况运行：

——在正常使用下；

——工具根据 8.14.2d)处于充液位置，对其液体容器注满含约 1%氯化钠(NaCl)的水溶液，进而在 60^{+0}_{-10} s 时间内对容器平稳地倾注等于容器容量的 15%或 0.25 L(取容量大者)的此溶液；

每种适用情况下，工具在符合相关的第 2、3、4 部分要求和 8.14.2b)说明的所有位置运行 1 min，期间按 C.3 监测泄漏电流。试验期间，泄漏电流不超过：

——对Ⅱ类工具，2 mA；

——对Ⅰ类工具，5 mA。

试验后，工具放置在环境温度下干燥 24 h，之后应满足 D.2 带电零件与易触及零件之间的电气强度试验要求。

14.4 液源系统不应由于组件不能承受运行期间的压力而增加使用者的电击风险。

通过以下试验检验：

关闭液源系统，用约 1.0%氯化钠(NaCl)溶液以两倍于 8.14.2d)1)的静压力施加 1 h。

工具放置 1 min，其在所有位置满足第 2、3、4 部分要求和生产者说明的情况下，按 C.2 测量泄漏电流。试验期间，泄漏电流不超过：

——对Ⅱ类工具，2 mA；

——对Ⅰ类工具，5 mA。

试验后，工具放置在环境温度下干燥 24 h，之后应满足 D.2 带电零件与易触及零件之间的电气强度试验要求。

如有剩余电流装置，试验期间应不动作。

14.5 用于在液源系统失效时防止电击危险的剩余电流装置，应符合 GB 20044 并应满足以下要求：

a) 当泄漏电流超过 10 mA，RCD 应能切断除接地导线(如有)外的两根电源导线，且最大反应时间为 300 ms。

通过观察和 GB 20044—2005 的 9.9.2 试验来检验。另外，试验期间，接地导线不应断开。

b) RCD 在合理可预见使用中应可靠。

在额定电压下通过堵转工具转子模拟上述 a)的泄漏，使剩余电流装置运行 50 次循环来检验。剩余电流装置在所有循环中均应正确动作。

c) RCD 应安装得不可能在使用和正常的维护中被拆除。
   如剩余电流装置被固定在工具上或固定在工具电源线上，即认为满足要求。
   固定在电源线上的剩余电流装置，其与电源线和互联软线连接应是 Y 型联接或 Z 型联接。
   通过观察来检验。

15 防锈

用来导电的黑色零件和那些相关第 2、3 或 4 部分规定的机械零件应具有足够的防锈保护。

通过下述试验来检验。

将被试零件浸入除脂剂中 10 min，除去零件上的全部油脂。

然后将这些零件浸入温度为(20±5)℃的 10%的氯化铵(NH_4Cl)溶液中 10 min。

甩干水滴，但不必完全弄干，零件放在空气湿度为 95%、温度为(20±5)℃的箱中 10 min。

使用试验规定的液体时，必须采取适当预防措施以防吸入其蒸汽。

在温度为(100±5)℃的加热箱中干燥 10 min 后，这些零件表面从(500±50)mm 处正常视角观看时，不应呈现锈迹。

锐边上的锈迹和任何可以擦除的淡黄色膜斑忽略不计。

对小螺旋弹簧和类似零件以及受磨损的零件，一层油脂即可提供充分的防锈保护。只有在对油脂膜的有效性有怀疑时，才对这些零件进行试验，而且在不预先除去油脂的条件下进行试验。

16 变压器及其相关电路的过载保护

装有由变压器供电电路的工具应构造得在正常使用中可能出现短路时，变压器及其相关电路不应出现过高温度。

可能出现短路的例子有：安全特低电压电路中易触及的裸导线或易触及的没有充分绝缘的导线短路；灯丝内部短路。

就本条要求而言，对符合Ⅰ类或Ⅱ类结构基本绝缘规定要求的绝缘，不认为其可能出现失效。

通过施加正常使用中可能出现最不利的短路或过载来检验，工具按如下方式运行：

——对具有额定电压的工具，工具在 1.06 倍额定电压或 0.94 倍额定电压(取较不利者)下运行；

——对具有额定电压范围的工具，工具在 1.06 倍额定电压范围的上限或 0.94 倍额定电压范围的下限(取较不利者)运行。

测定安全特低电压电路的导线绝缘层温升，温升不应超出表 1 规定值 15 K。

变压器绕组温度不应高于 18.4 中对绕组的规定值，符合 GB 19212.1 的变压器除外。

注：变压器绕组可由其固有阻抗获得保护，也可通过装在变压器内或放置在工具内的熔断器、自动开关、热断路器或类似器件获得保护，只要这些器件只能借助于工具才能触及。

17 耐久性

17.1 工具应构造得使其不致出现可能有损于符合本标准的电气的或机械的故障。不得因发热、振动等而导致绝缘损伤、触头和联接件松动，不得有危及正常使用安全的劣化。

此外，在正常运转情况下，工具内的过载保护装置不应动作。

通过 17.2 的试验来检验。对于装有离心开关或其他起动开关的工具，还要通过 17.3 的试验来检验。

紧接这些试验后，工具应能经受 D.2 规定的电气强度试验，但试验电压为规定值的 75%。

17.2 手持式工具和可移式工具在空载下断续运行。

注 1：园林工具的要求在第 4 部分中规定。

每个运行周期由一个 100 s“接通”期和一个 20 s“断开”期组成，“断开”期包括在规定的运行时间内。如果运行周期因结构和/或标志的限制而少于 100 s“接通”期和 20 s“断开”期，则运行周期按实际情况。

工具可用不是装在工具内的开关接通、断开。

手持式工具在 1.1 倍最高额定电压或 1.1 倍额定电压范围的上限运行 24 h，然后在 0.9 倍最低额定电压或 0.9 倍额定电压范围的下限运行 24 h。24 h 不必是连续的。试验期间，以 3 个不同方位放置工具，在每种试验电压下，每个方位运行时间约 8 h。

注 2：改变方位是为了防止碳粉不正常地积聚在某特定部位上。3 个方位的例子是水平、垂直向上或垂直向下。

可移式电动工具在 1.1 倍最高额定电压或 1.1 倍额定电压范围的上限运行 12 h，然后在 0.9 倍最低额定电压或 0.9 倍额定电压范围的下限运行 12 h。12 h 不必是连续的。试验期间，工具按照 8.14.2a)1) 放置在正常操作位置。

试验期间允许更换电刷，并按正常使用方式对工具加注润滑油脂。如果发生机械失效，且不致达不到本部分要求，则可以更换失效零件。

如果工具的任一部分的温升超过 12.1 试验时测得的温升，则可以采用强制冷却或使之停歇。停歇时间不包括在规定的运行时间内。如果采取了强制冷却，应不改变工具的空气流动或改变碳粉的分布。

试验期间，装在工具内的过载保护器不应动作。

17.3 装有离心开关或其他自动起动开关的工具，以 0.9 倍额定电压或 0.9 倍额定电压范围的下限，在额定输入功率或额定电流下起动 10 000 次，运行周期按 17.2 的规定。

18 不正常操作

18.1 工具应设计成尽可能的避免由于不正常操作而导致：

——着火风险、危及安全的机械损害；

——电击风险。

通过 18.2 规定的试验条件进行 18.3～18.4 试验来检验是否符合下列要求：

试验期间，通过观察来检验，工具不能产生火焰，其金属部分不能熔化。试验后，或者工具冷却后接近室温时，工具仍应符合第 9 章的要求且带电零件与可触及零件之间能够承受 D.2 规定的电气强度要求。

如果试验后工具仍能运行，其应符合 19.1 的要求，但不必重复进行第 20 章的测试。

18.2 可以使用工具内的熔断器、非自复位的热断路器、过流保护装置或类似件提供必要的保护。如果用电子线路提供保护，或者其功能按照 18.8 的要求评估为关键安全功能(SCF)。

除非另有规定，试验连续运行，直到非自动复位的热断路器动作或达到稳态为止。如果试验期间故意设置的薄弱零件出现永久地开路而终止试验，则在第二个试样上重复相应试验。第二次试验应以同样的方式结束，除非试验以另一种符合要求的方式完成。

故意设置的薄弱零件是指在不正常操作情况下会失效的一种零件，用以防止违反本标准规定的情况出现。这类零件可以是可更换的组件，如电阻器、电容器或热熔体，也可以是一个要被更换的组件中的一个零件，如装在电动机中的不易触及且不能复位的热断路器。

18.3 装有串励电动机的工具拆下附件，以 1.3 倍额定电压或 1.3 倍额定电压范围上限值的电压空载运行 1 min。

试验期间，工具内不应飞甩出零件。试验后，工具不一定要能继续使用。

试验期间，工具内的附加限速装置允许动作。

18.4 装有三相感应电动机的工具，断开一相，从冷态起动，在额定电压或额定电压范围平均值下施加对应于额定输入功率或额定电流的转矩：

——用手保持接通或用手连续加载者，运行 30 s；

——其他，运行 5 min。

在规定的试验结束时，或在熔断器、热断路器、电动机保护器或类似器件动作的瞬间，绕组的温度不应超过表 3 规定的限值。

表 3 绕组最高温度

工具类型	温度/℃							
	等级							
	105	120	130	155	180	200	220	250
除运行达到稳定条件外的工具	200	215	225	240	260	280	300	330
运行达到稳定条件的工具								
——由阻抗保护	150	165	175	190	210	230	250	280
——由保护装置保护								
• 最初 1 h 期间的最大值	200	215	225	240	260	280	300	330
• 最初 1 h 后的最大值	175	190	200	215	235	255	275	305
• 最初 1 h 后的算术平均值	150	165	175	190	210	230	250	280

18.5 Ⅱ类工具或具有Ⅱ类结构的Ⅰ类工具(见 5.10)在过载条件下，防电击保护不应受到损害。

通过 18.5.1 试验来检验。就具有Ⅱ类结构转子、装有串励电动机的Ⅰ类工具而言，可以按生产者的选择用 18.5.2 试验替换 18.5.1 试验。

以下情况下之一的，18.5.1 和 18.5.2 的试验可以用 18.5.3 替代：

——如果在相关第 3、4 部分中规定；

——没有专用要求规定的可移式工具或园林工具。

18.5.1 在 18.1 中规定的不借助工具就能被使用者触及的所有熔断器、热断路器、过载保护器以及类似器件和任何自复位的保护装置应被短路。

除非用于防止工具达到 160％额定电流的电子线路的功能已经按照 18.8 评估为 SCF，否则应使其断开。将工具连接到 12 kVA 及以上的电路上。

按 C.3 测量带电零件和没有按Ⅰ类结构接地的易触及零件之间的泄漏电流，并且在整个试验过程以及试验后，监测泄漏电流直到达到稳定或降低。泄漏电流不应大于 2 mA。

工具在额定电压下运行。工具加载到额定电流的 160％，持续加载 15 min 或直到工具开路或出现火焰。如果工具不能在 160％负载下运行，则将工具堵转 15 min 或直到工具开路或出现火焰。如果任一情况出现，立即打开图 C.1 的 S1，如果出现火焰，立即用二氧化碳(CO_2)灭火器熄灭。

将工具冷却到室温后，按下述要求在带电零件和没有按Ⅰ类结构接地的易触及零件之间按照 D.2 进行电气强度试验：

——如果工具在 15 min 后不能运行，进行 1 500 V 电气强度试验；

——如果工具在 15 min 后能运行，进行 2 500 V 电气强度试验；

——除电机绕组开路外，工具在达到 15 min 前因过热而永久开路，则应重复进行试验。第二次试验应以同样的方式结束，除非试验以另一种符合要求的方式完成。如果试验因一个电子线路的非自复位限热功能而终止，则试验时应将此线路短路，或者其功能按照 18.8 的要求评估为 SCF；

——除上述原因以外，如果工具永久开路，则确定开路的原因，并在一个新的样品上短路引起开路的元器件重复试验。

18.5.2　将转子试样连接到 12 kVA 及以上的电路。

将 1.06 倍工具额定电压施加在互成 180°的换向片与转子轴之间（见图 3），测量换向片与转子轴之间的泄漏电流。在整个试验过程以及试验后，监测泄漏电流直到达到稳定或降低。泄漏电流不应大于 2 mA。

转子承受 160％的额定电流。电流施加在互成 180°的换向片上。不作进一步调节，电流施加 15 min 或直到转子开路或出现火焰。如果任一情况出现，立即打开图 C.1 的 S1，如果出现火焰，立即用二氧化碳（CO_2）灭火器熄灭。

转子冷却到室温后，在换向片和转子轴之间按照 D.2 进行 1 500 V 电气强度试验。

18.5.3　工具在以下堵转条件和 18.2 的条件下运行：

——对于堵转转矩小于满载转矩的工具，锁住工具的转子；

——对于其他工具，锁住运动零件。

对于具有一个以上电动机的工具，试验应在每个电动机上分别进行。

装有电动机且副绕组回路中有电容器的工具在转子被锁住、电容器一次开路一个的情况下运行。除非电容器属于 GB/T 3667.1—2005 的 P2 类，否则工具在电容器一次短路一个的情况下重复进行试验。

对装有定时器或程序控制器的工具，每次试验要施加额定电压的持续时间应与定时器或程序控制器允许的最长周期相等。

其他工具施加额定电压的持续时间为：

——对下述工具为 30 s：

- 手持式工具；
- 必须用手或脚保持接通的工具；
- 用手连续加载的工具。

——用于需照看的其他工具，5 min。进行 5 min 试验的工具由相应第 3、4 部分规定。

试验期间，绕组温度不应超过表 3 规定的限值，且符合 18.1 的要求。

18.6　电子电路的设计和应用应使得工具即使在故障条件下也不会引起电击、着火或触及运动部件的不安全情况。

通过对所有电路和电路的某一部分进行 18.6.1 规定的故障条件作评定来检验。

带有电子电路的工具被放置在由两层绢纸覆盖的软木表面上。试样盖有一层未经处理的纯医用纱布。工具在额定电压下运行。18.6.1 所列的每一个故障条件可以使用一个新的试样。

纱布和绢纸也不应有炭化或燃烧。所谓的炭化是指纱布由于燃烧而变黑。由于烟雾导致的纱布变色是允许的。用来产生短路方法而导致绢纸或纱布的炭化或灼烧不被认为是失效的。

第 9 章中规定的防止触及带电零件保护应保持有效。

如果试验导致壳体上产生新的孔隙，则 19.1 中规定的防止触及运动零件的保护应持续有效。

如果电路符合附录 H 描述的低功率电路的要求，并且没有电击风险，或不存在如 18.8 中描述的关键安全功能的丢失，则不进行此项评估。

如果线路由厚度至少为 0.5 mm 的绝缘材料封装且不存在因安全功能缺失引起的风险，则可以用封装线路的任意接点的开路或任意两接点的短路对其进行评价。电解电容不必被完全封装在线路内。

注 1：通常情况下，封装有效地限制了火焰在线路内蔓延的可能性。电解电容要求有一个故障条件下泄气用的不受阻挡的表面。

任何在上述试验中可能会动作的熔断器、热断路器和热熔体，至少要满足下列条件之一：

——使用 2 个附加试样分别重复此试验；

——将熔断器、热断路器和热熔体跨接，工具经受了 18.6.1 的试验；

——如果一个符合 GB 9364 的小型熔断体动作，工具经受了 18.6.2 的试验。

如果印制电路板的导体开路，只要满足以下两个条件，即认为工具承受了特定条件下的试验：

——任何松动的导体不会使带电零件和易触及导电零件之间的爬电距离或电气间隙降低到第 28 章规定值以下；

——重复在工具开路的导体被跨接的情况下承受试验，或者用 2 个附加试样分别重复此试验，均在同一点发生开路。

注 2：检查工具与其线路图将明确须模拟的故障条件，通过线路分析，所以试验可以仅限于那些可预见产生最不利后果的情况。

18.6.1 需要考虑以下故障条件，如有必要，一次施加一种故障，要考虑随之发生的故障：

a) 如果不同极性导电零件之间的爬电距离和电气间隙小于第 28 章规定值，除非相关零件具有足够的包封，否则对其进行短路；

b) 任何元件端子的开路；

c) 电容器的短路，除非它们符合 GB/T 14472；

d) 除集成电路外，电子元件任意两个端子的短路。该故障不适用于光电耦合器的两个电路之间；

e) 晶闸管失效成二极管模式；

f) 集成电路和其他不能由 a)～e)故障条件评定的电路的失效。在此情况下，要对工具可能的危险状况进行评定，以保证安全性不依赖于这一元件的正常功能。要考虑集成电路处于故障条件下所有可能的输出信号。如果表明某个特殊输出信号不会产生，则相关故障不予考虑。

半导体闸流管和晶闸管之类的元件不经受故障条件 f)。

如果正温度系数电阻(PTC's)在生产者声明的规定范围内使用，则它们不被短路。

为模拟故障条件，工具调节到最大输出速度空载运行。

进行试验直至出现失败或以下任何一种情况：

——对于市电驱动工具，工具不能再获得供电电流；

——建立了稳定的条件；

——被试样品温度恢复到室温；

——试验进行了 3 h。

18.6.2 在 18.6.1 规定的所有故障条件下，如果工具的安全性取决于符合 GB 9364 的小型熔断体的动作，则用电流表代替小型熔断体重复进行 18.6.1 试验，试验结果可接受。如果测量的电流：

——不大于 2.1 倍的熔断体额定电流，不认为电路有足够的保护，并且试验在熔断体短路情况下进行；

——至少为 2.75 倍的熔断体额定电流，认为电路有足够的保护；

——为 2.1 倍到 2.75 倍的熔断体额定电流，将熔断体短路进行试验，试验持续周期为：

- 对快速动作熔断体，为相应的时段或 30 s，取较短者；
- 对延时动作熔断体，为相应的时段或 2 min，取较短者。

如有疑问，在确定电流时必须考虑熔断体的最大电阻。

注：判断熔断体是否起到保护器件的作用是基于 GB 9364.3 规定的熔断特性，GB 9364.3 还给出了计算熔断体最大阻抗的必要信息。

18.7 在运转情况下可能出现电动机转向改变时，则电动机改变转向用的开关或其他装置应能经受此情况下产生的应力。

通过下述试验来检验：

工具以额定电压空载运行，而改变转向装置处于使转子朝一个方向全速旋转的位置上。

然后，改变旋转方向，改变转向装置不在中间“断开”位置停歇。

此操作连续进行25次。

试验后，开关不应出现电气或机械故障。

18.8 提供关键安全功能(SCF)的电子电路应当可靠，并且不会由于暴露在可预期的电磁环境应力中而引起关键安全功能的缺失。

通过18.8.1～18.8.5中的抗扰度试验来检测电子电路，未出现关键安全功能的缺失则认为通过测试。试验在额定电压或额定电压范围平均值下进行，除非额定电压范围的上、下限值之差大于范围平均值的20%，此情况下，试验要分别在额定电压范围的上限值和下限值进行。

此外，这些电子电路应当由18.6.1中的故障条件来评估，其结果不应导致任何关键安全功能的缺失。如果不能符合这一要求，那么其可靠性应由GB/T 16855.1来评估。

表4 要求的性能等级

关键安全功能的类型和作用	要求的性能等级(PL)
电源开关—防止不期望的接通	*
电源开关—提供期望的断开	*
对有19.6要求的工具：防止输出速度超过额定空载速度的130%或者通过18.3的测试	*
对无19.6要求的或者输出速度的增加不会超过额定空载速度130%的工具	不是SCF
如果第2、3、4相关部分中规定，重启保护	*
如果第2、3、4相关部分中规定，软启动	*
防止超过第18章中的热极限	*
防止23.3中要求的自复位	*
* 性能等级在相关第2、3或4部分中规定。对第2、3或4部分不包括的工具，以附录E为指导。	

典型的关键安全功能(SCF)的类型和作用如表4所示。

适用的关键安全功能的功能安全部件的性能等级(PL)应与由安全风险评估的风险指数相适应。

关键安全功能的性能等级由第2、3或4部分规定。

表4中未列出的关键安全功能及属于第2、3或4部分范围，但未指定专用要求的工具的关键安全功能的性能等级(PL)可参照附录E的方法测定。

如果仅应用平均危险失效时间($MTTF_d$)获取要求的性能等级，则每一个性能等级(PL)对应要求的最小$MTTF_d$见附录E的表E.1。一般情况下不允许用GB/T 16855.1诊断法作为一种符合性等级要求的结构性解决方案。附录E提供了本部分覆盖产品的关键安全功能(SCF)应用GB/T 22696和GB/T 16855.1的指导。

如果微控制器或者其他可编程装置组成的电路的部分失效将导致关键安全功能的缺失，则这部分应当由GB 14536(附录H)的规定来评估。

18.8.1 工具依据GB/T 17626.2进行静电放电试验，试验等级4适用。进行10次正极放电和10次负极放电试验。

18.8.2 工具依据GB/T 17626.4进行快速瞬变脉冲群试验，试验等级3适用。脉冲应当以5 kHz的重复频率在正极进行2 min，在负极进行2 min。

18.8.3 工具的电源接线端子依据GB/T 17626.5进行电压浪涌试验。在选定点上进行5个正脉冲、5个负脉冲试验。试验等级3适用于线对线的耦合方式，使用电源阻抗为2 Ω的发生器。试验等级4适用于线对地的耦合方式，使用电源阻抗为12 Ω的发生器。

如果工具装有带电火花控制装置的防浪涌装置,试验在95%的闪络电压下重复进行。

18.8.4 工具依据GB/T 17626.6进行注入电流试验,试验等级3适用。试验过程要覆盖0.15 MHz~230 MHz的所有频率。

18.8.5 工具依据GB/T 17626.11以3类产品的试验等级和持续时间进行电压暂降和短时中断试验。GB/T 17626.11—2008的表1和表2中的值在电压过零点施加。

19 机械危险

19.1 只要适合于工具的使用及工作方式,工具的运动部件和其他危险零件就应安置或包封得能提供防止人身伤害的足够保护。

保护外壳、罩盖、护罩和类似物应具有足够机械强度,以满足其规定的用途,并且不借助工具就不能拆下。

当可调节护罩用作作业部件的保护时,应能以简捷的方式精确调节从而使触及危险部件的可能性最小化。

使用和调整护罩不应产生其他危险,例如减小或阻挡了操作者的视野,传递热量或其他合理可预见的危险。

所有的作业部件,包括作为工具一部分的专用部件或配件,应被固定,不致由于移动、松开脱离工具的正常约束而引起的危险。

注:这样的危险可能由振动、反向运动或电气制动引起。

通过观察、第20章试验以及用GB/T 16842的试具B以不大于5 N的力进行试验来检验。在用试具试验前,去除所有柔软材料(弹性体)后,例如柔软握持覆盖层。试具应不能触及危险的运动部件。拆去集尘装置后的集尘口不进行本试验,其按19.3进行试验。

19.2 易触及零件应无锐边、毛刺、溢边等。

通过观察来检验。

19.3 在拆去用于集尘的可拆卸零件或装置(如有)后,应不能通过集尘口触及危险运动部件。

通过用与GB/T 16842的试具B相同尺寸,但无关节的刚性试具,施加不大于5 N的力来检验。

19.4 手持式工具应至少有一个手柄或握持面,以确保正常使用时的安全握持。

可移式工具应至少提供有一个手柄、握持面或类似件以确保安全搬运。

园林工具应有足够的握持面,以确保正常使用时的安全握持。

通过观察来检验。

19.5 如有必要,工具应设计和构造成允许对切割刀具与工件相接触进行目测检查。

通过观察来检验。

19.6 对所有相关第2、3、4部分要求工具标出额定空载速度的工具,主轴在额定电压的空载速度应不超过额定空载速度的110%。

通过工具空载运行5 min后测量主轴速度来检验。

19.7 可移式工具和园林工具应具有足够的稳定性。

通过下列试验来检查,对装有器具进线座的工具应装上合适的连接器和软电缆或软线进行试验。

电动机处于关断状态,工具以任一正常使用位置放在一个与水平面成10°的斜平面上,电缆或软线以最不利的位置摆放在该斜平面上。但是,如果工具放置在水平位置上,将其倾斜10°,正常情况下不接触支撑面的部分与水平支撑面接触,则将工具放置在水平支撑架上,并以最不利的方向将其倾斜10°。

带有门的工具,以门打开或关闭(取最不利者)进行试验。

在正常使用中由用户注液的工具,要在清空,或注入最不利的水量或推荐液体容量直到额定容量的情况下进行试验。

工具不应倾翻。

19.8 配有第3部分认可的轮子的可移式工具在移动的过程中应具有足够的稳定性。

通过以下试验检验：

将工具的电缆或软线缠绕和储存好，工具以正常的移动位置在与水平成10°的斜面上向两个方向（纵向和横向）移动。工具不应倾翻。

19.9 如果使用者按8.14.2的说明拆除固定护罩，例如维修保养或者转换工具或者更换附件，则紧固件应该始终在护罩或者工具上。如果为了拆除护罩，不需要完全地拆除紧固件，则认为紧固件仍在护罩或者工具上的。

通过观察和手试来检验。

20 机械强度

20.1 工具应具有足够的机械强度，应构造得使其能承受正常使用中预计可能出现的粗率操作。

通过20.2、20.3和20.4中规定的试验来检验。

紧接着试验后，工具应在带电零件和易触及零件之间承受D.2规定的电气强度试验，且带电零件要符合第9章规定，不应成为易触及的。

表面涂（镀）层的损伤、不会减小爬电距离或电气间隙到28.1规定值以下的小凹痕、或不致影响防电击保护或防潮保护的细屑均忽略不计。

本标准要求的工具的机械安全性不应受到损害。

肉眼看不出的裂缝和纤维增强模制件等的表面裂纹不予考虑。

如果装饰性罩盖具有内衬，而此内衬在拆下装饰性罩盖后能承受此试验，则装饰性罩盖的破裂可忽略不计。

20.2 用GB/T 2423.55—2006第5章规定的弹簧驱动的冲击试验器对工具施加冲击。

将弹簧调节到使锤头能以表5所示的能量冲击。

表5 冲击能量

被试部分	冲击能量/J
电刷盖	0.5±0.05
其他部分	1.0±0.05

工具被刚性地支撑，对外壳上每个可能的薄弱处施加3次冲击。

如有必要，对护罩、罩盖、手柄、操作杆、操作钮等也施加冲击。

20.3 对手持式工具，20.3.1适用。对可移式工具，20.3.2适用。对园林工具，其要求在第4部分中规定。

20.3.1 手持式工具从1 m高处跌落到混凝土表面3次。试验时，工具的最低点应高出混凝土表面1 m，在试样3个最不利的位置上进行。不安装可分离的附件。

如果装有符合8.14.2规定的配件，每一个配件或配件的组合安装在单独的工具样品上重复试验。

20.3.2 可移式工具在正常的操作位置上，用一个直径(50±2)mm、质量(0.55±0.03)kg的光滑钢球对每个在正常使用过程中可能受到冲击的薄弱位置冲击1次。如果工具的一部分能够承受来自上方的冲击，则球从静止位置跌落冲击该元件，否则用细绳将钢球悬起从静止位置释放像摆锤一样来冲击工具被试区域。在任何一种情况下，钢球的垂直行程是(1.3±0.1)m。

如果护罩能重新安装而能正确地实施其功能，则允许该护罩脱落。

如果护罩和其他部件在变形后能恢复原样，则允许护罩和这些部件变形。

如果工具不能进行正常操作，则除护罩以外，工具或部分驱动系统允许受损。

20.4 易触及的电刷盖应具有足够的机械强度。

通过观察来检验。如有怀疑，则通过取下并放回电刷 10 次来检验，拧紧电刷盖时施加的扭矩如表 6 所示。

表 6 试验扭矩

试验用螺钉旋具刀头宽度 d mm	扭矩 N·m
$d \leqslant 2.8$	0.4
$2.8 < d \leqslant 3.0$	0.5
$3.0 < d \leqslant 4.1$	0.6
$4.1 < d \leqslant 4.7$	0.9
$4.7 < d \leqslant 5.3$	1.0
$d > 5.3$	1.25

试验后，刷握不应呈现有损于其继续使用的损伤，螺纹（如有）不应损坏，电刷盖不应开裂。

试验用螺钉旋具刀头宽度必须尽可能大，但不得超出电刷盖上的凹槽长度。然而，若螺纹直径小于凹槽长度，则刀头宽度不得大于该直径。试验时不得猛然施加扭矩。

20.5 对于可能切割到暗线或自身软线的所有工具，其说明书 8.14.2 b) 6)规定的手柄和握持面应有足够的机械强度以便在握持面与输出轴之间提供绝缘。如果本条不适用，按相关第 2、3、4 部分的规定。

通过以下试验检验。

按工具生产者的选择，可以用一个单独试样，在每个手柄和每个推荐的握持面处于最不利位置时各经受一次冲击。该冲击的实施是让工具从 1 m 高跌落到混凝土表面，紧接着按照 D.2 在覆盖有金属箔的手柄、握持面与工具输出轴之间施加交流 1 250 V 的电气强度试验。

21 结构

21.1 能够调节以适用于不同电压或不同速度的工具，如果整定点的意外变动会导致危险，则应构造得使整定点不可能发生意外变动。

通过观察和手试来检验。

21.2 工具应构造得使控制装置的整定点不可能发生意外变动。

通过手试来检验。

21.3 不借助于工具应不能拆卸那些保证所需防水等级的零件。

通过手试来检验。

21.4 如果手柄、操作钮及类似物用于指示开关或类似组件的位置，则应不能将它们安置在可能导致危险的错误位置上。

通过观察和手试来检验。

21.5 更换软电缆或软线时，如需要移动兼作外接导线接线端子的开关，则内部布线应不会受到过度应力。在开关重新就位后以及工具重新装配前，应能证实其内部布线是否正确就位。

通过观察和手试来检验。

21.6 木、棉、丝、普通纸和类似的纤维或吸湿性材料，如果未经浸渍，不应用作绝缘。

如果材料纤维间的空隙基本上填满了合适的绝缘物质,即认为该绝缘材料是浸渍过的。

通过观察来检验。

21.7 不得依靠传动带提供所需的绝缘等级。

如果工具内装有一根能防止不适当更换的、特殊设计的传动带,则该要求不适用。

通过观察来检验。

21.8 Ⅱ类工具的绝缘隔层、Ⅱ类工具中用作附加绝缘或加强绝缘的零件,并且它们在维修后重新装配时可能遗漏的零件应满足以下条件:

——固定得不严重破坏就不能拆下,或;

——设计成重新安放时不可能放在不正确的位置上,如果遗漏了,工具就不能运行或明显不完整。

通过观察和手试来检验。

只要隔层固定得只有将其破坏或割开才能拆下,本要求即满足。

允许用铆钉固定,只要在更换电刷、电容器、开关、不可拆卸的软电缆或软线和类似物时,不必拆除这些铆钉。

仅在粘接点的机械强度与隔层的机械强度至少相同时,才允许用粘接来固定。

适当的绝缘内衬或金属外壳内适当的绝缘涂层被认为是绝缘隔层,只要涂层不能被轻易刮除。

对于Ⅱ类工具,绝缘内接导线(外接软电缆或软线的芯线除外)上的套管,如只有当将其破坏或割开才能取下的或其两端被夹紧的,才被认为是适当的绝缘隔层。

不认为金属外壳内壁上的普通清漆、浸渍黄蜡布、软树脂胶合纸和类似物是绝缘隔层。

21.9 工具内用作接线的软电缆或软线的内部导线绝缘被认为是基本绝缘。Ⅰ类结构的此接线处不需要另外的绝缘。当这些导线在Ⅱ类结构的此处使用时,它们应通过以下方式之一与易触及金属零件绝缘:

——电源线护层自身,如果该护层不受过度热应力,或不夹在易触及金属零件上,或不承受会损害护层的其他机械应力,例如压力或张力;

——符合附加绝缘要求的套、管子或隔层。

通过观察来检验,通过第12章的试验来测量热应力。

21.10 电动机外壳的进风口应能防止损害安全性的异物的进入。

通过以下试验来检验:

一个直径6 mm的钢球应不能依靠自重穿过进风口(风扇附近的开口除外)进入工具。

21.11 Ⅰ类工具应构造得在任何导线、螺钉、螺母、垫圈、弹簧、电刷、刷握组件或类似零件一旦松动或从其位置上脱落时,不可能使易触及金属带电。

Ⅱ类工具或Ⅱ类结构应构造得在任何这类零件一旦松动或从其位置上脱落时,不可能使得在附加绝缘或加强绝缘上的爬电距离和电气间隙减小到28.1规定值的50%以下。

非全绝缘型的Ⅱ类工具或Ⅱ类结构应在易触及金属零件与电动机零件及其他带电零件之间设置绝缘隔层。

对Ⅰ类工具,通过设置隔层或充分地固定零件,以及通过提供足够大的爬电距离和电气间隙来满足本条要求。

不认为两个独立的零件会同时松动或从位置上脱落。就电气联接件而言,认为弹簧垫圈足以防止零件松动。

如果导线没有在靠近接线端子或导线接头处固定,而是依赖于接线端子的连接或焊锡,则认为导线是可能从端子中或锡焊连接处脱开的。

只要接线端子螺钉松动时短的硬导线仍留在原位,则认为其是不易从端子中脱出的。

通过观察、测量和手试来检验。

21.12 附加绝缘和加强绝缘应设计成或保护得不可能由于污物沉积或因工具内部零件磨损产生的粉

尘沉积，致使爬电距离或电气间隙减小到28.1规定值以下。

非致密烧结的陶瓷材料和类似材料以及单独的玻璃珠均不应用作附加绝缘或加强绝缘。

用天然橡胶或合成橡胶制成的用作附加绝缘的零件应耐老化，或者它的尺寸和放置使得即使在该零件出现裂痕的情况下也不会使爬电距离减小到28.1规定值以下。

埋有发热导体的绝缘材料只用作基本绝缘，不应用作加强绝缘。

通过观察和测量来检验；

对于橡胶件还通过下述试验来检验：

橡胶零件在温度(100±2)℃下放置70 h进行老化。试验后，试样不应呈现肉眼可见的裂纹。

注：怀疑材料是非橡胶材料时，可进行专门的试验。

如有怀疑，进行以下试验测定陶瓷材料是否致密烧结。

陶瓷材料被打成碎片，浸泡在每100 g甲基化酒精含1 g品红的溶液中。溶液在不低于15 MPa的压力下放置一段时间，使得试验持续时间[单位为小时(h)]和试验压力[单位为兆帕(MPa)]的乘积约为180。

从溶液中取出碎片，冲洗，干燥后打碎成更小的碎片。

检查新的碎片的表面，应不呈现任何肉眼可见的染色痕迹。

21.13　工具应构造得通常不应使内部布线、绕组、换向器、滑环等类似零件以及绝缘与油、油脂或其他类似物质相接触。

如果结构上需要绝缘接触油、油脂或类似物质(例如在齿轮等中)，则油、油脂或类似物质应具有足够的绝缘性能而不致有损于符合本部分，并且不应对绝缘产生不利影响。

通过观察和进行本部分的试验来检验。

21.14　不借助于工具应不能接触电刷。

螺纹型电刷盖应设计成：拧紧时两个表面压紧在一起。

对用锁定件将电刷限制在位的刷握，如果锁定件松动会造成易触及金属零件带电，则该锁定件应设计成不依赖电刷弹簧的张力来锁定。

从工具外部易触及的螺纹型电刷盖应由绝缘材料制成，或由绝缘材料覆盖；电刷盖不应凸出于工具周围的表面。

通过观察来检验。

21.15　带液源系统的工具应确保使用者免受在液源系统故障时因液体的出现而增加的电击风险。

带液源系统的工具，其结构应是下列之一：

——Ⅲ类结构；

——Ⅰ类结构，提供符合GB 29303—2012的SPE-PRCD，Ⅱ类结构提供PRCD剩余电流装置并符合14.3、14.4和14.5要求；

——Ⅰ类或Ⅱ类结构，设计成与隔离变压器一起使用并符合14.3和14.4要求。

通过观察来检验。

21.16　对具有隔间的工具，如果不借助工具就能进入箱体，且在正常使用时箱体有可能被清理，则在清理时，工具的电气连接件不应经受拉拔。

通过观察和手试来检验。

21.17　工具应装有一个控制电动机的电源开关。该开关的操动件应显眼和易触及。

通过观察来检验。

21.17.1　对于装有“断开锁定”装置开关的工具，“断开锁定”系统应当被设计得确保具有足够的耐久性以经受误用和各种环境状况。单独通过手指向手掌的挤压动作触发开关扳机无法起动工具。

通过观察和21.17.1.1的试验来检验。对自复位到断开锁定位置的断开锁定装置，通过21.17.1.2的试验来检验。

21.17.1.1　将开关及其组装在相应工具壳体内的断开锁定系统的试样保存在 80 ℃的烘箱中加热 1 h。

试样冷却到室温后，开关断开锁定系统应符合 21.17.1.3 的试验。

21.17.1.2　将开关及其组装在相应工具壳体内的断开锁定系统的试样装进相应工具外壳内根据 23.1.10.3 周期次数运行，一个周期定义如下：

a)　操动断开锁定装置；

b)　操动开关；

c)　释放断开锁定装置或开关，使其按要求恢复到开关锁定状态。

以每分钟 10～20 次的速率操动开关。上述操作后，试样应符合 21.17.1.3 的试验。

注：上述试验可以与 23.1.10.2 同时进行。

21.17.1.3　在断开锁定按钮没有预先动作的情况下，朝着开关动作的方向，在开关动作构件的最不利位置施加表 7 所示的推力 10 s。开关在力施加的过程中不应动作。开关和其断开锁定系统在施力结束后应如设计的要求运行。

表 7　开关扳机力

扳机类型	力 N
单指扳机 （扳机长度＜30 mm）	100
多指扳机 （扳机长度≥30 mm）	150

21.18　手持式工具的电源开关的附加要求见 21.18.1。可移式工具的电源开关的附加要求见 21.18.2。园林工具的电源开关的附加要求见相应的第 4 部分规定。

21.18.1　手持式工具的电源开关，按 21.17 的规定，无论是否装有接通锁定装置，应是一个符合 19.4 规定使用者无需松开对工具的握持就能接通和关断工具的瞬动电源开关。

通过观察和手试来检验。

21.18.1.1　当瞬动电源开关有一个单独动作将其锁定在“接通”位置时，应无需松开对工具的握持就能用单一操动动作自动解除锁定。如果工具配有一个以上开关，且其中任一开关都能被锁定，则接通锁定开关应位于能有效控制工具的握持区域内，且任何一个这样的开关应无需松开对工具的握持就能用单一操动动作自动解除锁定或使其余接通锁定装置无效。

如果第 2 部分定义持续接通锁定操作会引起风险，则开关应在“接通”位置无任何锁定装置。

通过观察和手试来检验。

21.18.1.2　如果第 2 部分定义意外起动会引起风险，则电源开关扳机和断开锁定装置（如适用）应放置、设计或防护得不可能发生意外起动。

当直径（100±1）mm 的刚性球体从任何方向以单一直线动作作用在电源开关上时，工具应不能起动；或

在电动机被接通前，电源开关应有两个单独且不同的动作（例如某一电源开关，在横向移动闭合触头以起动电动机之前，它必须先被按下）。用一个单一握持或直线动作应不能完成这两个动作。

通过观察、手试来检验。

21.18.2　可移式工具的电源开关，按 21.17 的规定，应是一个能根据 8.14.2 使用说明书的要求方便地将此开关从操作者位置操动到“开”或“关”，且无合理可预见的危险。

通过观察来检验。

21.18.2.1　电源中断后再恢复到原电压时，工具的再次运行应不会引起危险。特殊要求见第 3 部分

规定。

通过观察来检验。

21.18.2.2　一个开关应当能由操作者用一个单一直线动作关闭。

当盖子/罩盖遮住了停止按钮，应做到推动盖子就能使其停止。

通过手试来检验。

21.18.2.3　电源开关应当被放置、设计或者防护得不可能意外移动到"接通"位置上。

将一个直径(100±1)mm的刚性球体用一个单一直线动作作用到电源开关上，应不能起动工具。或者在电动机起动前，电源开关应有两个独立且不同的动作(例如某一电源开关，在横向移动闭合触头以起动电动机之前，它必须先被按下)。应不能用一个单一握持或直线动作就完成这两个动作。

21.18.2.4　推拉开关应用向内的推动来关闭。

通过观察来检验。

21.19　工具应设计成：当用户保养时拆除的螺钉在重新装配期间被错误替换时，其防电击保护应不受影响。

通过将8.14.2规定的每个用户保养操作要求的螺钉拆除，重新装配时将螺钉放进相同或更大直径的错误位置，施加表10的扭矩来检验，带电零件与易触及金属零件之间的爬电距离和电气间隙应不减小到28.1规定值以下。

21.20　如果工具标有IP代码的首位数字，则应满足GB 4208的要求。

通过试验来检验。

21.21　工具应设计成：触及插头的插销时，不能因电容器放电引起电击风险。额定电容量不大于0.1 μF的电容器，即使将其连接到开关的电源端，也不认为会引起电击风险。这项规定不适用于符合9.2和21.34规定的保护阻抗要求的电容。

通过下述试验来检验，试验进行10次：

工具以额定电压运行。

然后将工具的开关(如有)拨到"断开"位置，拔下插头从而切断工具电源。

切断电源后的1 s时，用输入阻抗由100 MΩ±5 MΩ并联20 pF±5 pF组成的仪表测量插头插销间的电压。

该电压值应不超过34 V。

21.22　提供防止电击、防水或防止触及运动部件所需防护等级的不可拆卸零件应以可靠的方式固定，并应能承受出现的机械应力。

用来固定这类零件的快速扣紧装置应有明显的锁定位置。在可能要拆下的零件上使用的快速扣紧装置，其紧固性能应不会劣化。

通过下述试验来检验：

试验进行前，先将可能要拆下的零件拆、装10次。

工具处于室温中，但当检验可能受温度影响时，试验还要在工具按第12章规定条件运行后立即进行。

对可拆卸的所有零件，不论是否用螺钉、铆钉或类似零件紧固，都要试验。

对罩盖或零件上那些可能薄弱的部位，以最不利的方向施力10 s，力不得猛然施加。施加的力如下：

——推力为50 N；

——拉力：

a)　如果零件的形状不能使指尖轻易滑脱的，50 N；

b)　如果零件突出的握持部位在拆卸方向上小于10 mm，30 N。

推力是用尺寸与GB/T 16842的试具B相同但无关节的刚性试具施加。

拉力则是用吸杯之类的适当器件来施加，以便试验结果不受影响。

在进行 a)或 b)项拉力试验时，用 10 N 的力将图 1 所示的试验指甲插入任何缝隙或接缝中。然后以 10 N 力将此试验指甲沿边滑动。试验指甲不要扭转，也不作杠杆使用。

如果零件的形状不可能施加轴向拉力，则不施加拉力，但用 10 N 的力将图 1 所示的试验指甲插入任何缝隙或接缝中，然后用拉环以 30 N 力沿拆卸的方向拉 10 s。

如果罩盖或零件有可能承受扭力，则在施加拉力或推力的同时施加如下规定的扭矩：

——主体尺寸不大于 50 mm 的，2 N·m；

——主体尺寸大于 50 mm 的，4 N·m。

当用拉环拉动试验指甲时，也要施加此扭矩。

如果零件突出的握持部位小于 10 mm，上述扭矩减小到规定值的 50%。

零件不应变成可拆卸的，应仍保持在锁定位置。

21.23　如果手柄、操作钮、握持件、操作杆等松动会引起危险，则它们应牢固地固定，不致松动。

通过观察、手试和施加 30 N 的轴向推/拉力 1 min，以试图拆下手柄、操作钮、握持件、操作杆来检验。

21.24　捆扎软线用的扣箍和类似器件应光滑倒圆。

通过观察来检验。

21.25　腐蚀可能导致危险的载流件和其他零件，在正常使用条件下应能耐腐蚀。

通过在第 15 章的试验后，有关零件不应出现腐蚀来检验。就本要求而言，认为不锈钢和类似的耐腐蚀合金以及有镀层的钢是符合要求的。

注：腐蚀原因的例子有材料不相容和发热影响。

21.26　非Ⅱ类工具，若有依赖安全特低电压来提供所需防电击保护程度的零件，应设计成：以安全特低电压运行的零件与其他带电零件之间的绝缘应符合双重绝缘或加强绝缘的要求。

通过对双重绝缘或加强绝缘规定的试验来检验。

21.27　由保护阻抗隔开的零件应符合双重绝缘或加强绝缘的要求。

通过对双重绝缘或加强绝缘规定的试验来检验。

21.28　操作钮、手柄、操作杆等类似物的轴应不带电，除非拆去操作钮、手柄、操作杆等类似物时，它们的轴是不易触及的。

通过观察以及可借助于工具拆下操作钮、手柄、操作杆等类似物后，用 GB/T 16842 的试具 B 来检验。

21.29　对于非Ⅲ类结构，一旦绝缘失效时，握持或操动的手柄、操作杆和操作钮应不带电。

如果这些手柄、操作杆和操作钮由金属制成，一旦基本绝缘失效时，其轴或紧固件有可能带电，则它们应由绝缘材料充分覆盖，或者用绝缘将它们的易触及部分与轴或紧固件隔开。

对于Ⅰ类结构的可移式工具和园林工具，如果手柄、操作杆和操作钮与接地端子或接地触头可靠连接，或用接地金属零件隔开带电零件，则该要求不适用于手柄、操作杆和操作钮，但那些电气元件上的手柄、操作杆和操作钮除外。

通过观察来检查绝缘覆盖或绝缘材料，还应符合 D.2 进行 1 250 V 的电气强度试验。

21.30　对于易于切割到暗线或自身软线的工具，说明书 8.14.2b)6)的规定的手柄和握持面应当用绝缘材料构成，如果是金属，应用绝缘材料充分地覆盖，或者它们的易触及零件用绝缘隔层与因输出轴带电而可能会带电的易触及金属零件隔开。这类绝缘隔层不能认为是基本绝缘、附加绝缘或加强绝缘。

如果工具配有一个棍状辅助手柄，它应是绝缘的，并且有高出握持面至少 12 mm 的凸缘，凸缘是在握持区和因输出轴带电而可能会带电的易触及金属零件之间。

如果本条不适用，按相关第 2、3 和 4 部分的规定。

通过观察和 20.5 试验检验。

21.31 对于Ⅱ类工具，电容器不应与易触及金属零件连接，而且如果电容器外壳是金属的，则外壳应由附加绝缘与易触及金属零件隔开。

本要求不适用于符合 9.2 和 21.34 的保护阻抗要求的电容器。

通过观察以及进行对附加绝缘规定的试验来检验。

21.32 电容器不应接在热断路器的触头之间。

通过观察来检验。

21.33 灯座应只能用于灯头的连接。

通过观察来检验。

21.34 保护阻抗应至少由两个单独元件构成，其阻抗在工具的寿命期内应无显著变化。如果其中任何一个元件短路或开路，不应超过 9.2 中的规定值。

符合 GB 8898—2011 中 14.1a)的电阻器和符合 GB 8898—2011 中 14.2 的电容器均认为符合本要求。

一个额定电压至少为工具的额定电压，且符合 GB/T 14472—1998 的 Y_1 小类的单个电容可以用来替换两个单独元件。

通过观察和测量来检验。

21.35 第 2、3、4 部分中认可的、会产生大量灰尘的工具应有一个整体集尘/吸尘装置或出尘口，该出尘口允许安装外部吸尘装置抽出加工过程中的尘屑。出尘口的排放方向应避开操作者，其与任何外部吸尘装置不应阻碍工具的正常使用。

通过观察来检验。

22 内部布线

22.1 布线槽应光滑，无锐棱。

导线应予保护，不致触及那些可能损伤导线绝缘的毛刺、散热片等类似件。

供绝缘导线穿过的金属孔，应装有衬套，除非第 2、3、4 部分中另有要求，或者该孔应光滑倒圆。认为半径 1.5 mm 的倒圆是足够的。

应有效地防止内部布线与运动部件接触。

通过观察来检验。

22.2 内部布线应是刚性的，或固定得或绝缘得在正常使用中爬电距离和电气间隙不可能减少到 28.1 规定值以下。其绝缘不应受损伤。

通过观察、测量、手试以及 28.1 的试验来检验。

对于绝缘的内部布线，要检查其绝缘是否在电气上与 GB/T 5023.5 或 GB/T 5013.4 的软线绝缘相当，或符合下述电气强度试验。

在导线与包在绝缘上的金属箔之间施加 2 000 V 电压，历时 15 min，不应击穿。

22.3 由绿/黄组合色作为标记的导线不应接到非接地端子上。

通过观察来检验。

22.4 铝导线不应用于内部布线。不认为电动机绕组是内部布线。

通过观察来检验。

22.5 除非夹紧装置设计成不存在由于焊接冷变形而引起接触不良的风险，绞合导体承受接触压力处不应用锡焊料来固结。

如果采用弹性接线端子，则允许用锡焊料固结绞合导体。仅仅拧紧夹紧螺钉被认为是不够的。

绞合导体顶端焊结在一起是允许的。

通过观察来检验。

22.6 在正常使用或调节操作或用户保养时,工具上彼此能相对移动的不同零件,不应对电气联接件和内部导线(包括提供接地连续性的导线)造成过分的应力。柔性金属管不应损坏其内部容纳导线的绝缘。松卷弹簧圈不应用于保护内部布线。如果使用相邻圈并紧的盘绕弹簧圈来保护内部布线,则应在导线绝缘外附有足够的绝缘衬垫。

本要求不适用于振动引起的零件的小幅度移动。

注:足够的绝缘衬垫示例是符合 GB/T 5023.5 或 GB/T 5013.4 的软线。

通过观察和以下试验检验。

如果在正常使用中发生弯曲,则将工具放置在正常使用位置。

没有电源供电的情况下,可移动零件相对移动,使导线以结构允许的最大角度弯曲。弯曲速率至少为每分钟 6 次,弯曲次数如下:

——正常使用中导线/连接件,10 000 次;

——调节中导线/连接件,2 000 次;

——用户保养时导线/连接件,100 次。

相对移动一次为一次弯曲。

试验后,工具应承受 D.2 电气强度试验,施加在带电零件与易触及零件之间,带电零件按第 9 章规定应不可触及。

23 组件

23.1 只要合理,本部分涉及的组件应符合相应国家标准和/或 IEC 标准规定的安全要求。

电池不认为是组件,而是作为工具的一个部分。电池应符合附录 K 和附录 L 的相应要求。

如果组件标有其运行特性,则它们在工具中使用的条件应符合这些标志,但有特殊规定者例外。

符合有关组件的国家和 IEC 标准,未必保证符合本部分的要求。

除非另有规定,本部分第 28 章的要求适用组件的带电零件和工具的易触及零件之间的爬电距离和电气间隙。

除非组件预先经过试验,并且表明符合相关国家和 IEC 标准的循环次数要求,否则组件应经受 23.1.1 到 23.1.11 试验。

23.1.1 电动机副绕组中的电容器应标有其额定电压和额定电容量。

通过观察来检验。

23.1.2 抑制无线电干扰的固定电容器应符合 GB/T 14472 的规定。

通过观察来检验。

23.1.3 类似于 E10 灯座的小型灯座应符合对 E10 灯座的要求;它们不必安装得上一个符合 GB/T 1406.1—2008 的 7004-22 号标准页现行版的 E10 灯头的灯泡。

通过观察来检验。

23.1.4 隔离变压器和安全隔离变压器,除了 GB 19212.1 定义的内装变压器以外,应相应符合 GB 19212.5 和 GB 19212.7 的规定。开关型电源和开关型电源用变压器应符合 GB 19212.18。

通过观察来检验。

除了标志外,内装变压器应符合 GB 19212.5 或 GB 19212.7 的规定。

通过 GB 19212.5 或 GB 19212.7 的相关试验来检验。这些试验需要在工具上进行。

23.1.5 器具耦合器应符合 GB 17465 的规定,或生产者应在使用说明书中告知使用者只能通过生产者规定的相应联接器联接工具。

通过观察来检验。

23.1.6 正常使用中循环动作的机电触点式自动温度控制器应具有适当的耐久性。

通过按照 GB 14536.1—2008 的第 17 章，在工具实际工作条件下评估循环控制的耐久性来检查。所采用的循环次数为：

——对控温器，10 000 个操作循环；

——对限温器，1 000 个操作循环；

——对自复位热断路器，300 个操作循环；

——对要求手动复位的非自复位热断路器，10 个操作循环。

符合 GB 14536.1 要求的，并按其标志使用的自动控制器被认为是满足本部分要求的（"标志"一词包括了 GB 14536.1—2008 的第 7 章规定的文件和协议书）。

对第 12 章试验期间动作的自动控制器，只要它们短路时，工具仍能满足本部分要求，就不进行 GB 14536.1—2008 的第 17 章试验。

在第 12 章的表 1 的注 b 中列出了有关控温器和限温器试验的特殊的例外情况。

23.1.7　必须符合其他标准的组件，通常按有关标准单独进行如下试验：

如果组件有标志并按该标志使用，则按该标志进行试验，试样数量符合有关标准的要求。

特别是第 12 章的表 1 中未提到的组件要作为工具的一部分进行试验。

23.1.8　尚未单独进行试验且尚未符合 23.1 规定的组件，或者没有标志或不按其标志使用的组件，按相关标准在工具实际使用条件下进行试验。

如果 23.1 中未提及组件的相关国家标准或 IEC 标准，则不进行附加试验。

23.1.9　对于与电动机绕组串联的电容器，工具以 1.1 倍额定电压和空载运行时，电容器两端的电压不应超过电容器额定电压的 1.1 倍。

23.1.10　开关应构造得不致出现可能有损于符合本部分的故障。

通过以下试验来检验。

已经单独进行试验，并确定符合 GB 15092.1 的开关应符合 23.1.10.1 的规定。

尚未单独进行试验，并且尚未确定符合 GB 15092.1 或不满足 23.1.10.1 要求的开关应按照 23.1.10.2 到 23.1.10.3 的规定进行试验。

23.1.10.1　开关应按如下规定标识和分类：

按如下规定，确定电源开关的额定值：

——额定电压不小于工具额定电压；

——额定电流不小于工具额定电流；或者，如果开关上只标注了额定功率，额定电流不小于在额定电压下进行 12.2 试验测得的电流；

——如果是交流工具，交流电压；

——如果是直流工具，直流电压。

至少，电源开关属于 GB 15092.1 的连续工作制类别。

按电源开关所控制的负载类型分：

——电动机驱动的工具的电源开关：在正常使用条件下，属于 GB 15092.1—2010 中 7.1.2.2 类别的电阻性负载和电动机负载电路；

——电磁铁驱动的工具的电源开关：在正常使用条件下，属于 GB 15092.1—2010 中 7.1.2.8 类别的感性负载电路；

——或者，电源开关可认为是对应符合 GB 15092.1—2010 中 7.1.2.5 类别的特定负载电路开关。

可以按工具实际运行中的负载条件进行归类。

除电源开关外的开关额定值和负载类型应按实际运行中的条件进行。

开关还可以按耐久次数进行以下分类：

——手持式工具的电源开关——50 000 次。

——可移式电动工具和园林工具的电源开关——10 000 次。

——内有串联电子器件的电源开关,将电子器件短路,开关必须承受 1 000 次试验。

注 1:没有标明耐久次数的器具开关,将电子器件短路,按 GB 15092.1 试验 1 000 次。

——除了电源开关以外的开关,诸如调速开关,当通电时可能被操动的——1 000 次。但是,如果开关短路后能满足本部分要求,则不进行此试验。

——除了电源开关以外,下述开关无需带有特殊的耐久性。

- 不带电气负载操作的开关,以及只有借助工具才能操作的开关,或被互锁而不能在电气负载下操作的开关,或
- 提供电动机正反转功能的开关,或
- 属于 GB 15092.1—2010 中 7.1.2.6 分类的 20 mA 负载的开关。

注 2:电动机正反转耐久性按 18.7 进行试验。

通过检查开关标志,以及随开关一起提供的资料和证书检验。

23.1.10.2 开关应有足够的耐久性。

通过在 3 个开关试样上,按 GB 15092.1—2010 中 17.2.4.4 加快速度循环耐久试验进行检验,但是负载条件按 23.1.10.2.1 或 23.1.10.2.2 中的规定,循环次数按以下规定。

手持式电动工具的电源开关试验 50 000 次。可移式电动工具和园林工具的电源开关试验 10 000 次。

如果电源开关中包含了与机械触头串联的电子线路,并且电子线路中有一个或者多个起通断功能的半导体器件(SSD),如 GB 15092.1 中的定义,在开关运行时,电子线路通过降低电流提供保护功能。

——在三个附加试样上,将电子线路短路,重复试验至少 10 00 个循环周期。

——视保护功能为关键安全功能,应符合 18.8,电源开关的更高性能等级的要求。

除了电源开关以外的开关,诸如调速开关,当通电时可能被操作的,按上述试验,但只在正常使用时的负载条件下,进行 1 000 次循环操作。

除了电源开关以外,不带电气负载操作的开关,以及只有借助工具才能操作的开关,或被互锁而不能在电气负载下操作的开关,不经受 GB 15092.1—2010 中 17.2.4.4 的试验。

正反转开关不经受 GB 15092.1—2010 中 17.2.4.4 的试验,按 18.7 进行试验。

属于 GB 15092.1—2010 中 7.1.2.6 分类的,20 mA 负载的开关也不经受 GB 15092.1—2010 中 17.2.4.4 的试验。

完成上述试验后,开关应能打开和关闭,且开关的基本绝缘符合 GB 15092.1—2010 中 17.2.5 绝缘合格(TE3)要求。

23.1.10.2.1 对于通过外部加载的试验开关,负载条件按以下规定:

电动机驱动的工具的电源开关属于 7.1.2.2 分类。以接通电流为 6×I-M,功率因数为 0.6±0.05,以及断开电流为 I-M,功率因数≥0.9 进行试验。I-M 电流为工具额定电流。

电磁铁驱动的工具的电源开关属于 7.1.2.8 分类。以接通电流为 6×I-I,功率因数为 0.6±0.05,以及断开电流为 I-I,功率因数≥0.9 进行试验。I-I 电流为工具额定电流。

除了电源开关以外的开关,如果在正常使用中,和电源开关的负载条件相同,应在上述对应的负载条件下进行试验。

23.1.10.2.2 对于工具中使用电动机或电磁铁负载的试验开关,开关在额定电压下,按规定的周期数进行试验,每个周期应包括:

a) 当工具停歇时,不对工具施加任何机械负载,开关闭合。

b) 对工具加载至额定电流或额定功率,开关断开。

应尽可能快地操作周期,但不需要符合 GB 15092.1—2010 中 17.2.3.4.1 的要求。

23.1.10.3 电动机驱动的工具的电源开关应有足够的分断能力。

通过 GB 15092.1—2010 中 17.2.4.9 的堵转试验(TC9)通以 6×I-M 的电流来检验。或者开关装在

工具内，在电动机堵转的情况下进行试验，每个“接通”期不大于 0.5 s，每个“断开”期不小于 10 s。

试验后，电源开关应无电气故障或机械故障。如果开关在试验结束的时候仍运行良好，则认为无电气故障或机械故障。

23.1.11 如果能满足 18.6 和 18.8 的规定，则允许电子电源开关采用非机械式触点分离。

注：认为电子电源开关具备关键安全功能。

23.2 工具不应装有：

——串在软线中的开关或自动控制器，但类似 RCD 的保护装置是允许的；

——一旦工具出现故障，能使固定布线中保护装置动作的装置，接地导线除外；

——能够靠锡焊复位的热断路器。

通过观察来检验。

23.3 根据第 2、3、4 部分的规定，意外起动会引起风险时，关断工具的过载、过热保护器或线路应为非自动复位型。

如果电子调速器和负载调节器不关断工具而是在施加负载时降低工具的速度，去除负载时增加工具的速度，则不认为它们是过载保护器。不认为 RCD 是过载保护器。

通过电源开关断开-再接通工具来重新设置过载保护器被认为是非自复位动作。

通过观察来检验。

23.4 用于特低电压电路中的插头、插座以及用作发热元件接线端子的器件不应与 GB 2099 系列中列出的插头、插座，或符合 GB 17465.1 活页的连接器和器具进线座通用。

通过观察来检验。

23.5 与电网连接，而且其基本绝缘对工具额定电压而言是不够的电动机，应符合附录 B 的要求。

通过附录 B 的试验来检验。

24 电源联接和外接软线

24.1 工具应配有下列一种电源联接装置：

——配有插头、至少 1.8 m 的电源线；

——不配插头、至少 1.8 m 的电源线，说明书中应按照 8.14.2a) 给出联接信息；

——至少与工具防水等级要求相同的器具进线座；

——长度为 0.2 m 到 0.5 m、装有插头或至少与工具防水等级要求相同的其他连接器的电源线。

插头、连接器和进线座应符合工具的额定值。

通过观察和测量来检验。

测量从软线伸出工具处到软线与插头连接处的软线长度，如果没有插头，则测量到软线的末端。

24.2 电源线应以下述联接方法之一安装到工具上：

——X 型联接；

——Y 型联接；

——Z 型联接，当第 2、3、4 部分允许时。

具有 X 型联接的电源线应是仅由生产者或其维修部提供的特殊制备的软线，特殊制备的软线也可能包含有工具的一部分。

通过观察，如有必要，还应通过手试来检验。

24.3 插头不应接上一根以上的软线。

通过观察来检验。

24.4 电源线性能应不低于：

——普通橡胶护层软线[GB/T 5013.4 的 60245 IEC 53(YZ)]；

——普通聚氯乙烯护层软线[GB/T 5023.5 的 60227 IEC 53(RVV)]。

外部金属零件在第 12 章试验期间温升超过 75 K 的工具不应使用聚氯乙烯绝缘软线。

通过观察和测量来检验。

对符合 GB 2099、GB 1002 和 GB 1003 的插头，符合 GB 17465 的器具耦合器以及符合 GB/T 11918、GB/T 11919 的插头，除非它们在本部分的正文中被特别提到，否则不规定附加要求。

24.5 电源线的标称截面积应不小于表 8 所示。

表 8 电源线的最小截面积

工具额定电流 I/A	标称截面积/mm^2
$I \leqslant 6$	0.75
$6 < I \leqslant 10$	1
$10 < I \leqslant 16$	1.5
$16 < I \leqslant 25$	2.5
$25 < I \leqslant 32$	4
$32 < I \leqslant 40$	6
$40 < I \leqslant 63$	10

通过 GB/T 3956 的规定，用导体电阻测量来检验。

24.6 Ⅰ类工具的电源线应有一根绿/黄组合色芯线。该芯线应连接在工具内部接地端子和插头的接地触头之间。

通过观察来检验。

24.7 在电源线的导线受到接触压力的部位，除非夹紧装置设计成不存在因焊锡冷变形而引起接触不良的风险，否则不应用锡焊料加以固结。

通过观察来检验。

此要求可通过使用弹性端子得到满足。仅仅拧紧夹紧螺钉被认为是不够的。

24.8 对于所有联接型式，将电源线与外壳或外壳的一部分模压在一起应不影响软线的绝缘。

通过观察来检验。

24.9 进线孔应设置衬套，或者构造得使电源线的护层能进入孔内而无损伤风险。

通过观察和手试来检验。

24.10 进线孔衬套应：

——其形状能防止损伤电源线；

——可靠固定；

——不借助于工具就不能拆下。

通过观察和手试来检验。

24.11 除可移式工具和园林工具外，操作时电源线和护套会弯曲的工具，应构造得足够防止电源线进线处过度弯曲。

通过下述试验 a)、b)来检验。

a) 工具电缆进线孔部分，装接上工具设计所要求的软线护套和软电缆或软线，固定在类似于图 2 所示设备的摆动臂上。如图 2 所示，摆动轴线和电缆或软线进入工具的位置之间的距离 X 应调节成当摆动臂在其整个范围内摆动时，软线和负载水平位移最小。

在电缆或软线上缚上一个与 5.17 中规定的重量一样，但不小于 2 kg 或不大于 6 kg 的重物。摆臂前后摆动 90°(铅垂线两侧各 45°)，弯曲次数为 20 000 次，弯曲速率为每分钟 60 次。向前或向后摆动一次为一次弯曲。在弯曲 10 000 次后，将试样绕软线护套中心线转过 90°再进行

10 000 次弯曲。

b) 然后松开软线固定装置和接线端子螺钉而不拆下软电缆或软线的导线。但是，如果软线护套被压紧在软线固定装置下，则不松开软线固定装置。

然后，用软线护套将工具在大约 1 s 时间内提起约 500 mm 距离，并放回到支架上。提起时不应猛然用力。此操作进行 10 次。

试验期间，软线护套不应从其位置上脱出。

上述试验后，不应出现以下情况：

——导线离开接线端子；

——任何一根导线的线芯折断大于 10%。

注：导线包括接地线。

24.12 操作时电源线会弯曲的工具，其软电缆或软线应使用绝缘材料制成的软线护套加以保护，防止在工具进线孔处过度弯曲。

软线护套应以牢固的方式被固定，并应设计成：其伸出工具进线孔的距离至少是随工具一起提供的电缆或软线外径的 5 倍。

通过观察、测量以及下述试验来检验。

设计成带电源线的工具装上软线护套，软电缆或软线比该软线护套长出约 100 mm。

把工具夹持成：在电缆或软线伸出护套处，当电缆或软线不受应力时，软线护套的轴线与水平成 45°角向上伸出。

然后，把一个质量为 $10D_c^2$ g 的重物缚在电缆或软线的悬空端。D_c 为与工具一起提供的软电缆外径，单位为毫米(mm)。

重物一经缚上后，软电缆或软线在任何一点上的曲率半径均不得小于 1.5 D_c。

24.13 装有电源线的工具应有软线固定装置，使导线在端子处不受张力(包括扭力)，并保护导线的绝缘层免受磨损。

应不能将软线推入工具内，以免损伤软线或工具内部的零件。

通过观察、手试以及下述试验来检验。

当经受表 9 所示拉力时，在距离软线固定装置约 20 mm 处或其他合适的地方给软线作一个标记。

然后以最不利的方向用规定的力拉软线，但不应猛然施加，每次历时 1 s。试验进行 25 次。

紧接着，除自动卷线盘上的软线外，软线应在尽可能靠近工具处承受一个扭矩，该扭矩由表 9 规定，历时 1 min。

表 9 拉力和扭矩值

工具质量 m/kg	拉力/N	扭矩/(N·m)
$m \leqslant 1$	30	0.1
$1 < m \leqslant 4$	60	0.25
$m > 4$	100	0.35
注：工具质量按本部分 5.17 的规定。		

试验期间，软线不应损伤，并且在端子处没有明显的张力。再次施加拉力时，软线纵向位移不得大于 2 mm。

24.14 软线固定装置应安置得只有借助于工具才可触及，或设计成只有借助于工具才能接上软线。

通过观察来检验。

24.15 软线固定装置应设计成或设置得：

——如果软线固定装置的夹紧螺钉是易触及的，或至少不是由附加绝缘将其与易触及金属零件隔开的，软线就不能触及到这些夹紧螺钉；

——软线不是由直接压在软线上的金属螺钉夹紧的；

——压盖不应用作软线固定装置；

——对Ⅰ类工具而言，如果软线的绝缘失效会导致易触及金属零件带电，则软线固定装置应由绝缘材料制成，或具有符合基本绝缘要求的绝缘衬垫。认为软线护层满足此要求；

——对Ⅱ类工具而言，软线固定装置应由绝缘材料制成，或由符合附加绝缘要求的绝缘将其与易触及金属零件隔开。不认为单独的软线护层满足此要求。

通过检查来检验。

24.16 对X型联接而言，软线固定装置应设计成或设置得：

——易于更换软线；

——如何消除张力和防止扭转是明显的；

——在更换软线时必须拧动的螺钉(如有的话)不能用来固定任何其他组件，除非当该螺钉被漏装或被误装时，会导致工具不能运行或明显不完整，或除非更换软线期间，不借助于工具就不能把靠这些螺钉固定的零件拆下；

——在采用迷宫形式的情况下，不能绕过这些迷宫而经得起24.13的试验；

——至少有一个软线固定装置的零件牢牢地固定在工具上或工具的功能件上，例如开关，接线柱或类似器件，除非它是专门制备软线的一部分。

通过观察和在下述条件下进行24.13试验来检验。

将导线引入接线端子；如有接线端子螺钉，则将该螺钉拧到刚好能防止导线轻易改变它们的位置。软线固定装置按正常方式使用，如有夹紧螺钉，则该螺钉用等于27.1规定值的2/3扭矩拧紧。

直接压在软线上的绝缘材料螺钉用表10的Ⅰ栏规定值的2/3扭矩拧紧，取螺钉头上的凹槽长度作为螺钉标称直径。

24.17 对X型联接，诸如将软线打一个结或用绳绑住线端之类的制造方式都是不允许的。

通过观察来检验。

24.18 内部供电源电缆或电源软线安放的空间，或对X型联接，作为工具一部分的空间，应设计成：

——如有罩盖，则在装上罩盖前，允许检查导线是否正确连接和就位；

——如有罩盖，则能装上罩盖且不损伤电源导线或其绝缘层；

——如果软线没有装上不可能从导线上脱落的导线接头，那么导线剥去绝缘的一端一旦从接线端子中脱出，应不能碰到易触及零件。

通过观察来检验，对X型联接还通过下述附加试验来检验。

凡在离端子30 mm及以内不将导线另行夹住的柱型接线端子，以及用螺钉夹紧的其他接线端子，应将夹紧螺钉或螺母依次松开。不将导线从其位置上取下，用一个2 N的力靠近端子、螺钉、螺柱处以任何方向施加到导线上。导线剥去绝缘的一端不应与易触及金属零件以及其他与易触及金属零件联接的金属零件接触。

对柱型接线端子，如果在距离端子30 mm及以内处将导线另行夹住，则认为满足了导线剥去绝缘端不得接触易触及金属零件的要求。

24.19 器具进线座应：

——设置或包封得在插拔连接器时，带电零件是不易触及的；

——安置得能顺利地把连接器插入；

——安置得在连接器插入后，当工具以正常使用的任何位置放置在水平面上时，工具应不被连接器支撑。

通过观察来检验。非GB 17465规定的器具接线座，就第一个要求而言，还应通过用GB/T 16842的试具B来检验。

配有符合 GB 17465 的器具进线座的工具，被认为是符合第一个要求的。

24.20 互连软线应符合电源线的要求，除非：

——软线的截面积根据第 12 章试验期间导线承载的最大电流确定；

——导线的绝缘足以承受它的工作电压；

——正常使用中工具的移动范围限制了 24.11 的试验。

注：第 12 章试验期间导线承载的最大电流不一定是工具的额定电流。

用观察和测量来检验。

24.21 如果互连软线断开会有损于符合本部分，则它们不借助于工具应是不可拆卸的。

通过观察来检验。

25 外接导线的接线端子

25.1 工具应提供连接外接导线的端子或等效件。该端子应只能借助工具才能触及。符合 GB 13140.2 规定的螺纹型端子、符合 GB 13140.3 规定的无螺纹型端子和符合 GB 17196 规定的扁形快速连接端头被认为是等效件。

螺钉、螺母不应用来固定任何其他组件，除非在接电源线时内部导线不可能移位，则这些螺钉、螺母也可用来夹紧内部导线。

通过观察和手试来检验。

对于 X 型联接的工具，可以采用焊锡联接件来联接外接导线，只要此导线放置或固定得不仅仅依赖焊接保持在其应有位置上；或者具有隔层，使导线万一从焊接点脱开时，也不能使带电零件与其他金属零件间的爬电距离和电气间隙减小到 28.1 规定值的 50%以下。

对于 Y 型和 Z 型联接，可以采用锡焊、熔接、压接及类似联接来连接外接导线。而且，对于Ⅱ类工具，导线应放置或固定得不仅仅依赖锡焊、压接或熔接将导线保持在其应有位置上；或者应具有隔层，使导线万一从焊接点或熔接点脱开或从压接处滑脱时，也不可能使带电零件与其他金属零件间的爬电距离和电气间隙减小到 28.1 规定值的 50%以下。

假定两个独立无关的紧固件不会同时松脱。

如果锡焊的导线不在其靠近导线接头处用与焊接无关的方式夹持，则认为不是足够固定的；但是，若在锡焊前，导线是“钩住”的，只要导线穿过的孔不过大，通常就认为是把电源线的导线（箔线除外）保持其在应有位置上的适当措施。

装在工具内的组件（如开关）的接线端子可以用作外接导线的接线端子。

用其他方式连接到接线端子或导线接头的导线，不认为是足够固定的，除非在靠近接线端子或导线接头处另有附加的固定措施；对绞合导线，此附加固定措施要将导线绝缘层和导体两者都夹住。

通过观察和测量来检验。

25.2 电源线的接线端子应设置合理。

通过观察和对联接件施加 5 N 的拉力来检验。

试验后，联接件应无可能有损于符合本部分的损伤。

25.3 对于 X 型联接的工具，其接线端子应固定得在拧紧或松开夹紧装置时，接线端子不松动，内部布线不受到应力，爬电距离和电气间隙不会减小到 28.1 规定值以下。

通过观察，以及 GB 17464—2012 中 9.6 试验来检验。试验时施加的扭矩等于 GB 17464—2012 的表 4 扭矩规定值的 2/3。

可以通过采用两个螺钉固定，或用一个螺钉固定在没有明显间隙的凹槽中，或用其他合适的方式来防止接线端子松动。

如果在接上电源电缆后，以及在将开关或类似器件重新安放在其定位凹槽内后，通过观察能够确定工具重新装配后，这些组件和电源电缆均处于正确位置，则对接线端子固定的要求并不排除采用设在定位凹槽内的开关或类似器件上的措施。

认为仅用密封胶覆盖而无其他锁定措施是不充分的。但自硬性树脂可用来锁定在正常使用中不受扭矩的接线端子。

25.4　对X型联接的工具，接线端子应设计成：以足够的接触压力将导线夹紧在金属表面之间，而且不损伤导线。

通过在25.3的试验后观察接线端子和导线来检验。

25.5　柱式端子应构造或设置得能看得到插入孔内的导线端，或者导线线端超出螺纹孔的距离至少等于螺钉标称直径的一半但至少为2.5 mm。

通过观察和测量来检验。

25.6　对X型联接，打开工具后应能清晰地识别和触及接线端子。全部接线端子应设置在一个罩盖后面，或外壳的一部分的后面。

通过观察来检验。

25.7　X型联接的工具的接线端子部件应设置或遮掩得当接线时，如果绞合线芯线中有一根散漏在外，带电零件与易触及金属零件也不存在意外连接的风险，对Ⅱ类工具，带电零件与仅用附加绝缘将易触及金属零件隔开的金属零件之间也不存在意外连接的风险。

通过下述试验来检验：

将具有24.5规定标称截面积的软线端剥去8 mm长的绝缘层。

留出绞合线中的一根芯线，而将其余的芯线都完全插入接线端子并夹紧。

在不向后撕裂绝缘层的情况下，朝每个可能的方向弯曲留出的那根芯线，但不得绕过隔层作急剧的弯折。

接至带电接线端子的导线中留出的那根芯线不应触及任何易触及金属零件，或与易触及金属零件相联接的金属零件；对Ⅱ类工具而言，还不应触及任何仅由附加绝缘与易触及零件隔开的金属零件。接至接地端子的导线中留出的那根线芯不应触及任何带电零件。

26　接地装置

26.1　Ⅰ类工具的那些在绝缘一旦失效时可能带电的易触及零件，应永久性地和可靠地连接到工具内的接地端子或接地导线接头上，或接到工具进线座的接地触头上。

印制电路板的印制导线不应用来提供保护接地电路的连续性。

接地端子和接地触头不应与中性线端子呈电气联接。

Ⅱ类工具和Ⅲ类工具不得有接地装置。

如果用接到接地端子或导线接头或接地触头的金属零件将易触及金属零件与带电零件屏蔽，就本条要求而言，则不认为这样的易触及金属零件在绝缘一旦失效时可能带电。

有金属对金属依靠轴承接触的旋转电机组件可以被认为是相互之间通过轴承接触面达到电气连接而具有接地功能。

由双重绝缘或加强绝缘与带电零件隔开的易触及零件，不认为一旦绝缘失效时可能带电。

在经受不起第20章试验的装饰性罩盖下面的金属零件被认为是易触及零件。

通过观察来检验。

26.2　接地端子的夹紧机构应充分予以锁定，以防意外松动，并且不借助于工具应不能将其松开。符合第25章的螺钉夹紧端子和符合GB 13140.3的规定无螺纹端子被认为满足本章要求。

对专门制备软线，符合GB 17196要求的端子被认为满足本章要求。

通过观察、手试，和对无螺纹端子进行GB 13140.3规定的试验来检验。

26.3 如果可拆卸零件上有接地联接，则将此部件安放就位时，接地联接应先于载流联接形成；而当取下此部件时，载流联接应在接地联接断开之前分开。

对带电源线的工具，接线端子的安排或软线固定装置与端子间的导线长度应使得软线从软线固定装置上滑出时，载流连接导线先于接地导线绷紧。

通过观察和手试来检验。

26.4 用来联接外接导线的接地端子的所有零件，不应有由于与接地铜导线接触或与其他金属接触而产生腐蚀的风险。

一旦绝缘失效就可能传导电流的零件，除金属机身或外壳零件外，应由有镀层的或有足够耐腐蚀性能的无镀层的金属制成。如果这样的零件由钢制成，则在其主要部位应具有厚度至少为 5 μm 的电镀层。

仅用来提供或传递接触压力的、由有镀层或无镀层的金属制成的零件应有足够的防锈保护。

如果接地端子本体是铝或铝合金机身或外壳的一部分，则应采取措施避免由于铜与铝或铝合金接触而引起腐蚀的风险。

含铜量至少 58% 的铜合金零件（对冷加工零件）、含铜量至少 50% 的铜合金零件（对其他零件）以及含铬量至少 13% 的不锈钢零件，均被认为具有足够的防腐蚀性能。接受过诸如铬酸盐置换镀覆之类处理的零件，通常不认为具有足够的抗腐蚀保护，但可用来提供或传递接触压力。

钢零件的主要部位特指那些传导电流的部位。在评定这样的部位时，必须考虑与零件形状有关的镀层厚度。如有怀疑，按 GB/T 4956 或 GB/T 6462 的规定测定镀层厚度。

通过观察、测量、手试以及第 15 章的试验来检验。

26.5 接地端子或接地触头和与其联接的金属零件之间的联接应是低电阻的。

通过下述试验来检验。

在接地端子或接地触头与各易触及金属零件之间依次通以由空载电压不超过 12 V（直流或交流）的电源供电的、等于 1.5 倍工具额定电流或 25 A（择两者中值较大者）的电流。

测出在工具的接地端子或工具进线座的接地触头与易触及金属零件之间的电压降，由电流及该电压降计算出电阻。

电阻不得大于 0.1 Ω。

如有怀疑，则将试验一直进行到稳定状态。

测量电阻时，不包含软线电阻。

要引起注意使测量探头顶端与被测金属零件之间的接触电阻不影响试验结果。

27 螺钉与连接件

27.1 凡因其失效而可能有损于符合本部分的紧固件和电气联接件以及提供接地连续性的联接件，都应能经受机械应力。

上述螺钉不应用诸如锌、铝之类软的或易于蠕变的金属制成。

这样的螺钉如用绝缘材料制成，则其标称直径应至少为 3 mm，并且不应用于任何电气联接或提供接地连续性的联接。

传递电气接触压力的螺钉应旋入金属中。

如果螺钉被替换成金属螺钉会有损于附加绝缘或加强绝缘，则该螺钉不应由绝缘材料制成。

更换具有 X 型联接的电源线时或进行用户保养时可能拆下的螺钉，如果被金属螺钉替换会损害基本绝缘，则不应由绝缘材料制成。

注：接地联接件是电气连接件的一种示例。

通过观察以及下述试验来检验。

如果螺钉和螺母用于以下情况，则需要进行试验：

——用于电气联接；

——用于提供接地连续性的联接；

——在下述条件下可能被拧紧的：

- 用户保养时；
- 更换具有 X 型联接的电源线时；
- 按 8.14.2a)要求的信息安装/装配时。

将螺钉或螺母拧紧和松开：

——对与绝缘材料啮合的螺钉，10 次；

——对螺母和其他螺钉，5 次。

与绝缘材料啮合的螺钉，每次都要完全旋出再重新拧入。

对接线端子螺钉、螺母进行试验时，在每次拧紧前要重新放置电缆或软线。

通过合适的试验用螺钉旋具、扳手或内六角扳手，施加表 10 所示的扭矩进行试验。试验用螺钉旋具刀头的形状，应与被试螺钉头相配。不应猛然拧紧螺钉与螺母。表中相应栏目为：

第Ⅰ栏适用于无头金属螺钉(如果拧紧时螺钉并不伸出孔外)。

第Ⅱ栏适用于：

——其他金属螺钉和螺母；

——绝缘材料螺钉：

- 具有对边尺寸大于螺纹外径的六角头；或
- 具有圆柱头和内六角座，内六角座的对角尺寸大于螺纹外径；或
- 具有一字槽或十字槽螺钉头，槽长大于 1.5 倍螺纹外径。

第Ⅲ栏适用于绝缘材料制成的其他螺钉。

每次松开螺钉或螺母，导线要移动一下。

试验期间，不应出现有损于紧固件或电气联接件继续使用的损伤。

表 10 螺钉、螺母试验扭矩

螺纹标称直径 d mm	扭矩 (N·m)		
	Ⅰ	Ⅱ	Ⅲ
$d \leqslant 2.8$	0.2	0.4	0.4
$2.8 < d \leqslant 3.0$	0.25	0.5	0.5
$3.0 < d \leqslant 3.2$	0.3	0.6	0.5
$3.2 < d \leqslant 3.6$	0.4	0.8	0.6
$3.6 < d \leqslant 4.1$	0.7	1.2	0.6
$4.1 < d \leqslant 4.7$	0.8	1.8	0.9
$4.7 < d \leqslant 5.3$	0.8	2.0	1.0
$d > 5.3$	—	2.5	1.25

27.2 电气联接件应设计成接触压力不是通过易收缩或易变形的绝缘材料来传递的，除非金属零件有足够的弹性来补偿绝缘材料任何可能的收缩或变形。陶瓷材料是不易收缩或变形的。

通过观察来检验。

27.3 宽牙螺纹螺钉不应用于载流件的联接，除非用这些螺钉夹紧的载流件彼此直接连接，并具有适当的锁定措施。

自切螺钉不应用于载流件的电气联接,除非螺钉能切制出完整的标准机制螺纹。然而,这类螺钉如果有可能被使用者拧动,则不应采用,除非螺纹是挤压成形的。

自切螺钉和宽牙螺纹螺钉可用来提供接地连续性,只要在正常使用中不必弄乱联接,并且每一联接至少用了两个螺钉。

通过观察来检验。

27.4 在工具的不同零件之间构成机械联接的螺钉,如果也作为电气联接件,则应予锁紧以防松动。

如果接地电路中用至少两个螺钉作联接,或提供了另一条备用的接地电路,则该要求不适用于该接地电路的螺钉。

弹簧垫圈及类似零件可提供良好的锁紧。加热即软的密封胶仅对正常使用中不受到扭矩的螺钉联接件提供良好的锁定。

如果在正常使用中用作电气联接件的铆钉承受扭矩,则这些铆钉应锁紧以防松动。一个非圆柱形的铆钉杆或一个适当的切口足以满足本要求。

本要求并不意味着必须用多于一个的铆钉才能提供接地连续性。

通过观察和手试来检验。

27.5 应防止无螺纹联接件在正常使用中断开。

通过下列方法检验:

导线联接件应能够经受一个 5 N 的拉力,此拉力通过电线施加在与联接件上的力相反的方向。联接件和电线都不能断开。如果施加力的方向与电线脱落的方向不在一直线上,那么该力应在这两个方向上各施加一次。

经试验符合相关国家标准或 IEC 标准(GB 17196,GB 13140.3,GB 17464,IEC 61984)的联接件,被认为是符合本条要求的。

27.6 带有无螺纹联接的导线应当通过一个以上的方式固定,或拆卸后不会损伤安全性。

通过观察来检查,如有必要,通过下列试验来检查:

如果只有一种方式固定,那导线应当一次从一个联接件上拆下,且经受下列试验:

拆下的导线绕着保留在位的最近点移动,电气间隙应不能减少到 28.1 中规定值的 50%以下。

注:一个以上固定导线包括连接件的方式应设计成既夹紧绝缘层又夹紧软线的内部导体。

28 爬电距离、电气间隙和绝缘穿通距离

28.1 爬电距离和电气间隙不应小于表 11 所示值。表中规定值不适用于电动机绕组交叉处。

在下列情况下,表 11 中的值等于或大于 GB/T 16935.1 中的规定值:

——过电压类别Ⅱ;

——材料组Ⅲ;

——防止污物沉积、污染等级 1 的零件以及涂过清漆或瓷漆的绕组;

——其余污染等级 3 的零件;

——不均匀电场。

如果在绕组与电容器的联接点和仅用基本绝缘与带电零件隔开的金属零件之间产生谐振电压,则爬电距离和电气间隙应不小于由谐振而产生的电压所规定的值,在加强绝缘的情况下,此值增加 4 mm。

通过测量来检验。

对装有器具进线座的工具,在插入相应的连接器的条件下进行测量;其他工具则按交货状态进行测量。

对装有传动带的工具,在传动带处于其应有位置上,并且将改变传动带张力的器件调节到调节范围内最不利位置的条件下进行测量;还应在拆下传动带的条件下进行测量。

运动零件置于最不利位置;螺母和非圆形头部螺钉被假设拧到最不利的位置上。

接线端子与易触及金属零件之间的电气间隙还要在螺钉或螺母尽可能旋松的条件下进行测量,但此时电气间隙应不小于表 11 规定值的 50%。

穿过绝缘材料的外部零件上槽缝或开口的距离要测量到与易触及表面接触的金属箔;用 GB/T 16842 的试具 B 将该金属箔推入拐角各处,但不压入开口内。

如有必要,测量时对内部布线和裸导体(发热元件的裸导体除外)上的任一点、控温器和类似器件的无绝缘层的金属细管上的任一点以及金属壳体的外部施加一个力,以尽量减小爬电距离和电气间隙。

通过 GB/T 16842 的试具 B 施加力,其数值为:

——对内部导线和裸导体以及控温器和类似器件的无绝缘层金属细管,2 N;

——对外壳,30 N。

爬电距离和电气间隙的测量方法见附录 A。

对于具有在基本绝缘和附加绝缘之间没有金属的双重绝缘零件的工具,按这两种绝缘间有一层金属箔进行测量。

供工具固定到支架上用的构件被认为是易触及的。

对于印制电路板的导电图形,除在电路板边缘者外,表 11 内所列的不同极性零件之间的值可以减小,只要电压梯度的峰值不超过:

——150 V/mm,最小距离为 0.2 mm(防污物沉积的);

——100 V/mm,最小距离为 0.5 mm(无防污物沉积的)。

如按上述限值得到的数值大于表 11 数值时,则采用表 11 数值。

注:上述限值等于或大于 GB/T 16935.3 规定的限值。

当这些距离依次短路时,只要工具符合第 18 章的要求,则这些距离可进一步减小。

如果光电耦合器的各绝缘都已充分密封,而且各层材料之间都排除了空气,则光电耦合器内部的爬电距离和电气间隙都不测量。

对于不同极性带电零件,除外接电源联接外,如果其间爬电距离和电气间隙依次短路时,仍能满足第 18 章的要求,则允许爬电距离和电气间隙小于表 11 内规定值。

28.2 就工作电压的不同,绝缘穿通距离应满足:

——工作电压不大于 130 V,金属零件之间的绝缘穿通距离,对由附加绝缘隔开的应不小于 1.0 mm, 对由加强绝缘隔开的应不小于 1.5 mm。

——工作电压大于 130 V 且不大于 250 V,金属零件之间的绝缘穿通距离,对由附加绝缘隔开的应不小于 1.0 mm,对由加强绝缘隔开的应不小于 2.0 mm。

——工作电压不大于 250 V,绕组和易触及金属之间的加强绝缘的穿通距离不小于 1.0 mm。

所规定的距离可以由固体绝缘层厚度加上多层空气层厚度使得固体绝缘层厚度的总厚度等于规定的距离构成。

如果满足以下 a)或 b)两条中任意一条,则本要求不适用:

a) 如果施加的绝缘成薄片状(云母及类似的鳞片状材料除外)和下述情况下:

——对附加绝缘而言,至少由两层构成,其中任何一层能经受对附加绝缘规定的电气强度试验;

——对加强绝缘而言,至少由三层构成,其中任何紧贴一起的两层能经受对加强绝缘规定的电气强度试验。

如适用,试验电压施加在一层或两层绝缘的外表面之间。

b) 附加绝缘或加强绝缘是不易触及的,而且满足下列条件:

在温度保持在比第 12 章试验时测得的最高温升高出 50 K 的烘箱内,处理 7 d(168 h)后,绝缘能经受 D.2 的电气强度试验,该试验在烘箱内温度条件下和接近室温条件下都要进行。

通过观察和测量来检验。

对光电耦合器,在比第 12 章和第 18 章试验时测得的光电耦合器最高温升高出 50 K 的温度中进行处理,同时光电耦合器在这些试验期间所出现的最严酷条件下运行。

表 11 最小爬电距离和电气间隙

单位为毫米

被测距离	Ⅲ类工具		其他工具					
			工作电压 U $U\leqslant 130$ V		工作电压 U 130 V$<U\leqslant$250 V		工作电压 U 280 V$<U\leqslant$440 V	
	爬电距离	电气间隙	爬电距离	电气间隙	爬电距离	电气间隙	爬电距离	电气间隙
不同极性的带电零件之间[a]								
——防止污物沉积的或涂过清漆或瓷漆的绕组	1.0	1.0	1.0	1.0	2.0	2.0	3.0	3.0
——无防止污物沉积的	2.0[d]	1.5	2.0[c]	1.5	3.0[c]	2.5	8.0[d]	3.0
基本绝缘两边的带电零件与其他金属零件之间：								
——带电零件为涂清漆或瓷漆的绕组[e] 或无防止污物沉积的[b]	1.0	1.0	1.0	1.0	2.0	2.0	—[f]	—[f]
——无防止污物沉积的	2.0[d]	1.5	2.4[d]	1.5	4.0[d]	3.0	—[f]	—[f]
加强绝缘两边的带电零件与其他金属零件之间：								
——带电零件为涂清漆或瓷漆的绕组或无防止污物沉积的[b]	—	—	5.0	5.0	6.0	6.0	—[f]	—[f]
——无防止污物沉积的其他带电零件	—	—	5.0	5.0	8.0	8.0	—[f]	—[f]
——由附加绝缘隔开的金属零件之间无防止污物沉积的其他带电零件	—	—	2.5	2.5	4.0	4.0	—[f]	—[f]

[a] 规定的电气间隙不适用于温控器、过载保护器、微隙开关及类似电器触头间的气隙，也不适用于电气间隙随触头移动而变化的这类器件，其载流件之间的气隙。

[b] 通常，只要工具内部本身不产生粉尘，那么具有合适防尘外壳的工具内部就认为是防止污物沉积的，并不要求气密。

[c] 爬电距离的值略低于 GB/T 16935.1 的建议值。不同极性(功能绝缘)的带电零件之间的爬电距离仅与着火危险有关，而与电击无关。由于本部分范围内的产品属于在正常使用时有人看管，因此选取较低的值是合理的。

[d] 如果绝缘零件属于材料组Ⅱ或更低，则其爬电距离值可以按照 GB/T 16935.1 的要求降低。

[e] 如果绕组被线带缠绕后浸渍，或者被一层自硬性的树脂覆盖，且在 14.1 试验后，绕组和与绝缘表面接触的金属箔之间能够经受 D.2 的电气强度试验，则可认为具有基本绝缘。允许缠绕和浸渍，或一层自硬性的树脂只覆盖在不能满足对清漆或瓷漆绕组规定的爬电距离或电气间隙处。

[f] 由于三相电源和接地间的额定电压不会超过 277 V，所以适用“130 V$<U\leqslant$250 V”一栏。如果工作电压超过 250 V，应按照 GB/T 16935.1 来确定爬电距离和电气间隙，但其值不应低于“130 V$<U\leqslant$250 V”一栏的值。

单位为毫米

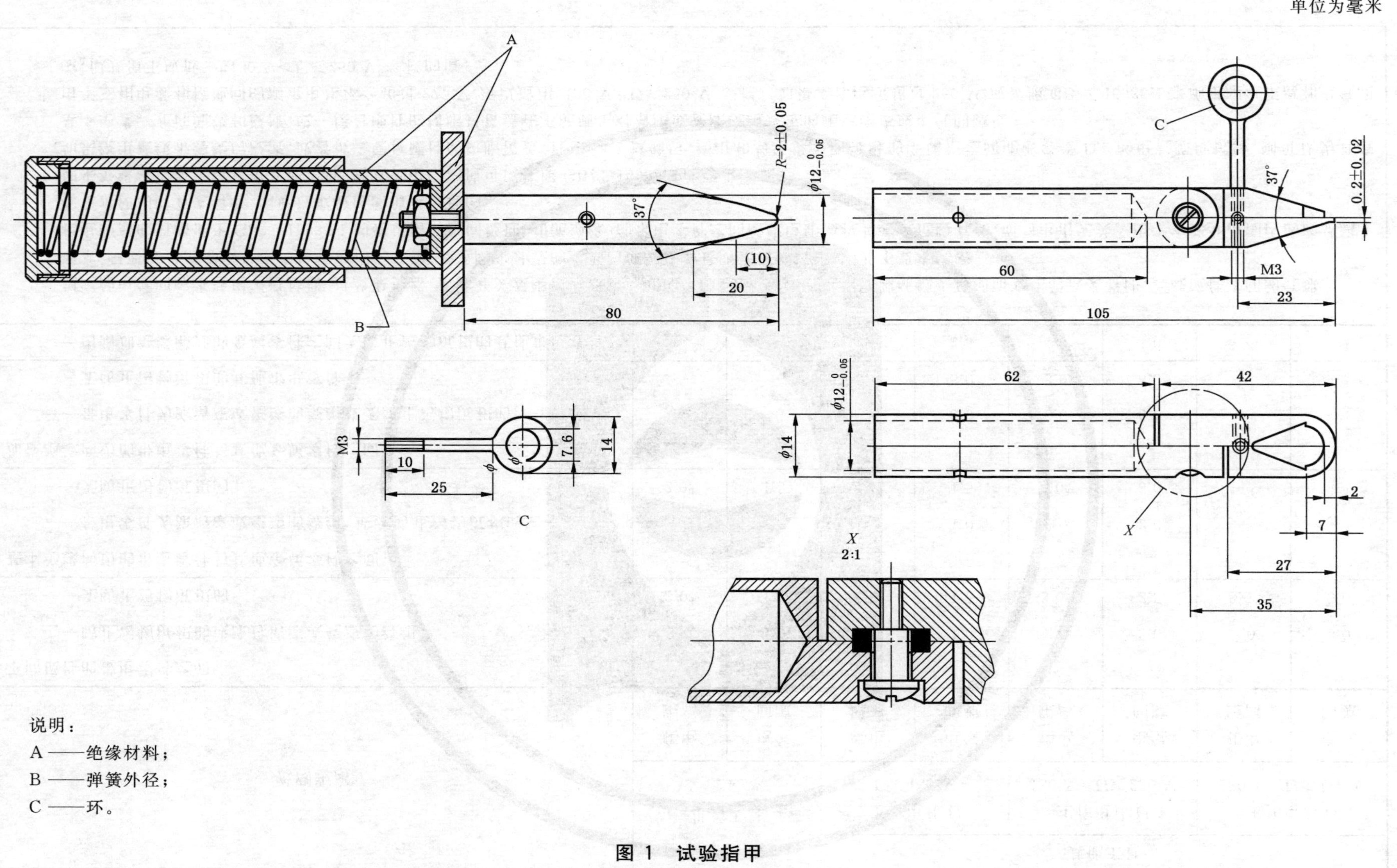

说明：

A——绝缘材料；

B——弹簧外径；

C——环。

图 1 试验指甲

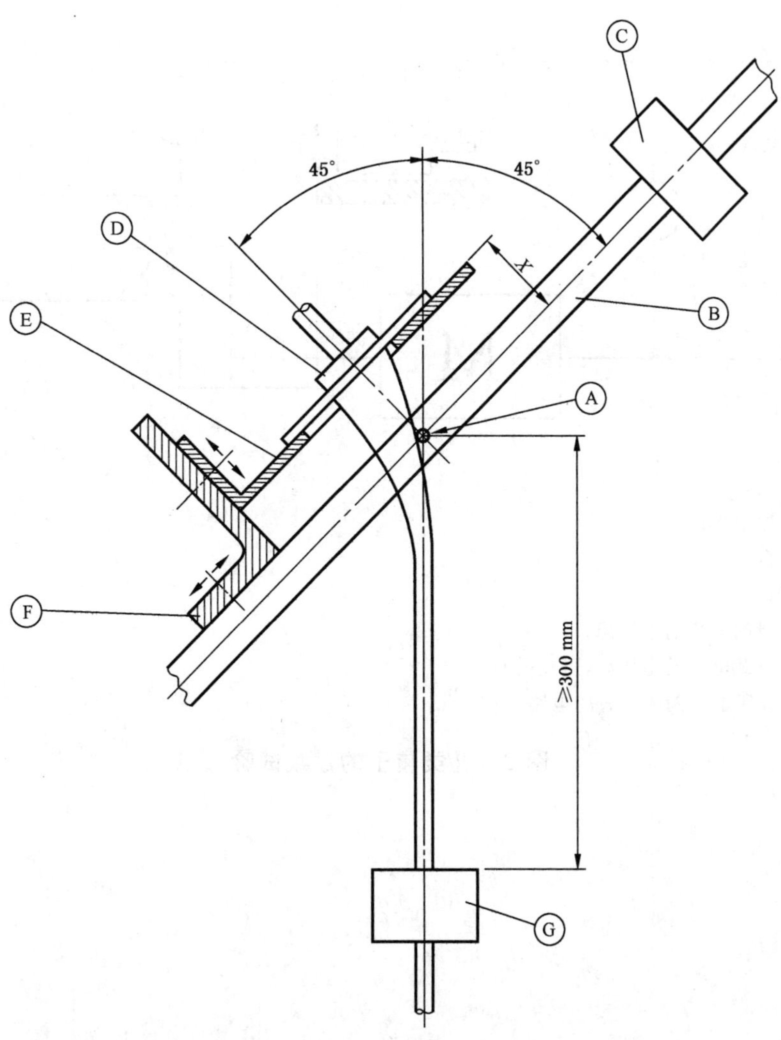

说明：

A——摆动轴线；

B——摆动架；

C——平衡块；

D——试样；

E——可调拖板；

F——可调支架；

G——负载。

图2 弯曲试验装置

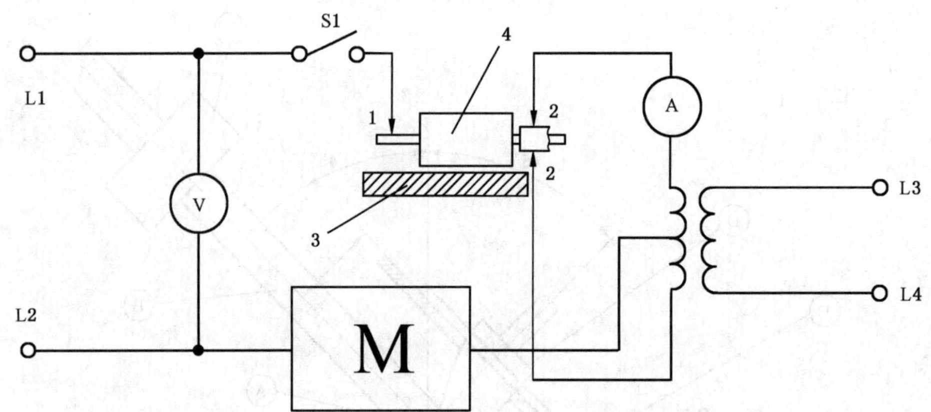

说明：

1 ——轴触头；

2 ——换向器触头；

3 ——绝缘台；

4 ——转子；

L1，L2——测量泄漏电流的电压源；

L3，L4——转子负载电流的电压源(可变的)；

M ——图 C.3 所示泄漏电流表的电路。

图 3 Ⅱ类转子的过载试验

附　录　A
（规范性附录）
爬电距离和电气间隙的测量

示例 1～10(见图 A.1)说明了 28.1 中规定的爬电距离和电气间隙的测量方法。

这些示例未区分气隙和沟槽，也未区分绝缘类型。

作如下假定：

——沟槽的侧壁可以是平行的、渐缩形的或渐扩形的：

——对最小宽度大于 0.25 mm、深度超过 1.5 mm、底部宽度不小于 1 mm 的渐扩形侧壁的沟槽，按气隙考虑，爬电路径不跨过该气隙(示例 8)；

——对角度小于 80°的拐角，假想其被一条移动到最不利位置上的 1 mm(无污物状态时为 0.25 mm) 宽的绝缘连线所跨接(示例 3)；

——对距离不小于 1 mm(无污物状态时为 0.25 mm)的横跨渐缩形沟槽顶部，不存在跨越气隙的爬电距离(示例 2)；

——有相对运动的零件之间的爬电距离和电气间隙，在将其置于最不利的静态位置时测量；

——任何宽度小于 1 mm 的气隙(无污物状态时为 0.25 mm)在计算总电气间隙时忽略不计。

条件：所考虑的路径包含一个宽度小于 1 mm、深度任意而侧壁平行或渐缩的沟槽。

规则：爬电距离和电气间隙直接跨接沟槽测量。

示例 1

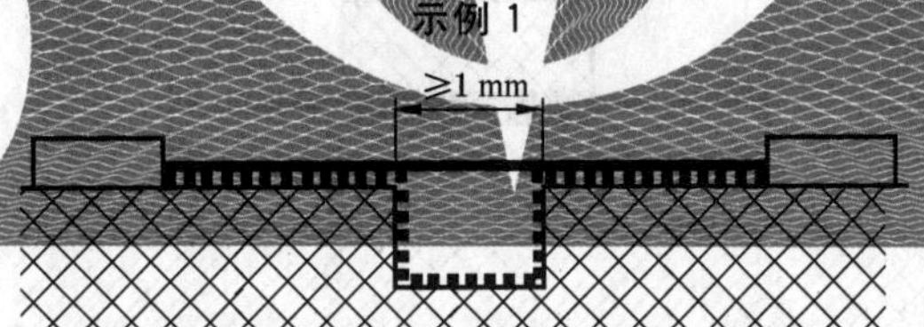

条件：所考虑的路径包含一个宽度不小于 1 mm、深度任意而侧壁平行或渐缩的沟槽。

规则：电气间隙为“视线”距离；爬电距离沿沟槽轮廓。

示例 2

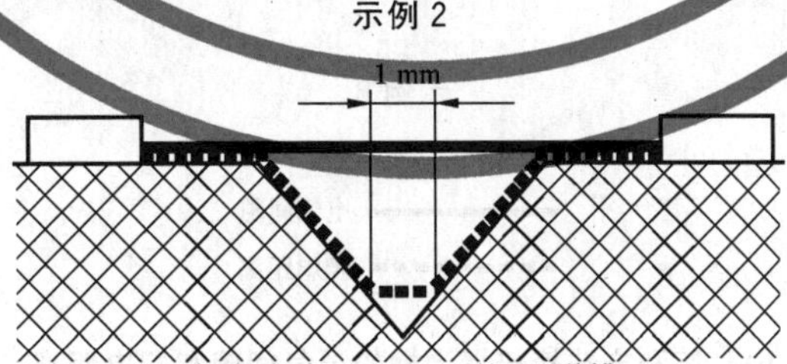

条件：所考虑的路径包含一个内角小于 80°、宽度大于 1 mm 的 V 形槽。

规则：电气间隙为“视线”距离；爬电距离沿沟槽轮廓，但底部为 1 mm 长的连线所“短路”(对无污物状态为 0.25 mm)。

示例 3

——— 电气间隙

■■■■■■■■ 爬电距离

a)　平行边和 V 形沟槽的爬电距离和电气间隙

图 A.1

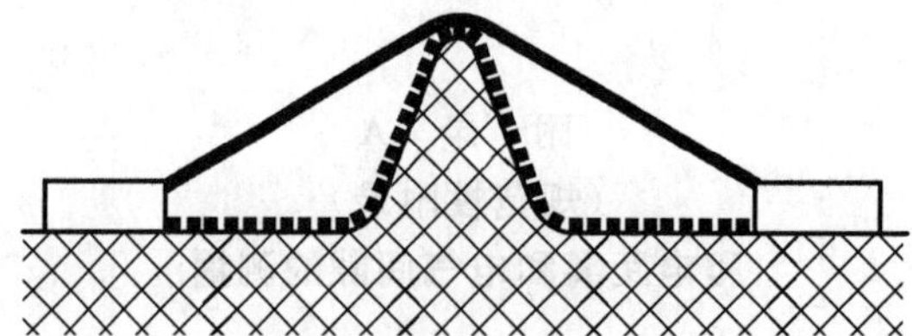

条件:所考虑的路径包含一条筋。

规则:电气间隙是跨越筋顶的最短直线路径。爬电距离沿筋的轮廓。

示例 4

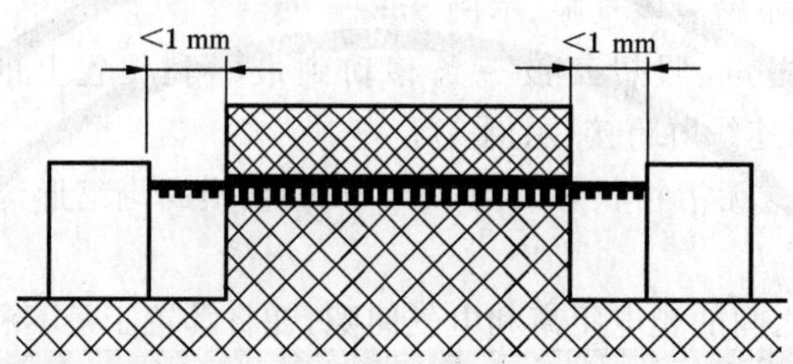

条件:所考虑的路径包含一条未粘接的接缝,两侧沿沟槽宽度各小于 1 mm(无污物状态 0.25 mm)。

规则:爬电距离和电气间隙均为图示"视线"距离。

示例 5

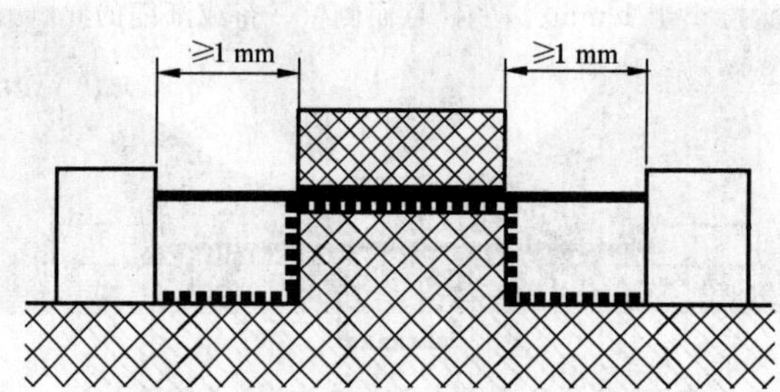

条件:所考虑的路径包含一条未粘接的接缝,两侧沟槽宽度均不小于 1 mm。

规则:电气间隙是"视线"距离。爬电距离沿沟槽轮廓。

示例 6

电气间隙

爬电距离

b) 筋和未粘接接缝沟槽的电气间隙和爬电距离

图 A.1(续)

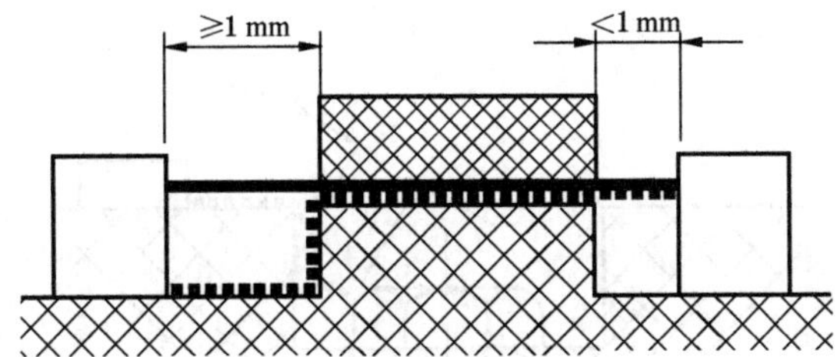

条件:所考虑的路径包含一条未粘接的接缝。一侧沟槽宽度小于 1 mm,另一侧沟槽宽度不小于 1 mm。

规则:电气间隙和爬电距离如图所示。

示例 7

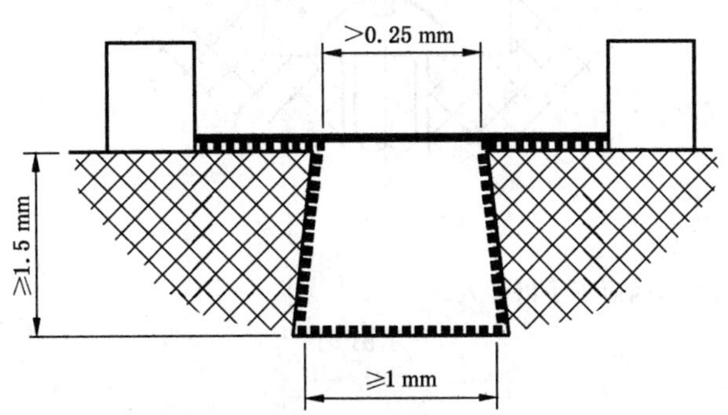

条件:所考虑的路径包含一个侧壁渐扩形的沟槽,其深度不小于 1.5 mm,最窄处宽度大于0.25 mm,底部宽度不小于 1 mm。

规则:电气间隙为“视线”距离。爬电距离沿沟槽轮廓。

如果内角均小于 80°,示例 3 也适用于内角。

示例 8

———— 电气间隙

-------- 爬电距离

c)　未粘接接缝和侧壁渐扩形沟槽的电气间隙和爬电距离

图 A.1 (续)

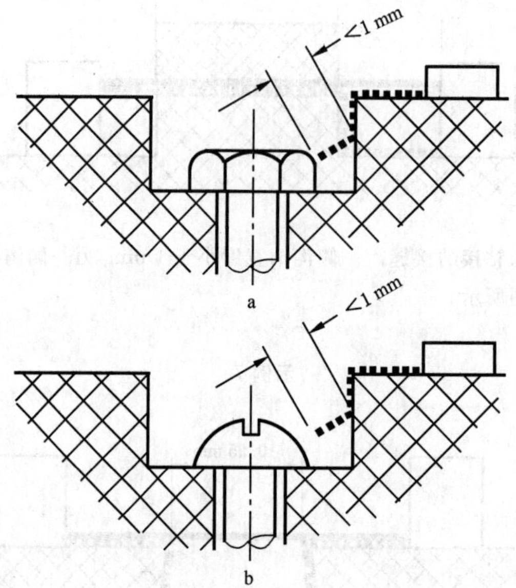

螺钉头与凹座壁间的空隙太小，因而不予以计入。

示例 9

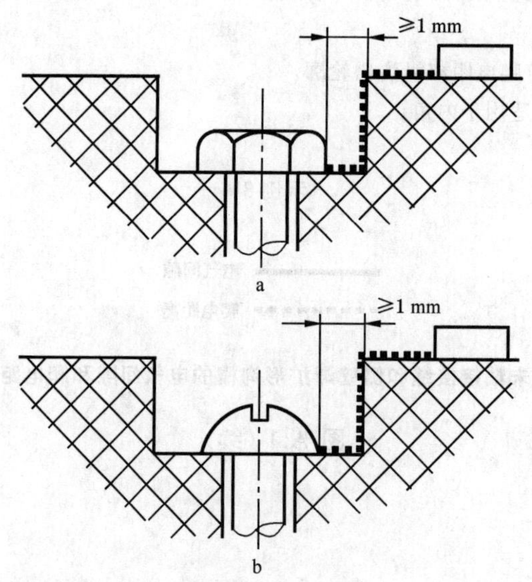

螺钉头与凹座壁间的空隙有足够宽度，因而予以计入。

示例 10

—— 电气间隙

‐‐‐‐ 爬电距离

d） 凹槽壁与螺钉间的爬电距离和电气间隙

图 A.1（续）

附 录 B
（规范性附录）
不与电网隔离的、其基本绝缘不按工具额定电压设计的电动机

B.1 范围

本附录适用于工作电压不高于 42 V、不与电网隔离的、其基本绝缘不按工具额定电压设计的电动机。

除非本附录另有规定，本部分各章适用于此类电动机。

B.9 防止触及带电零件的保护

B.9.2

电动机的金属零件视为裸露的带电零件。

B.12 发热

B.12.3 测量电动机壳体温升而不是绕组温升。

B.12.5 与绝缘材料接触的电动机壳体温升不应高于表 1 中对该绝缘材料的规定值。

B.18 不正常操作

B.18.1 18.3 的试验不进行。

工具也要经受 B.18.201 的试验。

B.18.201 工具在额定电压下以下列各故障条件运行(见图 B.1)：

——电动机的端子，包括装在电动机电路中的任何电容器短路；

——电动机电源开路；

——电动机运行期间，任一分压电阻器开路。

每次只模拟一种故障，试验按顺序进行。

B.21 结构

B.21.201 对于装有用整流电路供电的电动机的 Ⅰ 类工具，其直流电路与工具的易触及零件之间应由双重绝缘或加强绝缘隔开。

通过对双重绝缘和加强绝缘规定的试验来检验。

B.28 爬电距离、电气间隙和绝缘穿通距离

B.28.1 表 11 规定值不适用于电动机的带电零件与它的其他金属零件之间的距离。

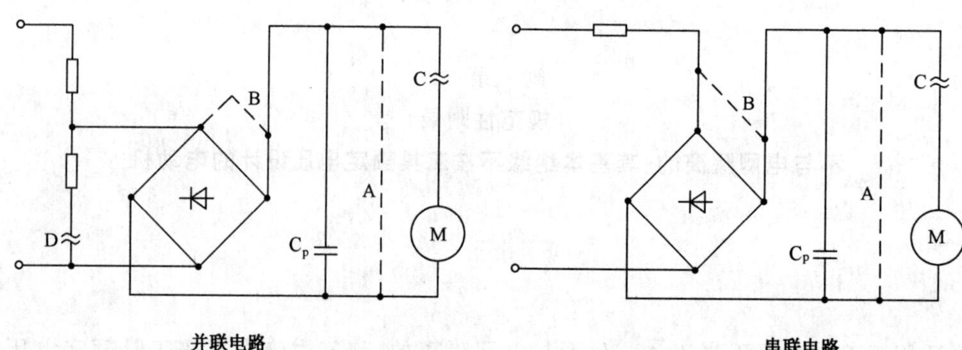

说明：

—— 原来接法；

----- 短路；

≈ 开路；

A 电动机端子短路；

B 换向器端子短路；

C 电动机电源开路；

D 分压电阻器开路。

图 B.1 故障模拟

附 录 C
（规范性附录）
泄漏电流

C.1 一般要求

对符合附录L的电池驱动的工具，该附录仅适用于当工具的结构是直接与电源或非隔离源相连的场合。

当其他章节要求时，泄漏电流应通过以下按C.2或C.3的条件之一的试验来测量，开关S1处于闭合位置。

泄漏电流试验应在交流电源下进行，除非工具仅用于直流电源，在此情况下，试验可以不进行。

试验前先将保护阻抗从带电零件上脱开。

建议工具应被接至隔离变压器电源上，否则，它必须与地绝缘。

用图C.3规定的电路测量电源的任何一极与零件之间的泄漏电流（加权接触电流），易触及金属零件以及与覆盖在绝缘材料易触及表面的金属箔相连。

图C.3测量电路应符合GB/T 12113—2003的G.3的准确度要求。

如果由于电容效应，泄漏电流超过规定限值，则应使用不超过面积不大于20 cm×10 cm的金属箔。如果它的区域小于试验表面，则将它移动以便所有表面部分都能试验到，但工具的散热不能受金属箔影响，例如通风口区域。

除非本部分的相关章节另有规定，测量易触及金属零件和金属箔的泄漏电流，泄漏电流不应超过下列值：

——对Ⅰ类工具，0.75 mA；

——对Ⅱ类工具，0.25 mA；

——对Ⅲ类工具，0.5 mA。

C.2 工具不运行的测量

除非本部分的相关章节另有规定，在C.1定义的条件下，工具不运行，试验在额定电压下按下述进行：

对单相工具和按安装说明适合于单相电源的三相工具：

对三相工具，三组并联，图C.1的S1处于断开位置。图C.1所示的选择开关可放置在位置1和位置2的任意一处。

对不适合于单相电源的三相工具：

图C.2中的a处于闭合位置，b和c处于断开位置。

C.3 工具运行的测量

除非本部分的相关章节另有规定，在C.1定义的条件下，工具运行，试验在额定电压下按下述进行，在10 s内测量：

对按安装说明适合于单相电源的单相和三相工具：

对三相工具，三组并联，图C.1的S1处于闭合位置。图C.1所示的选择开关可依次放置在位置1

和位置 2。

对不适合于单相电源的三相工具：

图 C.2 中的 a、b 和 c，处于闭合位置，重复性地依次打开 a、b、c 开关，其他两个开关闭合。

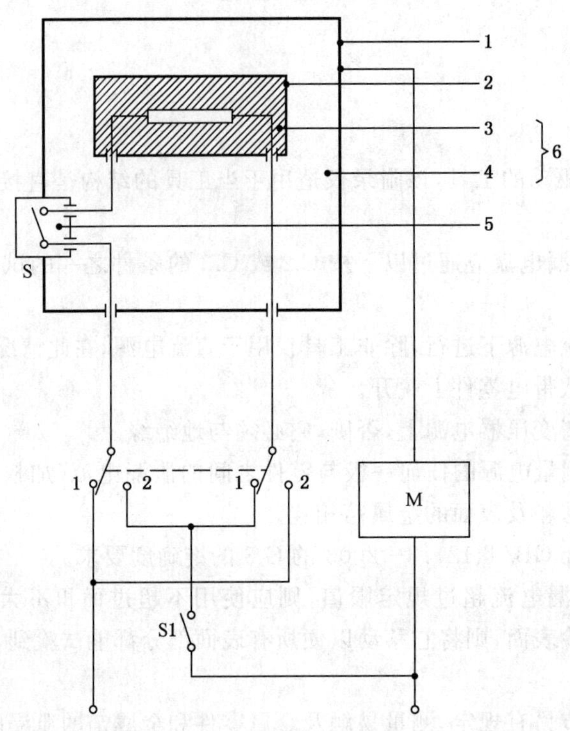

说明：

M ——图 C.3 所示泄漏电流表的电路；

S ——试验时产品的电源开关；

1 ——易触及零件；

2 ——不易触及的金属零件；

3 ——基本绝缘；

4 ——附加绝缘；

5 ——加强绝缘；

6 ——双重绝缘。

图 C.1 单相联接的工具和适用于单相供电的三相工具在工作温度下泄漏电流测量联接图

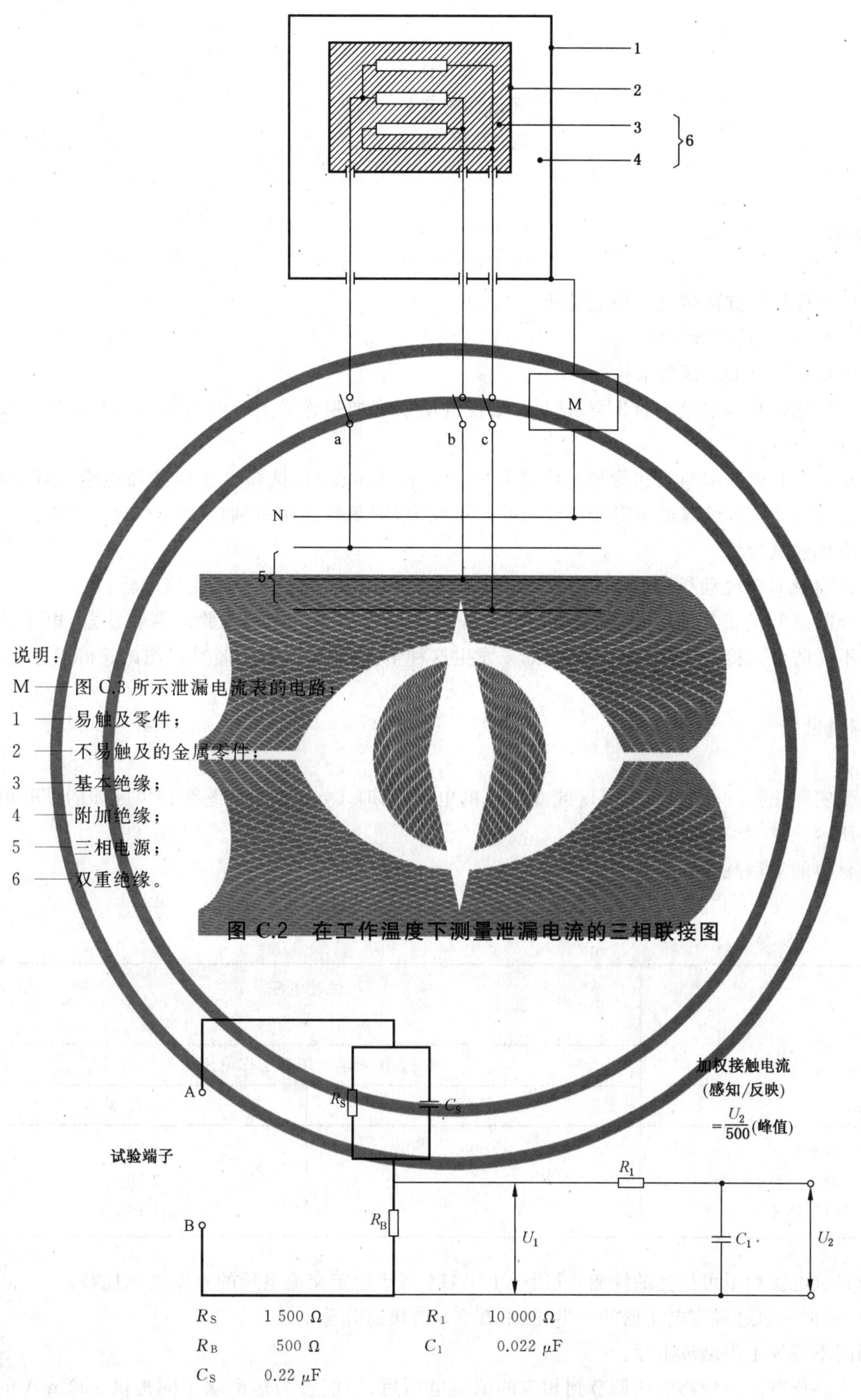

说明：

M ——图 C.3 所示泄漏电流表的电路；

1 ——易触及零件；

2 ——不易触及的金属零件；

3 ——基本绝缘；

4 ——附加绝缘；

5 ——三相电源；

6 ——双重绝缘。

图 C.2 在工作温度下测量泄漏电流的三相联接图

图 C.3 测量泄漏电流的电路图

附 录 D
(规范性附录)
电气强度

D.1 一般要求

试验前先将保护阻抗从带电零件上脱开。

不接至电源,对工具进行试验。

电气强度试验通过 D.2 试验来检验。

对具有加强绝缘和双重绝缘的Ⅱ类结构,务必注意施加到加强绝缘上的电压不会使基本绝缘或附加绝缘受到过电压。

可以分别或合并对基本绝缘和附加绝缘进行试验。合并试验时,试验电压应按加强绝缘规定值。如果在合并试验期间基本绝缘或者附加绝缘会受到过应力,则每种绝缘单独试验。不能合并进行试验的元件绝缘应单独试验。

对于符合附录 B 的电动机,电动机带电零件和它金属零件之间的绝缘不经受该试验。

对于符合附录 L 的工具,只对直接与市电或非隔离源连接的工具进行试验。需要注意,电子装置的过早失效不能防止试验电压穿过绝缘层。如果发生这种情况,应绕开电子装置以便试验得以进行。

D.2 电气强度试验

绝缘经受实际正弦波、频率为 50 Hz 或 60 Hz 的电压,历时 1 min。根据绝缘种类施加的试验电压值见表 D.1 所示。

在绝缘材料的易触及部分覆盖金属箔。

表 D.1 试验电压

绝 缘	试验电压 V	
	工具额定电压和工作电压	
	安全特低电压	≤440 V
基本绝缘	500	1 250
附加绝缘		2 500
加强绝缘		3 750

为区分容抗电流和不可接受的性能,可用一个 1.414 倍于规定交流电压的直流电压代替。

开始时,施加不超过规定电压值的一半,然后在 5 s 内快速升至全值。

试验期间不应发生闪络或击穿。

试验用的高压电源在输出电压调节到相应的试验电压后,应能够为输出端子间提供 200 mA 的短路电流。对任何小于脱扣电流的电流,过流脱扣器不动作。脱扣电流不应高于 100 mA。

注意,施加的试验电压有效值在±3%以内。

注意,金属箔放置得不会在绝缘边缘出现闪络。

试验绝缘覆盖层时，可用一只压力约为 5 kPa(0.5 N/cm^2)的砂袋将金属箔压在绝缘上。试验可局限于绝缘可能较薄弱的部位，例如在绝缘下面有金属锐边的部位。

D.3 冲击电压试验

匝间绝缘应能承受如图 D.1 所示脉冲试验电压。

脉冲试验电压的空载波形的波前时间 T_1 为 1.2×(1±30%)μs，半峰时间 T_2 为 50×(1±20%)μs，它由一个有效阻抗为 12 Ω 的脉冲发生器提供。

试验时，脉冲试验电压以不小于 1 s 的间隔时间以电源端子输入绕组，或线圈的相线与中线间，或相线间施加 5 次正脉冲、5 次负脉冲。

额定脉冲试验电压峰值为 1 000 V。

试验期间，不应有闪络出现。但是，如果当电气间隙短路时，工具符合第 18 章要求，则允许出现功能性绝缘的闪络。

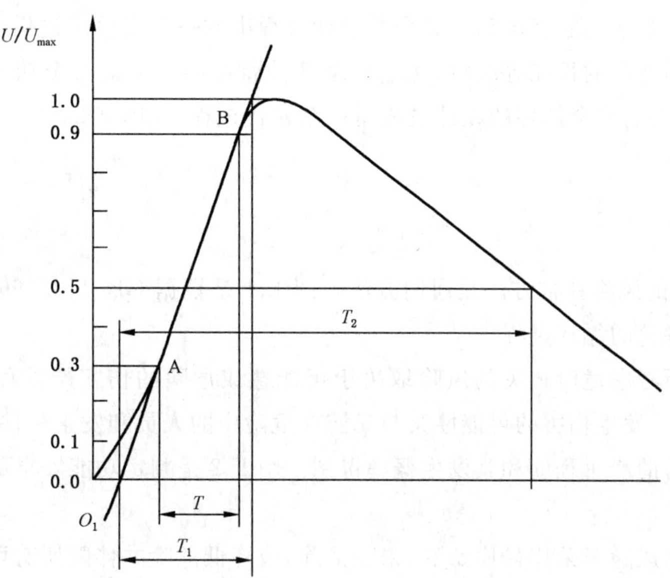

波前时间：$T_1=1.67\times T=1.2\times(1\pm30\%)\mu s$

图 D.1 脉冲试验电压波形

附　录　E
（资料性附录）
电动工具施行 GB/T 22696 的方法

E.1　总则

GB/T 22696《电气设备的安全　风险评估和风险降低》系列标准是运用“基于风险的方法”，把对“安全”的评估转化为对“风险”的评估，以风险评估来提高安全的置信度，达到安全目的。

风险评估是考虑由于故障引起伤害危险的风险严重程度，用“风险等级”来表示，由既满足结构要求又满足 $MTTF_d$（平均危险失效时间）要求的有关安全部件来实现。

为达到安全目标提供所需的风险降低的有关安全部件的设计和构造应充分考虑图 E.1 所示的达到安全的风险评估的循环过程。它是电动工具全部设计过程中的一个完整子过程。当有关功能安全部件的性能达到所需的风险降低的性能等级时，功能安全部件就提供了关键安全功能（SCF）。在所提供的关键安全功能中，有关功能安全部件的设计过程是一个迭代过程，见图 E.2。

E.2　风险评估

GB/T 22696 提出的风险评估方法是通用方法。图 E.1 是根据 GB/T 22696 对安全功能的有关安全部件施行安全风险评价的循环过程。

风险评估过程对所考虑危险相关的风险取决于可能造成危险的伤害严重程度和发生伤害的可能性、限制伤害的可能性。发生伤害的可能性又与暴露在危险中的人员和发生事件概率有关，所以确定风险等级可通过预估伤害的严重程度和其发生概率得到。图 E.2 是判定功能安全部件风险等级要求的风险图。

在风险分析的预估风险时采用最原始的，未经消除，或降低危险并伴随所有可以使用的风险降低的技术措施，用于评定被识别的潜在危险源的残余风险是否可以接受。

关键安全功能可能由一个或多个有关功能安全部件来实现。当评估一个关键安全功能（SCF）时，SCF 可能只是工具设计时用来消除或降低某种危险引起的风险的功能。对执行关键安全功能（SCF）的功能安全部件的风险评估就是要建立一个因 SCF 故障或失效是否会引起新的风险，导致用户暴露在超出本标准允许的风险中，并且确定新的风险和残余风险的严重程度是否仍可被接受。

因此，采用 GB/T 22696 指南的方法对关键安全功能的功能安全部件评估的过程不够清晰，要进行完善、补充，建立关键安全功能有关部件设计的迭代过程。图 E.2 是应用 GB/T 16855.1 充实到风险评估的循环过程中，使 GB/T 22696 的风险评估方法便于使用。

E.3　风险降低和可容许风险的分析

由于识别了所有预期使用和合理可预见使用时电动工具可能产生的危险，在本部分的要求中采用很多消除或降低危险的技术措施，从而使风险降低到可以接受的水平，这些技术措施通常作为一个系统且预期相互作用以达到风险降低。

一个具有关键安全功能（SCF）的由元器件、组件构成的电子电路或装置通常只是系统的一部分，它的故障或失效不应影响工具的其余风险的等级。评估电子电路、装置功能失效的影响需要考虑以下两方面：

首先，SCF 的功能安全部件必须是标准要求的安全元器件。标准是假设工具处于残余风险的可接受水平。失效后风险不会超出可接受水平的 SCF 不是本标准所考虑的 SCF。

再者，SCF 的失效对残余风险产生显著的影响。为得到确认，性能等级的评估可以带有或者不带有 SCF，但是所有其余的用于风险降低的元器件应保持在位。带有或者不带有 SCF 可能产生相同的性能等级。

如果认可 SCF 完成一个要求的关键安全功能，但无论其是否存在，性能等级维持原样，则在这种情况下，性能等级 PL＝a 适用。

在正常操作中，当上述方法产生有意义的结果时，可以依赖 SCF 在合理可预见使用条件和其他不太可能的特定前提下发生危险时提供保护。

本部分规定的性能等级反映了本部分考虑到的共性情况，有这样一种共识，就是未来 SCF 在本部分可能有尚未被考虑到的地方，GB/T 22696 和本附录可以为设置合适的性能等级作出指导。

E.4 风险等级

本部分对电子电路的设计和应用提出：

a） 工具即使在故障条件下，SCF 不能出现不安全情况；

b） 必须可靠，且暴露在可预期电磁环境中 SCF 不易缺失。

确定 SCF 的性能等级时，需要考虑功能安全部件的 $MTTF_d$，性能等级与应具有的相应的每小时平均危险失效概率之间的关系，列于表 E.1。

表 E.1 风险等级

风险等级	每小时平均危险失效概率 P 1/h
a	$10^{-5} \leqslant P < 10^{-4}$
b	$3\times10^{-6} \leqslant P < 10^{-5}$
c	$10^{-6} \leqslant P < 3\times10^{-6}$
d	$10^{-7} \leqslant P < 10^{-6}$
e	$10^{-8} \leqslant P < 10^{-7}$

对于构成 SCF 的功能安全部件的零部件的 $MTTF_d$ 的估计，寻找数据的先后程序按以下顺序给出：

a） 采用生产者的数据；

b） 数据库或专用数据，采用 GB/T 16855.1—2008 附录 C 或附录 D 的方法；

c） 选为 10 年。

本部分 18.8 中明确不允许用诊断法作为一种符合风险等级的结构性解决方案，这是关注到电动工具操作者在使用时不太可能会注意到“诊断”。因此，规定一般禁止用诊断覆盖率替代更可靠的设计方案，以避免提高风险的严重程度。

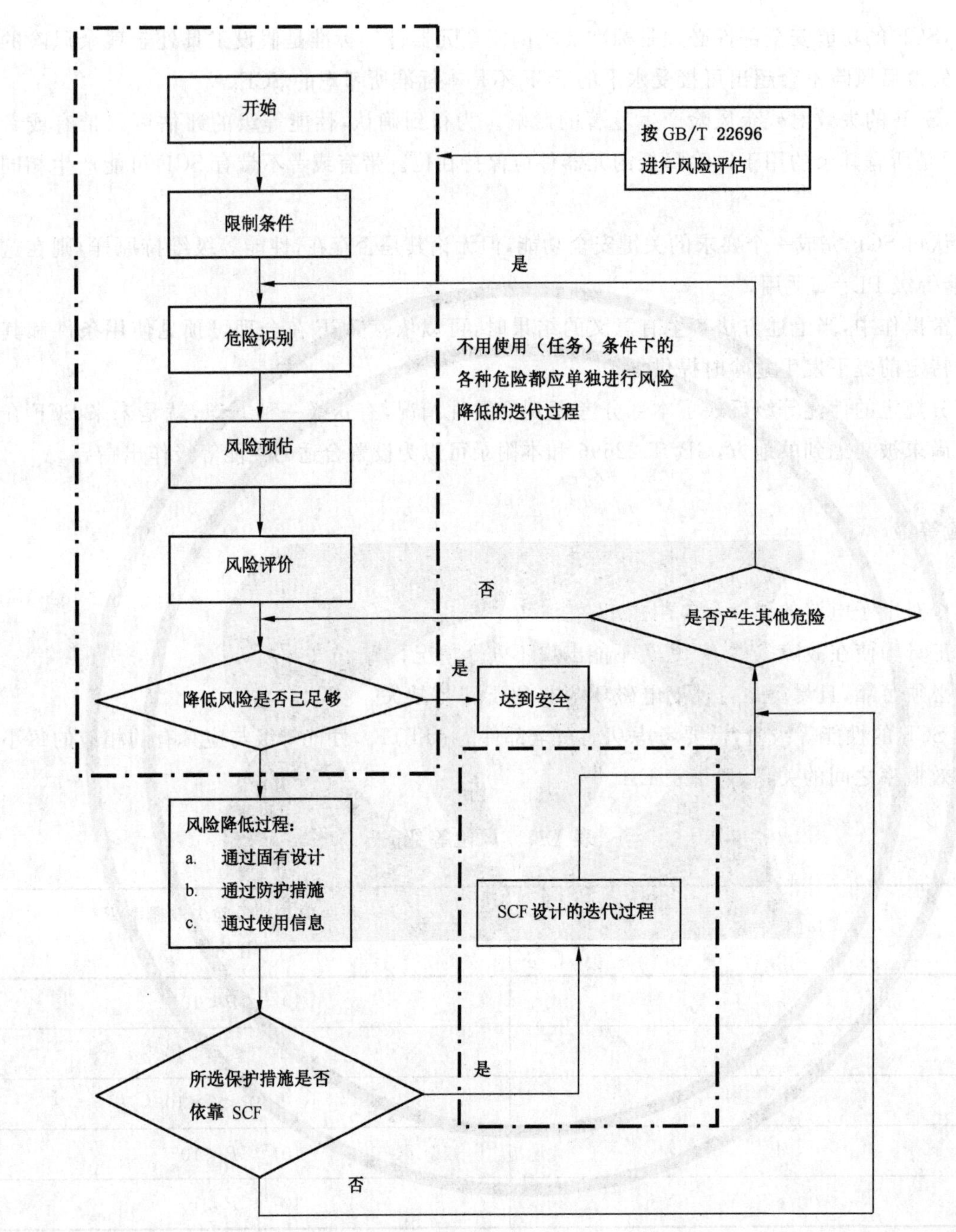

图 E.1 风险评估的循环过程

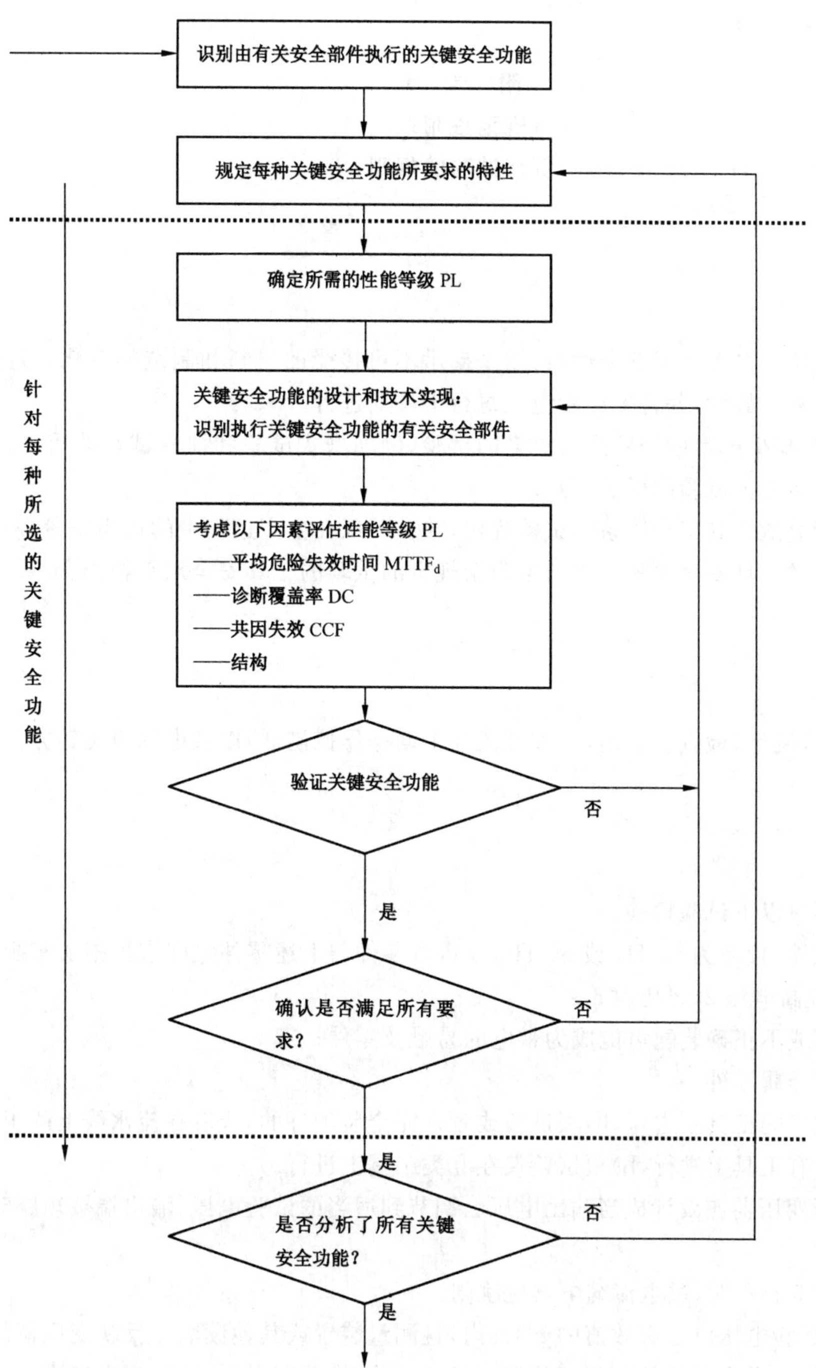

图 E.2 关键安全功能的功能安全部件设计的迭代过程

附 录 F
（规范性附录）
例行试验的规则

F.1 概述

本附录规定的试验是在考虑了安全性后，用来揭示不可接受的材料和制造的变化。这些产品的试验不会影响工具性能和可靠性，并且生产者应在每台工具上进行。

一般而言，必须根据生产者的经验进行更多的试验，例如型式试验和抽样试验的重复性试验，以保证每台工具与经受了本部分试验的样品一致。

生产者可以采用更适合其生产体系的试验程序，并且可以在生产过程中的适当阶段进行试验，只要工具经受试验所反映的工具安全水平至少与本附录规定的试验的工具安全水平相同。

F.2 正常操作试验

安全运行，如电气测量、检查功能器件（如开关和手动操作控制器）以及电动机旋转方向。

F.3 电气强度试验

工具的绝缘应通过以下试验检验。

波形为实际正弦波，频率为 50 Hz 或 60 Hz，在带电零件与下述零件之间直接施加至少表 F.1 所示电压值，历时 3 s 或提高电压 20%历时 1 s：

a) 因绝缘损坏或不正确装配可能成为带电的易触及零件；

b) 不易触及的金属零件。

a)项试验在装配好的工具上进行，b)项试验或者在完全装配好的，或者在流水线上的工具上进行。

a)项试验可对所有工具上进行，b)项试验仅在Ⅱ类工具上进行。

用于试验的高压变压器应设计成当输出电压已调节到适当的试验电压，输出端被短路时，输出电流至少为 200 mA。

当输出电流大于 5 mA 时，过电流继电器应跳闸。

应注意：施加的试验电压应在有效值的±3%内，且测量装置或其他读数器反映变压器的输出电压。

应注意：如果工具含有直流元件而不能使用上述的试验，在此情况下，需要用直流进行试验。

直流电源的内阻应使短路电流至少为 200 mA。

试验期间不发生闪络和击穿。

表 F.1 电气强度试验用试验电压

试验电压的施加	试验电压/V		
	Ⅲ类工具	Ⅱ类工具	Ⅰ类工具
跨接基本绝缘	400	1 000	1 000
跨接附加绝缘或加强绝缘	—	2 500	—

F.4 接地连续性试验

对Ⅰ类工具而言，至少 10 A 的电流从接地端子或接地依次与每个因安全因素需接地的易触及金属零件间通过，电流由空载电压不大于 12 V 的交流电源提供。

测量插头的接地触头或接地连续性导体的外部末端或器具进线座的接地触头与易触及金属零件之间的电压降，并且用电流和该电压降计算出电阻。

任何情况下，电阻不应大于 0.3 Ω。该值适用于长度不大于 5 m 的电缆。在电缆长度大于 5 m 的情况下，每增加 5 m，阻值增加 0.12 Ω。

应注意试验时，测量探棒尖与金属零件之间的接触电阻不能影响试验结果。

附　录　G
（空）

附　录　H
（规范性附录）
低功率电路的判定

低功率电路的判定如下：

工具以额定电压运行。将可变电阻器调节到最大电阻值并连接到检查点和电源的另一极之间。然后降低电阻值直到被该电阻器消耗的功率达到最大值。在第 5 s 结束时，供给该电阻的最大功率不超过 15 W 的最靠近电源的那些点，被称之为低功率点。比低功率点距电源更远的电路部分被认为是低功率电路。

测量仅从电源的某一级开始，最好从产生最少低功率点的那级开始。

使用电路分析，而不是试验，来判定电路的最高功率损耗。

低功率电路的示例如图 H.1 所示。

注：测量低功率点时，最好从靠近电源的点开始。

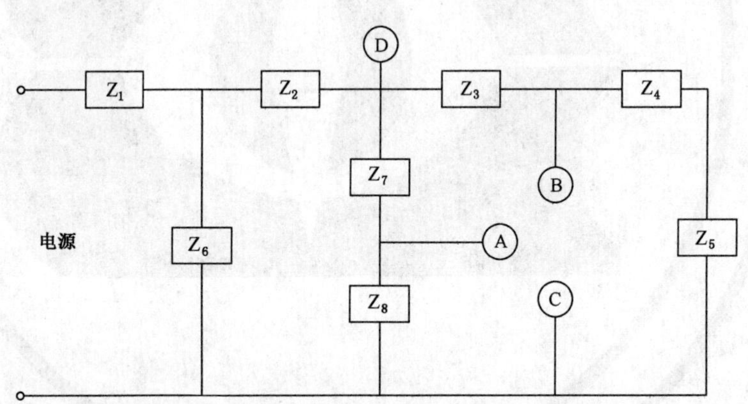

A 和 B 为离输送到外部负载最大功率不超过 15 W 的电源的最近点。这些是低功率点。

D 为离输送到外部负载最大功率超过 15 W 的电源的最远点。

A 和 B 点分别与 C 点短路。

图 H.1　具有低功率点的电路的示例

附 录 I
（资料性附录）
噪声和振动的测量

I.1 范围

如果国家法律要求噪声或振动发射声明，或如果生产者希望声明此类发射，则本附录的要求适用。

I.2 噪声测试方法（工程法）

I.2.1 总则

噪声发射值如发射声压级 L_{PA}和声功率级 L_{WA}应根据 I.2.1～I.2.6 描述的测试程序进行测量。

可通过对一台机器的测量来确定噪声发射，该机器的设计和技术参数能代表关注的产品。

总的噪声可分为纯机械噪音和加工工件引起的噪声，两者都受操作方法影响；然而，对于冲击类工具加工工件的噪声发射是主要的。特殊工具的负载条件，应由相关的第 2、3、4 部分规定。

注：这些测量条件下获得的噪声发射值并不一定代表实际使用中所有可能出现的运行条件下产生的噪声。

I.2.2 声功率级测试

声功率级应根据 ISO 3744 测量，该标准还规定了声学环境、测试仪器、被测量以及测试程序。

声功率级应以 A 计权声功率级给出，单位参考 1 PW 的 dB 值。确定声功率时用到的 A 计权的声压级应直接测量，而不是从频段的数据来计算。测量应在一个反射面上的自由场内进行。

I.2.2.1 手持式电动工具

对于所有的手持式工具，应按照图 I.2 使用一个半球/圆柱测量表面来确定声功率级。

半球/圆柱测量表面是由一个半球位于一个圆柱形基座上方组成（见图 I.2）。5 个传声器的位置应位于距离电动工具几何中心的 1 m 处。其中 4 个传声器应均匀分布在通过工具几何中心的平面内，该平面平行于反射面，第 5 个传声器位置应在电动工具的几何中心上方 1 m 处。

A 计权声功率级 L_{WA}，应依照 ISO 3744 计算，如式(I.1)所示：

$$L_{WA}=\overline{L_{PA,1m}}+10\lg\left(\frac{S}{S_0}\right) \qquad \text{(I.1)}$$

$\overline{L_{PA,1m}}$由式(I.2)确定：

$$\overline{L_{PA,1m}}=10\lg\left[\frac{1}{5}\sum_{i=1}^{5}10^{0.1L'_{PA,i}}\right]-K_{1A}-K_{2A} \qquad \text{(I.2)}$$

式中：

$\overline{L_{PA,1m}}$——根据 ISO 3744 的 A 计权时间平均 1 m 表面声压级；

$L'_{PA,i}$ ——在第 i 点传声器测得的 A 计权表面声压级，单位为分贝(dB)；

K_{1A} ——背景噪声修正，A 计权；

K_{2A} ——环境修正，A 计权；

S ——图 I.2 中得测量表面的面积，单位为平方米(m^2)；

$S_0=1\ m^2$。

如图 I.2 所示的半球形/圆柱形测量表面，测量表面的面积 S 的计算公式如式(I.3)所示：

$$S = 2\pi(R^2 + Rd) \qquad \cdots\cdots (\text{I.3})$$

式中：

d ——反射平面距离其上方电动工具的几何中心的高度，为 1 m；

R ——构成测量表面的半球和圆柱体的半径，为 1 m。

因此，

$S = 4\pi\ \text{m}^2$；

所以，从式(I.1)得出：

$L_{WA} = \overline{L_{PA,1m}} + 11$，单位为分贝(dB)。

I.2.2.2 可移式电动工具

对于所有的可移式工具，声功率级由图 I.3 中一个立方体的测量表面确定。

五个传声器的位置应位于一个包围声源的立方体测量表面的每一个侧面和顶面的中心点。

A 计权声功率级 L_{WA}，应依照 ISO 3744 计算，如式(I.4)所示：

$$L_{WA} = \overline{L_{PA,1m}} + 10\lg\left(\frac{S}{S_0}\right) \qquad \cdots\cdots (\text{I.4})$$

单位为 dB。

$\overline{L_{PA,1m}}$ 由式(I.5)确定：

$$\overline{L_{PA,1m}} = 10\lg\left[\frac{1}{5}\sum_{i=1}^{5} 10^{0.1L'_{PA,i}}\right] - K_{1A} - K_{2A} \qquad \cdots\cdots (\text{I.5})$$

式中：

$\overline{L_{PA,1m}}$——根据 ISO 3744 的 A 计权时间平均 1 m 表面声压级；

$L'_{PA,i}$ ——在第 i 点传声器测得的 A 计权表面声压级，单位为分贝(dB)；

K_{1A} ——背景噪声修正，A 计权；

K_{2A} ——环境修正，A 计权；

S ——图 I.3 中得测量表面的面积，单位为平方米(m^2)；

$S_0 = 1\ \text{m}^2$。

图 I.3 所示的测量表面面积 S 的计算如下：

$S = 5 \times (2\ \text{m} \times 2\ \text{m}) = 20\ \text{m}^2$

因此，从式(I.4)得出：

$L_{WA} = \overline{L_{PA,1m}} + 13$，单位为分贝(dB)。

I.2.2.3 园林工具

园林工具的声功率级应由第 4 部分规定来确定。

I.2.3 发射声压级测试

I.2.3.1 手持式电动工具

工作位置的 A 计权发射声压级 L_{PA} 应按照 GB/T 17248.4 中的公式计算，如式(I.6)所示：

$$L_{PA} = L_{WA} - Q \qquad \cdots\cdots (\text{I.6})$$

单位为 dB(A)。

其中：$Q = 11$，单位为分贝(dB)。

注 1：在实践研究中，此 Q 值已经确定，适用于手持式电动工具。此在工作场所产生的 A-计权发射声压级相当于距离电动工具 1 m 处的表面声压级。这个距离已被选择并给出了令人满意的重复性的结果，并允许不同手持式电动工具的声学性能的比对，通常这些工具都没有单独定义工作场所。在自由场条件下，可以通过公式估计距离工具几何中心 r_1 的发射声压级 L_{PA1}，可运用式(I.7)计算的：

$$L_{PA1}=\overline{L_{PA}}+20\lg\left(\frac{1}{r_1}\right)\text{，单位 dB(A)} \quad \cdots\cdots(I.7)$$

注 2：对于特定工具给定的任何位置、安装和运行条件，根据本部分测得的发射声压级一般会比在使用该工具的典型车间内直接测量的发射声压级小。这是由于相对于本部分中规定的测试用的一个反射面的自由场条件而言，车间里有声音反射面的影响由 GB/T 17249.3—2012 给出了在工作场所单独运行的机器附近表面声压水平的计算方法。一般情况下，二者结果差异在 1 dB 至 5 dB，但在极端情况下的差异可能更大。

如需要，C 计权峰值发射声压级 L_{pCpeak} 应在 I.2.2 中规定的 5 个传声器的每一位置上测量。工作场所的 C 计权峰值发射声压级取在 5 个传声器的任一位置测量的最高 C 计权峰值声压值，不允许进行修正。

I.2.3.2 可移式电动工具

工作场所下的 A 计权发射声压级 L_{PA}，应根据 GB/T 17248.2 的工程法确定。确定声功率级的运行条件应完全相同。

对于在负载条件下的测量由操作者操作的工具，传声器应位于操作者头部中心平面的一侧(0.2±0.02)m 的地方，与眼睛成一直线，其轴线与操作者的视线平行，传声器要置于观察较高的 A 计权声压级侧。

对于在空载条件下的测量或不需要操作者操作的工具，传声器应置于操作者正常站立的地平面上方的参考点。如果在第 3 部分没有规定，该参考点应位于操作者通常站立的一侧，距工具中心 1 m 处。传声器应位于参考点正上方(1.55±0.075)m 高度范围内。

如果需要，C 计权峰值发射声压级 L_{pCpeak} 应与 A 计权声压级 L_{PA} 在相同的操作者位置测量。

I.2.3.3 园林工具

园林工具的发射声压级由第 4 部分规定。

I.2.4 电动工具在噪声测试时的安装和固定条件

工作场所下确定声功率级和发射声压级的安装和固定条件应完全相同。

被测工具应是全新的，安装上由生产者建议的能影响声学特性的附件。测试前，工具(包括任何必需的辅助设备)应设置好，形成一个稳定的工作条件，此条件符合生产者说明书的安全使用要求。

根据工具的特殊要求，工具应像正常使用时由使用者握持或悬挂，根据第 2 部分规定。如果手持式电动工具被水平使用，则工具应安放在使其轴线与传声器 1—4 和传声器 2—3 成 45°位置(见图 I.2)，工具的几何中心应高于地面(反射面)1 m。如果该要求不可行或工具不是水平使用，则应在报告中记录和描述所采用的位置。

一个可移式工具要放置在工作台上测试时，见图 I.1 或安装在所附的支架上，它的重心位于传声器顶部位置 5 的下方。该工具的前边缘与图 I.3 的立方体水平面的前边缘相平行。

园林工具应按照第 4 部分的要求放置。

操作者不得位于任何一个传声器位置和工具直线距离之间。

I.2.5 运行条件

声功率级和发射声压级测量的运行条件应相同。

应在一个新的工具上得到测量值。

根据第 2、3、4 部分规定，结合工具的特殊要求，工具应在“空载”或“负载”两种条件下测量。测试前，工具应在该状态下运行至少 1 min。

“负载”条件下的测量是在加工工件时进行，或施加等同于正常运行时的外加机械负载时进行。

当要求测试在工作台上进行时，该测试台要符合图I.1的要求。

应注意工件位于支架上的安装不会负面的影响测试结果。如果有必要，根据第2、3、4部分的相关规定，工件应放置在20 mm厚的弹性材料上，该材料由于工件的重量被压至10 mm。

空载条件下连续测量3次，负载条件下连续测量5次。测试结果 L_{WA} 应当是3次或5次的算术平均值，四舍五入至最接近的分贝。

测量过程中，工具应在稳定状态下运行。一旦噪声发射稳定，测量间隔时间至少为15 s，除非第2、3、4部分中有规定需要另一个间隔时间。如果测量在倍频程或三分之一倍频段，频段集中或低于160 Hz时最低间隔时间至少为30 s，频段集中或高于200 Hz时最低间隔时间至少为15 s。

I.2.6 测量不确定度

本部分给出的噪声发射值的总测量不确定度取决于适用的噪声发射测量方法引起的标准偏差 σ_{R0} 和由于操作的不稳定性及安装条件产生的不确定度 σ_{omc}。产生的总不确定度，如式(I.8)所示：

$$\sigma_{tot}=\sqrt{\sigma_{R0}^2+\sigma_{omc}^2} \qquad \cdots\cdots (I.8)$$

为了定发射声压级和声功率级，本部分中用工程法测量时，σ_{R0} 最大值取1.5 dB。

注：对于一个持续稳定发出噪声的机器，σ_{omc} 值0.5 dB适用。在其他情况下，如大量的物体进出机器所发出的噪声，或者可变的不可预见的发出噪声的情况，则2 dB的 σ_{omc} 适用。测试 σ_{omc} 的基本方法在测试标准中有描述。在GB/T 14574—2000中有确定两种噪声值的不确定度K的进一步指导。

I.2.7 要记录的信息

记录的信息包括本部分的所有技术要求，还应记录任何与本部分及其引用标准的偏离，以及这类偏离的技术理由。

I.2.8 报告的信息

报告中的信息应至少涵盖生产者进行噪声声明或验证其所声明值所需要的最少信息。因此至少包含以下内容：

——噪声测试标准及引用标准；

——电动工具的描述；

——安装和运行条件的描述；

——测得的噪声发射值。

应当确认满足所有的噪声测试方法的要求，或者如果不是这种情况，应注明任何没有满足的要求。应当陈述与要求的偏离和提供偏离的技术理由。

I.2.9 噪声发射值的声明和验证

根据GB/T 14574—2000规定声明的噪声发射值应当包含两个数值，即噪声发射值 L（L_{PA}、L_{WA}）和各自单独的不确定度 K（K_{PA}、K_{WA}）。

如果需要，应给出C-计权发射峰值声压级 L_{pCpeak}

如果测量重复性标准偏差是1.5 dB，则对于典型的生产过程中的标准偏差，不确定度的值 K_{PA}、K_{WA}，相应地为3 dB。

声明应说明按照本部分测得噪声发射值。如果不是按照本部分，声明应清楚地描述与本部分及其引用标准的偏离。

注：如果测量值的平均值是以电动工具为基础的情况下测得的，则 K 通常为3 dB。另外由GB/T 14573.4和GB/T 14574—2000给出抽样和不确定性方面的进一步指导。

声明中还可增加更多的噪声发射的值。

如果被接受，可对一批工具进行验证，按照 GB/T 14574—2000 中 6.3。验证时应如首次确定噪声发射值时采用相同的放置，安装和运行条件。

I.3 振动

I.3.1 振动测量的一般要求

特定类型的工具在第 2、3、4 部分详述。本测试方法给出了所有关于振动发射特性的确定、声明和验证的必要信息。还可将不同工具的测试结果进行比较。

振动测量总值可采用能真实反映工具的设计和技术规格的测量值来确定。

应在说明书中给出工具手臂振动水平 a_h 及其不确定度 K，按下述测试程序确定 a_h 值，给出的不确定度 K 表明了测量平均值的偏离程度。

在工作场所条件下的人体接触手传振动的评估可按 GB/T 14790.1 和 ISO 5349-2 进行。

注：本附录不是制定一个详尽的误差来源列表，只是考虑其作为避免主要测量误差的指导：

a) 传感器不合适地安装和固定；

b) 测量引线的未充分固定；

c) 缺少或误调带通滤波器；

d) 安装传感器后放大器不是零位输出；

e) 未对准传感器的方向或传感器不恰当的或易变动的位置；

f) 不恰当的信号处理(带通、信噪比、过载等)；

g) 测量持续时间太短；

h) 缺少测量前后的校准；

i) 运行条件的不恰当确定；

j) 不熟练的操作者施加不恰当握持力；

k) 运行条件不稳定，例如施加力的变动和电动机速度的变化。

关于实际测量误差的更多建议由 ISO 5349-2 给出。

I.3.2 符号

本部分使用下述符号：

$a_{hw}(t)$ ……………… 在时刻 t 手传振动的单轴向频率计权加速度瞬时值，单位为 m/s^2

a_{hw} ……………… 手传振动的单轴向频率计权加速度均方根值，单位为 m/s^2

$a_{hwx}, a_{hwy}, a_{hwz}$ ……………… 分别代表 x 轴、y 轴和 z 轴的 a_{hw} 值，单位为 m/s^2

a_{hv} ……………… 频率计权均方根加速度的振动总值(有时称为矢量和或频率计权加速度和)，是对应 3 个测量轴向测量的 a_{hw} 值平方和的方根，单位为 m/s^2

a_h ……………… 所有操作者测量结果的算术平均值，即总振动值，m/s^2，即测试的结果

σ_R ……………… 重复性标准差

K ……………… a_h 的不确定度，单位为 m/s^2

C_v ……………… 一组测试的变异系数，定义为一组测量值的标准差与该组数值的均值之比：

$$C_v = \frac{S_{N-1}}{\bar{a}_{hv}}$$

其中：

$S_{N-1}=\sqrt{\frac{1}{N-1}\sum_{i=1}^{N}(a_{hvi}-\bar{a}_{hv})^2}$……标准偏差；

$\bar{a}_{hv}$……一个测量序列中 5 个振动总值的平均值，单位为 m/s^2；

a_{hvi}……一个测量序列中第 i 次振动总值，单位为 m/s^2；

N……一个测量序列中测量值的数量（本部分 N 取 5）。

I.3.3 振动特性

I.3.3.1 测量方向

传递到手上的振动与 X、Y 和 Z 3 个正交方向有关，见图 I.4。对于特定类型的工具，这些方向参见 2、3、4 部分。

I.3.3.2 测量位置

应在每个手握持位置处的 3 个方向进行测量，所有的测量应同时进行。

测量应尽可能靠近手的拇指和食指之间，该位置为操作者正常握持工具的位置。

如果握住的部位被柔软的表面材料覆盖，应采取预防措施，以避免传感器安装的谐振效应。如果只在握持部位装有柔软的表面材料，则应将其去除或者通过一个传感器安装夹或合适的转接器将表面材料压紧。

特定类型的工具测量指定位置中见第 2、3、4 部分。

如果工具运行时需多于一个握紧或抓紧表面，则应在操作者正常操作工具时的手柄握持位置进行测量并记录。如果能够表明某一个握紧的部位的振动总是起主导作用的话，则可以只在该握紧区域进行测量。

I.3.3.3 振动幅度

描述振动大小的量值应用频率计权加速度 a_h 表示，单位为 m/s^2。

频率计权应符合 GB/T 14790.1 的要求。

按照这个标准中的均方根值 a_{hw} 定义为频率计权加速度信号 $a_{hw}(t)$ 的均方根值，如式(I.9)所示：

$$a_{hw}=\left[\frac{1}{T}\int_0^T a^2hw(t)\,dt\right]^{\frac{1}{2}} \qquad \cdots\cdots\cdots(I.9)$$

为获得实时变化信号的均方根值，应使用装有线性积分装置的积分仪。测量时间应该尽可能合理地长，对于手传振动测量一般不少于 8 s。如因为短时间操作（定义见 I.3.5.3），具体参见第 2、3、4 部分。

I.3.3.4 振动方向的合成

振动总值 a_{hv} 由式(I.10)确定：

$$a_{hv}=(a_{hwx}^2+a_{hwy}^2+a_{hwz}^2)^{\frac{1}{2}} \qquad \cdots\cdots\cdots(I.10)$$

式中：

a_{hwx}，a_{hwy}，a_{hwz}——x、y、z 各方向频率计权加速度均方根值。

I.3.4 测试设备要求

I.3.4.1 一般要求

振动测量设备应符合 GB/T 23716。

测量设备的其他参数(如工作条件的控制)特性没有包含在 GB/T 23716 的范围内,详见第 2、3、4 部分。

I.3.4.2 传感器

I.3.4.2.1 传感器的规格

I.3.3.3 指定的振动值应使用符合 GB/T 23716 的传感器和其他合适的测量设备进行振动测量。

振动传感器及其固定件的总质量应不足以对测量结果产生影响,在每个测量方向应不超过 5 g。

注:对于轻的塑料手柄,不应采用重的传感器,更多内容参见 ISO 5349-2。

在选择传感器时,应考虑到诸如横向灵敏度(小于 10%)、环境温度范围、特定温度瞬时灵敏度和最大冲击加速度等因素。

I.3.4.2.2 传感器的固定

在 ISO 5349-2 中给出了传感器安装指南。传感器和机械滤波器,应牢固地安装在振动表面。

可能需要机械过滤器或其他适当方法,来尽量减少在测量冲击工具的振动时所产生的测量误差。有关详细信息,见 ISO 5349-2。

注:高频元器件振动产生的高加速可导致传感器应其自身的共振的干扰影响频率范围,产生虚假信号(如直流偏置),因为共振传感器本身会产生励磁。

I.3.4.3 测量系统的校准

整个测量系统应该在每一次测试的前后进行检查,使用一个在已知频率上产生已知加速度的校准器。

应按 GB/T 13823 和 GB/T 20485.1 对传感器进行校准。整个测量系统应按 GB/T 23716 进行检查。

I.3.5 工具的测试运行条件

I.3.5.1 一般要求

测量应在一台新的工具上进行,该工具应只用于按本部分要求的噪声和振动测试。

对于使用电源线来供电工具:在测试过程中的平均电压应不偏离额定电压或额定电压范围的均值的±1%。

对于电池供电的工具:每个试验人员应当在开始测试之前为电池完全充满电或者采用外接电源供电,电压为工具电池的额定电压。

测试程序没有提供的部分请见第 2、3、4 部分,运行条件和工作程序应规定得足够详细以获得恰当的重复性。测试程序首选基于典型的实际工作情况。振动测试可以模拟一个作业或一个工作周期中的某个阶段,该作业或工作周期由一系列操作组成,此时操作者接触振动。

如果为了获得较好的重复性而需要确定模拟工作条件,则振动源应像其在典型的工作情况下产生大致相同的振动幅度。如有必要提供实际产生的振动水平,应在多于一个运行条件或一组运行条件下进行测试。运转条件详见第 2、3、4 部分。

如果工具装有在可比较运行条件下减小振动发射的设备或装置,则在振动测试时应按说明书使用这些装置。如果由此而要求型式试验方法的偏离,应在测试报告中进行说明并解释。

在测量期间,操作者的手应按工具的设计和说明书的规定握持工具。

I.3.5.2 附件/工件和作业

与工具一起使用的附件和辅助设备应按说明书的规定。

如果这些附件是减振型的，它应该与声明的振动值一起予以说明。

应注意在支撑架上的工件的定位不应影响测量结果。作业和工件的详情见第 2、3、4 部分。

注：应注意即使在尺寸、形状、材料、磨耗、失衡等方面有很小的差别附件，也将很大程度上改变振动幅值。

I.3.5.3 运行条件

工具仅在负载条件下进行试验，除非在实际使用中空载运行被认为是重要的(空载运行时间超过整个接通时间的 20%)。在这种情况下，工具应在负载和空载条件下试验，或在包含负载和空载的典型工作周期下测试。相应的第 2、3、4 部分描述了运行模式以及声明的发射值的计算。

在整个试验过程中，工具应按使用说明书维持在正常工作条件和工作模式下运行。运行条件应能体现被试工具在典型和正常使用中可能产生最高振动值的情况。测量可以在工具加工工件或在相当于正常操作的外部机械负载下进行。

在开始测试之前，工具应在这些状况下运转预热至少 1 min。

I.3.5.4 操作者

工具的振动会受到操作者的影响，因此操作者应该能熟练的且能够恰当地操作工具，即应有使用该工具的经验。

握紧力应为长时间工作条件下的施加力，不应过大。

I.3.6 测量程序与有效性

I.3.6.1 振动值的报告

应进行 3 个序列 5 次连续的测试，每个序列由不同的操作者进行。如能表明振动不会受到操作者的特点的影响，则可以接受只由一个操作者完成所有 15 次测量。详细信息请见第 2、3、4 部分。

测量在 3 个坐标轴上进行，每个方向的结果通过使用式(I.10)合成，得出振动总值 a_{hv}。

如果记录的每个序列中 5 个振动总值 a_{hv} 的变异系数 C_v 小于 0.15 或者标准差 S_{N-1} 小于 0.3 m/s²，则接受该组测量结果。

注：I.3.1 列出了可能的测量误差来源信息。

测量结果 a_h 应由所有操作者振动总值的算术平均值来确定。

I.3.6.2 总振动发射值的声明

测量结果 a_h 值是声明值的依据。如不同手柄位置对应不同的测量值，声明值应基于最大的手柄振动值。

如第 2、3 或 4 部分有要求，振动发射相应的工作模式描述应紧跟在每一个声明值后。

为确定声明值的不确定度 K，使用公式(I.11)来计算标准差。

$K=1.65S_R$ 或者 $K=1.5\ \text{m/s}^2$，取大者

$$S_R=\sqrt{\frac{1}{n-1}\sum_{i=1}^{n}(a_{hvi}-a_h)^2} \qquad \cdots\cdots\cdots\cdots(\text{I.11})$$

式中：

S_R ——标准差(与 σ_R 相同)；

n ——操作者人数，$n=3$；

a_{hvi}——每个操作者振动总值的平均值(每个操作者的结果)；

a_h ——所有测量振动值的平均值(测试结果)。

振动值(S)a_h 按以下格式进行声明：

振动总值(三轴的矢量和)根据本部分的数量决定	
工作模式描述 1(如果需要,见第 2、3、4 部分)	振动发射值 $a_h = \cdots m/s^2$
	不确定度 $K = \cdots m/s^2$
工作模式描述 2(如果需要,见第 2、3、4 部分)	振动发射值 $a_h = \cdots m/s^2$
	不确定度 $K = \cdots m/s^2$

I.3.7 测量报告

测试报告至少包含下述信息:

a) 参考本部分及相关第 2、3、4 部分;

b) 被试工具的规格(即生产者、工具的型号、系列号等);

c) 附件或辅助设备;

d) 操作和测试条件(电压,电流,施加力、速度设定、持续时间和测试次数等);

e) 测试机构(例如实验室、生产者);

f) 测试日期和测试负责人姓名;

g) 使用仪器(传感器质量、滤波器、积分仪、记录系统等);

h) 传感器位置和固定方式、测量方向和有关的振动值(例如可由照片记录);

i) 所有振动值的算术平均值 a_h,每个操作者的振动总值 a_{hv} 和三轴的计权加速度值 a_{hw}。记录所有的测量值是个好做法(即所有轴的振动,试验和操作者);

j) 总振动值 a_h 的不确定度 K。

任何与本部分的振动测试方法的偏离和这些偏离的技术验证应一起记录。

单位为毫米

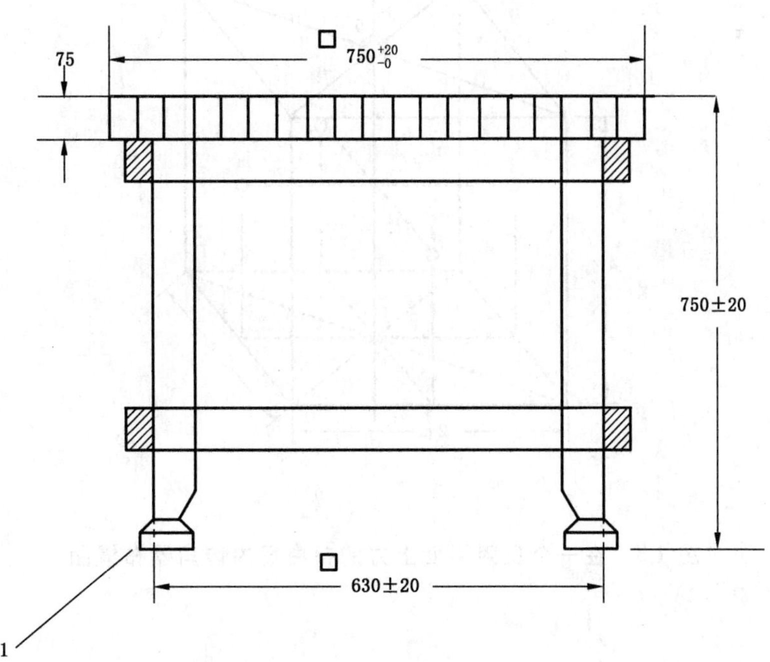

说明:

1——橡胶绝缘脚。

材质:松木 75×40 刨平,粘结,销钉定位。

图 I.1 试验台

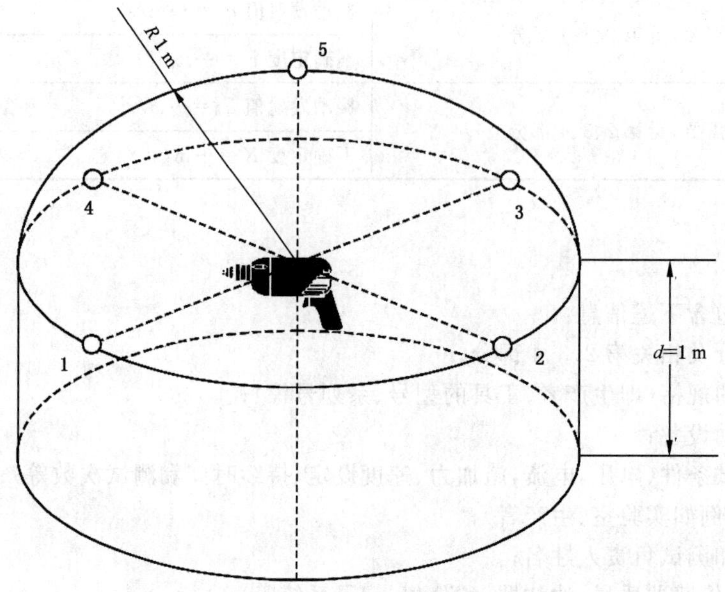

图 I.2　在半球/圆柱测量表面上手持式电动工具和传声器位置

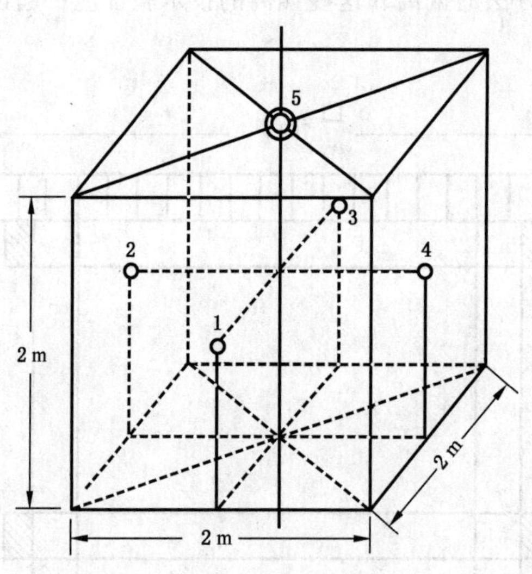

图 I.3　在一个反射平面上方的自由场内传声器布置图

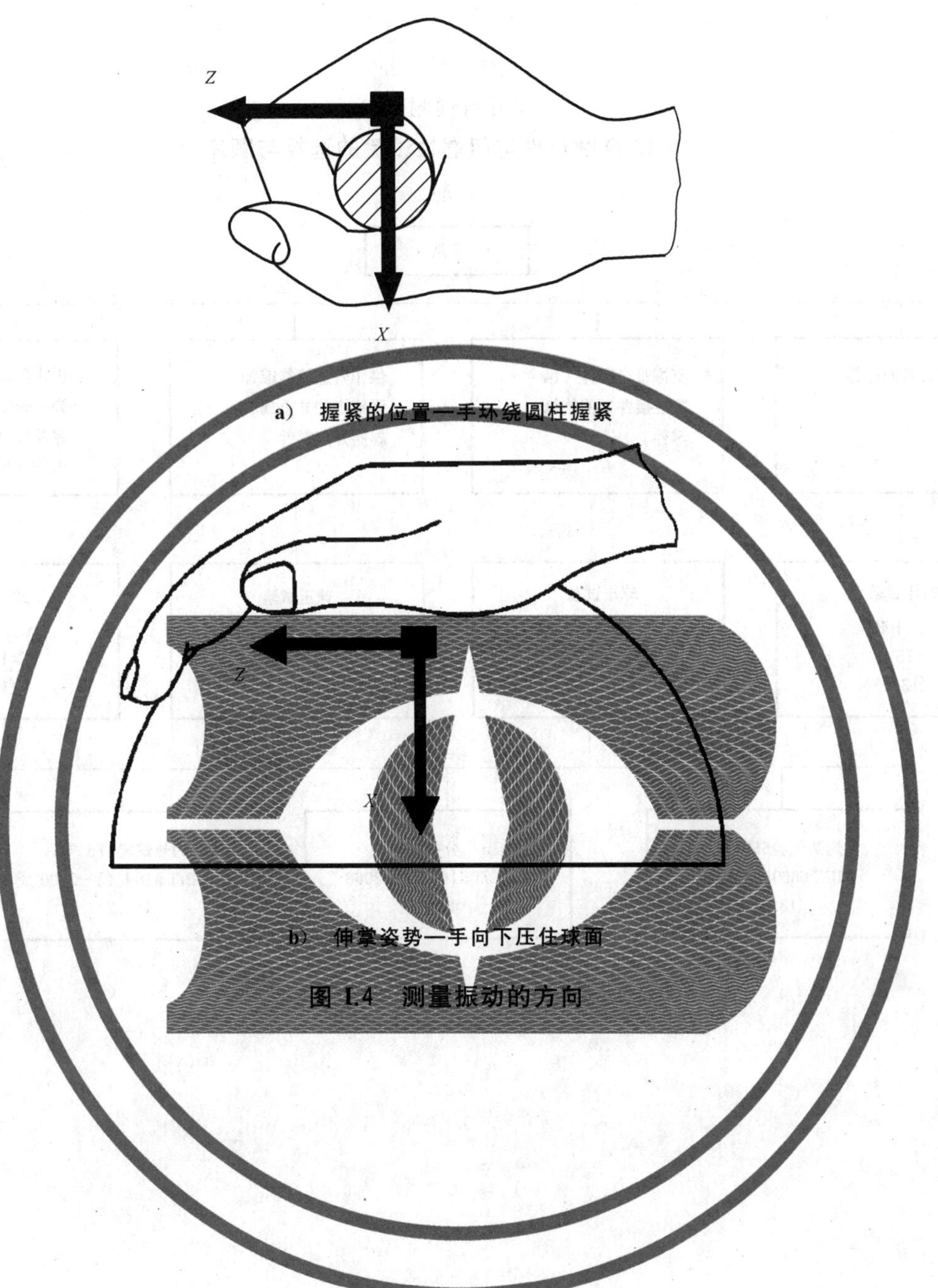

a） 握紧的位置—手环绕圆柱握紧

b） 伸掌姿势—手向下压住球面

图 I.4 测量振动的方向

附 录 J
（资料性附录）
第 13 章耐热性与阻燃性试验的选择与顺序

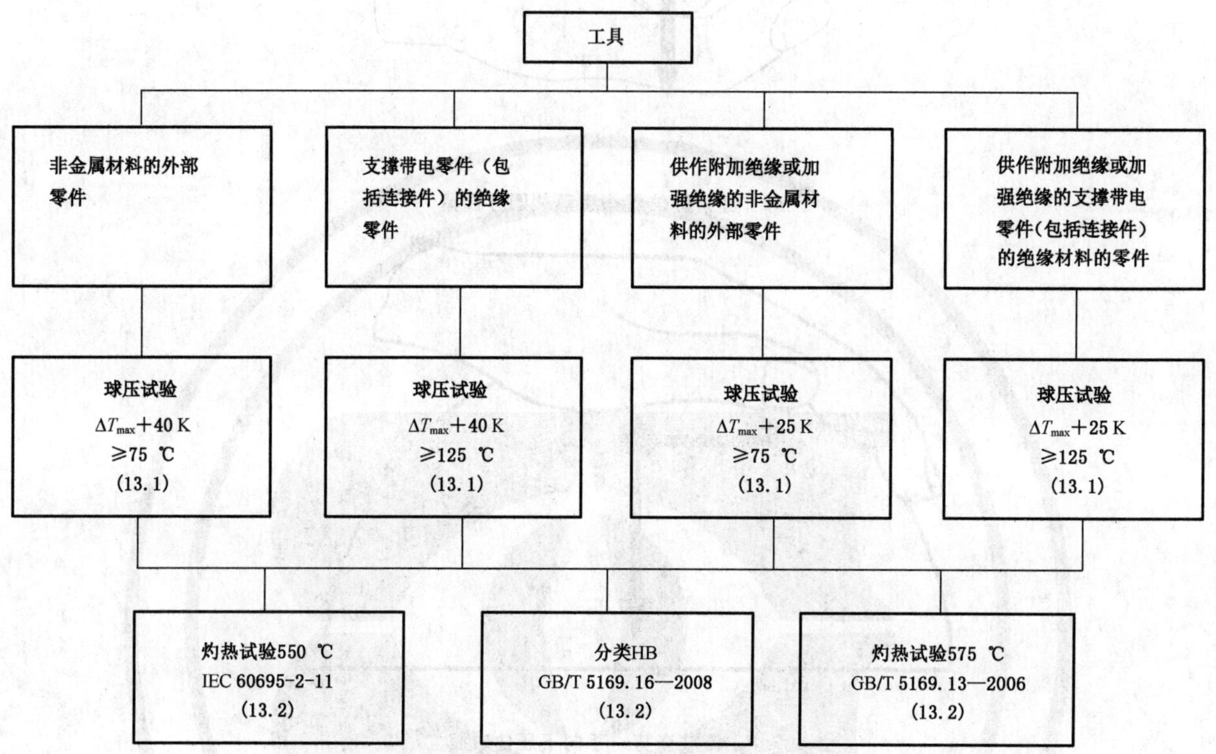

附 录 K
（规范性附录）
电池式工具和电池包

K.1 范围

本附录适用于由可充电电池供电的电动机驱动或电磁驱动的：

——手持式电动工具(第 2 部分)；

——可移式电动工具(第 3 部分)；

——园林工具(第 4 部分)；

以及这类工具的电池包。

工具和电池包的最大额定电压为直流 75 V。

本附录所涉及的电池式工具不认为是Ⅰ类、Ⅱ类或Ⅲ类工具,因此不要求其具有基本绝缘、附加绝缘或加强绝缘。认为电击危险仅存在于不同极性零件之间。

在本附录范围内用非隔离充电器充电的工具电池包应依据本附录和本部分评定。当评定电池包防电击保护、爬电距离和电气间隙时,电池包应安装到指定的充电器上。

由于电动工具的电池包承受不同的使用模式(如粗暴使用、大电流充放电),因此除非本附录中另有规定,其安全可以仅依据本附录评定而不采用如 GB/T 28164 之类的其他电池包标准。

当评定可拆卸式电池包的着火危险时,考虑到此类电池包是无需照看的电源并且已经在本部分得到了评定,因此认为满足其他标准中关于这些可拆卸式电池包因充电引起的着火危险的要求；

本附录还提出了工具电池系统中使用锂离子(Li-ion)电池的要求。这些要求考虑了以下内容：

——这些要求提出了电池组着火和爆炸引起的危险,但不包含其有毒性危险以及与运输和废弃处理有关的潜在危险；

——符合这些要求的电池系统不能由使用者进行维护；

——这些要求仅对用于本部分覆盖的产品上的电池组提供全面评定；

——这些要求提出了锂离子电池系统在存储、充放电使用中的安全。这些要求仅是对电池充电器着火和电击危险的补充要求；

——这些要求针对并基于相关电池的规格参数从而确定电池的安全使用条件。这些参数形成了大量测试的接受准则的基础。本部分不独立评定电池的安全。这套规格参数构成了一个电池的“指定的工作区域”。一个电池可能会有几套“指定的工作区域”。

本附录不适用于由使用者安装的使用通用电池组的工具,且仅靠本附录不足以确保整个产品的所有危险。

本附录不适用于电池充电器本身的安全。但是,本附录覆盖了锂离子电池系统的安全功能。

注：GB 4706.18 覆盖了不同的充电器的要求。

除非本附录另有规定,本部分的所有章条均适用。如果某一章在附录中有表述,除非另有规定,则这些要求替换本部分正文的要求。

K.2 引用标准

K.2.201

GB/T 28164—2011 含碱性或其他非酸性电解质的蓄电池和蓄电池组 便携式密封蓄电池和蓄

电池组的安全性要求(IEC 62133:2002,IDT)

IEC 61960 含碱性或其他非酸性电解液的二次电池单体或电池 便携式锂二次电池单体或电池(Secondary cells and batteries containing alkaline or other non-acid electrolytes—Secondary lithium cells and batteries for portable applications)

K.3 术语和定义

下列术语和定义适用于本附录。

K.3.201

电池组 battery

用以提供工具电流的一节或多节电池的组合。

K.3.201.1

可拆卸电池包 detachable battery pack

包含在一个独立于电池式工具的壳体中的电池组,且充电时将其从工具上取下。

K.3.201.2

整体式电池组 integral battery

包含在电池式工具中的电池组,且充电时不将其从工具上取下。仅为废弃处置或回收目的而从电池式工具上取下的电池组被认为是整体式电池组。

K.3.201.3

分体式电池包 separable battery pack

包含在一个独立于电池式工具的壳体中的电池组,通过软线将其与电池式工具连接。

K.3.202

电池系统 battery system

电池组、充电系统和工具及使用时三者之间可能存在的连接的组合。

K.3.203

电池 cell

由电极、电解质、容器、端子,通常还带有隔膜共同装配而成、实现化学能直接转化提供电能的基本功能性电化学单元。

K.3.204

充电系统 charging system

用于充电、平衡和/或维持电池组充电状态的电路系统的组合。

K.3.204.1

充电器 charger

包含在一个独立壳体中的部分或全部充电系统。但充电器至少应包含部分能量转换电路。工具可以利用一根电源软线或内置一个连接到电源插座的插头进行充电,因此并非所有充电系统都包含一个独立充电器。

K.3.205

C_5 放电率 C_5 rate

将一个电池或电池组放电 5 h,让其电压降低到电池生产者规定的截止点时的电流,单位为安培(A)。

K.3.206

着火 fire

电池组发出火焰。

K.3.207

充满电　fully charged

对电池或电池组充电，直到与工具一起使用的电池充电系统允许的最满充电状态。

K.3.208

完全放电电池组/电池　fully discharged battery/cell

电池组或电池以 C_5 放电率放电直到出现下述条件之一，除非生产者另行规定了一个放电终止电压：

——因保护电路(动作)而停止放电；

——电池组达到总电压，即每一节电池的平均电压达到电池化学材料最终放电电压；

——单节电池的电压达到电池化学材料最终放电电压。

注：K.5.210 给出了普通电池化学材料放电的放电终止电压。

K.3.209

通用电池组/电池　general purpose batteries/cells

由不同生产者提供的、通过多种途径销售的用于不同生产者的各种产品的电池组或电池。

注：12 V 汽车电池组、5 号/2 号/1 号碱性电池是通用的示例。

K.3.210

危险电压　hazardous voltage

指零件之间的电压，其直流平均电压大于 60 V 或在交流峰峰纹波值超过平均值 10%时大于 42.4 V 峰值电压。

K.3.211

最大充电电流　maximum charging current

电池在电池生产者规定的并经 GB/T 28164 评定过的特定温度范围内充电时允许通过的最高电流。

K.3.212

指定的工作区域　specified operating region

锂离子电池的允许工作区域，表达为电池参数限值。

K.3.212.1

指定的充电工作区域　specified operating region for charging

锂离子电池充电时在电池生产者规定的并经 GB/T 28164 评定过的电压和电流范围运行的条件。

K.3.213

充电电压上限　upper limit charging voltage

一节锂离子电池在电池生产者规定的并经 GB/T 28164 评定过的特定温度范围内充电时允许的最高电压。

K.3.214

泄气　venting

电池按预先设计释放过量内压，以防止爆炸的情况。

K.5　试验的一般要求

K.5.7　除非另有规定，否则额定电压下的试验应采用充满电的电池组进行。

K.5.10　本条不适用。

K.5.11　本条不适用。

K.5.15　本条不适用。

K.5.16 本条不适用。

K.5.201 当测量电压时,任何大于平均值10%的叠加纹波值应包含在内。瞬态电压可忽略,例如电池包从充电器上取下后,其电压的瞬时升高。

K.5.202 测量锂离子电池系统中电池的电压时,应采用截止频率为5 kHz±500 Hz的单极容抗低通滤波器。应通过测量流经上述网络后得到的电压峰值来确定是否超过最大充电电压。测量误差应为±1%。

K.5.203 某些试验可能导致着火或爆炸。因此必须保护人员避免因此类爆炸受到的伤害:例如飞溅的碎片、爆炸冲力、突然的热喷射、化学灼伤及强光和噪声。试验区域需保持良好通风以避免人员因可能产生的有害浓烟或气体而受到伤害。

K.5.204 除非另有规定,所有电池组必须完全按下述条件进行处置:必须将电池组完全放电后再根据生产者说明书的规定充电。再重复进行上述程序,且每次放电后间隔至少2 h再充电。

K.5.205 测量锂离子电池的温度时,热电偶应布置在电池外表面温度最高处、且沿最长边尺寸的中间位置。

K.5.206 电池组充电电流值应为平均间隔1 s~5 s测得的平均电流。

K.5.207 除非另有规定,否则应当采用充满电的电池组。试验前,充满电的电池组从充电系统上取下后,应在环境温度为(20±5)℃的中放置至少2 h,但不得超过6 h。

K.5.208 当电池组仅由一节电池构成时,可以忽略本部分对串联电池中每一节电池的特殊制备要求。

K.5.209 在进行那些需要在测试前改变单节电池的充电量的测试时,对于并联后再串联的电池组,其并联电池应视为一个电池。

K.5.210 普通电池化学材料的放电终止电压:

——对镍镉(NiCd)、镍氢(NiMH)电池组,0.9 V/节;

——对铅酸电池组,1.75 V/节;

——对锂电池组,2.5 V/节,除非生产者规定不同电压。

K.6 辐射、毒性和类似危险

本章适用。

K.7 分类

本章不适用。

K.8 标志和说明书

K.8.1 本条不适用。

K.8.3 电池式工具和可拆卸或分体式电池包还应标有以下附加信息:

——生产者或其授权代表的商业名称、地址,任何地址应足以确保联系。国家、地区、城市或邮编(如有)被认为足以满足此要求;

——系列的名称或类型,允许有产品的技术标识,可以由字母和/或数字组合而成,也可以与工具名称组合而成。

电池式工具还应标有以下附加信息:

——至少标识年份的制造日期(或生产者日期代码);

——工具的名称,该名称由字母和/或数字组合而成。

——对由最终用户把它的散装零件组装起来的工具，每个零件或包装上应标有特有标识。

分体式和可拆卸电池包还应标有以下附加信息：

——生产者根据 IEC 61960、GB/T 28867、GB/T 22084.1、GB/T 22084.2 和 GB 19639.1(如适用)规定的容量，单位为安时(Ah)或毫安时(mAh)；

——对碱性或非酸性电解质电池组，电池的种类，比如锂离子、镍镉、镍氢。

增加的标志应不会引起误解。

通过观察来检验。

K.8.7 本条不适用。

K.8.8 本条不适用。

K.8.14.1.1 除以下内容外，本条适用：

项 5)维修，改换为：

5) **电池式工具使用和注意事项**

a) **仅使用生产者规定的充电器充电**。将适用于某种电池包的充电器用到其他电池包时可能会发生着火危险。

b) **仅使用配有专用电池包的电动工具**。使用其他电池包可能会产生伤害和着火危险。

c) **当电池包不用时，将它远离其他金属物体，例如回形针、硬币、钥匙、钉子、螺钉或其他小金属物体，以防电池包一端与另一端连接**。电池组端部短路可能会引起燃烧或着火。

d) **在滥用条件下，液体可能会从电池组中溅出；应避免接触。如果意外碰到液体，用水冲洗。如果液体碰到了眼睛，还应寻求医疗帮助**。从电池中溅出的液体可能会发生腐蚀或燃烧。

e) **不要使用损坏或改装过的电池包或工具**。损坏或改装过的电池组可能呈现无法预测的结果，导致着火、爆炸或伤害。

f) **不要将电池包暴露于火或高温中**。电池包暴露于火或高于 130 ℃的高温中可能导致爆炸。

6) **维修**

a) **让专业维修人员使用相同的备件维修电动工具**。这将保证所维修的电动工具的安全。

b) **决不能维修损坏的电池包**。电池包仅能由生产者或其授权的维修服务商进行维修。

K.8.14.2 除以下内容外，本条适用：

增加：

e) 对电池式工具：

1) 电池组充电、工具和电池组使用及存储温度限值和建议的充电温度范围的说明；

2) 对于使用可拆卸电池包或分体电池包的电池式工具：有通过类别号、系列号或等同方式来指定合适的电池包的说明；

3) 通过类别号、系列号或等同方式来指定合适的充电器的说明。

K.9 防电击保护

注：本章的标题不同于正文部分的标题。

K.9.1 电池式工具和电池包应构造和包封得应足以防止电击。

通过观察和 K.9.3 和 K.9.5(如适用)的试验来检验。

K.9.2 本条不适用。

K.9.3 不应有两个导电的、同时易触及的且相互之间电压是危险的零件，除非对它们装有保护阻抗。

在有保护阻抗的情况下，零件之间短路电流应为：直流时不超过 2 mA，交流时峰值不超过 0.7 mA，且零件之间应没有大于 0.1 μF 的电容。

通过用 GB/T 16842 的试具 B 探触每个导电零件，以检验其可触及性。

GB/T 16842 的试具 B 以不大于 5 N 的力通过孔隙达到试具允许伸到的任何深度，并且在伸到任意位置之前、之中和之后，转动或倾斜试具。

如果试具不能进入孔隙，则将试具的轴向作用力增加到 20 N，并在试具弯曲时重复测试。

试验时，取下所有可拆卸零件，且电池式工具运行在正常使用中的任意位置。

如果能通过使用者可操作的插头、电池包或开关切断灯泡电源，那么不必拆下位于可拆卸罩盖后面的灯泡。

K.9.4 本条不适用。

K.9.5 提供防止电击保护的材料应具有足够的绝缘。

通过对绝缘材料施加 750 V 进行 D.2 规定的电气强度测试来检验。测试时材料可以处于工具中，但要确保测试电压不要施加到考虑范围之外的材料上。

本试验仅适用于此类材料，即如果其失效后不能提供绝缘，使用者会因此承受危险电压引起的电击。测试不适用于为防止触及起挡板作用的材料。因此，距离材料表面 1 mm 范围内的非绝缘带电零件应满足此要求。

K.10 起动

本章不适用。

K.11 输入功率和电流

本章不适用。

K.12 发热

K.12.1 电池式工具和电池包不应产生过高的温度。

通过以下条件测定工具各部分的温升来检验。

工具在以下情况空载运行，直到达到最高温度或由于电池包放完电工具不再工作为止。

——连续运行工具；

——对具有固有运行周期的工具，按操作周期连续运行。

试验期间，热断路器和过载保护器不应动作。温升不应超过表 2 所示数值。

K.12.2 到 K.12.6 这些条文不适用。

K.12.201 锂离子系统的正常充电

正常条件下对锂离子电池组充电时应不能超过其电池指定的充电工作区域。

通过如下试验来检验。

对完全放电电池组按充电系统的说明进行充电。测试在(20±5)℃的环境温度中进行，且

——如果推荐工具在低于 4 ℃的温度下操作，则测试还应在该温度＋0/－5 ℃的温度中进行；

——如果推荐工具在高于 40 ℃的温度下操作，则测试还应在该温度＋5/－0 ℃的温度中进行；

监测每一节电池的电压、按 K.5.205 测量得到的温度和充电电流。对于含并联回路的电池组，通过分析可以不需要监测并联支路的电流。测量结果不应超过其电池的指定充电工作区域(例如，与温度相关的电压和电流限值)。

注 1：以下为此类分析的示例：如果充电器的最大输出电流不超过单节电池的最大充电电流，就不需要监测每一并联支路的充电电流。

对于串联电池组，需在一个特定的不均衡电池上重复测试。通过对一个完全放电电池组中的一节电池充电，使其达到满充电的约50%来实现不均衡。

如果通过测试和/或设计评估证明在正常使用中产生的不均衡低于50%，则可以用该不均衡值进行测试。

注2：此类设计的示例：电池包中有用于维持电池之间均衡的电路。在实际使用中，如果电路监测到电池组存在一个较小的初始不均衡时，工具就会停止正常的操作，那么这个由数量较少的电池串联成的电池组显示出有限的不均衡性。

注3：测试的示例：根据生产者的使用说明，对一个电池组重复充放电直到其容量降低到额定容量的80%，使用最终的不均衡值进行测试。

K.13 耐热性和阻燃性

K.13.1 非金属材料外部零件的变形可能导致工具或电池包无法符合本附录要求，应有足够的耐热性。

通过相关零件经受GB/T 5169.21的球压试验来检验。应拆卸任何柔软材料（弹性体），如软把手覆盖层。

可用两段或多段零件达到所需厚度。

试验在加热箱温度为(55±2)℃再加上K.12试验期间测得的最高温升的温度下进行，但对外部零件，温度应至少为(75±2)℃。

注：在K.12中，仅测量外部温度。基础温度从(40±2)℃改为(55±2)℃，代表外壳的内外温度之间的典型差异。

K.13.2 本条仅适用于工具或电池包上包封载流零件的外壳。

增加：

可拆卸和分体式电池包或带有整体式电池的工具上支撑连接件的非金属材料，充电时如果载流超过0.2 A，且距离这些连接处3 mm范围内，应承受GB/T 5169.11—2006的灼热丝试验，温度为850 ℃。

但是，试验不适用于：

——支撑熔焊连接的零件以及距离这些连接处3 mm范围内的零件；

——支撑附录H的低功率电路的连接零件以及距离这些连接处3 mm范围内的零件；

——线路板上的锡焊连接以及距离这些连接处3 mm范围内的零件；

——线路板上的小型组件的连接，例如二极管、三极管、电阻、电感、集成电路和电容，以及距离这些连接处3 mm范围内的零件。

K.14 防潮性

本章不适用。

K.15 防锈

本章适用。

K.16 变压器及其相关电路的过载保护

本章不适用。

K.17 耐久性

本章不适用。

K.18 不正常操作

K.18.1 所有电池驱动的工具及其电池包应设计得尽可能避免不正常操作所引起的着火和电击危险。

通过如下试验来检验。

应经受如下 a)～f)的不正常条件。

应避免在电子电路或电池上连续测试导致应力的累积。必要时,使用附加试样。

电池式工具、电池包,和 d)及 e)中的电源软线(如适用),放置在盖有 2 层绢纸的软木面上;试样上盖有一层未经处理的纯医用纱布。在进行 b)、c)和 f)测试时,开启工具且不施加额外的机械负载。试验进行到失效或试样温度恢复到室温或,如果前两者均未发生,则测试至少进行 3 h。可用新试样分别进行以下所列的故障测试。测试过程中和测试后不应产生爆炸。试样应具有足够的 K.9 定义的防电击能力。纱布或绢纸应没有炭化或燃烧。允许电池泄气。

所谓的炭化是指纱布由于燃烧而变黑。由于烟雾导致的纱布变色是允许的。a)、b)、d)、e)和 f)项的短路电阻的阻值应不大于 10 mΩ。短路器件本身导致绢纸或纱布的炭化或灼烧不被认为是失效的。

在上述试验中,用于中断放电电流的熔断器、热断路器、热熔体、限温器和电子装置或电路可以动作。如果依赖于上述零件通过测试,则用 2 个附加试样分别重复此试验,且电路应以同样方式断开,除非试验以其他方式圆满结束。或者用以下方法代替:将开路的装置短路后重复进行试验。

如果依赖保护电子电路的功能通过测试,可认为其提供了关键安全功能,应符合 18.8(PL=a)的要求。如果是一个使用者可调整的限温器产生动作,则应在 2 个附加试样上重复试验,限温器调整至最不利位置。

a) 将可拆卸电池包的外露端子短路以产生最恶劣的结果。可用 GB/T 16842 的试具 B 或试具 13 触及到的电池包端子被认为是外露的。短路器件不应达到过高的温度致使绢纸或医用纱布炭化或点燃。
b) 一次短路一个电动机端子。
c) 一次锁定一个电动机转子。
d) 分体式电池包与电池式工具之间的软线在可能产生最不利影响的地方被短路。
e) 工具和充电器之间的软线在可能产生最不利影响的地方被短路。
f) 对于不满足 K.28 章要求的任意两个未绝缘的不同极性零件,如果未经 18.6 评估合格,则将其短路。可采用电路分析确定何处须进行短路。试验不适用于封装的未绝缘零件。

K.18.2 到 K.18.5 这些条文不适用。

K.18.8 本条不适用于锂离子充电系统,其适用 K.18.201。

K.18.8.2 到 K.18.8.5 这些条文不适用。

K.18.201 本条规定了锂离子充电系统-不正常条件

本条文仅适用于锂离子电池组。

充电系统和锂离子系统的电池应设计得尽可能避免充电时的不正常操作所引起的着火和爆炸危险。

通过以下试验来检验。

含有电池组及相关组件或充电系统的组件的试样放置在盖有 2 层绢纸的软木面上;试样上盖有 1 层未经处理的纯医用纱布。电池系统按 K.8.14.2 e)1)的规定在以下 a)～d)的所有不正常条件下运行。

应避免在电路或电池上进行连续测试而引起的累积应力。电池泄气孔应不能受损，仍应符合K.21.202。

a) 如果依据电路分析得到的结论不确定，则充电系统中的元件应按照18.6.1b)～f)故障条件，一次施加一种故障。就每一故障试验，充电前的电池组状态如下：
——串联电池组应预置成不均衡。通过对一个完全放电电池组中一节电池充电使其容量达到满电的约50%来产生不均衡；或
——如果K.12.201的测试是在低于50%的不均衡条件下进行的，则串联电池组的预置不均衡应与K.12.201相同；或
——单节电池或仅存在并联结构的电池组应充满电。

b) 如果电路的功能决定了K.12.201的试验只能在低于50%的不均衡条件下进行，并且电路中的任何组件的失效将导致该功能缺失，则串联的电池组应在预置不均衡条件下进行充电。通过对一个完全放电电池组中一节电池充电使其容量达到满电的约50%来产生不均衡。

c) 对于一个串联电池组，除了被短路的那一节电池，其余所有的电池都处于约50%的满电状态。然后对电池组充电。

d) 将充满电的电池组联接到充电器上，对充电系统中的一个元件或可能产生最不利结果的印制电路板上的相邻电路进行短路来评估电池组的反馈情况。对于通过软线连接到电池组的充电器，需在(电缆线上)可能产生最恶劣结果处进行短路。短路电阻的阻值应不大于10 mΩ。

试验中，应连续监测每节电池的电压以确认是否超过其限值。允许电池泄气。

试验一直持续到试样失效，温度回到室温，或如果以上条件均未产生，则持续至少7h或正常充电周期的2倍时间，取时间较长者。

如果下述所有条件均满足，则认为通过试验：
——试验中未发生爆炸。
——纱布或绢纸未炭化或燃烧。所谓的炭化是指纱布由于燃烧而变黑。由于烟雾导致的纱布变色是允许的。短路器件本身导致绢纸或纱布的炭化或灼烧不被认为是失效的。
——电池电压应不超过其充电电压上限150 mV，如果超过，则充电系统应当永久无法再对电池组进行充电。为确定是否无法再充电，整体式电池系统用被试工具放电到约50%电量，可拆卸电池系统用一个新的工具试样放电到约50%电量，然后再对其正常充电。在充电10 min或补充充电的容量达到额定容量的25%(取最先达到者)后，应不再有充电电流。

K.18.202 本条规定了锂离子电池短路

本条仅适用于锂离子电池。

当一个串联式整体式电池组、可拆卸电池包或分体式电池包的主放电联接在极端不均衡条件下被短路时，不应有着火或爆炸的危险。

通过下述试验来检验。

试验时电池组除一节电池完全放电外，其余电池充满电。

可拆卸式或分体式电池包放置在盖有2层绢纸的软木面上；并盖有1层未经处理的纯医用纱布。

含有整体式电池组的工具放置在盖有2层绢纸的软木面上；并盖有1层未经处理的纯医用纱布。

用不大于10 mΩ的电阻短路电池组的主放电联接回路。试验一直进行到试样失效或试样的温度回到室温。试验期间和试验后不应发生爆炸。试验后，纱布或绢纸的未炭化或燃烧。允许电池泄气。

在上述试验中，用于中断放电电流的熔断器、热断路器、热熔体、限温器和电子装置或电路可以动作。如果依赖于上述零件通过测试，则应用2个附加试样分别重复此试验，且电路应以同样方式断开，除非试验以其他方式圆满完成。也可以将开路的电路短路重复试验来代替。

如果依赖保护电子电路的功能通过测试，可认为其提供了关键安全功能，应符合18.8(PL＝a)的要求。如果是一个使用者可调整的限温器产生动作，则应在2个附加试样上重复试验，限温器调整至最不利位置。

K.18.203 本条规定了非锂离子型的电池组的过度充电

非锂离子型的电池组成的电池组应能承受过度充电，无着火或者爆炸的危险。

通过以下试验来检验。

电池组以 10 倍的 C_5 放电率充电 1.25 h。应不会发生着火或爆炸。允许电池泄气。

K.19 机械危险

K.19.6 对所有相关第 2、3 或 4 部分规定工具标有额定空载速度的工具，额定电压下主轴的空载速度不应超过额定空载速度的 110%。

通过以下试验来检验。

工具空载运行 5 min。电池组替换为另一个充满电的电池组。然后工具空载运行 1 min 后测量主轴的速度。

K.19.201 可拆卸或分体式电池包，若电极颠倒应不可安装到工具上。

通过观察来检验。

K.19.202 锂离子电池组应承受外壳压力试验。

锂离子电池组的外壳应设计得可以安全释放因泄气而产生的气体。

通过检查确认是否符合 a)或通过试验 b)来检验：

a) 外壳上允许气体直通释放的开孔的总面积应大于或等于 20 mm^2；或

b) 外壳应通过以下试验：

通过一个直径为(2.87±0.05)mm 的孔向带有整体式电池组的工具外壳或可拆卸式或分体式电池包的外壳传输初始压力为 2 070×(1±10%)kPa 的空气共 21×(1±10%)mL。壳体内的压力在 30 s 内应降低到 70 kPa 以下。外壳不应产生不符合本部分要求的破裂。因试验装置的需要，可以向壳体内多加体积不超过 3 mL 的气体。

K.20 机械强度

K.20.1 电池式工具和电池包应具有足够的机械强度，并且构造得能承受正常使用中可能出现的粗暴的使用。

通过 20.2 和 K.20.3.1 或 K.20.3.2 的试验来检验。

试验后，电池式工具和电池包应不能着火或爆炸，且应满足 K.9、K.19 的要求以及 K.18.1(f)或 K.28.1 之一的规定。

对于电池组，在 K.20.3.1 或 K20.3.2 的冲击试验后还应符合以下要求：

——电池组的开路电压不应低于试验测量电压的 90%；

——试验后电池组应能正常充放电；

——电池泄气孔应不能受损，仍应符合 K.21.202。

K.20.3 对手持电池式工具，K.20.3.1 适用。对可移电池式工具，K.20.3.2 适用。对园林电池式工具，其要求在第 4 部分中规定。

K.20.3.1 手持电池式工具，装上可拆卸电池包，从 1 m 高处跌落到混凝土表面 3 次。试验时，工具的最低点应高出混凝土表面 1 m，在试样 3 个最不利的位置上进行。不安装可分离的附件。

对带可拆卸或分体式电池包的电池式工具，不带电池包再重复试验 3 次。不安装可分离的附件。

可使用新试样进行每组 3 次跌落试验。

另外，对可拆卸或分体式电池包再单独进行 3 次试验。

如果装有符合 K.8.14.2 规定的配件，在装上可拆卸和分体式电池包后，每一个配件或配件的组合安装在单独的工具样品上重复试验。

K.20.3.2 可移电池式工具,其可拆卸电池包按正常操作位置装在工具上,用一个直径(50±2)mm、质量(0.55±0.03)kg 的光滑钢球对每个在正常使用过程中可能受到冲击的薄弱位置冲击 1 次。如果工具的一部分能够承受来自上方的冲击,则球从静止位置跌落冲击该元件,否则用细绳将钢球悬起从静止位置释放像摆锤一样来冲击工具被试区域。在任何一种情况下,钢球的垂直行程是(1.3±0.1)m。

如果能重新安装脱落的护罩且不影响正常功能,则允许护罩脱落。

如果护罩和其他部件在变形后能恢复原样,则允许护罩和其他部件变形。

如果工具不能再进行正常操作,则除护罩以外,工具或部分驱动系统允许受损。

如果可拆卸或分体式电池包的重量大于或等于 3 kg,还需单独对电池包进行试验。

如果可拆卸或分体式电池包的重量小于 3 kg,电池包应能承受从 1 m 高处跌落到混凝土地面 3 次。试样的放置应避免冲击点相同。

K.20.4 本条不适用。

K.21 结构

K.21.5 本条不适用。

K.21.6 本条不适用。

K.21.7 到 K.21.15 这些条文不适用。

K.21.17.1.2 修改

试验次数为 6 000 次。

K.21.21 本条不适用。

K.21.25 到 K.21.29 不适用。

K.21.31 到 K.21.34 不适用。

K.21.201 工具应不能使用通用电池组(无论是原电池还是可充电电池)。

通过观察来检验。

K.21.202 如果安全依赖于锂离子电池的泄气,则泄气孔不应受阻。

通过观察来检查,如有怀疑,通过在 K.18.1a)、b)和 c)的不正常试验来检查电池,需要确保除了从电池泄气孔泄气外没有任何其他的泄气方式。

K.21.203 使用者易触及的锂离子电池系统各元件之间的接口不应使用下述类型的连接器:

——除电源连接外,标准电源进线连接器;

——外径等于或小于 6.5 mm 的柱型连接器;

——直径等于或小于 3.5 mm 的耳机插孔。

通过观察来检验。

K.22 内部布线

K.22.2 本条只对危险电压适用。

K.22.3 本条不适用。

K.22.6 替换最后一段:

试验后,工具要符合 K.9 的要求。

K.23 组件

K.23.1.2 本条不适用。

K.22.2.9 本条不适用。

K.23.1.10 电源开关应具有足够的分断能力。

通过让开关经受 50 次接通和断开来检验，此时工具用满充电池驱动，且输出机构锁定。每个“接通”周期有不大于 0.5 s 的持续时间，每个“断开”期间至少有 10 s 的持续时间。

试验后电源开关应没有电气或机械故障。如果试验终止时，仍旧能正常地在“接通”或“断开”位置操作开关，则认为没有机械或电气故障。

K.23.1.10.1 到 **K.23.1.10.4** 不适用。

K.23.1.201 电源开关应能承受正常使用产生的机械应力、电气应力和热应力而无过度磨损或其他有害影响。

通过让开关经受 6 000 次接通和断开来检验，此时工具用满充电池驱动，且空载运行。开关以每分钟 30 次的均匀速率操作。试验期间，开关应动作正确。试验后，电源开关应没有电气或机械故障。如果试验终止时，仍旧能正常地在“接通”或“断开”位置操作开关，则认为没有机械或电气故障。

K.23.5 本条不适用。

K.23.201 工具中使用的电池和电池组应符合 GB/T 28164。

注：上述按照 GB/T 28164 进行测试的要求并不包含电池包本身。

K.23.202 工具装有的可换电池和其电池包不应是锂金属类型的。

通过观察来检验。

注：锂离子电池不是锂金属电池。

K.24 电源连接和外接软线

除以下内容外，本章不适用。

K.24.201 对带分体式电池包的电池式工具，外接软电缆或软线应有固定装置以使工具内用于连接的导线不会承受包含扭曲在内的应力且能防止磨损。

通过观察来检验。

K.25 外接导线的接线端子

本章不适用。

K.26 接地装置

本章不适用。

K.27 螺钉与连接件

K.27.1 除以下内容外本条适用：第 6 段以及相应的关于接地联接件的注不适用。

K.28 爬电距离、电气间隙和绝缘穿通距离

K.28.1 爬电距离和电气间隙不应低于表 K.1 所示值(以 mm 为单位)。规定的电气间隙不适用于温控器、过载保护器、微隙开关和类似器件触头间的气隙,以及电气间隙随触头移动而变化的这类器件,其载流件之间的气隙。爬电距离和电气间隙还不适用于电池组的电池或电池包内电池间互连的结构。表 K.1 的规定值不适用于电动机绕组匝间处。

在如下情况下,表 K.1 的值等于或大于 GB/T 16935.1 中的值:

——过电压类别Ⅱ;

——材料组别Ⅲ;

——污染等级 1 的防灰尘沉积的零件和涂漆或瓷漆的绕组;

——污染等级 3 的其他零件;

——不均匀电场。

对于不同极性零件,如果两个零件短路不会导致工具起动,则电气间隙和爬电距离小于表 K.1 的规定值是允许的。

注:18.1 考虑了间距低于要求数值而引起着火的危险。

表 K.1 不同极性零件之间的最小爬电距离和电气间隙

单位为毫米

$U \leqslant 15$ V		15 V$<U\leqslant$32 V		$U>32$ V	
爬电距离	电气间隙	爬电距离	电气间隙	爬电距离	电气间隙
0.8	0.8	1.5	1.5	2.0[a]	1.5

[a] 这些爬电距离略低于 GB/T 16935.1 的建议值。不同极性之间的带电零件只可能产生着火危害,不会产生电气损害。因为本部分范围内的产品在正常使用时是有人照看的,所以较低的距离值是合理的。

对于存在危险电压的零件之间,每个这样的零件与其最近的易触及表面间所测得的距离总和,对电气间隙应不小于 1.5 mm,对爬电距离应不小于 2 mm。

注:图 K.1 提供了测量方法的解释。

通过测量来检验。

爬电距离和电气间隙的测量方法见附录 A。

穿过绝缘外部零件的沟槽或开口的穿通距离要测量到与易触及表面接触的金属箔;用GB/T 16842 的试具 B 将金属箔推到角落和类似处,但不压入开口内。

在危险电压下工作的零件和易触及表面之间所测得的距离总和是通过测量每个零件到易触及表面的距离来确定。这些距离加在一起得出总和。见图 K.1。为确定这个距离,某一段距离应为 1 mm 或更大。见附录 A 条件 1 至 10。

如有必要,测量时对裸导体上的任一点和金属壳体的外部施加一个力,以尽量减少爬电距离和电气间隙。

通过 GB/T 16842 的试具 B 施加力,其数值为:

——对裸导体,2 N;

——对外壳,30 N。

将工具固定到支架的构件认为是易触及的。

K.28.2 本条不适用。

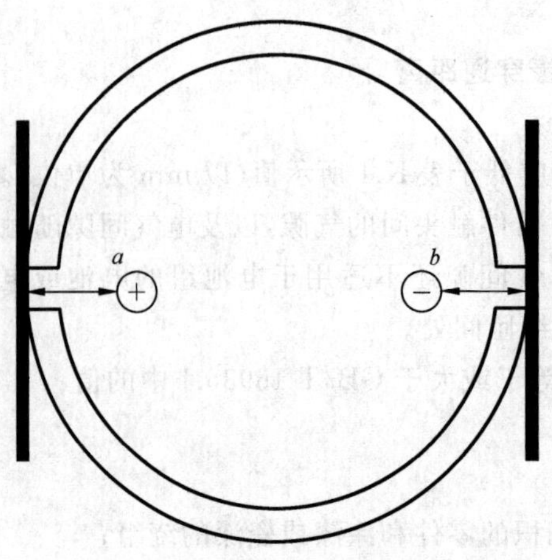

说明：

a ——正极性的裸导体零件到覆盖在外表面开口处的金属箔之间的距离。

b ——负极性的裸导体零件到覆盖在外表面开口处的金属箔之间的距离。

a＋*b* ——K.28.1 定义的总和值。

图 K.1　电气间隙的测量

附 录 L
(规范性附录)
提供电源联接或非隔离源的电池式工具和电池包

L.1 范围

本附录适用于由可充电电池供电的电动机驱动或电磁驱动的：

——手持式电动工具(第2部分)；

——可移式电动工具(第3部分)；

——园林工具(第4部分)；

以及这类工具的电池包。这些工具也可直接从市电或从非隔离源进行操作和/或充电，包括配有整体式电池充电器的工具。

工具的最大额定电压为单相交流或直流市电250 V和75 V直流电池源。工具和电池包的最大额定电压为直流75 V。

在本附录范围内用非隔离充电器充电的工具电池包应依据本附录和本部分评定。当评定电池包防电击保护、爬电距离、电气间隙和绝缘穿通距离时，电池包应安装到指定的充电器上。

由于电动工具的电池包承受不同的使用模式(如粗暴使用、大电流充放电)，因此除非本附录中另有规定，其安全可以仅依据本附录评定而不采用如GB/T 28164之类的其他电池包标准。

当评定可拆卸式电池包的着火危险时，考虑到此类电池包是无需照看的电源并且已经在本部分得到了评定，因此认为满足其他标准中关于这些可拆卸式电池包因充电引起的着火危险的要求；

本附录还提出了工具电池系统中使用锂离子电池的要求。这些要求考虑了以下内容：

——这些要求提出了电池组着火和爆炸引起的危险，但不包含其有毒性危险以及与运输和废弃处理有关的潜在危险；

——符合这些要求的电池系统不能由使用者进行维护；

——这些要求仅对用于本标准覆盖的产品上的电池组提供全面评定；

——这些要求提出了锂离子电池系统在存储、充放电使用中的安全。这些要求仅是对电池充电器着火和电击危险的补充要求。

——这些要求针对并基于相关电池的规格参数从而确定电池的安全使用条件。这些参数形成了大量测试的接受准则的基础。本部分不独立评定电池的安全。这套规格参数构成了一个电池的“指定的工作区域”。一个电池可能会有几套“指定的工作区域”。

本附录不适用于由使用者安装的使用通用电池组的工具，且仅靠本附录不足以确保整个产品的所有危险。

本附录不适用于电池充电器本身的安全。但是，本附录覆盖了锂离子电池系统的安全功能。

注：GB 4706.18覆盖了不同的充电器的要求。

除非本附录另有规定，本部分的所有章条均适用。如果某一章在附录中有表述，除非另有规定，则这些要求替换本部分正文的要求。

L.2 引用标准

L.2.201

GB/T 28164—2011 含碱性或其他非酸性电解质的蓄电池和蓄电池组 便携式密封蓄电池和蓄

电池组的安全性要求(IEC 62133:2002,IDT)

IEC 61960 含碱性或其他非酸性电解液的二次电池单体或电池 便携式锂二次电池单体或电池(Secondary cells and batteries containing alkaline or other non-acid electrolytes—Secondary lithium cells and batteries for portable applications)

L.3 术语和定义

下列术语和定义适用于本附录。

L.3.201

电池组 battery

用以提供工具电流的一节或多节电池的组合。

L.3.201.1

可拆卸电池包 detachable battery pack

包含在一个独立于电池式工具的壳体中的电池组,且充电时将其从工具上取下。

L.3.201.2

整体式电池组 integral battery

包含在电池式工具中的电池组,且充电时不将其从工具上取下。仅为废弃处置或回收目的而从电池式工具上取下的电池组被认为是整体式电池组。

L.3.201.3

分体式电池包 separable battery pack

包含在一个独立于电池式工具的壳体中的电池组,通过软线将其与电池式工具连接。

L.3.202

电池系统 battery system

电池组、充电系统和工具及使用时三者之间可能存在的连接的组合。

L.3.203

电池 cell

由电极、电解质、容器、端子,通常还带有隔膜共同装配而成、实现化学能直接转化提供电能的基本功能性电化学单元。

L.3.204

充电系统 charging system

用于充电、平衡和/或维持电池组充电状态的电路系统的组合。

L.3.204.1

充电器 charger

包含在一个独立壳体中的部分或全部充电系统。但充电器至少应包含部分能量转换电路。由于存在这种情况下,工具可以利用一根电源软线或内置一个连接到电源插座的插头进行充电,因此并非所有充电系统都包含一个独立充电器。

L.3.205

C_5 放电率 C_5 rate

将一个电池或电池组放电 5 h,让其电压降低到电池生产者规定的截止点时的电流,单位为 A。

L.3.206

着火 fire

电池组发出火焰。

L.3.207

充满电　fully charged

对电池或电池组充电，直到与工具一起使用的电池充电系统允许的最满充电状态。

L.3.208

完全放电电池组/电池　fully didcharged battery/cell

电池组或电池以 C_5 放电率放电直到出现下述条件之一，除非生产者另行规定了一个最终放电电压：

——因保护电路（动作）而停止放电；

——电池组达到总电压，即每一节电池的平均电压达到电池化学材料放电终止电压；

——单节电池的电压达到电池化学材料最终放电电压。

注：L.5.210 给出了普通电池化学材料放电的放电终止电压。

L.3.209

通用电池组/电池　general purpose batteries/cells

由不同生产者提供的、通过多种途径销售的用于不同生产者的各种产品的电池组或电池。

注：12 V 汽车电池组、5 号/2 号/1 号碱性电池是通用的示例。

L.3.210

危险电压　hazardous voltage

指零件之间的电压，其直流平均电压大于 60 V 或在交流峰-峰纹波值超过平均值 10%时大于 42.4 V 峰值电压。

L.3.211

最大充电电流　maximum charging current

电池在电池生产者规定的并经 GB/T 28164 评定过的特定温度范围内充电时允许通过的最高电流。

L.3.212

非隔离源　non-isolated source

输出不采用 GB 19212.1 和 GB 19212.7 的安全隔离变压器与电源隔离的电压源。

L.3.213

指定的工作区域　specified operating region

锂离子电池的允许工作区域，表达为电池参数限值。

L.3.213.1

指定的充电工作区域　specified operating region for charging

锂离子电池充电时在电池生产者规定的并经 GB/T 28164 评定过的电压和电流范围运行的条件。

L.3.214

充电电压上限　upper limit charging voltage

一节锂离子电池在电池生产者规定的并经 GB/T 28164 评定过的特定温度范围内充电时允许的最高电压。

L.3.215

泄气　venting

电池按预先设计释放过量内压，以防止爆炸的情况。

L.5　试验的一般要求

L.5.7.2　除非另有规定，否则试验应在额定电压下采用充满电的电池组进行。

L.5.201 当测量电压时，任何大于平均值10%的叠加纹波值应包含在内。瞬态电压可忽略，例如电池包从充电器上取下后，其电压的瞬时升高。

L.5.202 测量锂离子电池系统中电池的电压时，应采用截止频率为5 kHz±500 Hz的单极容抗低通滤波器。应通过测量流经上述网络后得到的电压峰值来确定是否超过最大充电电压。测量误差应为±1%。

L.5.203 某些试验可能导致着火或爆炸。因此必须保护人员避免因此类爆炸受到的伤害：例如飞溅的碎片、爆炸冲力、突然的热喷射、化学灼伤及强光和噪声。试验区域需保持良好通风以避免人员因可能产生的有害浓烟或气体而受到伤害。

L.5.204 除非另有规定，所有电池组必须完全按下述条件进行处置：必须将电池组完全放电后再根据生产者说明书的规定充电。再重复进行上述程序，且每次放电后间隔至少2 h再充电。

L.5.205 测量锂离子电池的温度时，热电偶应布置在电池外表面温度最高处、且沿最长边尺寸的中间位置。

L.5.206 电池组充电电流值应为平均间隔1 s～5 s测得的平均电流。

L.5.207 除非另有规定，否则应当采用充满电的电池组。试验前，充满电的电池组从充电系统上取下后，应在环境温度为(20±5)℃的中放置至少2 h，但不得超过6 h。

L.5.208 当电池组仅由一节电池构成时，可以忽略本部分对串联电池中每一节电池的特殊制备要求。

L.5.209 在进行那些需要在测试前改变单节电池的充电量的测试时，对于并联后再串联的电池组，其并联电池应视为一个电池。

L.5.210 普通电池化学材料的放电终止电压：

——对镍镉、镍氢电池组，0.9 V/节；

——对铅酸电池组，1.75 V/节；

——对锂电池组，2.5 V/节，除非生产者规定不同电压。

L.7 分类

L.7.1 除了Ⅲ类工具不在本附录中考虑外，本条适用。

L.8 标志和说明书

L.8.1 由非隔离源或直接由市电供电的工具应标有下述内容：

——额定电压或额定电压范围，单位为伏特(V)；

——电源种类符号，但标有额定频率或额定频率范围者可不标。电源种类符号应紧接在额定电压标志之后；

——额定功率，单位为瓦(W)，或额定电流，单位为安培(A)；

——Ⅱ类结构符号，仅用于Ⅱ类工具；

通过观察来检验。

L.8.3 电池式工具和可拆卸或分体式电池包还应标有以下附加信息：

——生产者或其授权代表的商业名称、地址，任何地址应足以确保联系。国家、地区、城市和邮编(如有)被认为足以满足此要求；

——系列的名称或类型，允许有产品的技术标识，可以由字母和/或数字组合而成，也可以与工具名称组合而成。

电池式工具还应标有以下附加信息：

——至少标识年份的制造日期(或生产者日期代码)；

——工具的名称，该名称由字母和/或数字组合而成。

——对由最终用户把它的散装零件组装起来的工具，每个零件或包装上应标有特有标识。

分体式和可拆卸电池包还应标有以下附加信息：

——生产者根据 IEC 61960、GB/T 28867、GB/T 22084.1、GB/T 22084.2 和 GB 19639.1（如适用）规定的容量，单位为安时（Ah）或毫安时（mAh）；

——对碱性或非酸性电解质电池组，电池的种类，比如锂离子、镍镉、镍氢。

增加的标志应不会引起误解。

通过观察来检验。

L.8.14.1.1 除以下内容外，本条适用：

项 5）维修，改换为：

5） **电池式工具使用和注意事项**

a） **仅使用生产者规定的充电器充电**。将适用于某种电池包的充电器用到其他电池包时可能会发生着火危险。

b） **仅使用配有专用电池包的电动工具**。使用其他电池包可能会产生伤害和着火危险。

c） **当电池包不用时，将它远离其他金属物体，例如回形针、硬币、钥匙、钉子、螺钉或其他小金属物体，以防电池包一端与另一端连接**。电池组端部短路可能会引起燃烧或着火。

d） **在滥用条件下，液体可能会从电池组中溅出；应避免接触。如果意外碰到液体，用水冲洗。如果液体碰到了眼睛，还应寻求医疗帮助**。从电池中溅出的液体可能会发生腐蚀或燃烧。

e） **不要使用损坏或改装过的电池包或工具**。损坏或改装过的电池组可能呈现无法预测的结果，导致着火、爆炸或伤害。

f） **不要将电池包暴露于火或高温中**。电池包暴露于火或高于 130 ℃的高温中可能导致爆炸。

6） **维修**

a） **让专业维修人员使用相同的备件维修电动工具**。这将保证所维修的电动工具的安全。

b） **决不能维修损坏的电池包**。电池包仅能由生产者或其授权的维修服务商进行维修。

L.8.14.2 除以下内容外，本条适用：

增加：

e） 对电池式工具：

1） 电池组充电、工具和电池组使用及存储温度限值和建议的充电温度范围的说明；

2） 对于使用可拆卸电池包或分体电池包的电池式工具：有通过类别号、系列号或等同方式来指定合适的电池包的说明；

3） 通过类别号、系列号或等同方式来指定合适的充电器的说明。

L.9 防电击保护

注：本章的标题不同于正文部分的标题。

9.1 到 9.4 的要求连同以下增加的内容一起适用于所有情况：

增加：

本附录所涉及的工具及其电池式工具和电池包应构造和包封得足以防止电击。

本标准的该章适用于直接连接到市电或用非隔离源供电的工具。在此条件下评定时，按正常方式将电池包连接到工具上。如果不借助工具即可拆除电池包，则还要在此情况下进行评定。

L.9.201 对可以与工具脱开的电池包和用电池驱动的工具不应有两个导电的、同时易触及的且相互之间电压是危险的零件，除非对它们装有保护阻抗。

在有保护阻抗的情况下，零件之间短路电流应为：直流时不超过 2 mA，交流时峰值不超过 0.7 mA，且零件之间应没有大于 0.1 μF 的电容。

通过用 GB/T 16842 的试具 B 探触每个导电零件，以检验其易触及性。

GB/T 16842 的试具 B 以不大于 5 N 的力通过孔隙达到试具允许伸到的任何深度，并且在伸到任意位置之前、之中和之后，转动或倾斜试具。

如果试具不能进入孔隙，则将试具的轴向作用力增加到 20 N，并在试具弯曲时重复测试。

试验时，取下所有可拆卸零件，且电池式工具运行在正常使用中的任意位置。

如果能通过使用者可操作的插头、电池包或开关切断灯泡电源，那么不必拆下位于可拆卸罩盖后面的灯泡。

L.10 起动

本章仅适用于直接连接到市电或用非隔离源供电的工具。

L.11 输入功率和电流

本章仅适用于直接连接到市电或用非隔离源供电的工具。如果工具在完成其预定功能的同时还能充电，则用预先已放电的电池包进行该试验。

L.12 发热

本章仅适用于直接连接到市电或用非隔离源供电的工具。如果工具在完成其预定功能的同时还能充电，则工具接上充电器并在空载情况下运行，直到电池包完全放电使工具停止运行，或者达到热稳定，取先出现者。重复试验，允许在工具不运行时给电池包充电。

L.12.201 锂离子系统的正常充电

正常条件下对锂离子电池组充电时应不能超过其电池指定的充电工作区域。

通过如下试验来检验。

对完全放电电池组按充电系统的说明进行充电。测试在(20±5)℃的环境温度中进行，且

——如果推荐工具在低于 4 ℃的温度下操作，则测试还应在该温度＋0/－5 ℃的温度中进行；

——如果推荐工具在高于 40 ℃的温度下操作，则测试还应在该温度＋5/－0 ℃的温度中进行；

监测每一节电池的电压、按 L.5.205 测量得到的温度和充电电流。对于含并联回路的电池组，通过分析可以不需要监测并联支路的电流。测量结果不应超过其电池的指定充电工作区域(例如，与温度相关的电压和电流限值)。

注 1：以下为此类分析的示例：如果充电器的最大输出电流不超过单节电池的最大充电电流，就不需要监测每一并联支路的充电电流。

对于串联电池组，需在一个特定的不均衡电池上重复测试。通过对一个完全放电电池组中的一节电池充电，使其达到满充电的 50%来实现不均衡。

如果通过测试和/或设计评估证明在正常使用中产生的不均衡低于 50%，则可以用该不均衡值进行测试。

注 2：此类设计的示例：电池包中有用于维持电池之间均衡的电路。在实际使用中，如果电路监测到电池组存在一个较小的初始不均衡时，工具就会停止正常的操作，那么这个由数量较少的电池串联成的电池组显示出有限的不均衡性。

注 3：测试的示例：根据生产者的使用说明，对一个电池组重复充放电直到其容量降低到额定容量的 80%，使用最终的不均衡值进行测试。

L.13 耐热性、阻燃性

本章除以下条文外适用：

L.13.1 增加：

本章仅适用于直接连接到市电或用非隔离源供电的工具。

如果工具在完成其预定功能的同时还能充电，则在评定电池包时，应将充电器连接到电源上，且使电池处于会引起最不利温度的条件下进行试验。

此外，对于在完成其预定功能的同时还能充电的工具，如果用电池电源会产生更不利温度，则还应在此情况下进行评定。就本章而言，仅用电池供电的零件不认为是带电零件。

L.13.2 增加：

可拆卸和分体式电池包或带有整体式电池的工具上支撑连接件的非金属材料，充电时如果载流超过 0.2 A，且距离这些连接处 3 mm 范围内，应承受 GB/T 5169.11—2006 的灼热丝试验，温度为 850 ℃。

但是，试验不适用于：

——支撑熔焊连接的零件以及距离这些连接处 3 mm 范围内的零件；

——支撑附录 H 的低功率电路的连接零件以及距离这些连接处 3 mm 范围内的零件；

——线路板上的锡焊连接以及距离这些连接处 3 mm 范围内的零件；

——线路板上的小型组件的连接，例如二极管、三极管、电阻、电感、集成电路和电容，以及距离这些连接处 3 mm 范围内的零件。

L.14 防潮性

本章仅适用于直接连接到市电或用非隔离源供电的工具。

L.15 防锈

本章适用。

L.16 变压器及其相关电路的过载保护

本章仅适用于直接连接到市电或用非隔离源供电的工具。

L.17 耐久性

本章仅适用于直接连接到市电或用非隔离源供电时能够连续运行的工具。试验时，不能够连续运行的工具应在电池电源下运行，但应在连接充电器后再评定电气强度。

L.18 不正常操作

本章仅适用于直接连接到市电或用非隔离源供电的工具。

L.18.8 本条不适用于锂离子充电系统，其适用 L.18.202。

L.18.201 所有电池驱动的工具及其电池包应设计得尽可能避免不正常操作所引起的着火和电击

危险。

通过如下试验来检验。

应经受如下 a)～f)的不正常条件。

应避免在电子电路或电池上连续测试导致应力的累积。必要时，使用附加试样。

电池式工具、电池包，和 d)及 e)中的电源软线(如适用)，放置在盖有 2 层绢纸的软木面上；试样上盖有一层未经处理的纯医用纱布。在进行 b)、c)和 f)测试时，开启工具且不施加额外的机械负载。试验进行到失效或试样温度恢复到室温或，如果前两者均未发生，则测试至少进行 3 h。可用新试样分别进行以下所列的故障测试。测试过程中和测试后不应产生爆炸。试样应具有足够的 L.9 定义的防电击能力。纱布或绢纸应没有炭化或燃烧。允许电池泄气。

所谓的炭化是指纱布由于燃烧而变黑。由于烟雾导致的纱布变色是允许的。a)、b)、d)、e)和 f)项的短路电阻的阻值应不大于 10 mΩ。短路器件本身导致绢纸或纱布的炭化或灼烧不被认为是失效的。

在上述试验中，用于中断放电电流的熔断器、热断路器、热熔体、限温器和电子装置或电路可以动作。如果依赖于上述零件通过测试，则用 2 个附加试样分别重复此试验，且电路应以同样方式断开，除非试验以其他方式圆满结束。或者用以下方法代替：将开路的装置短路后重复进行试验。

如果依赖保护电子电路的功能通过测试，可认为其提供了关键安全功能，应符合 18.8(PL＝a)的要求。如果是一个使用者可调整的限温器产生动作，则应在 2 个附加试样上重复试验，限温器调整至最不利位置。

a) 将可拆卸电池包的外露端子短路以产生最恶劣的结果。可用 GB/T 16842 的试具 B 或试具 13 触及到的电池包端子被认为是外露的。短路后不应达到过高的温度致使绢纸或医用纱布炭化或点燃。
b) 一次短路一个电动机端子。
c) 一次锁定一个电动机转子。
d) 分体式电池包与电池式工具之间的软线在可能产生最不利影响的地方被短路。
e) 工具和充电器之间的软线在可能产生最不利影响的地方被短路。
f) 对于不满足 L.28.201 要求的任意两个未绝缘的不同极性零件，如果未经 18.6 评估合格，则将其短路。可采用电路分析确定何处须进行短路。试验不适用于封装的未绝缘零件。

L.18.202 本条规定了锂离子充电系统的不正常条件。

本条文仅适用于锂离子电池组。

充电系统和锂离子系统的电池应设计得尽可能避免充电时的不正常操作所引起的着火和爆炸危险。

通过以下试验来检验。

含有电池组及相关组件或充电系统的组件的试样放置在盖有 2 层绢纸的软木面上；试样上盖有 1 层未经处理的纯医用纱布。电池系统按 L.8.14.2 e)1)的规定在以下 a)～d)的所有不正常条件下运行。应避免在电路或电池上进行连续测试而引起的累积应力。电池泄气孔应不能受损，仍应符合 L.21.202。

a) 如果依据电路分析得到的结论不确定，则充电系统中的元件应按照 18.6.1b)～f)故障条件，一次施加一种故障。就每一故障试验，充电前的电池组状态如下：
  ——串联电池组应预置成不均衡。通过对一个完全放电电池组中一节电池充电使其容量达到满电的约 50%来产生不均衡；或
  ——如果 L.12.201 的测试是在低于 50%的不均衡条件下进行的，则串联电池组的预置不均衡应与 L.12.201 相同；或
  ——单节电池或仅存在并联的电池组应充满电。
b) 如果电路的功能决定了 L.12.201 的试验只能在低于 50%的不均衡条件下进行，并且电路中的任何组件的失效将导致该功能缺失，则串联的电池组应在此预置不均衡条件下进行充电。通

过对一个完全放电电池组中一节电池充电使其容量达到满电的约50%来产生不均衡。

c) 对于一个串联电池组，除了被短路的那一节电池，其余所有的电池都处于约50%的满电状态。然后对电池组充电。

d) 将充满电的电池组联接到充电器上，对充电系统中的一个元件或可能产生最不利结果的印制电路板上的相邻电路进行短路来评估电池组的反馈情况。对于通过软线连接到电池组的充电器，需在(电缆线上)可能产生最恶劣结果处进行短路。短路电的阻值阻应不大于10 mΩ。

试验中，应连续监测每节电池的电压以确认是否超过其限值。允许电池泄气。

试验一直持续到试样失效，温度回到室温，或如果以上条件均未产生，则持续至少7 h或正常充电周期的2倍时间，取时间较长者。

如果下述所有条件均满足，则认为通过试验：

——试验中未发生爆炸。

——纱布或绢纸未炭化或燃烧。所谓的炭化是指纱布由于燃烧而变黑。由于烟雾导致的纱布变色是允许的。短路器件本身导致绢纸或纱布的炭化或灼烧不被认为是失效的。

——电池电压应不超过其充电电压上限150 mV，如果超过，则充电系统应当永久无法再对电池组进行充电。为确定是否无法再充电，整体式电池系统用被试工具放电到约50%电量，可拆卸电池系统用一个新的工具试样放电到约50%电量，然后再对其正常充电。在充电10 min或补充充电的容量达到额定容量的25%(取最先达到者)后，应不再有充电电流。

L.18.203 本条规定了锂离子电池短路

本条仅适用于锂离子电池。

当一个串联式整体式电池组、可拆卸电池包或分体式电池包的主放电联接回路在极端不均衡条件下被短路时，不应有着火或爆炸的危险。

通过下述试验来检验。

试验时电池组除一节电池完全放电外，其余电池充满电。

可拆卸式或分体式电池包放置在盖有2层绢纸的软木面上；并盖有1层未经处理的纯医用纱布。

含有整体式电池组的工具放置在盖有2层绢纸的软木面上；并盖有1层未经处理的纯医用纱布。

用不大于10 mΩ的电阻短路电池组的主放电联接回路。试验一直进行到试样失效或试样的温度回到室温。试验期间和试验后不应发生爆炸。试验后，纱布或绢纸的未炭化或燃烧。允许电池泄气。在上述试验中，用于中断放电电流的熔断器、热断路器、热熔体、限温器和电子装置或电路可以动作。如果依赖于上述零件通过测试，则应用2个附加试样分别重复此试验，且电路应以同样方式断开，除非试验以其他方式圆满完成。也可以将开路的电路短路重复试验来代替。

如果依赖保护电子电路的功能通过测试，可认为其提供了关键安全功能，应符合18.8(PL=a)的要求。如果是一个使用者可调整的限温器产生动作，则应在2个附加试样上重复试验，限温器调整至最不利位置。

L.18.204 本条规定了非锂离子型的电池组的过度充电

非锂离子型的电池组成的电池组应能承受过度充电，无着火或者爆炸的危险。

通过以下试验来检验。

电池组以10倍的C_5放电率充电1.25 h。应不会发生着火或爆炸。允许电池泄气。

L.19 机械危险

L.19.201 可拆卸或分体式电池包，若电极颠倒应不可安装到工具上。

通过观察来检验。

L.19.202 锂离子电池组应承受外壳压力试验。

锂离子电池组的外壳应设计得可以安全释放因泄气而产生的气体。

通过检查确认是否符合 a)或通过试验 b)来检验：

a) 外壳上允许气体直通释放的开孔的总面积应大于或等于 20 mm^2；或

b) 外壳应通过以下试验：

通过一个直径为(2.87±0.05)mm 的孔向带有整体式电池组的工具外壳或可拆卸式或分体式电池包的外壳传输初始压力为 2 070×(1±10%)kPa 的空气共 21×(1±10%)mL。壳体内的压力在 30 s 内应降低到 70 kPa 以下。外壳不应产生不符合本部分要求的破裂。因试验装置的需要，可以向壳体内多加体积不超过 3 mL 的气体。

L.20 机械强度

本章仅适用于直接连接到市电或用非隔离源供电的工具。

L.20.201 接上电池后，电池式工具和电池包应具有足够的机械强度，并且构造得能承受正常使用中可能出现的粗暴地使用。

通过 20.2 和 L.20.202 的试验来检验。

试验后，电池式工具和电池包应不能着火或爆炸，且应满足 L.9、L.19 的要求以及 L.18.201f)或 L.28.201 之一的规定。

对于电池组，在 L.20.202 的冲击试验后还应符合以下要求：

——电池组的开路电压不应低于试验测量电压的 90%；

——试验后电池组应能正常充放电；

——电池泄气孔应不能受损，仍应符合 L.21.202。

L.20.202 对手持电池式工具，L.20.202.1 适用。对可移电池式工具，L.20.202.2 适用。对园林电池式工具，其要求在第 4 部分中规定。

L.20.202.1 手持电池式工具，装上可拆卸电池包，从 1 m 高处跌落到混凝土表面 3 次。试验时，工具的最低点应高出混凝土表面 1 m，在试样 3 个最不利的位置上进行。不安装可分离的附件。

对带可拆卸或分体式电池包的电池式工具，不带电池包再重复试验 3 次。不安装可分离的附件。

可使用新试样进行每组 3 次跌落试验。

另外，对可拆卸或分体式电池包再单独进行 3 次试验。

如果装有符合 L.8.14.2 规定的配件，在装上可拆卸和分体式电池包后，每一个配件或配件的组合安装在单独的工具样品上重复试验。

L.20.202.2 电池可移式工具，其可拆卸电池包按正常操作位置装在工具上，用一个直径(50±2)mm、质量(0.55±0.03)kg 的光滑钢球对每个在正常使用过程中可能受到冲击的薄弱位置冲击 1 次。如果工具的一部分能够承受来自上方的冲击，则球从静止位置跌落冲击该元件，否则用细绳将钢球悬起从静止位置释放像摆锤一样来冲击工具被试区域。在任何一种情况下，钢球的垂直行程是(1.3±0.1)m。

如果能重新安装脱落的护罩且不影响正常功能，则允许护罩脱落。

如果护罩和其他部件在变形后能恢复原样，则允许护罩和其他部件变形。

如果工具不能再进行正常操作，则除护罩以外，工具或部分驱动系统允许受损。

如果可拆卸或分体式电池包的重量大于或等于 3 kg，还需单独对电池包进行试验。

如果可拆卸或分体式电池包的重量小于 3 kg，电池包应能承受从 1 m 高处跌落到混凝土地面 3 次。试样的放置应避免冲击点相同。

L.21 结构

本章仅适用于直接连接到市电或用非隔离源供电的工具。

L.21.201 工具应不能使用通用电池组(无论是原电池还是可充电电池)。

通过观察来检验。

L.21.202 如果安全依赖于锂离子电池的泄气,泄气孔不应受阻。

通过观察来检查,如有怀疑,通过在L.18.1a)、b)和c)的不正常试验来检查电池,需要确保除了从电池泄气孔泄气外没有任何其他的泄气方式。

L.21.203 使用者易触及的锂离子电池系统各元件之间的接口不应使用下述类型的连接器:

——除电源连接外,标准电源进线连接器;

——外径等于或小于6.5 mm的柱型连接器;

——直径等于或小于3.5 mm的耳机插孔。

通过观察来检验。

L.22 内部布线

本章仅适用于直接连接到市电或用非隔离源供电的工具。

L.23 组件

L.23.1.10 本条仅适用直接连接到电源或用非隔离源供电即能执行其预定操作的工具的开关,且其控制工具的主要运行方式。

L.23.1.10.201 除L.23.1.10所述控制工具主要运行方式的开关外,其余开关应具有足够的分断能力。

通过让开关经受50次接通和断开来检验,此时工具用满充电池驱动,且输出机构锁定。每个"接通"周期有不大于0.5 s的持续时间,每个"断开"期间至少有10 s的持续时间。

试验后电源开关应没有电气或机械故障。如果试验终止时,仍旧能正常地在"接通"或"断开"位置操作开关,则认为没有机械或电气故障。

L.23.1.10.202 除L.23.1.10所述控制工具主要运行方式的开关外,其余开关应能承受正常使用产生的机械应力、电气应力和热应力而无过度磨损或其他有害影响。

通过让开关经受6 000次接通和断开来检验,此时工具用满充电池驱动,且空载运行。开关以每分钟30次的均匀速率操作。试验期间,开关应动作正确。试验后,电源开关应没有电气或机械故障。如果试验终止时,仍旧能正常地在"接通"或"断开"位置操作开关,则认为没有机械或电气故障。

L.23.201 工具中使用的电池和电池包应符合GB/T 28164。

注:上述按照GB/T 28164进行测试的要求并不包含电池包本身。

L.24 电源连接和外接软线

L.24.1 本条也适用于非隔离源和工具之间的软线。

L.24.3 本条也适用于非隔离源和工具之间的软线。

L.24.4 除了提供给非隔离源和工具之间的软线不应配有能直接连接到电源的插头以外,本条适用。

L.24.5 本条不适用于非隔离源和工具之间的软线。

L.24.20 除了提供给非隔离源和工具之间的软线不应配有能直接连接到电源的器具进线座以外,本条适用。

L.24.201 对带分体式电池包的电池式工具,外接软电缆或软线应有固定装置以使工具内用于连接的导线不会承受包含扭曲在内的应力且能防止磨损。

通过观察来检验。

L.25 外接导线的接线端子

本章不适用于互联软线。

L.26 接地装置

本章仅适用于直接连接到市电或用非隔离源供电的工具。

L.27 螺钉与连接件

本章适用。

L.28 爬电距离、电气间隙和绝缘穿通距离

L.28.1 增加：

本章仅适用于直接连接到市电或用非隔离源供电的工具。在此条件下评定时，将电池包连接到工具上。如果不借助工具即可拆除电池包，则还要在此情况下进行评定。

充电时带电的不同极性的零件之间的爬电距离和电气间隙应大于表 11 或 GB 4706.1 的限值(取较大者)。

L.28.201 爬电距离和电气间隙不应低于表 L.1 所示值(以 mm 为单位)。规定的电气间隙不适用于温控器、过载保护器、微隙开关和类似器件触头间的气隙，以及电气间隙随触头移动而变化的这类器件，其载流件之间的气隙。爬电距离和电气间隙还不适用于电池组的电池或电池包内电池间互连的结构。表 L.1 的规定值不适用于电动机绕组匝间处。

在如下情况下，表 L.1 的值等于或大于 GB/T 16935.1 中的值：

——过电压类别Ⅱ；

——材料组别Ⅲ；

——污染等级 1 的防灰尘沉积的零件和涂漆或瓷漆的绕组；

——污染等级 3 的其他零件；

——不均匀电场。

对于不同极性零件，如果两个零件短路不会导致工具起动，则电气间隙和爬电距离小于表 L.1 的规定值是允许的。

注：18.1 考虑了间距低于要求数值而引起着火的危险。

表 L.1 不同极性零件之间的最小爬电距离和电气间隙 单位为毫米

工作电压≤15 V		15 V<工作电压≤32 V		工作电压>32 V	
爬电距离	电气间隙	爬电距离	电气间隙	爬电距离	电气间隙
0.8	0.8	1.5	1.5	2.0[a]	1.5

[a] 这些爬电距离略低于 GB/T 16935.1 的限定值。不同极性之间的带电零件只可能产生着火危害，不会产生电气损害。因为本部分范围内的产品在正常使用时是有人照看的，所以较低的距离值是合理的。

对于存在危险电压的零件之间，每个这样的零件与其最近的易触及表面间所测得的距离总和，对电

气间隙应不小于 1.5 mm，对爬电距离应不小于 2 mm。

注：图 L.1 提供了测量方法的解释。

通过测量来检验。

爬电距离和电气间隙的测量方法见附录 A。

穿过绝缘外部零件的沟槽或开口的穿通距离要测量到与易触及表面接触的金属箔；用GB/T 16842 的试具 B 将金属箔推到角落和类似处，但不压入开口内。

在危险电压下工作的零件和易触及表面之间所测得的距离总和是通过测量每个零件到易触及表面的距离来确定。这些距离加在一起得出总和。见图 L.1。为确定这个距离，某一段距离应为 1 mm 或更大。见附录 A 条件 1 至 10。

如有必要，测量时对裸导体上的任一点和金属壳体的外部施加一个力，以尽量减少爬电距离和电气间隙。

通过 GB/T 16842 的试具 B 施加力，其数值为：

——对裸导体，2 N；

——对外壳，30 N。

将工具固定到支架的构件认为是易触及的。

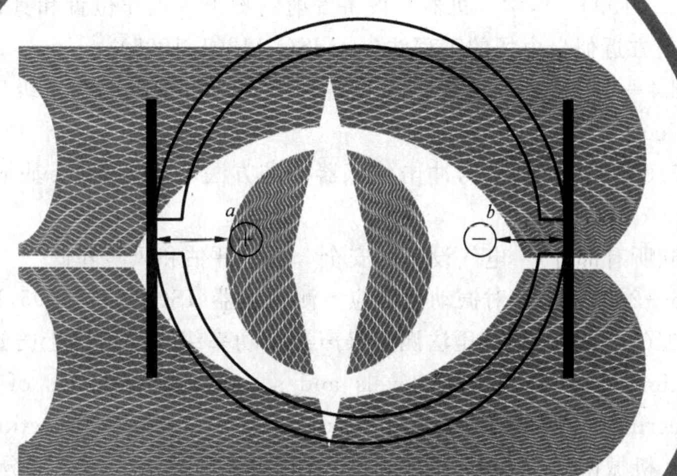

说明：

a ——正极性的裸导体零件到覆盖在外表面开口处的金属箔之间的距离。

b ——负极性的裸导体零件到覆盖在外表面开口处的金属箔之间的距离。

$a+b$ ——L.28.1 定义的总和值。

图 L.1 电气间隙的测量

参 考 文 献

[1] GB 4706(所有部分) 家用和类似用途电器的安全

[2] GB 5226(所有部分) 机械安全 机械电气设备

[3] GB 10793—2000 医用电气设备 第2部分:心电图机安全专用要求(idt IEC 60601-2-25:1993)

[4] GB 11243—2008 医用电气设备 第2部分:婴儿培养箱安全专用要求(IEC 60601-2-19:1990,IDT)

[5] GB 13823(所有部分) 振动与冲击传感器的校准方法

[6] GB/T 14573.4—1993 声学 确定和检验机器设备规定的噪声辐射值的统计学方法 第四部分:成批机器标牌值的确定和检验方法(neq ISO 7574-4:1985)

[7] GB/T 14574—2000 声学 机器和设备噪声发射值的标示和验证(eqv ISO 4871:1996)

[8] GB/T 14790.1—2009 机械振动 人体暴露于手传振动的测量与评价 第1部分:一般要求(ISO 5349-1:2001,IDT)

[9] GB/T 17248.2—1999 声学 机器和设备发射的噪声 工作位置和其他指定位置发射声压级的测量 一个反射面上方近似自由场的工程法(eqv ISO 11201:1995)

[10] GB/T 17248.4—1998 声学 机器和设备发射的噪声 由声功率级确定工作位置和其他指定位置的发射声压级(eqv ISO 11203:1995)

[11] GB/T 20485.1—2008 振动与冲击传感器校准方法 第1部分:基本概念(ISO 16063-1:1998,IDT)

[12] GB/T 22696(所有部分) 电气设备的安全 风险评估和风险降低

[13] GB/T 23716—2009 人体对振动的响应 测量仪器(ISO 8041:2005,IDT)

[14] ISO 3744:2010 声学 用声压法测定噪声源声功率级 反射面上方近似自由场的工程法(Acoustics—Determination of sound power levels and sound energy levels of noise sources using sound pressure—Engineering methods for an essentially free field over a reflecting plane)

[15] ISO 5349-2 机械振动 人体手臂传输振动的测量和评定 第2部分:工作场所测量的使用指南(Mechanical vibration—Measurement and evaluation of human exposure to hand-transmitted vibration—Part 2:Practical guidance for measurement in the workplace)

ICS 25.140.20
K 64

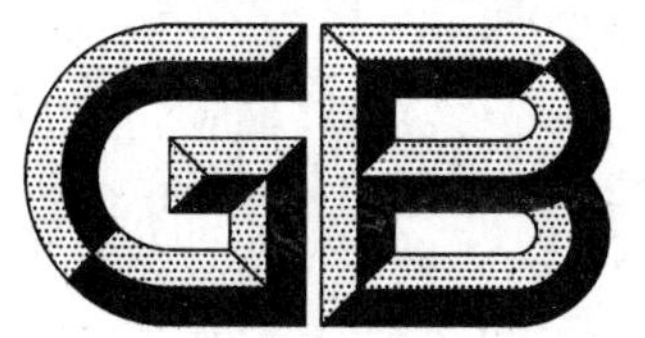

中华人民共和国国家标准

GB/T 3883.201—2017
代替 GB/T 3883.6—2012

手持式、可移式电动工具和园林工具的安全 第2部分：电钻和冲击电钻的专用要求

Safety of motor-operated hand-held, transportable and garden tools—Part 2: Particular requirements for drills and impact drills

2017-07-31 发布　　2018-02-01 实施

中华人民共和国国家质量监督检验检疫总局
中国国家标准化管理委员会　发布

前　言

GB/T 3883《手持式、可移式电动工具和园林工具的安全》标准第 2 部分所涉及的产品是手持式电动工具，初步预计由以下 19 部分组成。

——第 2 部分：电钻和冲击电钻的专用要求；
——第 2 部分：螺丝刀和冲击扳手的专用要求；
——第 2 部分：砂轮机、抛光机和盘式砂光机的专用要求；
——第 2 部分：非盘式砂光机和抛光机的专用要求；
——第 2 部分：圆锯的专用要求；
——第 2 部分：锤类工具的专用要求；
——第 2 部分：电剪刀和电冲剪的专用要求；
——第 2 部分：攻丝机的专用要求；
——第 2 部分：电刨的专用要求；
——第 2 部分：往复锯（曲线锯、刀锯）的专用要求；
——第 2 部分：混凝土振动器的专用要求；
——第 2 部分：不易燃液体电喷枪的专用要求；
——第 2 部分：电动钉钉机的专用要求；
——第 2 部分：木铣和修边机的专用要求；
——第 2 部分：电动石材切割机的专用要求；
——第 2 部分：管道疏通机的专用要求；
——第 2 部分：捆扎机的专用要求；
——第 2 部分：带锯的专用要求；
——第 2 部分：开槽机的专用要求。

本部分为 GB/T 3883 的第 2 部分：电钻和冲击电钻的专用要求。

本部分按照 GB/T 1.1—2009 给出的规则起草。

本部分代替 GB/T 3883.6—2012《手持式电动工具的安全　第 2 部分：电钻和冲击电钻的专用要求》，与 GB/T 3883.6—2012 的主要技术差异有：

——前言：安全的通用要求由 GB/T 3883.1—2008《手持式电动工具的安全　第一部分：通用要求》改为 GB/T 3883.1—2014《手持式、可移式电动工具和园林工具的安全　第 1 部分：通用要求》，标准的名称也做了相应的修改；
——范围中增加：本部分适用于电钻与冲击电钻、金刚石钻岩机和搅拌器。本部分也适用于能够安装螺丝刀附件、作螺丝刀使用的电钻；
——术语和定义中增加金刚石钻岩机（见 3.103）；
——标志和说明书中：对原**安全警句**修改成**电钻安全警告**（见 8.14.1.101，2012 年版 8.12.1.1）；增加 **8.14.2**a）；
——不正常操作中修改 GB/T 3883.1—2014 的表 4（见 18.8，2012 年版 18）；
——机械危险中，引入图 103～图 106，修改静态堵转力矩的测量（见 19.101，2012 年版 19.101）；
——结构增加："最大输出转矩超过 100 N·m 的工具不应装有接通锁定装置"的规定；对开关安装要求的试具长度原标准规定的"适当长度"修改为"25 mm"（见 21.18.1.1，2012 年版 21.18）；
——增加附录 I（资料性附录）噪声和振动的测量；

——附录 K 替换本部分中的表 4(见 K.18.8)。

本部分应与 GB/T 3883.1—2014《手持式、可移式电动工具和园林工具的安全　第 1 部分:通用要求》一起使用。

本部分写明“适用”的部分,表示 GB/T 3883.1—2014 中相应条款适用;本部分写明“替换”的部分,则应以本部分中的条款为准;本部分中写明“修改”的部分,表示 GB/T 3883.1—2014 相应条款的相关内容应以本部分修改后的内容为准,而该条款中其他内容仍适用;本部分写明“增加”的部分,表示除了符合 GB/T 3883.1—2014 的相应条款外,还应符合本部分所增加的条款。

本部分由中国电器工业协会提出。

本部分由全国电动工具标准化技术委员会(SAC/TC 68)归口。

本部分主要起草单位:上海电动工具研究所、弘大集团有限公司、牧田(中国)有限公司、扬州金力电动工具有限公司、百得(苏州)精密制造有限公司、江苏金鼎电动工具集团有限公司、泉峰(中国)贸易有限公司、苏州宝时得电动工具有限公司、浙江恒友机电有限公司。

本部分主要起草人:潘顺芳、徐忠鑫、李邦协、蒋鹏飞、周远、曹振华、顾菁、陈建秋、周宝国、王樾、陈勤、丁玉才。

手持式、可移式电动工具和园林工具的安全
第2部分：电钻和冲击电钻的专用要求

1 范围

除下述条文外，GB/T 3883.1—2014的这一章适用。

增加：

本部分适用于电钻与冲击电钻、金刚石钻岩机和搅拌器。本部分也适用于能够安装螺丝刀附件、作螺丝刀使用的电钻。

2 规范性引用文件

下列文件对于本文件的应用是必不可少的。凡是注日期的引用文件，仅注日期的版本适用于本文件。凡是不注日期的引用文件，其最新版本(包括所有的修改单)适用于本文件。

除下述条文外，GB/T 3883.1—2014的这一章适用。

增加：

GB/T 700—2006 碳素结构钢(ISO 630:1995,NEQ)

GB/T 9439—2010 灰铸铁件(ISO 185:2005,MOD)

3 术语和定义

除下述条文外，GB/T 3883.1—2014的这一章适用。

增加的定义：

3.101

电钻 drill

一种带有典型的钻夹头或机用锥度的、专门用于在金属、塑料、木材等各种材料上钻削的工具。

3.102

冲击电钻 impact drill

一种带有钻夹头的、专门用于在轻质混凝土、砖石及类似材料上钻削的工具。它的外形结构与电钻相似，但有一个内置的使旋转输出主轴产生轴向冲击运动的冲击机构。

它可以有一个使冲击机构不动作的附属装置，以便作为一台普通电钻使用。

3.103

金刚石钻岩机 diamond core drill

一种带有金刚石钻岩机附件的电钻，带/不带水源或冲击机构，用于在混凝土或砖石等材料上进行钻削。

3.104

搅拌器 mixer

搅拌器是一种用于对涂料、腻子、混合泥灰料及类似材料进行搅拌作业的电动工具。

4 一般要求

GB/T 3883.1—2014 的这一章适用。

5 试验一般条件

除下述条文外，GB/T 3883.1—2014 的这一章适用。

5.17 增加：

工具的质量包括钻夹头和辅助手柄，如有。

6 辐射、毒性和类似危险

GB/T 3883.1—2014 的这一章适用。

7 分类

GB/T 3883.1—2014 的这一章适用。

8 标志和说明书

除下述条文外，GB/T 3883.1—2014 的这一章适用。

8.1 增加：

电钻和冲击电钻应标有以下内容：

——额定空载转速，用 r/min 或 min^{-1}表示；

8.3 增加：

电钻、冲击电钻和金刚石钻岩机应标有以下内容：

——钻夹头的最大夹持能力，用 mm 表示。

8.14.1 增加：

增加 8.14.1.101 的安全说明，该部分的内容可以与电动工具通用安全警告分开印刷。

8.14.1.101 增加：

电钻安全警告

——带耳罩进行冲击作业。暴露于噪声环境会导致失聪。

注 1：该警告仅适用于冲击电钻，电钻可以省略。

——使用辅助手柄。失控会导致人身伤害。

注 2：该警告仅适用于带辅助手柄的工具。

——工具使用前应得到适当支撑。由于工具输出转矩大，运行时没有适当支撑会失控导致人身伤害。

注 3：该警告仅适用于按照 19.101 测量得到的最大输出转矩超过 100 N·m 的工具。

——当在钻削附件可能触及暗线或其自身导线的场合进行操作时，要通过绝缘握持面握持工具。钻削附件碰到带电导线会使工具外露的金属零件带电而使操作者受到电击。

——对于搅拌器，除非搅拌装置位于搅拌材料中，否则不要开启和关闭工具。不这样操作会导致失控而产生人身伤害。

8.14.2a） 增加：

101） 金刚石钻岩机：最大金刚石钻岩头直径，mm；

102） 按照 19.101 测量得到的转矩平均值超过 100 N·m 的工具：如何支撑工具的说明；

103） 对于搅拌器，应规定搅拌装置适用的搅拌介质。

9 防止触及带电零件的保护

GB/T 3883.1—2014 的这一章适用。

10 起动

GB/T 3883.1—2014 的这一章适用。

11 输入功率和电流

GB/T 3883.1—2014 的这一章适用。

12 发热

除以下条文外，GB/T 3883.1—2014 的这一章适用。

12.2 修改：

工具连续运行，施加在主轴上的转矩为达到额定输入功率或额定电流时所需转矩的 80%，如有冲击机构，在其脱开情况下运行。

12.5 增加：

规定的外壳温升限值不适用于冲击机构的外壳。

13 耐热性和阻燃性

GB/T 3883.1—2014 的这一章适用。

14 防潮性

GB/T 3883.1—2014 的这一章适用。

15 防锈

GB/T 3883.1—2014 的这一章适用。

16 变压器及其相关电路的过载保护

GB/T 3883.1—2014 的这一章适用。

17 耐久性

除以下条文外,GB/T 3883.1—2014 的这一章适用。

17.2 替换:

对冲击电钻替换为:

冲击电钻在空载下运行,如果冲击机构可以合上和脱开,则冲击机构应保持脱开,在 1.1 倍最高额定电压或 1.1 倍额定电压范围的上限运行 12 h,然后在 0.9 倍最低额定电压或 0.9 倍额定电压范围的下限运行 12 h。12 h 不必是连续的。转速调节到转速范围的最高值。试验期间,以 3 个不同方位放置工具,在每种试验电压下,每个方位运行时间约 4 h。

注 1:改变方位是为了防止碳粉不正常地积聚在某特定部位上。3 个方位的例子是水平、垂直向上或垂直向下。

每个运行周期包括 100 s“接通”期和 20 s“断开”期,“断开”期包含在规定的运行时间内。

然后,该冲击电钻被垂直安装在图 101 所示的试验装置上,并以额定电压或额定电压范围的平均值运行 4 个 6 h 的周期,周期之间至少有 30 min 的间歇;如果冲击机构可以合上和脱开,则冲击机构应保持合上。

试验期间,断续运行冲击电钻,每个周期包括 30 s“接通”期和 90 s“断开”期,“断开”期工具保持断电状态。

试验期间,应通过弹性介质施加一个刚好足以保证冲击机构稳定操作的轴向力。

可以用不装在工具内的开关接通和断开工具。

试验期间,允许更换电刷以及按正常使用加油或油脂润滑。如果发生机械失效,但不会影响对本部分的符合性,则此失效的机械零件允许更换。

如果工具的任何部分温升超过 12.1 对温升的实测值,可采用强迫冷却或使其停歇。该停歇时间不包括在规定的运行时间中。如果采用强迫冷却,不能改变工具的风路或影响碳粉的堆积。

试验期间,工具内的过载保护装置不应动作。

注 2:外部温度的监控将有助于避免机械失效。

18 不正常操作

除以下条文外,GB/T 3883.1—2014 的这一章适用。

18.8 修改:

表 4 要求的性能等级

关键安全功能的类型和作用	要求的性能等级(PL)
按照 19.101 测量的 $M_{R,max} \leqslant 25$ N·m 时,电源开关——防止不期望的接通	a
按照 19.101 测量的 $M_{R,max} > 25$ N·m 时,电源开关——防止不期望的接通	b
按照 19.101 测量的 $M_{R,max} \leqslant 25$ N·m 时,电源开关——提供期望的断开	b
按照 19.101 测量的 $M_{R,max} > 25$ N·m 时,电源开关——提供期望的断开	c
按照 8.14.1.101 需要支撑的工具,电源开关——提供期望的断开	应在此 SCF 不缺失的情况下,由 18.6.1 的故障条件来评估
按照 19.101 测量的 $M_{R,max} \leqslant 25$ N·m 时,提供期望的旋转方向	b
按照 19.101 测量的 $M_{R,max} > 25$ N·m 时,提供期望的旋转方向	c
按照 8.14.1.101 需要支撑的工具提供期望的旋转方向	应在此 SCF 不缺失的情况下,由 18.6.1 的故障条件来评估
防止输出转速超过额定空载转速的 130%或通过 18.3 的测试	a

表 4（续）

关键安全功能的类型和作用	要求的性能等级(PL)
防止超过第 18 章中的热极限	a
按照 19.101 测量的 $M_{R,max}$≤25 N·m 时,提供 23.3 要求的防止自复位	a
按照 19.101 测量的 $M_{R,max}$>25 N·m 时,提供 23.3 要求的防止自复位	b
提供符合 19.101 的转矩限制	c
按照 19.101 测量的 $M_{R,max}$≤25 N·m 时,防止不期望的电源开关的接通自锁	b
按照 19.101 测量的 $M_{R,max}$>25 N·m 时,防止不期望的电源开关的接通自锁	c

19 机械危险

除以下条文外,GB/T 3883.1—2014 的这一章适用。

19.1 增加:

钻夹头钥匙应设计成当放开该钥匙时,它易于脱离原来的位置。本要求不排除用夹持装置,将不在使用的钥匙固定在适当位置上,但不允许使用固定在软电缆或软线上的金属夹子。

通过观察和手试来检验是否符合要求。

将钥匙插入钻夹头内(无需拧紧),将工具翻转使钥匙朝下,钥匙应落下。

19.101 手柄的设计应使得操作者在操作时能控制静态堵转力矩。根据手柄的设计,静态堵转力矩应不能超过图 103～图 106 对应的最大值。

图 102 表明了不同手柄设计的位置“S”,“S”对应于操作者自然握持开关的位置。对于没有自然握持位置的开关设计,“S”对应反向力矩测量时开关的最不利位置。计算力矩时用图 103～图 106 位置“S”确定力臂。

通过下述试验和图 103～图 106 的计算来检验是否符合要求。

在锁定的工具输出轴上测量静态堵转力矩或离合器的脱扣力矩(M_R),忽略起始期间的任何瞬变,目的是为给出代表一段时期内的力矩变化的一个平均值。

室温下,将工具通以额定电压,机械齿轮变速档调至最低速,电子调速器调节到最高速度值,带冲击功能的钻调节到不带冲击功能,工具开关在完全“接通”位置。工具起动 100 ms 后,测量 1 s～2 s 内的 M_R 作为力矩平均值。

注:如果使用自动转矩测试仪器,测量转矩峰值的采样频率建议设置在 50 次/s。

20 机械强度

GB/T 3883.1—2014 的这一章适用。

21 结构

除以下条文外,GB/T 3883.1—2014 的这一章适用。

21.18.1.1 增加:

最大输出转矩超过 100 N·m 的工具不应装有接通锁定装置。

通过 19.101 规定的测量和观察来检验。

开关接通锁定装置，如有的话，应将其放置在握持区域之外，或设计成不会被操作者左手或右手操作时无意间锁定。该握持区域是当食指放置在工具操动开关上的手与工具之间的接触区域。

通过观察来检验，如带有接通锁定装置的开关位于握持区域内，则通过以下试验来检验。

开关处于“接通”位置，将 25 mm 长的直边以任何方向下按接通锁定装置，装置不应被此直边操动。直边应适于跨接接通锁定装置表面和接通锁定装置周围任何表面。

22 内部布线

GB/T 3883.1—2014 的这一章适用。

23 组件

除以下条文外，GB/T 3883.1—2014 的这一章适用。

23.3 替换：

替换第一段为：

除非工具装有在“接通”位置不能锁定的瞬动开关，保护装置或线路应是非自动复位型的。

24 电源联接和外接软线

GB/T 3883.1—2014 的这一章适用。

25 外接导线的接线端子

GB/T 3883.1—2014 的这一章适用。

26 接地装置

GB/T 3883.1—2014 的这一章适用。

27 螺钉与连接件

GB/T 3883.1—2014 的这一章适用。

28 爬电距离、电气间隙和绝缘穿通距离

GB/T 3883.1—2014 的这一章适用。

单位为毫米

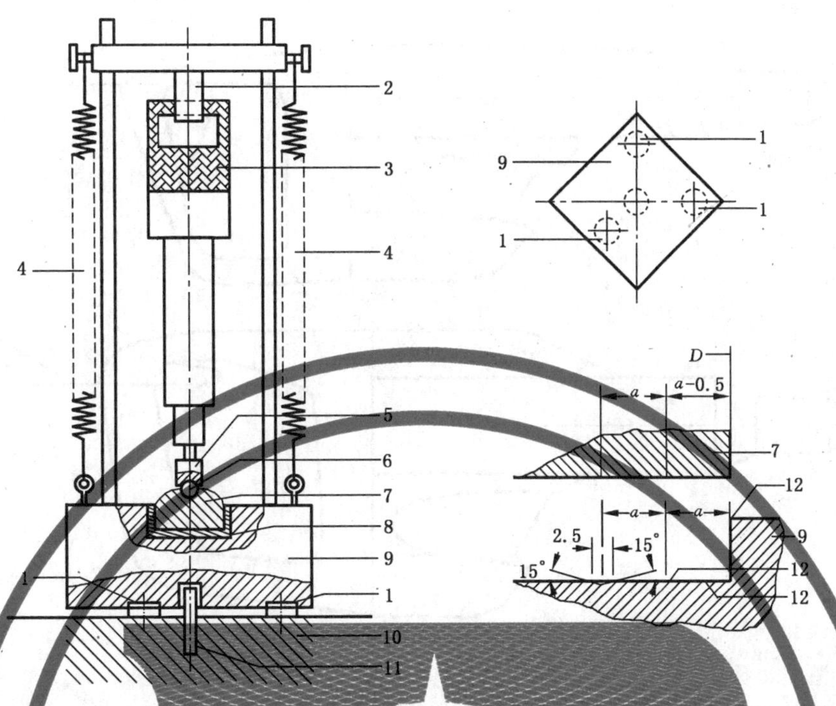

说明：

1 ——合成橡胶盘或类似特性材料，肖氏硬度 70～80，厚 10 mm，直径 75 mm；

2 ——用于夹持工具手柄的、有聚酰胺衬里的轭；

3 ——试样；

4 ——给试样加力的机械或气动弹簧；

5 ——冲击头；

6 ——直径为 38 mm 的淬火钢球；

7 ——质量为 m_2、直径为 D 的淬火钢垫板，其底面开有槽，如图所示；

8 ——合成橡胶盘或类似特性材料，肖氏硬度 70～80，厚 6 mm～7 mm，与凹穴紧配；

9 ——质量为 m_1 的钢底座，其上面有一个比钢垫板直径大 1 mm 的圆形凹穴，穴底开有槽，如图所示；

10——设置在夯实的地基上的混凝土基础；

11——防止任何水平位移的钢柱；

12——磨光的表面和边缘。

注：当提交工具时，如有必要，申请者可提供适当的冲击头和刀柄，其总质量小于下列表中规定值以保证冲击机构稳定运行。

工具额定输入功率 W	D 钢垫板直径 mm	a 凹槽中心的间距 mm	m_1 钢底座质量 kg	m_2 钢垫板质量 kg	m_3 冲击头和连柄总质量 kg
≤700	100	6.5	90	1.0	0.7
>700 和≤1 200	140	5.75	180	2.25	1.4
>1 200 和≤1 800	180	5.0	270	3.8	2.3
>1 800 和≤2 500	220	4.5	360	6.0	3.4

图 101 试验装置

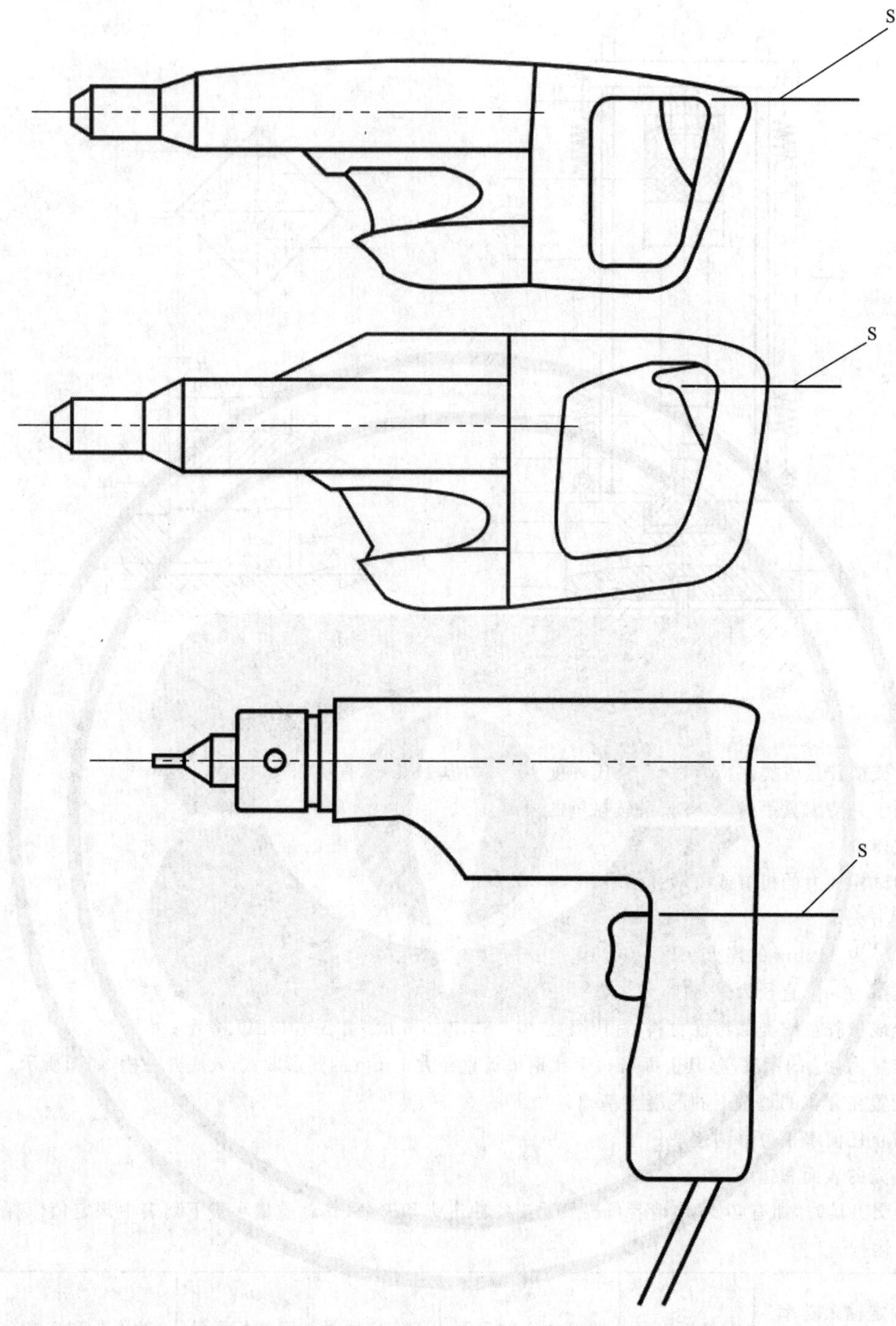

说明：

S——使用者自然握持开关时手在开关上的定位，和/或对应反向力矩测量时开关的最不利位置。

图 102　不同开关和手柄的设计对“S”的定位

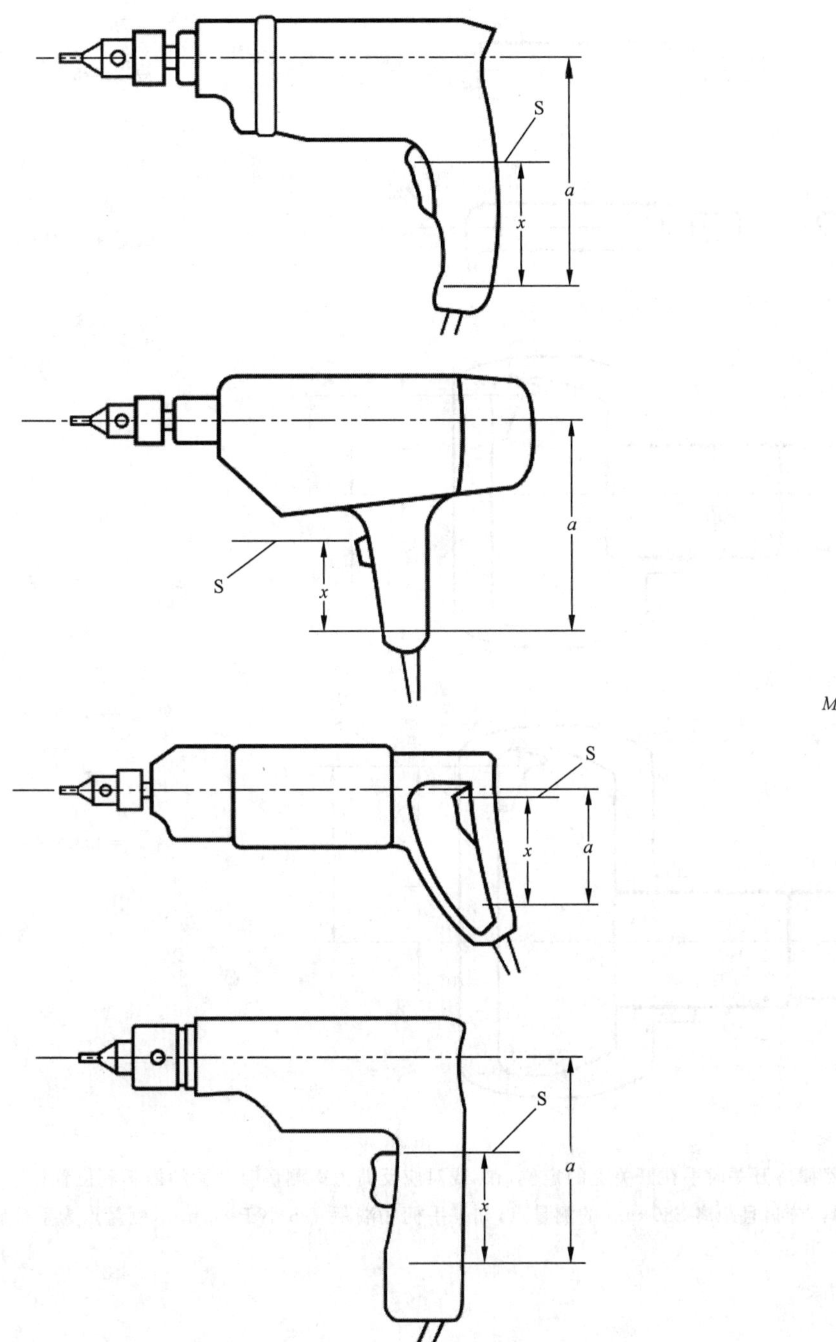

说明：

S ——使用者自然握持开关时手在开关上的定位，和/或对应反向力矩测量时开关的最不利位置；

x ——手握持工具方向，且距离 S80 mm 的测量点，如果手柄底端距离 S 小于 80 mm，测量点为手柄底端；

a ——力臂距离；

$M_{R,max}$——最大反向力矩。

图 103 单手柄的反向力矩测量(1)

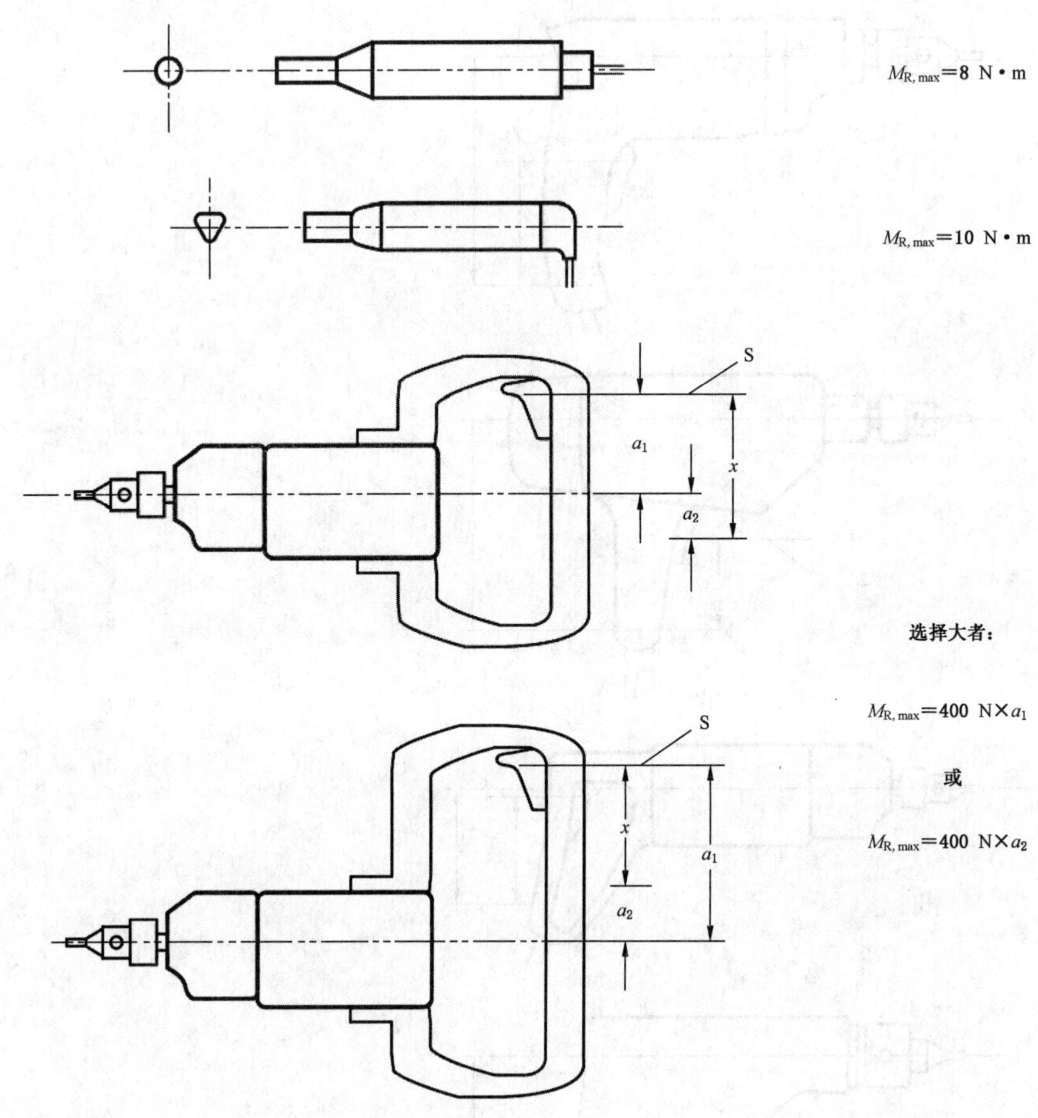

说明：

S ——使用者自然握持开关时手在开关上的定位，和/或对应反向力矩测量时开关的最不利位置；

x ——手握持工具方向，且距离S80 mm的测量点，如果手柄底端距离S小于80 mm，测量点为手柄底端；

a_1，a_2 ——力臂距离；

$M_{R,max}$——最大反向力矩。

图104　单手柄的反向力矩测量(2)

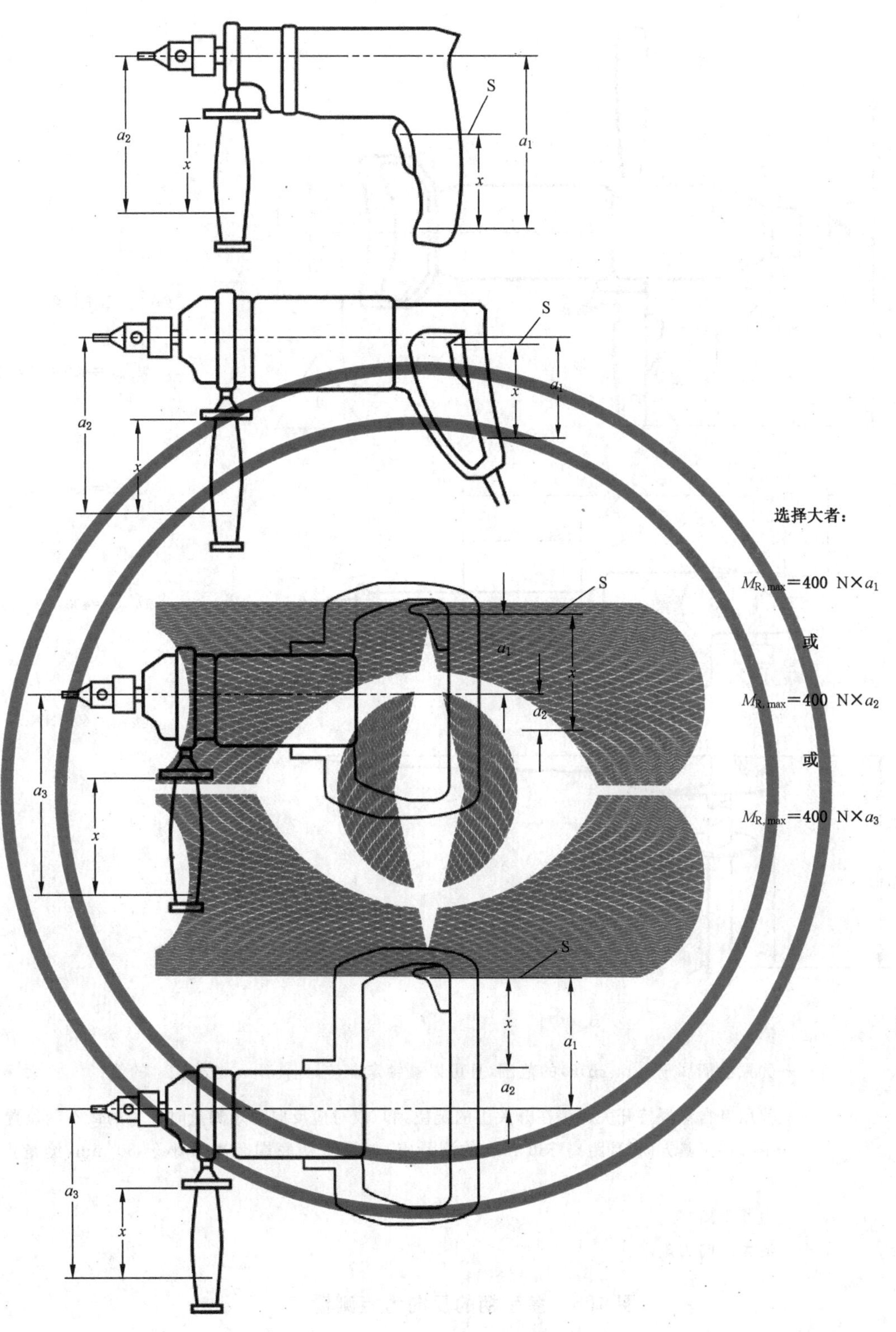

说明：

S ——使用者自然握持开关时手在开关上的定位，和/或对应反向力矩测量时开关的最不利位置；

x ——手握持工具方向，且距离 S80 mm 的测量点，如果手柄底端距离 S 小于 80 mm，测量点为手柄底端；

a_1，a_2，a_3——力臂距离；

$M_{R,max}$ ——最大反向力矩。

图 105 多手柄的反向力矩测量(1)

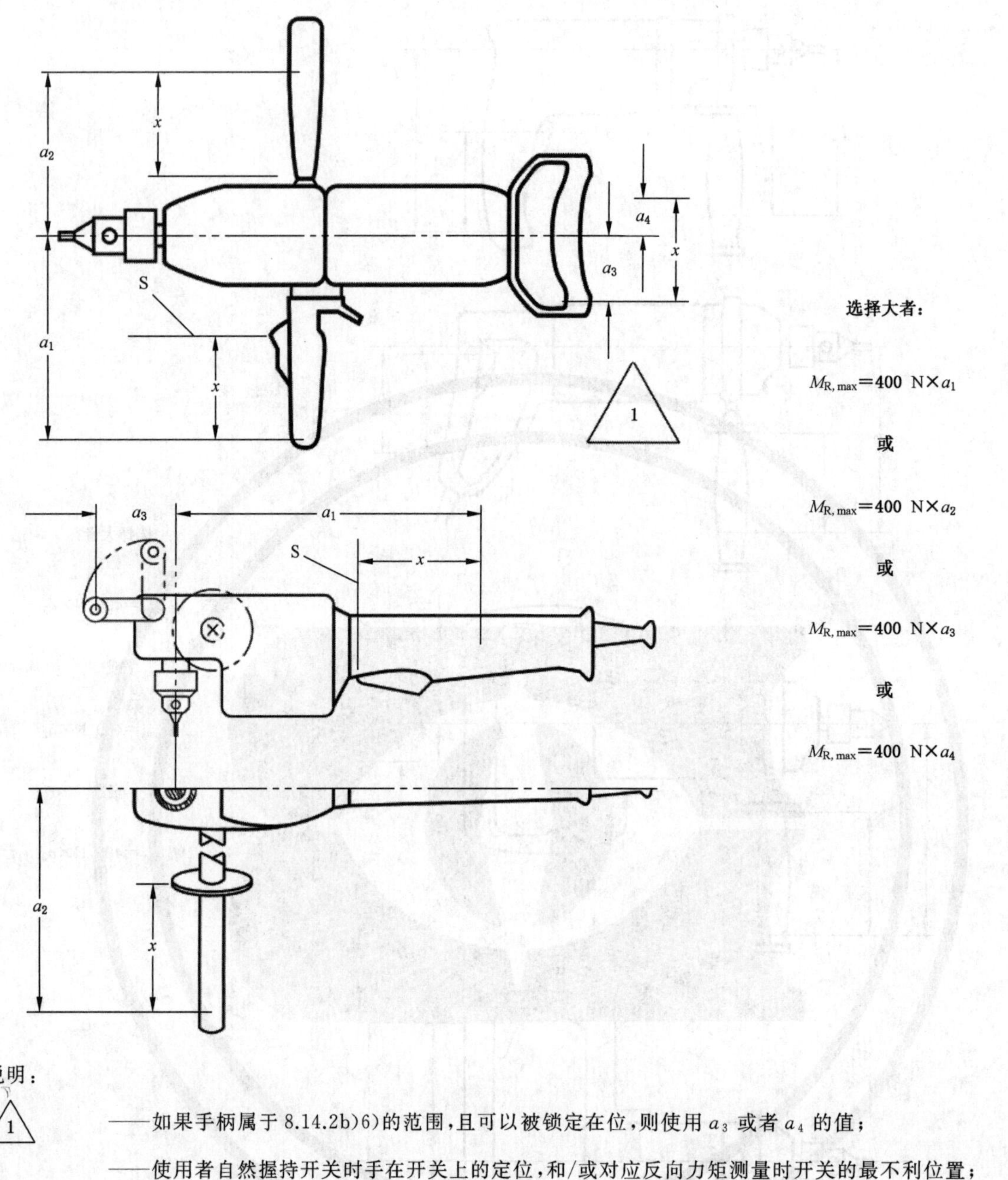

选择大者：

$M_{R,max}$=400 N×a_1

或

$M_{R,max}$=400 N×a_2

或

$M_{R,max}$=400 N×a_3

或

$M_{R,max}$=400 N×a_4

说明：

△1	——如果手柄属于 8.14.2b)6)的范围，且可以被锁定在位，则使用 a_3 或者 a_4 的值；
S	——使用者自然握持开关时手在开关上的定位，和/或对应反向力矩测量时开关的最不利位置；
x	——手握持工具方向，且距离 S80 mm 的测量点，如果手柄底端距离 S 小于 80 mm，测量点为手柄底端；
a_1,a_2,a_3,a_4	——力臂距离；
$M_{R,max}$	——最大反向力矩。

图 106 多手柄的反向力矩测量(2)

附　录

除以下内容外，GB/T 3883.1—2014 的附录适用。

附　录　I
（资料性附录）
噪声和振动的测量

I.2　噪声测试方法（工程法）

除以下内容外，GB/T 3883.1—2014 的 I.2 适用。

I.2.4　电动工具在噪声测试时的安装和固定条件

修改：

不带冲击机构的电钻处于悬挂位置。

冲击电钻按照 I.2.5 由操作者握持垂直向下钻削。

I.2.5　运行条件

修改：

不带冲击机构的电钻在空载下进行测试，且不安装任何附件，所有速度设定装置置于最高挡。

注：经验数据表明不带冲击机构的电钻在空载和负载下的噪声发射值非常近似。故简化起见，噪声发射在空载下测量。

对于冲击电钻，应使用制造商推荐的对应于用 8 mm 钻头在混凝土上钻削的速度设定。

冲击电钻应在如图 I.101 的负载下进行测试，测试条件见表 I.101 和表 I.102。

表 I.101　冲击电钻用混凝土配比（每立方分米）

水泥	水	骨料[b]	
450 kg[a]	220 L[a]	1 450 kg	
		颗粒大小/mm	比例/%
		0～0.25	12±3
		0～0.50	50±5
		0～1.00	80±5
		0～4.00	100

注：28 天后抗压强度可达 40 N/mm^2。

[a] 水/水泥的质量比应为 0.49±0.02（水和水泥的质量公差是＋10%，以确保混凝土供应商用当地的水泥达到要求的抗压强度）。

[b] 不应使用燧石或花岗石等的坚硬骨料或石灰石等的松软骨料。

表 I.102　冲击电钻的噪声测试条件

定位	垂直向下钻由弹性材料支撑的如表 I.101 规定成分的混凝土块(最小尺寸为 500 mm×500 mm×200 mm)。混凝土块、其支撑件和工具的定位应使得工具的几何中心位于反射面上方 1 m。混凝土块的中心区域应位于顶部传声器的下方
工作头	用直径为 8 mm,有效长度约 100 mm 的全新钻头进行混凝土上钻削的测试
进给力	150 N±30 N(冲击电钻自身重量除外)
测试周期	钻头深度达到约 10 mm 时开始测量,深度达到约 80 mm 停止测量

I.2.9　噪声发射值的声明和验证

增加:

如果测量重复性标准偏差 σ_{R0} 是 1.5 dB,则典型标准偏差的形成,不带冲击机构的电钻,其不确定度的值 K_{PA}、K_{WA},相应地为 5 dB。

如果测量重复性标准偏差 σ_{R0} 是 1.5 dB,则对于典型的生产过程中的标准偏差,不带冲击机构电钻的不确定度的值 K_{PA}、K_{WA},相应地为 5 dB。

注:K_{PA}、K_{WA} 的值较高,是考虑了负载下的噪声发射。

I.3　振动

除以下内容外,GB/T 3883.1—2014 的 I.3 适用。

I.3.3.2　测量位置

增加:

图 I.102 和图 I.103 表明了不同类型工具的测量位置。

I.3.5.3　运行条件

增加:

带有冲击机构的电钻切换到纯旋转功能,按照 I.3.5.3.101 和 I.3.5.3.102 进行测试。

金刚石钻岩机按照 I.3.5.3.103 进行测试。

I.3.5.3.101　不带有冲击功能的电钻

不带有冲击功能的电钻按照表 I.103 和表 I.104 的条件在负载下进行测试,所有速度设定装置置于最高挡。

表 I.103　振动测试条件

定位	垂直向下钻 20 mm 厚的 GB/T 9439—2010 规定的 HT250 级灰口铸铁,或 GB/T 700—2006 规定的 Q235 型类似低碳钢。工件应被夹持或适当固定于一定高度的木板上以便操作者有舒适的姿势
工作头	每个操作者使用全新的或新磨制的 R 型高速钢钻头进行测试。不带有冲击功能的电钻应装上标准钻头,工具的速度和钻头的直径应符合表 I.104 的规定。10 mm 的钻头应在 3 mm 的预扩孔内工作
进给力	按照表 I.104 规定施加于工具的手柄上
测试周期	测试要钻 5 个孔。钻头触及钢板时开始测量,8 s 后或孔刚好钻通之前结束测量

注:对于不带冲击功能用于钻其他材料的电钻,此试验具有代表性。

表 I.104 钻头直径和进给力

额定空载转速/min^{-1}	钻头直径/mm	进给力/N
>5 500	1.5	10±2
3 100～5 499	3	50±10
1 000～3 099	6	150±30
<1 000	10	200±30

I.3.5.3.102 冲击电钻

对于冲击电钻，应使用制造商推荐的对应于用 8 mm 钻头在混凝土上钻削的速度设定。

冲击电钻在负载下进行测试，按照图 I.101 所示以表 I.105 的条件钻表 I.101 规定的混凝土块。

表 I.105 冲击电钻振动测试条件

定位	垂直向下钻由弹性材料支撑的如表 I.101 规定成分的混凝土块(最小尺寸为 500 mm×500 mm×200 mm)
工作头	直径为 8 mm，有效长度约 100 mm 的全新钻头进行混凝土上钻削的测试
进给力	150 N±30 N(冲击电钻自身重量除外)
测试周期	钻头触及混凝土块时开始测量，深度达到约 80 mm 停止测量，然后将钻头移出

I.3.5.3.103 金刚石钻岩机

带有冲击功能的金刚石钻岩机应按照冲击电钻的方法进行测试。

金刚石钻岩机按照表 I.106 在负载下进行测试。速度、水源、冲击等的设定应按照表 I.106，根据测试需要配备的钻削的材质和类型以及钻头的直径进行正确的调整。

如果工具设计成带有集尘装置进行钻削，则操作时集尘装置应安装在位。

如果工具适用于带水源钻混凝土，如有集水装置，操作时应安装在位。

表 I.106 金刚石钻岩机振动测试条件

定位	如果工具适用于带水源钻混凝土： 垂直向下钻由弹性材料支撑的如表 I.107 规定成分的混凝土块(最小尺寸为 500 mm×500 mm×200 mm) 如果工具不带水源钻混凝土： 水平钻石灰岩或砖墙(最小厚度 200 mm)
工作头	用全新的或新磨制的金刚石钻头进行测试，直径为 8.14.2a)规定的最大金刚石钻头直径的 75%，但不大于 100 mm
进给力	给工具施加的进给力按如下方式确定： 钻削时增加进给力直至速度因负载作用明显降低，或转矩限值装置动作。略微减小进给力直至恰好维持稳定操作。使用这个进给力，或 150 N(取小者)进行测试
测试周期	金刚石钻头深度达到 5 mm～10 mm 时开始测量，停止于以下最先出现的情况： ——1 min 后，或； ——孔被钻通，或； ——达到钻头的最大钻削深度

表 I.107 金刚石钻岩机用混凝土配比(每立方米)

水泥	水	骨料[b]	
		1 450 kg	
		颗粒大小/mm	比例/%
330 kg[a]	183 L[a]	0～2 0～8 0～16 0～32	38±3 50±5 80±5 100
注:28 天后抗压强度可达 40 N/mm²。			
[a] 水/水泥的质量比应为 0.55±0.02(水和水泥的质量公差是+10%,以确保混凝土供应商用当地的水泥达到要求的抗压强度)。 [b] 不应使用燧石或花岗石等的坚硬骨料或石灰石等的松软骨料。			

I.3.6.1 振动值的报告

增加:

如果测量时的运行模式不止 1 个,则每一个运行模式下的结果值 a_h 都应体现在报告内。

$a_{h,D}$:表示按照 I.3.5.3.101(钢和其余材料的代表值)得到的"钻削"模式下的振动值;

$a_{h,ID}$:表示按照 I.3.5.3.102 得到的"冲击钻削"模式下的振动值;

$a_{h,DD}$:表示按照 I.3.5.3.103 得到的"金刚石钻削"模式下的振动值。

I.3.6.2 总振动发射值的声明

增加:

应声明手柄的最大总振动发射值及其不确定度 K

——不带冲击机构的电钻:

$a_{h,D}$值,工作模式描述为"金属钻削";

——带有纯旋转功能的冲击电钻:

$a_{h,ID}$值,工作模式描述为"混凝土冲击",以及

$a_{h,D}$值,工作模式描述为"金属钻削";

——不带有纯旋转功能的冲击电钻:

$a_{h,ID}$值,工作模式描述为"混凝土冲击";

——不带有冲击机构的金刚石钻岩机:

$a_{h,DD}$值,工作模式描述为"混凝土钻削";

——带有冲击机构的金刚石钻岩机:

$a_{h,ID}$值,工作模式描述为"混凝土冲击",以及

$a_{h,DD}$值,工作模式描述为"混凝土钻削"。

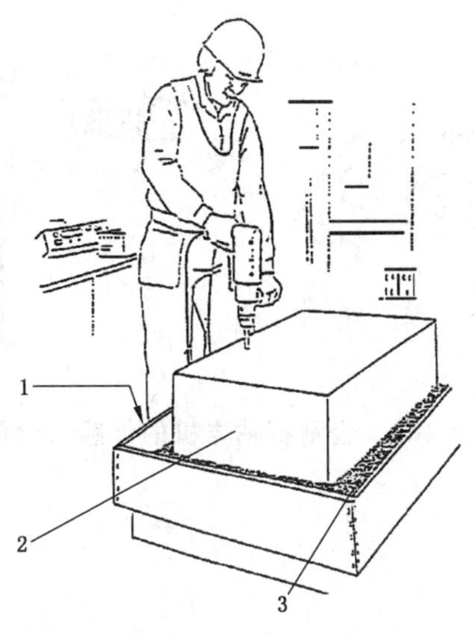

说明：

1——操作者站立装置(用于测量施加在工具上的力)；

2——混凝土块；

3——弹性材料。

图 I.101 负载的施加

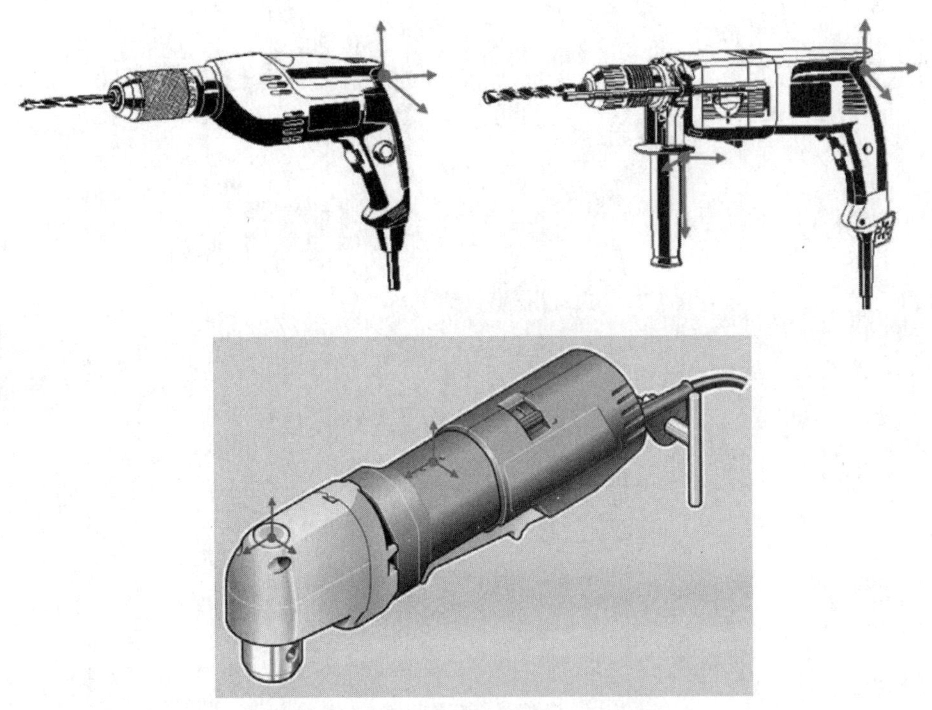

图 I.102 电钻和冲击电钻的传感器位置

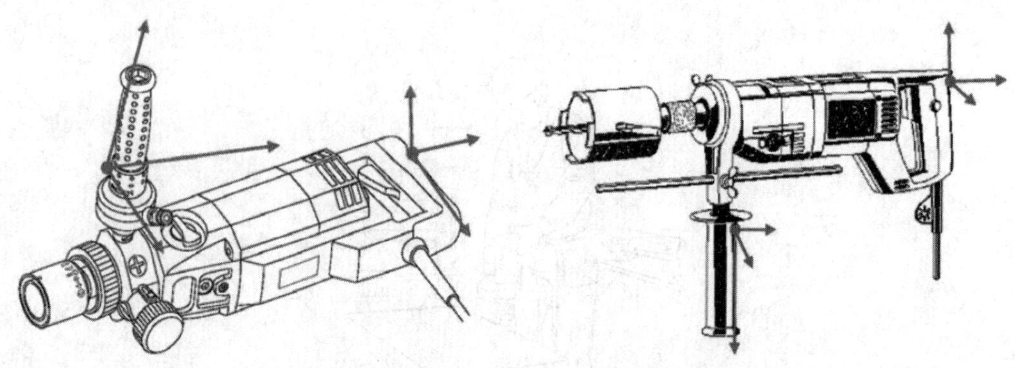

图 I.103 金刚石钻岩机的传感器位置

附　录　K
（规范性附录）
电池式工具和电池包

K.1　增加：

除本附录规定的条文外，本部分的所有章适用。

K.8.14.1.101　替换本部分的第 4 个破折号：

——当在钻削附件可能触及暗线的场合进行操作时，通过绝缘握持面握持工具。钻削附件碰到带电导线会使工具外露金属零件带电而使操作者遭受电击。

K.12.1　增加：

规定的外壳温升限值不适用于冲击机构的外壳。

K.12.2　本部分的该条不适用。

K.12.5　本部分的该条不适用。

K.17.2　本部分的该条不适用。

K.18.8　替换本部分中的表 4。

表 4　要求的性能等级

关键安全功能的类型和作用	要求的性能等级(PL)
按照 19.101 测量的 $M_{R,max}\leqslant 25$ N·m 时，电源开关——防止不期望的接通	a
按照 19.101 测量的 $M_{R,max}>25$ N·m 时，电源开关——防止不期望的接通	b
按照 19.101 测量的 $M_{R,max}\leqslant 25$ N·m 时，电源开关——提供期望的断开	b
按照 19.101 测量的 $M_{R,max}>25$ N·m 时，电源开关——提供期望的断开	c
按照 19.101 测量的 $M_{R,max}\leqslant 25$ N·m 时，提供期望的旋转方向	b
按照 19.101 测量的 $M_{R,max}>25$ N·m 时，提供期望的旋转方向	c
按照 8.14.1.101 需要支撑的工具，提供期望的旋转方向	应在此 SCF 不缺失的情况下，由 18.6.1 的故障条件来评估
防止输出转速超过额定空载转速的 130% 或通过 18.3 的测试	a
防止超过第 18 章中的热极限	a
按照 19.101 测量的 $M_{R,max}\leqslant 25$ N·m 时，提供 23.3 要求的防止自复位	a
按照 19.101 测量的 $M_{R,max}>25$ N·m 时，提供 23.3 要求的防止自复位	b
提供符合 19.101 的转矩限制	c
按照 19.101 测量的 $M_{R,max}\leqslant 25$ N·m 时，防止不期望的电源开关的接通自锁	b
按照 19.101 测量的 $M_{R,max}>25$ N·m 时，防止不期望的电源开关的接通自锁	c

K.19.101

替换本部分的该条第 5 段的第 1 句：

工具连接到充满电的电池上。

附　录　L
（规范性附录）
提供电源联接或非隔离源的电池式工具和电池包

L.1　增加：

除本附录规定的条文外，本部分的所有章适用。

L.19.101

替换本部分的该条第 5 段的第 1 句：

工具连接到充满电的电池上。

参 考 文 献

[1] GB/T 3883.1—2014 的参考文献适用

GB/T 3883.201—2017《手持式、可移式电动工具和园林工具的安全 第 2 部分:电钻和冲击电钻的专用要求》国家标准第 1 号修改单

本修改单经国家市场监督管理总局(国家标准化管理委员会)于 2023 年 03 月 17 日批准,自 2023 年 03 月17 日起实施。

一、第 1 章“范围”中,将“本部分适用于电钻与冲击电钻、金刚石钻岩机和搅拌器。”改为“本部分适用于电钻与冲击电钻、金刚石钻岩机。”。

二、第 3 章“术语和定义”中,将 3.104 删除。

三、第 8 章“标志和说明书”中,删除 8.14.1.101 最后一个破折号的内容,删除 8.14.2 a) 103)。

ICS 25.140.20
K 64

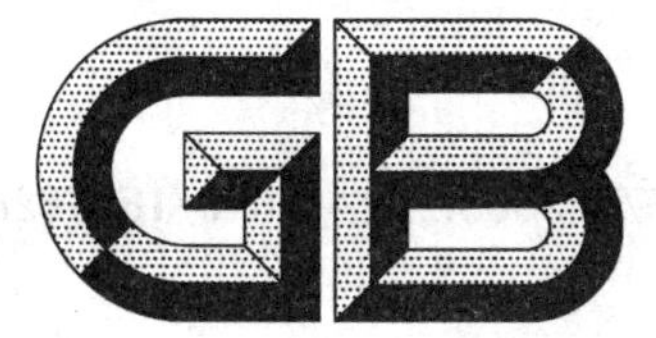

中华人民共和国国家标准

GB/T 3883.202—2019/IEC 62841-2-2:2014
代替 GB/T 3883.2—2012

手持式、可移式电动工具和园林工具的安全 第202部分:手持式螺丝刀和冲击扳手的专用要求

Safety of motor-operated hand-held, transportable and garden tools—Part 202: Particular requirements for hand-held screwdrivers and impact wrenches

(IEC 62841-2-2:2014, Electric motor-operated hand-held tools, transportable tools and lawn and garden machinery—Safety—Part 2-2: Particular requirements for hand-held screwdrivers and impact wrenches, IDT)

2019-10-18 发布　　　　2020-05-01 实施

国家市场监督管理总局
中国国家标准化管理委员会　发布

前　言

《手持式、可移式电动工具和园林工具的安全》的第 2 部分手持式电动工具，目前由以下 5 部分组成：

——GB/T 3883.201—2017　手持式、可移式电动工具和园林工具的安全　第 2 部分：电钻和冲击电钻的专用要求；

——GB/T 3883.202—2019　手持式、可移式电动工具和园林工具的安全　第 202 部分：手持式螺丝刀和冲击扳手的专用要求；

——GB/T 3883.204—2019　手持式、可移式电动工具和园林工具的安全　第 204 部分：手持式非盘式砂光机和抛光机的专用要求；

——GB/T 3883.205—2019　手持式、可移式电动工具和园林工具的安全　第 205 部分：手持式圆锯的专用要求；

——GB/T 3883.210—2019　手持式、可移式电动工具和园林工具的安全　第 210 部分：手持式电刨的专用要求。

本部分为 GB/T 3883 的第 202 部分。

本部分按照 GB/T 1.1—2009 给出的规则起草。

本部分代替 GB/T 3883.2—2012《手持式电动工具的安全　第 2 部分：螺丝刀和冲击扳手的专用要求》，与 GB/T 3883.2—2012 相比，主要技术变化如下：

——适用范围增加不适用范围(见第 1 章)；

——修改螺丝刀和冲击扳手的定义(见第 3 章，2012 年版的第 3 章)；

——试验一般条件中增加工具质量的说明(见第 5 章)；

——标志和说明书增加 8.14.1.1 101)(见第 8 章)；

——不正常操作修改对应于第 1 部分的表 4(见第 18 章，2012 年版的第 18 章)；

——机械危险中对 19.6 的内容进行了修改(见 19.6，2012 年版的第 19 章)；

——机械强度修改 20.5 不适用的范围(见第 20 章，2012 年版的第 20 章)；

——结构中 21.32 移到 21.30，并进行相关修改(见第 21 章，2012 年版的第 21 章)；

——组件删除 23.3(见第 23 章，2012 年版的第 23 章)；

——增加资料性附录 I“噪声和振动的测量”(见附录 I)；

——增加 K.8.14.1.1 101)(见附录 K)。

本部分使用翻译法等同采用 IEC 62841-2-2:2014《电动机驱动的手持式、可移式电动工具和园林机器　安全　第 2-2 部分：手持式螺丝刀和冲击扳手的专用要求》。

本部分做了下列编辑性修改：

——将标准名称修改为“手持式、可移式电动工具和园林工具的安全　第 202 部分：手持式螺丝刀和冲击扳手的专用要求”；

——本部分纳入了 IEC 62841-2-2:2014/COR1:2015 的内容，这些技术勘误内容涉及的条款已通过在其外侧页边空白位置的垂直双线(‖)进行了标示。

本部分应与 GB/T 3883.1—2014《手持式、可移式电动工具和园林工具的安全　第 1 部分：通用要求》一起使用。

本部分写明“适用”的部分，表示 GB/T 3883.1—2014 中相应条款适用；本部分写明“替换”的部分，则应以本部分中的条款为准；本部分中写明“修改”的部分，表示 GB/T 3883.1—2014 相应条款的相关内容应以本部分修改后的内容为准，而该条款中其他内容仍适用；本部分写明“增加”的部分，表示除了符合 GB/T 3883.1—2014 的相应条款外，还应符合本部分所增加的条款。

本部分由中国电器工业协会提出。

本部分由全国电动工具标准化技术委员会(SAC/TC 68)归口。

本部分起草单位：山东中兴电动工具有限公司、上海电动工具研究所(集团)有限公司、浙江亚特电器有限公司、江苏东成电动工具有限公司、锐奇控股股份有限公司。

本部分主要起草人：杨立春、潘顺芳、丁俊峰、施春磊、朱贤波、曹振华、陈勤、袁贵生、尹海霞。

本部分所代替标准的历次版本发布情况为：

——GB 3883.2—1985、GB 3883.2—1991、GB 3883.2—2005、GB/T 3883.2—2012。

引　言

2014 年，我国发布国家标准 GB/T 3883.1—2014《手持式、可移式电动工具和园林工具的安全　第 1 部分：通用要求》，将原 GB/T 3883(手持式电动工具部分)、GB/T 13960(可移式电动工具部分)和 GB/T 4706(仅园林电动工具部分)三大系列电动工具的通用安全标准的共性技术要求进行了整合。

与 GB/T 3883.1—2014 配套使用的特定类型的小类产品专用要求共 3 个部分，分别为第 2 部分(手持式电动工具部分)、第 3 部分(可移式电动工具部分)、第 4 部分(园林电动工具部分)，均转化对应的国际标准 IEC 62841 系列的专用要求。

标准名称的主体要素扩大为"手持式、可移式电动工具和园林工具的安全"，沿用原手持式电动工具部分的标准编号 GB/T 3883。每一部分小类产品的标准分部分编号由 3 位数字构成，其中第 1 位数字表示对应的部分，第 2 位和第 3 位数字表示不同的小类产品。

新版 GB/T 3883 系列标准将形成一个比较科学、完整、通用、统一的电动工具产品的安全系列标准体系，使得标准的实施更加切实可行，使用方便。

目前，新版 GB/T 3883 系列标准"手持式电动工具部分"已发布的标准如下：

——GB/T 3883.201—2017　手持式、可移式电动工具和园林工具的安全　第 2 部分：电钻和冲击电钻的专用要求(代替 GB/T 3883.6—2012)；

——GB/T 3883.202—2019　手持式、可移式电动工具和园林工具的安全　第 202 部分：手持式螺丝刀和冲击扳手的专用要求(代替 GB/T 3883.2—2012)；

——GB/T 3883.204—2019　手持式、可移式电动工具和园林工具的安全　第 204 部分：手持式非盘式砂光机和抛光机的专用要求(代替 GB/T 3883.4—2012)；

——GB/T 3883.205—2019　手持式、可移式电动工具和园林工具的安全　第 205 部分：手持式圆锯的专用要求(代替 GB/T 3883.5—2007)；

——GB/T 3883.210—2019　手持式、可移式电动工具和园林工具的安全　第 210 部分：手持式电刨的专用要求(代替 GB/T 3883.10—2007)。

后续还将对以下标准进行修订：

——GB/T 3883.3—2007　手持式电动工具的安全　第二部分：砂轮机、抛光机和盘式砂光机的专用要求；

——GB/T 3883.7—2012　手持式电动工具的安全　第 2 部分：锤类工具的专用要求；

——GB/T 3883.8—2012　手持式电动工具的安全　第 2 部分：电剪刀和电冲剪的专用要求；

——GB/T 3883.9—2012　手持式电动工具的安全　第 2 部分：攻丝机的专用要求；

——GB/T 3883.11—2012　手持式电动工具的安全　第 2 部分：往复锯(曲线锯、刀锯)的专用要求；

——GB/T 3883.12—2012　手持式电动工具的安全　第 2 部分：混凝土振动器的专用要求；

——GB/T 3883.13—1992　手持式电动工具的安全　第二部分：不易燃液体电喷枪的专用要求；

——GB/T3883.16—2008　手持式电动工具的安全　第二部分：钉钉机的专用要求；

——GB/T3883.17—2005　手持式电动工具的安全　第 2 部分：木铣和修边机的专用要求；

——GB/T 3883.18—2009　手持式电动工具的安全　第二部分：石材切割机的专用要求

——GB/T 3883.19—2012　手持式电动工具的安全　第 2 部分：管道疏通机的专用要求；

——GB/T 3883.20—2012　手持式电动工具的安全　第 2 部分：捆扎机的专用要求；

——GB/T 3883.21—2012　手持式电动工具的安全　第 2 部分：带锯的专用要求；

——GB/T 3883.22—2008　手持式电动工具的安全　第二部分：开槽机的专用要求。

手持式、可移式电动工具和园林工具的安全 第202部分：手持式螺丝刀和冲击扳手的专用要求

1 范围

除下述条款外，GB/T 3883.1—2014的这一章适用。

增加：

本部分适用于螺丝刀和冲击扳手。

本部分不适用于能够安装螺丝刀批头进行拧螺钉的电钻。

2 规范性引用文件

除下述条款外，GB/T 3883.1—2014的这一章适用。

增加：

GB/T 26548.2—2011 手持便携式动力工具 振动试验方法 第2部分：气扳机、螺母扳手和螺丝刀(ISO 28927-2:2009,IDT)

3 术语和定义

除下述条款外，GB/T 3883.1—2014的这一章适用。

增加：

3.101

螺丝刀 screwdriver

带有六角形或方形等非圆形夹持装置，用于拧紧和松开螺钉、螺母等类似零件，并且不装冲击机构的工具，但可装有一个设定深度、扭矩或可断开旋转的装置。

3.102

冲击扳手 impact wrench

带有六角形或方形等非圆形夹持装置，用于拧紧和松开螺钉、螺母等类似零件，并且装有旋转冲击机构的工具。

注：某些冲击扳手装有一个设定深度的装置，且可带有设定扭矩的或断开旋转的装置。

4 一般要求

GB/T 3883.1—2014的这一章适用。

5 试验一般条件

除下述条款外，GB/T 3883.1—2014的这一章适用。

5.17 增加：

如有辅助手柄,工具的质量应将其包括在内。

6 辐射、毒性和类似危险

GB/T 3883.1—2014 的这一章适用。

7 分类

GB/T 3883.1—2014 的这一章适用。

8 标志和说明书

除下述条款外,GB/T 3883.1—2014 的这一章适用。

8.14.1.1 增加:

101) **当在紧固件可能触及暗线或其自身导线的场合进行操作时,要通过绝缘握持面握持工具。** 紧固件触及带电导线会使工具外露的金属零件带电而使操作者受到电击。

注:以上安全警告仅适用于螺丝刀和四方头尺寸小于 13 mm 的冲击扳手。

9 防止触及带电零件的保护

GB/T 3883.1—2014 的这一章适用。

10 起动

GB/T 3883.1—2014 的这一章适用。

11 输入功率和电流

GB/T 3883.1—2014 的这一章适用。

12 发热

除下述条款外,GB/T 3883.1—2014 的这一章适用。

12.2.1 替换:

工具断续运行 30 个周期或直到热稳定,取首先达到者。每个周期由 30 s 连续运行期和 90 s 断电停歇期组成。运行期间通过制动器调节工具负载使其达到额定输入功率或额定电流。

试验时,可以使冲击机构不动作,以防止损坏制动器。

13 耐热性和阻燃性

GB/T 3883.1—2014 的这一章适用。

14 防潮性

GB/T 3883.1—2014 的这一章适用。

15 防锈

GB/T 3883.1—2014 的这一章适用。

16 变压器及其相关电路的过载保护

GB/T 3883.1—2014 的这一章适用。

17 耐久性

除下述条款外,GB/T 3883.1—2014 的这一章适用。

17.2 修改:

对于螺丝刀,GB/T 3883.1—2014 的这一条适用。

对于冲击扳手,GB/T 3883.1—2014 的试验替换为:

冲击扳手在 1.1 倍最高额定电压或 1.1 倍额定电压范围的上限空载运行 12 h,然后在 0.9 倍最低额定电压或 0.9 倍额定电压范围的下限空载运行 12 h。12 h 不必是连续的。如适用,工具的转速调节到最大值。

工具可用不是装在工具内的开关接通、断开。

每个运行周期由一个 100 s“接通”期和一个 20 s“断开”期组成,“断开”期包含在规定的运行时间内。

试验期间,以 3 个不同方位放置工具,在每种试验电压下,每个方位运行时间约 4 h。

注:改变方位是为了防止碳粉不正常地积聚在某特定部位上。三个方位的例子是水平、垂直向上或垂直向下。

然后,冲击扳手在 1.1 倍最高额定电压或 1.1 倍额定电压范围的上限断续运行 12 h,然后在 0.9 倍最低额定电压或 0.9 倍额定电压范围的下限断续运行 12 h。

每个运行周期由一个 1 s 的“冲击”期和一个 9 s 的“断开”期组成,“断开”期包含在规定的运行时间内。

试验期间允许更换电刷,并按正常使用方式对工具加注润滑油脂。如果发生机械失效,且不致达不到本部分要求,则可以更换失效零件。

如果工具的任何部分温升超过 12.1 试验时测得的温升,则可以采用强制冷却或使之停歇。该停歇时间不包括在规定的运行时间内。如果采取了强制冷却,应不改变工具的空气流动或碳粉的分布。

试验期间,装在工具内的过载保护器不应动作。

18 不正常操作

除下述条款外,GB/T 3883.1—2014 的这一章适用。

18.8 表 4 替换为:

表 4　要求的性能等级

关键安全功能(SCF)的类型和作用	最低允许的性能等级(PL)
电源开关—防止不期望的接通	a
电源开关—不施加轴向压力批头不会旋转的工具,防止不期望的接通	不是 SCF
电源开关—提供期望的断开	a
电源开关—不施加轴向压力批头不会旋转的工具,提供期望的断开	不是 SCF
提供期望的旋转方向	不是 SCF
任何为通过 18.3 试验的电子控制器	不是 SCF
任何限速装置	不是 SCF
防止超过第 18 章中的热极限	a

19　机械危险

除下述条款外,GB/T 3883.1—2014 的这一章适用。

19.6　本条不适用。

20　机械强度

除下述条款外,GB/T 3883.1—2014 的这一章适用。

20.5　本条不适用于四方头尺寸不小于 13 mm 的冲击扳手。

21　结构

除下述条款外,GB/T 3883.1—2014 的这一章适用。

21.30　本条不适用于四方头尺寸不小于 13 mm 的冲击扳手。

22　内部布线

GB/T 3883.1—2014 的这一章适用。

23　组件

GB/T 3883.1—2014 的这一章适用。

24　电源联接和外接软线

除下述条款外,GB/T 3883.1—2014 的这一章适用。

24.4　第 1 段和第 2 段替换为:

对于冲击扳手,可使用的最轻型电缆为:

——重型氯丁橡胶或其他同等性能的护层电缆[GB/T 5013.4—2008 中的 60245 IEC 66(YCW)]。

25 外接导线的接线端子

GB/T 3883.1—2014 的这一章适用。

26 接地装置

GB/T 3883.1—2014 的这一章适用。

27 螺钉与连接件

GB/T 3883.1—2014 的这一章适用。

28 爬电距离、电气间隙和绝缘穿通距离

GB/T 3883.1—2014 的这一章适用。

附 录

除以下内容外,GB/T 3883.1—2014 的附录适用。

附 录 I
（资料性附录）
噪声和振动的测量

I.2 噪声测试方法(工程法)

除下述条款外,GB/T 3883.1—2014 的这一章适用。

I.2.4 电动工具在噪声测试时的安装和固定条件

增加:

螺丝刀处于悬挂位置。夹头处于水平位置。

冲击扳手按照 I.2.5 的规定握持和使用。

I.2.5 运行条件

增加:

螺丝刀在空载下进行测试。

冲击扳手在负载下进行测试。通过制动器施加负载,由套筒带动制动器运转在(45±5) r/min 的测试速度下,同时也带动冲击机构持续工作。如图 I.101 所示,制动器被固定在弹性材料支撑的试验台上,而工具的几何中心位于反射面上方 1 m 处。制动器的具体要求见 GB/T 26548.2—2011 中附录 C。

为了避免 GB/T 26548.2—2011 中图 C.1 和图 C.2 所示制动器零件 2、零件 3 和零件 5 产生抖动,这些零件之间可用橡胶及相似材质进行隔离。

应有足够的进给力确保工具处于稳定的操作。

测量时间约为 10 s。

I.3 振动

除下述条款外,GB/T 3883.1—2014 的这一章适用。

I.3.3.2 测量位置

增加:

图 I.102 和图 I.103 给出了不同类型螺丝刀和冲击扳手的测量位置。

I.3.5.3 运行条件

增加:

除表 I.101 和表 I.102 的规定外,GB/T 3883.1—2014 的运行条件适用。

表 I.101 螺丝刀的运行条件

定位	螺丝刀在空载下进行测试。 测试过程中,水平握持螺丝刀
工作头	批头为中等长度和尺寸规格
握持力	以正常握紧力握持工具,应避免过度握紧力
测试周期	一个测试周期包括工具在空载状态下开启,以最高速度运转超过 10 s,然后关闭。 在以最高速度运转的 10 s 内进行测量
注:在实验室中难以测量给螺丝刀施加的负载,且结果显示负载对振动值没有影响,因此选择空载作为运行条件。	

表 I.102 冲击扳手的运行条件

定位	工具在负载下进行测试。 如图 I.104 所示,采用一块钢板作为测试装置的一部分,将六角螺栓拧入螺母,或将六角螺母拧到螺栓上。测试装置安装于地面上或混凝土块上,但测试装置的厚度至少为 200 mm。 **注**:图 I.104 是测试装置的安装示例。 测试所用螺栓和螺母的尺寸对应于工具所具备的最大能力。装配时采用螺栓头下方带有钢制垫片的硬连接。钢板上方的螺栓和螺母应预先露出 10 mm 长的螺纹供啮合用。测试时,测试装置不应转动和移动。 钢板长度应可容纳 5 组装配,各组之间的间隙应至少考虑螺栓和螺母的尺寸,或不会影响到相邻组的装配
工作头	六角套筒,其尺寸和深度应与上述要求的螺栓和螺母匹配
进给力	提供足够的握紧力和进给力以确保工具的安全操作,应避免过度握紧力和进给力
测试周期	一个测试周期是指用规定的螺栓或螺母完成一次装配,包括跑停和 5 s 的冲击(一个测试序列包括 5 个周期)。 测量从套筒/扳头接触螺栓/螺母后接通工具时开始,直至连续冲击 5 s 末结束。这个周期包括 10 mm螺纹啮合的时间

I.3.6.2 总振动发射值的声明

增加:

应声明手柄的最大总振动发射值 a_h 及其不确定度 K:

——对于螺丝刀:工作模式描述为“拧螺钉”;

——对于冲击扳手:工作模式描述为“以冲击方式拧紧对应于工具最大工作能力的紧固件”。

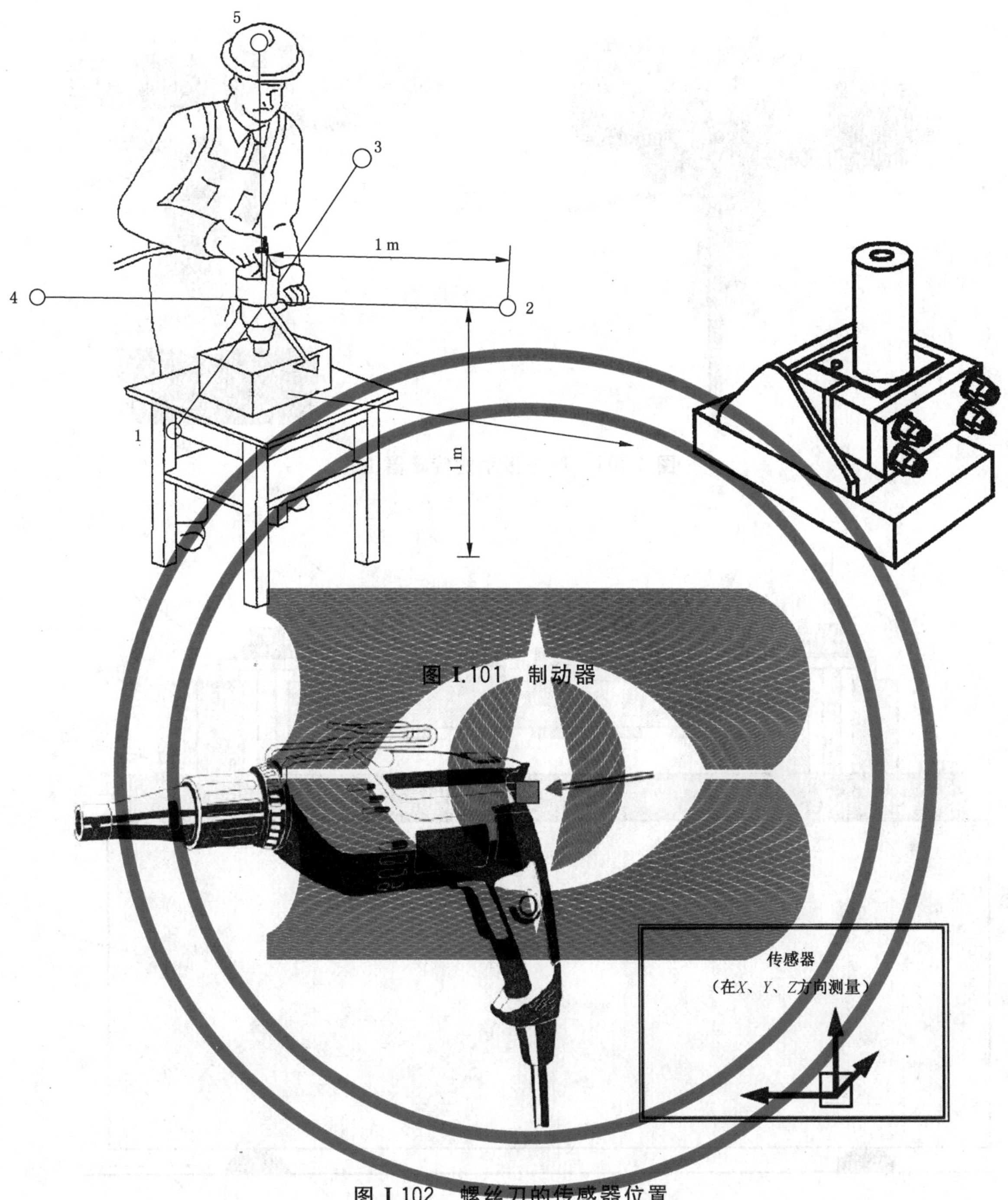

图 I.101 制动器

图 I.102 螺丝刀的传感器位置

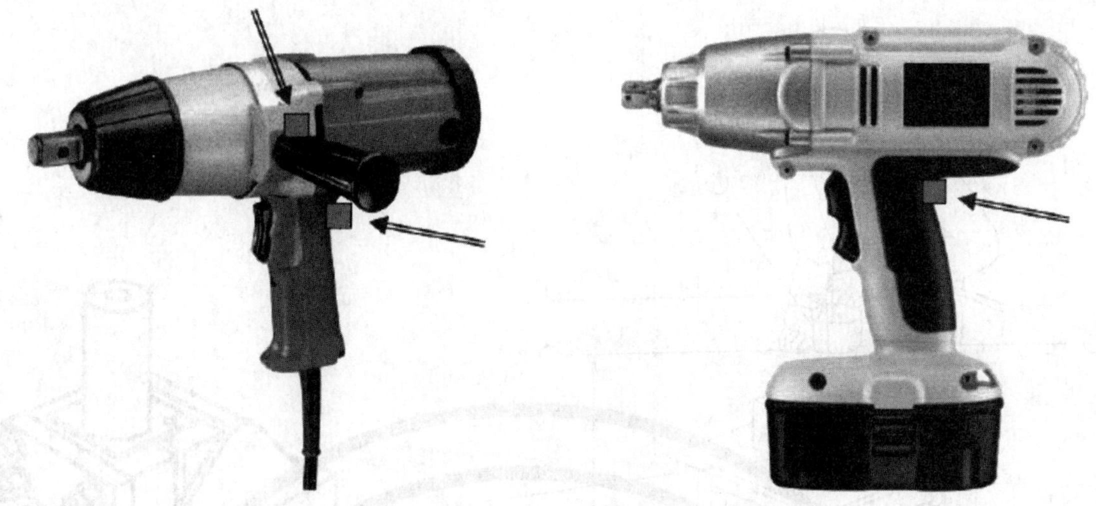

图 I.103　冲击扳手的传感器位置

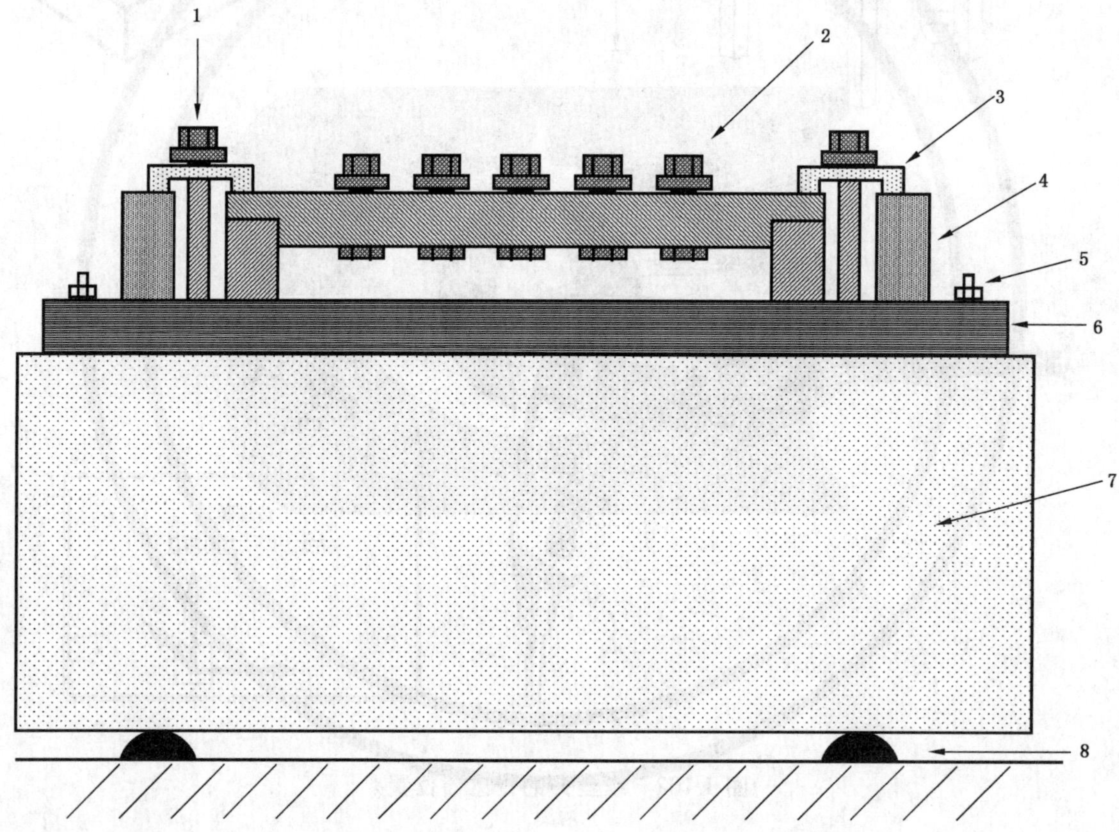

说明：

1——螺栓；
2——负载装置(螺栓或螺母、垫片、钢板)；
3——钢块(夹紧用)；
4——钢块(支撑用)；
5——固定处；
6——钢板；
7——混凝土块或地面；
8——弹性材料(仅适用于混凝土块的使用)。

a)　典型测试装置的示例

图 I.104　冲击扳手的测试装置示例

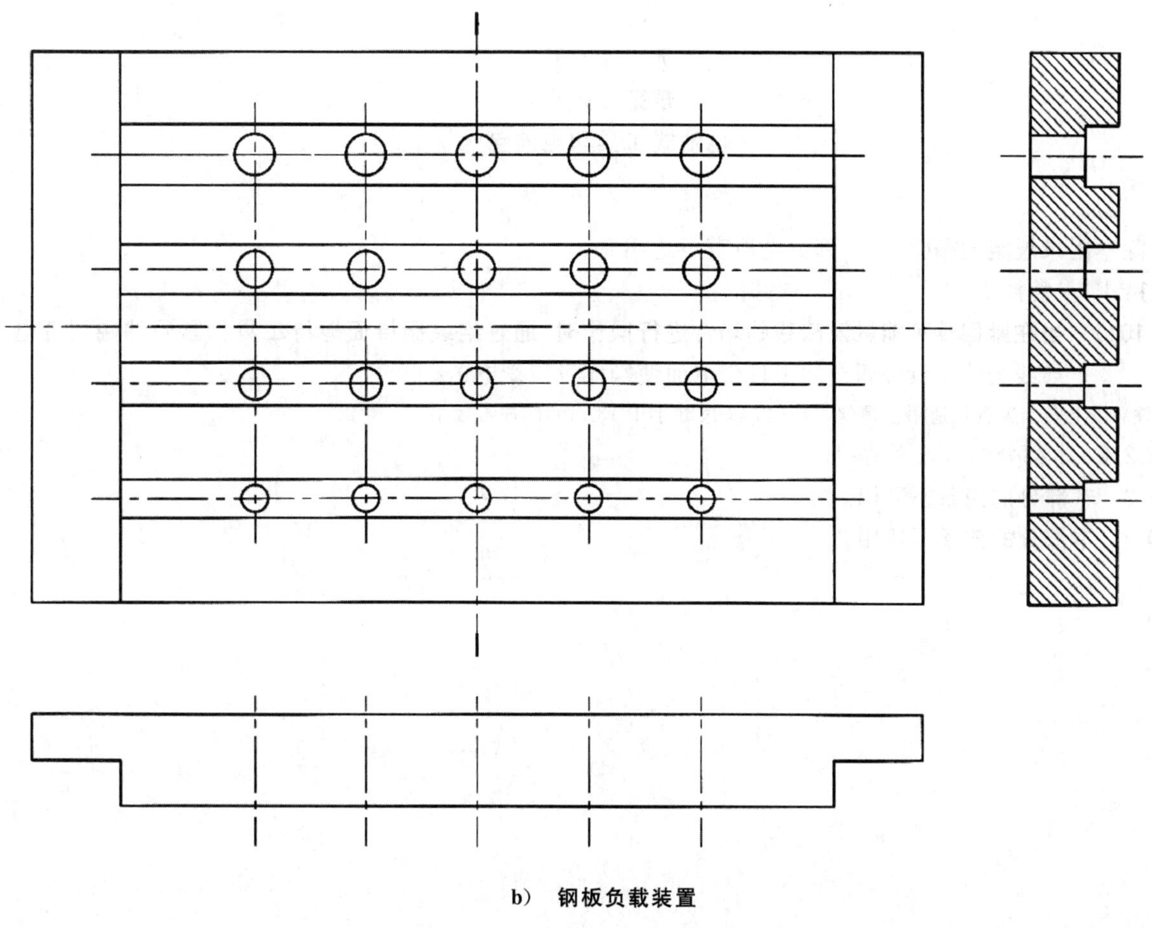

b） 钢板负载装置

图 I.104（续）

附 录 K
（规范性附录）
电池式工具和电池包

K.1 增加：

除本附录规定的条款外，本部分的所有章适用。

K.8.14.1.1 替换 101)：

101) **当在紧固件可能触及暗线的场合进行操作时，通过绝缘握持面握持工具。**紧固件碰到带电导线会使工具外露金属零件带电而使操作者遭受电击。

注：以上安全警告仅适用于螺丝刀和四方头尺寸小于 13 mm 的冲击扳手。

K.12.2.1 本部分的该条不适用。

K.17.2 本部分的该条不适用。

K.24.4 本部分的该条不适用。

参 考 文 献

GB/T 3883.1—2014 的参考文献适用。

ICS 25.140.20
K 64

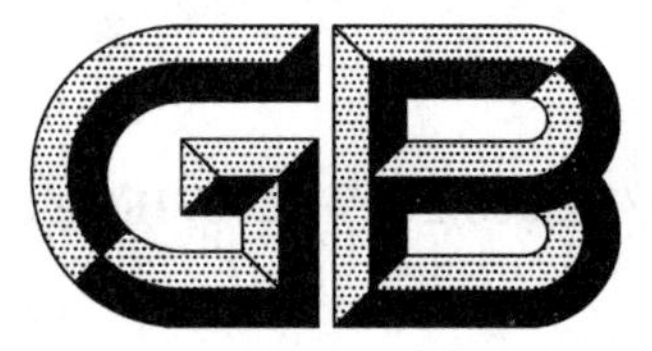

中华人民共和国国家标准

GB/T 3883.204—2019/IEC 62841-2-4:2014
代替 GB/T 3883.4—2012

手持式、可移式电动工具和园林工具的安全 第204部分:手持式非盘式砂光机和抛光机的专用要求

Safety of motor-operated hand-held, transportable and garden tools—Part 204: Particular requirements for hand-held sanders and polishers other than disc type

(IEC 62841-2-4:2014, Electric motor-operated hand-held tools, transportable tools and lawn and garden machinery—Safety—Part 2-4: Particular requirements for hand-held sanders and polishers other than disc type, IDT)

2019-10-18 发布 2020-05-01 实施

国家市场监督管理总局
中国国家标准化管理委员会 发布

前　言

《手持式、可移式电动工具和园林工具的安全》的第 2 部分手持式电动工具，目前由以下 5 部分组成：

——GB/T 3883.201—2017　手持式、可移式电动工具和园林工具的安全　第 2 部分：电钻和冲击电钻的专用要求；

——GB/T 3883.202—2019　手持式、可移式电动工具和园林工具的安全　第 202 部分：手持式螺丝刀和冲击扳手的专用要求；

——GB/T 3883.204—2019　手持式、可移式电动工具和园林工具的安全　第 204 部分：手持式非盘式砂光机和抛光机的专用要求；

——GB/T 3883.205—2019　手持式、可移式电动工具和园林工具的安全　第 205 部分：手持式圆锯的专用要求；

——GB/T 3883.210—2019　手持式、可移式电动工具和园林工具的安全　第 210 部分：手持式电刨的专用要求。

本部分为 GB/T 3883 的第 204 部分。

本部分按照 GB/T 1.1—2009 给出的规则起草。

本部分代替 GB/T 3883.4—2012《手持式电动工具的安全　第 2 部分：非盘式砂光机和抛光机的专用要求》，与 GB/T 3883.4—2012 相比，主要技术变化如下：

——适用范围增加辊式砂光机或辊式抛光机(见第 1 章)；

——术语增加"辊式砂光机或辊式抛光机"(见第 3 章)；

——试验一般条件中增加工具质量的说明(见第 5 章)；

——标志和说明书中原 8.1 移到 8.3，并进行相关修改；增加 8.14.1；原 8.12.1.1 移到 8.14.1.101，并进行相关修改(见第 8 章，2012 年版的第 8 章)；

——不正常操作修改第 1 部分的表 4(见第 18 章，2012 年版的第 18 章)；

——机械危险增加 19.1.101、19.1.102 和 19.1.103 带式砂光机的砂磨带和带轮应符合的要求；增加 19.6(见第 19 章)；

——机械强度增加对辊式砂光机的要求(见第 20 章)；

——结构中增加 21.18.1.1；原 21.32 移到 21.30，并进行相关修改；增加 21.35(见第 21 章，2012 年版的第 21 章)；

——增加资料性附录 I "噪声和振动的测量"(见附录 I)。

本部分使用翻译法等同采用 IEC 62841-2-4:2014《电动机驱动的手持式、可移式电动工具和园林机器　安全　第 2-4 部分：手持式非盘式砂光机和抛光机的专用要求》。

本部分做了下列编辑性修改：

——将标准名称修改为"手持式、可移式电动工具和园林工具的安全　第 204 部分：手持式非盘式砂光机和抛光机的专用要求"；

——本部分纳入了 IEC 62841-2-4:2014/COR1:2015 的内容，这些技术勘误内容涉及的条款已通过在其外侧页边空白位置的垂直双线(‖)进行了标示。

本部分应与 GB/T 3883.1—2014《手持式、可移式电动工具和园林工具的安全　第 1 部分：通用要求》一起使用。

本部分写明"适用"的部分，表示 GB/T 3883.1—2014 中相应条款适用；本部分写明"替换"的部分，则应以本部分中的条款为准;本部分中写明"修改"的部分,表示 GB/T 3883.1—2014 相应条款的相关内容应以本部分修改后的内容为准,而该条款中其他内容仍适用;本部分写明"增加"的部分,表示除了符合 GB/T 3883.1—2014 的相应条款外,还应符合本部分所增加的条款。

本部分由中国电器工业协会提出。

本部分由全国电动工具标准化技术委员会(SAC/TC 68)归口。

本部分起草单位:浙江信源电器制造有限公司、上海电动工具研究所(集团)有限公司、江苏苏美达五金工具有限公司、宝时得科技(中国)有限公司、江苏东成电动工具有限公司、锐奇控股股份有限公司。

本部分主要起草人:金红霞、顾菁、刘楷、丁玉才、施春磊、朱贤波、张国峰、袁贵生、黄莉敏。

本部分所代替标准的历次版本发布情况为:

——GB 3883.4—1985、GB 3883.4—1991、GB 3883.4—2005、GB/T 3883.4—2012。

引　言

2014 年，我国发布国家标准 GB/T 3883.1—2014《手持式、可移动式电动工具和园林工具的安全　第1部分：通用要求》，将原 GB/T 3883(手持式电动工具部分)、GB/T 13960(可移式电动工具部分)和 GB/T 4706(仅园林电动工具部分)三大系列电动工具的通用安全标准的共性技术要求进行了整合。

与 GB/T 3883.1—2014 配套使用的特定类型的小类产品专用要求共3个部分，分别为第2部分(手持式电动工具部分)、第3部分(可移式电动工具部分)、第4部分(园林电动工具部分)，均转化对应的国际标准 IEC 62841 系列的专用要求。

标准名称的主体要素扩大为"手持式、可移动式电动工具和园林工具的安全"，沿用原手持式电动工具部分的标准编号 GB/T 3883。每一部分小类产品的标准分部分编号由3位数字构成，其中第1位数字表示对应的部分，第2位和第3位数字表示不同的小类产品。

新版 GB/T 3883 系列标准将形成一个比较科学、完整、通用、统一的电动工具产品的安全系列标准体系，使得标准的实施更加切实可行，使用方便。

目前，新版 GB/T 3883 系列标准"手持式电动工具部分"已发布的标准如下：

——GB/T 3883.201—2017　手持式、可移动式电动工具和园林工具的安全　第2部分：电钻和冲击电钻的专用要求(代替 GB/T 3883.6—2012)；

——GB/T 3883.202—2019　手持式、可移动式电动工具和园林工具的安全　第202部分：手持式螺丝刀和冲击扳手的专用要求(代替 GB/T 3883.2—2012)；

——GB/T 3883.204—2019　手持式、可移动式电动工具和园林工具的安全　第204部分：手持式非盘式砂光机和抛光机的专用要求(代替 GB/T 3883.4—2012)；

——GB/T 3883.205—2019　手持式、可移动式电动工具和园林工具的安全　第205部分：手持式圆锯的专用要求(代替 GB/T 3883.5—2007)；

——GB/T 3883.210—2019　手持式、可移动式电动工具和园林工具的安全　第210部分：手持式电刨的专用要求(代替 GB/T 3883.10—2007)。

后续还将对以下标准进行修订：

——GB/T 3883.3—2007　手持式电动工具的安全　第二部分：砂轮机、抛光机和盘式砂光机的专用要求；

——GB/T 3883.7—2012　手持式电动工具的安全　第2部分：锤类工具的专用要求；

——GB/T 3883.8—2012　手持式电动工具的安全　第2部分：电剪刀和电冲剪的专用要求；

——GB/T 3883.9—2012　手持式电动工具的安全　第2部分：攻丝机的专用要求；

——GB/T 3883.11—2012　手持式电动工具的安全　第2部分：往复锯(曲线锯、刀锯)的专用要求；

——GB/T 3883.12—2012　手持式电动工具的安全　第2部分：混凝土振动器的专用要求；

——GB/T 3883.13—1992　手持式电动工具的安全　第二部分：不易燃液体电喷枪的专用要求；

——GB/T 3883.16—2008　手持式电动工具的安全　第二部分：钉钉机的专用要求；

——GB/T 3883.17—2005　手持式电动工具的安全　第2部分：木铣和修边机的专用要求；

——GB/T 3883.18—2009　手持式电动工具的安全　第二部分：石材切割机的专用要求；

——GB/T 3883.19—2012　手持式电动工具的安全　第2部分：管道疏通机的专用要求；

——GB/T 3883.20—2012　手持式电动工具的安全　第2部分：捆扎机的专用要求；

——GB/T 3883.21—2012　手持式电动工具的安全　第2部分：带锯的专用要求；

——GB/T 3883.22—2008　手持式电动工具的安全　第二部分：开槽机的专用要求。

手持式、可移式电动工具和园林工具的安全 第204部分:手持式非盘式砂光机和抛光机的专用要求

1 范围

除下述条款外,GB/T 3883.1—2014 的这一章适用。

增加:

本部分适用于除 IEC 62841-2-3 范围涉及的圆盘式工具以外的手持式砂光机和抛光机。

本部分涉及的工具包括但不限于带式砂光机、辊式砂光机或辊式抛光机、往复式砂光机或往复式抛光机、轨迹式砂光机或轨迹式抛光机、无规则轨迹式砂光机或无规则轨迹式抛光机。

2 规范性引用文件

GB/T 3883.1—2014 的这一章适用。

3 术语和定义

除下述条款外,GB/T 3883.1—2014 的这一章适用。

增加:

3.101

砂光机 sander

采用磨料去除表面材料的工具。

3.102

抛光机 polisher

装有盘或衬垫用于抛光的工具。

3.103

带式砂光机 belt sander

装有环形砂磨带的砂光机。

3.104

辊式砂光机或辊式抛光机 drum sander or polisher

装有与电机轴成一直线或成一角度的旋转圆柱形工作面的砂光机或抛光机。

注 1:辊式砂光机也叫辊光机。

注 2:辊轮与电机轴在一条线上的辊式砂光机也称为轴式砂光机或同轴式砂光机。

3.105

轨迹式砂光机或轨迹式抛光机 orbital sander or polisher

装有底板,能平行于作业面作轨迹摆动的砂光机或抛光机。

注:轨迹式砂光机或轨迹式抛光机也称为摆动式砂光机或摆动式抛光机。

3.106

无规则轨迹式砂光机或无规则轨迹式抛光机　random orbit sander or polisher

装有以驱动轴为偏心配置的底盘,并能够绕其轴线、平行于作业面进行自由回转的砂光机或抛光机。

3.107

往复式砂光机或往复式抛光机　reciprocating sander or polisher

装有底板,能平行于作业面作往复运动的砂光机或抛光机。

4　一般要求

GB/T 3883.1—2014 的这一章适用。

5　试验一般条件

除下述条款外,GB/T 3883.1—2014 的这一章适用。

5.17　增加:

如有集尘转接器,则工具的质量应将其包括在内。

6　辐射、毒性和类似危险

GB/T 3883.1—2014 的这一章适用。

7　分类

GB/T 3883.1—2014 的这一章适用。

8　标志和说明书

除下述条款外,GB/T 3883.1—2014 的这一章适用。

8.3　增加:

带式砂光机、辊式砂光机和辊式抛光机的旋转方向标志应用凸起或凹陷的箭头,或者以其他清晰而耐久的方法标记在工具上。

8.14.1　增加:

对带式砂光机和辊式砂光机,应给出 8.14.1.101 的补充安全说明,该部分的内容可以与"电动工具通用安全警告"分开印刷。

8.14.1.101　带式砂光机和辊式砂光机安全警告

因砂磨面可能会触及自身软线,要通过绝缘握持面来握持工具。砂磨到带电导线会使工具外露的金属零件带电而使操作者受到电击。

9　防止触及带电零件的保护

GB/T 3883.1—2014 的这一章适用。

10 起动

GB/T 3883.1—2014 的这一章适用。

11 输入功率和电流

GB/T 3883.1—2014 的这一章适用。

12 发热

GB/T 3883.1—2014 的这一章适用。

13 耐热性和阻燃性

GB/T 3883.1—2014 的这一章适用。

14 防潮性

GB/T 3883.1—2014 的这一章适用。

15 防锈

GB/T 3883.1—2014 的这一章适用。

16 变压器及其相关电路的过载保护

GB/T 3883.1—2014 的这一章适用。

17 耐久性

除下述条款外，GB/T 3883.1—2014 的这一章适用。

17.2 除带式砂光机、辊式砂光机和辊式抛光机外，第 3 段替换为：

轨迹式砂光机和轨迹式抛光机、无规则轨迹式砂光机和无规则轨迹式抛光机以及往复式砂光机和往复式抛光机，在 1.1 倍最高额定电压或 1.1 倍额定电压范围的上限运行 24 h，然后在 0.9 倍最低额定电压或 0.9 倍额定电压范围的下限运行 24 h。24 h 不必是连续的。如果适用，工具调整到最高转速。

工具底板装上合适的抛光帽或反装上砂纸，以砂光机或抛光机自重压在钢板上运行。应按要求更换砂纸以避免底板与钢板直接接触。这些工具只在底板为水平的竖直位置进行试验。

18 不正常操作

除下述条款外，GB/T 3883.1—2014 的这一章适用。

18.8 表 4 替换为：

表 4 要求的性能等级

关键安全功能(SCF)的类型和作用	最低允许的性能等级(PL)
电源开关—对带式砂光机(定义 3.103)、辊式砂光机和辊式抛光机(定义 3.104),防止不期望的接通	b
电源开关—对无规则轨迹式砂光机和无规则轨迹式抛光机(定义 3.106),防止不期望的接通	a
电源开关—对其他的砂光机和抛光机,防止不期望的接通	不是 SCF
电源开关—对带式砂光机(定义 3.103)、辊式砂光机和辊式抛光机(定义 3.104)、无规则轨迹式砂光机和无规则轨迹式抛光机(定义 3.106),提供期望的断开	b
电源开关—对其他的砂光机和抛光机,提供期望的断开	不是 SCF
对带式砂光机(定义 3.103)、辊式砂光机和辊式抛光机(定义 3.104),提供期望的旋转方向	a
任何限速装置	不是 SCF
防止超过第 18 章中的热极限	a

19 机械危险

除下述条款外,GB/T 3883.1—2014 的这一章适用。

19.1 第 1 段替换为:

只要适合于工具的使用及工作方式,除带式砂光机的砂磨带和带轮外,工具的运动部件和危险零件应安置或包封得能提供防止人身伤害的足够保护。带式砂光机的砂磨带和带轮应符合 19.1.101、19.1.102 和 19.1.103 的要求。

19.1.101 在不限制工具预期功能的情况下,带式砂光机的设计应尽量降低由靠近操作者的带轮引起的夹伤风险。

通过试验 1 和试验 2 来检验。

1) 一根直径 8 mm 的探棒,平行于带轮轴,不能进入带轮与砂磨带之间的进给夹咬区域。在试图将探棒插入这一区域时,不应以任何方式移动砂磨带而允许探棒进入,见图 101。

2) 去除砂磨带。见图 102,工具翻转到最不利的位置,直径 7 mm 的钢球沿带轮拟与砂磨带接触的面和砂磨带壳体之间的进给间隙放置,钢球应不能在其自重作用下移入带轮和砂磨带壳体之间的间隙中,并超过如图 102 所示的完全通过线。

19.1.102 除了最靠近操作者的带轮外,带式砂光机的设计应限制接近带轮的进给夹咬区域,且不影响工具的预期功能。

进给夹咬区域被认为位于:

——在带轮拟与砂磨带接触的面和砂磨带壳体之间;或

——在带轮拟与砂磨带接触的面和砂磨带之间。

应按如下 a)或 b)的规定限制触及夹咬区域:

a) 任何进给夹咬区域和按 8.14.2b)6)所规定的手柄或握持面上最近点之间的链距离应不少于

100 mm。

注：链距离是指绕过障碍物的累计最短距离。

通过测量来检验。

b) 如工具侧面装有轴线与砂磨带运动方向垂直的棍状辅助手柄，手柄上在握持区和进给夹咬区域之间应有高于握持面至少 12 mm 的凸缘。

通过观察和测量来检验。

19.1.103 带轮两端超出拟与砂磨带接触的面的部分应光滑、无锐边。

通过观察来检验。

19.6 本条不适用。

20 机械强度

除下述条款外，GB/T 3883.1—2014 的这一章适用。

20.5 本条仅适用于带式砂光机和辊式砂光机。

21 结构

除下述条款外，GB/T 3883.1—2014 的这一章适用。

21.18.1 增加：

对于除带式砂光机和辊式砂光机外的砂光机，允许使用非瞬动电源开关。

21.30 本条仅适用于带式砂光机和辊式砂光机。

21.35 本条适用于：

——砂磨接触面超过 100 cm^2 的带式砂光机和无规则轨迹式砂光机；

——除同轴式砂光机外的辊式砂光机；

——砂磨接触面超过 200 cm^2 的其他砂光机，除非按照 8.14.2 b)4) 只用于加工金属。

22 内部布线

GB/T 3883.1—2014 的这一章适用。

23 组件

GB/T 3883.1—2014 的这一章适用。

24 电源联接和外接软线

GB/T 3883.1—2014 的这一章适用。

25 外接导线的接线端子

GB/T 3883.1—2014 的这一章适用。

26 接地装置

GB/T 3883.1—2014 的这一章适用。

27 螺钉与连接件

GB/T 3883.1—2014 的这一章适用。

28 爬电距离、电气间隙和绝缘穿通距离

GB/T 3883.1—2014 的这一章适用。

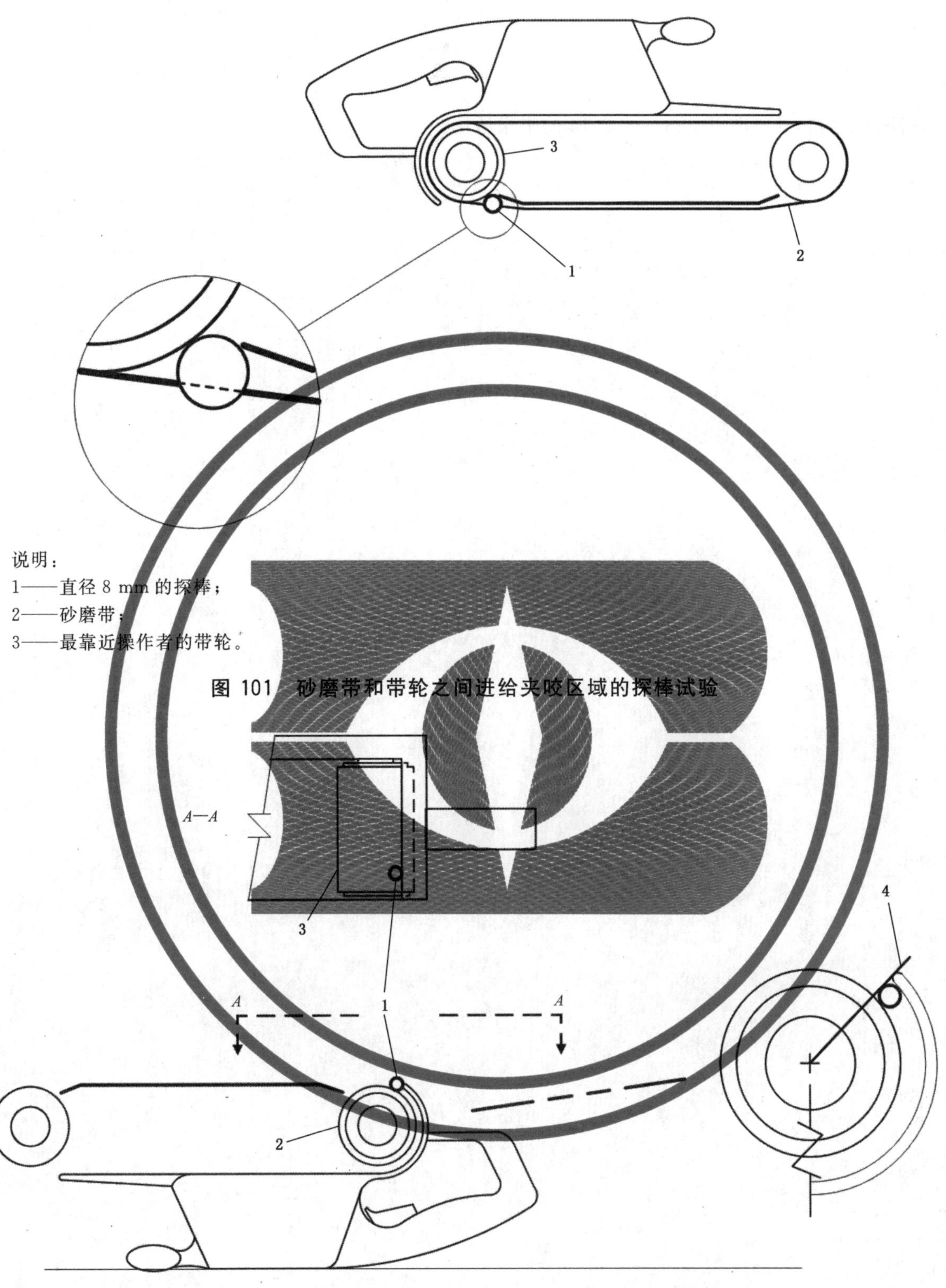

说明：
1——直径 8 mm 的探棒；
2——砂磨带；
3——最靠近操作者的带轮。

图 101 砂磨带和带轮之间进给夹咬区域的探棒试验

说明：
1——直径 7 mm 的钢球；
2——最靠近操作者的带轮；
3——带轮拟与砂磨带接触的面；
4——完全通过线。

图 102 砂磨带壳体和带轮之间进给夹咬区域的钢球试验

附 录

除以下内容外,GB/T 3883.1—2014 的附录适用。

附 录 I
（资料性附录）
噪声和振动的测量

I.2 噪声测试方法（工程法）

除下述条款外，GB/T 3883.1—2014 的这一章适用。

I.2.4 电动工具在噪声测试时的安装和固定条件

增加：

砂光机和抛光机处于悬挂位置，工具的底板呈水平方向。

I.2.5 运行条件

增加：

砂光机和抛光机在空载下进行测试。

I.3 振动

除下述条款外，GB/T 3883.1—2014 的这一章适用。

I.3.3.2 测量位置

增加：

图 I.101 给出了不同砂光机和抛光机的测量位置。

I.3.5.3 运行条件

增加：

砂光机和抛光机应在表 I.101 和表 I.102 规定的负载条件下进行测试。

表 I.101 砂光机的运行条件

定位	砂磨一块固定在工作台上的 400 mm×400 mm×20 mm 的水平钢板
工作头	推荐使用的 180 目金属用砂纸
进给力	除工具自重外，垂直施加力： ● 30 N±5 N，若工具的质量<1.5 kg； ● 50 N±5 N，若工具的质量≥1.5 kg； ● 或达到额定功率所需的力，取较低值
预测试要求	开始测量前先用新砂纸砂磨 1 min

表 I.102 抛光机的运行条件

定位	抛光一块固定在工作台上的 400 mm×400 mm×20 mm 的水平钢板
工作头	抛光垫
进给力	除工具自重外,垂直施加力: ● 30 N±5 N,若工具的质量<1.5 kg; ● 50 N±5 N,若工具的质量≥1.5 kg; ● 或达到额定功率所需的力,取较低值

I.3.6.2 总振动发射值的声明

增加:

应声明手柄的最大总振动发射值 a_h 及其不确定度 K。

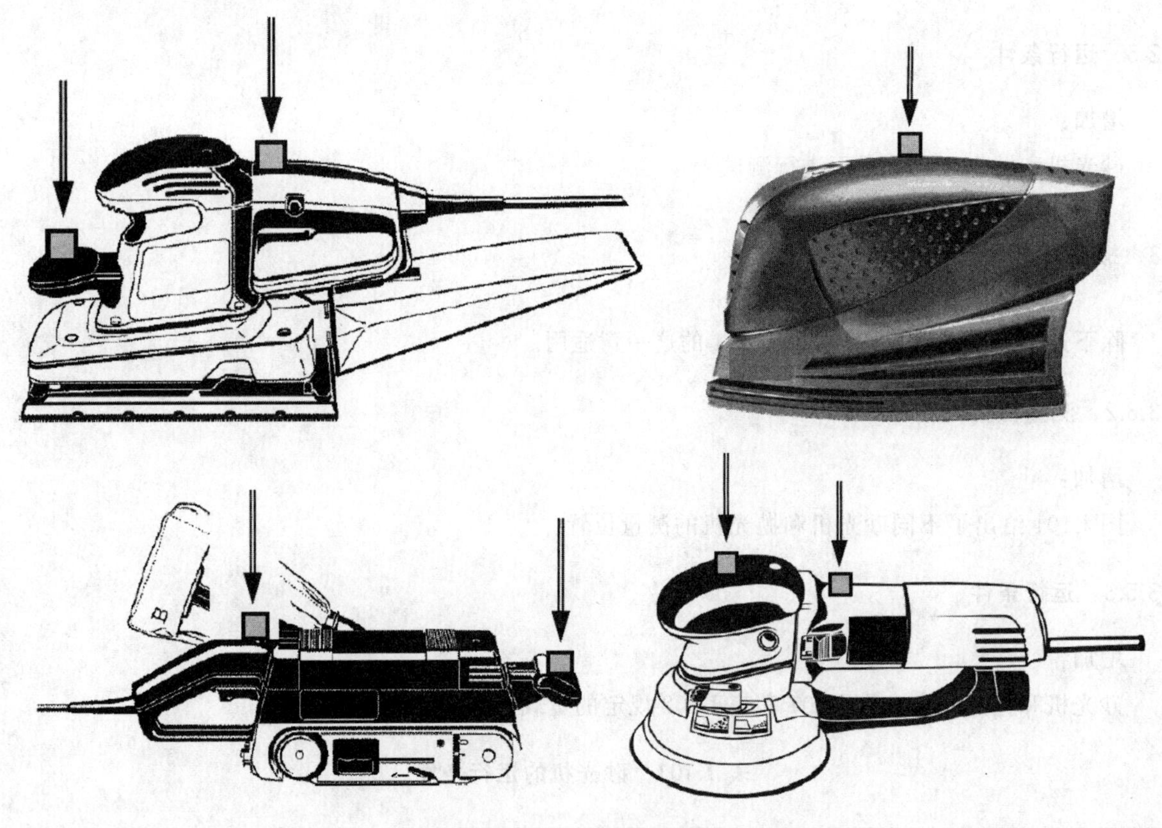

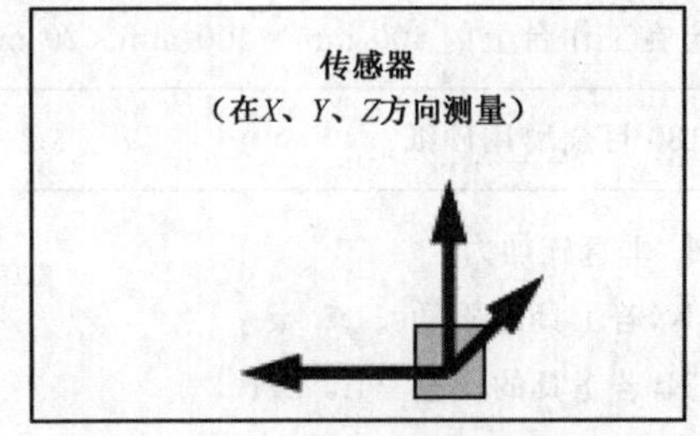

图 I.101 砂光机和抛光机的传感器位置

附　录　K
（规范性附录）
电池式工具和电池包

K.1　增加：

除本附录规定的条款外，本部分的所有章适用。

K.8.14.1.101　本部分的该条不适用。

K.17.2　本部分的该条不适用。

K.20.5　本部分的该条不适用。

K.21.30　本部分的该条不适用。

参 考 文 献

除下述内容外，GB/T 3883.1—2014 的参考文献适用。

增加：

IEC 62841-2-3 Electric motor-operated hand-held tools, transportable tools and garden machinery—Safety—Part 2-3: Particular requirements for hand-held grinders, polishers and disc-type sanders[1)]

1） 尚在考虑中。

ICS 25.140.20
K 64

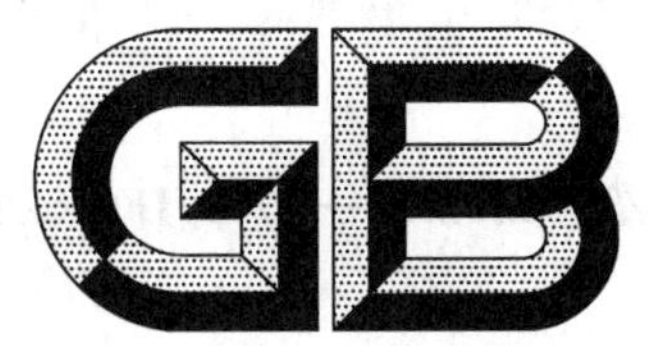

中华人民共和国国家标准

GB/T 3883.205—2019/IEC 62841-2-5:2014
代替 GB/T 3883.5—2007

手持式、可移式电动工具和园林工具的安全 第 205 部分:手持式圆锯的专用要求

Safety of motor-operated hand-held, transportable and garden tools—Part 205: Particular requirements for hand-held circular saws

(IEC 62841-2-5:2014, Electric motor-operated hand-held tools, transportable tools and lawn and garden machinery—Safety—Part 2-5: Particular requirements for hand-held circular saws, IDT)

2019-10-18 发布 2020-05-01 实施

国家市场监督管理总局
中国国家标准化管理委员会 发布

前　言

《手持式、可移式电动工具和园林工具的安全》的第2部分手持式电动工具，目前由以下5部分组成：

——GB/T 3883.201—2017　手持式、可移式电动工具和园林工具的安全　第2部分：电钻和冲击电钻的专用要求；

——GB/T 3883.202—2019　手持式、可移式电动工具和园林工具的安全　第202部分：手持式螺丝刀和冲击扳手的专用要求；

——GB/T 3883.204—2019　手持式、可移式电动工具和园林工具的安全　第204部分：手持式非盘式砂光机和抛光机的专用要求；

——GB/T 3883.205—2019　手持式、可移式电动工具和园林工具的安全　第205部分：手持式圆锯的专用要求；

——GB/T 3883.210—2019　手持式、可移式电动工具和园林工具的安全　第210部分：手持式电刨的专用要求。

本部分为GB/T 3883的第205部分。

本部分按照GB/T 1.1—2009给出的规则起草。

本部分代替GB/T 3883.5—2007《手持式电动工具的安全　第二部分：圆锯的专用要求》，与GB/T 3883.5—2007相比，主要技术变化如下：

——术语“导向板”修改为“底板”，增加术语“倾斜角”“D”“防护装置”“最大锯割深度”(见第3章，2007年版的第3章)；

——试验一般条件中增加圆锯质量的说明(见第5章)；

——耐久性中原BB.20.102移到17.101，由原来仅针对不带分料刀的圆锯修改为针对所有圆锯，并进行相关修改；原BB.20.101移到17.102，由原来仅针对不带分料刀的圆锯修改为针对所有圆锯，并进行相关修改(见第17章，2007年版的附录BB)；

——不正常操作修改第1部分的表4(见第18章，2007年版的第18章)；

——机械危险中原19.1移到19.1.101；19.3改为不适用并增加注；19.101～19.106均进行相关修改(见第19章，2007年版的第19章)；

——机械强度修改原20.1，增加20.3的替换(见第20章，2007年版的第20章)；

——结构增加21.18.1.1；原21.18移到21.18.1.2，并进行相关修改；增加21.101(见第21章，2007年版的第21章)；

——增加资料性附录I“噪声和振动的测量”(见附录I)；

——增加BB.20.101(见附录BB)。

本部分使用翻译法等同采用IEC 62841-2-5:2014《电动机驱动的手持式、可移式电动工具和园林机器　安全　第2-5部分：手持式圆锯的专用要求》。

本部分做了下列编辑性修改：

——将标准名称修改为“手持式、可移式电动工具和园林工具的安全　第205部分：手持式圆锯的专用要求”。

本部分应与GB/T 3883.1—2014《手持式、可移式电动工具和园林工具的安全　第1部分：通用要求》一起使用。

本部分写明“适用”的部分，表示GB/T 3883.1—2014中相应条款适用；本部分写明“替换”的部分，则应以本部分中的条款为准；本部分中写明“修改”的部分，表示 GB/T 3883.1—2014 相应条款的相关内容应以本部分修改后的内容为准，而该条款中其他内容仍适用；本部分写明“增加”的部分，表示除了符合 GB/T 3883.1—2014 的相应条款外，还应符合本部分所增加的条款。

本部分由中国电器工业协会提出。

本部分由全国电动工具标准化技术委员会(SAC/TC 68)归口。

本部分起草单位：南京德朔实业有限公司、上海电动工具研究所(集团)有限公司、宝时得科技(中国)有限公司、浙江亚特电器有限公司、正阳科技股份有限公司、江苏苏美达五金工具有限公司、浙江信源电器制造有限公司、锐奇控股股份有限公司。

本部分主要起草人：陈勤、潘顺芳、丁玉才、丁俊峰、徐飞好、林有余、陈华政、朱贤波、曹振华、刘培元。

本部分所代替标准的历次版本发布情况为：

——GB 3883.5—1985、GB 3883.5—1991、GB 3883.5—1998、GB/T 3883.5—2007。

引　言

2014 年，我国发布国家标准 GB/T 3883.1—2014《手持式、可移式电动工具和园林工具的安全　第 1 部分：通用要求》，将原 GB/T 3883(手持式电动工具部分)、GB/T 13960(可移式电动工具部分)和 GB/T 4706(仅园林电动工具部分)三大系列电动工具的通用安全标准的共性技术要求进行了整合。

与 GB/T 3883.1—2014 配套使用的特定类型的小类产品专用要求共 3 个部分，分别为第 2 部分(手持式电动工具部分)、第 3 部分(可移式电动工具部分)、第 4 部分(园林电动工具部分)，均转化对应的国际标准 IEC 62841 系列的专用要求。

标准名称的主体要素扩大为“手持式、可移式电动工具和园林工具的安全”，沿用原手持式电动工具部分的标准编号 GB/T 3883。每一部分小类产品的标准分部分编号由 3 位数字构成，其中第 1 位数字表示对应的部分，第 2 位和第 3 位数字表示不同的小类产品。

新版 GB/T 3883 系列标准将形成一个比较科学、完整、通用、统一的电动工具产品的安全系列标准体系，使得标准的实施更加切实可行，使用方便。

目前，新版 GB/T 3883 系列标准“手持式电动工具部分”已发布的标准如下：

——GB/T 3883.201—2017　手持式、可移式电动工具和园林工具的安全　第 2 部分：电钻和冲击电钻的专用要求(代替 GB/T 3883.6—2012)；

——GB/T 3883.202—2019　手持式、可移式电动工具和园林工具的安全　第 202 部分：手持式螺丝刀和冲击扳手的专用要求(代替 GB/T 3883.2—2012)；

——GB/T 3883.204—2019　手持式、可移式电动工具和园林工具的安全　第 204 部分：手持式非盘式砂光机和抛光机的专用要求(代替 GB/T 3883.4—2012)；

——GB/T 3883.205—2019　手持式、可移式电动工具和园林工具的安全　第 205 部分：手持式圆锯的专用要求(代替 GB/T 3883.5—2007)；

——GB/T 3883.210—2019　手持式、可移式电动工具和园林工具的安全　第 210 部分：手持式电刨的专用要求(代替 GB/T 3883.10—2007)。

后续还将对以下标准进行修订：

——GB/T 3883.3—2007　手持式电动工具的安全　第二部分：砂轮机、抛光机和盘式砂光机的专用要求；

——GB/T 3883.7—2012　手持式电动工具的安全　第 2 部分：锤类工具的专用要求；

——GB/T 3883.8—2012　手持式电动工具的安全　第 2 部分：电剪刀和电冲剪的专用要求；

——GB/T 3883.9—2012　手持式电动工具的安全　第 2 部分：攻丝机的专用要求；

——GB/T 3883.11—2012　手持式电动工具的安全　第 2 部分：往复锯(曲线锯、刀锯)的专用要求；

——GB/T 3883.12—2012　手持式电动工具的安全　第 2 部分：混凝土振动器的专用要求；

——GB/T 3883.13—1992　手持式电动工具的安全　第二部分：不易燃液体电喷枪的专用要求；

——GB/T 3883.16—2008　手持式电动工具的安全　第二部分：钉钉机的专用要求；

——GB/T 3883.17—2005　手持式电动工具的安全　第 2 部分：木铣和修边机的专用要求；

——GB/T 3883.18—2009　手持式电动工具的安全　第二部分：石材切割机的专用要求；

——GB/T 3883.19—2012　手持式电动工具的安全　第 2 部分：管道疏通机的专用要求；

——GB/T 3883.20—2012　手持式电动工具的安全　第 2 部分：捆扎机的专用要求；

——GB/T 3883.21—2012　手持式电动工具的安全　第 2 部分：带锯的专用要求；

——GB/T 3883.22—2008　手持式电动工具的安全　第二部分：开槽机的专用要求。

手持式、可移式电动工具和园林工具的安全 第205部分:手持式圆锯的专用要求

1 范围

除下述条款外,GB/T 3883.1—2014 的这一章适用。

增加:

本部分适用于手持式圆锯,在下文中简称为圆锯。

本部分不适用于使用砂轮的锯。

注:按照切割机设计但使用砂轮的锯的要求由 IEC 62841-2-22 覆盖。

2 规范性引用文件

GB/T 3883.1—2014 的这一章适用。

3 术语和定义

除下述条款外,GB/T 3883.1—2014 的这一章适用。

增加:

3.101

底板 base plate

将圆锯支承在待锯割材料上的部件(见图 113)。

3.102

倾斜角 bevel angle

锯片平面与底板平面的夹角,锯片平面垂直于底板的位置作为 0°倾斜位置。

3.103

圆锯 circular saw

用旋转锯齿刀片锯割各种材料的工具。

3.104

锯割边缘区域 cutting edge zone

锯片半径靠近边缘的 20%部分。

3.105

D

规定的最大锯片直径。

3.106

防护装置 guarding system

根据圆锯的类型,包括下述部分或全部部件的组合:上护罩、下护罩、底板和实现这些部件功能的机构。

3.107

回弹　kickback

当锯片受挤压、被卡住或锯片偏离时的突然反作用现象，它会使圆锯失控地抬起并脱离工件。

3.108

下护罩　lower guard

在闭合位置或停歇位置，通常位于底板下方的活动的锯片罩盖装置。

3.109

最大锯割深度　maximum depth of cut

锯片设置成0°倾斜位置、规定的最大直径锯片最大程度突出底板平面时，工件能被锯穿的最大厚度。

3.110

插入式圆锯　plunge type saw

只有一个上护罩，当工具不使用时锯片缩回该护罩内的圆锯(见图104)。

3.111

分料刀　riving knife

置于锯片平面内的一个金属零件，防止工件上的切口夹住锯片后部。

3.112

带摆动式外护罩的圆锯　saw with outer pendulum guard

下护罩围在上护罩外作摆动的圆锯(见图101)。

3.113

带摆动式内护罩的圆锯　saw with inner pendulum guard

下护罩围在上护罩内作摆动的圆锯(见图102)。

3.114

带拖拉式护罩的圆锯　saw with tow guard

下护罩沿着其上护罩滑动的圆锯(见图103)。

3.115

上护罩　upper guard

位于底板上方的固定式和/或活动式锯片罩盖。

4　一般要求

GB/T 3883.1—2014 的这一章适用。

5　试验一般条件

除下述条款外，GB/T 3883.1—2014 的这一章适用。

5.17　增加：

如有集尘转接器和辅助手柄，工具的质量应将其包括在内。

6　辐射、毒性和类似危险

GB/T 3883.1—2014 的这一章适用。

7 分类

GB/T 3883.1—2014 的这一章适用。

8 标志和说明书

除下述条款外，GB/T 3883.1—2014 的这一章适用。

8.1 增加：

圆锯应标有：

——输出轴的额定空载转速。

8.3 增加：

——规定的锯片直径或锯片直径范围。

输出轴的旋转方向标志，应以凸起或凹陷的箭头或以其他同等清晰且耐久的方法标注在工具上。

8.14.1.101 圆锯增加的安全说明

8.14.1.101.1 通用说明

应给出 8.14.1.101.2～8.14.1.101.6 的补充安全说明，如用中文书写，应按规定顺序逐字写出，如用其他语言书写，应与中文的含义相同。该部分的内容可以与“电动工具通用安全警告”分开印刷。

所有注释均无需印刷，它们是给说明书设计者用的信息。

8.14.1.101.2 所有圆锯的安全说明

锯割步骤：

a) **⚠危险：让手始终远离锯割区域和锯片。另一只手始终握住辅助手柄或电动机机壳。**如果双手都握住圆锯，就不会切到手。

注：对最大锯片直径小于或等于 140 mm 的圆锯，“另一只手始终握住辅助手柄或电动机机壳”不适用。

b) **不得接触工件的下面。**护罩不能防止工件下方锯片的危险。

c) **将锯割深度调至工件的厚度。**能看到在工件下方露出的锯齿应不到一个齿高。

d) **不得手持工件或将工件架在腿上进行锯割，应将工件固定在一个稳定的平台上。**适当支撑工件对减少人身伤害、锯片卡住或操作失控是至关重要的。

e) **当在锯割附件可能触及暗线或其自身导线的场合进行操作时，要通过绝缘握持面握持工具。**锯割附件碰到带电导线会使工具外露的金属零件带电而使操作者受到电击。

f) **当锯割时，始终使用劈锯靠栅和直边导向器。**这样会改善锯割精度并减小锯片卡住的几率。

g) **始终使用具有正确轴孔尺寸和形状(方形或圆形)的锯片。**如果锯片与圆锯夹装部件不符将引起偏心运转而导致失控。

h) **不得使用损坏的或尺寸不符的垫圈或螺栓。**为达到最佳操作性能并确保安全操作，锯片垫圈及螺栓是为所使用的圆锯专门设计的。

8.14.1.101.3 所有圆锯的进一步安全说明

回弹的原因和相关警告：

——回弹是当锯片受挤压、被卡住或偏离中心时受到的突然反作用，使圆锯不受控制地抬起并脱离工件冲向操作者。

——当锯片受挤压或被收拢的切口紧紧卡住时，锯片堵转且电动机反作用力驱使整机向操作者快速弹回。

——如果锯片发生扭曲或偏离锯割面，锯片后边缘上的锯齿会挖入木材上表面从而使锯片爬出切口并向操作者回弹。

回弹是误用圆锯和/或不正确操作步骤或条件导致的结果，采取以下适当预防措施能避免回弹：

a) **双手紧握圆锯的把手，双臂放置得能抵住回弹力。身体处于圆锯的任意一侧，不要对准锯片。** 回弹会导致圆锯向后弹起，但如果采取适当的防备措施，操作者可以控制住回弹力。

注：对于最大锯片直径小于或等于 140 mm 的圆锯，“双手”一词不适用。

b) **当锯片卡住，或因任何原因导致锯割中断时，释放开关扳机并保持圆锯在材料中不移动，直到锯片完全停止。不得在锯片处于运转或可能发生回弹的情况下尝试将圆锯从工件中移出或向后拉动圆锯。** 调查并采取纠正措施以消除锯片卡住的原因。

c) **当在工件中重新起动圆锯时，将锯片对准切口而不使锯齿插入材料中。** 如果锯片卡住了，工具重新起动时，锯片会爬出工件或从工件上回弹。

d) **支撑大型板料以减少锯片受挤压和回弹的风险。** 大型板料会因自重而下垂，支撑物必须放置在板料下面的两侧，靠近锯割线和板料边缘。

e) **不得使用不锋利的或安装不当的锯片。** 没有开锋的或安装不当的锯片会形成窄小的切口，从而导致过度摩擦、锯片卡住和回弹。

f) **锯割之前，必须旋紧和紧固锯割深度和倾斜角调节锁定钮。** 如果锯割时锯片调节器发生移动，可能会引起锯片卡住和回弹。

g) **当对现存墙体或其他盲区进行锯割时要格外小心。** 伸出的锯片可能锯割到会引起回弹的物体。

8.14.1.101.4 如图 101、图 102 和图 103 所示的带摆动式护罩的圆锯和带拖拉式护罩的圆锯的安全说明

下护罩功能：

a) **每次使用前，检查下护罩闭合是否自如。如果下护罩不能自如活动并迅速闭合，则不得操作圆锯。不得将下护罩夹住或系绑在开启位置。** 如果圆锯意外跌落，下护罩可能会弯曲变形，用回缩手柄抬起下护罩，确信在任何锯割角度和深度下护罩活动自如，且不会触及锯片或任何其他零件。

注 1：可以用其他词语替代“回缩手柄”。

b) **检查下护罩弹簧的工作情况，如果护罩及弹簧不能正常工作，必须在使用前对其进行维修。** 下护罩可能因零件损害、胶质沉积或废屑堆积而运动迟缓。

c) **仅当特殊锯割，例如“插入式锯割”和“组合式锯割”，才可用手动方式抬起下护罩。用回缩手柄抬起下护罩，一旦锯片进入到锯割材料就必须立即释放下护罩。** 对所有其他锯割作业，下护罩应自动工作。

注 2：可以用其他词语替代“回缩手柄”。

d) **在把圆锯放置在工作台或地上之前，应始终察看下护罩是否遮住锯片。** 没有防护的、惯性运转的锯片会引起圆锯后退，锯割到其行程上的任何物体。要考虑到开关释放后锯片停下来的时间。

8.14.1.101.5 图 104 所示插入式圆锯的安全说明

护罩功能：

a) **每次使用前，检查护罩闭合是否自如。如果护罩不能运动自如并迅速闭合，则不得操作圆锯。不得将下护罩夹住或系绑在开启位置。** 如果圆锯意外跌落，护罩可能会弯曲变形。应检查确认在任何锯割角度和深度，护罩活动自如且不会触及锯片或任何其他零件。

b) **检查护罩回复弹簧的工作情况，如果护罩及弹簧不能正常工作，必须在使用前对其进行维修。** 护罩可能因零件损害、胶质沉积或废屑堆积而运动迟缓。

c) **在进行“插入式锯割”时，应保证圆锯底板不会移动。** 锯片侧移会导致卡住并可能发生回弹。

d) **在把圆锯放置在工作台或地上之前，应始终察看护罩是否遮住锯片。** 没有防护的、惯性运转的锯片引起圆锯后退，锯割到其行程上的任何物体。要考虑到开关释放后锯片停下来的时间。

8.14.1.101.6 带分料刀的各种圆锯的附加安全说明

分料刀功能：

a) **使用与所用分料刀相匹配的锯片。**为让分料刀起作用，锯片本体必须比分料刀薄，锯片锯割宽度应大于分料刀的厚度。

b) **按使用说明书所述调节分料刀。**不正确的间隔、定位和对准会导致分料刀不能有效地防止回弹。

c) **除进行"插入式锯割"以外，都要使用分料刀。**必须在插入式锯割之后重新装上分料刀。插入锯割作业期间，分料刀会对锯割造成干扰并产生回弹。

注：本条警告不适用于带弹簧加载分料刀的插入式圆锯。

d) **为使分料刀工作，必须将它插入工件。**在进行短材料锯割时，分料刀对防止回弹不起作用。

e) **当分料刀弯曲变形时不得操作圆锯。**即使一个轻微干涉也会减慢护罩闭合速度。

8.14.2 **a)** 增加：

101) 不准许使用任何砂轮的说明。

102) 带分料刀的圆锯应包含下述内容：

——确保分料刀被调节到与锯片齿缘之间的距离不大于 5 mm，且锯片齿缘超出分料刀底端不大于 5 mm 的说明。

——允许的锯片主体厚度范围和齿宽信息。

103) 仅使用与标志一致的锯片直径的说明。

104) 针对被锯割材料使用合适锯片的说明。

105) 仅使用标志的转速等于或高于工具上所标转速的锯片的说明。

8.14.2 **b)** 增加：

101) 最大锯割深度的信息。

102) 锯片更换步骤的说明。

103) 如何检查所有锯片护罩操作功能的说明。

104) 可被锯割材料的信息。避免齿尖过热的说明，以及如果允许锯割塑料，避免熔化塑料的说明。

105) 正确使用尘屑收集装置的说明。

106) 佩带防尘罩的说明。

8.14.2 **c)** 增加：

101) 如何适当地清洁工具和防护装置的说明。

9 防止触及带电零件的保护

GB/T 3883.1—2014 的这一章适用。

10 起动

GB/T 3883.1—2014 的这一章适用。

11 输入功率和电流

GB/T 3883.1—2014 的这一章适用。

12 发热

GB/T 3883.1—2014 的这一章适用。

13 耐热性和阻燃性

GB/T 3883.1—2014 的这一章适用。

14 防潮性

GB/T 3883.1—2014 的这一章适用。

15 防锈

GB/T 3883.1—2014 的这一章适用。

16 变压器及其相关电路的过载保护

GB/T 3883.1—2014 的这一章适用。

17 耐久性

除下述条款外,GB/T 3883.1—2014 的这一章适用。

17.101 防护装置-寿命

17.101.1 为满足持续使用且有足够的耐久性,防护装置应具有 50 000 次工作循环的寿命。

通过在一台新圆锯样机上进行下述试验来检验。

圆锯被设置成 0°倾斜角,底板在水平位置,拆除锯片。下护罩或如图 104 所示的防护装置从完全闭合位置打开到最大开启的工作位置,然后释放。以每分钟不小于 10 次循环的速率重复进行这个操作程序。

被测试样机可以放置成非水平位置,只要该位置同等或更严酷。

完成上述规定的循环操作后,圆锯应仍能满足 17.101.2 和 17.101.3 的试验要求。

17.101.2 在最大锯割深度、0°倾斜角时进行下述试验和测量。圆锯被夹持或用底板固定在水平位置,上护罩位于上方。

图 101、图 102 和图 103 所示的下护罩或图 104 所示的防护装置,不做任何恢复或清洁,被完全打开然后让其闭合。从完全开启到完全闭合位置的时间应不大于 0.3 s。

17.101.3 在最大锯割深度、0°倾斜角时进行下述试验和测量,圆锯位置按下述要求设置:

a) 圆锯底板保持在水平位置,上护罩位于上方。

b) 圆锯底板保持在垂直位置,圆锯前端朝上。

带图 101 和图 102 所示下护罩的圆锯,完全打开下护罩然后允许其闭合。不做任何变动的情况下,在上述两种条件下,下护罩的最终位置应当与下护罩阻挡器接触,并且不会因底板移动到最小锯割深度而改变,且护罩应符合 19.102.3 的要求。

带图 103 所示下护罩或带图 104 所示防护装置的圆锯，下护罩或防护装置被完全打开、释放后，应锁定在遮住锯片的位置。

17.102 防护装置-耐受性

17.102.1 防护装置应能经受环境和可预见的尘屑堆积。

通过 17.102.2 和 17.102.3 的试验来检验。

试验中，只要气流不影响工具内尘屑的分布，允许试验场所通风。

17.102.2 对于锯割 8.14.2 b)104)说明的木质材料的圆锯，用一台新样机按下述规定顺序锯割每种材料各 1 000 次：

a) 横向锯割软木；

b) 横向锯割至少有 5 层的夹板；

c) 锯割密度为 650 kg/m^3～850 kg/m^3 的标准中密度板(MDF)。

材料被锯割前在室内保存 72 h。被锯割材料的厚度和长度可以不同，但材料厚度应不小于 10 mm，且每次锯割的横截面面积至少为 $30 \times D$ mm^2，D 的单位是 mm。

锯割时，圆锯被设置在 0°倾斜角和最大锯割深度，使用硬质合金头通用组合锯片。不可使用外部吸尘系统。可按照 8.14.2 b) 105)保留不可拆卸的集尘系统。

注：在这些试验中使用个人防护设备可以保护操作者。

每次锯割时，下护罩或防护装置不借助于手动应从完全闭合位置打开到最大开启工作位置。对于带弹簧加载分料刀的插入式圆锯，分料刀应从完全伸出位置收到完全缩回位置。

试验期间，如果下护罩、防护装置或分料刀不能回到正常位置，则认为试验失败。

按上述要求完成所有锯割后，圆锯在空气相对湿度为(93±3)%的环境下放置 24 h，温度保持在 20 ℃～30 ℃间任意温度的 2 K 范围内。

之后，圆锯应符合 17.101.2 和 17.101.3 的试验要求。

17.102.3 对于锯割 8.14.2 b)104)中说明的材料，如塑料、黑色金属或砖石的圆锯，对应每种规定材料使用一台新样机，承受下述要求的试验：

——塑料：锯割 PVC 板 1 000 次。锯割材料的厚度和长度可以不同，每次锯割的材料横截面面积至少为 $0.012D^2$ mm^2，D 的单位是 mm。

注 1：上述公式模拟了直径约等于 2/3 的圆锯最大锯割深度的典型 PVC 管的横截面积。锯割这种管材是圆锯锯割塑料材料的主要应用。

——黑色金属：锯割低碳钢 200 次。锯割材料的厚度和长度可以不同，每次锯割的材料横截面面积应至少为 $0.13D^{1.46}$ mm^2，D 的单位是 mm。

注 2：上述公式模拟了直径约等于 1/2 的圆锯最大锯割深度的典型金属管的横截面积。锯割这种管材是圆锯锯割金属材料的主要应用。

——砖石：锯割砖石纤维板(纤维水泥板)500 次。锯割材料的厚度和长度可以不同，材料厚度应不小于 10 mm，且每次锯割的材料横截面面积至少为 $30 \times D$ mm^2，D 的单位是 mm。

锯割时，圆锯被设置在 0°倾斜角。锯割深度、锯片和锯割速度应符合相关材料的要求。不可使用外部吸尘系统。可按照 8.14.2 b) 105)保留不可拆卸的集尘系统。

注 3：在这些试验中使用个人防护设备可以保护操作者。

每次锯割时，下护罩或防护装置不借助于手动应从完全闭合位置打开到最大开启工作位置。对于带弹簧加载分料刀的插入式圆锯，分料刀应从完全伸出位置收到完全缩回位置。

试验期间，如果下护罩、防护装置或分料刀不能回到正常位置，则认为试验失败。

按上述要求完成所有锯割后，圆锯在空气相对湿度为(93±3)%的环境下放置 24 h，温度保持在 20 ℃～30 ℃间任意温度的 2 K 范围内。

之后,圆锯应符合 17.101.2 和 17.101.3 的试验要求。

18 不正常操作

除下述条款外,GB/T 3883.1—2014 的这一章适用。

18.8 表 4 替换为:

表 4 要求的性能等级

关键安全功能(SCF)的类型和作用	最低允许的性能等级(PL)
电源开关—防止不期望的接通	用 18.6.1 的故障条件评估,SCF 不应缺失
电源开关—提供期望的断开	用 18.6.1 的故障条件评估,SCF 不应缺失
提供期望的旋转方向	c
任何为通过 18.3 测试的电子控制器	a
防止输出转速超过额定(空载)转速的 130%的过速保护	c
防止超过第 18 章中的热极限	a
23.3 要求的防止自复位	c
21.18.1.2 要求的断开锁定功能	c

19 机械危险

除下述条款外,GB/T 3883.1—2014 的这一章适用。

19.1 第一段替换为:

除旋转锯片之外的运动部件和危险部件应安置或包封得能提供防止人身伤害的适当保护。旋转锯片的防护应满足 19.1.101 的要求。

19.1.101 圆锯应被防护得将意外接触到旋转锯片的风险降到最低,不借助工具应不能将防护装置拆除。

4 种常用圆锯防护装置,如图 101、图 102、图 103 和图 104 所示。防护装置可设计成锯片位于圆锯右侧或左侧。这些防护装置应符合 19.101 和 19.102 的要求。每种类型的防护装置都可设计成带有或不带分料刀(如图 101、图 102、图 103 和图 104 中序号 6 所示)。

——如果防护装置设计成带分料刀,则应满足附录 AA 的附加要求。

——如果防护装置设计成不带分料刀,则应满足附录 BB 的附加要求。

通过观察来检验。

19.3 本条不适用。

注:通过集尘孔触及危险运动部件的要求由 19.101.2.1 规定。

19.101 底板上方的防护

19.101.1 对于防护装置如图 101、图 102 和图 103 所示的圆锯,上护罩应满足 19.101.2 的要求。

19.101.2 上述圆锯的上护罩应满足 19.101.2.1～19.101.2.5 的要求。

19.101.2.1 除非 19.101.2.2～19.101.2.5 中另有规定,底板上方防护装置的开口应设计成:防止触及 8.3 要求的任何规定直径锯片的锯割边缘区域。

用图 105 所示试验探针“a”,以任何角度和可能的深度探触,试验时圆锯设置在 0°倾斜角和最大锯割深度。

19.101.2.2 在上护罩的电机侧,在锯片前部靠近锯割边缘区域处可提供一个观察锯割线用的开口。该观察孔应满足如图 106 表示的 19.101.2.1 要求,或者应受接近距离和高度限制(见图 108)。

- 接近距离限制

  8.3 要求的任何规定直径锯片的锯割边缘区域到下述握持区域的指定测量点之间的无障碍直线距离应不小于 120 mm:

  ——辅助手柄,如果有;

  ——如果未提供辅助手柄:

  - 电机壳体,如果电机壳体被设计作为握持区域;
  - 开关扳机握持表面,如果电机壳体没有被设计作为握持区域。

  通过下述测量来检验,测量时,底板设置到最大锯割深度和 0°倾斜角。

  a) 按照下述步骤,确定位于辅助手柄或电机壳体上的测量点(如图 107 所示)。

  在辅助手柄或电机壳体定义的握持表面上建立距离锯片的最近点(A)和最远点(B)。对电机壳体而言,假定到锯片的最近点(A)位于离锯片最远处的主手柄平面内。取(A)点到(B)点的等分点,但距(A)点不得超过 45 mm,画出平行于锯片平面、与辅助手柄或电机壳体的适和表面的垂直相交线。

  在辅助手柄或电机壳体定义的握持面上建立距离底板的最近点(C)和最远点(E),取(C)点到(E)点的等分点,画出平行于底板平面、与辅助手柄或电机壳体的适和表面的水平相交线。

  在适合表面上画出的垂直线与水平线的交点即为定义的测量点。

  然后测量该定义点到锯割边缘区域的距离。

  b) 对于开关握持区域:

  开关设置为“关”位置,测量锯割边缘区域到开关扳机握持表面的几何中心的距离。

- 高度限制

  从底板的底面(向上)测量的观察孔的高度(H),如图 108 a)所示,被限制到从普通操作者头部对准锯片锯割点而发出的视线与上护罩外表面的交点。

  最大允许高度 H,以 mm 为单位,由式(1)得到:

$$H=\frac{848U}{205+S} \qquad \cdots\cdots\cdots\cdots(1)$$

  式中:

  U ——从直径为 D 的锯片的锯割边缘区域到上护罩观察孔顶端处的外表面,垂直于锯片平面量得的最大距离,单位为毫米(mm)[见图 108 b)];

  S ——从锯片平面到与之平行的开关手柄中心面的距离,单位为毫米(mm)[见图 108 c)]。

  通过测量来检验,测量时底板设置为最大锯割深度和 0°倾斜角。

19.101.2.3 除 19.101.2.4 的规定之外,上护罩在锯片上的垂直投影至少应覆盖规定的最小锯片直径的锯割边缘区域。上护罩与 8.3 要求的锯片的间隙应设计成:应不能触及规定锯片的锯齿尖。

用图 105 所示试验探针“a”来检验,如图 106 所示,探针以任何角度和可能达到的深度插入。试验时,圆锯安装厚度为 2 mm 且符合 8.3 规定的最小直径钢盘,且设置在 0°倾斜角和最大锯割深度。试验探针应不能触及钢盘圆周。

19.101.2.4 对于有可倾斜底板的圆锯,沿任何垂直于底板的直线,在下述两者之间的距离“x”:

——平行于底板底面且接触最靠近锯片的底板上边缘的任意平面;

和

——电机另一侧靠近锯片前部锯割边缘区域的上护罩侧面下沿(如图 109 所示)应不超过:

a） 38 mm:最大锯片直径小于 265 mm 的圆锯；

b） 45 mm:最大锯片直径大于或等于 265 mm 的圆锯；

c） 55 mm:最大锯片直径大于或等于 265 mm 的圆锯，且下护罩没有打开手柄，且仅用于操作下护罩的装置远远地位于上护罩的电机一侧。

通过沿垂直于底板平面直线测量距离“x”来检验，如图 109 所示。

绕锯片前端摆动底板来调整锯割深度的圆锯，测量时将底板设置为 0°倾斜角和最大锯割深度。

绕锯片后端摆动底板来调整锯割深度的圆锯，或在最大锯割深度和最小锯割深度时底板互相平行的圆锯，将底板设置为 0°倾斜角，在任何锯割深度时进行测量。

19.101.2.5 应不能从圆锯前方触及底板上方的锯片锯割边缘区域。

用图 110 所示的刚性试验探棒“b”试验，探棒应不能触及直径为 D 的锯片圆周。试验时，圆锯设置成 0°倾斜角和任何锯割深度，探棒“b”由锯片平面平分，然后在任一垂直于锯片且平行于底板的平面内推进，如图 111 所示。探棒先向右偏离锯片中心 13 mm，然后向左偏离锯片中心 13 mm，重复试验。

19.101.3 带有图 104 所示防护装置的圆锯应装有一个在圆锯不被使用时，任何 8.3 所规定直径的锯片都能够自动回缩的上护罩，且锯片缩进上护罩的时间应符合 19.102.4 的规定。当底板的运动不被工件阻挡时，上护罩应能自动将锯片锁定在闭合位置。

通过观察及测量来检验。测量时握持手柄，初始时底板水平并设置成最大锯割深度和 0°倾斜角，释放底板到锯片被遮盖位置。

然后圆锯放置在水平工件上，底板位于底端，向下按压手柄使圆锯达到最大锯割深度。松开手柄后，含锯片的机头应向上运动并自动锁定在闭合位置。

上护罩上用于通过锯片和分料刀(如有)的开口，应符合 19.101.2.1 的规定，如图 106 所示。

通过观察和应用图 105 所示的试验探针“a”来检验。

上护罩上允许电机进行插入运动的开口应尽可能小。

通过观察来检验。

19.102 底板下方的防护

19.102.1 图 101 和图 102 所示的防护装置，其下护罩应符合 19.102.1.1 的要求。

19.102.1.1 上述圆锯的下护罩应符合 19.102.1.2 和 19.102.1.3 的规定。

19.102.1.2 除 19.102.1.3 规定的锯片外露，以及为便于下护罩的开启，其前端边缘轮廓使锯片外露以外，下护罩在锯片上的垂直投影应至少覆盖到按 8.3 所规定的所有直径锯片的锯割边缘区域。

通过观察和测量来检验。

19.102.1.3 下护罩处于闭合位置、底板不倾斜并设置成最大锯割深度时，锯片圆周外露角度∠ACB，如图 112 规定，不应超过表 101 规定的值。当底板可以设置成 0°之外的倾斜角时，需增加∠ACB 的角度使下护罩不需要帮助就可以打开。

表 101 下护罩外露角度

底板外周边形状	∠ACB
没有在电机另一侧封住锯片，或是可拆卸的，或底板的尺寸 G(如图 113 所示)小于 0.10D	0°
在电机另一侧封住锯片且底板的尺寸 G(如图 113 所示)为 0.10D～0.15D	10°
在电机另一侧封住锯片且底板的尺寸 G(如图 113 所示)大于 0.15D	25°

通过观察及测量来检验。

19.102.2 对于带图 103 所示防护装置的圆锯，下护罩在闭合位置应能遮住符合 8.3 规定的所有直径锯片的锯割边缘区域，且当下护罩的运动不受工件阻挡时应能关闭并自动锁定在闭合位置。

用图 105 所示试验探针“a”来检验，如图 106 所示，探针以任何角度和可能达到的深度插入，应不能触及推荐锯片的锯割边缘区域。

19.102.3 对于如图 102 和图 103 所示装有分料刀的圆锯，其下护罩需要有通过锯片、分料刀及分料刀刀架的通道，则下护罩的开口应尽可能小。

用图 105 所示试验探针“a”来检验，如图 106 所示，探针以任何角度和可能达到的深度插入，应不能触及直径为 D 的锯片的锯割边缘区域，试验时，圆锯调节到最不利的锯割深度。

19.102.4 对锯片直径 D 小于 210 mm 的圆锯，下护罩的闭合时间应不大于 0.2 s。对锯片直径 D 大于或等于 210 mm 的圆锯，以秒为单位的下护罩的闭合时间，应小于以米为单位的锯片直径数值，但不大于 0.3 s。

通过测量来检验。圆锯设置成最大锯割深度和 0°倾斜角，底板成水平位置且下护罩在底部，下护罩完全打开然后闭合。

19.103 底板

19.103.1 底板应至少从前方、后面以及电机一侧围住锯片。锯片一侧的底板部分，就是底板的外侧部分，可以是固定的、可调节的、铰链联接的或可拆除的。底板应有下述尺寸，如图 113 规定：

$$F > 0.2D$$

$$G > 0$$

其中：

F ——在底板下方，图 105 所示试验探针“a”以垂直于底板的方向在锯片前方除外侧部分之外的所有位置触及底板边缘，直径 D 的锯片圆周到探针“a”的最近表面之间的最短距离。

G ——从锯片一侧底板的外侧边缘，到按 8.14.2 a)102) 制造商规定的最厚锯片的最近表面之间的最短距离：

——如果底板外侧部分是可调节的或铰链联接的，G 应为设计所允许的最短距离；

——如果底板外侧部分是可拆卸的，G 为锯片外侧面到锯片前端处底板固定部分的外侧边缘的最短距离。

通过在最大锯割深度和 0°倾斜角进行测量来检验。

19.103.2 底板尺寸和圆锯的重量分布应不会引起锯片卡住。

通过下述试验来检验。

将圆锯设置成最大锯割深度，如有分料刀，将其和锯片一并拆除，圆锯底板上任何外侧部分都调整到最不利位置，电源线位置应不影响测试结果。对如图 104 所示的插入式圆锯，将底板固定并保持在最大锯割深度。将圆锯的底板置于水平面上，如图 101、图 102 和图 103 所示的圆锯的下护罩被固定在打开位置。圆锯不应翻倒，且应仅靠底板支撑。试验分别在底板设置成 0°倾斜角和最大的倾斜角度状态下进行。

19.104 法兰盘

法兰盘夹紧面的重叠部分的外径应不小于 0.15D，且至少其中一个法兰盘应被锁紧在输出轴上或用键固定在输出轴上，两个法兰盘夹紧面的重叠部分 a 的宽度应至少为 1.5 mm，如图 114 规定。

通过观察和测量来检验。

19.105 手柄

最大锯片直径大于 140 mm 的圆锯至少应有两个手柄。

对于质量小于 6 kg 的圆锯，如果电机壳体形状合适，可被视作第二个手柄。

通过观察和测量来检验。

19.106 锯片更换

应采取措施，使操作者更换锯片时毫无困难且无需拆除护罩。

这样的设计示例有：主轴锁定装置、外法兰盘的锁定平面或根据 8.14.2 所规定的其他措施。

通过观察来检验。

20 机械强度

除下述条款外，GB/T 3883.1—2014 的这一章适用。

20.1 增加：

此外，在测试后，下护罩或防护装置应符合 17.101.2 和 17.101.3 的规定。

20.3 替换：

圆锯设置成 0°倾斜角，从 1 m 高处跌落到混凝土表面 3 次。试验时，在试样 3 个不同的最不利位置上进行，工具的最低点应高出混凝土表面 1 m。

带有如图 101、图 102 和图 103 所示防护装置的圆锯设置成最大锯割深度。避免试验期间下护罩或分料刀受到冲击。试验时可以拆除分料刀，并将下护罩固定在完全开启位置或拆除下护罩。

带有图 104 所示防护装置的圆锯，在完全遮住锯片的位置进行试验。避免底板受到冲击。

如果试验时分料刀和下护罩被拆除，在检查圆锯前，应被重新装回且不改变圆锯的状态。

注 1：在跌落前可以通过圆锯的定位来控制第 1 次冲击，而避免 2 次冲击到下护罩的方法可以是系绳。

注 2：下护罩的冲击试验按附录 BB 进行。

21 结构

除下述条款外，GB/T 3883.1—2014 的这一章适用。

21.18.1.1 增加：

圆锯是被认为在开关连续接通锁定操作时会导致危险的工具。

21.18.1.2 替换：

圆锯意外起动操作被认为会导致危险。如果有断开锁定装置，应将其和电源开关扳机放置、设计或防护得不可能发生意外动作。

开关操动件上执行从“断开”到“接通”行程的零件所具有的最大行程应不小于 6.4 mm；或在电动机被接通前，（电源开关）应有两个单独且不同的动作（例如，某一开关，在横向移动闭合触点以起动电动机之前，它不得不先被按下）。用一个单一握持动作或直线动作应不能完成这两个动作。

通过观察和手试来检验。

21.35 GB/T 3883.1—2014 的这一条适用。

21.101 如不使用任何配件或未经改装，圆锯应设计成不能将其翻转当作台锯使用。通过观察来检验。

22 内部布线

GB/T 3883.1—2014 的这一章适用。

23 组件

GB/T 3883.1—2014 的这一章适用。

24 电源联接和外接软线

GB/T 3883.1—2014 的这一章适用。

25 外接导线的接线端子

GB/T 3883.1—2014 的这一章适用。

26 接地装置

GB/T 3883.1—2014 的这一章适用。

27 螺钉与连接件

GB/T 3883.1—2014 的这一章适用。

28 爬电距离、电气间隙和绝缘穿通距离

GB/T 3883.1—2014 的这一章适用。

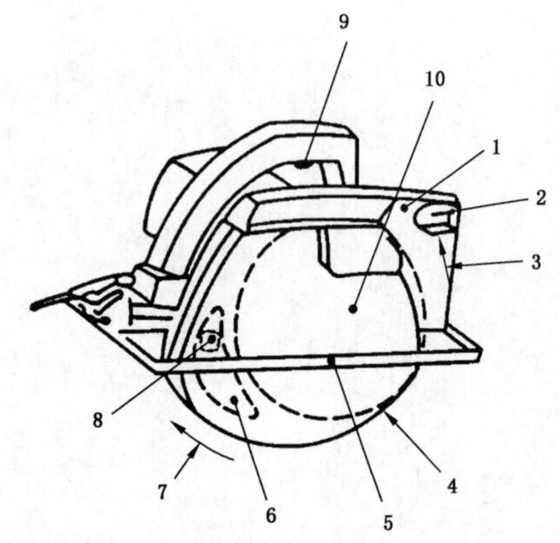

图 101　带摆动式外护罩的圆锯

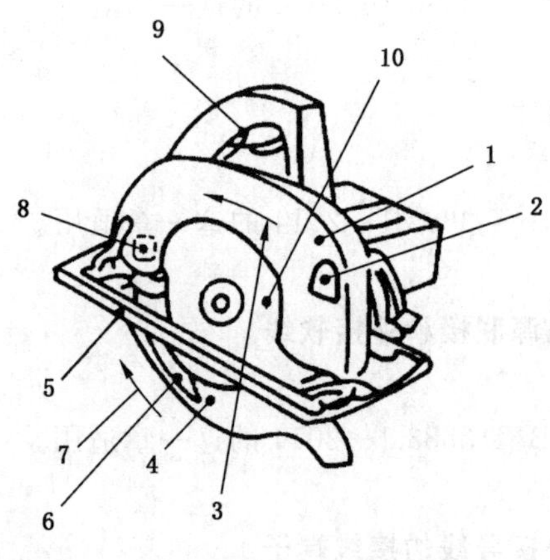

图 102　带摆动式内护罩的圆锯

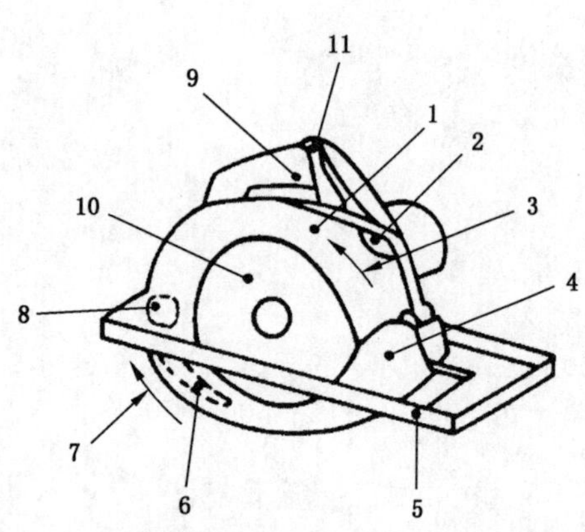

图 103　带拖拉式护罩的圆锯

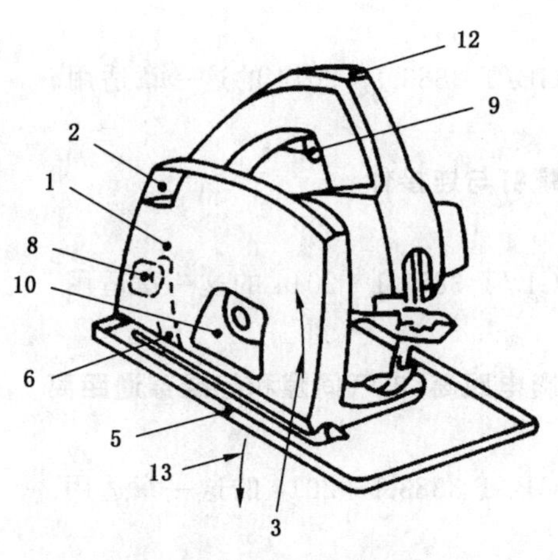

图 104　插入式圆锯

图 101～图 104 的说明：

1——上护罩；
2——出屑口；
3——锯片旋转方向标记；
4——下护罩；
5——底板；
6——分料刀；
7——下护罩开启方向；
8 ——分料刀刀架；
9 ——电源开关；
10——锯片；
11——拖拉式护罩锁定的回复钮；
12——插入式护罩锁定的回复钮；
13——插入运动的方向。

单位为毫米

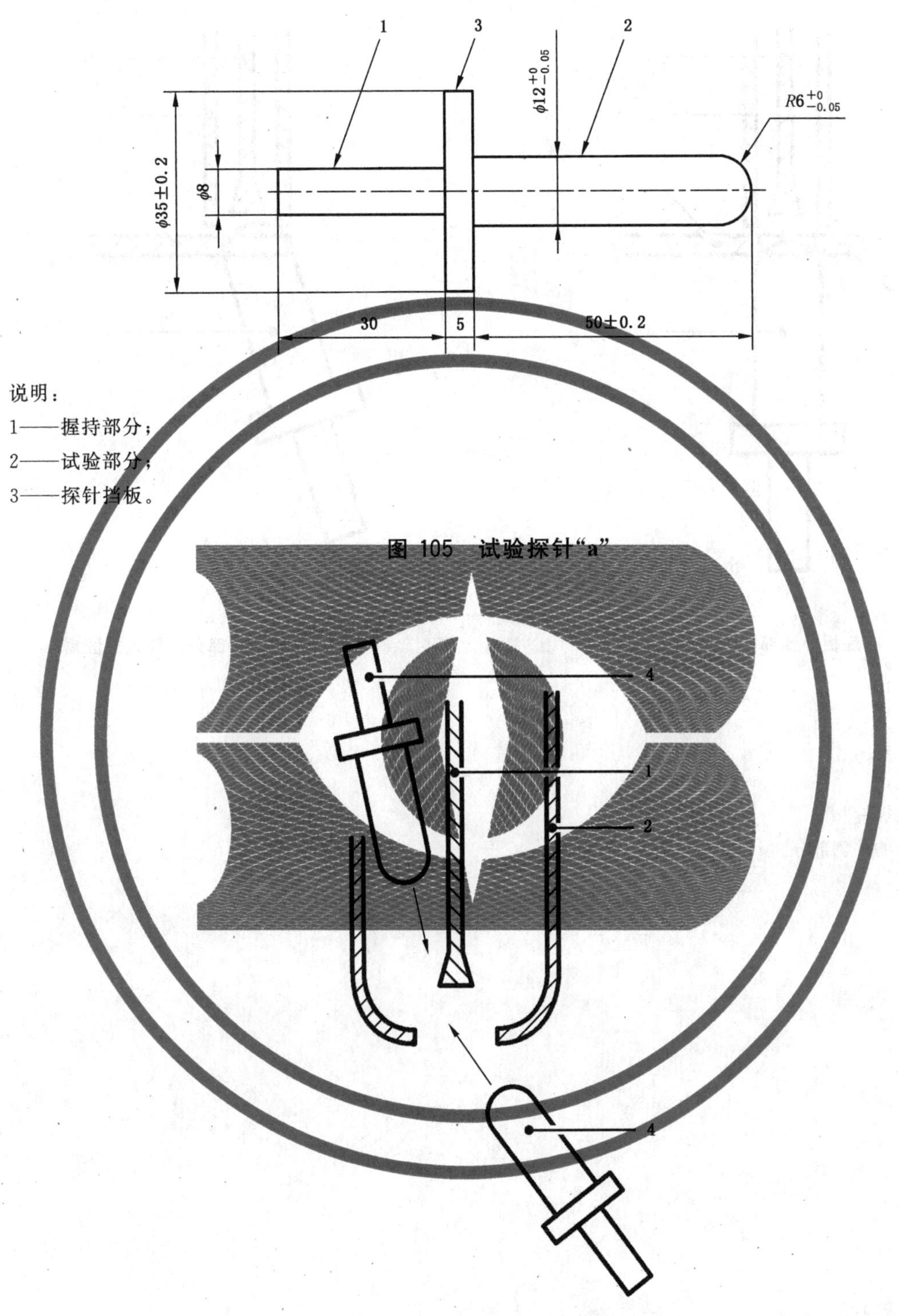

说明：

1——握持部分；

2——试验部分；

3——探针挡板。

图 105 试验探针“a”

a） 带下护罩的圆锯

图 106 使用试验探针“a”检查护罩

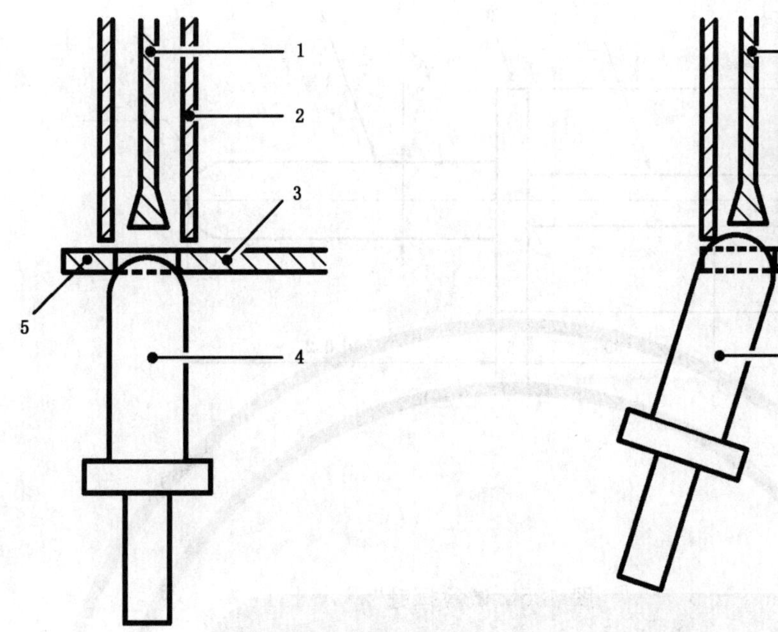

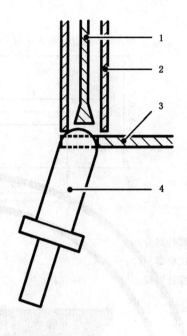

b） 有底板外侧部分的插入式圆锯　　c） 没有底板外侧部分的插入式圆锯

说明：

1——锯片；

2——护罩；

3——底板；

4——试验探针“a”；

5——底板的外侧部分。

图 106（续）

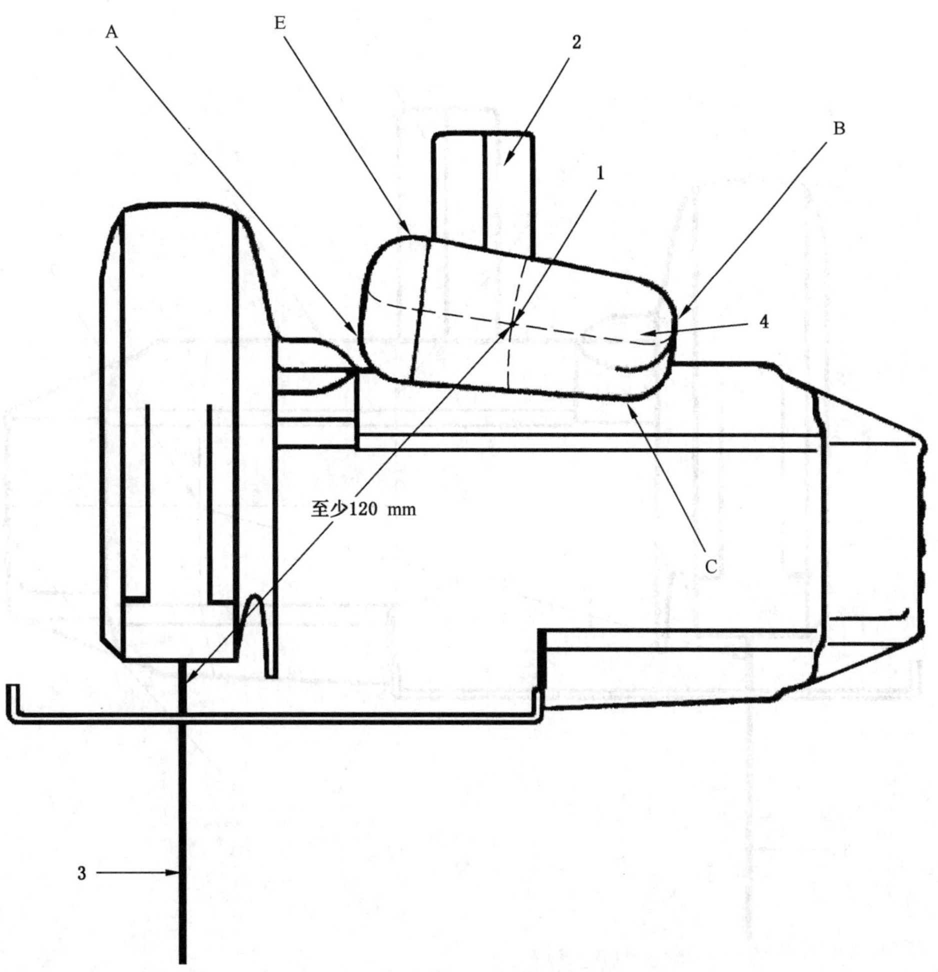

a） 有辅助手柄的圆锯

图 107 从握持面到锯片锯割边缘区域的距离

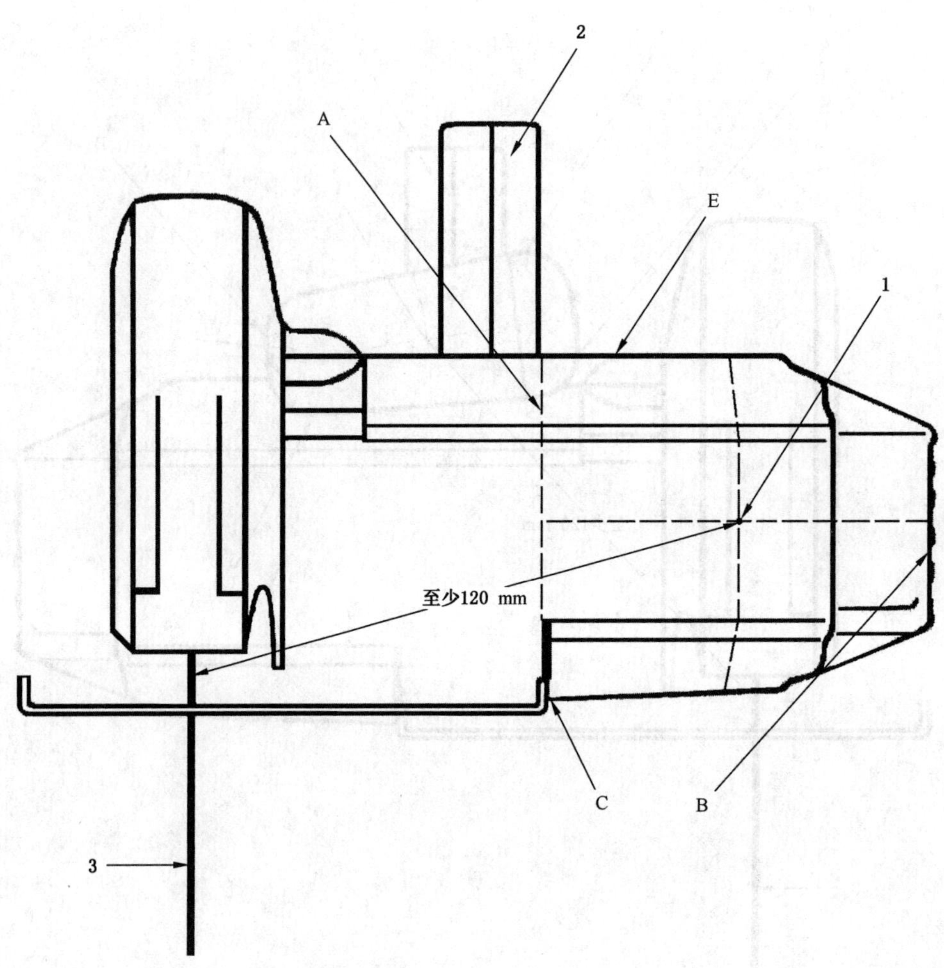

b) 没有辅助手柄的圆锯(电机壳体作为握持区域)

说明:

1——定义的测量点;

2——主手柄;

3——锯片;

4——辅助手柄;

A——辅助手柄/电机壳体距离锯片最近的点;

B——辅助手柄/电机壳体距离锯片最远的点;

C——辅助手柄/电机壳体距离底板平面最近的点;

E——辅助手柄/电机壳体距离底板平面最远的点。

图 107(续)

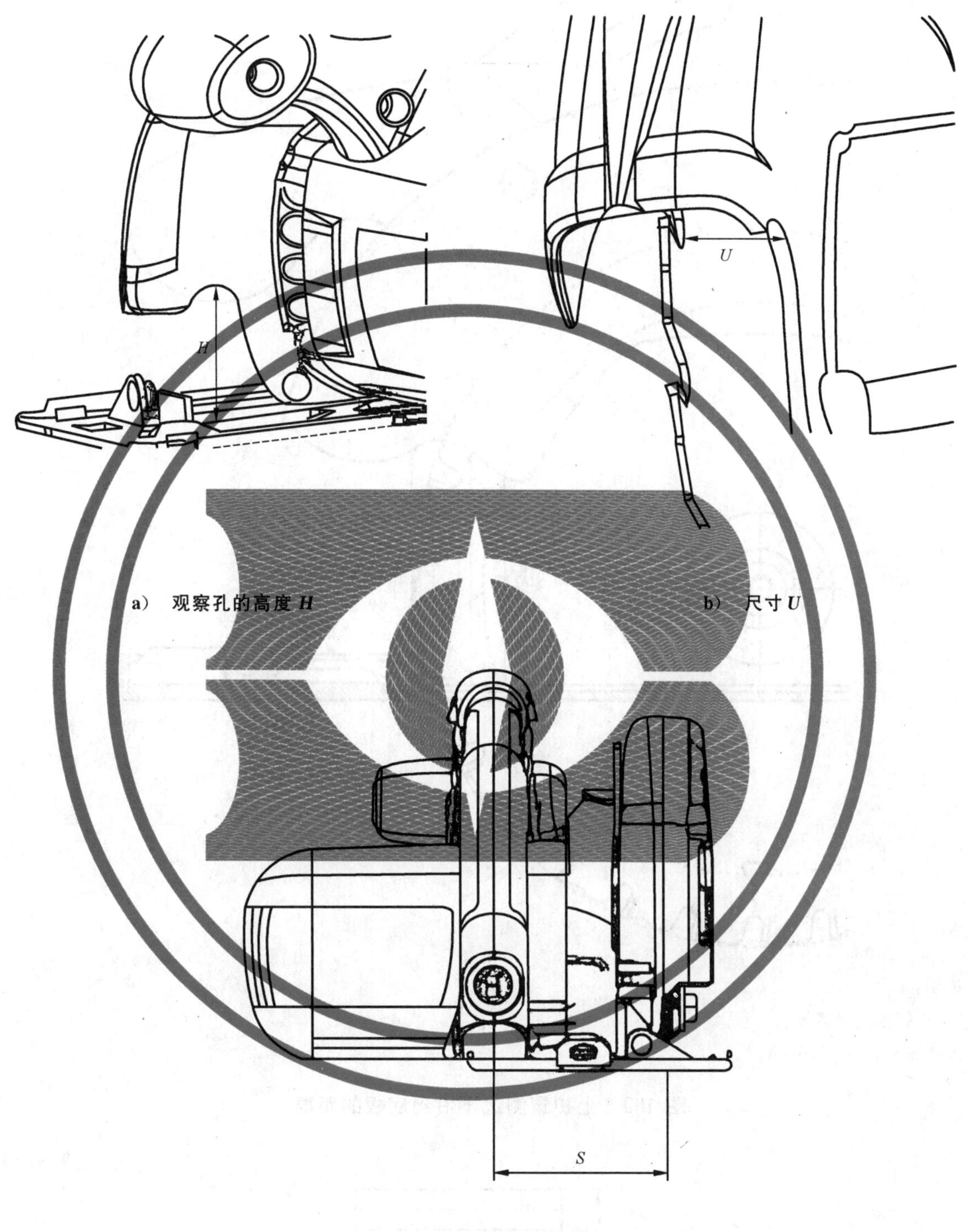

a） 观察孔的高度 ***H***

b） 尺寸 ***U***

c） 尺寸 ***S***

图 108 观察孔的高度限制(见 19.101.2.2)

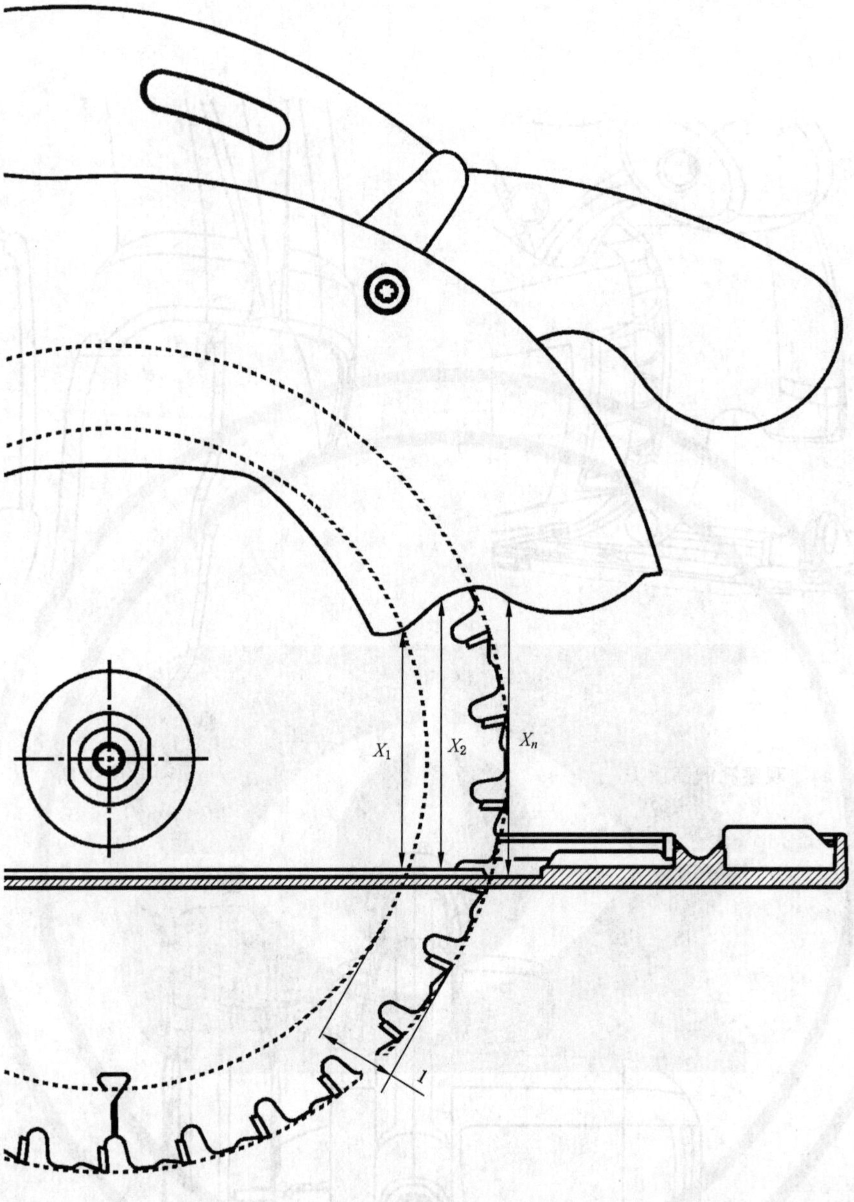

说明：

1——锯割边缘区域；

$X = \max(X_1, X_2, \cdots, X_n)$。

图 109　上护罩侧边下沿到底板的距离

单位为毫米

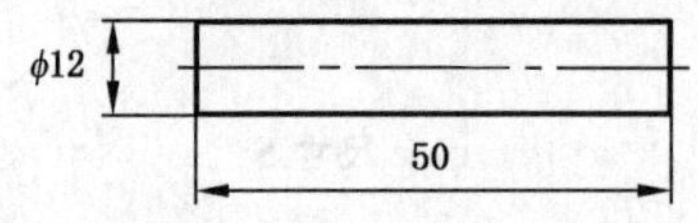

图 110　试验探棒“b”

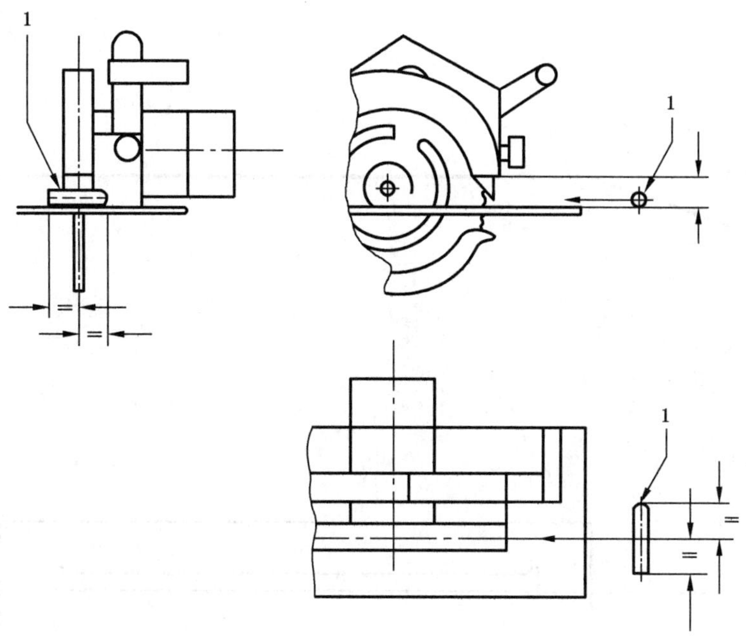

说明：

1 ——试验探棒“b”；

=——表示距离相等。

图 111　前部锯割边缘区域的可触及性

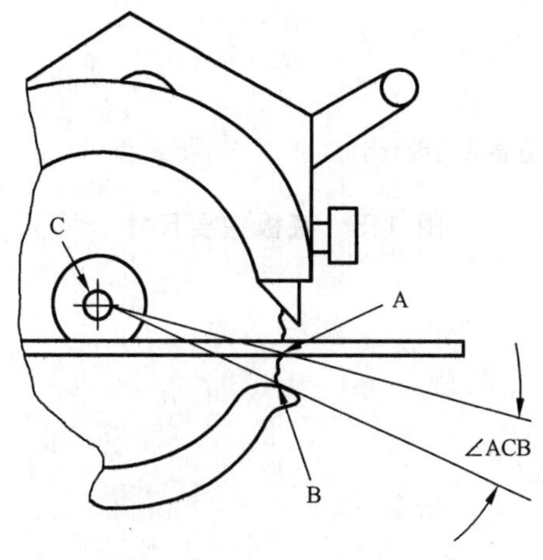

说明：

A ——最大直径锯片的圆周与底板下平面的交点；

B ——最大直径锯片的圆周与下护罩任一侧边在锯片上的垂直投影的交点，用以形成最大角∠ACB；

C ——锯片圆心。

图 112　下护罩的锯片外露角

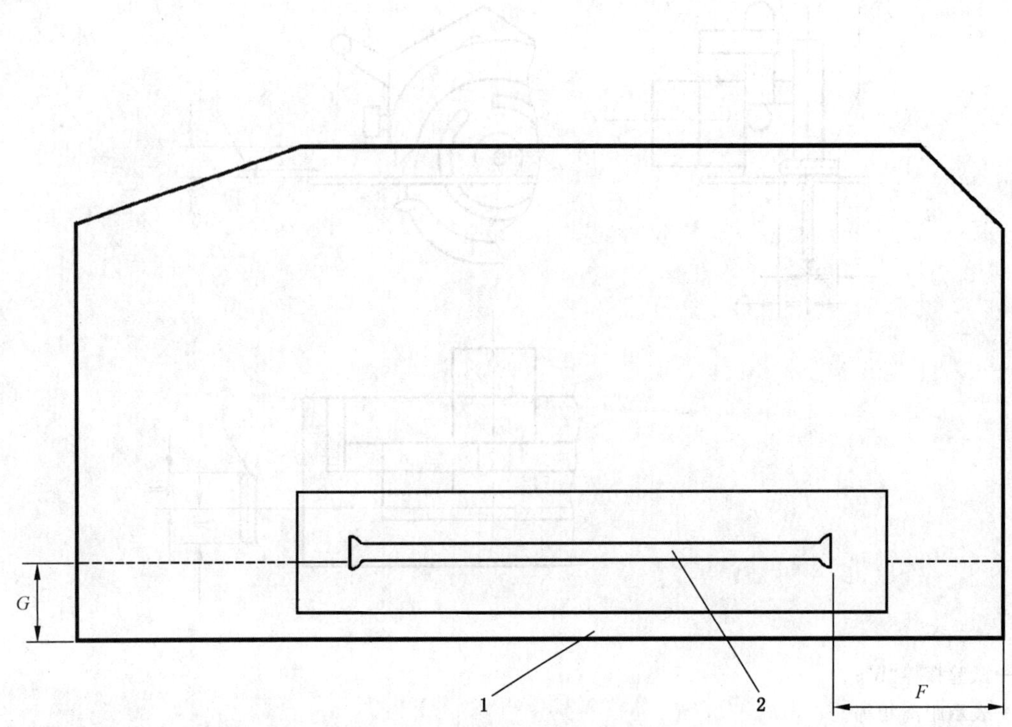

说明：

1　　——底板外侧部分；

2　　——锯片；

G,F ——尺寸见 19.103.1。

注：所示底板的形状只是示例，不是要求的设计。

图 113　底板主要尺寸

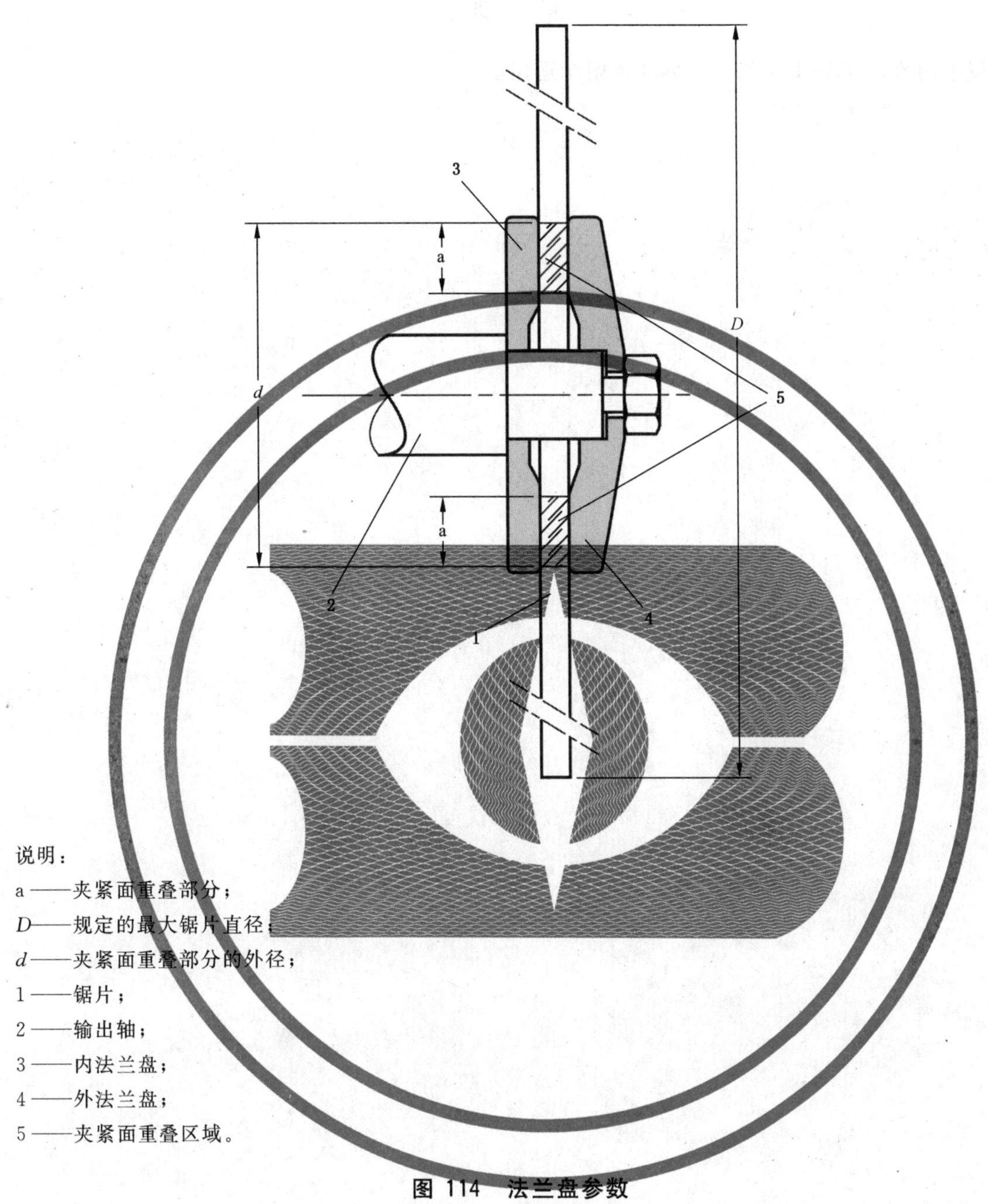

说明：

a——夹紧面重叠部分；

D——规定的最大锯片直径；

d——夹紧面重叠部分的外径；

1——锯片；

2——输出轴；

3——内法兰盘；

4——外法兰盘；

5——夹紧面重叠区域。

图 114 法兰盘参数

附　录

除以下内容外,GB/T 3883.1—2014 的附录适用。

附 录 I
（资料性附录）
噪声和振动的测量

I.2 噪声测试方法（工程法）

除下述条款外，GB/T 3883.1—2014 的这一章适用。

I.2.4 电动工具在噪声测试时的安装和固定条件

增加：

圆锯按照 I.2.5 的规定握持和使用。

I.2.5 运行条件

增加：

圆锯应在表 I.101 规定的负载条件下测试。

有速度调节装置的圆锯应按测试要求的锯割工件材料进行调整。

表 I.101 圆锯锯割木材的运行条件

定位	锯割水平放置的刨花板，板材尺寸至少为 800 mm×600 mm，厚度依据圆锯的最大锯割深度： 最大锯割深度≤40 mm：刨花板厚度 19 mm； 最大锯割深度＞40 mm：刨花板厚度 38 mm。 工件应用螺钉、夹具、气缸或其他类似工装固定在垫有弹性材料的试验台上，其安装应不会产生任何影响测试结果的显著的频率共振。 板材超出夹紧区域至少 250 mm，且在每个锯割序列前应进行调整
工作头	用规定用于锯割刨花板的全新锯片进行全部序列组的测试
进给力	足以轻快地锯割。如果有两个手柄，施加相同的力。应避免过度握紧力
测试周期	一个周期是指在刨花板的 600 mm 宽度方向上锯割宽约 10 mm 的板条（如果有靠栅，使用该装置）。 测量从锯片进入木板时开始到锯片离开木板时结束

I.3 振动

除下述条款外，GB/T 3883.1—2014 的这一章适用。

I.3.3.2 测量位置

增加：

图 I.101 给出了主手柄和辅助手柄（如有）的测量位置。

I.3.5.3 运行条件

增加：

用于锯割木材的圆锯在表 I.101 规定的负载条件下测试。

注：锯割木材的数值也适用于锯割塑料。

用于锯割金属的圆锯在表 I.102 规定的负载条件下测试。

有速度调节装置的圆锯应按测试要求的锯割工件材料进行调整。

表 I.102 圆锯锯割金属的运行条件

定位	锯割水平放置的铝板，铝板至少长 600 mm、宽 300 mm、厚 3 mm。工件应用螺钉、夹具、气缸或其他类似工装固定在垫有弹性材料的试验台上。 金属板超出夹紧区域至少 100 mm，在每个锯割序列前应进行调整，每个序列锯割包含 5 个测试周期
工作头	用规定用于锯割铝材的全新锯片进行全部序列组的测试
进给力	足以轻快地锯割。如果有两个手柄，施加相同的力。应避免过度握紧力
测试周期	在金属板的 300 mm 宽度方向上锯割宽约 10 mm 的板条（如果有靠栅，使用该装置）。 测量从锯片进入金属板时开始到锯片离开金属板时结束

I.3.6.1 振动值的报告

增加：

如果测量的运行模式不止 1 个，则每一个适用运行模式下的结果值 a_h 都应体现在报告内。

$a_{h,w}$ =“锯割木材”的平均振动值；

$a_{h,M}$ =“锯割金属”的平均振动值。

I.3.6.2 总振动发射值的声明

增加：

应声明手柄的最大总振动发射值 a_h 及其不确定度 K：

——锯割木板的圆锯：

$a_{h,w}$ 值，工作模式描述为“锯割木板”。

——锯割金属的圆锯：

$a_{h,M}$ 值，工作模式描述为“锯割金属”。

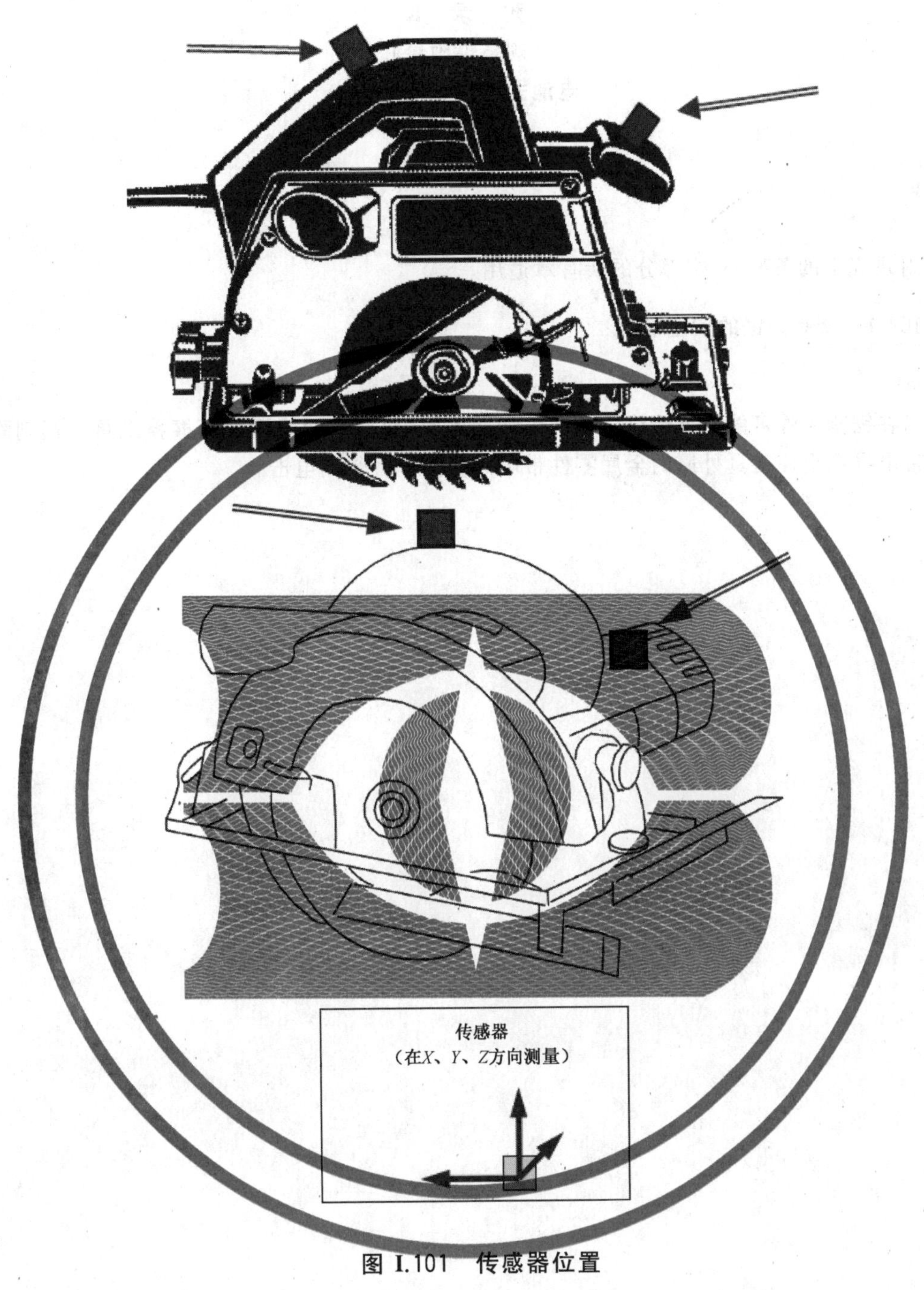

图 I.101　传感器位置

附 录 K
（规范性附录）
电池式工具和电池包

K.1 增加

除本附录规定的条款外，本部分的所有章适用。

K.8.14.1.101.1 所有圆锯的安全说明

替换 e)：

e) **当在锯割附件可能触及暗线的场合进行操作时，要通过绝缘握持面握持工具。**锯割附件碰到带电导线会使工具外露的金属零件带电而使操作者受到电击。

附 录 AA
（规范性附录）
带分料刀圆锯的附加要求

本附录提出了带分料刀圆锯的附加要求。这里所采用的章条号对应正文中的章条号，并将这些附加要求作为正文的补充。

AA.19 机械危险

圆锯的分料刀应满足 AA.19.101～AA.19.105 的要求。

AA.19.101 在锯割深度范围内，分料刀应被牢固地固定，与锯片平面对准，并且应放置得能自由通过锯割槽；它应碰不到锯片。分料刀的位置应不随操作状况而改变。

通过观察和下述试验来检验。

分料刀调节到 AA.19.102 规定的最大距离，分料刀按 8.14.2 要求的说明固定。

在分料刀刀尖的中心，沿平行于底板的锯割方向施加 100 N 的力，历时 1 min，如图 AA.101 所示。

试验时，分料刀不应碰到直径为 *D* 的锯片的锯割边缘区域。

试验后，分料刀刀尖在力的作用方向上的位移应不大于 3 mm。

AA.19.102 对符合 8.3 规定的所有锯片直径，分料刀和分料刀刀架应设计得允许对分料刀作调整，并符合下述条件（见图 AA.102）：

a） 底板下方，分料刀和锯片圆周之间的径向距离在设定的锯割深度下，应不大于 5 mm。

b） 沿垂直于底板的直线方向测得的分料刀刀尖到锯片圆周之间的距离应不大于 5 mm。

通过观察和测量来检验。

AA.19.103 对最大锯割深度大于 55 mm 的圆锯，分料刀和分料刀刀架应设计成：当调节切割深度时，分料刀能连续符合 AA.19.102 中 a）和 b）的要求。

通过观察来检验。

AA.19.104 分料刀应用硬度在 35 HRC 和 48 HRC 之间、抗拉强度至少为 800 MPa 的钢制成。

它的尖部应倒圆，且倒圆半径不小于 2 mm，它的边缘不应有利口。

圆锯在最大锯割深度时，在底板平面上测量到的分料刀的宽度，应至少等于 $1/8D$。分料刀刀面应平整、光滑、平行，且应在面对锯片的边缘处略呈倒角。

通过观察和测量以及下述试验来检验。

将底板设置成 0°倾斜角时最大锯割深度，按 AA.19.102 将分料刀调节到适合直径 *D* 的锯片，分料刀按 8.14.2 要求的说明固定。

在分料刀刀尖的中心，沿垂直锯片的方向施加等于工具重量的力 *W*，历时 1 min，如图 AA.101 所示。

试验后，分料刀刀尖在力的作用方向上的位移应不大于分料刀厚度的一半。试验在两个方向上都要进行。

AA.19.105 圆锯应设计和制造成：当圆锯以各种稳定的位置放置在水平面上，下护罩处于关闭位置时，圆锯不能靠在分料刀上。

通过手试来检验。

AA.20 机械强度

AA.20.2 增加:

还需对防护装置进行试验。试验后应没有肉眼可见的裂痕和断裂,护罩应符合 19.101、19.102 的要求。

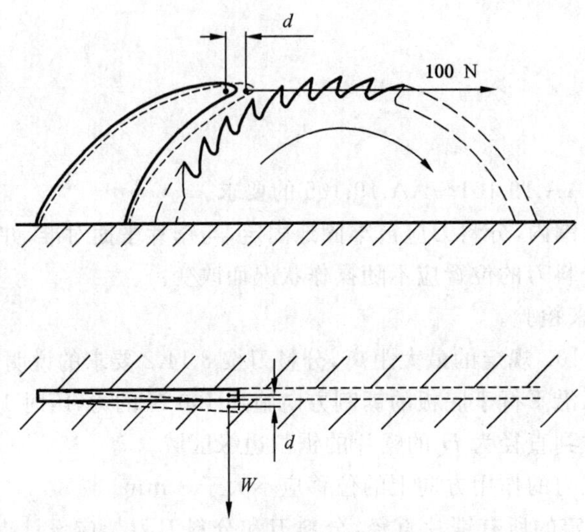

说明:

d ——变形量;

W——试验力,见 AA.19.104。

图 AA.101 分料刀稳定性试验

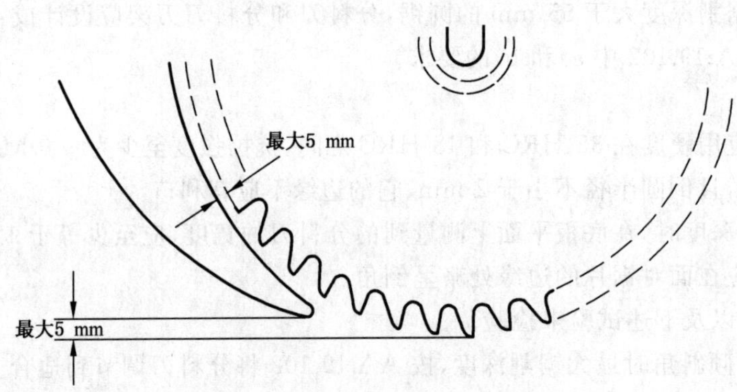

图 AA.102 分料刀调节

附 录 BB
（规范性附录）
不带分料刀圆锯的下护罩的附加要求

本附录提出了不带分料刀圆锯的下护罩的附加要求。这里所采用的章条号对应正文中的章条号，并将这些附加要求作为正文的补充。

BB.20 机械强度

BB.20.101 下护罩或图104所示的防护装置应能经得住滥用。

在一台装有厚2 mm、直径为 D 的钢盘的新样机上通过下述试验来检验。

圆锯设置成0°倾斜角。如图101、图102和图103所示防护装置的圆锯被设置成最大锯割深度。带有图104所示防护装置的圆锯在锯片被完全遮盖位置进行试验。圆锯从其最低点距离地面1 m高处跌落到混凝土表面，按下述条件跌落2次：

a) 下护罩朝地面底板保持平行于地面跌落；

b) 单手握持位置跌落在混凝土表面。

每次如上述要求跌落后，圆锯应仍符合17.101.2和17.101.3的试验要求。

参 考 文 献

除下述内容外,GB/T 3883.1—2014 的参考文献适用。

增加:

IEC 62841-2-22　Electric motor-operated hand-held tools, transportable tools and lawn and garden machinery—Safety—Part 2-22: Particular requirements for hand-held cut-off machines[1]

1)　尚在考虑中。

ICS 25.140.20
CCS K 64

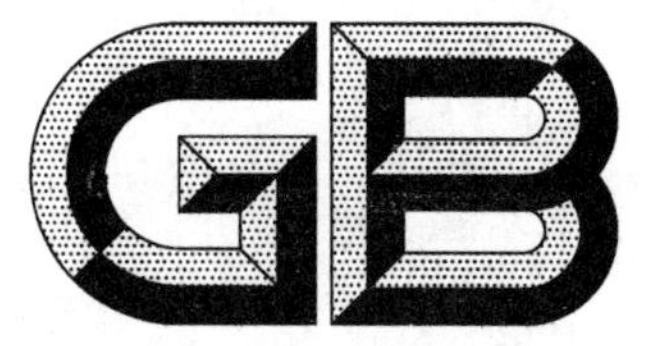

中华人民共和国国家标准

GB/T 3883.208—2023/IEC 62841-2-8:2016
代替 GB/T 3883.8—2012

手持式、可移式电动工具和园林工具的安全 第208部分：手持式电剪刀和电冲剪的专用要求

Safety of motor-operated hand-held, transportable and garden tools—Part 208: Particular requirements for hand-held shears and nibblers

(IEC 62841-2-8:2016, Electric motor-operated hand-held tools, transportable tools and lawn and garden machinery—Safety—Part 2-8: Particular requirements for hand-held shears and nibblers, IDT)

2023-09-07 发布　　2024-04-01 实施

国家市场监督管理总局
国家标准化管理委员会　发布

前　言

本文件按照 GB/T 1.1—2020《标准化工作导则　第 1 部分:标准化文件的结构和起草规则》的规定起草。

本文件是 GB/T 3883《手持式、可移式电动工具和园林工具的安全》的第 208 部分。GB/T 3883 的第 2××部分“手持式电动工具”已经发布了以下部分:

——GB/T 3883.201—2017　手持式、可移式电动工具和园林工具的安全　第 2 部分:电钻和冲击电钻的专用要求;

——GB/T 3883.202—2019　手持式、可移式电动工具和园林工具的安全　第 202 部分:手持式螺丝刀和冲击扳手的专用要求;

——GB/T 3883.204—2019　手持式、可移式电动工具和园林工具的安全　第 204 部分:手持式非盘式砂光机和抛光机的专用要求;

——GB/T 3883.205—2019　手持式、可移式电动工具和园林工具的安全　第 205 部分:手持式圆锯的专用要求;

——GB/T 3883.208—2023　手持式、可移式电动工具和园林工具的安全　第 208 部分:手持式电剪刀和电冲剪的专用要求;

——GB/T 3883.209—2021　手持式、可移式电动工具和园林工具的安全　第 209 部分:手持式攻丝机和套丝机的专用要求;

——GB/T 3883.210—2019　手持式、可移式电动工具和园林工具的安全　第 210 部分:手持式电刨的专用要求;

——GB/T 3883.211—2021　手持式、可移式电动工具和园林工具的安全　第 211 部分:手持式往复锯的专用要求;

——GB/T 3883.215—2022　手持式、可移式电动工具和园林工具的安全　第 215 部分:手持式搅拌器的专用要求;

——GB/T 3883.217—2023　手持式、可移式电动工具和园林工具的安全　第 217 部分:手持式木铣的专用要求。

本文件代替 GB/T 3883.8—2012《手持式电动工具的安全　第 2 部分:电剪刀和电冲剪的专用要求》,与 GB/T 3883.8—2012 相比,主要技术变化如下:

a)　试验一般条件:增加工具质量的说明(见第 5 章);

b)　标志和说明书:增加 8.14.2b)(见第 8 章);

c)　不正常操作:修改对应于第 1 部分的表 4(见 18 章,2012 年版的第 18 章);

d)　机械危险:增加对应于第 1 部分的修改(见 19 章);

e)　机械强度:修改 20.5 不适用的范围(见第 20 章,2012 年版的第 20 章);

f)　结构:增加 21.18.1(见 21 章);

g)　增加噪声和振动的测量(资料性)(见附录 I);

h)　增加附录 K.12.2.1 不适用的说明(见附录 K)。

本文件等同采用 IEC 62841-2-8:2016《电动机驱动的手持式、可移式电动工具和园林机器　安全　第 2-8 部分:手持式电剪刀和电冲剪的专用要求》。

本文件做了下列最小限度的编辑性改动:

——标准名称修改为《手持式、可移式电动工具和园林工具的安全　第 208 部分:手持式电剪刀和电冲剪的专用要求》。

请注意本文件的某些内容可能涉及专利。本文件的发布机构不承担识别专利的责任。

本文件由中国电器工业协会提出。

本文件由全国电动工具标准化技术委员会(SAC/TC 68)归口。

本文件起草单位:江苏东成工具科技有限公司、上海电动工具研究所(集团)有限公司、正阳科技股份有限公司、宝时得科技(中国)有限公司、浙江信源电器制造有限公司、浙江锐奇工具有限公司、浙江闽立电动工具有限公司、永康市开源动力工具有限公司。

本文件主要起草人:施春磊、徐李天浩、徐飞好、顾菁、丁玉才、陈华政、朱贤波、徐峰、林文清。

本文件及其所代替文件的历次版本发布情况为:

——1985 年首次发布为 GB 3883.8—1985,1991 年第一次修订,2005 年第二次修订,2012 年第三次修订;

——本次为第四次修订,标准编号为 GB/T 3883.208—2023。

引　言

本文件与 GB/T 3883.1—2014《手持式、可移式电动工具和园林工具的安全　第 1 部分:通用要求》一起使用。

本文件写明“适用”的部分,表示 GB/T 3883.1—2014 中相应条款适用;本文件写明“替换”的部分,则以本文件中的条款为准;本文件中写明“修改”的部分,表示 GB/T 3883.1—2014 相应条款的相关内容以本文件修改后的内容为准,而该条款中其他内容仍适用;本文件写明“增加”的部分,表示除了符合 GB/T 3883.1—2014 的相应条款外,还要符合本文件所增加的条款。

2014 年,我国发布 GB/T 3883.1—2014《手持式、可移式电动工具和园林工具的安全　第 1 部分:通用要求》,将原 GB/T 3883(手持式电动工具部分)、GB/T 13960(可移式电动工具部分)和 GB/T 4706(仅园林电动工具部分)三大系列电动工具的通用安全标准的共性技术要求进行了整合。

与 GB/T 3883.1—2014 配套使用的特定类型的小类产品专用要求共 3 个部分,分别为第 2 部分(手持式电动工具部分)、第 3 部分(可移式电动工具部分)、第 4 部分(园林电动工具部分),均转化对应的 IEC 62841 系列的专用要求。

标准名称的主体要素扩大为“手持式、可移式电动工具和园林工具的安全”,沿用原手持式电动工具部分的标准编号 GB/T 3883。每一部分小类产品的标准分部分编号由三位数字构成,其中第 1 位数字表示对应的部分,第 2 位和第 3 位数字表示不同的小类产品。

新版 GB/T 3883 系列标准将形成一个比较科学、完整、通用、统一的电动工具产品的安全系列标准体系,使得标准的实施更加切实可行,使用方便。

目前,新版 GB/T 3883 系列标准“手持式电动工具部分”已发布的标准如下:

——GB/T 3883.201—2017　手持式、可移式电动工具和园林工具的安全　第 2 部分:电钻和冲击电钻的专用要求。目的在于规范电钻和冲击电钻小类产品的特定专用安全要求。

——GB/T 3883.202—2019　手持式、可移式电动工具和园林工具的安全　第 202 部分:手持式螺丝刀和冲击扳手的专用要求。目的在于规范手持式螺丝刀和冲击扳手小类产品的特定专用安全要求。

——GB/T 3883.204—2019　手持式、可移式电动工具和园林工具的安全　第 204 部分:手持式非盘式砂光机和抛光机的专用要求。目的在于规范手持式非盘式砂光机和抛光机小类产品的特定专用安全要求。

——GB/T 3883.205—2019　手持式、可移式电动工具和园林工具的安全　第 205 部分:手持式圆锯的专用要求。目的在于规范手持式圆锯小类产品的特定专用安全要求。

——GB/T 3883.208—2023　手持式、可移式电动工具和园林工具的安全　第 208 部分:手持式电剪刀和电冲剪的专用要求。目的在于规范手持式电剪刀和电冲剪小类产品的特定专用安全要求。

——GB/T 3883.209—2021　手持式、可移式电动工具和园林工具的安全　第 209 部分:手持式攻丝机和套丝机的专用要求。目的在于规范手持式攻丝机和套丝机小类产品的特定专用安全要求。

——GB/T 3883.210—2019　手持式、可移式电动工具和园林工具的安全　第 210 部分:手持式电刨的专用要求。目的在于规范手持式电刨小类产品的特定专用安全要求。

——GB/T 3883.211—2021　手持式、可移式电动工具和园林工具的安全　第 211 部分:手持式往复锯的专用要求。目的在于规范手持式往复锯小类产品的特定专用安全要求。

——GB/T 3883.215—2022 手持式、可移式电动工具和园林工具的安全　第 215 部分：手持式搅拌器的专用要求。目的在于规范手持式搅拌器小类产品的特定专用安全要求。

——GB/T 3883.217—2023　手持式、可移式电动工具和园林工具的安全　第 217 部分：手持式木铣的专用要求。目的在于规范手持式木铣小类产品的特定专用安全要求。

后续还将对以下标准进行修订：

——GB/T 3883.3—2007　手持式电动工具的安全　第二部分：砂轮机、抛光机和盘式砂光机的专用要求；

——GB/T 3883.7—2012　手持式电动工具的安全　第 2 部分：锤类工具的专用要求；

——GB/T 3883.12—2012　手持式电动工具的安全　第 2 部分：混凝土振动器的专用要求；

——GB/T 3883.13—1992　手持式电动工具的安全　第二部分：不易燃液体电喷枪的专用要求；

——GB/T 3883.16—2008　手持式电动工具的安全　第二部分：钉钉机的专用要求；

——GB/T 3883.18—2009　手持式电动工具的安全　第二部分：石材切割机的专用要求；

——GB/T 3883.19—2012　手持式电动工具的安全　第 2 部分：管道疏通机的专用要求；

——GB/T 3883.20—2012　手持式电动工具的安全　第 2 部分：捆扎机的专用要求；

——GB/T 3883.21—2012　手持式电动工具的安全　第 2 部分：带锯的专用要求；

——GB/T 3883.22—2008　手持式电动工具的安全　第二部分：开槽机的专用要求。

手持式、可移式电动工具和园林工具的安全　第208部分：手持式电剪刀和电冲剪的专用要求

1　范围

除下述条文外，GB/T 3883.1—2014的这一章适用。

增加：

本文件适用于手持式电剪刀和电冲剪。

2　规范性引用文件

GB/T 3883.1—2014的这一章适用。

3　术语和定义

除下述条文外，GB/T 3883.1—2014的这一章适用。

增加的定义：

3.101

电剪刀　shear

用于剪切金属片、金属板及金属瓦楞条的工具。

3.102

电冲剪　nibbler

用于冲切金属片、金属板及金属瓦楞条的工具。

4　一般要求

GB/T 3883.1—2014的这一章适用。

5　试验一般条件

除下述条文外，GB/T 3883.1—2014的这一章适用。

5.17　增加：

电剪刀的质量包括电剪刀片。

电冲剪的质量包括冲模座和冲头。

6　辐射、毒性和类似危险

GB/T 3883.1—2014的这一章适用。

7 分类

GB/T 3883.1—2014 的这一章适用。

8 标志和说明书

除下述条文外,GB/T 3883.1—2014 的这一章适用。

8.14.2.b) 增加:

101) 可切割的最大金属薄板厚度的信息。

9 防止触及带电零件的保护

GB/T 3883.1—2014 的这一章适用。

10 起动

GB/T 3883.1—2014 的这一章适用。

11 输入功率和电流

GB/T 3883.1—2014 的这一章适用。

12 发热

除下述条文外,GB/T 3883.1—2014 的这一章适用。

12.2.1 增加:

工具连续工作 30 min,在 30 min 结束时测量温升。

13 耐热性和阻燃性

GB/T 3883.1—2014 的这一章适用。

14 防潮性

GB/T 3883.1—2014 的这一章适用。

15 防锈

GB/T 3883.1—2014 的这一章适用。

16 变压器及其相关电路的过载保护

GB/T 3883.1—2014 的这一章适用。

17 耐久性

GB/T 3883.1—2014 的这一章适用。

18 不正常操作

除下述条文外，GB/T 3883.1—2014 的这一章适用。

18.8 表 4 替换为：

表 4 要求的性能等级

关键安全功能(SCF)的类型和作用	最低允许的性能等级(PL)
电源开关——防止不期望的接通	a
电源开关——提供期望的断开	a
任何为通过 18.3 测试的电子控制器	不是 SCF
任何限速装置	不是 SCF
防止超过第 18 章中的热极限	a

19 机械危险

除下述条文外，GB/T 3883.1—2014 的这一章适用。

19.1 第一段替换为：

除工作部件外，工具的运动部件和其他危险零件应安置或包封得能提供防止人身伤害的足够保护。

19.6 GB/T 3883.1—2014 的该条不适用。

20 机械强度

除下述条文外，GB/T 3883.1—2014 的这一章适用。

20.5 GB/T 3883.1—2014 的该条不适用。

21 结构

除下述条文外，GB/T 3883.1—2014 的这一章适用。

21.18.1 增加：

对于电剪刀和电冲剪，允许使用非瞬动电源开关。

21.30 GB/T 3883.1—2014 的该条不适用。

21.35 GB/T 3883.1—2014 的该条不适用。

22 内部布线

GB/T 3883.1—2014 的这一章适用。

23 组件

GB/T 3883.1—2014 的这一章适用。

24 电源联接和外接软线

除下述条文外，GB/T 3883.1—2014 的这一章适用。

24.4 第一段改换为：

电源线应至少采用重型氯丁橡胶护层软线[GB/T 5013.4—2008 的 60245 IEC 66(YCW)]。

25 外接导线的接线端子

GB/T 3883.1—2014 的这一章适用。

26 接地装置

GB/T 3883.1—2014 的这一章适用。

27 螺钉与连接件

GB/T 3883.1—2014 的这一章适用。

28 爬电距离、电气间隙和绝缘穿通距离

GB/T 3883.1—2014 的这一章适用。

附　录

除下述内容外，GB/T 3883.1—2014 的附录适用。

附　录 I
(资料性)
噪声和振动的测量

I.2　噪声测试方法(工程法)

除下述条文外，GB/T 3883.1—2014 的这一章适用。

I.2.4　电动工具在噪声测试时的安装和固定条件

增加：

电剪刀处于悬挂位置。工具方向为切割水平放置金属板的方向。

电冲剪按照 I.2.5 的规定握持和使用。

I.2.5　运行条件

增加：

电剪刀在空载下进行测试。

注：表 I.101 用于剪切的工作条件仅适用于振动测试。

电冲剪应在表 I.101 规定的负载条件下测试。

5.6 中的温度要求不适用。

表 I.101　电剪刀和电冲剪的运行条件

定位	在水平方向切割一块抗拉强度约为 390 N/mm²、最小长度 400 mm、最小宽度 400 mm 的金属板，金属板应具有 8.14.2 b) 101)中规定的最大厚度。 用于测试的金属板应使用弹性材料牢固地固定在试验台上。它应安装得使其在该频率范围内没有任何明显的共振可以影响测试结果。典型的测试台如图 I.102 所示。 每次使用 50 mm 宽、400 mm 长的切割条进行测试，其应尽可能靠近支架。 在测试过程中，工具的放置应使操作者能有一个直立或几乎直立的姿势以在水平方向进行剪切和切割。操作人员应能够在测试过程中舒适地握住工具
工作头	电冲剪用冲模座和冲头操作，其尺寸由测试中使用的金属板规定。 电剪刀用剪切刀片操作，其尺寸由测试中使用的金属板规定。 它们应锋利，状态良好
进给力	应施加适当的进给力，以确保平稳运行
测试周期	在 400 mm 宽的金属板上切下一条 50 mm 宽的带材。 测量从刀片进入金属板开始，刀片离开时停止

I.3　振动

除下述条文外，GB/T 3883.1—2014 的这一章适用。

I.3.3.2 测量位置

增加：

图 I.101 给出了不同电剪刀和电冲剪的测量位置。

I.3.5.3 运行条件

增加：

电剪刀和电冲剪应在表 I.101 规定的负载条件下进行测试。

I.3.6.2 总振动发射值的声明

增加：

应声明手柄的最大总振动发射值 a_h 及其不确定度 K。

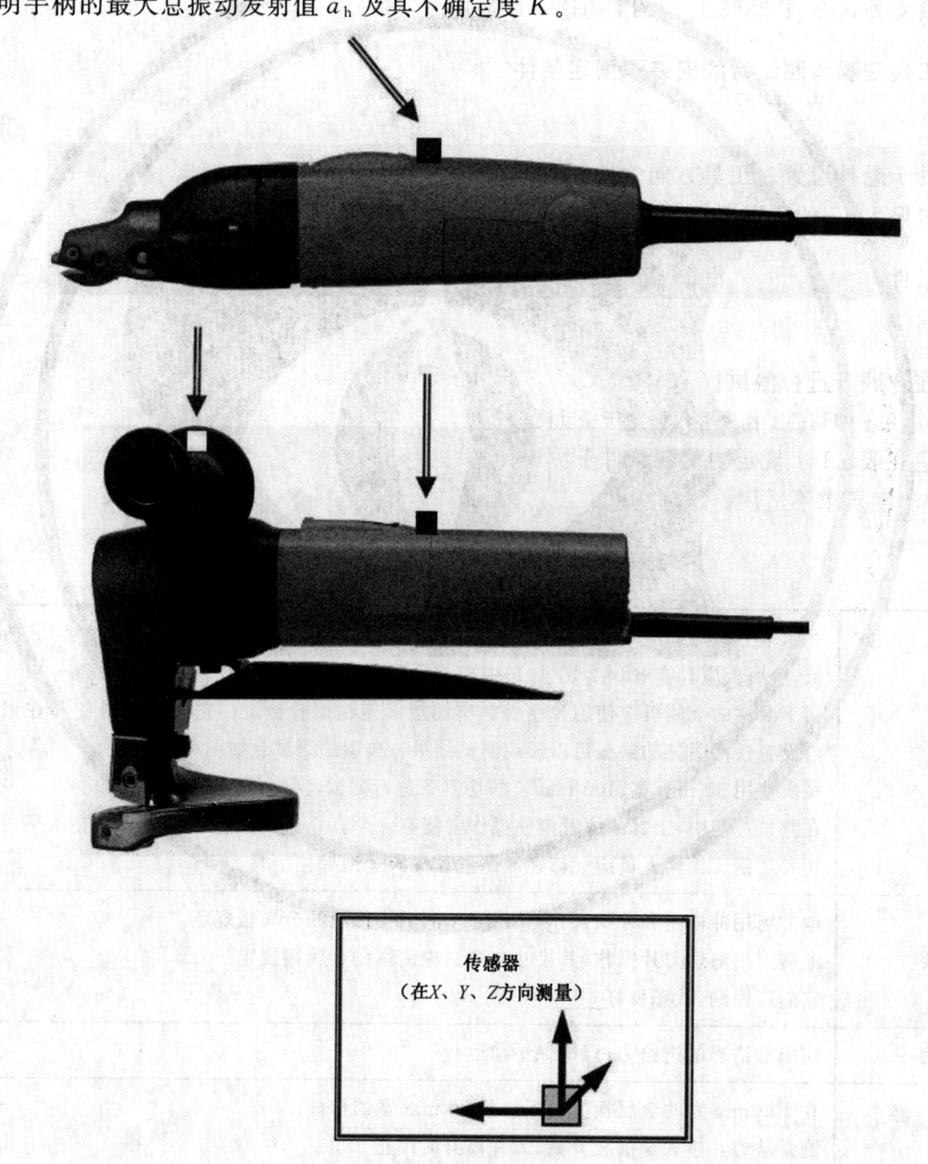

图 I.101 电剪刀和电冲剪的传感器位置

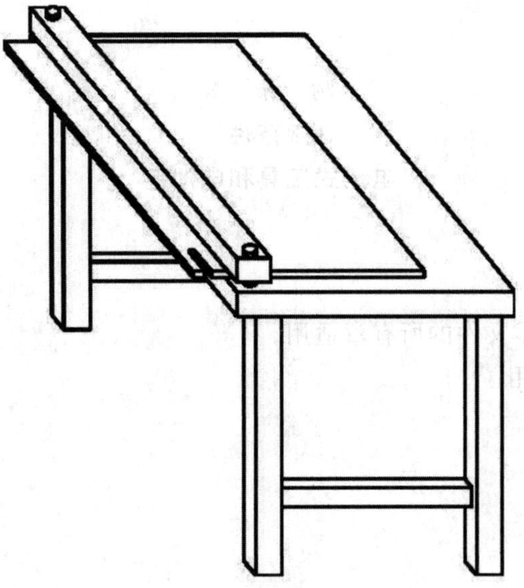

图 I.102　测试工作台和工件

附　录　K
（规范性）
电池式工具和电池包

K.1　增加：

除本附录规定的条文外，本文件的所有章适用。

K.12.2.1　本文件的该条不适用。

K.24.4　本文件的该条不适用。

参 考 文 献

GB/T 3883.1—2014 的参考文献适用。

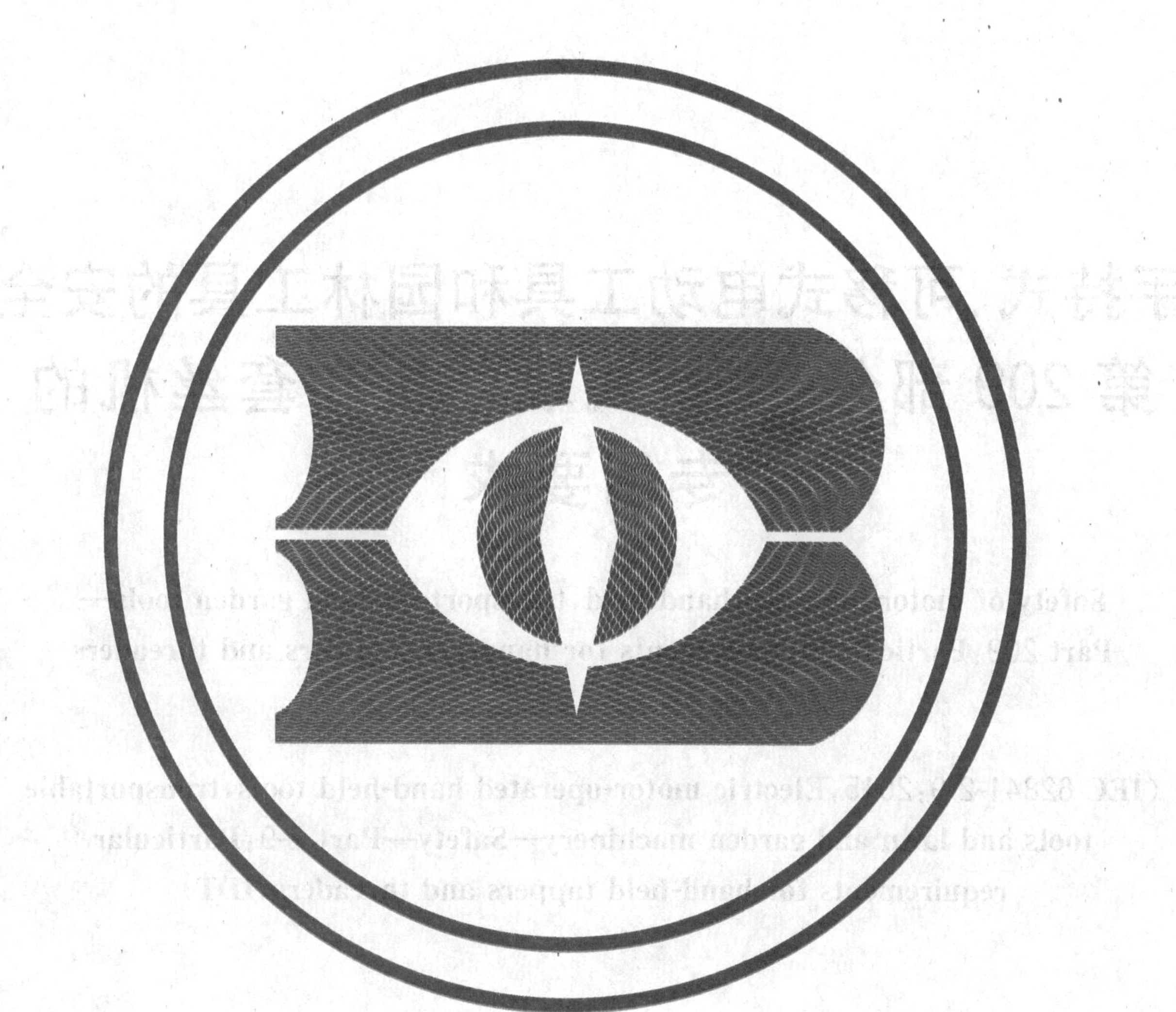

ICS 25.140.20
CCS K 64

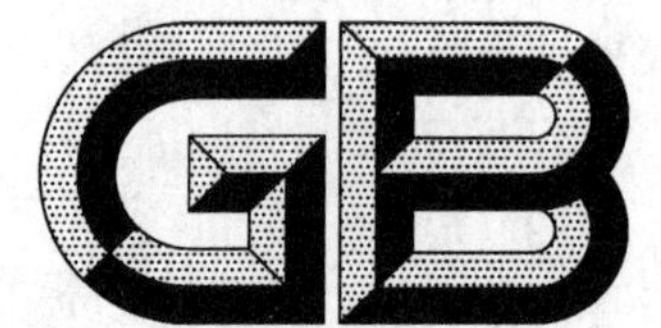

中华人民共和国国家标准

GB/T 3883.209—2021/IEC 62841-2-9:2015
代替 GB/T 3883.9—2012

手持式、可移式电动工具和园林工具的安全 第209部分：手持式攻丝机和套丝机的专用要求

Safety of motor-operated hand-held, transportable and garden tools—Part 209: Particular requirements for hand-held tappers and threaders

(IEC 62841-2-9:2015, Electric motor-operated hand-held tools, transportable tools and lawn and garden machinery—Safety—Part 2-9: Particular requirements for hand-held tappers and threaders, IDT)

2021-04-30 发布　　2021-11-01 实施

国家市场监督管理总局
国家标准化管理委员会　发布

前 言

本文件按照 GB/T 1.1—2020《标准化工作导则 第1部分:标准化文件的结构和起草规则》的规定起草。

本文件是 GB/T 3883《手持式、可移式电动工具和园林工具的安全》的第209部分。“手持式、可移式电动工具和园林工具的安全”的第2部分手持式电动工具,目前由以下7部分组成:

——GB/T 3883.201—2017 手持式、可移式电动工具和园林工具的安全 第2部分:电钻和冲击电钻的专用要求;

——GB/T 3883.202—2019 手持式、可移式电动工具和园林工具的安全 第202部分:手持式螺丝刀和冲击扳手的专用要求;

——GB/T 3883.204—2019 手持式、可移式电动工具和园林工具的安全 第204部分:手持式非盘式砂光机和抛光机的专用要求;

——GB/T 3883.205—2019 手持式、可移式电动工具和园林工具的安全 第205部分:手持式圆锯的专用要求;

——GB/T 3883.209—2021 手持式、可移式电动工具和园林工具的安全 第209部分:手持式攻丝机和套丝机的专用要求;

——GB/T 3883.210—2019 手持式、可移式电动工具和园林工具的安全 第210部分:手持式电刨的专用要求;

——GB/T 3883.211—2021 手持式、可移式电动工具和园林工具的安全 第211部分:手持式往复锯的专用要求。

本文件代替 GB/T 3883.9—2012《手持式电动工具的安全 第2部分:攻丝机的专用要求》,与 GB/T 3883.9—2012 相比,主要技术变化如下:

1) 范围:增加套丝机(见第1章,2012年版的第1章);
2) 规范性引用文件:增加 ISO 的标准(见第2章,2012年版的第2章);
3) 术语和定义:增加套丝机(见第3章,2012年版的第3章);
4) 试验一般条件:增加攻丝机和套丝机质量的说明(见第5章,2012年版的第5章);
5) 标志和说明书:8.1 增加套丝机的要求;增加 8.14.1、8.14.1.101、8.14.2a)和 8.14.2b)的相关要求(见第8章,2012年版的第8章);
6) 输入功率和电流:增加对套丝机的相关要求(见第11章,2012年版的第11章);
7) 发热:原 12.4 移到 12.2.1,增加套丝机的要求;增加 12.5(见第12章,2012年版的第12章);
8) 不正常操作:修改第1部分的表4(见第18章,2012年版的第18章);
9) 机械强度:增加对套丝机的支撑装置(见第20章,2012年版的第20章);
10) 结构:增加 21.18.1.1;增加对于套丝机的要求(见第21章,2012年版的第21章);
11) 组件:修改套丝机电源开关的要求(见第23章,2012年版的第23章);
12) 电源联接和外接软线:增加使用橡胶绝缘电缆线的要求(见第24章,2012年版的第24章);
13) 增加资料性附录“噪声和振动的测量”(见附录I);
14) 附录K:修改专用要求的表4。

本文件使用翻译法等同采用 IEC 62841-2-9:2015《电动机驱动的手持式、可移式电动工具和园林机器 安全 第2-9部分:手持式攻丝机和套丝机的专用要求》。

本文件做了下列编辑性修改:

——标准名称修改为“手持式、可移动式电动工具和园林工具的安全　第 209 部分:手持式攻丝机和套丝机的专用要求”;

——纳入了 IEC 62841-2-9:2015/COR1:2015 的技术勘误内容,删除 18 章和 K.18 章原表 4 中“23.3 要求的防止自复位”及相应的等级,所涉及的条款的外侧页边空白位置用垂直双线(‖)进行了标示。

本文件应与 GB/T 3883.1—2014《手持式、可移式电动工具和园林工具的安全　第 1 部分:通用要求》一起使用。

本文件写明“适用”的部分,表示 GB/T 3883.1—2014 中相应条文适用;本文件写明“替换”的部分,则应以本文件中的条文为准;本文件中写明“修改”的部分,表示 GB/T 3883.1—2014 相应条文的相关内容应以本文件修改后的内容为准,而该条文中其他内容仍适用;本文件写明“增加”的部分,表示除了符合 GB/T 3883.1—2014 的相应条文外,还应符合本文件所增加的条文。

本文件由中国电器工业协会提出。

本文件由全国电动工具标准化技术委员会(SAC/TC 68)归口。

本文件起草单位:正阳科技股份有限公司、上海电动工具研究所(集团)有限公司、江苏东成电动工具有限公司、江苏苏美达五金工具有限公司、锐奇控股股份有限公司。

本文件主要起草人:徐飞好、顾菁、顾嘉诚、林有余、朱贤波、袁贵生、尹海霞。

本文件所代替文件的历次版本发布情况为:

——GB 3883.9—1985、GB 3883.9—1991、GB 3883.9—2005、GB/T 3883.9—2012。

引　言

2014 年，我国发布国家标准 GB/T 3883.1—2014《手持式、可移式电动工具和园林工具的安全　第 1 部分：通用要求》，将原 GB/T 3883（手持式电动工具部分）、GB/T 13960（可移式电动工具部分）和 GB/T 4706（仅园林电动工具部分）三大系列电动工具的通用安全标准的共性技术要求进行了整合。

与 GB/T 3883.1—2014 配套使用的特定类型的小类产品专用要求共 3 个部分，分别为第 2 部分（手持式电动工具部分）、第 3 部分（可移式电动工具部分）、第 4 部分（园林电动工具部分），均转化对应的国际标准 IEC 62841 系列的专用要求。

标准名称的主体要素扩大为"手持式、可移式电动工具和园林工具的安全"，沿用原手持式电动工具部分的标准编号 GB/T 3883。每一部分小类产品的标准分部分编号由三位数字构成，其中第 1 位数字表示对应的部分，第 2 位和第 3 位数字表示不同的小类产品。

新版 GB/T 3883 系列标准将形成一个比较科学、完整、通用、统一的电动工具产品的安全系列标准体系，使得标准的实施更加切实可行，使用方便。

目前，新版 GB/T 3883 系列标准"手持式电动工具部分"已发布的标准如下：

——GB/T 3883.201—2017　手持式、可移式电动工具和园林工具的安全　第 2 部分：电钻和冲击电钻的专用要求；

——GB/T 3883.202—2019　手持式、可移式电动工具和园林工具的安全　第 202 部分：手持式螺丝刀和冲击扳手的专用要求；

——GB/T 3883.204—2019　手持式、可移式电动工具和园林工具的安全　第 204 部分：手持式非盘式砂光机和抛光机的专用要求；

——GB/T 3883.205—2019　手持式、可移式电动工具和园林工具的安全　第 205 部分：手持式圆锯的专用要求；

——GB/T 3883.209—2021　手持式、可移式电动工具和园林工具的安全　第 209 部分：手持式攻丝机和套丝机的专用要求；

——GB/T 3883.210—2019　手持式、可移式电动工具和园林工具的安全　第 210 部分：手持式电刨的专用要求；

——GB/T 3883.211—2021　手持式、可移式电动工具和园林工具的安全　第 211 部分：手持式往复锯的专用要求。

后续还将对以下标准进行修订：

——GB/T 3883.3—2007　手持式电动工具的安全　第二部分：砂轮机、抛光机和盘式砂光机的专用要求；

——GB/T 3883.7—2012　手持式电动工具的安全　第 2 部分：锤类工具的专用要求；

——GB/T 3883.8—2012　手持式电动工具的安全　第 2 部分：电剪刀和电冲剪的专用要求；

——GB/T 3883.12—2012　手持式电动工具的安全　第 2 部分：混凝土振动器的专用要求；

——GB/T 3883.13—1992　手持式电动工具的安全　第二部分：不易燃液体电喷枪的专用要求；

——GB/T 3883.16—2008　手持式电动工具的安全　第二部分：钉钉机的专用要求；

——GB/T 3883.17—2005　手持式电动工具的安全　第 2 部分：木铣和修边机的专用要求；

——GB/T 3883.18—2009 手持式电动工具的安全 第二部分:石材切割机的专用要求;

——GB/T 3883.19—2012 手持式电动工具的安全 第 2 部分:管道疏通机的专用要求;

——GB/T 3883.20—2012 手持式电动工具的安全 第 2 部分:捆扎机的专用要求;

——GB/T 3883.21—2012 手持式电动工具的安全 第 2 部分:带锯的专用要求;

——GB/T 3883.22—2008 手持式电动工具的安全 第二部分:开槽机的专用要求。

手持式、可移式电动工具和园林工具的安全 第209部分:手持式攻丝机和套丝机的专用要求

1 范围

除下述条文外,GB/T 3883.1—2014 的这一章适用。

增加:

本文件适用于手持式攻丝机和套丝机。

2 规范性引用文件

除下述条文外,GB/T 3883.1—2014 的这一章适用。

增加:

ISO 7-1:1994 用螺纹密封的管螺纹 第1部分:尺寸、公差与标记(Pipe threads where pressure-tight joints are made on the threads—Part 1:Dimensions, tolerances and designation)

ISO 65:1981 按照 ISO 7-1 车螺纹的碳素钢管(Carbon steel tubes suitable for screwing in accordance with ISO 7-1)

3 术语和定义

除下述条文外,GB/T 3883.1—2014 的这一章适用。

增加:

3.101

攻丝机 tapper

用于切制内螺纹的工具。

3.102

套丝机 threader

用于切制外螺纹的工具。

4 一般要求

GB/T 3883.1—2014 的这一章适用。

5 试验一般条件

除下述条文外,GB/T 3883.1—2014 的这一章适用。

5.17 增加:

如果有辅助手柄,则攻丝机/套丝机的质量应将其包括在内。如图101所示的套丝机的任何支撑装

置,不被当作工具的一部分。

6 辐射、毒性和类似危险

GB/T 3883.1—2014 的这一章适用。

7 分类

GB/T 3883.1—2014 的这一章适用。

8 标志和说明书

除下述条文外,GB/T 3883.1—2014 的这一章适用。

8.1 增加:

工具增加如下标志:

——能切制的最大螺纹直径。对于攻丝机,其单位为毫米(mm);对于套丝机,其单位为英寸(in)。

注:根据国际上对单位的规定,只能使用国际单位制 SI,但是对于一些管径和管螺纹,仍以英寸作为单位。

对于攻丝机,除非工具上另有规定,该直径应指在具有抗拉强度为 390 N/mm^2、厚度为螺纹直径 2 倍的钢板上切制出 ISO 螺纹的直径。

对于套丝机,除非工具上另有规定,该直径应指在符合 ISO 65 的钢管上切制出符合 ISO 7-1 的外螺纹的直径。

8.14.1 增加:

对于套丝机,应增加 8.14.1.101 规定的安全说明。这部分可以与“电动工具通用安全警告”分开印刷。

8.14.1.101 套丝机的安全警告

a) **始终使用工具配套提供的支撑装置**。在操作工具期间失控,会导致人身伤害。

b) **在操作工具期间,扣好衣袖和外套的纽扣。不要伸过工具或管子**。衣服有被管子或工具缠绕的危险。

c) **只允许一人控制工作过程和工具操作**。额外的人员会导致误操作和人身伤害。

d) **保持地面的干燥,无油脂等易滑物质**。易滑的地面会导致意外事故。

8.14.2 a)增加:

101) 对于套丝机:安装和使用支撑装置的说明。

8.14.2 b)增加:

101) 对于套丝机:始终使用和工具配套提供的支撑装置的说明。

102) 对于有多种齿轮挡位设定的套丝机:每种管径对应使用的挡位设定的信息。

9 防止触及带电零件的保护

GB/T 3883.1—2014 的这一章适用。

10 起动

GB/T 3883.1—2014 的这一章适用。

11 输入功率和电流

除下述条文外,GB/T 3883.1—2014 的这一章适用。

修改:

对于套丝机,本章的要求替换为:

额定输入功率或额定电流应不小于按表 101 施加扭矩测得的输入功率或电流。

在所有能运行的电路同时运行,且工具达到稳定状态的情况下,通过测量输入功率或电流来检验。

当工具标有一个或多个额定电压时,在每个额定电压下进行试验。当工具标有一个或多个电压范围时,在电压范围的上限和下限进行试验。对于有多挡齿轮设置的,按 8.14.2.b)要求的说明,在每个挡位进行试验,取最大的输入功率或输入电流值。

12 发热

除下述条文外,GB/T 3883.1—2014 的这一章适用。

12.2.1 改换为:

对于攻丝机,工具断续运行 30 个周期或直到热稳定,取首先达到者。每个周期由 30 s 连续运行期和 90 s 断电停歇期组成。运行期间通过制动器调节工具负载使其达到额定输入功率或额定电流,温升在"接通"期结束时进行测量。

对于套丝机,工具断续运行 30 个周期或直到热稳定,取首先达到者。每个周期由 30 s 加载运行、30 s 空载运行和 60 s 断电停歇期组成。运行期间通过调节制动器使工具负载达到表 101 规定的扭矩,在不超过 5 s 时间内加载到规定的扭矩,加载时间包括在加载运行的 30 s 内,温升在最后一个负载期结束时进行测量。

上述试验循环可以按制造商的选择用连续运行替代,直到工具达到热稳定。

注:连续运行对此类工具是非常规的,被认为是一种更为严酷的试验。因此,这是作为简化试验循环的一个选项。

表 101 加载扭矩

最大螺纹直径 in	扭矩 N·m
1	125
1.25	150
1.5	160
2	180

12.5 增加:

对于套丝机,外壳外表面的温升限值不适用于齿轮箱外壳。但是,以上豁免不适用于与齿轮箱相邻的手柄。

13 耐热性和阻燃性

GB/T 3883.1—2014 的这一章适用。

14 防潮性

GB/T 3883.1—2014 的这一章适用。

15 防锈

GB/T 3883.1—2014 的这一章适用。

16 变压器及其相关电路的过载保护

GB/T 3883.1—2014 的这一章适用。

17 耐久性

GB/T 3883.1—2014 的这一章适用。

18 不正常操作

除下述条文外,GB/T 3883.1—2014 的这一章适用。

18.8 表 4 替换为:

表 4 要求的性能等级

关键安全功能(SCF)的类型和作用	最低允许的性能等级(PL)
电源开关—对攻丝机,防止不期望的接通	a
电源开关—对套丝机,防止不期望的接通	a
电源开关—对攻丝机,提供期望的开关断开	b
电源开关—对套丝机,提供期望的开关断开	c
提供期望的旋转方向	不是 SCF
任何为通过 18.3 测试的电子控制器	不是 SCF
任何限速装置	不是 SCF
防止超过第 18 章中的热极限	a

19 机械危险

除下述条文外,GB/T 3883.1—2014 的这一章适用。

19.6 GB/T 3883.1—2014 的该条不适用。

20 机械强度

除下述条文外,GB/T 3883.1—2014 的这一章适用。

20.5 GB/T 3883.1—2014 的该条不适用。

20.101 套丝机的支撑装置应能承受工具在任何方向切制螺纹时所产生的扭矩。

通过以下试验来检验：

将装有 8.1 所标识的最大板牙连接到按 8.1 标识的管材上，确定支撑装置和工具的接触点，支撑装置按 8.14.2 a) 的说明安装，使支撑装置与接触点之间至少有 8 mm 间隙，如图 102 所示。

切制螺纹直到发生下述情况之一：

——工具堵转；

——螺纹被破坏导致板牙头连续旋转；

——由于工具的失效或者机械或电子装置作用导致板牙头停止旋转。

试验结果不允许有以下情况发生：

——零件从工具或板牙头射出；

——支撑装置旋转超过 30°或横向移动超过 25 mm；

——支撑装置出现裂纹或折断，但允许弯曲变形。

21 结构

除下述条文外，GB/T 3883.1—2014 的这一章适用。

21.18.1.1 增加：

套丝机被认为在开关连续接通锁定操作时会导致危险。

21.32 GB/T 3883.1—2014 的该条不适用。

21.101 套丝机在切制螺纹时，应能提供能支撑工具的装置。

图 101 是一种带支撑装置的套丝机示例。

通过观察来检验。

22 内部布线

GB/T 3883.1—2014 的这一章适用。

23 组件

除下述条文外，GB/T 3883.1—2014 的这一章适用。

23.1.10.2 修改：

套丝机电源开关要经过 10 000 次循环的试验。

24 电源联接和外接软线

除下述条文外，GB/T 3883.1—2014 的这一章适用。

24.4 增加：

如果使用橡胶绝缘电缆线，可使用的最轻型电缆为氯丁橡胶或其他同等性能的护层电缆［GB/T 5013.4—2008 中的 60245 IEC 57(YZW)］。

25 外接导线的接线端子

GB/T 3883.1—2014 的这一章适用。

26 接地装置

GB/T 3883.1—2014 的这一章适用。

27 螺钉与连接件

GB/T 3883.1—2014 的这一章适用。

28 爬电距离、电气间隙和绝缘穿通距离

GB/T 3883.1—2014 的这一章适用。

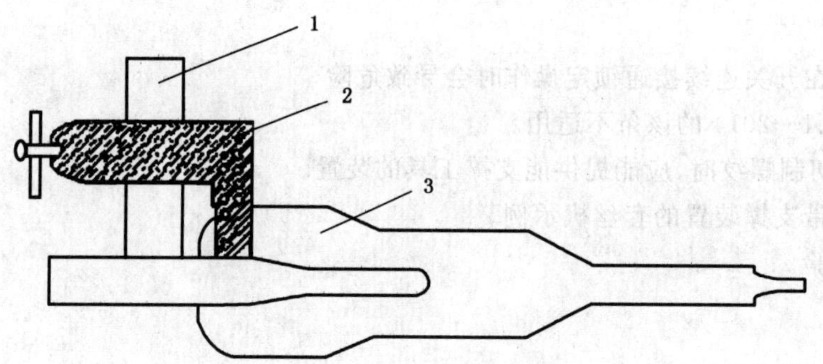

说明：

1——管材；

2——支撑装置；

3——套丝机。

图 101 套丝机和支撑装置

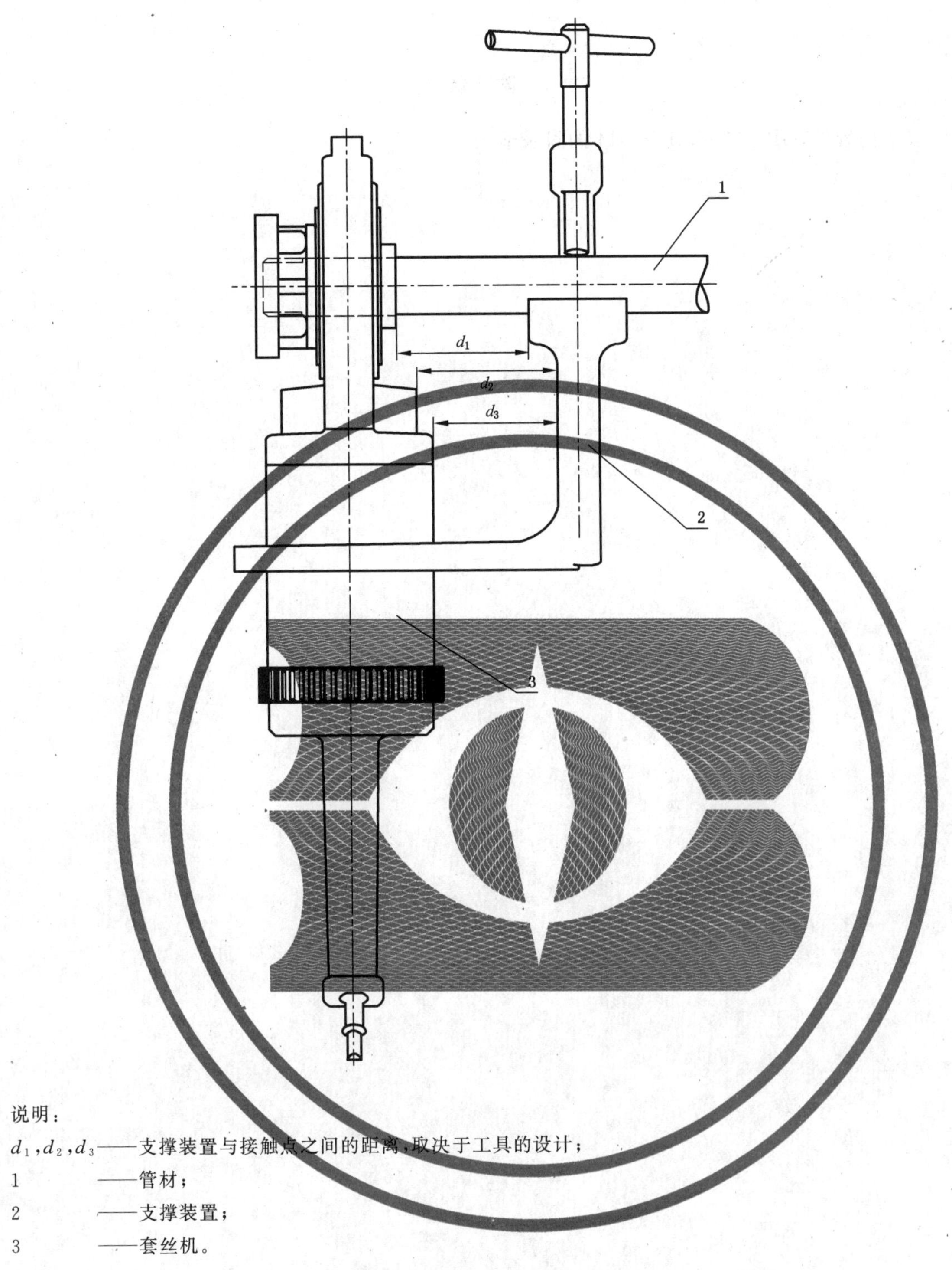

说明：

d_1，d_2，d_3——支撑装置与接触点之间的距离，取决于工具的设计；

1 ——管材；

2 ——支撑装置；

3 ——套丝机。

图 102 测试支撑装置的示意图

附　录

除以下内容外，GB/T 3883.1—2014 的附录适用。

附 录 I
（资料性）
噪声和振动的测量

I.2 噪声测试方法(工程法)

除下述条文外,GB/T 3883.1—2014 的这一章适用。

I.2.4 电动工具在噪声试验时的安装和固定条件

增加：

攻丝机和套丝机处于悬挂位置。工具的主轴呈水平方向。

I.2.5 运行条件

增加：

攻丝机和套丝机在空载状态下进行测试。

I.3 振动

除下述条文外,GB/T 3883.1—2014 的这一章适用。

I.3.3.2 测量位置

增加：

图 I.101 给出了攻丝机的测量位置。图 I.102 给出了套丝机的测量位置。

I.3.5.3 运行条件

增加：

攻丝机和套丝机按照表 I.101 规定的条件进行测试。

表 I.101 攻丝机和套丝机的运行条件

定位	攻丝机和套丝机在空载条件下进行测试。 攻丝机在测试中垂直握持。套丝机在测试中水平握持
工作头/设置	工作头为中等长度和尺寸规格
进给力	以正常握紧力握持工具,应避免过度握紧力
测试周期	一个测试周期包括工具在空载状态下开启,以最高速度运转超过 10 s,然后关闭。 在 10 s 的周期内进行测量
注 1：在实验室中难以测量给攻丝机和套丝机施加的负载,且结果显示负载对振动值没有影响,因此选择空载作为运行条件。 注 2：对于套丝机,连接到齿轮箱外壳的手柄需使其处于一个水平位置,但是它在实际操作中不被使用。	

I.3.6.2 总振动发射值的声明

增加：

应声明手柄的最大总振动值 a_h 及其不确定度 K。

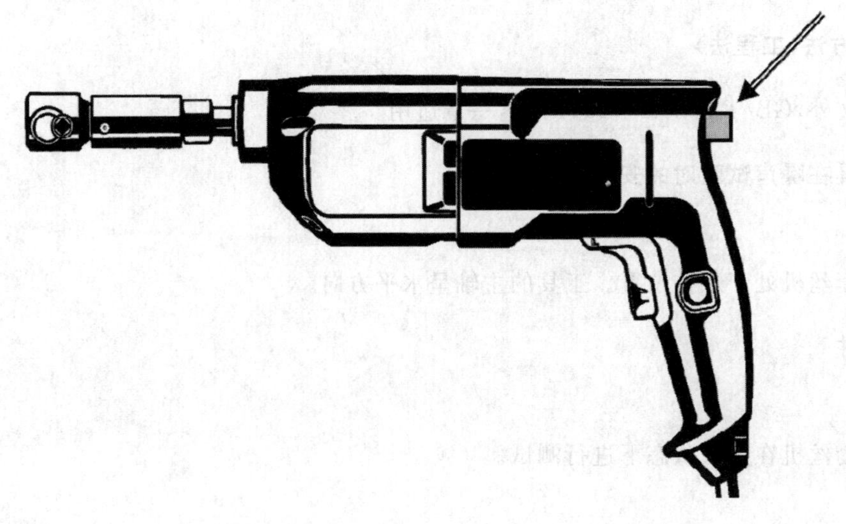

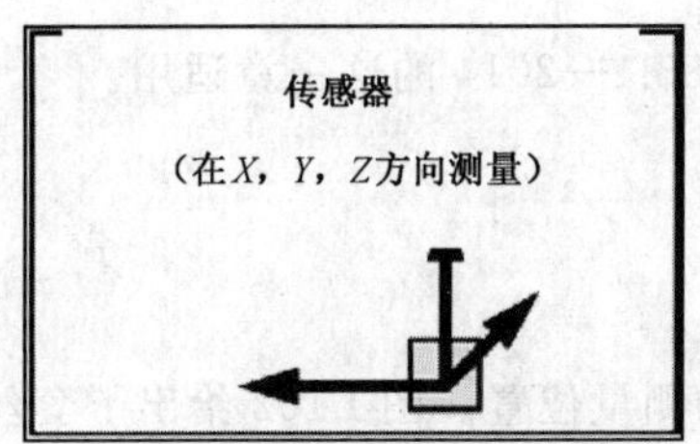

图 I.101 攻丝机的传感器位置

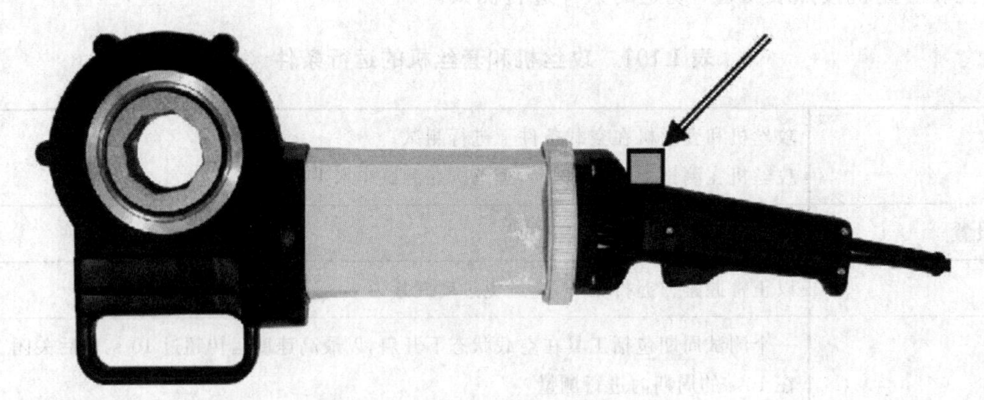

注：邻近齿轮箱的手柄只在准备套制螺纹时使用，工具运转时不使用。

图 I.102 套丝机的传感器位置

附　录　K
（规范性）
电池式工具和电池包

K.1　范围

增加：

除本附录规定的条文外，本文件的所有章节适用。

K.11　输入功率和电流

本文件的该章不适用。

K.12.2.1　本文件的该条文不适用。

K.18　不正常操作

除下述条文外，本文件的这一章适用。

K.18.8　表 4 替换为：

表 4　要求的性能等级

关键安全功能(SCF)的类型和作用	最低允许的性能等级(PL)
电源开关—对攻丝机，防止不期望的接通	a
电源开关—对套丝机，防止不期望的接通	a
电源开关—对攻丝机，提供期望的开关断开	a
电源开关—对套丝机，提供期望的开关断开	c
提供期望的旋转方向	不是 SCF
任何为通过 18.3 测试的电子控制器	不是 SCF
任何限速装置	不是 SCF
防止超过第 18 章中的热极限	a

参 考 文 献

GB/T 3883.1—2014 的参考文献适用。

ICS 25.140.20
K 64

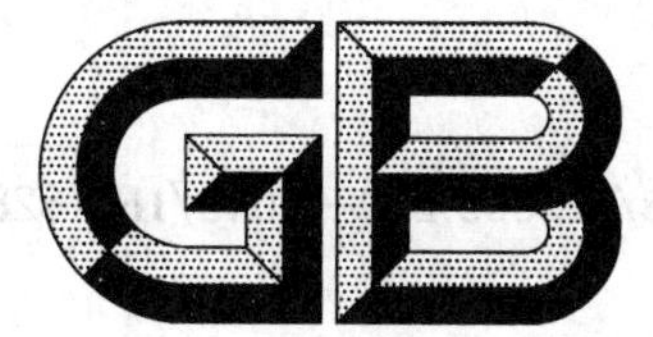

中华人民共和国国家标准

GB/T 3883.210—2019/IEC 62841-2-14:2015
代替 GB/T 3883.10—2007

手持式、可移式电动工具和园林工具的安全 第210部分:手持式电刨的专用要求

Safety of motor-operated hand-held, transportable and garden tools—Part 210: Particular requirements for hand-held planers

(IEC 62841-2-14:2015, Electric motor-operated hand-held tools, transportable tools and lawn and garden machinery—Safety—Part 2-14: Particular requirements for hand-held planers, IDT)

2019-10-18 发布　　　　2020-05-01 实施

国家市场监督管理总局
中国国家标准化管理委员会　发布

前　言

《手持式、可移式电动工具和园林工具的安全》的第2部分手持式电动工具，目前由以下5部分组成：

——GB/T 3883.201—2017　手持式、可移式电动工具和园林工具的安全　第2部分：电钻和冲击电钻的专用要求；

——GB/T 3883.202—2019　手持式、可移式电动工具和园林工具的安全　第202部分：手持式螺丝刀和冲击扳手的专用要求；

——GB/T 3883.204—2019　手持式、可移式电动工具和园林工具的安全　第204部分：手持式非盘式砂光机和抛光机的专用要求；

——GB/T 3883.205—2019　手持式、可移式电动工具和园林工具的安全　第205部分：手持式圆锯的专用要求；

——GB/T 3883.210—2019　手持式、可移式电动工具和园林工具的安全　第210部分：手持式电刨的专用要求。

本部分为GB/T 3883的第210部分。

本部分按照GB/T 1.1—2009给出的规则起草。

本部分代替GB/T 3883.10—2007《手持式电动工具的安全　第二部分：电刨的专用要求》，与GB/T 3883.10—2007相比，主要技术变化如下：

——修改术语“电刨”的定义，增加术语“刨刀”(见第3章，2007年版的第3章)；

——试验一般条件中增加电刨的质量的说明(见第5章)；

——耐久性增加提升装置的耐久性要求(见第17章)；

——不正常操作修改第1部分的表4(见第18章，2007年版的第18章)；

——机械危险增加19.1、19.4.101；并增加19.101～19.111对刨刀、提升装置等的要求(见第19章)；

——结构中增加21.18.1.1、21.18.1.2和21.35(见第21章)；

——增加资料性附录I“噪声和振动的测量”(见附录I)。

本部分使用翻译法等同采用IEC 62841-2-14:2015《电动机驱动的手持式、可移式电动工具和园林机器　安全　第2-14部分：手持式电刨的专用要求》。

本部分做了下列编辑性修改：

——将标准名称修改为“手持式、可移式电动工具和园林工具的安全　第210部分：手持式电刨的专用要求”；

——删除K.12.2.1，修改K.21.18.1.2(见附录K)；

——修改L.21.18.1.2(见附录L)。

本部分应与GB/T 3883.1—2014《手持式、可移式电动工具和园林工具的安全　第1部分：通用要求》一起使用。

本部分写明“适用”的部分，表示GB/T 3883.1—2014中相应条款适用；本部分写明“替换”的部分，则应以本部分中的条款为准；本部分中写明“修改”的部分，表示GB/T 3883.1—2014相应条款的相关内容应以本部分修改后的内容为准，而该条款中其他内容仍适用；本部分写明“增加”的部分，表示除了符合GB/T 3883.1—2014的相应条款外，还应符合本部分所增加的条款。

本部分由中国电器工业协会提出。

本部分由全国电动工具标准化技术委员会(SAC/TC 68)归口。

本部分起草单位：江苏东成电动工具有限公司、上海电动工具研究所（集团）有限公司、浙江亚特电器有限公司、浙江信源电器制造有限公司、锐奇控股股份有限公司。

本部分主要起草人：施春磊、顾菁、丁俊峰、金红霞、朱贤波、陈勤、张国峰、姚同锁、袁元。

本部分所代替标准的历次版本发布情况为：

——GB 3883.10—1985、GB 3883.10—1991、GB/T 3883.10—2007。

引　言

2014 年,我国发布国家标准 GB/T 3883.1—2014《手持式、可移动式电动工具和园林工具的安全　第 1 部分:通用要求》,将原 GB/T 3883(手持式电动工具部分)、GB/T 13960(可移动式电动工具部分)和 GB/T 4706(仅园林电动工具部分)三大系列电动工具的通用安全标准的共性技术要求进行了整合。

与 GB/T 3883.1—2014 配套使用的特定类型的小类产品专用要求共 3 个部分,分别为第 2 部分(手持式电动工具部分)、第 3 部分(可移动式电动工具部分)、第 4 部分(园林电动工具部分),均转化对应的国际标准 IEC 62841 系列的专用要求。

标准名称的主体要素扩大为"手持式、可移动式电动工具和园林工具的安全",沿用原手持式电动工具部分的标准编号 GB/T 3883。每一部分小类产品的标准分部分编号由 3 位数字构成,其中第 1 位数字表示对应的部分,第 2 位和第 3 位数字表示不同的小类产品。

新版 GB/T 3883 系列标准将形成一个比较科学、完整、通用、统一的电动工具产品的安全系列标准体系,使得标准的实施更加切实可行,使用方便。

目前,新版 GB/T 3883 系列标准"手持式电动工具部分"已发布的标准如下:

——GB/T 3883.201—2017　手持式、可移动式电动工具和园林工具的安全　第 2 部分:电钻和冲击电钻的专用要求(代替 GB/T 3883.6—2012);

——GB/T 3883.202—2019　手持式、可移动式电动工具和园林工具的安全　第 202 部分:手持式螺丝刀和冲击扳手的专用要求(代替 GB/T 3883.2—2012);

——GB/T 3883.204—2019　手持式、可移动式电动工具和园林工具的安全　第 204 部分:手持式非盘式砂光机和抛光机的专用要求(代替 GB/T 3883.4—2012);

——GB/T 3883.205—2019　手持式、可移动式电动工具和园林工具的安全　第 205 部分:手持式圆锯的专用要求(代替 GB/T 3883.5—2012);

——GB/T 3883.210—2019　手持式、可移动式电动工具和园林工具的安全　第 210 部分:手持式电刨的专用要求(代替 GB/T 3883.10—2012)。

后续还将对以下标准进行修订:

——GB/T 3883.3—2007　手持式电动工具的安全　第二部分:砂轮机、抛光机和盘式砂光机的专用要求;

——GB/T 3883.7—2012　手持式电动工具的安全　第 2 部分:锤类工具的专用要求;

——GB/T 3883.8—2012　手持式电动工具的安全　第 2 部分:电剪刀和电冲剪的专用要求;

——GB/T 3883.9—2012　手持式电动工具的安全　第 2 部分:攻丝机的专用要求;

——GB/T 3883.11—2012　手持式电动工具的安全　第 2 部分:往复锯(曲线锯、刀锯)的专用要求;

——GB/T 3883.12—2012　手持式电动工具的安全　第 2 部分:混凝土振动器的专用要求;

——GB/T 3883.13—1992　手持式电动工具的安全　第二部分:不易燃液体电喷枪的专用要求;

——GB/T 3883.16—2008　手持式电动工具的安全　第二部分:钉钉机的专用要求;

——GB/T 3883.17—2005　手持式电动工具的安全　第 2 部分:木铣和修边机的专用要求;

——GB/T 3883.18—2009　手持式电动工具的安全　第二部分:石材切割机的专用要求;

——GB/T 3883.19—2012　手持式电动工具的安全　第 2 部分:管道疏通机的专用要求;

——GB/T 3883.20—2012　手持式电动工具的安全　第 2 部分:捆扎机的专用要求;

——GB/T 3883.21—2012　手持式电动工具的安全　第 2 部分:带锯的专用要求;

——GB/T 3883.22—2008　手持式电动工具的安全　第二部分:开槽机的专用要求。

手持式、可移式电动工具和园林工具的安全 第210部分:手持式电刨的专用要求

1 范围

除下述条款外,GB/T 3883.1—2014 的这一章适用。

增加:

本部分适用于电刨。

2 规范性引用文件

GB/T 3883.1—2014 的这一章适用。

3 术语和定义

除下述条款外,GB/T 3883.1—2014 的这一章适用。

增加的定义:

3.101

电刨 planer

用于刨削表面材料的工具,它装有一个旋转刨刀,刨刀的旋转轴与将电刨支撑在工件上的底板平行。

注:底板由一个固定底板和一个确定刨削深度的可调节底板组成。

3.102

提升装置 lift-off device

当电刨的底板放置于平面时,使刀片不与平面接触的装置。

3.103

刨刀 cutting head

由刀片、刀毂、刀片紧固件、相关螺钉和刀轴组装而成的一个工作整体。

4 一般要求

GB/T 3883.1—2014 的这一章适用。

5 试验一般条件

除下述条款外,GB/T 3883.1—2014 的这一章适用。

5.17 增加:

如有集尘转接器,则工具的质量应将其和含刀片的刨刀包括在内。

6 辐射、毒性和类似危险

GB/T 3883.1—2014 的这一章适用。

7 分类

GB/T 3883.1—2014 的这一章适用。

8 标志和说明书

除下述条款外,GB/T 3883.1—2014 的这一章适用。

8.1 增加:

——额定空载转速。

8.3 增加:

——工作主轴的旋转方向标志,应以凸起或凹陷的箭头或以其他同等清晰且耐久的方法标注在工具上。

8.14.1 增加:

对电刨,增加 8.14.1.101 的补充安全说明,该部分的内容可以与"电动工具通用安全警告"分开印刷。

8.14.1.101 **电刨安全说明:**

a) **等刨刀停止后再放置工具。**外露的旋转刨刀可能会嵌入表面而引发可能的失控和严重的伤害事故。

b) **因刨刀可能会触及自身软线,要通过绝缘握持面来握持工具。**刨削到带电导线会使工具外露的金属零件带电而使操作者受到电击。

c) **使用夹具或其他实用方法将工件固定和支撑在稳定的工作台面。**用手或身体固定工件会使工件不稳引起失控。

8.14.2 **b)** 增加:

101) 如何在刨削深度范围内进行调节的说明;

102) 正确使用集尘系统的说明。

8.14.2 **c)** 增加:

101) 可以使用的刨刀型式的信息,如适用;

102) 更换刀片和将它们调整到正确位置的说明;

103) 如何恰当清洁/清理出屑口的说明。

9 防止触及带电零件的保护

GB/T 3883.1—2014 的这一章适用。

10 起动

GB/T 3883.1—2014 的这一章适用。

11 输入功率和电流

GB/T 3883.1—2014 的这一章适用。

12 发热

GB/T 3883.1—2014 的这一章适用。

13 耐热性和阻燃性

GB/T 3883.1—2014 的这一章适用。

14 防潮性

GB/T 3883.1—2014 的这一章适用。

15 防锈

GB/T 3883.1—2014 的这一章适用。

16 变压器及其相关电路的过载保护

GB/T 3883.1—2014 的这一章适用。

17 耐久性

除下述条款外,GB/T 3883.1—2014 的这一章适用。

17.101 如果提供了提升装置来满足 18.8 或 21.18.1.1 的要求,它应有足够的耐久性。

通过在一台新样品进行以下试验来检验。

电刨放置在水平位置,提升装置在其操作范围内运行 50 000 次,操作速率应不低于 10 次/min。

完成上述规定的循环操作后,电刨应仍能满足 19.111 的要求。

18 不正常操作

除下述条款外,GB/T 3883.1—2014 的这一章适用。

18.8 表 4 替换为:

表 4 要求的性能等级

关键安全功能(SCF)的类型和作用	最低允许的性能等级(PL)
电源开关—防止不期望的接通	c
电源开关—对带有提升装置的电刨,提供期望的断开	a

表 4（续）

关键安全功能(SCF)的类型和作用	最低允许的性能等级(PL)
电源开关—对不带有提升装置的电刨，提供期望的断开	b
任何为通过 18.3 测试的电子控制器	a
防止输出转速超过额定空载转速的 130%的过速保护	b
提供期望的旋转方向	a
防止超过第 18 章中的热极限	a
23.3 要求的防止自复位	b
21.18.1.2 要求的断开锁定功能	b

19 机械危险

除下述条款外，GB/T 3883.1—2014 的这一章适用。

19.1 增加：

仅使用图 102 所示的试验探针来检验 19.107、19.108 和 19.109 的要求。

19.4.101 根据 5.17 的要求，质量超过 3 kg 的电刨应至少有 2 个手柄。如果有辅助手柄，也可用于设定刨削深度，此时，应通过一个旋转动作来调节刨削深度。

通过观察和测量来检验。

19.101 除刀片、出屑槽和刀片夹紧装置外，刨刀应是圆柱形的。

出屑槽的最大宽度 s 应为：

$$s_{\max} = 0.235d + 7.2 \text{ mm}$$

其中，d 是刃口旋转圆的直径，见图 101。

通过观察和测量来检验。

19.102 当刀片和固定底板齐平时，刀片在径向应不超出刀毂 1.1 mm(如图 101 中的尺寸“a”)。

通过观察和测量来检验。

19.103 在任意刨削深度，刃口旋转圆和可调节底板后缘之间的距离“b”(如图 101)应不超过 5 mm。

通过观察和测量来检验。

19.104 刀片应牢靠固定在刀毂上，且不能仅依靠摩擦力防止刀片径向飞出。

通过观察来检验。

19.105 刨刀的设计和材质应确保能够承受正常使用时所产生的力和负载。

通过下述试验来检验。

一个装有最大刨削直径和最大刨削宽度的刨刀进行超速试验，试验转速是额定空载转速的 1.5 倍。如适用，类似夹紧螺钉这样的夹紧元件应按照 8.14.2b)中的说明进行紧固。

试验后，刨刀不应变形或破裂，螺钉不能松开，可分离零件的位移应低于试验方法中的规定。

试验方法如下：

1) 测量刨刀的尺寸；
2) 刨刀提速到额定空载转速，持续 1 min；
3) 停下并重新测量刨刀，测得的刨刀可分离零件的位移应不大于 0.15 mm；
4) 刨刀提速到试验转速，持续 1 min；
5) 停下并重新测量刨刀，测量结果和第三步测得的结果比较，差值应不超过 0.15 mm。

19.106 夹紧螺钉或螺栓应不突出于刀毂，如图101所示。

通过观察来检验。

19.107 除19.108的情况外，应避免从电刨两侧意外触及旋转部件。

通过以下试验来检验：

电刨设定到最小刨削深度，靠底板放置在一平面上，且电刨的四周有至少100 mm的空间。任何提升装置不动作。用图102所示的探针以不超过5 N的力进行试验。

19.108 带有开槽装置的电刨应有防护装置以避免从侧面意外触及刀片。

注：开槽也可认为是开榫。

通过观察和以下试验来检验：

电刨设定到最小刨削深度，靠底板放置在一平面上，且电刨的四周有至少100 mm的空间。任何提升装置不动作。用图102所示的探针不施加任何力进行试验。

19.109 应不能通过出屑口触及刀片。

用图102所示的试验探针检查所有出屑口，试验探针以任何角度应不能触及刨刀上的刀片。

19.110 电刨应在关闭电源之后10 s内停止运转。

通过观察及测量来检验。

19.111 提升装置

19.111.1 如果提升装置是用于满足18.8或21.18.1.1要求的，则在完成17.101的试验后，应满足19.111.2和19.111.3的要求。

19.111.2 如果有提升装置，设计应满足以下要求：

——当从水平面上提起电刨，提升装置自动触发；且

——当电刨根据8.14.2b)101)设定在最大刨削深度且放置在平面上时，刀片不应和水平面接触。

通过观察来检验。

19.111.3 提升装置有足够的稳定性。

通过以下试验来检验：

如有电源线，将其拆除，根据8.14.2b)101)把电刨设定到最大刨削深度，将电刨放置在密度为650 kg/m^3～850 kg/m^{3}的中密度纤维板(MDF)平板上，平板倾斜10°，使电刨的尾部最接近木板的高端边缘，自由放置10 s～12 s。试验期间，允许电刨滑动，但提升装置不应失效至使电刨刀片接触平板。

20 机械强度

GB/T 3883.1—2014的这一章适用。

21 结构

除下述条款外，GB/T 3883.1—2014的这一章适用。

21.18.1.1 增加：

底板放置于平面上时刀片触及该平面且未配置提升装置的电刨，是被认为在开关连续接通锁定操作时会导致危险的工具。

21.18.1.2 增加：

电刨意外启动操作被认为会导致危险。

21.35 GB/T 3883.1—2014的这一条适用。

22 内部布线

GB/T 3883.1—2014 的这一章适用。

23 组件

GB/T 3883.1—2014 的这一章适用。

24 电源联接和外接软线

GB/T 3883.1—2014 的这一章适用。

25 外接导线的接线端子

GB/T 3883.1—2014 的这一章适用。

26 接地装置

GB/T 3883.1—2014 的这一章适用。

27 螺钉与连接件

GB/T 3883.1—2014 的这一章适用。

28 爬电距离、电气间隙和绝缘穿通距离

GB/T 3883.1—2014 的这一章适用。

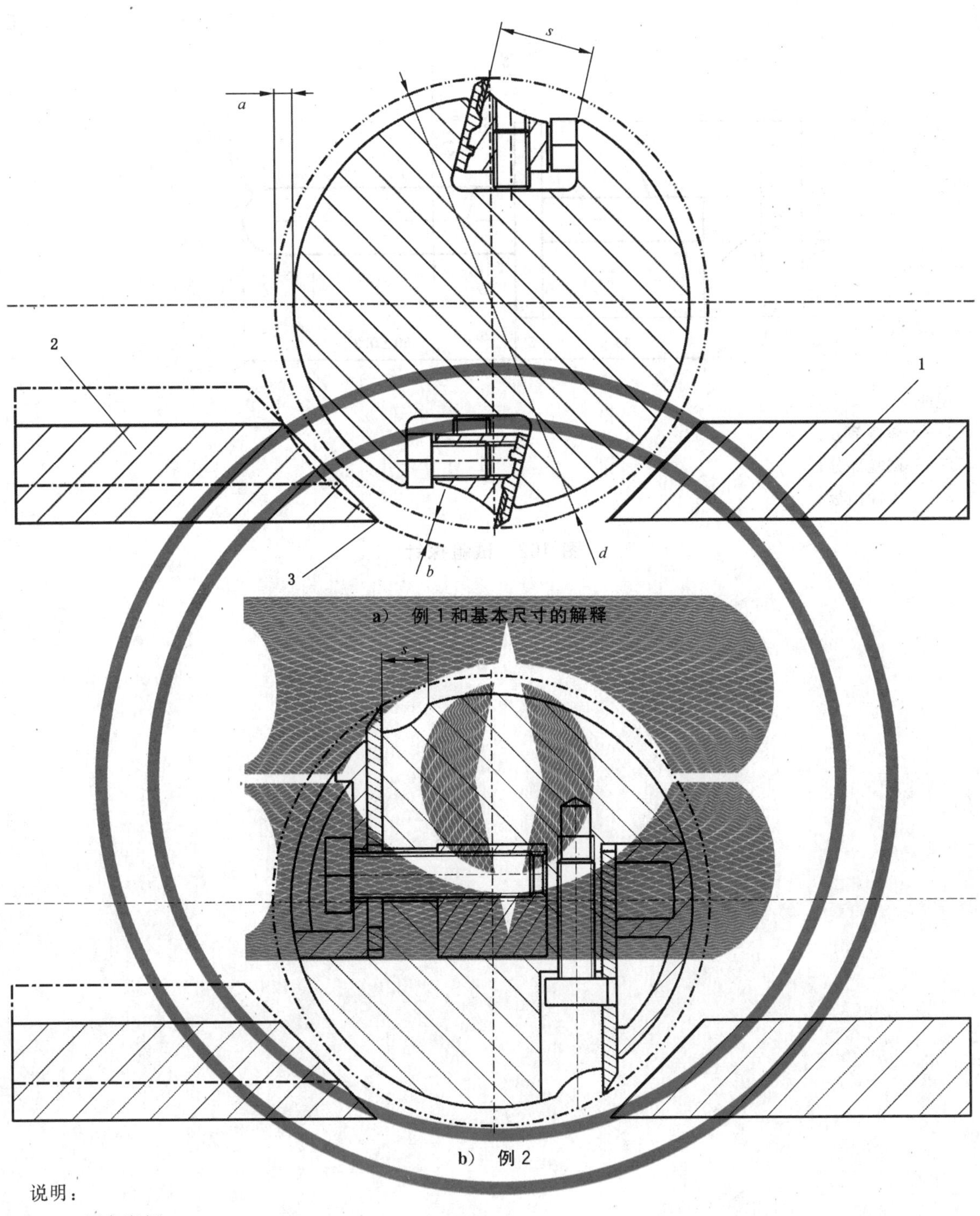

b） 例2

说明：

1——固定底板；

2——可调节底板；

3——可调节底板后缘；

a——刀片超出刀毂的径向长度；

b——刃口旋转圆和可调节底板后缘之间的距离；

d——刃口旋转圆的直径；

s——出屑槽宽度。

图101 刨刀基本尺寸示例

单位为毫米

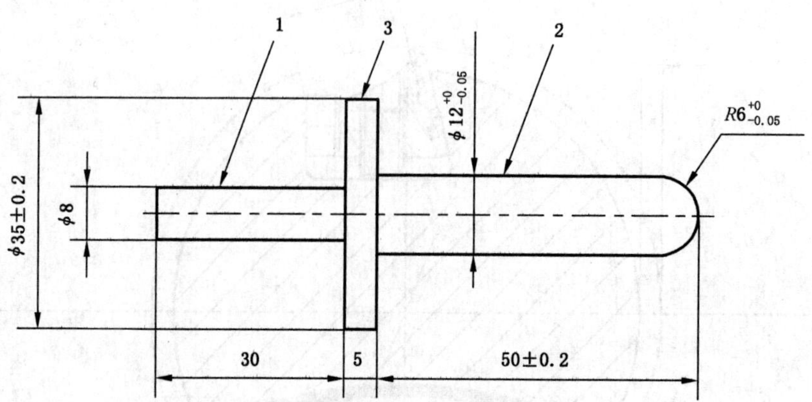

说明：

1——握持部分；

2——试验部分；

3——探针挡板。

图 102　试验探针

附　录

除以下内容外，GB/T 3883.1—2014 的附录适用。

附　录　I
（资料性附录）
噪声和振动的测量

I.2　噪声测试方法(工程法)

除下述条款外,GB/T 3883.1—2014 的这一章适用。

I.2.4　电动工具在噪声测试时的安装和固定条件

增加:

按 I.2.5 规定的要求握持电刨。

I.2.5　运行条件

增加:

电刨应在表 I.101 规定的负载条件下测试。

5.6 中温度的要求不适用。

表 I.101　测试条件

定位	在一块没有木疖、残留水分不超过 14%的水平放置的软木表面上刨削。 工件长度至少为 600 mm,厚度至少为 90 mm,宽度为 B,B 是工具的最大刨削宽度减去(15±2)mm。 工件应用螺钉、夹具、气缸或其他类似工装固定在垫有弹性材料的试验台(图 I.1)上,如图 I.101 所示。工件可以利用凹槽或者类似方式进行固定,如图 I.101 所示。弹性材料的安装和固定应不会产生任何影响测试结果的显著的频率共振。 为了防止吸收空气噪声,弹性材料应: ——不超过工件和试验台之间的接触面;或 ——不使用非空气吸音材料,例如,橡胶。 如果工具提供了平行导板,可以使用。 **注:** 软木可以是松木和冷杉木
工作头	用于刨削软木的刀片。刨削深度设定在最大值
进给力	进给速率保持恒定,使得一个测试周期(刨削 600 mm)维持在 10 s~15 s。如果有辅助手柄,在其和主手柄上施加相同的力,应避免过度握紧力。 如果因电刨卡住导致不能在规定时间内刨削完工件的整个表面长度,可以延长试验时间,并在电刨不被卡住的情况下尽可能增加进给力
测试周期	在最大刨削深度时刨削 600 mm 完整长度。 在约 400 mm 的长度范围内进行测量,但不包括工件两端

I.3　振动

除下述条款外,GB/T 3883.1—2014 的这一章适用。

I.3.3.2　测量位置

增加：

图 I.102 给出了主手柄和辅助手柄(如有)的测量位置。

I.3.5.3　运行条件

增加：

电刨按照表 I.101 中负载测试条件进行测试。

I.3.6.2　总振动发射值的声明

增加：

应声明手柄的最大总振动值 a_h 及其不确定度 K。

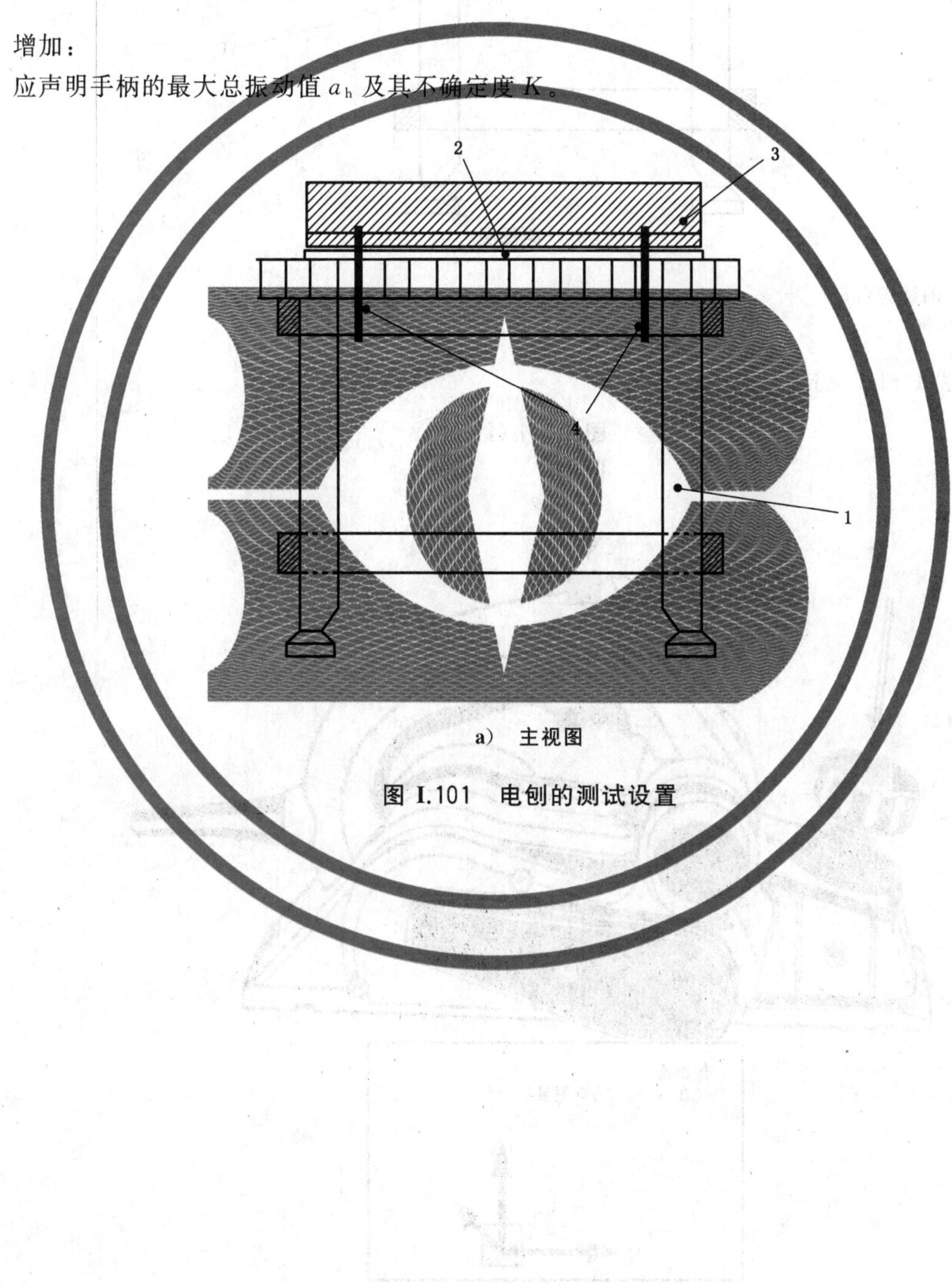

a)　主视图

图 I.101　电刨的测试设置

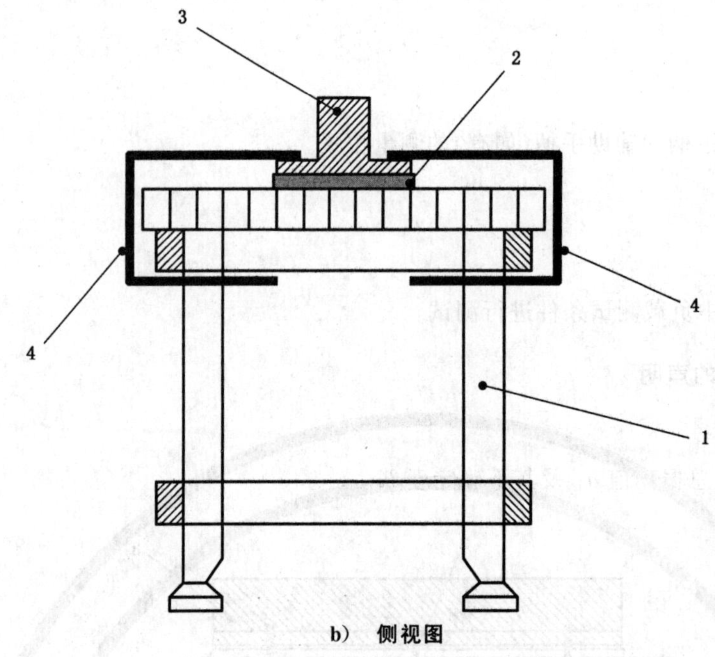

b) 侧视图

说明：
1——图 I.1 的试验台；
2——弹性材料；
3——工件；
4——夹紧装置(例如，夹具)。

图 I.101（续）

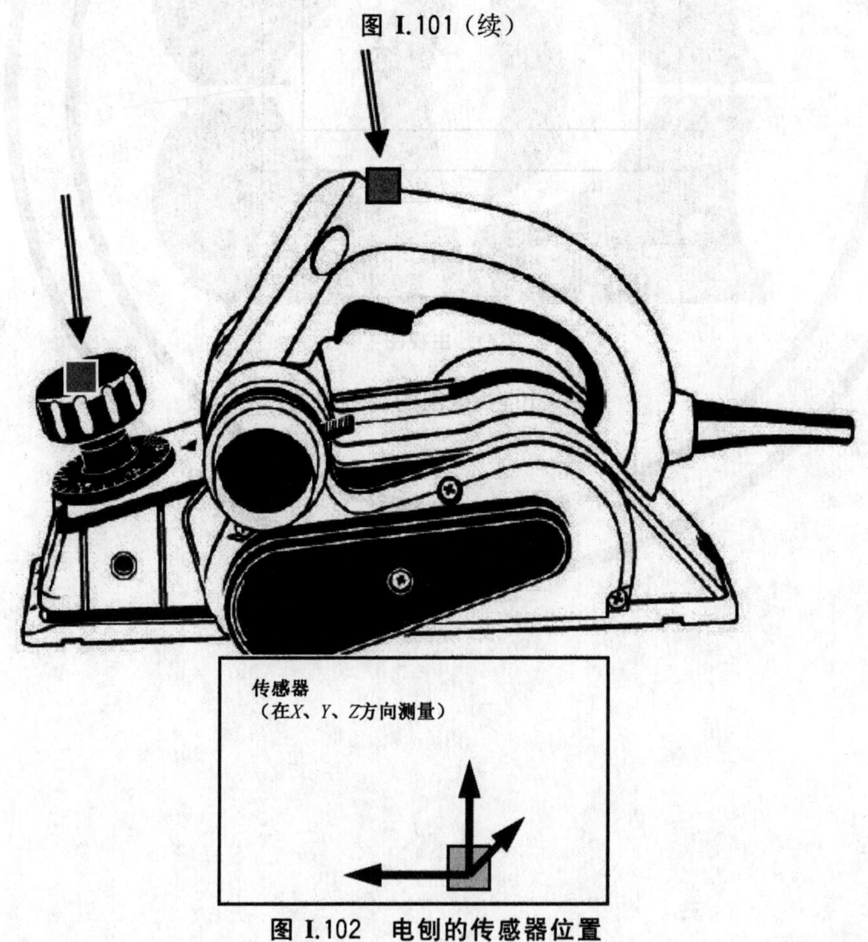

图 I.102 电刨的传感器位置

附 录 K
（规范性附录）
电池式工具和电池包

K.1 范围

增加：

除本附录规定的条款外，本部分的所有章适用。

K.8.14.1.101 b) 本部分的该条不适用。

K.20.5 本部分的该条不适用。

K.21.18.1.2 GB/T 3883.1—2014 的 21.18.1.2 的第 2 段不适用。

K.21.30 本部分的该条不适用。

附 录 L
（规范性附录）
提供电源联接或非隔离源的电池式工具和电池包

L.1 范围

增加：

除本附录规定的条款外，本部分的所有章适用。

L.21.18.1.2 GB/T 3883.1—2014 的 21.18.1.2 的第 2 段不适用。

参 考 文 献

GB/T 3883.1—2014 的参考文献适用。

ICS 25.140.20
CCS K 64

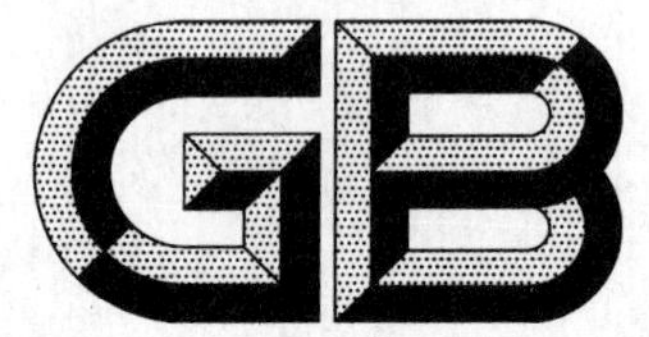

中华人民共和国国家标准

GB/T 3883.211—2021/IEC 62841-2-11:2015
代替 GB/T 3883.11—2012

手持式、可移式电动工具和园林工具的安全 第211部分:手持式往复锯的专用要求

Safety of motor-operated hand-held, transportable and garden tools—
Part 211: Particular requirements for hand-held reciprocating saws

(IEC 62841-2-11:2015, Electric motor-operated hand-held tools, transportable tools and lawn and garden machinery—Safety—Part 2-11: Particular requirements for hand-held reciprocating saws, IDT)

2021-04-30 发布　　　　2021-11-01 实施

国家市场监督管理总局
国家标准化管理委员会　发布

前　　言

本文件按照 GB/T 1.1—2020《标准化工作导则　第 1 部分:标准化文件的结构和起草规则》的规定起草。

本文件是 GB/T 3883《手持式、可移式电动工具和园林工具的安全》的第 211 部分。“手持式、可移式电动工具和园林工具的安全”的第 2 部分手持式电动工具,目前由以下 7 部分组成:

——GB/T 3883.201—2017　手持式、可移式电动工具和园林工具的安全　第 2 部分:电钻和冲击电钻的专用要求;

——GB/T 3883.202—2019　手持式、可移式电动工具和园林工具的安全　第 202 部分:手持式螺丝刀和冲击扳手的专用要求;

——GB/T 3883.204—2019　手持式、可移式电动工具和园林工具的安全　第 204 部分:手持式非盘式砂光机和抛光机的专用要求;

——GB/T 3883.205—2019　手持式、可移式电动工具和园林工具的安全　第 205 部分:手持式圆锯的专用要求;

——GB/T 3883.209—2021　手持式、可移式电动工具和园林工具的安全　第 209 部分:手持式攻丝机和套丝机的专用要求;

——GB/T 3883.210—2019　手持式、可移式电动工具和园林工具的安全　第 210 部分:手持式电刨的专用要求;

——GB/T 3883.211—2021　手持式、可移式电动工具和园林工具的安全　第 211 部分:手持式往复锯的专用要求。

本文件代替 GB/T 3883.11—2012《手持式电动工具的安全　第 2 部分:往复锯(曲线锯、刀锯)的专用要求》,与 GB/T 3883.11—2012 相比,主要技术变化如下:

1) 试验一般条件:增加往复锯的质量的说明(见第 5 章,2012 年版的第 5 章);
2) 标志和说明书:原 8.12.1.1 移到 8.14.1.101,并增加 b);增加 8.14.2 b)和 c)的说明(见第 8 章,2012 年版的第 8 章);
3) 不正常操作:修改第 1 部分的表 4(见第 18 章,2012 年版的第 18 章);
4) 机械危险:将原 19.1 的内容移到 19.101,并进行相关修改(见第 19 章,2012 年版的第 19 章);
5) 结构:增加 21.18.1.1(见第 21 章,2012 年版的第 21 章);
6) 组件:23.3 第一段替换(见第 23 章,2012 年版的第 23 章);
7) 增加资料性附录“噪声和振动的测量”(见附录 I)。

本文件使用翻译法等同采用 IEC 62841-2-11:2015《电动机驱动的手持式、可移式电动工具和园林机器　安全　第 2-11 部分:手持式往复锯的专用要求》。

本文件做了下列编辑性修改:

——标准名称修改为“手持式、可移式电动工具和园林工具的安全　第 211 部分:手持式往复锯的专用要求”;

——纳入了 IEC 62841-2-11:2015/AMD1:2018 的修正内容,8.14.1.101 和 K.8.14.1.101 警告加设序号;19.101 2)将锯齿平面改为锯片中心面,并增加图 104;增加 20.5;增加 21.18.1.2 和 21.35 不适用;增加 21.30。所涉及的条款的外侧页边空白位置用垂直双线(‖)进行了标示。

本文件应与 GB/T 3883.1—2014《手持式、可移式电动工具和园林工具的安全　第 1 部分:通用要求》一起使用。

本文件写明"适用"的部分，表示 GB/T 3883.1—2014 中相应条款适用；本文件写明"替换"的部分，则应以本文件中的条款为准；本文件中写明"修改"的部分，表示 GB/T 3883.1—2014 相应条款的相关内容应以本文件修改后的内容为准，而该条款中其他内容仍适用；本文件写明"增加"的部分，表示除了符合 GB/T 3883.1—2014 的相应条款外，还应符合本文件所增加的条款。

本文件由中国电器工业协会提出。

本文件由全国电动工具标准化技术委员会(SAC/TC 68)归口。

本文件起草单位：宝时得科技(中国)有限公司、上海电动工具研究所(集团)有限公司、浙江亚特电器有限公司、江苏苏美达五金工具有限公司、南京德朔实业有限公司、锐奇控股股份有限公司。

本文件主要起草人：丁玉才、潘顺芳、丁俊峰、林有余、高杨、朱贤波、曹振华、陈建秋。

本文件所代替文件的历次版本发布情况为：

——GB 3883.11—1985、GB 3883.11—1991、GB 3883.11—2005、GB/T 3883.11—2012。

引　言

2014 年,我国发布国家标准 GB/T 3883.1—2014《手持式、可移式电动工具和园林工具的安全　第 1 部分:通用要求》,将原 GB/T 3883(手持式电动工具部分)、GB/T 13960(可移式电动工具部分)和 GB/T 4706(仅园林电动工具部分)三大系列电动工具的通用安全标准的共性技术要求进行了整合。

与 GB/T 3883.1—2014 配套使用的特定类型的小类产品专用要求共 3 个部分,分别为第 2 部分(手持式电动工具部分)、第 3 部分(可移式电动工具部分)、第 4 部分(园林电动工具部分),均转化对应的国际标准 IEC 62841 系列的专用要求。

标准名称的主体要素扩大为"手持式、可移式电动工具和园林工具的安全",沿用原手持式电动工具部分的标准编号 GB/T 3883。每一部分小类产品的标准分部分编号由三位数字构成,其中第 1 位数字表示对应的部分,第 2 位和第 3 位数字表示不同的小类产品。

新版 GB/T 3883 系列标准将形成一个比较科学、完整、通用、统一的电动工具产品的安全系列标准体系,使得标准的实施更加切实可行,使用方便。

目前,新版 GB/T 3883 系列标准"手持式电动工具部分"已发布的标准如下:

——GB/T 3883.201—2017　手持式、可移式电动工具和园林工具的安全　第 2 部分:电钻和冲击电钻的专用要求;

——GB/T 3883.202—2019　手持式、可移式电动工具和园林工具的安全　第 202 部分:手持式螺丝刀和冲击扳手的专用要求;

——GB/T 3883.204—2019　手持式、可移式电动工具和园林工具的安全　第 204 部分:手持式非盘式砂光机和抛光机的专用要求;

——GB/T 3883.205—2019　手持式、可移式电动工具和园林工具的安全　第 205 部分:手持式圆锯的专用要求;

——GB/T 3883.209—2021　手持式、可移式电动工具和园林工具的安全　第 209 部分:手持式攻丝机和套丝机的专用要求;

——GB/T 3883.210—2019　手持式、可移式电动工具和园林工具的安全　第 210 部分:手持式电刨的专用要求;

——GB/T 3883.211—2021　手持式、可移式电动工具和园林工具的安全　第 211 部分:手持式往复锯的专用要求。

后续还将对以下标准进行修订:

——GB/T 3883.3—2007　手持式电动工具的安全　第二部分:砂轮机、抛光机和盘式砂光机的专用要求;

——GB/T 3883.7—2012　手持式电动工具的安全　第 2 部分:锤类工具的专用要求;

——GB/T 3883.8—2012　手持式电动工具的安全　第 2 部分:电剪刀和电冲剪的专用要求;

——GB/T 3883.12—2012　手持式电动工具的安全　第 2 部分:混凝土振动器的专用要求;

——GB/T 3883.13—1992　手持式电动工具的安全　第二部分:不易燃液体电喷枪的专用要求;

——GB/T 3883.16—2008　手持式电动工具的安全　第二部分:钉钉机的专用要求;

——GB/T 3883.17—2005　手持式电动工具的安全　第 2 部分:木铣和修边机的专用要求;

——GB/T 3883.18—2009　手持式电动工具的安全　第二部分:石材切割机的专用要求;

——GB/T 3883.19—2012　手持式电动工具的安全　第 2 部分:管道疏通机的专用要求;

——GB/T 3883.20—2012　手持式电动工具的安全　第 2 部分:捆扎机的专用要求;

——GB/T 3883.21—2012 手持式电动工具的安全 第2部分:带锯的专用要求;

——GB/T 3883.22—2008 手持式电动工具的安全 第二部分:开槽机的专用要求。

手持式、可移式电动工具和园林工具的安全 第211部分:手持式往复锯的专用要求

1 范围

除下述条文外,GB/T 3883.1—2014 的这一章适用。

增加:

本文件适用于往复锯,例如曲线锯和刀锯。

2 规范性引用文件

除下述条文外,GB/T 3883.1—2014 的这一章适用。

增加:

ISO 16893-1:2008 木基板材 刨花板 第1部分:分类(Wood based panels—Particleboard—Part 1: Classifications)

3 术语和定义

除下述条文外,GB/T 3883.1—2014 的这一章适用。

增加:

3.101

往复锯 reciprocating saw

以一个或多个锯片作往复运动或来回摆动来锯割各种材料的工具。

3.102

曲线锯 jig saw

配有底板的往复锯,底板倾斜角度允许调整。

注:曲线锯的典型设计见图102。

3.103

刀锯 sabre saw

配有导向板的往复锯,导向板允许倾斜移动。

注:刀锯的典型设计见图103。

4 一般要求

GB/T 3883.1—2014 的这一章适用。

5 试验一般条件

除下述条文外,GB/T 3883.1—2014 的这一章适用。

5.17 增加：

如有集尘转接器，则工具的质量应将其包括在内。

6 辐射、毒性和类似危险

GB/T 3883.1—2014 的这一章适用。

7 分类

GB/T 3883.1—2014 的这一章适用。

8 标志和说明书

除下述条文外，GB/T 3883.1—2014 的这一章适用。

8.14.1 增加：

对于往复锯，应给出 8.14.1.101 的补充安全说明，该部分的内容可以与电动工具通用安全警告分开印刷。

8.14.1.101 往复锯安全说明

a) **当在锯割附件可能触及暗线或其自身导线的场合进行操作时，要通过绝缘握持面握持工具。** 锯割附件碰到带电导线会使工具外露的金属零件带电而使操作者受到电击。

b) **使用夹具或其他实用方法将工件固定和支撑在稳定的工作台面。** 用手或身体固定工件会使工件不稳引起失控。

注：以上警告语不适用于锯树或灌木用的花园锯。

8.14.2 b) 增加：

101) 如有集尘系统，则需配有正确使用的说明；

102) 锯割能力的信息；

103) 如何调节工具至不同锯片位置的说明，如适用。

8.14.2 c) 增加：

101) 如有出屑口，则需配有如何适当地清洁/清理的说明。

9 防止触及带电零件的保护

GB/T 3883.1—2014 的这一章适用。

10 起动

GB/T 3883.1—2014 的这一章适用。

11 输入功率和电流

GB/T 3883.1—2014 的这一章适用。

12 发热

GB/T 3883.1—2014 的这一章适用。

13 耐热性和阻燃性

GB/T 3883.1—2014 的这一章适用。

14 防潮性

GB/T 3883.1—2014 的这一章适用。

15 防锈

GB/T 3883.1—2014 的这一章适用。

16 变压器及其相关电路的过载保护

GB/T 3883.1—2014 的这一章适用。

17 耐久性

GB/T 3883.1—2014 的这一章适用。

18 不正常操作

除下述条文外，GB/T 3883.1—2014 的这一章适用。

18.8 表 4 替换为：

表 4 要求的性能等级

关键安全功能(SCF)的类型和作用	最低允许的性能等级(PL)
电源开关—防止不期望的接通	b
电源开关—对于曲线锯，提供期望的断开	a
电源开关—对于刀锯，提供期望的断开	b
任何为通过 18.3 测试的电子控制器	不是 SCF
任何限速装置	不是 SCF
防止超过第 18 章中的热极限	a
23.3 要求的防止自复位	b

19 机械危险

除下述条文外，GB/T 3883.1—2014 的这一章适用。

19.1 替换第一段：

除锯片外的运动和危险部件应安置或包封得能提供防止人身伤害的足够防护。锯片的要求在19.101中给出。

19.6 GB/T 3883.1—2014 的该条不适用。

19.101 锯片隔挡

1) 对于曲线锯

工具应设有隔挡,以防止在底板上方从工具前方意外触及锯齿。此隔挡不应遮住锯片接触工件的观察视线。

通过观察和以下试验来检验。

曲线锯设置成垂直锯割。图101a)所示的试验探棒放置在底板上方,如图101b)和图101c)所示,沿垂直于锯片且平行于底板的任意同一平面内前移。试验探棒的轴线应垂直于锯片,试验探棒应放置得被锯片中心平面平分。当探棒朝锯片方向移动时应不能触及锯齿。

2) 对于其他类型的往复锯

如果往复锯设计成在锯片后方的附近具有握持区域时,应提供隔挡,当锯片处于8.14.2b)103)所述的任何位置时,应能防止意外触及锯片的锯齿。

隔挡应:

——位于握持区域和锯片的锯齿之间;

——高出握持表面至少6 mm;且

——锯片中心面两侧各伸出至少6 mm,见图104。

如果工具装有前置辅助手柄,则不要求提供隔挡。

通过观察和测量来检验。

20 机械强度

除下述条文外,GB/T 3883.1—2014 的这一章适用。

20.5 增加:

往复锯被认为是会切割到暗线或自身软线的工具。

21 结构

除下述条文外,GB/T 3883.1—2014 的这一章适用。

21.18.1 增加:

对于曲线锯,允许使用非瞬动电源开关。

21.18.1.2 GB/T 3883.1—2014 的该条不适用。

21.30 增加:

往复锯被认为是会切割到暗线或自身软线的工具。

21.35 GB/T 3883.1—2014 的该条不适用。

22 内部布线

GB/T 3883.1—2014 的这一章适用。

23 组件

除下述条文外,GB/T 3883.1—2014 的这一章适用。

23.3 替换第一段:

除非工具装有不能锁定在"接通"位置的瞬动开关,用于关断工具的保护装置(如过载或过热保护装置)或线路应是非自动复位型的。

24 电源联接和外接软线

GB/T 3883.1—2014 的这一章适用。

25 外接导线的接线端子

GB/T 3883.1—2014 的这一章适用。

26 接地装置

GB/T 3883.1—2014 的这一章适用。

27 螺钉与连接件

GB/T 3883.1—2014 的这一章适用。

28 爬电距离、电气间隙和绝缘穿通距离

GB/T 3883.1—2014 的这一章适用。

单位为毫米

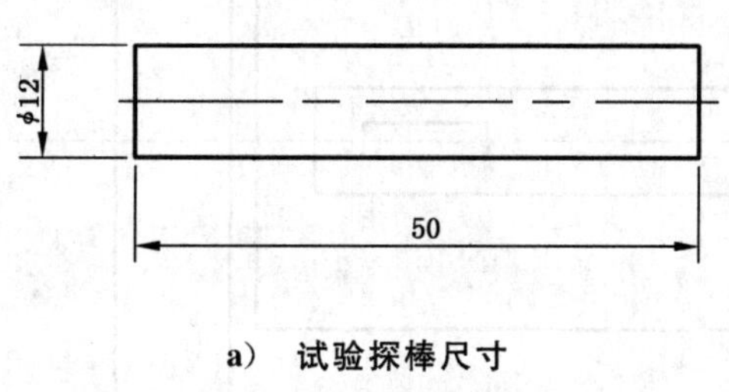

a) 试验探棒尺寸

图 101 试验探棒

单位为毫米

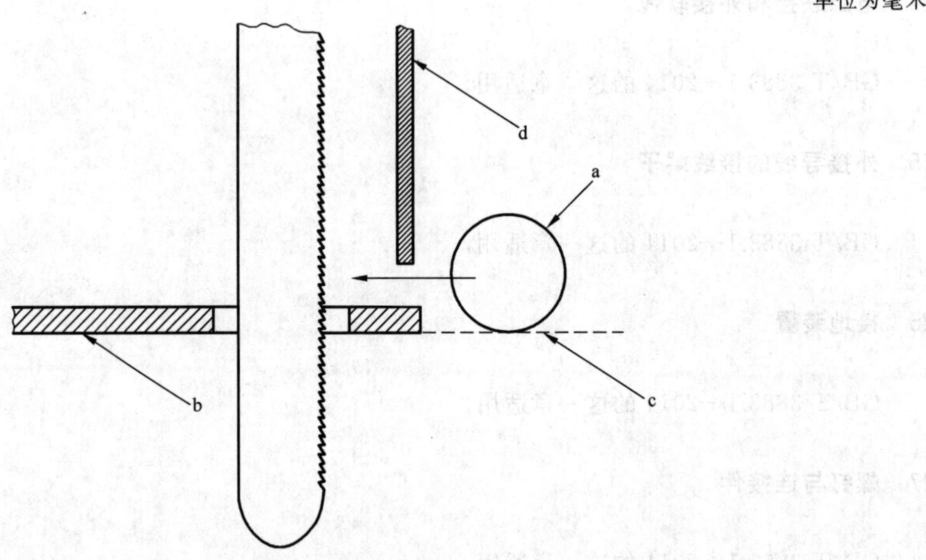

注：简化起见，防止试验探棒触及锯片的曲线锯的上部结构被省略。

b） 表明试验探棒位置和运动方向的侧视图

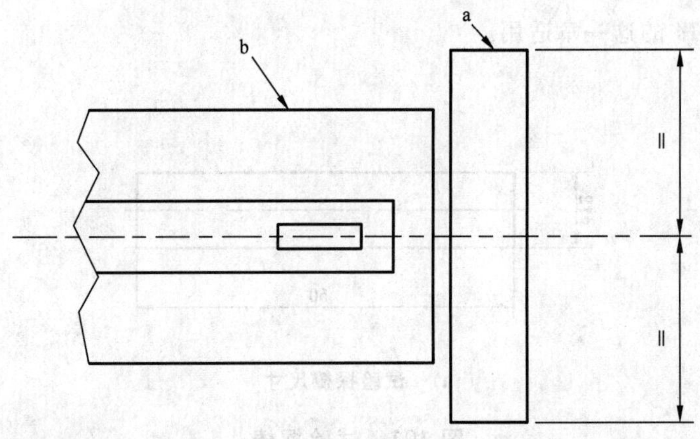

注：简化起见，曲线锯的上部结构被省略。

c） 表明试验探棒位置的底板俯视图

说明：

a——试验探棒；

b——底板；

c——底板平面；

d——隔挡。

图 101（续）

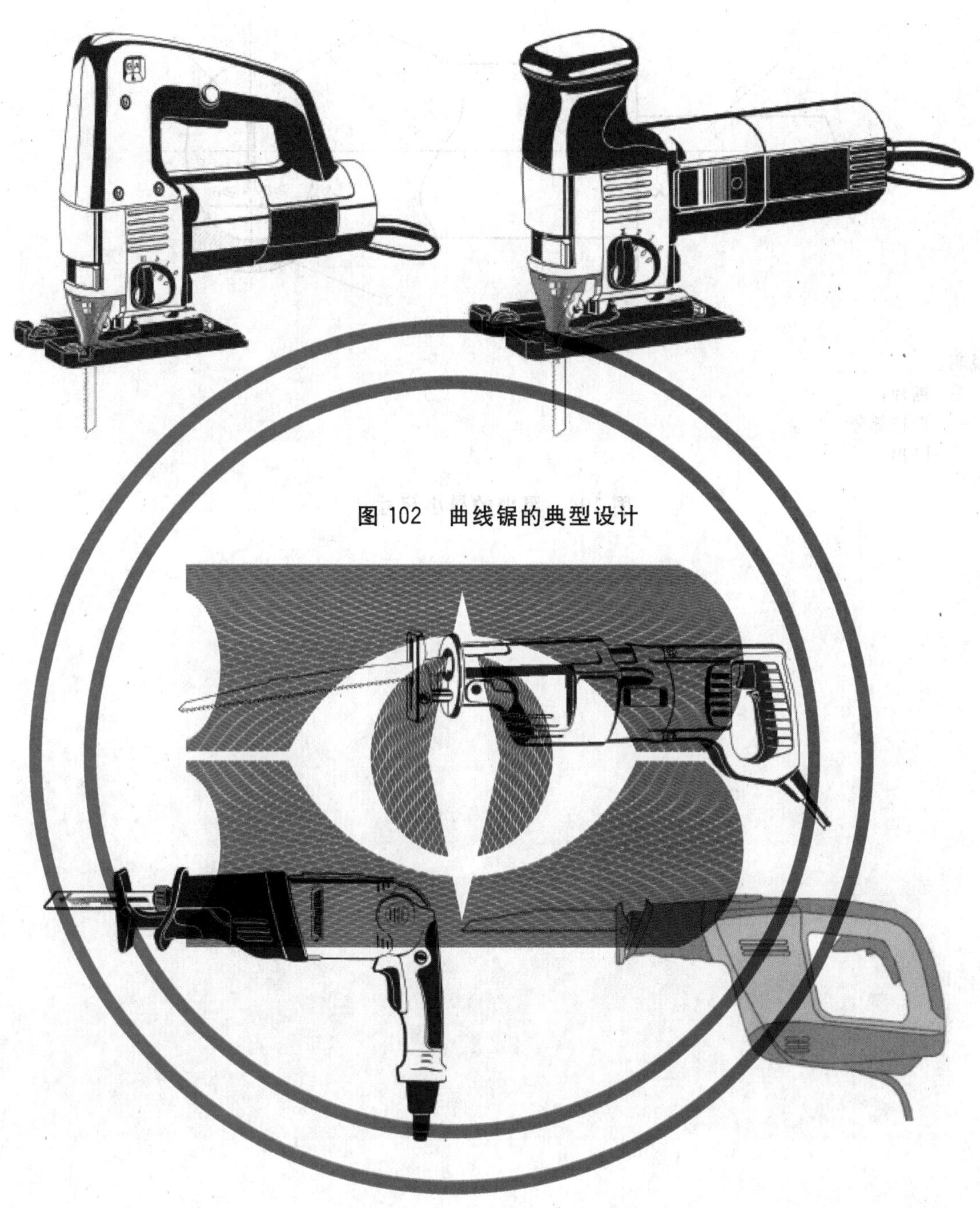

图 102　曲线锯的典型设计

图 103　刀锯的典型设计

单位为毫米

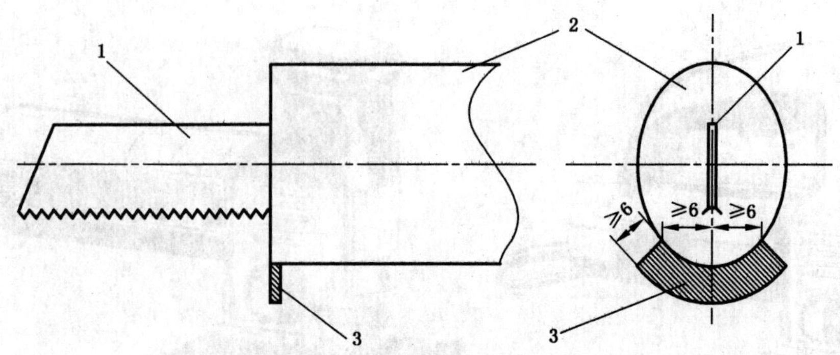

说明：
1 ——锯片；
2 ——握持部分；
3 ——隔挡。

图 104 隔挡的最小尺寸

附 录

除以下内容外,GB/T 3883.1—2014 的附录适用。

附 录 I
（资料性）
噪声和振动的测量

I.2 噪声测试方法（工程法）

除下述条文外，GB/T 3883.1—2014 的这一章适用。

I.2.4 电动工具在噪声测试时的安装和固定条件

增加：

往复锯按正常使用方式悬挂。

I.2.5 运行条件

增加：

往复锯上安装规定的用于锯割刨花板的最小锯片，在空载条件下进行测试。如有抬刀机构，将其设置在最高挡；如有调速机构，也设置在最高挡。

注：经验数据表明，往复锯在空载和负载下的噪声发射值非常近似。故简化起见，噪声发射在空载下测量。

5.6 的温度要求不适用。

I.2.9 噪声发射值的声明和验证

替换第二段：

如果测量重复性标准偏差 σ_{R0} 是 1.5 dB，则对于典型的生产过程中的标准偏差，不确定度的值 K_{PA}、K_{WA}，相应地为 5 dB。

注：K_{PA}、K_{WA} 的值较高，是考虑了负载下的噪声发射。

I.3 振动

除下述条文外，GB/T 3883.1—2014 的这一章适用。

I.3.3.2 测量位置

增加：

图 I.103 和图 I.104 给出了不同类型往复锯的测量位置。

I.3.5.3 运行条件

增加：

往复锯在表 I.101、表 I.102 和表 I.103 规定的负载条件下进行测试。

曲线锯测试时锯割木板和金属板。刀锯测试时锯割木板，对于根据 8.14.2 b) 4)的说明、锯割能力大于或等于 100 mm 的刀锯，还要锯割木方。

带有调速装置的刀锯和曲线锯应按制造商规定的设置来锯割测试中要求的工件材料。如制造商没有规定，则速度设置在最高。

表 I.101　刀锯和曲线锯锯割木板的运行条件

定位	对于曲线锯: 锯割平放的刨花板,刨花板符合 ISO 16893-1:2008 在干燥状态下使用的结构用板等级要求,密度(610±60)kg/m³,厚度(38±2)mm,长度至少为 500 mm,宽度约 600 mm。 刨花板应用螺钉、夹具、气缸或其他类似工装固定在垫有弹性材料的试验台上,见图 I.101。 对于刀锯: 锯割竖放的刨花板,刨花板符合 ISO 16893-1:2008 在干燥状态下使用的结构用板等级要求,密度(610±60)kg/m³,厚度(38±2)mm,长度至少为 500 mm,宽度约 600 mm。 刨花板应用螺钉、夹具、气缸或其他类似工装竖直固定在垫有弹性材料的试验台上,见图 I.102。 在所有情况下,刨花板应伸出夹紧区域约 250 mm,并且每个序列测试之前都应进行调整,每个序列包括 5 次测试。 在整个锯割过程中,锯片应垂直于刨花板
工作头/设置	使用全新的规定用于锯割刨花板的锯片进行全部序列的测试。记录所用锯片。 如有抬刀机构,按制造商规定的锯割刨花板的要求进行设置。如果制造商没有规定,则抬刀机构设置在最高挡。对于刀锯,应安装导向板
进给力	对于曲线锯: 施加在工具上的水平进给力(沿锯割方向上的力)应为(35±5)N。应避免过度握紧力。 施加在工具上的下压力应不超过保证底板接触工件的力之外 30 N。 进给力和下压力应通过测力器等方式确定,并记录。 对于刀锯: 施加在工具上的垂直进给力(沿锯割方向上的下压力),除去工具自重,应为(40±5)N。应避免过度握紧力。 施加在工具上的水平力应不超过保证导向板接触工件的力之外 30 N。 进给力和水平力应通过测力器等方式确定,并记录
测试周期	沿刨花板 600 mm 宽的方向锯下约 30 mm 宽的板条。 在锯片切入刨花板时开始测量,脱离刨花板时结束

表 I.102　曲线锯锯割金属板的运行条件

定位	锯割水平放置的长度至少为 300 mm、宽度至少为 100 mm、厚约 3 mm 低碳钢板。 工件应用螺钉、夹具、气缸或其他类似工装固定在垫有弹性材料的试验台上,见图 I.101。 金属板应伸出夹紧区域约 80 mm,并且每个序列测试之前都应进行调整,每个序列包括 5 次测试
工作头/设置	使用全新的规定用于锯割低碳钢板的锯片进行全部序列的测试。记录所用锯片。 如有抬刀机构,设置在关闭位置
进给力	施加在工具上的水平进给力(沿锯割方向上的力)应为(35±5)N。应避免过度握紧力。 施加在工具上的下压力应不超过保证底板接触工件的力之外 30 N。 进给力和下压力应通过测力器等方式确定,并记录
测试周期	沿金属板 100 mm 宽的方向锯下约 8 mm 宽的板条。 在锯片切入金属板时开始测量,脱离金属板时结束

表 I.103 刀锯锯割木方的运行条件

定位	锯割平放的截面为(100±5)mm×(100±5)mm,长度至少为 500 mm 的建筑用杉木方。 木方应用螺钉、夹具、气缸或其他类似工装固定在垫有弹性材料的试验台上,见图 I.102。 在所有情况下,木方应伸出夹紧区域约 250 mm,并且每个序列测试之前都应进行调整,每个序列包括 5 次测试。 测试过程中,操作者可以用旋转动作以允许适当出屑
工作头/设置	使用全新的规定用于锯割大木方的锯片进行全部序列的测试。记录所用锯片。 如有抬刀机构,按制造商规定的锯割木方的要求进行设置。如果制造商没有规定,则抬刀机构设置在最高挡。应装上导板
进给力	施加在工具上的垂直进给力(沿锯割方向上的力),除去工具自重,应为(40±5)N。应避免过度握紧力。 施加在工具上的水平力应不超过保证导向板接触工件的力之外 30 N。 进给力和水平力应通过测力器等方式确定,并记录
测试周期	锯下约 30 mm 厚的木片。 在锯片切入木板时开始测量,脱离木板时结束

I.3.6.1 振动值的报告

替换:

应进行 3 个序列 5 次连续的测试,每个序列由不同的操作者进行。如能表明振动不被操作者特征所影响,则可以接受只由一个操作者完成 15 次测量。

测量在 3 个坐标轴上进行,每个方向的结果通过使用公式(I.3)合成,得出总振动值 a_{hv}。

测量结果 a_h 应由所有操作者总振动值的算术平均值来确定。

对于曲线锯,应报告两种操作模式的结果 a_h:

——$a_{h,B}$:根据表 I.101“锯割刨花板”模式下的平均振动值;

——$a_{h,M}$:根据表 I.102“锯割钢板”模式下的平均振动值。

对于刀锯,应报告两种操作模式的结果 a_h:

——$a_{h,B}$:根据表 I.101“锯割刨花板”模式下的平均振动值;

——$a_{h,WB}$:根据表 I.103“锯割木方”模式下的平均振动值。

I.3.6.2 总振动发射值的声明

增加:

应连同使用的锯片一起声明手柄的最大总振动值 a_h 及其不确定度 K:

——对于曲线锯:

$a_{h,B}$值,工作模式描述为“用……锯片锯割刨花板”;

$a_{h,M}$值,工作模式描述为“用……锯片锯割钢板”;

——对于刀锯:

$a_{h,B}$值,工作模式描述为“用……锯片锯割刨花板”;

$a_{h,WB}$值,工作模式描述为“用……锯片锯割木方”。

注: 锯片明显影响振动特性,因此,振动值与测试所用锯片相结合提供了重要信息。

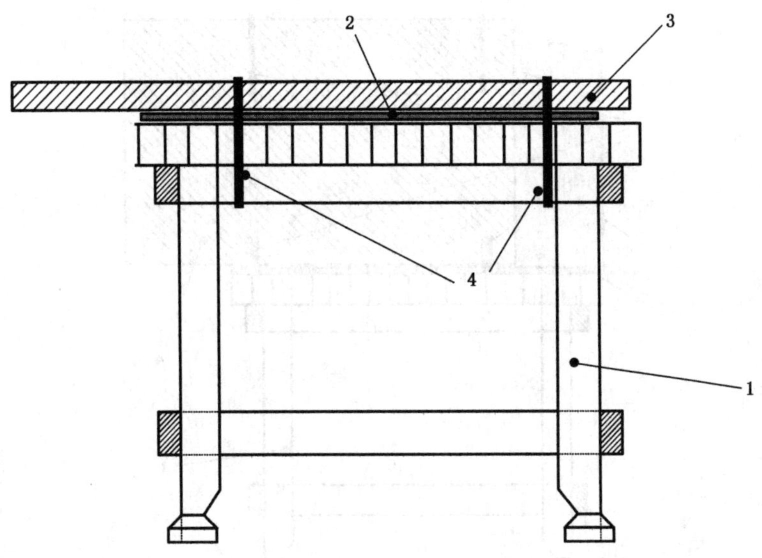

a) 正视图

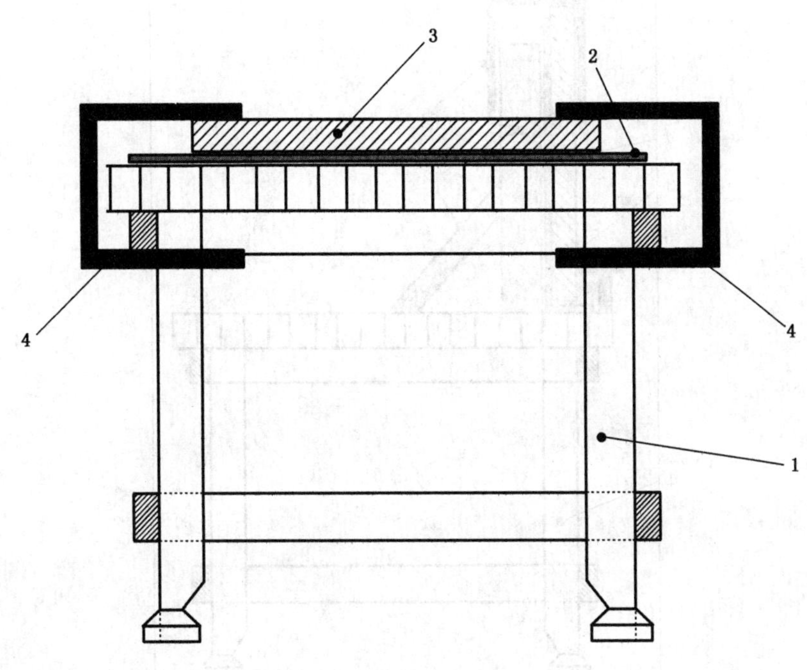

b) 侧视图

说明：

1——图 I.1 的试验台；

2——弹性材料；

3——工件；

4——夹紧装置(例如:夹具)。

图 I.101 曲线锯的测试设置

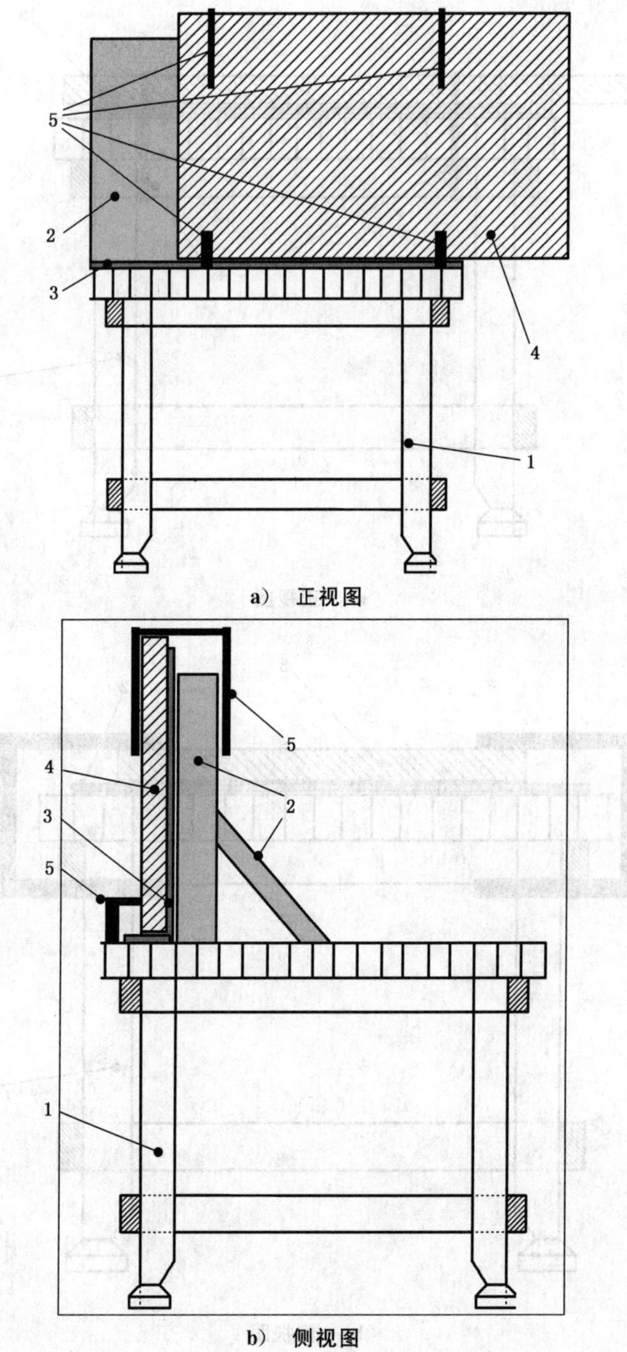

说明：

1——图 I.1 的试验台；

2——竖直支撑，牢固固定在试验台上；

3——弹性材料；

4——工件；

5——夹紧装置(例如：夹具)。

图 I.102 刀锯的测试设置

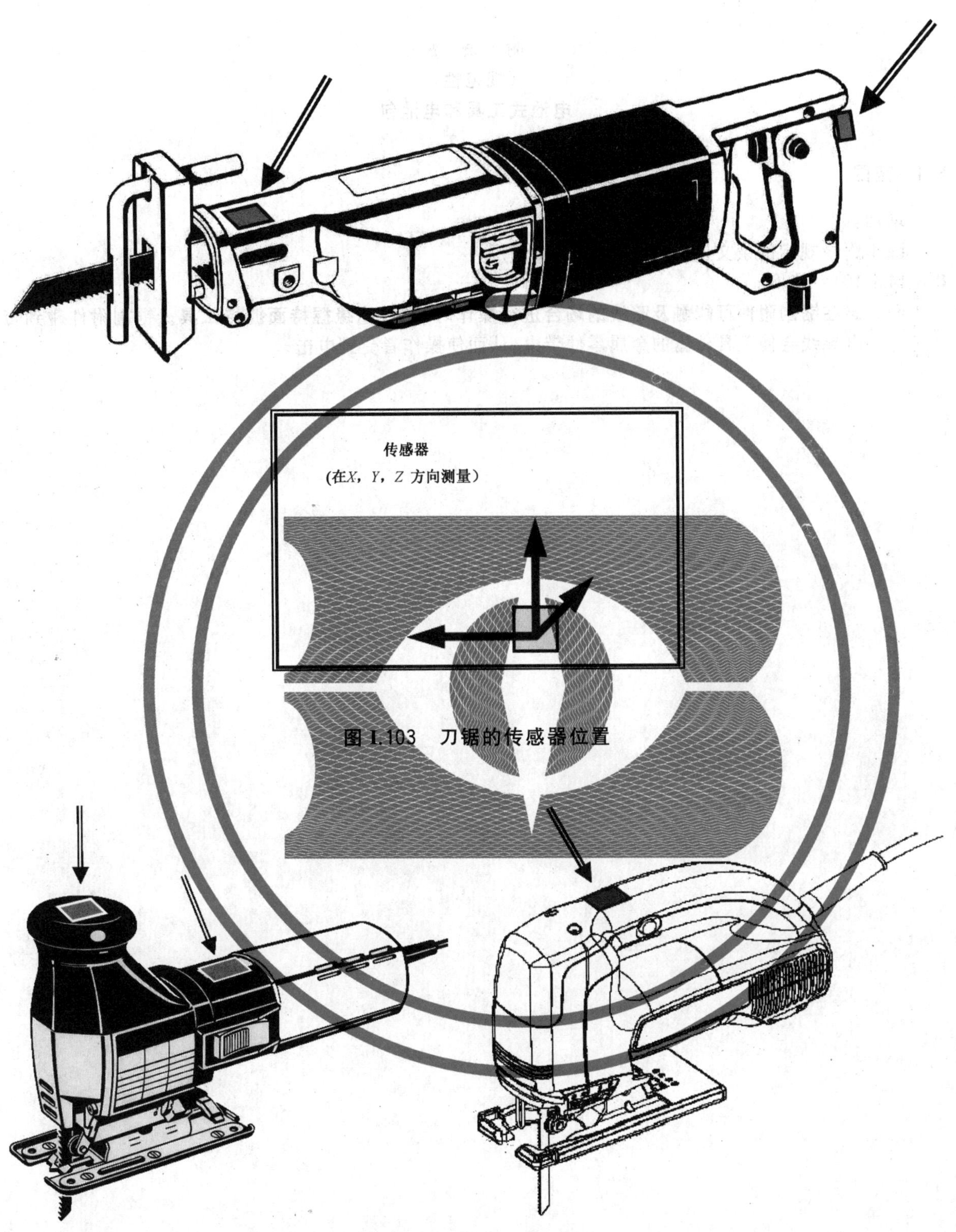

图 I.103　刀锯的传感器位置

图 I.104　曲线锯的传感器位置

附 录 K
（规范性）
电池式工具和电池包

K.1 范围

增加：

除本附录规定的条文外，本文件的所有章适用。

K.8.14.1.101 替换 a)：

a) **当在锯割附件可能触及暗线的场合进行操作时，通过绝缘握持面握持工具。**锯割附件碰到带电导线会使工具外露的金属零件带电，从而使操作者受到电击。

附 录 L
（规范性）
提供电源联接或非隔离源的电池式工具和电池包

L.1 范围

本文件的所有章适用。

参 考 文 献

GB/T 3883.1—2014 的参考文献适用。

ICS 25.140.20
CCS K 64

中华人民共和国国家标准

GB/T 3883.215—2022/IEC 62841-2-10:2017

手持式、可移式电动工具和园林工具的安全 第215部分:手持式搅拌器的专用要求

Safety of motor-operated hand-held, transportable and garden tools—Part 215: Particular requirements for hand-held mixers

(IEC 62841-2-10:2017, Electric motor-operated hand-held tools, transportable tools and lawn and garden machinery—Safety—Part 2-10: Particular requirements for hand-held mixers, IDT)

2022-10-12 发布　　2023-05-01 实施

国家市场监督管理总局
国家标准化管理委员会　发布

前　言

本文件按照 GB/T 1.1—2020《标准化工作导则　第 1 部分:标准化文件的结构和起草规则》的规定起草。

本文件是 GB/T 3883《手持式、可移式电动工具和园林工具的安全》的第 215 部分。GB/T 3883 的第 2XX 部分“手持式电动工具”已经发布了以下部分:

——GB/T 3883.201—2017　手持式、可移式电动工具和园林工具的安全　第 2 部分:电钻和冲击电钻的专用要求;

——GB/T 3883.202—2019　手持式、可移式电动工具和园林工具的安全　第 202 部分:手持式螺丝刀和冲击扳手的专用要求;

——GB/T 3883.204—2019　手持式、可移式电动工具和园林工具的安全　第 204 部分:手持式非盘式砂光机和抛光机的专用要求;

——GB/T 3883.205—2019　手持式、可移式电动工具和园林工具的安全　第 205 部分:手持式圆锯的专用要求;

——GB/T 3883.209—2021　手持式、可移式电动工具和园林工具的安全　第 209 部分:手持式攻丝机和套丝机的专用要求;

——GB/T 3883.210—2019　手持式、可移式电动工具和园林工具的安全　第 210 部分:手持式电刨的专用要求;

——GB/T 3883.211—2021　手持式、可移式电动工具和园林工具的安全　第 211 部分:手持式往复锯的专用要求;

——GB/T 3883.215—2022　手持式、可移式电动工具和园林工具的安全　第 215 部分:手持式搅拌器的专用要求。

本文件等同采用 IEC 62841-2-10:2017《电动机驱动的手持式、可移式电动工具和园林机器 安全　第 2-10 部分:手持式搅拌器的专用要求》。

本文件做了下列最小限度的编辑性改动:

——标准名称修改为《手持式、可移式电动工具和园林工具的安全　第 215 部分:手持式搅拌器的专用要求》。

请注意本文件的某些内容可能涉及专利。本文件的发布机构不承担识别专利的责任。

本文件由中国电器工业协会提出。

本文件由全国电动工具标准化技术委员会(SAC/TC 68)归口。

本文件起草单位:浙江信源电器制造有限公司、上海电动工具研究所(集团)有限公司、浙江博来工具有限公司、江苏东成电动工具有限公司、浙江锐奇工具有限公司、正阳科技股份有限公司、宝时得科技(中国)有限公司、江苏苏美达五金工具有限公司。

本文件主要起草人:金红霞、顾菁、陈敏、施春磊、朱贤波、徐飞好、丁玉才、林有余、徐李天浩。

引　言

本文件与 GB/T 3883.1—2014《手持式、可移动式电动工具和园林工具的安全　第 1 部分:通用要求》一起使用。

本文件写明"适用"的部分,表示 GB/T 3883.1—2014 中相应条款适用;本文件写明"替换"的部分,则以本文件中的条款为准;本文件中写明"修改"的部分,表示 GB/T 3883.1—2014 相应条款的相关内容以本文件修改后的内容为准,而该条款中其他内容仍适用;本文件写明"增加"的部分,表示除了符合 GB/T 3883.1—2014 的相应条款外,还要符合本文件所增加的条款。

2014 年,我国发布 GB/T 3883.1—2014《手持式、可移动式电动工具和园林工具的安全第 1 部分:通用要求》,将原 GB/T 3883(手持式电动工具部分)、GB/T 13960(可移动式电动工具部分)和 GB/T 4706(仅园林电动工具部分)三大系列电动工具的通用安全标准的共性技术要求进行了整合。

与 GB/T 3883.1—2014 配套使用的特定类型的小类产品专用要求共 3 个部分,分别为第 2 部分(手持式电动工具部分)、第 3 部分(可移动式电动工具部分)、第 4 部分(园林电动工具部分),均转化对应的 IEC 62841 系列的专用要求。

标准名称的主体要素扩大为"手持式、可移动式电动工具和园林工具的安全",沿用原手持式电动工具部分的标准编号 GB/T 3883。每一部分小类产品的标准分部分编号由三位数字构成,其中第 1 位数字表示对应的部分,第 2 位和第 3 位数字表示不同的小类产品。

新版 GB/T 3883 系列标准将形成一个比较科学、完整、通用、统一的电动工具产品的安全系列标准体系,使得标准的实施更加切实可行,使用方便。

目前,新版 GB/T 3883 系列标准"手持式电动工具部分"已发布的标准如下:

——GB/T 3883.201—2017　手持式、可移动式电动工具和园林工具的安全　第 2 部分:电钻和冲击电钻的专用要求。目的在于规范电钻和冲击电钻小类产品的特定专用安全要求。

——GB/T 3883.202—2019　手持式、可移动式电动工具和园林工具的安全　第 202 部分:手持式螺丝刀和冲击扳手的专用要求。目的在于规范手持式螺丝刀和冲击扳手小类产品的特定专用安全要求。

——GB/T 3883.204—2019　手持式、可移动式电动工具和园林工具的安全　第 204 部分:手持式非盘式砂光机和抛光机的专用要求。目的在于规范手持式非盘式砂光机和抛光机小类产品的特定专用安全要求。

——GB/T 3883.205—2019　手持式、可移动式电动工具和园林工具的安全　第 205 部分:手持式圆锯的专用要求。目的在于规范手持式圆锯小类产品的特定专用安全要求。

——GB/T 3883.209—2021　手持式、可移动式电动工具和园林工具的安全　第 209 部分:手持式攻丝机和套丝机的专用要求。目的在于规范手持式攻丝机和套丝机小类产品的特定专用安全要求。

——GB/T 3883.210—2019　手持式、可移动式电动工具和园林工具的安全　第 210 部分:手持式电刨的专用要求。目的在于规范手持式电刨小类产品的特定专用安全要求。

——GB/T 3883.211—2021　手持式、可移动式电动工具和园林工具的安全　第 211 部分:手持式往复锯的专用要求。目的在于规范手持式往复锯小类产品的特定专用安全要求。

——GB/T 3883.215—2022　手持式、可移动式电动工具和园林工具的安全　第 215 部分:手持式搅拌器的专用要求。目的在于规范手持式搅拌器小类产品的特定专用安全要求。

后续还将对以下标准进行修订:

——GB/T 3883.3—2007 手持式电动工具的安全 第二部分:砂轮机、抛光机和盘式砂光机的专用要求;
——GB/T 3883.7—2012 手持式电动工具的安全 第2部分:锤类工具的专用要求;
——GB/T 3883.8—2012 手持式电动工具的安全 第2部分:电剪刀和电冲剪的专用要求;
——GB/T 3883.12—2012 手持式电动工具的安全 第2部分:混凝土振动器的专用要求;
——GB/T 3883.13—1992 手持式电动工具的安全 第二部分:不易燃液体电喷枪的专用要求;
——GB/T 3883.16—2008 手持式电动工具的安全 第二部分:钉钉机的专用要求;
——GB/T 3883.17—2005 手持式电动工具的安全 第2部分:木铣和修边机的专用要求;
——GB/T 3883.18—2009 手持式电动工具的安全 第二部分:石材切割机的专用要求;
——GB/T 3883.19—2012 手持式电动工具的安全 第2部分:管道疏通机的专用要求;
——GB/T 3883.20—2012 手持式电动工具的安全 第2部分:捆扎机的专用要求;
——GB/T 3883.21—2012 手持式电动工具的安全 第2部分:带锯的专用要求;
——GB/T 3883.22—2008 手持式电动工具的安全 第二部分:开槽机的专用要求。

手持式、可移式电动工具和园林工具的安全 第215部分:手持式搅拌器的专用要求

1 范围

除下述条文外,GB/T 3883.1—2014 的这一章适用。

增加:

本文件适用于搅拌器。搅拌器不被认为是带液源系统的工具。

本文件不适用电钻和冲击电钻,即使它们可以作为搅拌器使用。

注:电钻和冲击电钻由 GB/T 3883.201—2017 所规定。

2 规范性引用文件

GB/T 3883.1—2014 的这一章适用。

3 术语和定义

除下述条文外,GB/T 3883.1—2014 的这一章适用。

增加:

3.101

搅拌器 mixer

一种带有一个或多个用于安装搅拌头的输出轴、专门用于混合液体或搅拌混凝土、石膏等建筑材料的工具。见图101。

注1:输出轴为螺纹连接或其他连接方式,如夹头或六角形连接器。

注2:搅拌器也常被称作搅拌机。

3.102

搅拌头 mixer basket

和搅拌器一起使用的、利用翼型、漩涡型或螺旋型结构在容器内搅动材料的附件。

注:搅拌头也常被称作混合棒、混合盘、搅拌桨或搅拌杆。

4 一般要求

GB/T 3883.1—2014 的这一章适用。

5 试验一般条件

除下述条文外,GB/T 3883.1—2014 的这一章适用。

5.17 增加:

工具的质量包括夹头和辅助手柄,如有。

6 辐射、毒性和类似危险

GB/T 3883.1—2014 的这一章适用。

7 分类

GB/T 3883.1—2014 的这一章适用。

8 标志和说明书

除下述条文外,GB/T 3883.1—2014 的这一章适用。

8.3 增加:

带有螺纹输出轴的搅拌器应标注输出轴螺纹尺寸。

带六角形联接的搅拌器应标注六角对边的宽度。

对于带夹头的搅拌器,夹头应标注以 mm 为单位的最大夹持能力。

8.14.1 增加:

增加 8.14.1.101 的安全说明,该部分的内容可以与"电动工具通用安全警告"分开印刷。

8.14.1.101 搅拌器安全警告

注: 下述说明中,制造商可根据自己的选择用术语"混合器、被混合、混合"代替"搅拌器、被搅拌、搅拌";术语"搅拌头"可被另一合适的术语代替,如"搅拌杆"。

a) **双手握持工具上的手柄**。失控会导致人身伤害。

b) **当搅拌易燃材料时应确保充分的通风,避免产生危险气体**。雾气在形成过程中可能会被吸入或被工具产生的火花点燃。

c) **不要用于搅拌食物(食品)**。工具及其附件不是为加工食物而设计的。

d) **保持软线远离工作区域**。软线可能会被搅拌头卷入。

e) **确保用于搅拌的容器放置在安全、稳固的位置**。未适当固定的容器可能会意外移动。

f) **确保液体不会喷溅到工具的外壳上**。溅进工具的液体可能导致工具损坏和产生电击。

g) **应遵循搅拌材料的说明和警告**。搅拌的材料可能是有害的。

h) **如果工具掉入搅拌的材料中,应立即拔去电源插头,并请合格的维修人员检查**。工具未拔插头时,伸进料桶内会导致电击。

i) **搅拌时不要把手或其他任何物体伸入搅拌容器内**。触碰搅拌头可能导致严重的人身伤害。

j) **只有当搅拌头插在搅拌容器内时才能启动和关停工具**。搅拌头在失控情况下可能弯曲或飞甩。

8.14.2 **a)** 增加:

101) 关于与工具一同使用的搅拌头的信息,包括其最大的直径或宽度以及允许使用的延长部件。

9 防止触及带电零件的保护

GB/T 3883.1—2014 的这一章适用。

10 起动

GB/T 3883.1—2014 的这一章适用。

11 输入功率和电流

GB/T 3883.1—2014 的这一章适用。

12 发热

除下述条文外,GB/T 3883.1—2014 的这一章适用。

12.2.1 增加:

工具连续运行 30 min,在 30 min 结束时测量温升。

13 耐热性和阻燃性

GB/T 3883.1—2014 的这一章适用。

14 防潮性

GB/T 3883.1—2014 的这一章适用。

15 防锈

GB/T 3883.1—2014 的这一章适用。

16 变压器及其相关电路的过载保护

GB/T 3883.1—2014 的这一章适用。

17 耐久性

GB/T 3883.1—2014 的这一章适用。

18 不正常操作

除下述条文外,GB/T 3883.1—2014 的这一章适用。

18.8 表 4 替换为:

表 4 要求的性能等级

关键安全功能(SCF)的类型和作用	最低允许的性能等级(PL)
电源开关——防止不期望的接通	b
电源开关——提供期望的断开	a
任何为通过 18.3 测试的电子控制器	a
任何限速装置	不是 SCF
提供期望的旋转方向	不是 SCF
防止超过第 18 章中的热极限	a
23.3 要求的防止自复位	b
防止不期望的电源开关的接通自锁	a

19 机械危险

除下述条文外，GB/T 3883.1—2014 的这一章适用。

19.1 第一段替换为：

除输出轴和搅拌头之外的运动部件和其他危险部件应安置或包封得能提供防止人身伤害的足够保护。

19.4 替换：

搅拌器应提供至少两个手柄。

通过观察来检验。

19.4.101 手柄的设计应使得操作者在操作工具时能控制住搅拌器的扭矩。

通过下述测量和计算来检验是否符合要求。

每个手柄的力臂(a)按图 102 所示确定。两个手柄的力臂长度总和应大于或等于 8.14.2a)101)推荐使用的最大搅拌头的直径或宽度。如果有两个以上的手柄，应选择 8.14.2b)6)中最恶劣的情况，且其中一个手柄应包含有电源开关。

19.6 本条不适用。

19.101 对于多个输出轴的搅拌器，输出轴间应有足够的空间来减少缠绕的危险。输出轴区域及往搅拌头方向延伸 100 mm 长度的区域内，旋转部件之间的最小间隙 c 应至少为 40 mm，如图 103 所示。

通过测量来检验。

19.102 夹头钥匙应设计成：当放开该钥匙时，它易于脱离原来的位置。本要求不排除用夹持装置将不在使用的钥匙固定在适当的位置上，但不允许使用固定在软电缆或软线上的金属夹持装置。

通过观察和下述手动试验来检验。

将钥匙插入夹头，但不拧紧，翻转工具使钥匙朝下时，钥匙应落下。

20 机械强度

除下述条文外，GB/T 3883.1—2014 的这一章适用。

20.3.1 替换成：

搅拌器应能承受三次翻倒后撞击混凝土地面带来的冲击。试验时，工具应带有符合 8.14.2a)101)

中制造商推荐使用的最长的搅拌头，如适用，应包括延长部件。如果推荐的搅拌头没有指定长度，则用 1 m 长的搅拌头进行翻倒试验。工具直立放置，搅拌头末端靠在混凝土地面上，工具从三个不同的方向倒向混凝土地面。

注：典型的搅拌头长度是 600 mm，可用的延长部件长度最多可到 400 mm。

如果按 8.14.2 规定提供有配件，则应将每一个配件或配件组合分别安装到单独的工具样品上重复进行测试。

20.5 本条不适用。

21 结构

除下述条文外，GB/T 3883.1—2014 的这一章适用。

21.18.1.1 增加：

电源开关的接通锁定装置，如有，其位置应设置得使操作者无需松开 19.4 规定的手柄握持区域即能被触发。另外，其还应设计成不可能被操作者的手意外锁定。

通过观察来检验。对于在握持区域内带接通锁定装置的电源开关，通过下面测试来判定。

电源开关处于"接通"位置，将 25 mm 长的直边试具放置在接通锁定装置上并下压，装置不应被操动。直边试具应沿任意方向跨接接通锁定装置表面和其邻近的任何表面。

21.18.1.2 增加：

搅拌器被认为是意外启动会引起风险的工具。

21.30 本条不适用。

21.35 本条不适用。

22 内部布线

GB/T 3883.1—2014 的这一章适用。

23 组件

GB/T 3883.1—2014 的这一章适用。

24 电源联接和外接软线

GB/T 3883.1—2014 的这一章适用。

25 外接导线的接线端子

GB/T 3883.1—2014 的这一章适用。

26 接地装置

GB/T 3883.1—2014 的这一章适用。

27 螺钉与连接件

GB/T 3883.1—2014 的这一章适用。

28 爬电距离、电气间隙和绝缘穿通距离

GB/T 3883.1—2014 的这一章适用。

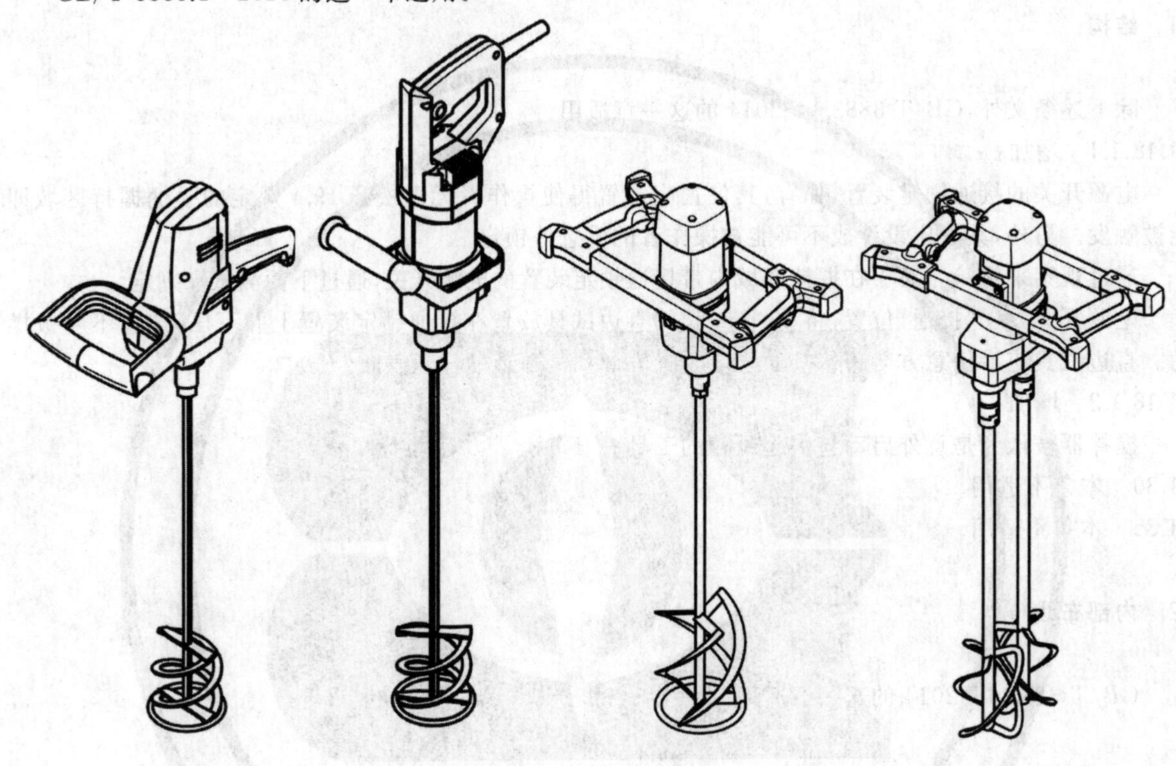

图 101 各种手柄和输出轴配置的搅拌器

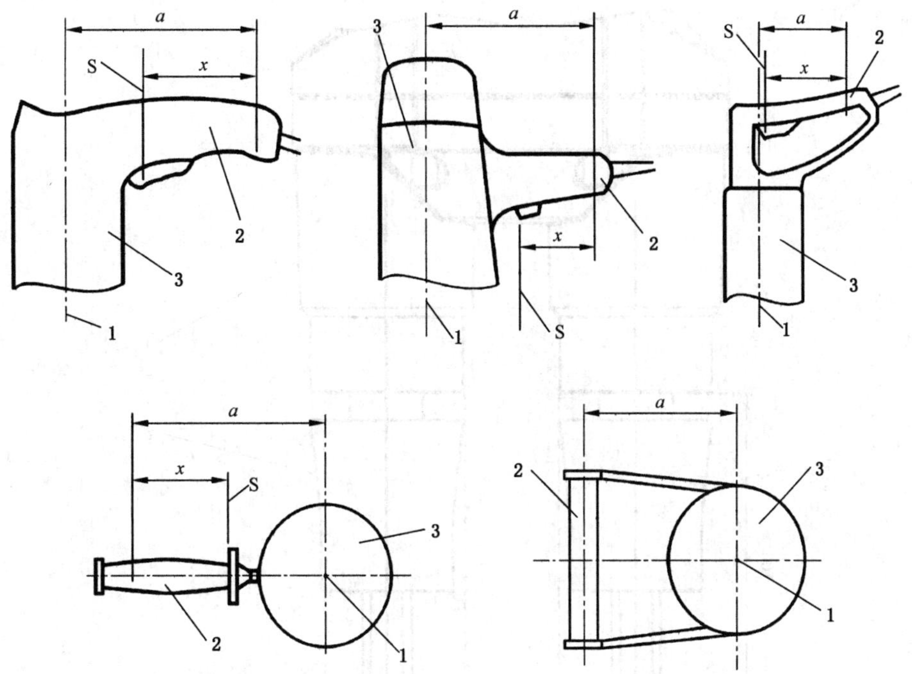

标引序号说明：

1 ——输出轴的轴线；

2 ——手柄；

3 ——电机外壳；

S ——操作者自然握持电源开关时手在开关上的定位；

x ——沿手握持工具方向，距离 S 位置 80 mm；如果手柄底端距离 S 位置小于 80 mm，则为 S 位置到手柄底端的长度；

a ——力臂。

图 102 各种手柄设计的力臂

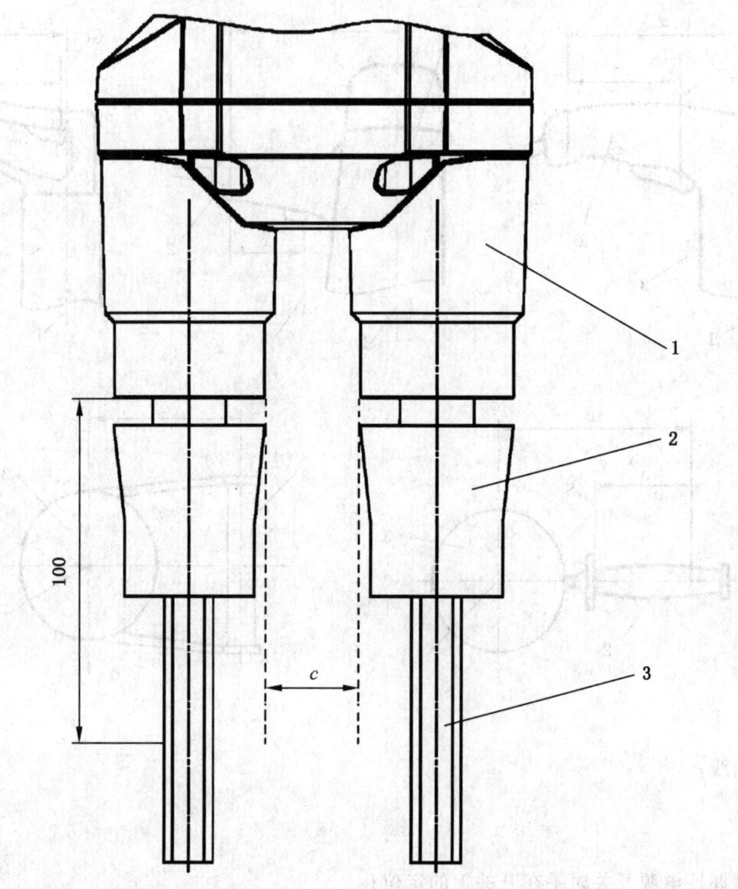

标引序号说明：

c ——间隙；

1 ——搅拌器外壳/齿轮箱；

2 ——联接装置；

3 ——搅拌头的安装末端。

注：图示联接装置的形状仅是一个示例，不是必须的设计。

图 103　旋转部件之间的间隙

附 录

除下述内容外,GB/T 3883.1—2014 的附录适用。

附 录 I
（资料性）
噪声和振动的测量

I.2 噪声测试方法（工程法）

除下述条文外，GB/T 3883.1—2014 的这一章适用。

I.2.4 电动工具在噪声测试时的安装和固定条件

增加：

搅拌器不安装搅拌头，处于垂直悬挂位置。

I.2.5 运行条件

增加：

搅拌器在空载条件下进行测试，所有速度调节装置调节至最高挡。

I.3 振动

除下述条文外，GB/T 3883.1—2014 的这一章适用。

I.3.3.2 测量位置

增加：

图 I.101 表明了不同类型工具的测量位置。

I.3.5.3 运行条件

增加：

搅拌器在空载条件下进行测试，所有速度调节装置调节至最高挡。测试期间，垂直握持工具。

测试时，将一根如图 I.102 所示的不平衡模拟搅拌头安装在输出轴上，对于多于一个输出轴的工具，安装在其中一个输出轴上。模拟搅拌头包括一根钢棒和一个以适当方式安装在钢棒上的不平衡铝质盘（如图 I.103）。为了适于安装到输出轴上，钢棒的上端可以被修改。

注：试验研究表明，搅拌器在搅拌材料时的振动发射值接近或甚至低于空载时的振动值，因为振动的主要来源是搅拌头的不平衡，因此以上测试产生最恶劣的值。

I.3.6.2 总振动发射值的声明

增加：

应声明手柄的最大总振动发射值 a_h 及其不确定度 K。

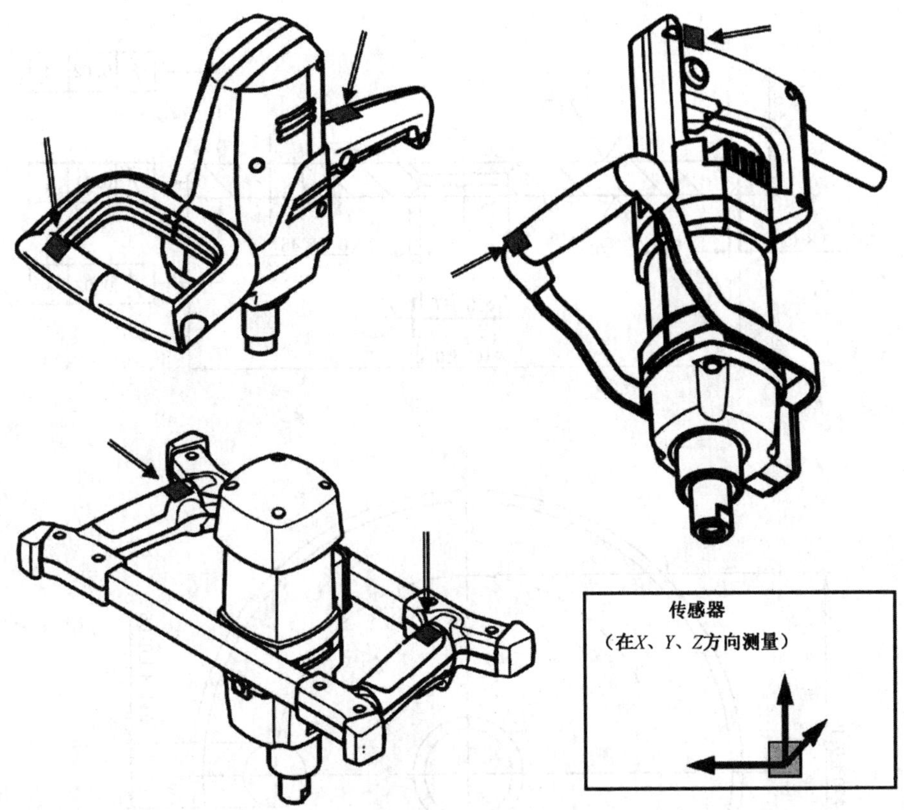

图 I.101　搅拌器的传感器位置

单位为毫米

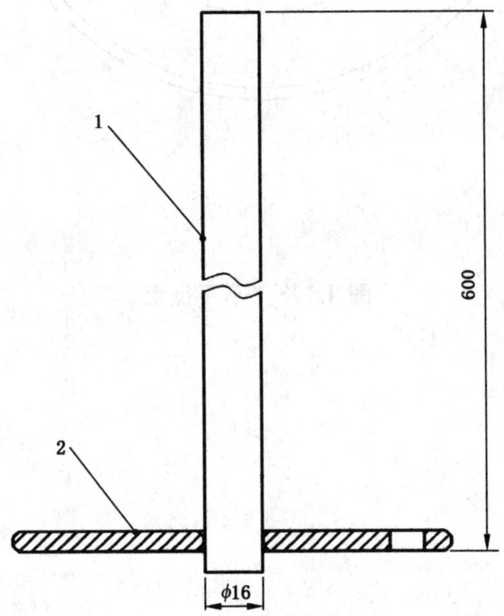

标引序号说明：

1——钢棒；

2——如图 I.103 规定的不平衡盘。

图 I.102　模拟测试搅拌头

单位为毫米

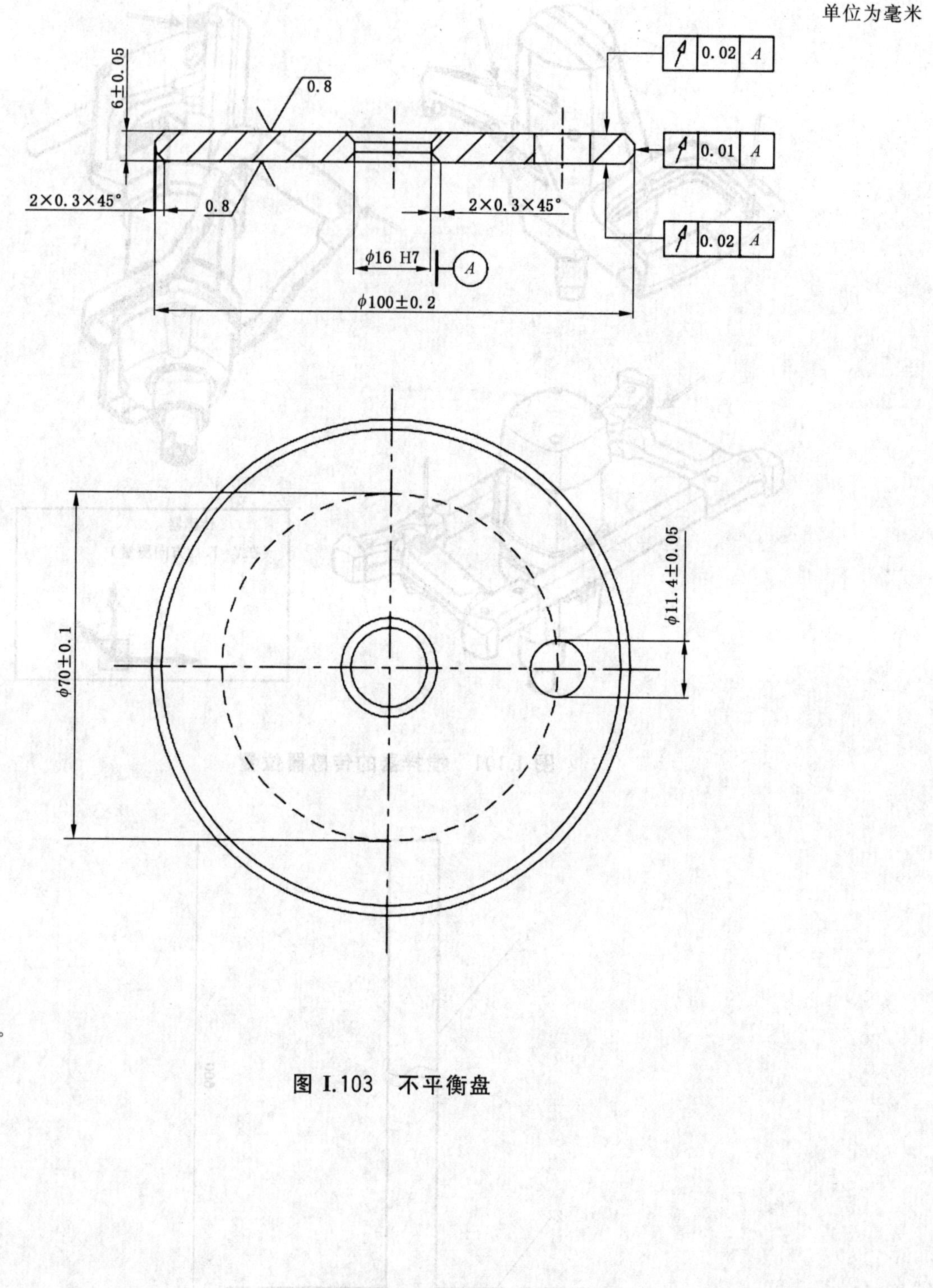

说明：

材料为铝。

图 I.103 不平衡盘

附 录 K
（规范性）
电池式工具和电池包

除本附录规定的条文外，本文件的所有章适用。

K.8.14.1.101 条款 d)、f)和 h)不适用。

K.12.2.1 本条不适用。

参 考 文 献

除下述内容外，GB/T 3883.1—2014 的参考文献适用。

增加：

GB/T 3883.201—2017 手持式、可移式电动工具和园林工具的安全 第2部分：手持式电钻和冲击电钻的专用要求

GB/T 4706(园林电动工具部分) 家用和类似用途电器的安全

GB/T 13960(所有部分) 可移式电动工具的安全

ICS 25.140.20
CCS K 64

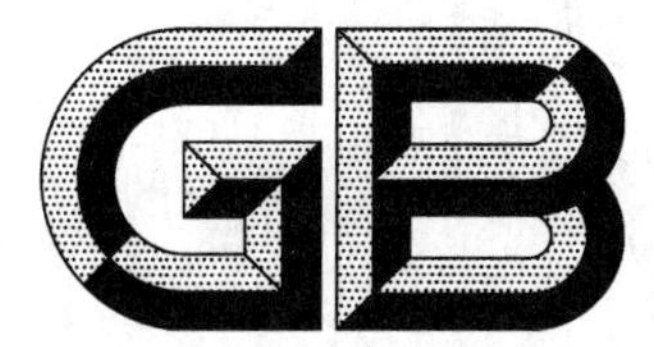

中华人民共和国国家标准

GB/T 3883.217—2023/IEC 62841-2-17:2017
代替 GB/T 3883.17—2005

手持式、可移式电动工具和园林工具的安全　第217部分：手持式木铣的专用要求

Safety of motor-operated hand-held, transportable and garden tools—Part 217: Particular requirements for hand-held routers

(IEC 62841-2-17:2017, Electric motor-operated hand-held tools, transportable tools and lawn and garden machinery—Safety—Part 2-17: Particular requirements for hand-held routers, IDT)

2023-09-07 发布　　2024-04-01 实施

国家市场监督管理总局
国家标准化管理委员会　发布

前　言

本文件按照 GB/T 1.1—2020《标准化工作导则　第 1 部分:标准化文件的结构和起草规则》的规定起草。

本文件是 GB/T 3883《手持式、可移式电动工具和园林工具的安全》的第 217 部分。GB/T 3883 的第 2××部分“手持式电动工具”已经发布了以下部分:

——GB/T 3883.201—2017　手持式、可移式电动工具和园林工具的安全　第 2 部分:电钻和冲击电钻的专用要求;

——GB/T 3883.202—2019　手持式、可移式电动工具和园林工具的安全　第 202 部分:手持式螺丝刀和冲击扳手的专用要求;

——GB/T 3883.204—2019　手持式、可移式电动工具和园林工具的安全　第 204 部分:手持式非盘式砂光机和抛光机的专用要求;

——GB/T 3883.205—2019　手持式、可移式电动工具和园林工具的安全　第 205 部分:手持式圆锯的专用要求;

——GB/T 3883.208—2023　手持式、可移式电动工具和园林工具的安全　第 208 部分:手持式电剪刀和电冲剪的专用要求;

——GB/T 3883.209—2021　手持式、可移式电动工具和园林工具的安全　第 209 部分:手持式攻丝机和套丝机的专用要求;

——GB/T 3883.210—2019　手持式、可移式电动工具和园林工具的安全　第 210 部分:手持式电刨的专用要求;

——GB/T 3883.211—2021　手持式、可移式电动工具和园林工具的安全　第 211 部分:手持式往复锯的专用要求;

——GB/T 3883.215—2022　手持式、可移式电动工具和园林工具的安全　第 215 部分:手持式搅拌器的专用要求;

——GB/T 3883.217—2023　手持式、可移式电动工具和园林工具的安全　第 217 部分:手持式木铣的专用要求。

本文件代替 GB/T 3883.17—2005《手持式电动工具的安全　第 2 部分:木铣和修边机的专用要求》,与 GB/T 3883.17—2005 相比,主要技术变化如下:

a)　范围:增加木铣适用范围(见第 1 章);

b)　术语:修改“木铣”,增加“底座”“旋转刀头”“1 型木铣”“2 型木铣”,删除“修边机”(见第 3 章,2005 年版的第 3 章);

c)　试验一般条件:增加木铣质量的说明(见第 5 章);

d)　标志和说明书:修改“额定空载转速”,增加附加安全说明、条款 8.14.2 a)、8.14.2 b)(见第 8 章,2005 年版的第 8 章);

e)　发热:删除 12.4(见 12 章,2005 年版的 12 章);

f)　不正常操作:修改第 1 部分的表 4(见第 18 章);

g)　机械危险:修改 19.1;将 19.1.1 移至 19.4.101 并修改,增加 19.4 的替换、19.101、19.102(见第 19 章、2005 年版的第 19 章);

h)　结构:增加 21.18.1.2、21.35(见第 21 章);

i)　修改图 101,增加图 102、图 103(见图 101、图 102、图 103,2005 年版的图 101);

j) 增加附录I、附录K、附录L(见附录I、附录K、附录L);

k) 增加参考文献(见参考文献)。

本文件等同采用IEC 62841-2-17:2017《电动机驱动的手持式、可移式电动工具和园林机器 安全 第2-17部分:手持式木铣的专用要求》。

本文件做了下列最小限度的编辑性改动:

——标准名称修改为《手持式、可移式电动工具和园林工具的安全 第217部分:手持式木铣的专用要求》。

请注意本文件的某些内容可能涉及专利。本文件的发布机构不承担识别专利的责任。

本文件由中国电器工业协会提出。

本文件由全国电动工具标准化技术委员会(SAC/TC 68)归口。

本文件主要起草单位:上海电动工具研究所(集团)有限公司、正阳科技股份有限公司、宝时得科技(中国)有限公司、江苏东成工具科技有限公司、浙江锐奇工具有限公司、浙江闽立电动工具有限公司、浙江亚特电器有限公司、浙江明磊锂能源科技股份有限公司、永康市开源动力工具有限公司。

本文件主要起草人:顾菁、胡万里、丁玉才、施春磊、朱贤波、徐峰、丁俊峰、欧阳智、林文清。

本文件及其所代替文件的历次版本发布情况为:

——1985年首次发布为GB 3883.17—1985,1993年第一次修订,2005年第二次修订;

——本次为第三次修订,标准编号为GB/T 3883.217—2023。

引　言

本文件与 GB/T 3883.1—2014《手持式、可移式电动工具和园林工具的安全　第 1 部分:通用要求》一起使用。

本文件写明"适用"的部分,表示 GB/T 3883.1—2014 中相应条文适用;本文件写明"替换"的部分,则以本文件中的条文为准;本文件中写明"修改"的部分,表示 GB/T 3883.1—2014 相应条文的相关内容以本文件修改后的内容为准,而该条文中其他内容仍适用;本文件写明"增加"的部分,表示除了符合 GB 3883.1—2014 的相应条文外,还要符合本文件所增加的条文。

2014 年,我国发布 GB/T 3883.1—2014《手持式、可移式电动工具和园林工具的安全　第 1 部分:通用要求》,将原 GB/T 3883(手持式电动工具部分)、GB/T 13960(可移式电动工具部分)和 GB/T 4706(仅园林电动工具部分)三大系列电动工具的通用安全标准的共性技术要求进行了整合。

与 GB/T 3883.1—2014 配套使用的特定类型的小类产品专用要求共 3 个部分,分别为第 2 部分(手持式电动工具部分)、第 3 部分(可移式电动工具部分)、第 4 部分(园林电动工具部分),均转化对应的 IEC 62841 系列的专用要求。

标准名称的主体要素扩大为"手持式、可移式电动工具和园林工具的安全",沿用原手持式电动工具部分的标准编号 GB/T 3883。每一部分小类产品的标准分部分编号由三位数字构成,其中第 1 位数字表示对应的部分,第 2 位和第 3 位数字表示不同的小类产品。

新版 GB/T 3883 系列标准将形成一个比较科学、完整、通用、统一的电动工具产品的安全系列标准体系,使得标准的实施更加切实可行,使用方便。

目前,新版 GB/T 3883 系列标准"手持式电动工具部分"已发布的标准如下:

——GB/T 3883.201—2017　手持式、可移式电动工具和园林工具的安全　第 2 部分:电钻和冲击电钻的专用要求。目的在于规范电钻和冲击电钻小类产品的特定专用安全要求。

——GB/T 3883.202—2019　手持式、可移式电动工具和园林工具的安全　第 202 部分:手持式螺丝刀和冲击扳手的专用要求。目的在于规范手持式螺丝刀和冲击扳手小类产品的特定专用安全要求。

——GB/T 3883.204—2019　手持式、可移式电动工具和园林工具的安全　第 204 部分:手持式非盘式砂光机和抛光机的专用要求。目的在于规范手持式非盘式砂光机和抛光机小类产品的特定专用安全要求。

——GB/T 3883.205—2019　手持式、可移式电动工具和园林工具的安全　第 205 部分:手持式圆锯的专用要求。目的在于规范手持式圆锯小类产品的特定专用安全要求。

——GB/T 3883.208—2023　手持式、可移式电动工具和园林工具的安全　第 208 部分:手持式电剪刀和电冲剪的专用要求。目的在于规范手持式电剪刀和电冲剪小类产品的特定专用安全要求。

——GB/T 3883.209—2021　手持式、可移式电动工具和园林工具的安全　第 209 部分:手持式攻丝机和套丝机的专用要求。目的在于规范手持式攻丝机和套丝机小类产品的特定专用安全要求。

——GB/T 3883.210—2019　手持式、可移式电动工具和园林工具的安全　第 210 部分:手持式电刨的专用要求。目的在于规范手持式电刨小类产品的特定专用安全要求。

——GB/T 3883.211—2021　手持式、可移式电动工具和园林工具的安全　第 211 部分:手持式往复锯的专用要求。目的在于规范手持式往复锯小类产品的特定专用安全要求。

——GB/T 3883.215—2022　手持式、可移式电动工具和园林工具的安全　第 215 部分:手持式搅拌器的专用要求。目的在于规范手持式搅拌器小类产品的特定专用安全要求。

——GB/T 3883.217—2023　手持式、可移式电动工具和园林工具的安全　第 217 部分:手持式木铣的专用要求。目的在于规范手持式木铣小类产品的特定专用安全要求。

后续还将对以下标准进行修订:

——GB/T 3883.3—2007　手持式电动工具的安全　第二部分:砂轮机、抛光机和盘式砂光机的专用要求;

——GB/T 3883.7—2012　手持式电动工具的安全　第 2 部分:锤类工具的专用要求;

——GB/T 3883.12—2012　手持式电动工具的安全　第 2 部分:混凝土振动器的专用要求;

——GB/T 3883.13—1992　手持式电动工具的安全　第二部分:不易燃液体电喷枪的专用要求;

——GB/T 3883.16—2008　手持式电动工具的安全　第二部分:钉钉机的专用要求;

——GB/T 3883.18—2009　手持式电动工具的安全　第二部分:石材切割机的专用要求;

——GB/T 3883.19—2012　手持式电动工具的安全　第 2 部分:管道疏通机的专用要求;

——GB/T 3883.20—2012　手持式电动工具的安全　第 2 部分:捆扎机的专用要求;

——GB/T 3883.21—2012　手持式电动工具的安全　第 2 部分:带锯的专用要求;

——GB/T 3883.22—2008　手持式电动工具的安全　第二部分:开槽机的专用要求。

手持式、可移式电动工具和园林工具的安全 第217部分：手持式木铣的专用要求

1 范围

除下述条文外，GB/T 3883.1—2014 的这一章适用。

增加：

本文件适用于对木材和类似材料、塑料和除镁以外的有色金属进行切槽或边缘成型的手持式木铣。

注 101：主要用于修整材料边缘的木铣也被称为修边机。

注 102：用于通过旋转动作切割各种材料的木铣也被称为旋转式切割机。

本文件不适用于开槽机。

注 103：开槽机的要求由 IEC 62841-2-19 规定。

本文件不适用于小型旋转工具。

注 104：小型旋转工具的要求由 IEC 62841-2-23 规定。

2 规范性引用文件

GB/T 3883.1—2014 的这一章适用。

3 术语和定义

除下述条文外，GB/T 3883.1—2014 的这一章适用。

增加：

3.101

底座　base

将木铣支撑在工件上的部分。

3.102

旋转刀头　rotary cutting bit

通过刀柄安装在夹头上、主进给方向垂直于其旋转轴的旋转切割附件。

注 1：旋转刀头可进行与其旋转轴平行的额外的切入操作。

3.103

木铣　router

被设计用于安装旋转刀头、带有底座和夹头的工具。

3.104

修边机　trimmer

被设计用于安装旋转刀具和底座，以控制修整层压板或类似材料边缘的1型木铣。

3.105

1 型木铣　type 1 router

符合以下标准的木铣：

a） 除可拆卸底座、分体式电池包或可拆卸电池包外，质量不超过 2 kg；并且

b） 夹持能力不超过 8 mm。

3.106

2 型木铣　type 2 router

符合以下标准的木铣：

a） 除可拆卸底座、分体式电池包或可拆卸电池包外，质量超过 2 kg；或者

b） 夹持能力超过 8 mm。

4 一般要求

GB/T 3883.1—2014 的这一章适用。

5 试验一般条件

除下述条文外，GB/T 3883.1—2014 的这一章适用。

5.17 增加

工具的质量应包括所有手柄和集尘转接器(如有)。

6 辐射、毒性和类似危险

GB/T 3883.1—2014 的这一章适用。

7 分类

GB/T 3883.1—2014 的这一章适用。

8 标志和说明书

除下述条文外，GB/T 3883.1—2014 的这一章适用。

8.1 增加：

——额定空载转速。

8.14.1 增加：

应提供 8.14.1.101 中规定的附加安全说明。该部分的内容可以与“电动工具通用安全警告”分开印刷。

8.14.1.101 木铣的安全说明

a） **因刀具可能会触及自身软线，仅通过绝缘握持面来握持工具。**切割带电导线会使工具外露的金属零件带电而使操作者受到电击。

b） **使用夹具或其他实用方法将工件固定和支撑在稳定的工作台面。**用手或身体固定工件会使工件不稳引起失控。

8.14.2 a）增加：

101）与工具设计要求相匹配的旋转刀头类型的信息；

102）与夹头匹配的刀柄直径的信息；

103）仅使用与安装夹头相匹配的刀柄直径下的旋转刀头的说明；

104）仅使用适合于工具转速的旋转刀头的说明；

105）如适用，如何更换夹头或锥夹头的说明（例如：用于不同直径刀柄的安装）。

8.14.2　b）增加：

101）如适用，集尘系统的正确使用说明。

9　防止触及带电零件的保护

GB/T 3883.1—2014 的这一章适用。

10　起动

GB/T 3883.1—2014 的这一章适用。

11　输入功率和电流

GB/T 3883.1—2014 的这一章适用。

12　发热

GB/T 3883.1—2014 的这一章适用。

13　耐热性和阻燃性

GB/T 3883.1—2014 的这一章适用。

14　防潮性

GB/T 3883.1—2014 的这一章适用。

15　防锈

GB/T 3883.1—2014 的这一章适用。

16　变压器及其相关电路的过载保护

GB/T 3883.1—2014 的这一章适用。

17　耐久性

GB/T 3883.1—2014 的这一章适用。

18 不正常操作

除下述条文外,GB/T 3883.1—2014 的这一章适用。

18.8 表 4 替换为:

表 4 要求的性能等级

关键安全功能(SCF)的类型和作用	最低允许的性能等级(PL)
电源开关——对于 1 型木铣,防止不期望的接通	b
电源开关——对于 2 型木铣,防止不期望的接通	c
电源开关——提供期望的断开	b
任何为通过 18.3 测试的电子控制器	a
防止输出转速超过额定空载转速的 130% 的过速保护	b
提供期望的旋转方向	a
防止超过 18 章中的热极限	a
对于 1 型木铣,23.3 要求的防止自复位	a
对于 2 型木铣,23.3 要求的防止自复位	b
防止不期望的电源开关功能的接通锁定	b
对于 1 型木铣,21.18.1.2 要求的断开锁定功能	a
对于 2 型木铣,21.18.1.2 要求的断开锁定功能	b

19 机械危险

除下述条文外,GB/T 3883.1—2014 的这一章适用。

19.1 替换第一段:

除旋转刀头和夹头外,工具的运动部件和危险零件应安置或包封得能提供防止人身伤害的足够保护。19.4.101 规定了避免操作者意外接触到旋转刀头和夹头的保护。

19.4 替换:

1 型木铣应至少有一个手柄或握持表面。按照 8.14.2b)6),在使用中辅助引导木铣的电机外壳和/或底座部分可视为握持表面。

2 型木铣应至少有一个手柄和一个额外的手柄或握持表面,以允许使用双手操作工具。按照 8.14.2b)6),在使用中辅助引导木铣的电机外壳和/或底座部分可视为握持表面。

通过观察来检验。

19.4.101 防止意外接触

手柄的形状或位置,应使操作者的手意外接触旋转刀头和夹头的危险降到最低。

对于 1 型木铣,为满足 19.4.101 要求以更换附件为目的的可拆卸罩盖在不借助于工具的条件下可以拆卸。

如手柄表面的定义测量点到旋转刀头和夹头有足够的距离,即可认为足以防止操作者的手意外触及。

按下述方法进行检验：

在工具上安装一个探针，其直径为最大夹头尺寸。在探针上距离夹头(10±1)mm 处做一圈标记。定义测量点和探针上标记之间的距离应至少为 120 mm。以链距离的方式进行测量。见图 101。

注：链距离是指绕过障碍物的累计最短距离。

将底座调节到最大切割深度，根据下述方法建立手柄上的测量点。

a) 在手柄上找到距离底座平面最近点(A)和最远点(B)，过(A)和(B)的等分点作平行于底座的平面，在该平面上得到了与手柄表面形成的一水平相交线。

b) 手柄相交线上距离主轴中心线的半径距离最大的点就是定义测量点。

如果电机外壳和/或底座部分用作握持表面，则握持表面和旋转刀头之间的隔挡可认为足以防止操作者的手意外接触，见图 102。隔挡高度应至少为 6 mm。集尘系统可以是该隔挡的一部分。

如不设置隔挡，对于底座上方有开口部分的 1 型木铣，如果电机外壳和/或底座部分用作握持表面，如能满足以下两者其一，即可认为足以防止操作者的手意外接触。

——在底座上方，用不大于 5 N 的力施加到 GB/T 16842—2008 的试具 B 上不能触及旋转刀头和夹头，或

——以下两点之间的距离至少为 60 mm：

- 沿 8.14.2 b)6)定义的握持表面中心线，在握持表面下边缘正上方 40 mm 处的点；
- 在任何开口部分的边缘上的任何一点(见图 103)。

通过使用 GB/T 16842—2016[1] 中的试具 B 手动测试和通过测量的方式来检验。手动测试不移除任何罩盖。以链距离的方式进行 60 mm 的测量。

在操作时可以重复调整的元器件，如"旋转的深度调节装置"，应安放得避免触及旋转部件。

通过观察来检验。

19.101 2 型木铣应有可围绕旋转刀头进行调整的底座，以便在正常操作时能够提供足够的稳定性。

通过观察和以下测试来检验：

测试前，工具准备如下：

——关断电机；

——不安装旋转刀头；

——调整工具，使夹头处于最高位置；

——有器具进线座的工具配有合适的连接器和电源线或软线。

工具以最不利位置、且底座摆放在一个与水平面成 10°的斜平面上。电缆或软线(如有)以最不利位置摆放在该斜平面上。测试中防止工具滑动。

工具不应倾翻。

19.102 1 型木铣应有底座，以便在操作过程中提供引导。

通过观察来检验。

20 机械强度

GB/T 3883.1—2014 的这一章适用。

21 结构

除下述条文外，GB/T 3883.1—2014 的这一章适用。

---

1) GB/T 16842—2008 已被 GB/T 16842—2016 替代，但引用部分不涉及技术内容的变化。

21.18.1.1 增加：

对于木铣，允许使用非瞬动电源开关。

21.18.1.2 增加：

木铣被认为是意外启动会导致危险的工具。

21.35 修边机以外的所有木铣适用于 GB/T 3883.1—2014 的该条。

增加：

整体式集尘/吸尘装置或出尘口可以在不使用工具的情况下被拆除。

22 内部布线

GB/T 3883.1—2014 的这一章适用。

23 组件

GB/T 3883.1—2014 的这一章适用。

24 电源联接和外接软线

GB/T 3883.1—2014 的这一章适用。

25 外接导线的接线端子

GB/T 3883.1—2014 的这一章适用。

26 接地装置

GB/T 3883.1—2014 的这一章适用。

27 螺钉与连接件

GB/T 3883.1—2014 的这一章适用。

28 爬电距离、电气间隙和绝缘穿通距离

GB/T 3883.1—2014 的这一章适用。

单位为毫米

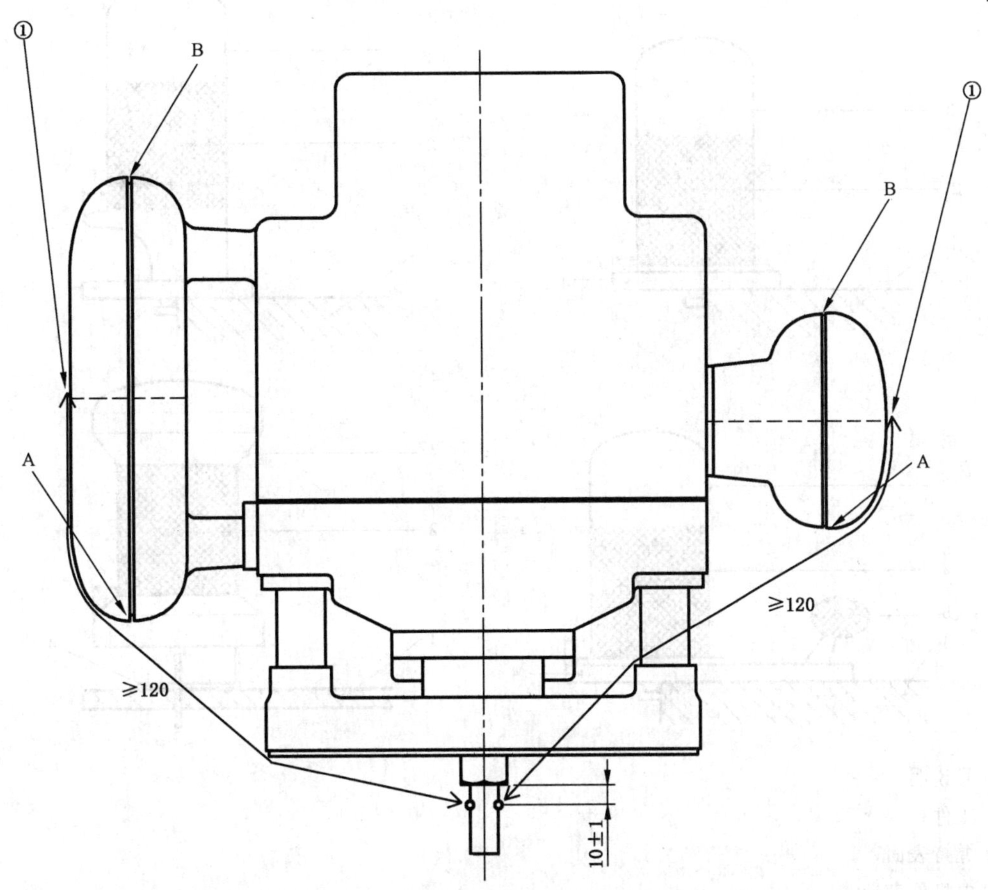

标引序号说明：

① ——定义测量点；

A、B ——参考点。

图 101 手柄与旋转刀头之间的距离测量

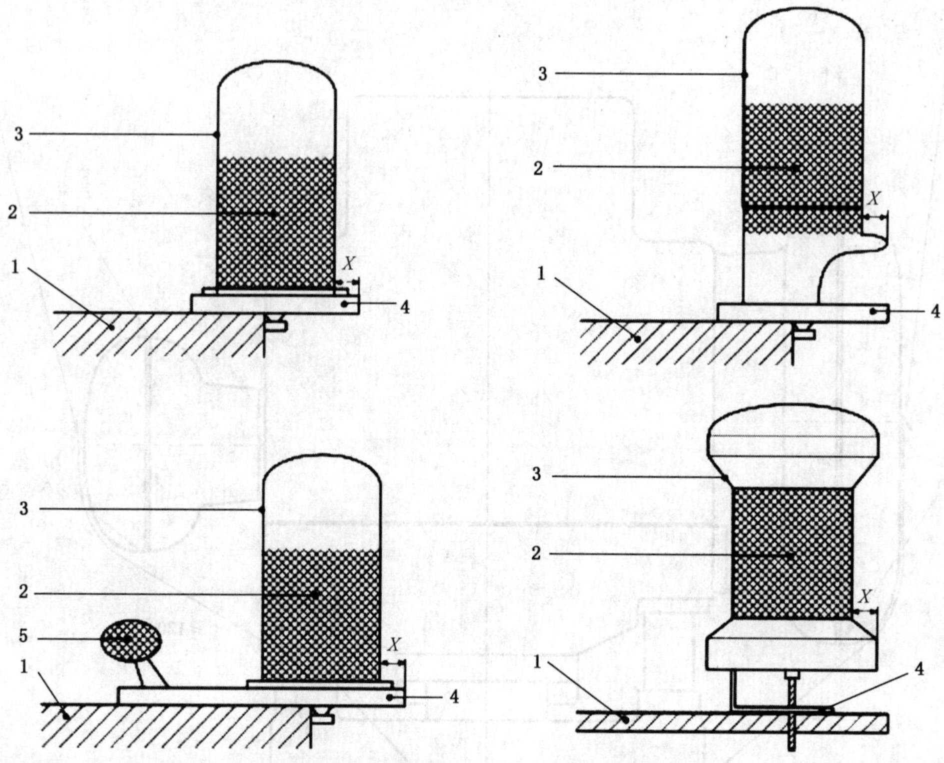

标引序号说明：

1 ——工件；

2 ——握持表面；

3 ——电机外壳；

4 ——底座；

5 ——辅助手柄；

X ——隔挡的高度。

图 102 各种带有隔挡的设计

单位为毫米

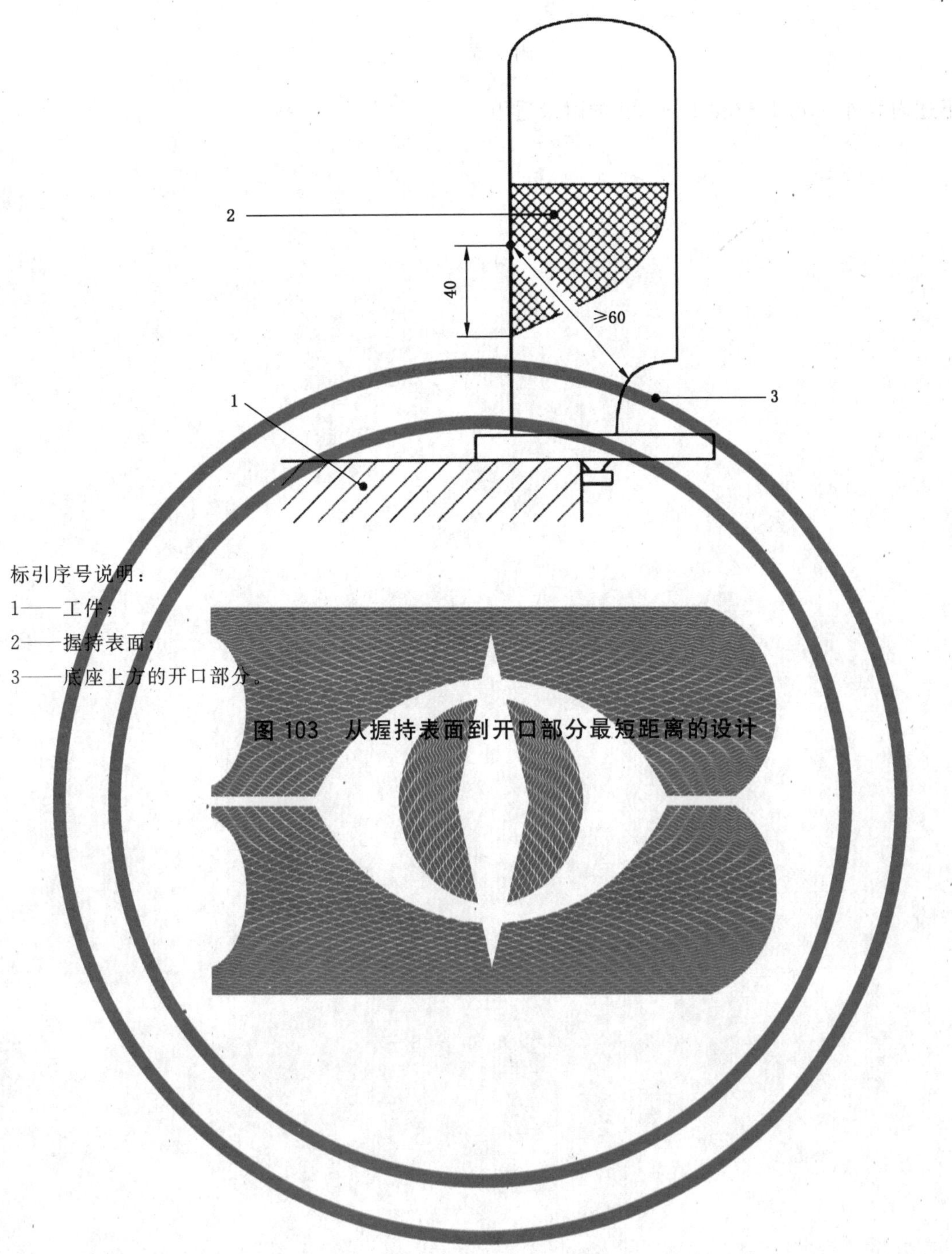

标引序号说明：

1——工件；

2——握持表面；

3——底座上方的开口部分。

图 103 从握持表面到开口部分最短距离的设计

附　录

除下述内容外，GB/T 3883.1—2014 的附录适用。

附　录　I
（资料性）
噪声和振动的测量

I.2　噪声测试方法（工程法）

除下述条文外，GB/T 3883.1—2014 的这一章适用。

I.2.4　电动工具在噪声测试时的安装和固定条件

增加：

2 型木铣按照 I.2.5 的规定握持和使用。

1 型木铣处于悬挂位置。工具底座应处于水平位置。

I.2.5　运行条件

增加：

5.6 的温度要求不适用。

1 型木铣在空载下进行测试，所有速度调节装置都调整到最大值。

2 型木铣在负载下进行测试，其条件如表 I.101 所示。

表 I.101　2 型木铣的运行测试条件

定位	在最小尺寸为 800 mm（长）×400 mm（宽）×30 mm（厚度）的水平中等密度纤维板（MDF）上切割沟槽。 工件应用螺钉、夹具、气缸或其他类似工装固定在垫有弹性材料的试验台上
工作头	使用全新的规定用于 MDF 的 ϕ12 mm 直边旋转刀头进行全部序列的测试
进给力	在不使工具过载的情况下，进行平稳工作。在两个手柄上都施加相同的力，避免过多的握紧力
测试周期	在 400 mm 宽的 MDF 上切割 10 mm 深的沟槽。使用导杆（如提供）使沟槽间距为 10 mm

I.3　振动

除下述条文外，GB/T 3883.1—2014 的这一章适用。

I.3.3.2　测量位置

增加：

图 I.101 和图 I.102 给出了两个手柄的位置。

I.3.5.3　运行条件

增加：

1 型木铣在空载下测试。

2 型木铣根据表 I.101 所示的条件在负载下进行测试。

I.3.6.2 总振动发射值的声明

增加：

应声明手柄的最大总振动发射值 a_h 及其不确定度 K。

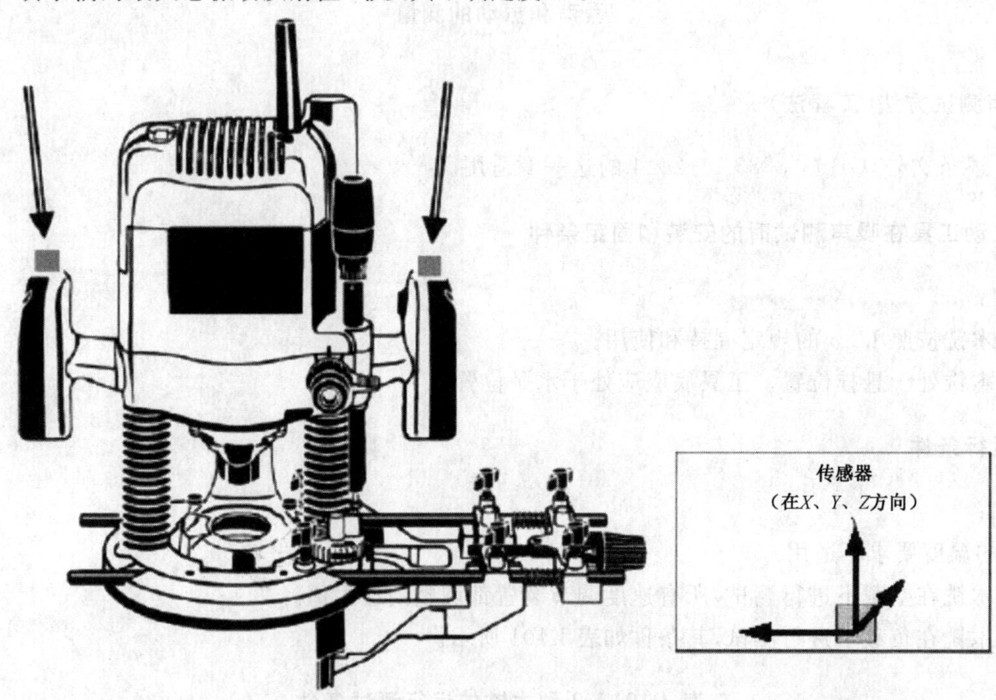

图 I.101 2型木铣的传感器位置

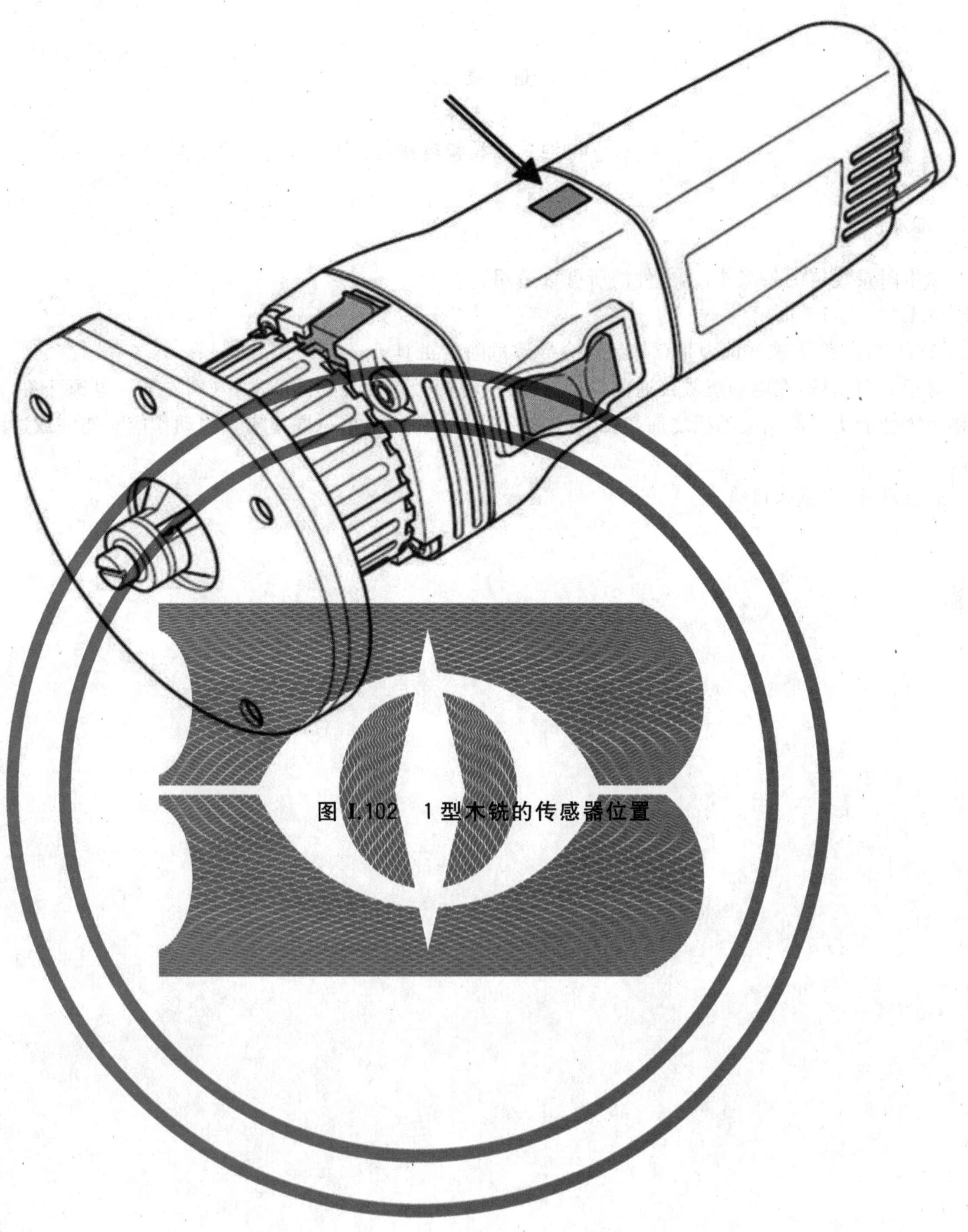

图 I.102 1型木铣的传感器位置

附 录 K
（规范性）
电池式工具和电池包

K.1 增加：

除本附录规定的条文外，本文件的所有章适用。

K.8.14.1.101 a)不适用。

K.21.18.1.2 1型木铣被认为是意外启动会导致危险的工具。

对于2型木铣，在电动机被接通前，电源开关应有两个单独且不同的动作(例如某一电源开关，在横向移动闭合触头以起动电动机之前，它必须先被按下)。用一个单一握持或直线动作应不能完成这两个动作。

通过观察、手试来检验。

附 录 L
（规范性）
提供电源联接或非隔离源的电池工具和电池包

L.1 范围

增加：

除本附录规定的条文外，本文件的所有章适用。

L.21.18.1.2 1 型木铣被认为是意外启动会导致危险的工具。

对于 2 型木铣，在电动机被接通前，电源开关应有两个单独且不同的动作（例如某一电源开关，在横向移动闭合触头以起动电动机之前，它必须先被按下）。用一个单一握持或直线动作应不能完成这两个动作。

通过观察、手试来检验。

参 考 文 献

除下述内容外,GB/T 3883.1—2014 的参考文献适用。

增加:

IEC 62841-2-19,Electric motor-operated hand-held tools, transportable tools and lawn and garden machinery—Safety—Part 2-19. Particular requirements for hand-held jointers[1)]

IEC 62841-2-23,,Electric motor-operated hand-held tools, transportable tools and lawn and garden machinery—Safety—Part 2-19. Particular requirements for hand-held rotary Tools[2)]

1) 尚在考虑中。

2) 尚在考虑中。

ICS 25.140.20
CCS K 64

中华人民共和国国家标准

GB/T 3883.302—2021/IEC 62841-3-1:2014
代替 GB/T 13960.2—2008

手持式、可移式电动工具和园林工具的安全 第302部分:可移式台锯的专用要求

Safety of motor-operated hand-held, transportable and garden tools—Part 302: Particular requirements for transportable table saws

(IEC 62841-3-1:2014, Electric motor-operated hand-held tools, transportable tools and lawn and garden machinery—Safety—Part 3-1: Particular requirements for transportable table saws, IDT)

2021-04-30 发布　　2021-11-01 实施

国家市场监督管理总局
国家标准化管理委员会　发布

前言

本文件按照 GB/T 1.1—2020《标准化工作导则　第1部分:标准化文件的结构和起草规则》的规定起草。

本文件为 GB/T 3883《手持式、可移式电动工具和园林工具的安全》的第302部分。"手持式、可移式电动工具和园林工具的安全"的第3部分可移式电动工具,目前由以下5部分组成:

——GB/T 3883.306—2017　手持式、可移式电动工具和园林工具的安全　第3部分:可移式带液源金刚石钻的专用要求;

——GB/T 3883.311—2019　手持式、可移式电动工具和园林工具的安全　第311部分:可移式型材切割机的专用要求;

——GB/T 3883.302—2021　手持式、可移式电动工具和园林工具的安全　第302部分:可移式台锯的专用要求;

——GB/T 3883.305—2021　手持式、可移式电动工具和园林工具的安全　第305部分:可移式台式砂轮机的专用要求;

——GB/T 3883.309—2021　手持式、可移式电动工具和园林工具的安全　第309部分:可移式斜切锯的专用要求。

本文件代替 GB/T 13960.2—2008《可移式电动工具的安全　第二部分:圆锯的专用要求》,与 GB/T 13960.2—2008 相比,主要技术变化有:

1) 范围:增加可带有的锯片和刀具、切割对象和不适用范围的描述,修改锯片直径范围(见第1章、2008年版的第1章);

2) 规范性引用文件:增加 ISO 180(见第2章、2008年版的第2章);

3) 术语和定义中:"圆锯"修改为"台锯";增加"防回弹装置""倾斜角""横锯"等多个定义(见第3章、2008年版的第3章);

4) 一般要求:增加关于锯片、分料刀和 D 的说明(见第4章、2008年版的第4章);

5) 试验一般条件:增加台锯质量定义(见第5章、2008年版的第5章);

6) 标志和说明书:修改说明书中的安全警告、投入使用、操作说明和保养和售后服务的说明(见第8章、2008年版的第8章);

7) 不正常操作:修改第1部分的表4(见第18章、2008年版的第18章);

8) 机械危险:增加可以不借助于工具进行拆卸的部件;增加工作台上方集尘口的要求;修改工作台倾覆试验的施力;将护罩要求分为安装在延展分料刀上的锯片护罩和悬臂式锯片护罩,并有相应要求;增加分料刀的有关要求;增加锯片护罩和防回弹装置和跑停时间的要求等(见第19章、2008年版的第19章);

9) 机械强度:增加了锯片护罩材料的强度和厚度要求;增加分料刀(及延展分料刀)强度试验要求;增加台锯搬运装置及其强度试验要求;增加台锯支架(如果提供)的强度要求等;将锯台和法兰盘等的要求和尺寸移到第21章(见第20章、2008年版的第20章);

10) 结构:增加关于集尘的要求;增加锯片(刀具)更换方面的要求;增加推杆及尺寸和强度等的要求;增加锯片对齐的要求;增加台面及尺寸的要求;增加平行靠栅和横锯靠栅的要求;增加减小回弹的要求;增加主轴和法兰尺寸要求等(见第21章、2008年版的第21章);

11) 组件:增加"关断台锯的保护装置和电路应为非自复位"的要求(见第23章、2008年版的第

23 章);

12) 增加附录 I(资料性)噪声和振动的测量;

13) 附录 K:替换第 2 部分 8.14.1.101.1a)。

本文件使用翻译法等同采用 IEC 62841-3-1:2014《电动机驱动的手持式、可移式电动工具和园林机器 安全 第 3-1 部分:可移式台锯的专用要求》。

本文件做了下列编辑性修改:

——标准名称修改为"手持式、可移式电动工具和园林工具的安全 第 302 部分:可移式台锯的专用要求";

——纳入了 IEC 62841-3-1:2014/COR1:2015 技术勘误内容,增加"关断台锯的保护装置和电路应为非自复位"的要求,所涉及的条款的外侧页边空白位置用垂直双线(‖)进行了标示。

本文件应与 GB/T 3883.1—2014《手持式、可移式电动工具和园林工具的安全 第 1 部分:通用要求》一起使用。

本文件写明"适用"的部分,表示 GB/T 3883.1—2014 中相应条款适用;本文件写明"替换"的部分,则应以本文件中的条款为准;本文件中写明"修改"的部分,表示 GB/T 3883.1—2014 相应条款的相关内容应以本文件修改后的内容为准,而该条款中其他内容仍适用;本文件写明"增加"的部分,表示除了符合 GB/T 3883.1—2014 的相应条款外,还应符合本文件所增加的条款。

本文件由中国电器工业协会提出。

本文件由全国电动工具标准化技术委员会(SAC/TC 68)归口。

本文件起草单位:南京德朔实业有限公司、上海电动工具研究所(集团)有限公司、正阳科技股份有限公司、宝时得科技(中国)有限公司、锐奇控股股份有限公司。

本文件主要起草人:陈勤、顾菁、胡万里、丁玉才、朱贤波、刘培元、陈建秋。

本文件及其所代替文件的历次版本发布情况为:

——GB 13960.2—1996、GB/T 13960.2—2008。

引　言

2014年,我国发布国家标准GB/T 3883.1—2014《手持式、可移式电动工具和园林工具的安全　第1部分:通用要求》,将原GB/T 3883(手持式电动工具部分)、GB/T 13960(可移式电动工具部分)和GB/T 4706(仅园林电动工具部分)三大系列电动工具的通用安全标准的共性技术要求进行了整合。

与GB/T 3883.1—2014配套使用的特定类型的小类产品专用要求共3个部分,分别为第2部分(手持式电动工具部分)、第3部分(可移式电动工具部分)、第4部分(园林电动工具部分),均转化对应的国际标准IEC 62841系列的专用要求。

标准名称的主体要素扩大为"手持式、可移式电动工具和园林工具的安全",沿用原手持式电动工具部分的标准编号GB/T 3883。每一部分小类产品的标准分部分编号由三位数字构成,其中第1位数字表示对应的部分,第2位和第3位数字表示不同的小类产品。

新版GB/T 3883系列标准将形成一个比较科学、完整、通用、统一的电动工具产品的安全系列标准体系,使得标准的实施更加切实可行,使用方便。

目前,新版GB/T 3883系列标准"可移式电动工具部分"已发布的标准如下:

——GB/T 3883.302—2021　手持式、可移式电动工具和园林工具的安全　第302部分:可移式台锯的专用要求;

——GB/T 3883.305—2021　手持式、可移式电动工具和园林工具的安全　第305部分:可移式台式砂轮机的专用要求;

——GB/T 3883.306—2017　手持式、可移式电动工具和园林工具的安全　第3部分:可移式带液源金刚石钻的专用要求;

——GB/T 3883.309—2021　手持式、可移式电动工具和园林工具的安全　第309部分:可移式斜切锯的专用要求;

——GB/T 3883.311—2019　手持式、可移式电动工具和园林工具的安全　第311部分:可移式型材切割机的专用要求。

后续还将对以下标准进行修订:

——GB/T 13960.3—1996　可移式电动工具的安全　摇臂锯的专用要求;

——GB/T 13960.4—2009　可移式电动工具的安全　第二部分:平刨和厚度刨的专用要求;

——GB/T 13960.6—1996　可移式电动工具的安全　带锯的专用要求;

——GB/T 13960.8—1997　可移式电动工具的安全　第二部分:带水源金刚石锯的专用要求;

——GB/T 13960.10—2009　可移式电动工具的安全　第二部分:单轴立式木铣的专用要求;

——GB/T 13960.13—2005　可移式电动工具的安全　第二部分:斜切割台式组合锯的专用要求。

手持式、可移式电动工具和园林工具的安全 第302部分:可移式台锯的专用要求

1 范围

除下述条文外,GB/T 3883.1—2014 的这一章适用。

增加:

本文件适用于可移式台锯,其带有:

——开齿的单锯片;或

——锯切单沟或单槽的堆叠锯片;或

——成型刀具。

用于锯割木材和类似材料、塑料和除镁之外的有色金属且锯片直径在 105 mm 和 315 mm 之间,下文中简称为锯或工具。

本文件不适用于锯割其他金属,如镁、钢和铁的台锯。本文件不适用于带自动进料装置的台锯。

本文件不适用于使用砂轮的锯。

注 101:带砂轮用作切割机的锯适用 GB/T 3883.311。

本文件不适用于带有不止一根轴的台锯,例如,这些轴用于安装划线刀片。

2 规范性引用文件

除下述条文外,GB/T 3883.1—2014 的这一章适用。

增加:

ISO 180 塑料 悬臂梁冲击强度的测定(Plastics—Determination of izod impact strength)

3 术语和定义

除下述条文外,GB/T 3883.1—2014 的这一章适用。

增加:

3.101

防回弹装置 anti-kickback device

允许工件在锯割方向运动,同时降低工件在与进给相反的方向快速运动的可能性的装置。

3.102

倾斜角 bevel angle

锯片平面向台面倾斜的角度。锯片平面垂直于台面的位置作为 0° 倾斜角位置。

3.103

横锯 cross cutting

使用横锯靠栅引导工件进行的锯割操作。

注:对于天然木材,横锯主要用在垂直于木材纹理的方向;对于工程材料,横锯用在垂直于工件长度的方向。

3.104

锯割能力 cutting capacity

在 0°倾斜角位置锯片设置于任意锯割深度时,最高的锯片齿顶在台面上方的高度。

注：锯片设置成0°以外的倾斜位置，置于任意锯割深度时，最高的锯片齿顶在台面上方的高度，只考虑最靠近工作台的齿侧。

3.104.1

最大锯割深度 maximum cutting capacity

除非另有规定，0°倾斜角位置时锯片设置为最大深度时的锯割深度。

3.105

锯割边缘区域 cutting edge zone

锯片半径靠近外缘的20%部分。

3.106

D

规定的锯片直径。

3.107

刨槽 dadoing

用一叠达到预期厚度的专门设计的锯片进行的非穿通锯割，从而在工件上产生带侧面的矩形槽。

3.108

靠栅 fence

在锯割过程中用于引导或定位工件的装置。

3.108.1

横锯靠栅 cross-cutting fence

锯割过程中平行于锯片运动的靠栅或滑动式台锯用于定位工件的靠栅。

注1：靠栅上可以有横向调节工件导引面的装置，也可以具有斜切角能力。

注2：带斜切角能力的横锯靠栅也称为斜向靠栅或斜规。

3.108.2

平行靠栅 rip fence

工件导引面与锯片平行且能设置与锯片之间的距离的靠栅。

3.109

开沟槽 grooving

用一片常规锯片重复进行相同或不同深度、相互间隔的非穿通锯割，以除去材料从而形成槽为便于工件的成型或弯曲。

注：开沟槽也称为开槽或开缝。

3.110

锯缝宽度 kerf width

接触至少3个锯齿齿尖的两侧面的两个平行平面之间的距离。

3.111

回弹 kickback

当锯片受挤压、被卡住或工件与锯片不对齐时的突然反作用现象，它会使工件被锯片推动。

3.112

斜切角 mitre angle

横锯靠栅的工件抵靠面向锯割线转动的角度，锯片平面垂直于横锯靠栅抵靠面时的位置为0°斜切角位置。

3.113

成型锯割 moulding head cutting

用特殊形状的锯割装置进行非穿通锯割操作从而在工件的底面产生与刀具相应的形状，主要用于装饰。

注：成型锯割也称为仿型。

3.114

不可拆卸(装置) non-removable (device)

焊接、铆接或使用非标简易紧固件固定且不能用常规家用工具、如一字螺丝刀或十字螺丝刀和/或普通扳手拆卸的装置。

3.115

非穿通锯割 non-through cutting

锯割装置不伸出于工件厚度之上的锯割操作。

3.116

犁沟 plowing

使用一种不平行于锯片锯割线的特殊靠栅来推动工件穿过一常规锯片进行的非穿通锯割,且在每次锯割后以极小的增量增加锯割深度,以刮除较大的弧面区域。

注：犁沟也称为拱形锯割。

3.117

插入式锯割 plunge cutting

操作始于工件的边缘以外区域的非穿通锯割。

注：进行插入式锯割时,首先将工件固定在低于台面的静止锯片之上,然后慢慢提升旋转锯片插入到工件中。在用平行靠栅或横锯靠栅推动工件前,可以提升锯片到完全穿通工件的厚度。

3.118

扇区 quadrant

台面上方带有通过锯片中心的垂直分界线的锯片部分。

注：锯片中心到锯片与台面相交点的锯片扇区,在台锯前部的称为“前扇区”,在台锯后部的称为“后扇区”。见图 107。

3.119

开槽口 rabbeting

在工件边缘产生一矩形槽口的非穿通锯割操作。可以用刨刀式锯片切出槽口,也可以用常规锯片在工件边缘的侧边和底边进行 2 次互相垂直的非穿通锯割切出槽口。

3.120

解锯 resawing

用常规锯片在工件位于同截面内但相对的侧面上各进行 1 次非穿通锯割以减少工件厚度。

3.121

直锯 rip cutting

用平行靠栅引导工件进行的锯割。

注：对于天然木材,直锯主要是在平行于木纹的方向进行;对于工程材料,直锯一般平行于材料长度进行。

3.122

分料刀 riving knife

位于锯片后方且与锯片同平面的装置,其在锯片的锯割能力内且在整个锯割深度及锯片的倾斜角操作范围内都能固定并保持靠近锯片,用于降低锯片被挤压和卡住的风险。

3.123

延展分料刀 extended riving knife

各方面都与分料刀相同的装置,只是其延展超过锯片的最大锯割深度之上以允许安装锯片护罩和/或防回弹装置。

3.123.1

可调节延展分料刀　adjustable extended riving knife

设计成至少在一个位置用作延展分料刀且在第二位置作为分料刀的装置。

3.123.2

固定式延展分料刀　fixed extended riving knife

位置固定的延展分料刀。

3.124

锯片护罩　saw blade guard

安装在工作台之上能允许工件在该装置与工作台之间通过的装置，用于减少操作者意外接触锯片。

3.124.1

悬臂式锯片护罩　over-arm saw blade guard

从工作台上方的装置上悬挂下来的锯片护罩，锯片护罩的支架结构不在台面平面的可工作范围内。

3.125

台锯　table saw

带有伸出工作台槽缝的旋转的开齿锯片的工具，该工作台支承并定位工件，而工件对着锯片进给、且电机和锯片的驱动机构位于台面以下。

3.125.1

滑动式台锯　table saw with sliding function

带有伸出工作台槽缝的旋转的开齿锯片的工具，该工作台支承并定位工件，电机和锯片的驱动机构位于台面之下且安装在可以推进锯片驱动机构的直线滑动机构上，而工件用横锯靠栅固定同时推进锯片穿过工件。

注1：锯片手动或自动回位。这类台锯具有独立的可锁定的直锯位置。

注2：这类锯也称为拖拉式台锯。

3.126

台面　table top

工作台接触并支承工件的表面。

3.127

锥形锯割　tapered cut

利用固定装置夹住工件使得工件的直边不平行于锯片锯割线的锯割。

注：固定装置由平行靠栅引导。

3.128

穿通锯割　through cutting

锯片突出于工件厚度之上的锯割操作。

3.129

无缝工作台嵌板　zero clearance table insert

在工具出厂时，工作台嵌板上没有用于锯片伸出的槽缝，目的是为了在工作台嵌板安装到台锯上后用安装在台锯上的锯片锯割出槽缝。

4　一般要求

除下述条文外，GB/T 3883.1—2014 的这一章适用。

4.101　除非另有规定，本文件任何针对下述内容的要求或引用时：

——“锯片”：

泛指 8.14.2a)中规定的所有“锯片”。

——“分料刀”：

适用于“延展分料刀”，反之不然。

本条术语规则不适用于“分料刀位置”，例如，不能用“延展分料刀位置”代替“分料刀位置”。

——以 *D* 的倍数表述的“力”：

力应以 N 为单位，而锯片直径 *D* 以 mm 为单位。

5 试验一般条件

除下述条文外，GB/T 3883.1—2014 的这一章适用。

5.17 增加：

工具的质量应包括锯片护罩、防回弹装置(如果有)、分料刀、平行靠栅、横锯靠栅和推杆。

说明书中所要求的任何附加部件，如支架或搬运装置，都应包含在质量中。

6 辐射、毒性和类似危险

GB/T 3883.1—2014 的这一章适用。

7 分类

GB/T 3883.1—2014 的这一章适用。

8 标志和说明书

除下述条文外，GB/T 3883.1—2014 的这一章适用。

8.1 增加：

台锯应标有：

——输出轴的额定空载转速。

8.3 增加：

台锯应标有：

——锯片直径。

8.3.101 台锯应标有输出轴的旋转方向，应以凸起或凹陷的箭头、或以其他同等清晰而耐久的方法标注在锯片附近可见的地方，如锯片护罩、分料刀或工作台嵌板上。

通过观察来检验。

8.3.102 分料刀应以雕刻、模印或蚀刻方式永久地标注其厚度、分料刀能匹配使用的锯片直径 *D*、锯片本体厚度和锯缝宽度，如图 101 所示。

通过观察来检验。

8.3.103 随工具提供的锯片应标有最大运行速度且用箭头指示正确的旋转方向。

通过观察来检验。

8.3.104 用于单锯片以外的锯割刀具的工作台嵌板，见 21.101.6，应如图 102 所示进行标注。

通过观察来检验。

8.14.1 增加：

应增加 8.14.1.101 所规定的补充安全说明。本文件内容可与“电动工具通用安全警告”分开印刷。

8.14.1.101 台锯的安全说明：

1） 防护警告：

a） **护罩应保持在位置上。护罩应处于工作状态且恰当安装。**应修理或更换松动、损坏、或功能不正常的护罩。

b） **进行穿通锯割操作时总是使用锯片护罩、分料刀和防回弹装置。**进行穿通锯割操作时锯片完全通过工件的厚度，护罩或其他安全装置有助于减少人身伤害。

注1：如未提供防回弹装置，“防回弹装置”可以省略。

注2：制造商可以用其他适当术语，如“防回弹棘爪”或“防反弹轧棍”替换“防回弹装置”。

注3：如果台锯带有安装了不可拆卸防护装置的不可拆卸固定式延展分料刀，本条警告可以省略。

c） **完成需要拆除护罩、分料刀和/或防回弹装置的操作后(如开槽口、刨槽或解锯)，应立即重新安装防护装置。**护罩、分料刀和防回弹装置有助于减少人身伤害。

注1：如果不准许刨槽或解锯锯割，“刨槽或解锯”可以省略。

注2：如果未提供防回弹装置，“防回弹装置”可以省略。

注3：制造商可以用其他适当术语，如“防回弹棘爪”或“防回弹轧棍”替换“防回弹装置”。

注4：如果台锯带有安装了不可拆卸防护装置的不可拆卸固定式延展分料刀，本条警告可以省略。

d） **闭合开关前确认锯片未接触护罩、分料刀或工件。**这些部件意外触及锯片可能导致危险状态。

e） **按照本说明书调节分料刀。**不正确的间距、定位或对齐会使分料刀不能有效减少回弹。

f） **要使分料刀和防回弹装置起作用，必须使其接触工件。**当工件太短无法接触分料刀和防回弹装置时，分料刀和防回弹装置是无效的。这些状态下，分料刀和防回弹装置不能防止回弹。

注1：如未提供防回弹装置，术语“防回弹装置”可以省略。

注2：制造商可以用其他适当术语，如“防回弹棘爪”或“防反弹轧棍”替换“防回弹装置”。

g） **使用匹配分料刀的锯片。**要使分料刀正常工作，锯片直径必须匹配适当的分料刀且锯片本体必须比分料刀薄、锯片的锯割宽度必须比分料刀的厚度宽。

2） 锯割过程警告：

a） ⚠**危险：永远不要把你的手指或手放在锯片附近或与锯片在一条线上。**不经意或滑倒瞬间你的手可能朝向锯片导致严重人身伤害。

b） **工件的进给方向应与锯片或刀具的旋转方向相反。**工件朝着工作台上方锯片旋转的同方向进给会导致工件和你的手被拉进锯片中。

注：如果8.14.2不准许使用除锯片外的其他刀具，则“或刀具”可省略。

c） **进行直锯时不要使用斜规进给工件，且在使用斜规进行横锯时不要将平行靠栅用作长度挡块。**同时使用平行靠栅和斜规引导工件增加锯片卡住或回弹的可能性。

d） **直锯时，推力总是施加在靠栅和锯片之间。当靠栅和锯片之间的距离小于150 mm时使用推杆，且当该距离小于50 mm时使用推块。**“工作助力”装置有助于保持你的手与锯片之间的安全距离。

e） **仅使用制造商提供的或根据说明书制作的推杆。**推杆可保持手与锯片之间有足够的距离。

f） **不要使用损坏的或有切口的推杆。**损坏的推杆可能断裂从而使你的手滑进锯片。

g） **不要徒手进行锯割。总是使用平行靠栅或斜规来定位和引导工件。**“徒手”是指用手代替平行靠栅或斜规支承或引导工件。徒手锯割导致不能对齐、卡住和回弹。

h） **不要靠近旋转锯片的周围或上方。**接近工件可能导致意外触及运动锯片。

i） **对于较长和/或较宽的工件，在工作台后面和/或侧面提供辅助工件支架。**长且/或宽的工件可能在工作台边缘翻转，导致失控、锯片卡住和回弹。

j） **匀速进给工件。不要弯曲或扭曲工件。如果发生堵转立即关闭工具、拔下插头，然后清除堵塞。**锯片被工件堵住会导致回弹或电机堵转。

k） **台锯运行中不要清除锯下的材料。**锯下的材料可能被卷入靠栅或锯片护罩内与锯片之间从而将你的手指拉进锯片。在清除材料前关闭台锯直到锯片停止。

l) **直锯小于 2 mm 厚的工件时使用接触台面的辅助靠栅**。薄工件可能卡到平行靠栅下面而导致回弹。

3) **回弹原因和相关警告：**

回弹是因锯片受挤压、被卡住或工件上的切割线与锯片未对齐或当部分工件卡在锯片和平行靠栅或其他固定物体之间时工件的突然反作用。

大多数情况下，回弹时工件被锯片后部抬离工作台并被推向操作者。

回弹是台锯误用和/或不正确的操作步骤或状态引起的，且可以采取下述适当的预防措施来避免：

a) **不要站成与锯片在一直线上。站在靠栅所在的锯片侧**。回弹可能将工件高速推向站在锯片前面与其成一条直线的任何人。

b) **不要在锯片上方或后部拖拉或支撑工件**。可能意外触及锯片或回弹可能将你的手指拖进锯片。

c) **不要握持和压住正被旋转锯片锯下的工件**。压住正被锯片锯下的工件会导致卡住和回弹。

d) **使靠栅与锯片平行**。方向偏移的靠栅会将工件挤向锯片而导致回弹。

e) **进行诸如开槽口、刨槽或解锯等非穿通锯割时，用羽毛板引导工件靠到工作台和靠栅上**。当发生回弹时羽毛板有助于控制工件。

注 1：如不准许刨槽或解锯锯割，“刨槽或解锯”可以省略。

注 2：如台锯带有安装了不可拆卸防护装置的不可拆卸固定式延展分料刀，本条警告可以省略。

f) **锯进组合工件的盲区时要特别小心**。伸出的锯片可能锯割到会引起回弹的物体。

注：仅当设计和说明书允许这样的锯割时，本条警告才适用。

g) **支撑大型板材以减少锯片挤压或卡住的风险**。大型板材会因为自重而下垂。支撑件必须支承住所有悬在台面之外的板材。

h) **锯割扭曲、有节、弯曲或没有直边可以用斜规或靠栅引导的工件时需特别小心**。弯曲、有结，或扭曲的工件是不稳固的且导致锯缝与锯片不对齐、卡住和回弹。

i) **不要锯割多于一件的垂直或水平堆叠工件**。当台锯重启时如果锯片卡住会抬起工件并导致回弹。

j) **当锯片处于工件中时若重新启动台锯，应使锯片处于锯缝中间使锯齿不接触材料**。当台锯重启时如果锯片卡住会抬起工件并导回弹。

k) **保持锯片清洁、锋利，且有足够齿数。不要使用变形锯片或开裂或断齿的锯片**。锋利且齿数正常的锯片能减少卡住、堵转和回弹。

4) **台锯操作过程警告：**

a) **拆除工作台嵌板、更换锯片、或调节分料刀、防回弹装置或锯片护罩时，以及工具无人照看时，应关闭台锯并拔下电源线**。预防措施可避免意外事故。

注 1：如未提供防回弹装置，“防回弹装置”可以省略。

注 2：制造商可以用其他适当术语，如“防回弹棘爪”或“防反弹轧棍”替换“防回弹装置”。

b) **不要留下运转的台锯无人照看。关闭台锯且在其完全停止前不要离开**。无人照看的运转着的台锯是不受控且危险的。

c) **台锯应放在采光良好且地面平坦处以保持操作者良好的立足和平衡**。狭窄、昏暗、及不平坦易打滑地面会导致意外事故。

d) **经常清理除去工作台下面和/或集尘装置中的锯屑**。堆集的锯屑易燃且可能自燃。

e) **应固定台锯**。台锯未被恰当固定可能移动或翻倒。

f) **启动台锯前移除工作台上的刀具、零碎木料等**。杂乱或潜在堵塞是危险的。

g) **总是使用轴孔尺寸和形状正确的锯片(金钢石锯片对应圆形孔)**。与安装件不匹配的锯片会偏心而引起失控。

h） **不要使用损坏的或不合适的法兰、垫片、螺栓或螺母等锯片安装装置**。这些安装装置是为本台锯的安全操作和优化性能特别设计的。

i） **不要站在台锯上，不要将其他当作踏步凳**。工具翻倒或意外触及锯割刀具可能发生严重人身伤害。

j） **安装锯片时确认其在正确的旋转方向。台锯上不要使用磨轮、钢丝刷或砂轮**。安装不合适的锯片或使用未推荐的附件会导致严重人身伤害。

8.14.2a） 增加：

101） 针对相应锯割材料所应使用的正确锯片的说明。

102） 零度和最大倾斜角时的最大锯割深度信息。

103） 最大倾斜角和斜切角设置（如果有）信息。

104） 仅使用直径与台锯标志一致的锯片的说明以及锯片孔径的说明。

105） 允许的锯缝宽度范围以及锯片本体厚度信息和如何根据分料刀正确匹配锯片直径、锯缝宽度和本体尺寸的说明。

106） 仅使用铭牌转速等于或高于工具所标转速的锯片的说明。

107） 锯片更换步骤的说明，包括正确的安装锯片方向，包括如何拆卸和安装工作台嵌板或锯片检修窗的说明，以及如何相对于台面调节锯片高度的说明，如果适用。

108） 如何适当使用锯片深度和倾斜角设置锁定装置的说明，如果适用。

109） 如何使锯片和用于横锯的导向装置平行以及使平行靠栅与锯片平行的说明。

110） 如何安装和调节分料刀或延展分料刀的说明。

111） 如何使用防回弹装置的说明（如果有）。和如何启动或关闭防回弹装置的说明，如果提供了这种性能。

112） 如何检查锯片护罩功能正常的说明。

113） 制作"工作帮手"如推杆、辅助靠栅、羽毛板和推块的说明，包括材料和形状，以及如何适用使用这些帮手的说明。如果台锯带有安装了不可拆卸防护装置的不可拆卸固定式延展分料刀，关于羽毛板的说明可以省略。

114） 如何联接吸尘装置的说明。

115） 针对带悬臂式锯片护罩的台锯：调节锯片护罩使其接触台面的说明以及调节锯片护罩防止其在任意锯割深度和任何倾斜角设置触及锯片的说明。

116） 针对滑动式台锯：如何设置台锯进行直锯和横锯以及如何调节平行靠栅和横锯靠栅的说明。

117） 仅针对非穿通锯割：如何和何时拆卸和安装防护装置零件和防回弹装置（如果有）的说明。如何调节可调节延展分料刀或更换固定式延展分料刀的说明，如果适用。

8.14.2b） 增加：

101） 正确的穿通锯割操作的说明，包括横锯和直锯，斜切角和倾斜角锯割步骤，横锯靠栅的使用和高、低平行靠栅的使用。

102） 针对带延展分料刀和可拆卸防护装置的台锯：开槽和刨槽这类简单非穿通锯割操作的说明，包括使用羽毛板。

103） 是否允许锥形锯割操作的说明。如果允许，仅使用适当的固定装置进行锥形锯割的说明。

104） 是否允许复杂的非穿通锯割操作的说明。如何进行允许的操作的说明。

注：此类锯割有插入式锯割、解锯、刨槽、成型锯割、犁沟。

105） 可锯割材料的说明。避免锯片齿尖过热以及，如果允许锯割塑料，避免熔化塑料的说明。

106） 辅助靠栅的制作以及当锯割薄工件时使其接触台面的说明。

107） 避免在锯片倾斜侧进行倾斜直锯的说明。

108） 无缝工作台嵌板上开槽缝步骤的说明，如果适用。

109） 工具主要用于锯割金属时使用 RCD 的说明。

110） 针对带悬臂式锯片护罩的台锯：推荐的能在锯片和悬臂式锯片护罩的支架之间通过的工件最大宽度的信息。

111） 穿戴个人防护装置的说明：

——听力保护；

——处理锯片时戴手套。

8.14.2c） 增加：

101） 如何适当地清洁工具、集尘装置和防护装置的说明。

9 防止触及带电零件的保护

GB/T 3883.1—2014 的这一章适用。

10 起动

GB/T 3883.1—2014 的这一章适用。

11 输入功率和电流

GB/T 3883.1—2014 的这一章适用。

12 发热

GB/T 3883.1—2014 的这一章适用。

13 耐热性和阻燃性

GB/T 3883.1—2014 的这一章适用。

14 防潮性

GB/T 3883.1—2014 的这一章适用。

15 防锈

GB/T 3883.1—2014 的这一章适用。

16 变压器及其相关电路的过载保护

GB/T 3883.1—2014 的这一章适用。

17 耐久性

GB/T 3883.1—2014 的这一章适用。

18 不正常操作

除以下条文外,GB/T 3883.1—2014 的这一章适用。

18.8 表 4 替换为:

表 4 要求的性能等级

关键安全功能的类型和作用	最低允许的性能等级(PL)
电源开关—防止不期望的接通	用 18.6.1 的故障条件评估,SCF 不应缺失
电源开关—提供期望的断开	用 18.6.1 的故障条件评估,SCF 不应缺失
提供期望的旋转方向	用 18.6.1 的故障条件评估,SCF 不应缺失
通过 18.3 试验所需要的任何电子控制	c
防止输出转速超过额定(空载)转速的 130%的过速保护	c
符合 21.18.2.1 的防止重启	b
21.18.2.3 要求的断开锁定功能	b
防止超过第 18 章规定的热限值	a
23.3 要求的防止自复位	a

19 机械危险

除以下条文外,GB/T 3883.1—2014 的这一章适用。

19.1 替换为:

不借助于工具应不能拆除保护机壳和防护装置。本要求不适用于锯片护罩、分料刀、工作台嵌板或 21.101.2 规定的锯片检修窗,也不适用于根据 8.14.2c)101)必须拆除的集尘装置的部件。

通过观察来检验。

19.3 替换为:

拆除用于集尘的可拆卸零件或集尘装置(如有)后,应不能通过集尘口触及危险运动部件。

通过施加试具来检验。

工作台下方的集尘口用 GB/T 16842 的试具 B 检验。试具以不超过 5 N 的力插入集尘口直到试具挡板接触集尘口平面,应不能触及危险运动部件。

工作台上方锯片护罩上所提供的集尘口(如果有),用图 103 所示的试验探针检验。试验探针以不超过 5 N 的力插入集尘口直到探针的挡板接触集尘口平面,应不能触及危险运动部件。

19.7.101 台锯应构造成在正常操作中不能翻倒或移动。

通过以下试验来检验。

台锯放置于密度在 650 kg/m^3 至 850 kg/m^3 之间的中密度纤维板(MDF)上进行试验。如果工具提供了支架或延长工作台,工具试验时应带或不带支架和延长工作台,以最恶劣配置进行试验。

在锯片平面内沿进给方向在台面前缘的最高点施加 0.4D 的推力。台锯不应移动。

此外,在锯片平面内沿进给方向在台面前缘的最高点施加 1.0D 的推力。台锯可以移动但不应翻倒。

在包括延长工作台在内的水平台面的任意点,垂直向下施加 100 N 的力以产生最大的翻转力矩。如果台面的延长部分带有支架,试验时应使用支架。台锯不应翻倒。

19.101 工作台上方的防护

19.101.1 一般要求

如图 104 所示,为防止在指定的防护区域"G"意外触及锯片的锯割边缘区域,应提供符合 19.101.2 要求的安装在延展分料刀上的锯片护罩或符合 19.101.3 要求的悬臂式锯片护罩。

防护区域"G"包括前扇区和后扇区中锯片齿顶与分料刀之间径向距离等于或大于 8 mm 处的区域。防护区域"G"从锯片外圆向中心径向延伸。

通过观察来检验。

19.101.2 安装在延展分料刀上的锯片护罩

19.101.2.1 应通过挡板防止从顶部和两侧意外触及锯片。挡板可以互相独立也可以在构造和运动上组合在一起。顶部和两侧挡板的详细要求在下述条文中给出。

通过观察来检验。

19.101.2.2 一侧或两侧挡板应停靠在工作台上并能根据进给工件的厚度自动调节。在锯片的所有锯割深度和倾斜位置,至少一侧挡板应保持与工件接触。当锯片设置成 0°倾斜角时,如果仅一侧挡板停靠在工作台或工件上,则当锯片倾斜到最大倾斜角位置时,另一侧挡板应停靠在工作台或工件上。此外,侧挡板不借助于工具应能定位从而可以无障碍地从锯片前面或后面测量锯片与任一侧平行靠栅之间的距离。

通过观察来检验。

19.101.2.3 防护装置侧挡板应能至少保护防护区域"G"的锯割边缘区域以防止从任一延展分料刀所适配的锯片和 8.14.2a)规定的锯片组合的任一侧触及锯片。

此外,在靠近台面的锯片前端侧挡板应提供安全隔离。

通过测量、观察侧挡板在锯片上的垂直投影以及下述 1)～4)的试验来检验。

在整个指定的防护区域"G"测量侧挡板的垂直投影,但是距台面高度小于 12 mm 的锯片前扇区则用下述试验 2 代替。进行侧挡板垂直投影测量及试验 2 时,锯片设置在最大锯割深度。对于试验 1,试验 3 和试验 4,锯片设置在任意锯割深度和任意倾斜角。

试验 1 和试验 2 使用一根直径 12 mm、长 100 mm 的圆柱形探棒,如图 105 所示。

1) 试验 1:探棒以锯片平面为中心且其轴垂直于锯割线,在台面上滚动直到被护罩的任一侧挡板的前缘挡住,不抬起护罩。沿台面测量,从锯片齿顶到探棒前缘的距离应不小于 25 mm。
2) 试验 2:探棒接触台面沿垂直于锯割线的直线前推。在不移动护罩侧挡板的状态下探棒应不能触及防护区域"G"。

试验 3 和试验 4 使用图 103 所示试验探针,如图 105 所示。

3) 试验 3:探针的轴平行于台面且垂直于锯片锯割线,探针沿任意直线推进应不能触及防护区域"G"的锯片齿顶。
4) 试验 4:施加最大 5 N 的推力将探针插入侧挡板上的任意开口。探针应不能触及处于防护区域"G"的锯片的锯割边缘区域。

19.101.2.4 与侧挡板连接的顶部挡板应保护锯片的防护区域"G",避免从上方意外触及。

通过下述试验来检验，如图 105 中的试验 A。

在任意锯割深度和任意倾斜角，图 103 所示探针的轴垂直于台面并沿垂直于台面的直线下行。施加不大于 5 N 的推力，探针应不能触及锯片防护区域“G”。

19.101.2.5　在任意锯割深度，顶部挡板在水平台面上的垂直投影应超出台面上方锯片前缘至少 25 mm。

通过观察和测量来检验。

19.101.2.6　锯片护罩上应提供观察孔。调试期间应能通过顶部挡板上的开口观察锯片与锯割线对齐。观察孔不应延伸到锯片后扇区上方。通过侧挡板上的观察孔应能监视锯割操作过程。

应限制观察孔大小和位置以防止触及锯片。不满足 19.101.2.3 和/或 19.101.2.4 要求的观察孔应位于锯片和台面交点向前至少 25 mm 处，且在观察孔处防护挡板到锯片的距离应不小于 3 倍的开孔宽度。

通过 19.101.2.3 和/或 19.101.2.4 的试验和测量来检验。

19.101.2.7　锯片护罩会偶然触及旋转锯片的部分应由不会引起锯齿破裂的材料(如铝，塑料)制成。

通过观察来检验。

19.101.2.8　当工件进给并通过锯片时，锯片护罩和其支承件不应导致过度阻力。

通过下述试验来检验。

锯片设置在最大锯割深度，以约 1.2 m/min 的速度锯割普通木制工件。工件宽度至少超过防护装置宽度 50 mm 且长度不小于 $2D$。工件中心对齐锯片并用平行靠栅引导，按下述规定的工件厚度和倾斜角设置的组合各进行一次完整锯割。

工件厚度约为：

a)　25% 最大锯割深度，工件前端以 0° 倾斜角锯割处理过，且：
- 带右(正)45° 斜切角；
- 带左(负)45° 斜切角。

b)　50%最大锯割深度，工件前端以 0° 倾斜角锯割处理过，且：
- 带右(正)45° 斜切角；
- 带左(负)45° 斜切角。

锯片倾斜角设置为：

a)　0°；

b)　最大倾斜角，但不超过 45°。

试验过程中，锯片护罩应不能被移动到接触锯割边缘区域，分料刀应不能干涉工件通过。

19.101.2.9　除非台锯设计了永久性安装了锯片护罩的不可拆卸固定式延展分料刀，锯片护罩应可拆卸且锯片护罩的任何紧固装置应一直保持在锯片护罩上。

通过观察来检验。

19.101.3　悬臂式锯片护罩

19.101.3.1　锯片护罩不接触工件时应遮住锯片的顶部和侧面，且在任意锯割深度和倾斜位置均应接触台面。锯割工件时，锯片护罩应能自动调节以保持与工件的接触。

通过观察来检验。

19.101.3.2　锯片护罩应符合 19.101.2.3～19.101.2.8 的要求。

通过指定章节的检查来检验。

19.101.3.3　工件厚度等于最大锯割深度时，锯片护罩应允许工件通过锯片。

用适当的材料厚度进行检查来检验。按 8.14.2a)115)的说明调节锯片护罩的高度。

19.101.3.4　按 8.14.2b)110)的说明进行锯割时，悬臂式锯片护罩的支承结构的位置应不干涉工件的自由移动。

通过观察来检验。

19.102 工作台下方的防护

台面下方的危险运动部件应被防护。

通过下述试验来检验。

用 GB/T 16842 的试具 B 施加不超过 5 N 的力检查台面下方各处。如果装有外壳,试具从各侧面和外壳下方进行检查。试具不应触及锯片锯割边缘区域和锯片驱动机构的运动部件。

19.103 分料刀

19.103.1 台锯应装有分料刀。

通过观察来检验。

19.103.2 分料刀和其托架应构造成:对于各种锯片直径 D 和任意锯割深度及倾斜角设置,分料刀应符合下列要求:

a) 台锯提供的分料刀的厚度应比台锯提供的锯片的本体厚,但薄于该锯片的锯缝宽度。
   通过测量来检验。

b) 分料刀应位于锯片后面且在锯片齿顶两侧面所夹的范围内。
   通过观察来检验。

c) 分料刀应能跟随锯片深度和倾斜角的调节保持与锯片的间距和对齐。
   通过观察和锯片调节控制的手动试验来检验。

d) 分料刀的侧面相互平行且平滑;边缘不应是锋利的且朝着锯片的边缘应轻微倒边。
   通过观察来检验。

e) 设置为最大锯割深度时,沿台面测量,分料刀或延展分料刀的宽度应分别不小于 1/6 D、1/5 D。
   通过观察来检验。

f) 分料刀应由硬度在 38 HRC 到 48 HRC 之间且抗拉强度至少为 800 MPa 的钢或同等材料制成。
   通过观察来检验。

19.103.3 分料刀和其托架应构造成:对于与指定分料刀匹配的锯片直径 D,当锯片垂直于台面并调节到任意锯割深度时,分料刀应符合下述要求:

a) 分料刀刀尖半径应为 4 mm~6 mm。分料刀或处于分料刀位置的可调节延展分料刀的最高点应在刀尖半径范围内,且应比按照分料刀上的标志与分料刀相配的所有锯片的最高点至少低 1 mm、但不应比 5 mm 更低。如图 106 所示。这些要求不适用于固定式延展分料刀。
   通过观察和测量来检验。

b) 在台面上方,分料刀与锯片外圆最接近点的直线距离应不小于 3 mm,在任意点的距离应小于 8 mm,如图 107 所示。本距离要求不适用于刀尖半径圆区域。
   对于延展分料刀,锯片外圆与台面的交点到高于台面的锯片外圆上高度等于最大锯割深度减 5 mm 的点之间的锯片后扇区应维持 3 mm~8 mm 的距离要求。
   通过观察和测量来检验。

19.103.4 当根据 8.14.2a)进行穿通或非穿通锯割而需要重新定位、或拆卸和安装分料刀以获取不同的操作定位时,应满足以下要求:

——不应借助于工具;或

——借助于工具,但应不需要拆卸工作台嵌板、盖子或锯片检修窗等。所需工具应以可靠和耐久的方式拴在台锯上且不应存在被运转的台锯部件、工件或进给装置缠住的风险。

分料刀重新定位或安装在适当的操作位置后，分料刀应不需要重新进行调节或与锯片对齐。另外，当根据 8.14.2a)重新定位或拆卸和安装时，分料刀的紧固件应保持在分料刀或台锯上。

如果台锯设计有带不可拆卸锯片护罩的不可拆卸固定式延展分料刀时，以上要求不适用。

通过观察来检验。

19.104 锯片护罩和防回弹装置的要求

19.104.1 当台锯按 8.14.2a)的说明做以下设置时：

——穿通锯割；

——非穿通锯割；

——或任何不需要使用分料刀的锯割操作。

如果适用，以下部件的拆卸、安装或定位：

——锯片护罩；

——分料刀；

——防回弹装置，如果有；

——或以上部件的任意组合。

应在 30 s 内完成。当台锯完成上述设置后，相关装置应不再需要进一步的对齐或调节。

如果台锯设计有带不可拆卸锯片护罩的不可拆卸固定式延展分料刀时，以上要求不适用。

通过观察、手动试验和测量来检验。当操作者按 8.14.2a)进行至少 10 次相关操作后，进行手动试验和测量。锯片护罩、分料刀和/或防回弹装置的存储以及刀具的拆卸或安装不包含在 30 s 内。

19.104.2 安装在延展分料刀上的锯片护罩、延展分料刀和防回弹装置(如果有)，应设计得符合下述要求：

a) 锯片护罩应独立于防回弹装置或与防回弹装置组合在一起安装在延展分料刀上。拆除锯片护罩应不影响延展分料刀的性能。

b) 防回弹装置应可以设置成不动作或被拆除，但不影响锯片护罩和延展分料刀的性能。

如果台锯设计有带不可拆卸锯片护罩的不可拆卸固定式延展分料刀时，以上要求不适用。

通过观察来检验。

19.104.3 台锯上应有措施来存放锯片护罩、防回弹装置(如果有)、分料刀、平行靠栅、横锯靠栅和推杆，且应不妨碍锯割操作或相关装置的调节或操作。

通过观察来检验。

19.104.4 安装在固定式延展分料刀或可调节延展分料刀上的锯片护罩和防回弹装置(如果有)，在任意锯割深度和任意倾斜角，应：

a) 当工件厚度等于或小于锯割深度时允许工件通过锯片；

b) 当锯割材料的厚度大于锯割深度时减少机械危险，例如工件被卡住。

通过下述设置时的试验来检验：

——最大锯割深度和 50%的最大锯割深度；

——倾斜角设置为 0°和 45°(或设计所允许的最大倾斜角度，取小者)。

在结构限度内，根据 19.103.3b)的规定调节固定式延展分料刀或处于延展分料刀位置的可调节延展分料刀，使其在靠近锯片高点处与锯片的径向距离达到最小值。

长度至少为 500 mm，宽度足以保持锯片护罩接触其上表面且厚度如下述试验 1 和试验 2 规定的试块，在台面上用平行靠栅引导，沿着试块宽度的中线进行锯割。试块前端应垂直于台面且斜切角为 0°。对于滑动式台锯，将滑动机构锁定在固定位置进行试验。

1) 试验 1：在所设定的倾斜角和锯割深度进行锯割时，厚度等于锯割深度的试块从工作台前缘到后缘的移动应不受任何干涉；

2) 试验 2:倾斜角设为 0°时如果每个锯割深度中试块厚度比试验 1 中使用的试块厚 10 mm,且当倾斜角设为 45°(或设计所允许的最大倾斜角度,取小者)时如果每个锯割深度中试块厚度比试验 1 中使用的试块厚 6 mm,锯片护罩应不准许试块触及锯片。

19.105 跑停时间

关断电机后,台锯跑停时间应不超过 10 s。实现 10 s 跑停时间的刹车装置(如果有),不应直接施加在锯片或锯片驱动法兰上。

通过进行 10 次下述试验来检验。

台锯上安装一片厚 2 mm、直径符合 8.3 规定的试验钢盘。工具电机开启至少 30 s 然后关断。测量跑停时间。每次试验的跑停时间应不超过 10 s。

20 机械强度

除以下条文外,GB/T 3883.1—2014 的这一章适用。

20.1 增加:

锯片护罩应由下述任意一种材质制成:

a) 符合下表特性的金属:

极限抗拉强度/σ_b N/mm²	最小厚度 mm
$\sigma_b \geqslant 380$	1.25
$350 \leqslant \sigma_b < 380$	1.50
$200 \leqslant \sigma_b < 350$	2.00
$160 \leqslant \sigma_b < 200$	2.50

b) 壁厚不小于 3 mm 的聚碳酸酯;

c) 机械强度等于或优于至少 3 mm 厚聚碳酸酯的其他非金属材料。

通过测量、对观察工具和材料制造商提供的抗拉强度证明或通过对材料试样的测量来检验。

注:ISO 180 规定的悬臂梁缺口冲击试验是评估非金属材料冲击强度的典型方法。

20.3 GB/T 3883.1—2014 的该条不适用。

20.5 GB/T 3883.1—2014 的该条不适用。

20.101 分料刀和其托架应具有足够强度和弹性以承受锯割操作中合理可预见误用产生的力。

通过测量和下述试验 1 和试验 2 来检验。试验前,工具应做如下设置:

a) 锯片设置为最大锯割深度。分料刀按 8.14.2a)的说明进行安装。

b) 分料刀或处于分料刀位置的可调节延展分料刀:在结构限定范围内,刀尖半径圆处按 19.103.3b)调节到最小距离并按 19.103.3a)调节到最高位置。在刀尖半径圆的中心钻一小孔用于试验。

c) 固定式延展分料刀和处于分料刀位置的可调节延展分料刀:在结构限定范围内,按 19.103.3b)调节到距离锯片顶部最小的位置。为进行试验,在与面向锯片的边缘径向距离为 2 mm、与台面距离为最大锯割深度减 3 mm 的高度处钻一个小试验孔。

d) 对于可调节延展分料刀:根据上述 b)和 c)在两个位置各钻一个小试验孔,且试验 1 和试验 2 在产生最不利结果的位置进行。

试验 1 和试验 2 如下:

1) 试验 1:如图 108 所示,在试验孔处平行于台面且相反于进给方向施加 1 min $F=1.0\ D$ 的拉力。施力过程中,分料刀不应弯曲或偏移到触及锯片齿冠。此外,试验结束后,锯片齿冠和分料刀之间的直线距离应不小于 2 mm。

2) 试验 2:如图 109 所示,在试验孔处平行于台面且垂直于进给方向施加 1 min 30 N 的拉力。本试验在两个方向上进行。每次试验后,分料刀应处于台锯随机提供的锯片齿顶两侧面所夹的范围内。

20.102 19.4 要求的台锯搬运装置应具有足够强度以确保安全搬运。

通过观察和下述试验来检验。

每个搬运装置承受 3 倍于工具重量但不超过 600 N 的力。力沿着提升方向均匀施加于搬运装置中心 70 mm 的宽度上。在 10 s 内施加的力稳定增加到规定的试验值并维持 1 min。

如果提供不止一个搬运装置或部分重量分布于轮子上,则施加的力应如正常搬运位置一样分配在搬运装置上。如果工具提供不止一个搬运装置但可以仅通过一个搬运装置来搬运,则每个搬运装置应能承受总提升力。

搬运装置应不能从工具上松脱且应没有永久变形、破裂或其他失效。

20.103 随工具所配的或 8.14.2 所规定的工作支架应具有足够的强度。

通过以下试验来检验。

台锯安装在工作支架上,另外施加一逐渐增加到 $3D$ 的力,该力分布在台锯的整个台面上。试验中工作支架应不能倒塌,力撤除后支架上不应有永久变形。

注:可以使用沙袋或类似方法达到额外施加力的均衡分布。

21 结构

除以下条文外,GB/T 3883.1—2014 的这一章适用。

21.18.2.1 增加:

电压中断又恢复后,工具应不能自动重启。

21.30 GB/T 3883.1—2014 的该条不适用。

21.35 替换:

台锯应有一个整体集尘/吸尘装置,或允许安装外部吸尘装置抽出锯割过程中的尘屑的装置。集尘装置应:

——在工作台下方,允许安装外部吸尘装置的装置排放方向应避开操作者;

——不干涉锯片护罩、分料刀和锯片调节机构的性能和操作。

通过观察来检验。

21.35.101 如果台面上方有附加的集尘装置,集尘装置应:

——联接点应不妨碍观察操作位置;

——设计成排放方向避开操作者;

——不妨碍 19.101 规定的锯片护罩保护要求;

——不妨碍 21.106.3.1~21.106.3.3 规定的防回弹装置的要求。

将根据 8.14.2a)提供的集尘装置或包含软管在内的吸尘装置安装在开口上并按规定的条文进行观察来检验。

21.101 便于锯割刀具安装的结构

21.101.1 台锯应带锯片。台锯应构造成不能安装直径比 D 大 2%的锯片。

通过观察和以下试验来检验。应不能安装直径比 D 大 2%的锯片。

21.101.2 为易于更换刀具并拧紧主轴紧固件,台锯的台面上应提供工作台嵌板或锯片检修窗。锯片检修窗也可以在台面下方的机壳上。

通过观察来检验。

21.101.3 工作台嵌板或锯片检修窗应可靠固定以防止锯割过程中意外脱落。

通过观察和下述试验来检验。

对于台面上的工作台嵌板或锯片检修窗，在与锯片对齐且位于锯片前和后 25 mm 距离内的位置、在垂直于台面方向持续施加下述规定的拉力：

——锯片槽隙宽度等于 6 mm～12 mm 加上 8.14.2a)规定的锯片最大厚度时，10 N；

——对于无缝工作台嵌板或锯片检修窗、或锯片槽隙宽度小于 6 mm 加上 8.14.2a)规定的锯片最大厚度时，锯片前的位置施加 10 N、锯片后的位置施加 60 N。

试验过程中工作台嵌板或锯片检修窗提升应不大于 25 mm 且试验后应符合 21.101.4 的要求。

工作台下方的锯片检修窗，在垂直于面板方向施加 10 N 拉力，应不能移动检修窗。

21.101.4 台面上的工作台嵌板或锯片检修窗应设计成：按 8.14.2a)安装后，工作台嵌板或锯片检修窗的任何部位在进给侧应不高于台面，且低于台面应不大于 0.7 mm；在出料侧应不低于台面，且高出台面应不大于 0.7 mm。

通过观察和测量来检验。

21.101.5 台面上距离锯割边缘区域 15 mm 范围内的工作台嵌板或锯片检修窗，应使用在接触旋转中的锯片时不会导致崩齿的材料制成。

通过观察来检验。

21.101.6 台面上的工作台嵌板或锯片检修窗上用于锯割刀具伸出的槽缝宽度应：

——对于单锯片，槽缝宽度应不超过 8.14.2a)所规定最厚锯片的锯缝宽度加 12 mm。

——对于单锯片之外的其他刀具，如刨槽刀具，槽缝宽度应不超过 8.14.2a)所规定刀具的最大锯缝宽度加 12 mm。用于非单锯片锯割刀具的工作台嵌板应按 8.3.104 进行标识以区别于用于单锯片的工作台嵌板。

——对于无缝工作台嵌板，可以由制造商预先切割一条让分料刀通过的槽缝，锯片的槽缝可以用台锯的锯片锯割出来。

通过观察和测量来检验。

21.101.7 除用于刀片通过的槽缝外，工作台嵌板或锯片检修窗上可以提供便于自身拆卸以进行刀具更换的开孔。这些开孔的设计应保证进入开孔是避开锯片方向的。

通过观察和下述试验来检验。

GB/T 16842 的试具 B 在插入开孔时仅沿开孔设计的方向弯曲，在 0°倾斜角时应不能触及最大锯片的锯割边缘区域。

21.102 推杆

21.102.1 台锯应带有推杆。推杆应：

a) 由非金属材料制成；

b) 具有明显的或由 8.14.2a)规定的握持区域，握持区域长度不小于 70 mm；

c) 有一个呈 90°的切口，切口下压面的长度 $N>0.5C$ 且切口的高度 $H>0.2C$，如图 110 所示；

d) 下压面与切口角和握持区域中心的连线之间的夹角为 20°～30°，如图 110 所示；

e) 切口到最靠近的定义握持区域的距离 $L>3C$。

C 是最大锯割深度。

推杆的形状和合适的开口设计示例如图 110 所示。

通过观察和测量来检验。

21.102.2 推杆的强度应能承受正常使用中预期产生的力。

通过下述试验来检验。

推杆切口定位成与放置在水平支撑面上的适当木块的水平面和垂直侧面完全接触，如图 111 所示。试验可以在一个用等效方式加载推杆的装置上进行。施加在握持区域中心的推力逐渐增加到水平分力 F 达到 $2D$ 并维持 10 s。可以支撑推杆的握持区域和切口区域以防止试验中推杆横向偏移。在施加力后，推杆应没有永久变形、折断或肉眼可以观察到的裂纹。

21.103 锯片对齐

21.103.1 台锯应保持锯片与横锯靠栅的引导装置(如，斜规槽口、用作横锯靠栅的滑动台板或滑动式台锯的导轨)的平行，如适用。

通过下述试验来检验。

按 8.14.2a)进行锯片的初始对齐设置，如果有。台锯上安装直径为 D 的纯平面金属盘。

a) 在最大锯割深度，引导机构与金属盘之间距离的测量点在台面之上 6 mm 以内且距离金属盘边缘 6 mm 的地方。

b) 使用横锯靠栅，引导测量仪在金属盘的前部和后部之间移动，需确认已消除引导装置中的误差。

c) 对于滑动式台锯，保持测量仪静止、拖动锯片机构在锯片前部和后部进行测量。

锯片前部和后部的测量值的差值应小于 D 的 0.2%。

21.103.2 在正常锯割和合理可预见误用时，切割深度和倾斜角设置以及锯片对齐不应改变而导致锯片被夹住。此外，对于滑动式台锯，在直锯过程中锯片引导锁定机构应不准许锯片机构偏移。

通过下述试验来检验。

试验模式：

a) 对于这些试验，安装直径为 D 的锯片并依据 8.14.2a)调节锯片。在指定的倾斜角将锯片设置为最大锯割深度。一旦锯片调节好，在试验中或测量前不应再次进行调节。标记齿顶和相邻的齿沟用于测量。

b) 试验中使用厚度约为最大锯割深度 50%的标准规格木材。

c) 对于滑动式台锯，在进行直锯前按 8.14.2b)的规定将锯片机构锁定在直锯位置并标记锯片机构的位置，标记的位置应允许检测锁定位置大于 1 mm 的位移。

d) 每次试验时，工具以额定输入功率或额定输入电流进行锯割，交错进行每次约 2 s 的 150%过载。首先，以横锯方式进行总计约 3 min 的锯割和 3 次过载，然后以直锯方式进行总计约 7 min 锯割和 7 次过载。

倾斜设置评估：

1) 进行试验 d)之前，锯片倾斜角设置为倾斜调节范围的中点。打了标记的齿沟旋转到 12 点位置。在垂直于台面和切割线且与标记的齿沟相交的平面内测量锯片的倾斜角，如图 112 所示。角度测量的精度应在±0.1° 内。记录测量的倾斜角。

2) 按 d)进行试验。

3) 试验后按上述方法测量被标记齿沟的倾斜角。试验前后锯片倾斜角相差应不大于 1°。此外，对于滑动式台锯，锯片机构的位移应不大于 1 mm。

切割深度评估：

1) 进行试验 d)前，锯片设置为 0° 倾斜角。被标记的齿尖位于 12 点位置，测量并记录其在台面上方的高度。测量精度应在±0.1 mm 内。

2) 按 d)进行试验。

3) 试验后按上述测量被标记齿尖的高度。试验前后测量的锯片高度相差应不大于 1% D。此外，对于滑动式台锯，锯片机构的位移应不大于 1 mm。

锯片对齐评估：

进行上述试验后重复进行21.103.1的测量，锯片初始对齐设置除外。

21.104 台面

21.104.1 台锯应设计成：按8.14.2a)规定进行任何操作时台面均维持在几乎水平的平面内。

通过观察来检验。

21.104.2 除了延长台面，台面应具有如下尺寸，如图113所示。

$a > 3/4\ D$

$b > 1/2\ D + b_2 + b_3$

$c > 1/2\ D + c_2 + c_3$

$d > 1/3\ D$

其中

$b_2 = 3/8\ D$ 如果提供的横锯靠栅在锯片的左侧；

$c_2 = 3/8\ D$ 如果提供的横锯靠栅在锯片的右侧；

$b_3 = 3/8\ D$ 如果锯片向左倾斜；

$c_3 = 3/8\ D$ 如果锯片向右倾斜。

如果在工作台相关侧未提供相应功能，则b_2、b_3、c_2和c_3等于零。

对于滑动式台锯：

——b_2和c_2等于零；

——滑动锯割模式时，a应当大于3/4的最大锯割深度。

在最大锯割深度，通过测量台面边缘到锯片外圆与台面平面的相交线之间的距离来检验。

21.104.3 如图114所示，锯片护罩前缘在台面上的垂直投影到台面前缘的距离应不小于$D/5$。对于滑动式台锯，本条要求适用于8.14.2a)116)规定的锯片机构的任何固定工作位置。

通过测量来检验。

21.104.4 为确保工件无障碍通过，台面：

a) 应平滑。

b) 在由台面的"b"和"c"的最小值定义的台面的表面区域内，除下述外不应有任何下沉或孔洞：

——斜规槽缝；

——为工作台嵌板开的孔；

——为紧固件开的直径最小的沉孔；

——深度小于0.7 mm的用于张贴警告标志的凹壁。

c) 在工件进给方向可以是有轮廓线的异形狭槽，异形槽的深度应不大于1 mm。

通过下述测量来检验a)：

在锯片的每侧，平行靠栅按8.14.2b)设置在离锯片距离为台面的尺寸"b"或"c"(见图113)的20%和80%之间的任意3个位置，如果适用。在距离台面前缘长度约为台面从前到后10%的区域和大约锯片中心位置用塞规测量平行靠栅底面与台面之间的间隙。不要在b)和c)所列处进行测量。

在任何被测量位置：

——施加不大于5 N的力，2 mm厚的塞规应不能插入台面与平行靠栅之间到超出平行靠栅的程度；

——以0.1 mm的精度进行测量，台面与平行靠栅底面之间的最大和最小间隙相差应不大于1.5 mm。

b)和c)通过观察和测量来检验。

21.105 平行靠栅和横锯靠栅

21.105.1 台锯应提供平行靠栅引导工件。所提供靠栅可以设计成同时具有横锯靠栅和平行靠栅的功能。

通过观察来检验。

21.105.2 平行靠栅的工件引导面沿着与锯片平面平行的方向可以是可调节的。设计上应保证平行靠栅在任何位置至少处在台面前缘和锯片中心之间提供引导。

对于滑动式台锯,本条要求仅适用于可锁定的直锯位置。如果滑动式台锯在平行靠栅能被安装在台面上的所有位置不全都能满足平行靠栅引导面长度相关的要求,则应清楚地标记出平行靠栅安装装置相对于台面的位置和平行靠栅满足本条要求的位置。

通过观察来试验。

21.105.3 平行靠栅应设计成能被稳定固定在工作台上且在正常操作条件下不松动。平行靠栅应具有两个垂直于台面的引导面。一个引导面面对锯片时其高度应至少为最大锯割深度的2/3,另一个引导面面对锯片时的高度应在最大锯割深度的1/10到1/5之间,靠栅的宽度不应干涉锯片护罩的侧挡板。

如果平行靠栅用在台面的刀片倾斜侧,较低的引导面应能面向锯片。

平行靠栅上会偶然触及旋转锯片的部分应由不会导致锯齿崩裂的材料制成(如铝、塑料)。

通过观察、测量和下述试验来检验。

锯片设置为最大锯割深度。平行靠栅按8.14.2b)进行设置,低引导面在护罩侧挡板下方并接触锯片。侧挡板不带侧向偏移的提高到最大锯割深度之上再落回到低平行靠栅上。平行靠栅任何部位应不妨碍护罩侧挡板的自由活动。

21.105.4 平行靠栅应能平行于锯片进行调节。在任何夹紧位置,平行靠栅的引导机构应始终保持平行靠栅与锯片平行。相对于平行位置的偏移应小于 D 的0.3%。

通过测量和下述试验来检验。

锯片按8.14.2a)(如果有)进行初始对齐。滑动式台锯的锯片锁定在直锯位置。台锯上安装直径 D 的纯平面金属盘并设置到最大锯割深度。对于不超过锯片中心的平行靠栅,应在工件引导面上安装一延长直尺。在锯片的每一侧,如适用,按8.14.2b)的要求移动、调节或夹紧/松开平行靠栅,将其设置在离锯片距离为台面的尺寸"b"或"c"(见图113)的20%和80%之间的任意3个位置。在台面上小于6 mm的高度测量平行靠栅到金属盘前后外圆的距离。记录靠栅相应位置上两个测量值之间的差值并作为平行度偏差。

21.105.5 平行靠栅应为刚性的并具有足够强度,能在合理预期的直锯操作中引导工件。平行靠栅在典型负载下相对于锯片的正常偏移应小于 D 的0.3%。

通过测量和下述试验来检验。

a) 在锯片每侧,如适用,高位平行靠栅按8.14.2b)固定在离锯片距离为台面的尺寸"b"或"c"(见图113)的20%和80%之间的某个位置。

b) 在垂直于平行靠栅的竖直平面并通过一个硬木块的中点、背向锯片的方向上施加力。硬木块的厚度足以分布负载、长度为1/2 D 且高度等于放置在台面上的平行靠栅的高度。

c) 在下述两个位置施力:

 1) 木块与台面前缘对齐,等于1/2 D 的力施加在木块的中心点上;

 2) 木块中心与锯片前缘到锯片中心的中点对齐。施加于木块中心的力等于:

 ——1/6D,当平行靠栅固定在工作台一端固定时;

 ——1/4D,当平行靠栅在台面前端和后端固定时。

d) 施力条件下测量平行靠栅接触木块的表面上的相应中心点相对于台面上固定参照点之间的位移。

21.105.6 台锯应提供靠栅引导横锯操作。所提供靠栅可以设计成同时作为横锯靠栅和平行靠栅。

如果横锯靠栅不能进行横向调节，当锯片处于任意定位时靠栅应不能触及锯片护罩。

如果横锯靠栅能进行横向调节，当锯片处于任意定位时靠栅应能固定在防止触及锯片护罩的位置。可调节横锯靠栅上会偶然接触旋转锯片的部分应由不会导致锯齿崩裂的材料制成(如铝、塑料)。

通过观察来检验。

21.105.7 横锯靠栅应设计成不能从位置上被完全提起或旋转出去，且应由台面支承。

通过下述试验来检验。

横锯靠栅的工件引导面定位在距离台面前缘 50 mm～55 mm 的范围内，应不能脱落或被提起。

21.106 回弹危险减少装置

21.106.1 为减少回弹危险，根据 21.105 所提供的平行靠栅也应符合 21.106.2 的要求，或者台锯应提供符合 21.106.3 要求的防回弹装置。

21.106.2 平行靠栅的其他要求

21.106.2.1 平行靠栅应能平行于锯片进行调节。在任何夹紧位置，平行靠栅的引导机构在任何夹紧位置应始终保持平行靠栅与锯片平行。平行位置的偏移应小于 D 的 0.2%。

通过测量和下述试验来检验。

锯片按 8.14.2a)(如果有)进行初始对齐。滑动式台锯的锯片锁定在直锯位置。台锯上安装直径 D 的纯平面金属盘并设置到最大锯割深度。对于不超过锯片中心的平行靠栅，应在工件引导面上安装一延长直尺。在锯片的每一侧，如适用，按 8.14.2b)的要求移动、调节或夹紧/松开平行靠栅，设置在离锯片距离为台面的尺寸“b”或“c”(见图 113)的 20% 和 80%之间的任意 5 个位置。在台面上小于 6 mm 的高度测量平行靠栅到金属盘前后外圆的距离。记录靠栅相应位置上两个测量值之间的差值作为平行度偏差。

21.106.2.2 平行靠栅应为刚性的并具有足够强度，能在合理预期的直锯操作中引导工件。平行靠栅在典型负载下相对于锯片的正常偏移应小于 D 的 0.2%。

通过测量和下述试验来检验。

a) 在锯片每侧，如适用，高位平行靠栅按 8.14.2b)固定在离锯片距离为台面的尺寸“b”或“c”(见图 113)的 20% 和 80%之间的某个位置。

b) 在垂直于平行靠栅竖直平面并通过一个硬木块的中点、背向锯片的方向上施加力。硬木块的厚度足以分布负载、长度为 1/2 D 且高度等于放置在台面上的平行靠栅的高度。

c) 在下述两个位置施力：

   1) 木块与台面的前缘对齐，等于 2/3 D 的力施加在木块的中心点上。

   2) 木块中心与锯片前缘到锯片中心的中点对齐。施加于木块中心点的力等于：

      ——1/5 D，当平行靠栅固定在工作台一端固定时；

      ——1/3 D，当平行靠栅固定在台面前端和后端被固定时。

d) 施力条件下测量平行靠栅接触木块的表面上的相应中心点到台面上固定参照点之间的位移。

21.106.3 防回弹装置的要求

21.106.3.1 安装在延展分料刀上的防回弹装置应独立于侧挡板进行安装，且应构造成能被便捷地设置成动作或不动作，或进行下述操作时不需要调节或拆卸延展分料刀就能拆卸和更换防回弹装置：

——非穿通锯割操作，如开沟槽、刨槽等(如果 8.14.2a)允许)，或

——滑动式台锯上进行横锯操作。

通过观察来检验。

21.106.3.2 防回弹装置应具有足够的限制以防止任何厚度在最大锯割深度范围内的工件被移走。

通过下述试验来检验。

台锯设置到最大锯割深度，将厚度约为最大锯割深度25%的木板，如松木，以进给方向推入防回弹装置中直到超过装置接触木材的点约50 mm。保持工件在防回弹装置下面，在平行于台面且与进给方向相反的方向上施加20 N的力并维持5 s到10 s拉木板。应不能将木板从防回弹装置下完全拉出。再用厚度约为最大锯割深度90%的木板重复试验。

21.106.3.3　防回弹装置应设计成能抵抗工件被锯片抛出的推力。

通过测量和下述试验来检验。

试验中锯片设置为最大锯割深度。分料刀根据19.103.3b)调节到离锯片最近。

a)　对一块厚度约为最大锯割深度的25%、长度足以达到从锯片前缘通过防回弹装置且能承受所施加拉力的表面光滑的木制试验块进行部分锯割(如直锯)。

b)　试验木块夹住锯片和分料刀且防回弹装置以不大于5 N的压力与试验木块啮合。

c)　在平行于台面且与进给方向相反的方向上对试验木块施加2D的拉力并维持1 min，如图115所示。

d)　试验中，防回弹装置应保持与试验木块啮合并附着在其支架上。防回弹装置和其支架不应：

——有永久变形；

——触及锯片。

21.107　台锯主轴和法兰

21.107.1　当锯片直径D小于或等于200 mm时，台锯主轴直径应不小于12 mm；当锯片直径大于200 mm时，台锯主轴直径应不小于15 mm。主轴的极限抗拉强度应至少为350 N/mm^2。

通过观察和测量来检验。

21.107.2　从操作者正常位置的左边看台锯主轴的正常旋转方向应为顺时针。主轴上应提供锯片外法兰的锁定装置或者应能防止主轴相对于法兰旋转。

通过观察来检验。

21.107.3　为限制锯片不平衡引起的振动，应限制固定锯片部件的总偏心距。

通过测量来检验。以百分表测量偏心度，最大值和最小值的差值应小于0.2 mm。

21.107.4　与主轴连接的锯片紧固件在任何操作中、启动过程中锯片加速时和电机刹车装置(如果有)使锯片迅速减速时不应松动。

通过以下试验来检验。

台锯上安装8.14.2a)规定的直径为D的最重的锯片。锯片不旋转时启动台锯并达到操作时的转速然后关闭。重复10次。试验中和试验后锯片不应松动。

21.107.5　如图116所示，锯片支承法兰应：

——法兰夹紧面重叠部分的外径至少为$D/6$；

——由外法兰锁定在主轴上或防止相对于主轴旋转；

——内外法兰夹紧面的重叠部分a应至少为较小法兰直径的0.1倍。

通过观察和测量来检验。

21.108　滑动式台锯应具有至少一个可锁定的直锯位置。

通过观察来检验。

22　内部布线

GB/T 3883.1—2014的这一章适用。

23　组件

除以下条文外，GB/T 3883.1—2014的这一章适用。

23.3 增加：

关断台锯的保护装置(如过载或温度保护装置)或电路应为非自复位型的。

24 电源联接和外接软线

GB/T 3883.1—2014 的这一章适用。

25 外接导线的接线端子

GB/T 3883.1—2014 的这一章适用。

26 接地装置

GB/T 3883.1—2014 的这一章适用。

27 螺钉与连接件

GB/T 3883.1—2014 的这一章适用。

28 爬电距离、电气间隙和绝缘穿通距离

GB/T 3883.1—2014 的这一章适用。

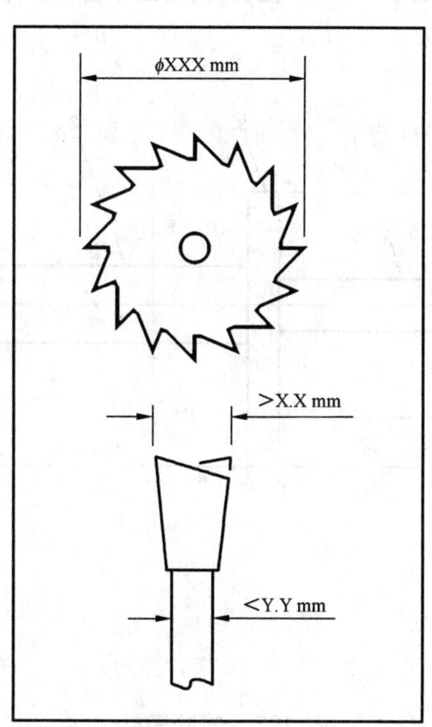

图 101 分料刀标志

图 102 非单锯片式刀具用工作台嵌板标志

单位为毫米

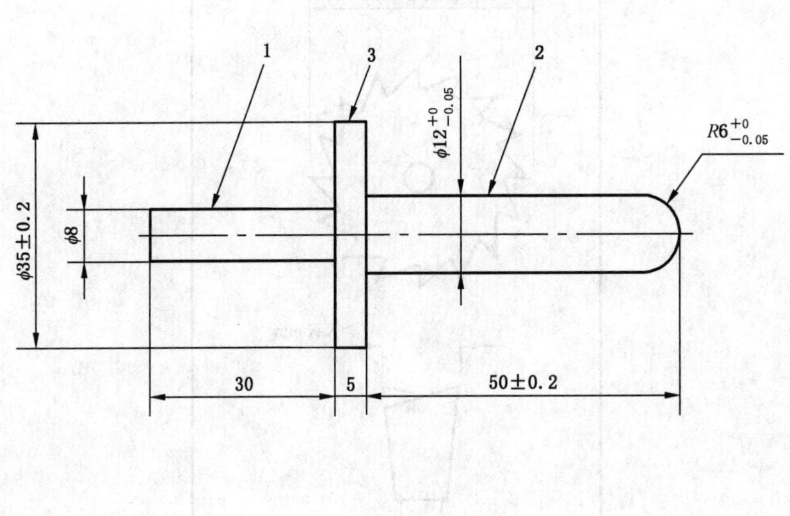

标引序号说明：

1——握持部分；

2——试验部分；

3——探针挡板。

图 103 试验探针

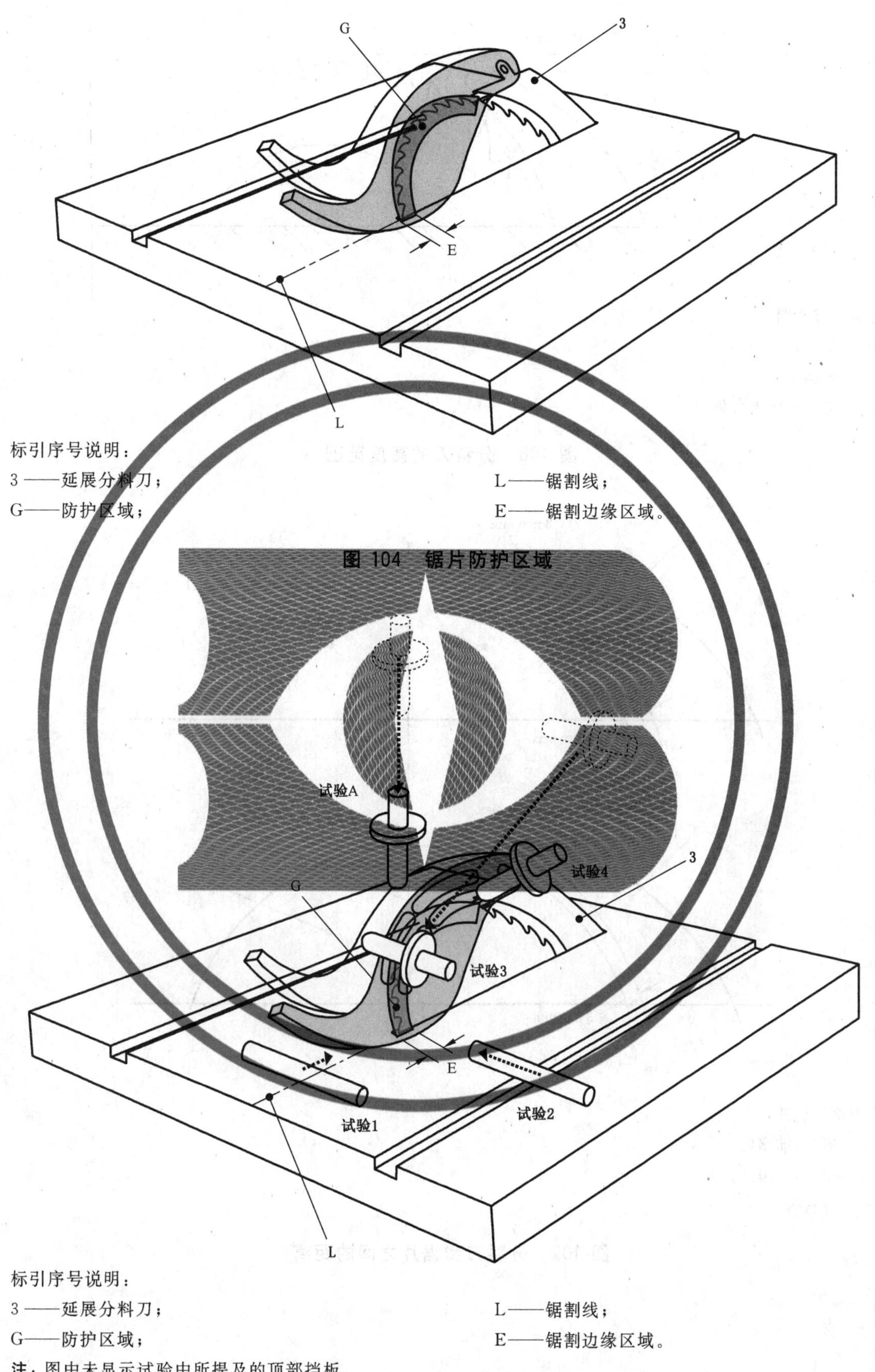

标引序号说明：

3——延展分料刀；

G——防护区域；

L——锯割线；

E——锯割边缘区域。

图 104　锯片防护区域

标引序号说明：

3——延展分料刀；

G——防护区域；

L——锯割线；

E——锯割边缘区域。

注：图中未显示试验中所提及的顶部挡板。

图 105　锯片护罩上试验探针的应用

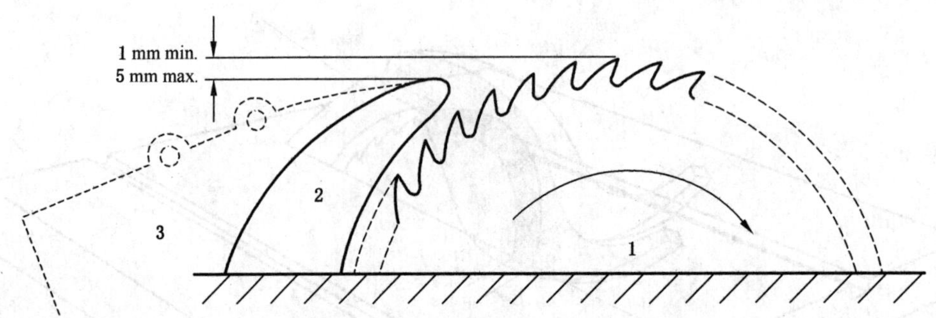

标引序号说明：

1——锯片；

2——分料刀；

3——可调节延展分料刀。

图 106　分料刀的高度范围

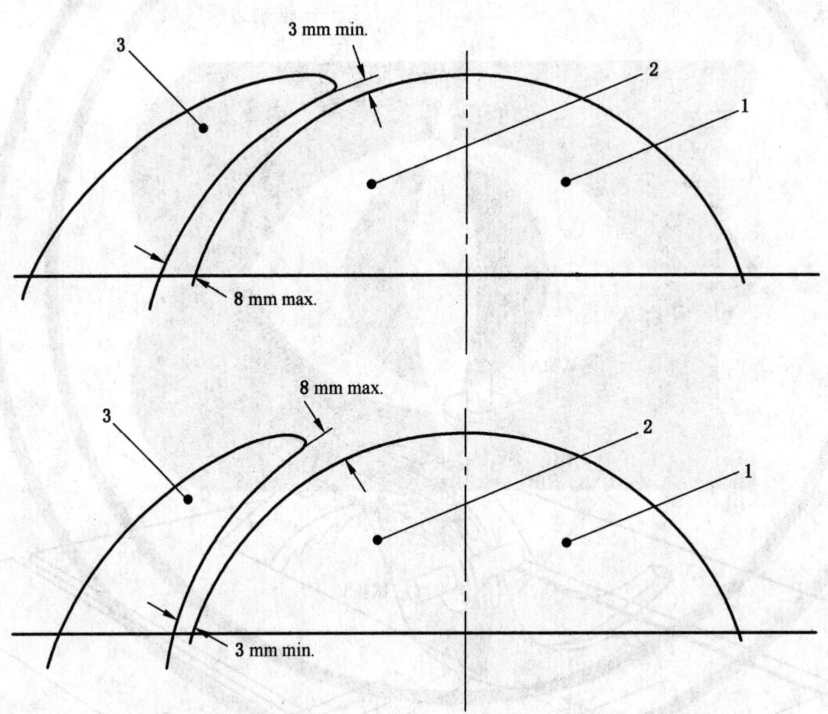

标引序号说明：

1——锯片，前扇区；

2——锯片，后扇区；

3——分料刀。

图 107　分料刀和锯片之间的距离

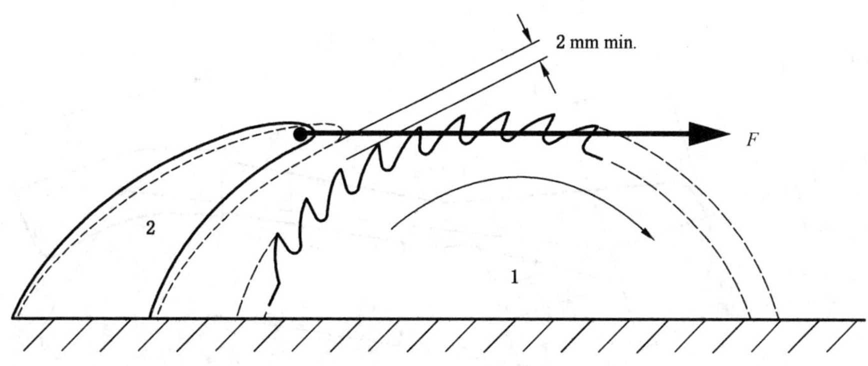

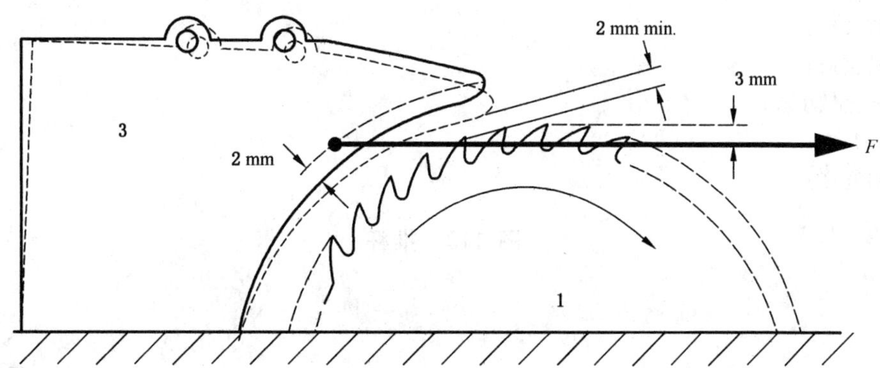

标引序号说明：
1——锯片；
2——分料刀；
3——固定式或可调节延展分料刀；
F——拉力。

图 108 分料刀和延展分料刀拉伸试验

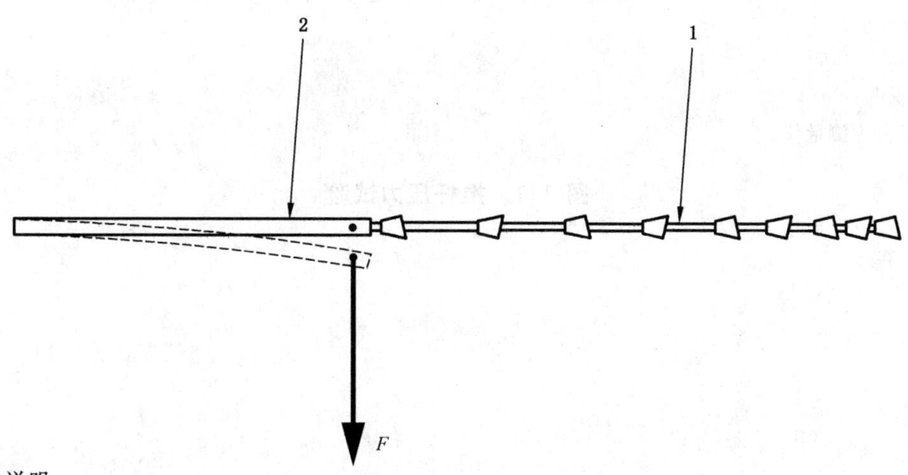

标引序号说明：
1——锯片；
2——分料刀；
F——拉力。

图 109 分料刀和延展分料刀侧拉试验

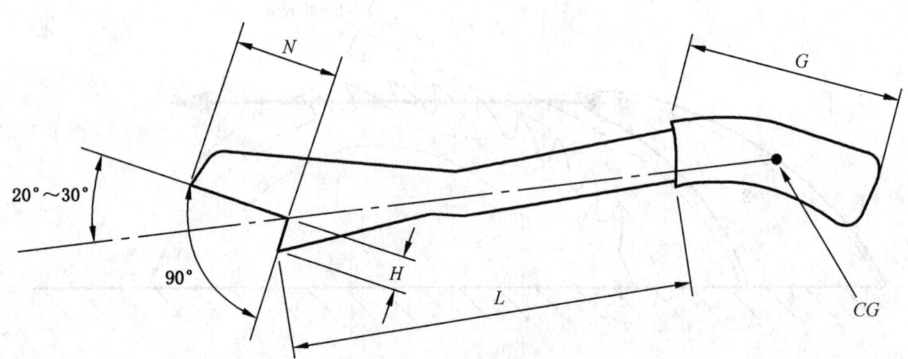

标引序号说明：

L ——推杆长度；

G ——握持区域长度；

CG——握持区域中心；

N ——切口长度；

H ——切口高度。

图 110　推杆

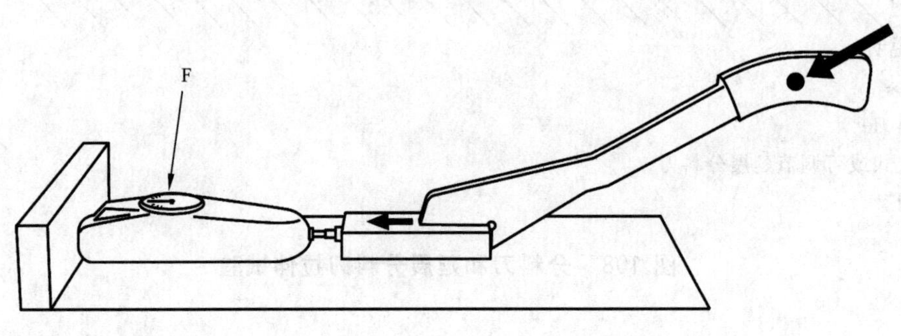

标引序号说明：

F——水平分力测量仪。

图 111　推杆压力试验

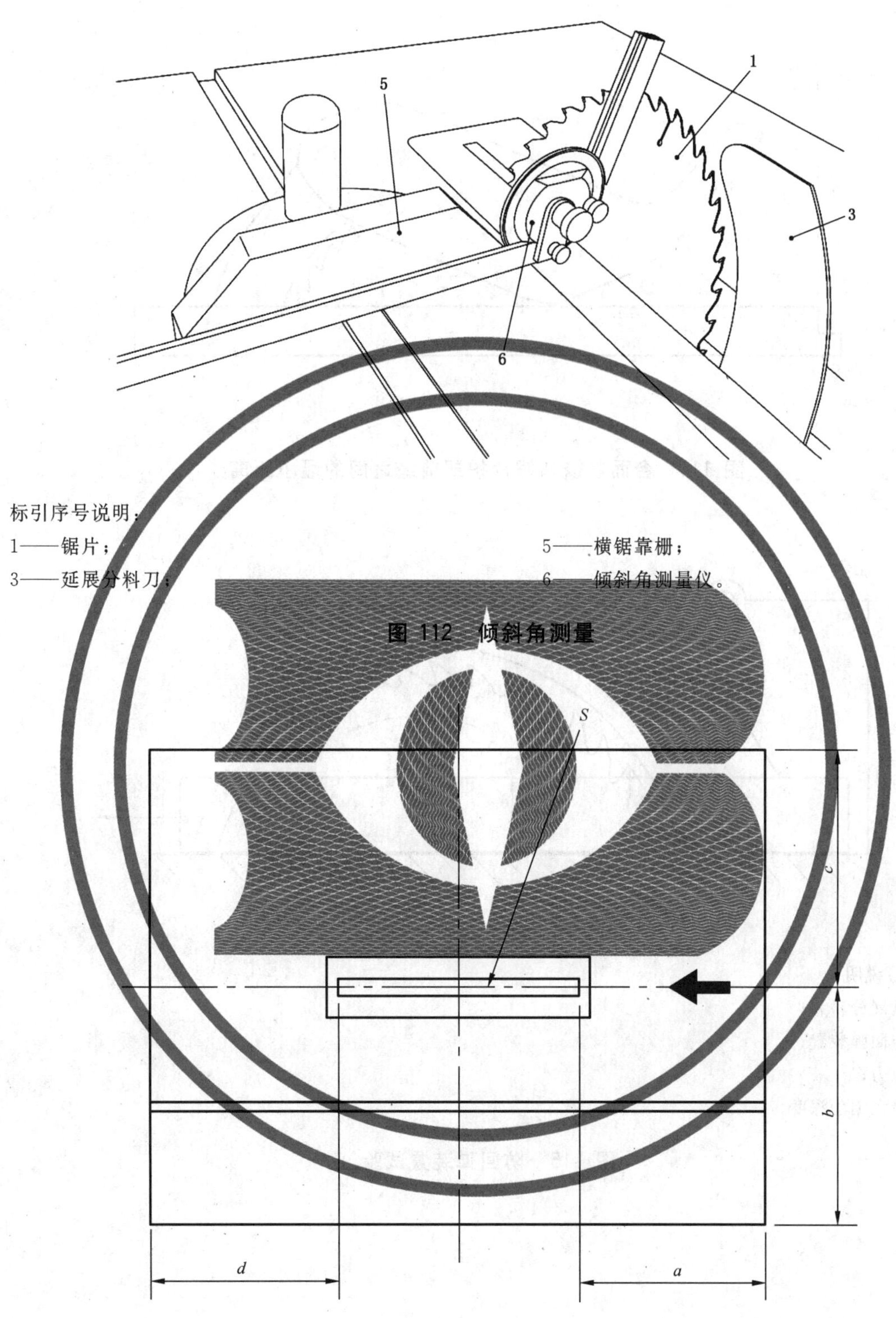

标引序号说明：

1——锯片；

3——延展分料刀；

5——横锯靠栅；

6——倾斜角测量仪。

图 112　倾斜角测量

标引序号说明：

S——最大锯割深度时锯片在台面上的截面；

a——前部台面尺寸；

b——左侧台面尺寸；

c——右侧台面尺寸；

d——后部台面尺寸；

←——进给方向。

图 113　台锯工作台尺寸

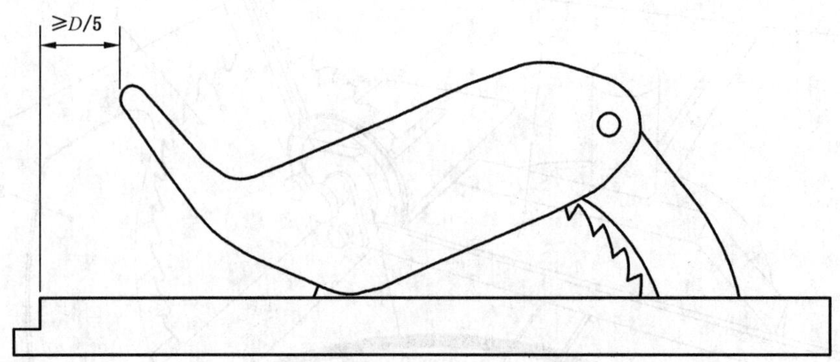

图 114　台面前缘和锯片护罩前缘之间的最小距离

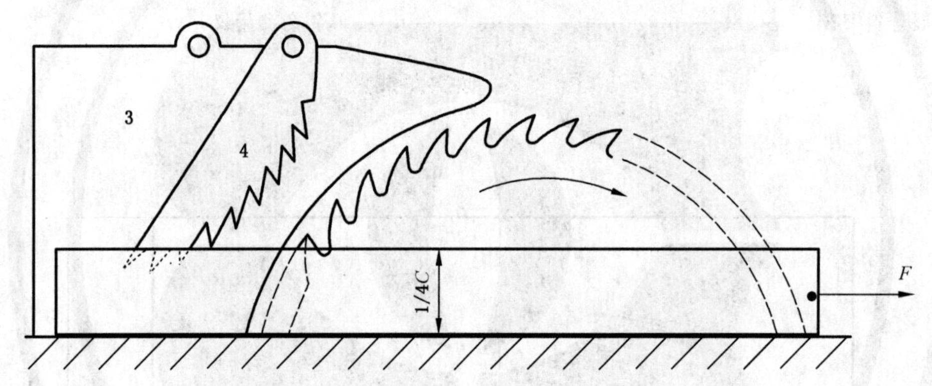

标引序号说明：
3 ——延展分料刀；
4 ——防回弹装置；
F——拉力；
C——最大锯割深度。

图 115　防回弹装置试验

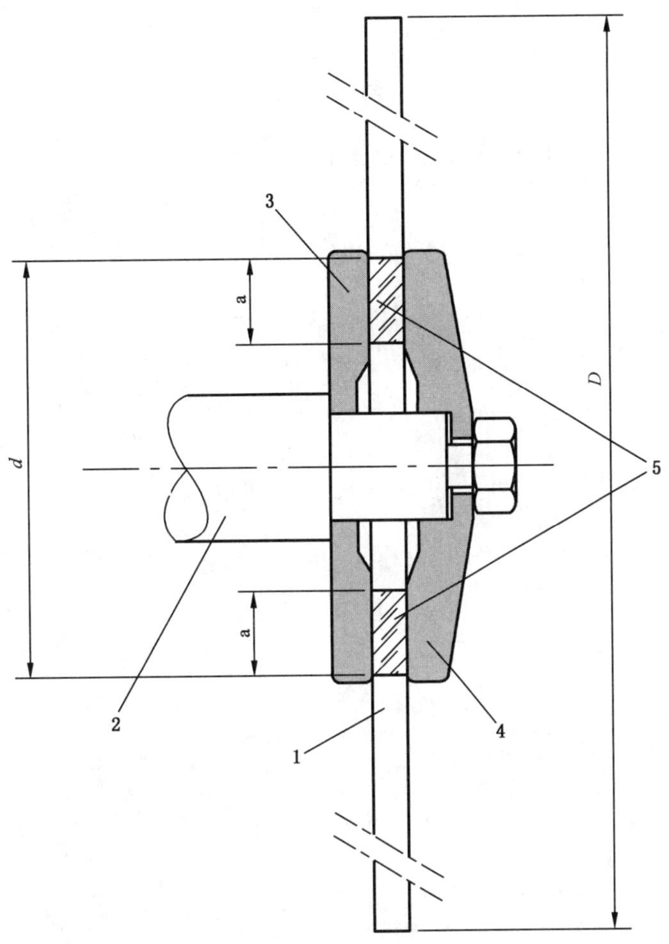

标引序号说明：

a ——夹紧面重叠部分；

D——规定的最大锯片直径；

d ——夹紧面重叠部分外径；

1 ——锯片；

2 ——输出轴；

3 ——内法兰；

4 ——外法兰；

5 ——夹紧面重叠区域。

图 116　法兰尺寸

附　录

除以下内容外,GB/T 3883.1—2014 的附录适用。

附 录 I
（资料性）
噪声和振动的测量

I.2 噪声测试方法（工程法）

除以下条文外，GB/T 3883.1—2014 的附录适用。

I.2.4 电动工具在噪声试验时的安装和固定条件

增加：

带工作支架的台锯放在工作支架上，工作支架放置在反射面上。

其他台锯放置在图 I.1 所示的置于反射面上的试验台上。

I.2.5 运行条件

增加：

台锯应在表 I.101 规定的负载条件下试验。

表 I.101 台锯的噪声测试条件

定位	锯割水平放置的刨花板，板材尺寸为 800 mm×400 mm×19 mm
工作头	使用制造商推荐的用于锯割刨花板的全新锯片进行全部试验组的试验
进给力	以(3±1)m/min 的轻快幅度进行锯割
锯割深度	锯片调节成 22 mm 的锯割深度
试验周期	在刨花板的 400 mm 宽度上锯割宽约 10 mm 的木条(使用平行靠栅)
试验时间	5 次锯割，从距离工件前缘 100 mm 处开始测量直到工件末端结束

I.3 振动

GB/T 3883.1—2014 的这一章不适用。

附 录 K
（规范性）
电池式工具和电池包

K.1 增加

除本附录另有规定外，本文件的所有章节适用。

K.8.14.1.101 替换条文 4)a)：

a) **在拆卸台锯嵌板，更换锯片或调节分料刀、防回弹装置或锯片护罩时，和当机器无人照看时关闭台锯并拔下电池包。**应采取预防措施避免偶然事故。

注 1：如未提供防回弹装置，术语“防回弹装置”可以省略；

注 2：制造商可以用其他适当的术语，如“防回弹棘爪”或“防回弹轧棍”替换“防回弹装置”。

参 考 文 献

除以下条文外，GB/T 3883.1—2014 的参考文献适用。

增加

GB/T 3883.311 手持式、可移动式电动工具和园林工具的安全 第 311 部分：可移式型材切割机的专用要求

ICS 25.140.20
CCS K 64

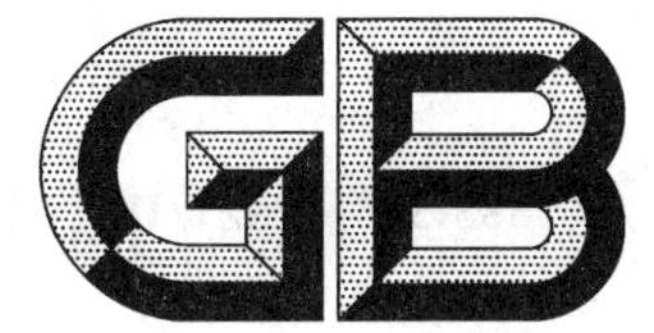

中华人民共和国国家标准

GB/T 3883.305—2021/IEC 62841-3-4:2016
代替 GB/T 13960.5—2008

手持式、可移式电动工具和园林工具的安全 第305部分:可移式台式砂轮机的专用要求

Safety of motor-operated hand-held, transportable and garden tools—Part 305: Particular requirements for transportable bench grinders

(IEC 62841-3-4:2016, Electric motor-operated hand-held tools, transportable tools and lawn and garden machinery—Safety—Part 3-4: Particular requirements for transportable bench grinders, IDT)

2021-04-30 发布　　　　2021-11-01 实施

国家市场监督管理总局
国家标准化管理委员会　发布

前　言

本文件按照 GB/T 1.1—2020《标准化工作导则　第 1 部分:标准化文件的结构和起草规则》的规定起草。

本文件为 GB/T 3883《手持式、可移式电动工具和园林工具的安全》的第 305 部分。"手持式、可移式电动工具和园林工具的安全"的第 3 部分可移式电动工具,目前由以下 5 部分组成:

——GB/T 3883.306—2017　手持式、可移式电动工具和园林工具的安全　第 3 部分:可移式带液源金刚石钻的专用要求;

——GB/T 3883.311—2019　手持式、可移式电动工具和园林工具的安全　第 311 部分:可移式型材切割机的专用要求;

——GB/T 3883.302—2021　手持式、可移式电动工具和园林工具的安全　第 302 部分:可移式台锯的专用要求;

——GB/T 3883.305—2021　手持式、可移式电动工具和园林工具的安全　第 305 部分:可移式台式砂轮机的专用要求;

——GB/T 3883.309—2021　手持式、可移式电动工具和园林工具的安全　第 309 部分:可移式斜切锯的专用要求。

本文件代替 GB/T 13960.5—2008《可移式电动工具的安全　第二部分:台式砂轮机的专用要求》,与 GB/T 13960.5—2008 相比,主要技术变化有:

1) 范围:增加并明确了可移式台式砂轮机各类附件及其参数要求(见第 1 章、2008 年版的第 1 章);
2) 术语和定义:修改可移式台式砂轮机、工具主轴和工件托架的定义,删除其余术语和定义(见第 3 章、2008 年版的第 3 章);
3) 一般要求:增加关于 D 的说明(见第 4 章、2008 年版的第 4 章);
4) 试验一般条件:增加可移式台式砂轮机质量的定义(见第 5 章、2008 年版的第 5 章);
5) 标志和说明书:原 8.1 的内容移到 8.2 和 8.3,并进行相关修改;增加 8.14.1;原 8.12.1.101 移到 8.14.1.101,并进行相关修改;增加 8.14.2a)、8.14.2b)和 8.14.2c)的相关要求(见第 8 章、2008 年版的第 8 章);
6) 不正常操作:增加三相电动机驱动的可移式台式砂轮机测试方法的说明;修改第 1 部分的表 4;删除原 18.10(见第 18 章、2008 年版的第 18 章);
7) 机械危险:详细说明不同附件对应的测试条款;修改护罩开口和护目屏的要求;原 19.102 移到 19.6,并进行相关修改;增加 19.7 和 19.8;修改火星护板、工件托架和法兰盘的要求;增加 19.105;原 19.101 移到 19.106,并进行相关修改;增加失衡测试(见第 19 章、2008 年版的第 19 章);
8) 机械强度:原 19.101.1.1 移到 20.101,并进行相关修改;增加工具主轴、搬运装置和工作台的要求(见第 20 章、2008 年版的第 20 章);
9) 结构:增加 21.18.2.1 和对出尘口的要求;删除原 21.18(见第 21 章、2008 年版的第 21 章);
10) 组件:增加 23.3(见第 23 章、2008 年版的第 23 章);
11) 附录 I(资料性):增加噪声和振动的测量。

本文件使用翻译法等同采用 IEC 62841-3-4:2016《电动机驱动的手持式、可移式电动工具和园林机器　安全　第 3-4 部分:可移式台式砂轮机的专用要求》。

本文件做了下列编辑性修改：

——标准名称修改为“手持式、可移式电动工具和园林工具的安全　第 305 部分：可移式台式砂轮机的专用要求”；

——纳入了 IEC 62841-3-4:2016/COR1:2016 技术勘误内容，原图 104 的尺寸“≤85°”修改为“≥85°”；纳入了 IEC 62841-3-4:2016/AMD1:2019 的修正内容，范围中将原来对 ISO 603-4 的引用改为对图 106 的引用，删除引用标准，增加图 106，所涉及的条款的外侧页边空白位置用垂直双线(‖)进行了标示。

本文件应与 GB/T 3883.1—2014《手持式、可移式电动工具和园林工具的安全　第 1 部分：通用要求》一起使用。

本文件写明“适用”的部分，表示 GB/T 3883.1—2014 中相应条款适用；本文件写明“替换”的部分，则应以本文件中的条款为准；本文件中写明“修改”的部分，表示 GB/T 3883.1—2014 相应条款的相关内容应以本文件修改后的内容为准，而该条款中其他内容仍适用；本文件写明“增加”的部分，表示除了符合 GB/T 3883.1—2014 的相应条款外，还应符合本文件所增加的条款。

本文件由中国电器工业协会提出。

本文件由全国电动工具标准化技术委员会(SAC/TC 68)归口。

本文件起草单位：上海电动工具研究所(集团)有限公司、江苏金鼎电器有限公司、江苏东成电动工具有限公司、江苏苏美达五金工具有限公司、宝时得科技(中国)有限公司、锐奇控股股份有限公司。

本文件主要起草人：潘顺芳、丁国平、顾嘉诚、林有余、丁玉才、朱贤波、陈勤、黄莉敏。

本文件及其所代替文件的历次版本发布情况为：

——GB 13960.5—1996、GB/T 13960.5—2008。

引　言

2014年,我国发布国家标准GB/T 3883.1—2014《手持式、可移式电动工具和园林工具的安全第1部分:通用要求》,将原GB/T 3883(手持式电动工具部分)、GB/T 13960(可移式电动工具部分)和GB/T 4706(仅园林电动工具部分)三大系列电动工具的通用安全标准的共性技术要求进行了整合。

与GB/T 3883.1—2014配套使用的特定类型的小类产品专用要求共3个部分,分别为第2部分(手持式电动工具部分)、第3部分(可移式电动工具部分)、第4部分(园林电动工具部分),均转化对应的国际标准IEC 62841系列的专用要求。

标准名称的主体要素扩大为"手持式、可移式电动工具和园林工具的安全",沿用原手持式电动工具部分的标准编号GB/T 3883。每一部分小类产品的标准分部分编号由三位数字构成,其中第1位数字表示对应的部分,第2位和第3位数字表示不同的小类产品。

新版GB/T 3883系列标准将形成一个比较科学、完整、通用、统一的电动工具产品的安全系列标准体系,使得标准的实施更加切实可行,使用方便。

目前,新版GB/T 3883系列标准"可移式电动工具部分"已发布的标准如下:

——GB/T 3883.302—2021　手持式、可移式电动工具和园林工具的安全　第302部分:可移式台锯的专用要求;

——GB/T 3883.305—2021　手持式、可移式电动工具和园林工具的安全　第305部分:可移式台式砂轮机的专用要求;

——GB/T 3883.306—2017　手持式、可移式电动工具和园林工具的安全　第3部分:可移式带液源金刚石钻的专用要求;

——GB/T 3883.309—2021　手持式、可移式电动工具和园林工具的安全　第309部分:可移式斜切锯的专用要求;

——GB/T 3883.311—2019　手持式、可移式电动工具和园林工具的安全　第311部分:可移式型材切割机的专用要求。

后续还将对以下标准进行修订:

——GB/T 13960.3—1996　可移式电动工具的安全　摇臂锯的专用要求;

——GB/T 13960.4—2009　可移式电动工具的安全　第二部分:平刨和厚度刨的专用要求;

——GB/T 13960.6—1996　可移式电动工具的安全　带锯的专用要求;

——GB/T 13960.8—1997　可移式电动工具的安全　第二部分:带水源金刚石锯的专用要求;

——GB/T 13960.10—2009　可移式电动工具的安全　第二部分:单轴立式木铣的专用要求;

——GB/T 13960.13—2005　可移式电动工具的安全　第二部分:斜切割台式组合锯的专用要求。

手持式、可移式电动工具和园林工具的安全 第305部分:可移式台式砂轮机的专用要求

1 范围

除下述条文外,GB/T 3883.1—2014 的这一章适用。

增加:

本文件适用于可以安装以下一种或两种附件的可移式台式砂轮机:

——直径不大于310 mm、厚度不超过55 mm 的1型磨削砂轮(如图106);

——直径不大于310 mm,厚度不超过55 mm 的钢丝刷轮;

——直径不大于310 mm 的抛光轮;

且任意附件的线速度在10 m/s至50 m/s之间。

注:抛光轮也称为打磨轮。

2 规范性引用文件

GB/T 3883.1—2014 的这一章适用。

3 术语和定义

除下述条文外,GB/T 3883.1—2014 的这一章适用。

3.101

台式砂轮机 bench grinder

通过固定在一个或两个工具主轴上的一个或两个旋转附件对金属或类似材料进行磨削、清理、抛光或打磨的工具,如图101,工件由手握持且可能由工件托架支撑。

3.102

工具主轴 tool spindle

台式砂轮机上支撑并带动附件旋转的驱动轴。

3.103

工件托架 work rest

用于支承和引导工件加工的台面或装置。

4 一般要求

除下述条文外,GB/T 3883.1—2014 的这一章适用。

4.101 *D* 对应于每一个工具主轴上可使用的附件的最大直径。除非另有规定,基于 *D* 值的针对工具主轴的专用要求应和相关主轴的 *D* 值相匹配。

除非有明确规定,本文以下部分,当用 *D* 的倍数作为"力"的要求或者参考时,力的单位是牛顿(N),*D* 的单位是毫米(mm)。

5 试验一般条件

除下述条文外,GB/T 3883.1—2014 的这一章适用。

5.17 增加:

工具的质量应包含护罩、工件托架和透明护目屏。为了工具的安全使用,任何按照说明书要求配备的额外零件应计入工具质量,例如落地装置或搬运装置。

6 辐射、毒性和类似危险

GB/T 3883.1—2014 的这一章适用。

7 分类

GB/T 3883.1—2014 的这一章适用。

8 标志和说明书

除下述条文外,GB/T 3883.1—2014 的这一章适用。

8.1 增加:

工具应标有:

——对应于工具主轴的额定空载转速,r/min。

8.2 增加:

工具应标有以下安全警告:

——⚠"警告 始终戴好护目镜" 或 ISO 7010 的 M004 符号或以下安全标识:

——如适用,在抛光主轴(例如,不带护罩的主轴)附近应有警示标语说明不可在抛光轮一侧使用砂轮或钢丝刷轮。

8.3 增加:

台式砂轮机应对应于每个工具主轴标有可用附件的最大和最小直径。

台式砂轮机应在工具主轴附近,以凸起或凹陷的箭头或其他同等清晰而耐久的方式标明其旋转方向。

8.14.1 增加:

应给出 8.14.1.101 规定增加的安全说明。这部分内容可以和"电动工具通用安全警告"分开印刷。

8.14.1.101 台式砂轮机的安全说明

台式砂轮机的安全警告

a) **不要使用损坏的附件。在每次使用前要检查附件,例如砂轮是否碎裂或有裂缝,钢丝刷轮是否松动或有裂缝。在检查并且安装附件后,操作者和旁观者应远离附件旋转面,并让工具在最大空载转速下运行 1 min。**通常,损坏的附件会在这个试验时间段中发生爆裂。

注:对于不带有钢丝刷轮功能的工具,可省略"钢丝刷轮是否松动或有裂缝"。

b) **附件的额定转速不应低于工具标识的最大转速。**附件超过其额定转速运行会产生破裂或飞溅。

c) **即使在正常操作时，须留意钢丝刷轮会飞甩出钢丝屑。避免在钢丝刷轮上施加过度负载而导致钢丝受到过应力。**钢丝屑易穿透轻薄的衣物和/或刺入皮肤。

注：以上警告仅适用于带有钢丝刷轮功能的工具。

d) **不要使用砂轮的侧面进行砂磨操作。**在侧面上进行砂磨会导致砂轮破裂或飞溅。

8.14.2 a) 增加：

101) 每个工具主轴推荐使用的附件的型号等具体信息，例如，附件的最大厚度以及附件的孔径；

102) 仅使用直径与8.3要求标识的直径相同的附件的说明；

103) 确保台式砂轮机始终稳定和可靠的说明(例如，固定在台面上)，以及如何将工具固定在工作台或类似件上的说明；

104) 正确安装砂轮及确保使用前砂轮完好的说明，包括敲击砂轮通过声音查验砂轮是否碎裂的说明。

8.14.2 b) 增加：

101) 考虑到砂轮磨损，需要经常调节火星护板和工件托架的说明；

102) 确保火星护板/工件托架与砂轮/钢丝刷轮间的距离尽可能小，且在任何情况下不大于2 mm的说明；

103) 当火星护板/工件托架与砂轮的间距不能满足要求时，替换磨损砂轮的说明；

104) 对带有两个主轴的工具：为限制触及旋转主轴的风险，始终使用在两个主轴上均带有附件的工具的说明；

105) 始终使用对应附件要求的护罩、工件托架、透明护目屏和火星护板的说明；

106) 对于带有可垂直调节或倾斜的工件托架：如何对应砂轮/钢丝刷轮适当调节和固定工件托架角度的说明；

107) 如何进行安全砂磨的说明；

108) 替换受损或出现深沟的砂轮的说明；

109) 在运输过程中，如何抬起或支撑台式砂轮机的说明；

110) 始终调节工件托架的角度以确保工件托架和附件的切线夹角大于85°的说明。

8.14.2 c) 增加：

101) 砂轮和钢丝刷轮的处理和储存说明，如适用。

9 防止触及带电零件的保护

GB/T 3883.1—2014的这一章适用。

10 起动

GB/T 3883.1—2014的这一章适用。

11 输入功率和电流

GB/T 3883.1—2014的这一章适用。

12 发热

GB/T 3883.1—2014的这一章适用。

13 耐热性和阻燃性

GB/T 3883.1—2014 的这一章适用。

14 防潮性

GB/T 3883.1—2014 的这一章适用。

15 防锈

GB/T 3883.1—2014 的这一章适用。

16 变压器及其相关电路的过载保护

GB/T 3883.1—2014 的这一章适用。

17 耐久性

GB/T 3883.1—2014 的这一章适用。

18 不正常操作

除下述条文外，GB/T 3883.1—2014 的这一章适用。

18.5 增加：

由三相电动机驱动的台式砂轮机，18.5.1 和 18.5.2 的试验可用 18.5.3 代替。

18.5.3 增加：

如 18.5.3 适用，工具试验的持续时间为 5 min。

18.8 表 4 替换为：

表 4 要求的性能等级

关键安全功能(SCF)的类型和作用	最低允许的性能等级(PL)
打算使用砂轮或钢丝刷轮的工具，电源开关——防止不期望的接通	a
打算使用砂轮或钢丝刷轮的工具，电源开关——提供期望的断开	a
不打算使用砂轮或钢丝刷轮的工具，电源开关——防止不期望的接通	不是 SCF
不打算使用砂轮或钢丝刷轮的工具，电源开关——提供期望的断开	不是 SCF
任何为通过 18.3 测试的电子控制器	a
打算使用砂轮的工具，防止输出转速超过额定空载转速的 120％的过速保护	c
不打算使用砂轮的工具，防止输出转速超过额定空载转速的 130％的过速保护	a
提供期望的旋转方向	b
防止超过第 18 章中的热极限	a
23.3 要求的防止自复位	a

19 机械危险

除下述条文外,GB/T 3883.1—2014 的这一章适用。

19.1 替换第一段:

除附件外的运动部件和危险零件应安置或包封得能提供防止人身伤害的足够保护。附件的防护要求见 19.1.101～19.1.103。

如工具的附件采用砂轮和钢丝刷轮,其护罩应符合 19.1.101 和 19.1.102,其工件托架应符合 19.102,其透明护目屏应符合 19.1.103。

如工具的附件采用抛光轮,不需要护罩、工件托架和透明护目屏。

不借助于工具应不能拆除附件的护罩。

19.1.101 护罩

除 19.1.102 中如图 102 显示的允许开口的部分外,护罩应防护附件的圆周面和侧面、法兰和工具主轴的末端。

护罩的设计应不能通过主轴安装直径大于 1.07 倍工具所标识最大直径的附件。

护罩的结构应使得更换附件时,无需拆除圆周面上的保护部件。

通过观察和测量来检验。

19.1.102 护罩开口

对于砂轮和钢丝刷轮的护罩,如图 102 所示,护罩在通过砂轮/钢丝刷轮中心水平面上方的张角应不超过 65°。护罩总的张角应不超过 90°。

通过观察和测量来检验。

19.1.103 透明护目屏

透明护目屏应可调节,其最小尺寸应如图 103 所示。

护目屏的调节应不影响台式砂轮机其余部分功能的调节。

护目屏应用具有适当抗冲击能力的透明材料,例如聚碳酸酯和夹层玻璃,夹层玻璃是通过一个夹层在两层或多层玻璃之间来定位的。

对于所有台式砂轮机,护目屏的安装应使得其对称轴与砂轮或钢丝刷轮工作部分的中心铅垂面对齐。

通过观察来检验。

19.6 替换:

工具的设计应避免其在正常使用中超速。额定电压下工具主轴的空载转速不应超过额定空载转速。

通过测量工具空载运行 5 min 后的主轴转速来检验。

19.7 增加:

如台式砂轮机配有工作台,或按照 8.14.2 专门明确的,则 19.7 的要求也适用于台式砂轮机和工作台的组合。

19.7.101 台式砂轮机应提供便于将工具固定在台面上的措施,例如,在工具的基座上设有安装孔。

通过观察来检验。

19.8 如工具带有以下附件,则本条款适用:

——轮子;或

——带有轮子的底座。

19.101 火星护板

对于砂轮侧,应提供火星护板用于限制火花和砂轮颗粒飞溅。

火星护板应安装在砂轮护罩上部沿砂轮圆周的位置，且能遮住整个护罩的宽度。

如图102的尺寸 E，对于所有直径在8.3规定的最大砂轮直径到90%最小砂轮直径范围内的砂轮，火星护板与砂轮的间隙应可调节到2 mm以内。

通过观察和测量来检验。

19.102　工件托架

工件托架不应延伸至砂轮/钢丝刷轮的侧面，且应至少和砂轮/钢丝刷轮同宽。对于所有直径在8.3规定的最大轮径与90%最小轮径范围内的砂轮/钢丝刷轮，工件托架应只能在距离砂轮/钢丝刷轮圆周面2 mm的范围内进行径向调节，见图102的尺寸 F。

工件托架的平面可以是固定的，或仅允许在工件托架平面与8.3规定的最小轮径切线夹角不小于85°范围内调节，见图104。

如果工件托架的高度可调，则在任意高度都需要满足这个角度要求。

不应借助于工具对工件托架进行任何要求的调节。

通过观察、测量和手试，并按照8.14.2b)的有关要求来检验。

19.103　法兰

台式砂轮机应配有用于将砂轮固定于工具主轴的法兰。应根据最大砂轮直径 D 确定法兰的最小尺寸，如表101规定。

表101　法兰的最小尺寸(见图105)

最大砂轮直径/mm	d_f/mm	r/mm	T/mm
$D \leqslant 100$	34	6	1.5
$100 < D \leqslant 125$	42	8	1.5
$125 < D \leqslant 150$	52	9	1.5
$150 < D \leqslant 200$	68	12	1.5
$200 < D \leqslant 250$	85	15	1.5
$250 < D \leqslant 310$	100	17	1.5

通过测量来检验。

19.104　法兰的扭矩试验

19.103要求的法兰应设计得有足够的强度。

通过以下试验来检验。

用一块具有足够厚度的平整钢盘代替砂轮，将其夹在法兰之间，钢盘的孔径与砂轮的孔径相同，且延伸至法兰外侧。

用表102所示第一次试验用扭矩紧固夹紧螺母。用0.05 mm厚的塞规检查法兰所有圆周处是否都接触钢盘。在法兰圆周(不包括倒角)的任意一点，塞规在法兰和钢盘表面间被推入不能超过1 mm。

然后用表102中的第二次试验用扭矩重复试验。

表102　法兰试验扭矩

公制螺纹/mm	第一次试验用扭矩/(N·m)	第二次试验用扭矩/(N·m)
8	2	8
10	4	15
12	7.5	30

表 102 法兰试验扭矩(续)

公制螺纹/mm	第一次试验用扭矩/(N·m)	第二次试验用扭矩/(N·m)
14	11	45
16	17.5	70
20	35	140
>20	75	300

19.105 附件的旋转方向

在操作者的站立位置,附件的圆周应按照向下的方向运行。

通过观察来检验。

19.106 工具主轴和法兰的偏心量

工具主轴的偏心量应小于 0.1 mm。

通过法兰或类似夹紧和定位装置安装附件的工具,工具主轴、法兰孔径和法兰上给附件起定位和导向作用的直径的总偏心量应小于 0.3 mm。

通过测量来检验。

在法兰安装中处于最恶劣的偏心条件下进行以上测量。

19.107 失衡

使用直径为 100 mm 或以上砂轮的台式砂轮机在失衡时应具有足够的强度。

通过以下试验来检验。

在工具主轴上安装模拟轮,其直径为 8.3 要求标称在工具主轴上的最大直径。台式砂轮机在空载下运行 250 000 转。模拟轮可以是一个钢制圆盘。通过增加或减少材料使得模拟轮失衡:

——当直径小于 150 mm 时,增加或减少 $d^2/1\ 607$ N·mm,其中 d 是轮径,单位为 mm;

——当直径不小于 150 mm 时,增加或减少 14 N·mm。

试验后,工具应在带电零件和易触及零件之间承受附录 D 规定的电气强度试验,且带电零件要符合第 9 章规定不可易触及。此外,所有护罩应保持完整。

20 机械强度

除下述条文外,GB/T 3883.1—2014 的这一章适用。

20.5 GB/T 3883.1—2014 的该条不适用。

20.101 护罩强度

砂轮和钢丝刷轮的护罩,其材料应能使圆周的最小厚度 P 和端面的最小厚度 J(如图 102 所示)满足表 103 或表 104 的值。

表 103 钢制护罩的厚度

最小极限抗拉强度 N/mm²	圆周速度 v m/s	最大轮厚 mm	最大轮径 D							
			$D\leqslant 125$ mm		125 mm<$D\leqslant 200$ mm		200 mm<$D\leqslant 250$ mm		250 mm<$D\leqslant 310$ mm	
			P mm	J mm	P mm	J mm	P mm	J mm	P mm	J mm
300	$10\leqslant v\leqslant 32$	25	1.5	1.5	2.0	1.5	2.0	2.0	2.5	2.5
		55	1.5	1.5	2.0	1.5	3.0	2.0	3.5	2.5
	$32<v\leqslant 40$	25	1.5	1.5	2.0	1.5	2.5	2.0	3.0	2.5
		55	1.5	1.5	2.0	1.5	3.5	2.0	4.0	2.5
	$40<v\leqslant 50$	25	1.5	1.5	2.0	1.5	3.0	2.0	3.5	2.5
		55	2.0	1.5	3.0	2.0	4.5	3.0	5.0	3.5

表 104 铝制护罩的厚度

最小极限抗拉强度 N/mm²	圆周速度 v m/s	最大轮厚 mm	最大轮径 D					
			$D\leqslant 125$ mm		125 mm<$D\leqslant 200$ mm		200 mm<$D\leqslant 250$ mm	
			P mm	J mm	P mm	J mm	P mm	J mm
200	$10\leqslant v\leqslant 32$	10	5.5	5.0	6.5	5.0	8.0	6.0
		20	6.0	5.0	8.0	6.0	10.0	8.0
		32	6.5	5.0	9.0	7.0	12.0	10.0
	$32<v\leqslant 50$	10	6.0	5.0	8.5	7.0	10.5	9.0
		20	7.0	6.0	10.0	8.0	13.0	11.0
310	$10\leqslant v\leqslant 40$	10	2.5	2.5	3.5	3.5	4.0	4.0
		20	3.0	3.0	4.0	4.0	5.0	5.0
		32	3.5	3.5	4.5	4.5	6.0	5.0
	$40<v\leqslant 50$	10	3.0	3.0	4.0	4.0	5.0	5.0
		20	3.5	3.5	4.5	4.5	6.0	5.0
		32	4.0	4.0	5.0	5.0	7.0	6.0

通过观察、测量来检验,极限抗拉强度值可以用原材料供应商提供的确认文件或通过对原材料样品进行测量来获得。

20.102 工具主轴

工具主轴应是钢制的,其尺寸应足以支撑符合 8.3 要求的最大直径的附件。工具主轴的直径应符合表 105 规定的最小值。

表 105　最小工具主轴直径

最大附件直径 D/mm	最小工具主轴直径/mm
$D \leqslant 80$	8
$80 < D \leqslant 155$	12
$155 < D \leqslant 206$	15
$206 < D \leqslant 256$	18
$256 < D \leqslant 310$	24

通过测量来检验。

20.103　搬运装置

19.4 要求的以及说明书 8.14.2 b)109)所描述的用于台式砂轮机搬运的装置应有足够的强度，可以用于工具的安全搬运。

通过观察和以下试验来检验。

除电动机外壳握持面以外的搬运装置应承受 3 倍于工具本体重量的力，但每个装置承受的力不超过 600 N。力的施加方向应使搬运装置中心宽度为 70 mm 的区域得以整体提升。在 10 s 内稳步增加外力达到测试值，然后维持 1 min。

如果有多个搬运装置，则按照正常搬运的受力情况，以对应的受力比例分散施加的外力。当工具配有多个搬运装置，但其设计允许仅使用一个搬运装置即可搬运，则每个搬运装置都应能单独承受所有外力。

试验后，搬运装置不应从工具上松脱，且不应有永久的变形、裂纹或其他损害。

20.104　工作台

如台式砂轮机配有工作台，或在 8.14.2 有特别指明，则其应有适当的强度。

通过以下试验来检验。

台式砂轮机安装在工作台上，逐渐施加 3 倍最大直径 D 的垂直力 1 min，力均匀地分布在台式砂轮机的外壳上。试验期间，工作台不应倾倒，移除外力后，工具不应有任何永久的变形。

注：外力均匀分布的一个示例是使用沙袋或类似方法。

21　结构

除下述条文外，GB/T 3883.1—2014 的这一章适用。

21.15　GB/T 3883.1—2014 的该条不适用。

21.18.2.1　增加：

电压恢复不认为会使台式砂轮机引起危险。

21.30　GB/T 3883.1—2014 的该条不适用。

21.35　GB/T 3883.1—2014 的该条不适用。

21.101　出尘口

如有用于连接外部集尘装置的接口，其排放方向应避开操作者。

通过观察来检验。

22　内部布线

GB/T 3883.1—2014 的这一章适用。

23 组件

除下述条文外,GB/T 3883.1—2014 的这一章适用。

23.3 增加:

对于台式砂轮机,用于切断工具供电的保护装置(例如,过载或过温保护装置)或保护线路应是非自动复位型。

24 电源联接和外接软线

GB/T 3883.1—2014 的这一章适用。

25 外部导线的接线端子

GB/T 3883.1—2014 的这一章适用。

26 接地装置

GB/T 3883.1—2014 的这一章适用。

27 螺钉与连接件

GB/T 3883.1—2014 的这一章适用。

28 爬电距离、电气间隙和绝缘穿通距离

GB/T 3883.1—2014 的这一章适用。

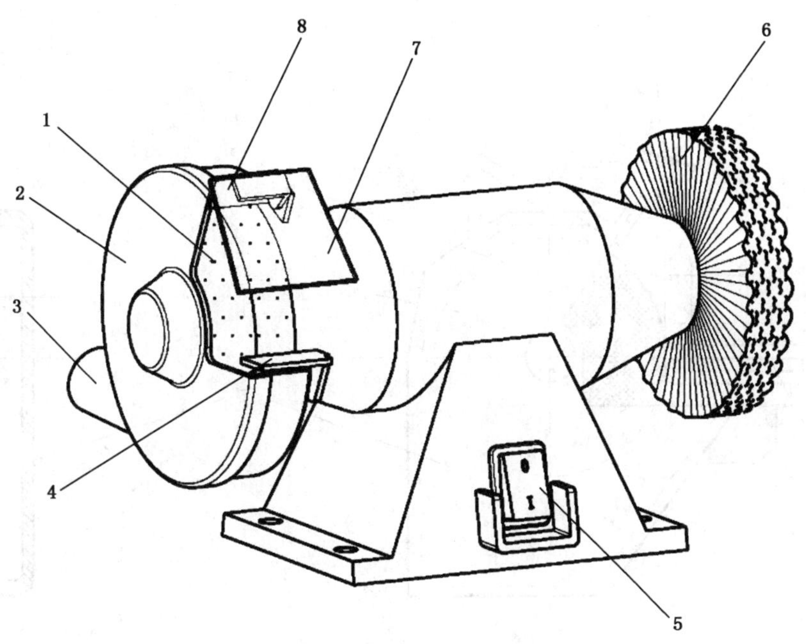

标引序号说明：

1——砂轮；

2——砂轮或钢丝刷轮护罩；

3——出尘口,如有；

4——工件托架；

5——电源开关；

6——抛光轮；

7——透明护目屏；

8——火星护板。

图 101 台式砂轮机

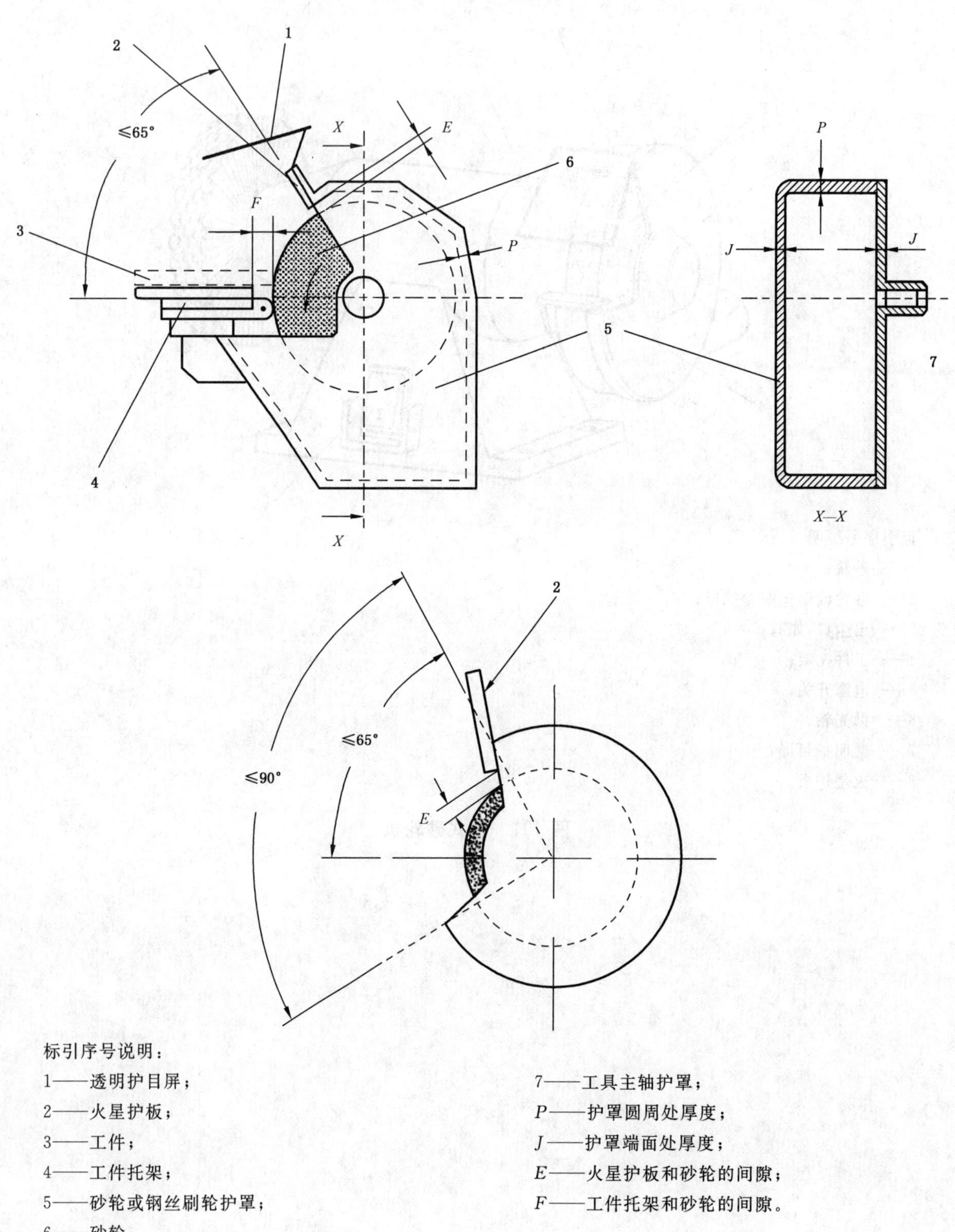

标引序号说明：

1——透明护目屏；

2——火星护板；

3——工件；

4——工件托架；

5——砂轮或钢丝刷轮护罩；

6——砂轮；

7——工具主轴护罩；

P——护罩圆周处厚度；

J——护罩端面处厚度；

E——火星护板和砂轮的间隙；

F——工件托架和砂轮的间隙。

注：工件托架部分详见图 104。

图 102　护罩的开口角度和尺寸

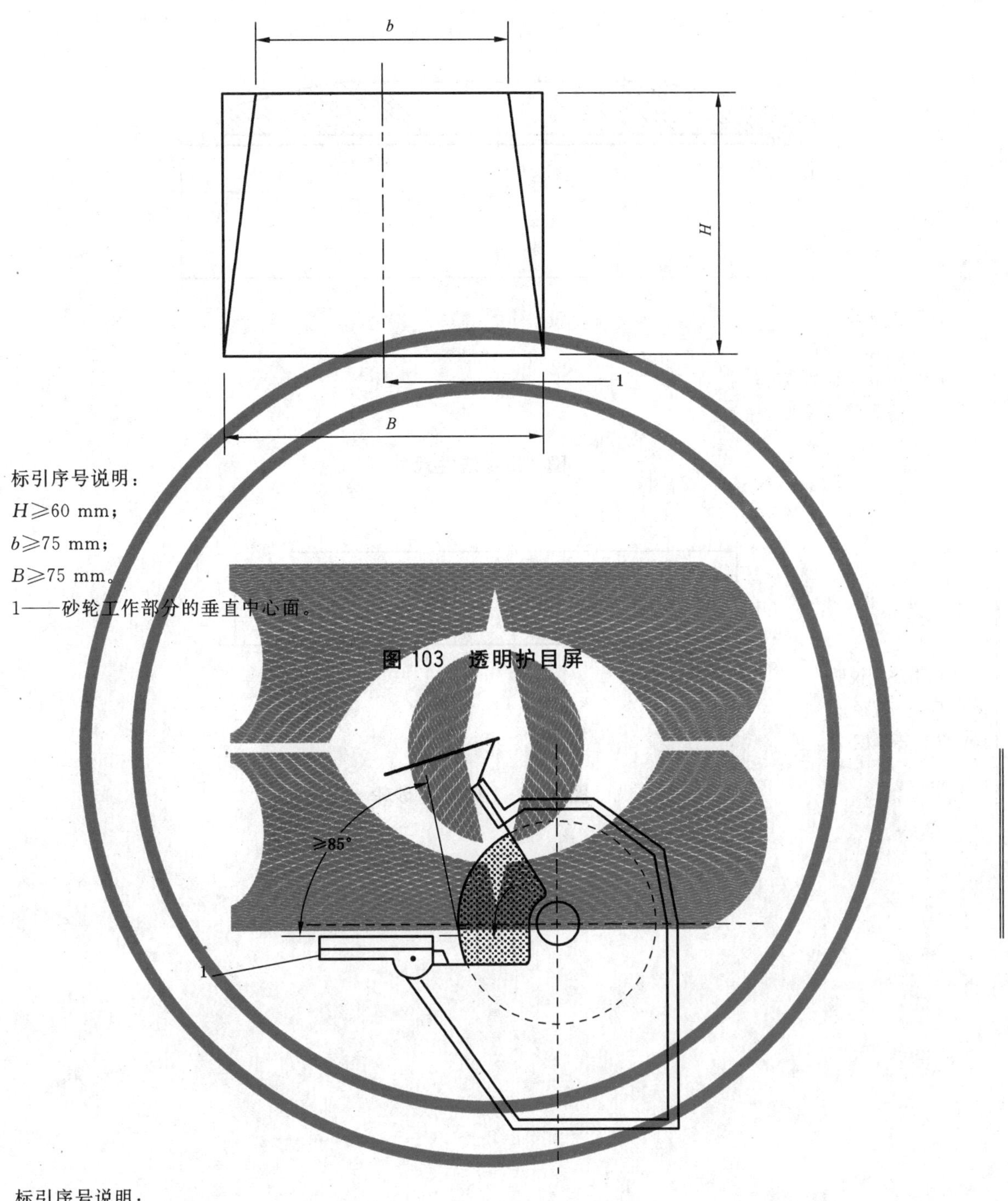

标引序号说明：

$H \geqslant 60$ mm；

$b \geqslant 75$ mm；

$B \geqslant 75$ mm。

1——砂轮工作部分的垂直中心面。

图 103　透明护目屏

标引序号说明：

1——可调节工件托架。

图 104　带可倾斜工件托架的台式砂轮机

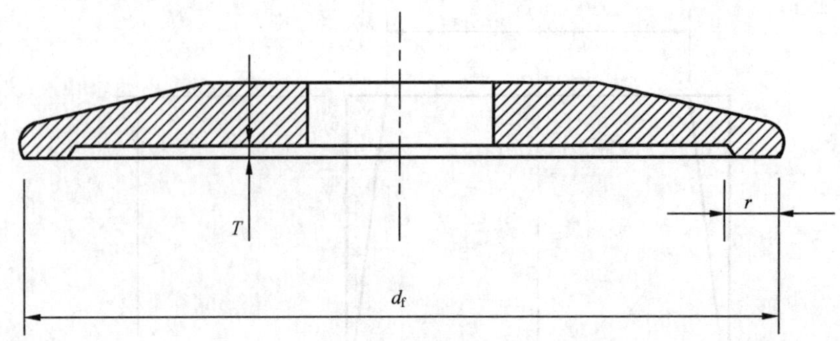

标引序号说明：
d_f——法兰外径；
r——接触面的宽度；
T——凹槽的深度。

图 105 法兰尺寸

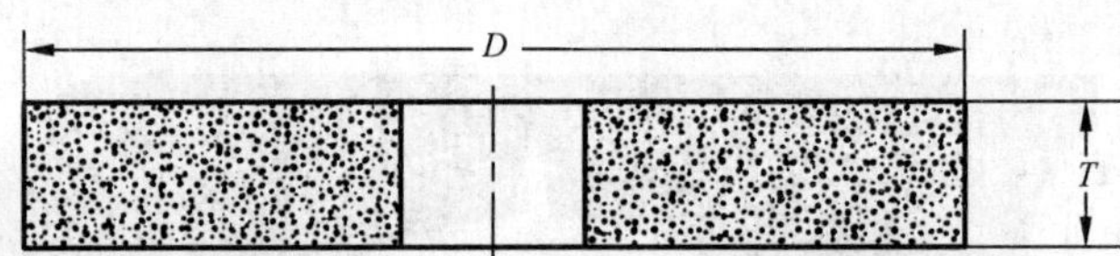

标引序号说明：
D——直径；
T——厚度。

图 106 1型磨削砂轮

附 录

除以下内容外,GB/T 3883.1—2014 的附录适用。

附 录 I
（资料性）
噪声和振动的测量

I.2 噪声测试方法（工程法）

除下述内容外，GB/T 3883.1—2014 的附录适用。

I.2.4 噪声测试时工具的安装和固定条件

增加：

将带有工作台的台式砂轮机放在工作台上，并将其置于反射面上。

其余台式砂轮机放在图 I.1 所示的测试台面上，并将其置于反射面上。

I.2.5 运行条件

增加：

台式砂轮机按表 I.101 规定的负载和条件进行试验。

表 I.101 台式砂轮机噪声测试条件

工件和定位	砂磨低碳钢的水平面，其长度约 150 mm，宽度比砂轮厚度小 5 mm，厚度是(5±0.5)mm。 调节工件托架，使工件呈水平位置。将工件定位，从而可以打磨宽度和厚度组成的面
进给力	将工件压在工件托架和砂轮上，以降低由工件产生的噪声。进给力的确定应借助于测力器，且应被记录。 **注**：达到上述要求的典型条件可以是向砂轮方向施加 10 N 的力，向工件托架方向施加 30 N 的力
工作头	使用工具随附的新砂轮。 如工具没有附带砂轮，则使用粒度为 60 的砂轮，且其适用于砂磨钢材

I.3 振动

GB/T 3883.1—2014 的这一章不适用。

参 考 文 献

GB/T 3883.1—2014 的参考文献适用。

ICS 25.140.20
K 64

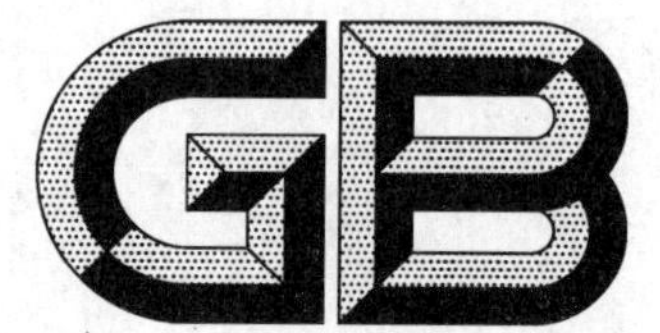

中华人民共和国国家标准

GB/T 3883.306—2017
代替 GB/T 13960.7—1997

手持式、可移式电动工具和园林工具的安全 第3部分：可移式带液源金刚石钻的专用要求

Safety of motor-operated hand-held, transportable and garden tools—Part 3: Particular requirements for transportable diamond drills with liquid systems

2017-07-31 发布　　2018-02-01 实施

中华人民共和国国家质量监督检验检疫总局
中国国家标准化管理委员会　发布

前　言

GB/T 3883《手持式、可移动式电动工具和园林工具的安全》标准第3部分所涉及的产品是可移式电动工具,初步预计由以下11部分组成:

——第3部分:可移式圆锯的专用要求;

——第3部分:摇臂锯的专用要求;

——第3部分:平刨和厚度刨的专用要求;

——第3部分:台式砂轮机的专用要求;

——第3部分:带锯的专用要求;

——第3部分:可移式带液源金刚石钻的专用要求;

——第3部分:可移式带液源金刚石锯的专用要求;

——第3部分:斜切割机的专用要求;

——第3部分:单轴立式木铣的专用要求;

——第3部分:型材切割机的专用要求;

——第3部分:斜切割台式组合锯的专用要求。

本部分为GB/T 3883的第3部分:可移式带液源金刚石钻的专用要求。

本部分按照GB/T 1.1—2009给出的规则起草。

本部分代替GB/T 13960.7—1997《可移式电动工具的安全　第二部分:带水源金刚石钻的专用要求》,与GB/T 13960.7—1997的主要技术差异有:

——前言:安全的通用要求由采用GB/T 13960.1—2008《可移式电动工具的安全　第一部分:通用要求》改为采用GB/T 3883.1—2014《手持式、可移动式电动工具和园林工具的安全　第1部分:通用要求》,标准的名称也做了相应的修改;

——范围中删除"空芯钻头直径不大于250 mm"的限制(1997版第1章);

——术语和定义中:在金刚石钻的定义中细化图101以及有关内容;删除"正常负载"的定义;增加"钻机""钻架""集液装置"的定义(见3.102~3.104);

——标志和说明书中增加"**金刚石钻的安全警告**"(见8.14.1.1);修改投入使用的说明[见8.14.2 a)];

——防潮性中增加具有仰钻功能的金刚石钻的测试(见14.3.101);

——耐久性测试修改(见17.2);

——不正常操作中修改GB/T 3883.1—2014的表4(见18.8,1997年版17);

——机械危险中增加部分旋转零件的形状和结构要求;金刚石钻应配有一个钻架和钻机的要求;实际真空度的信息告知的要求;钻孔过程中受力的测试(见19.1、19.101~19.103);

——结构中增加"如果使用说明书中规定的手柄或握持表面是用来手动推进工具的,则正常使用中的握持区域应与触及输出轴而带电的易触及零件绝缘。"(见21.30);

——电源联接和外接软线中修改电源线的材质(见24.4);

——增加附录I(资料性附录)噪声和振动的测量。

本部分应与GB/T 3883.1—2014《手持式、可移动式电动工具和园林工具的安全　第1部分:通用要求》一起使用。

本部分写明"适用"的部分,表示GB/T 3883.1—2014中相应条款适用;本部分写明"替换"的部分,则应以本部分中的条款为准;本部分中写明"修改"的部分,表示GB/T 3883.1—2014相应条款的相关内容应以本部分修改后的内容为准，而该条款中其他内容仍适用；本部分写明“增加”的部分，表示除了符合 GB/T 3883.1—2014 的相应条款外，还应符合本部分所增加的条款。

本部分由中国电器工业协会提出。

本部分由全国电动工具标准化技术委员会(SAC/TC 68)归口。

本部分主要起草单位：上海电动工具研究所、江苏金鼎电动工具集团有限公司、百得(苏州)精密制造有限公司、扬州金力电动工具有限公司。

本部分主要起草人：潘顺芳、周宝国、顾菁、曹振华、王樾、陈建秋。

手持式、可移式电动工具和园林工具的安全 第3部分：可移式带液源金刚石钻的专用要求

1 范围

除下述条文外，GB/T 3883.1—2014 的这一章适用。

增加：

本部分适用于连接一个供液系统的可移式金刚石钻。供液系统包括管道供液或容器供液。

2 规范性引用文件

下列文件对于本文件的应用是必不可少的。凡是注日期的引用文件，仅注日期的版本适用于本文件。凡是不注日期的引用文件，其最新版本(包括所有的修改单)适用于本文件。

GB/T 3883.1—2014 的这一章适用。

3 术语和定义

除下述条文外，GB/T 3883.1—2014 的这一章适用。

3.101

金刚石钻 diamond drill

通过金刚石钻头钻削石材和混凝土的带供液系统的工具。该工具至少由一个钻机和一个固定的钻架组成。钻架可以通过紧固件、真空装置或其他合适的装置与待钻削的工件连接，如图 101 所示，也可以固定在一个合适的支架上，例如脚手架。

3.102

钻机 drill unit

由一个电动机和一个钻头固定件组合而成的装置。

3.103

钻架 drill stand

将钻机支撑在其操作位置上的装置。

3.104

集液装置 liquid collection device

钻削时收集液体和浆体的装置。

4 一般要求

GB/T 3883.1—2014 的这一章适用。

5 试验一般条件

除下述条文外，GB/T 3883.1—2014 的这一章适用。

5.17 增加：

辅助手柄(如有)和钻架认为是正常使用时所需的装置和配件。

6 辐射、毒性和类似危险

GB/T 3883.1—2014 的这一章适用。

7 分类

GB/T 3883.1—2014 的这一章适用。

8 标志和说明书

除下述条文外，GB/T 3883.1—2014 的这一章适用。

8.1 增加：

金刚石钻应标有：

——额定空载转速，用 r/min 或 min^{-1} 表示。

8.3 增加：

金刚石钻应标有：

——钻头的最大直径，mm。

8.14.1.1 增加：

金刚石钻的安全警告：

——**当钻削时需要带水操作，应确保操作者的工作区域不带水或使用集液系统。**此类预防措施能确保工作区域干燥，且降低了电击的风险。

——**在切削附件可能触及暗线或其自身软线的场合进行操作时，要通过绝缘握持面来握持工具。**切削附件碰到带电导线会使工具外露的金属零件带电，从而使操作者受到电击。

——**操作金刚石钻时，带上护耳罩。**噪声可能引起失聪。

——**当钻头堵转时，停止施加向下的压力，关闭工具。**检查并采取正确的行动消除钻头堵转的原因。

——**如果金刚石钻头在工件中，则重启前应检查钻头是否可以自由旋转。**如果钻头被卡，则不能起动，易使工具过载，或可能导致金刚石钻脱离工件。

——**当用紧固件将钻架与工件固定时，应确保使用的紧固装置在使用过程中足以控制工具。**如果工件脆弱或多孔，则紧固件可能脱出，导致钻架脱离工件。

——**当用真空垫将钻架固定在工件上，应将真空垫安装在一个光滑、干净且无孔的表面上。不要固定在诸如瓷砖和复合涂层的层压表面上。**如果工件不光滑，平坦或容易沾粘，真空垫可能在工件上移动。

注 1：如果工具使用时不带真空垫，可省略上述警告。

——**钻孔前应确保具有足够的真空度。**如果真空度不够，真空垫可能从工件上脱落；

注 2：如果工具使用时不带真空垫，可省略上述警告。

——**禁止使用仅由真空垫固定的工具进行仰钻操作。**一旦真空失效，真空垫将从工件上脱落；

注 3：如果工具使用时不带真空垫，可省略上述警告。

——**钻墙或钻天花板时，应确保墙或天花板另一面的人员和工作区域安全。**钻头可能穿透洞或从另一端钻出；

——**带水源钻削时不能仰钻**。水进入工具会增加电击的风险；

注 4：上述警告仅适用于不能仰钻的工具。

——**仰钻时要始终使用制造商规定的集液系统。禁止水进入工具**。水进入工具会增加电击的风险。

注 5：上述警告仅适用于能仰钻的工具。

8.14.2a） 增加：

101） 工具配套的金刚石钻头的信息；

102） 如何将工具安装到钻架上的指导和信息；

103） 如何将金刚石钻头安装到工具上的信息，如适用，还有关于安装金刚石钻头配件的信息；

104） 如何将钻架固定在所有适合位置的指导和信息；

105） 对使用真空固定装置的工具：

——如何检查钻架固定表面的指导和信息；

——定向钻孔时（垂直向下时除外）如何使用合适的附件或方式固定钻架的附加指导；

——安全操作所必须的最小真空度以及如何在钻孔操作时进行控制的信息；

——随真空固定装置一同使用的最大钻头直径的信息；

106） 对带有集液装置可以用来仰钻的工具：

——随集液装置一同使用的最小和最大钻头直径的信息；

107） 推荐使用动作电流值不大于 30 mA 的剩余电流保护装置。

9 防止触及带电零件的保护

GB/T 3883.1—2014 的这一章适用。

10 起动

GB/T 3883.1—2014 的这一章适用。

11 输入功率和电流

GB/T 3883.1—2014 的这一章适用。

12 发热

GB/T 3883.1—2014 的这一章适用。

13 耐热性和阻燃性

GB/T 3883.1—2014 的这一章适用。

14 防潮性

除下述条文外，GB/T 3883.1—2014 的这一章适用。

14.3.101 配备了集液装置，并按照 8.14.2a）104）进行仰钻的金刚石钻应防止由于液体过度喷溅而产生的电击。

通过下述试验来检验。

工具装上集液装置,钻机在额定电压下垂直向上空载运行。如果集液装置设计成连有一个真空吸液装置,则该装置也应连接。按照8.14.2a)106)对集液装置的规定进行2次试验,一次用最小直径的金刚石钻头,一次用最大直径的金刚石钻头。

试验的布置如图102所示。

使用浓度约1.0%的氯化钠(NaCl)溶液,其流速控制在1 L/min～1.5 L/min。运行时间为15 min。钻头充满液体时则开始测量。

试验期间,按照附录C.3监测泄漏电流,其值应不超过:

——对Ⅱ类工具,2 mA;

——对Ⅰ类工具,5 mA。

紧接着,工具在环境温度下干燥24 h,带电零件和易触及零件之间的电气强度应符合附录D.2的要求。

15 防锈

GB/T 3883.1—2014的这一章适用。

16 变压器及其相关电路的过载保护

GB/T 3883.1—2014的这一章适用。

17 耐久性

除下述条文外,GB/T 3883.1—2014的这一章适用。

17.2 替换:

第5段替换为:

金刚石钻以1.1倍额定电压或额定电压范围的上限值运行12 h,然后在0.9倍额定电压或额定电压范围的下限值运行12 h。12 h的运行时间不必是连续的。试验期间,以3个不同方位放置工具,在每种试验电压下,每个方位运行时间约4 h。

18 不正常操作

除下述条文外,GB/T 3883.1—2014的这一章适用。

18.8 修改:

表4 要求的性能等级

关键安全功能的类型和作用	要求的性能等级(PL)
电源开关——防止不期望的接通	a
电源开关——提供期望的断开	b
提供期望的旋转方向	不是SCF

表 4（续）

关键安全功能的类型和作用	要求的性能等级(PL)
防止输出转速超过额定空载转速的 130%或者通过 18.3 的测试	a
防止超过 18 中的热极限	a
防止 23.3 中要求的自复位	a
为满足 19.103 而设置的限制装置	c

19 机械危险

除下述条文外，GB/T 3883.1—2014 的这一章适用。

19.1 增加：

除钻头外，诸如离合器、主轴和延伸部件的旋转零件应满足下述要求：

——没有突出部分，是圆形或六角形，

通过观察来检验；或

——由一个固定的或自调节护罩保护，

通过用不大于 5 N 的力施加到 GB/T 16842 的试具 B 上去探触安装在工具上的护罩来检验。试具不应触及旋转零件。

19.7 GB/T 3883.1—2014 的这一条不适用。

19.8 GB/T 3883.1—2014 的这一条不适用。

19.101 金刚石钻应配有一个钻架和钻机。

钻架应具备被安装在待钻削的工件或合适的支架上的条件。

在任何工作位置，钻机应具备与钻架连接在一起的条件。工具的设计应防止钻机从钻架上意外松脱。

通过观察来检验。

19.102 如有固定金刚石钻的真空装置，则应告知用户实际真空度的信息。

通过观察来检验。

19.103 固定金刚石钻的真空装置应能承受在钻孔过程中(包括钻头堵转时)受到的力。

通过下述试验来检验，该试验模拟了钻头卡在工件内的情况。

用真空装置将金刚石钻固定在 12 mm 的钢板上。金刚石钻的输出轴连接到堵转装置上。如果工具装有档位选择器，应选择能产生最大转矩的档位。如果工具装有一个可调节的离合器，应调整到最大转矩的档位。工具满速运行，然后通过堵转装置停止，且此刻主轴旋转范围在 45°～90°之间。堵转维持 3 s。紧接着，工具维持在堵转位置，接通和断开电源开关 3 次。如果使用真空系统，则真空度应调节到 8.14.2a)105)描述的最低水平。

试验过程中，操作者应站于工具半径之外，以防真空系统松脱。

试验过程中，钻架不应松脱，且旋转不应超过 10°。

20 机械强度

除下述条文外，GB/T 3883.1—2014 的这一章适用。

20.5 GB/T 3883.1—2014 的这一条不适用。

21 结构

除下述条文外,GB/T 3883.1—2014 的这一章适用。

21.18.2.1 GB/T 3883.1—2014 的这一条不适用。

21.30 替换:

如果使用说明书中规定的手柄或握持表面是用来手动推进工具的,则正常使用中的握持区域应与触及输出轴而带电的易触及零件绝缘。

通过观察和 20.3.2 在手柄和握持面上的试验来检验,然后,按照附录 D.2 在覆盖有金属箔的手柄和握持面与输出轴之间施加 1 250 V 交流电压的电气强度试验。

22 内部布线

GB/T 3883.1—2014 的这一章适用。

23 组件

GB/T 3883.1—2014 的这一章适用。

24 电源联接和外接软线

除下述条文外,GB/T 3883.1—2014 的这一章适用。

24.4 替换:

第 1 段替换为:

可使用的最轻型电缆为:

——重型氯丁橡胶或其他同等性能的护层电缆[GB/T 5013.4—2008 中的 60245 IEC 66(YCW)]。

25 外部导线的接线端子

GB/T 3883.1—2014 的这一章适用。

26 接地装置

GB/T 3883.1—2014 的这一章适用。

27 螺钉与联接件

GB/T 3883.1—2014 的这一章适用。

28 爬电距离、电气间隙和绝缘穿通距离

GB/T 3883.1—2014 的这一章适用。

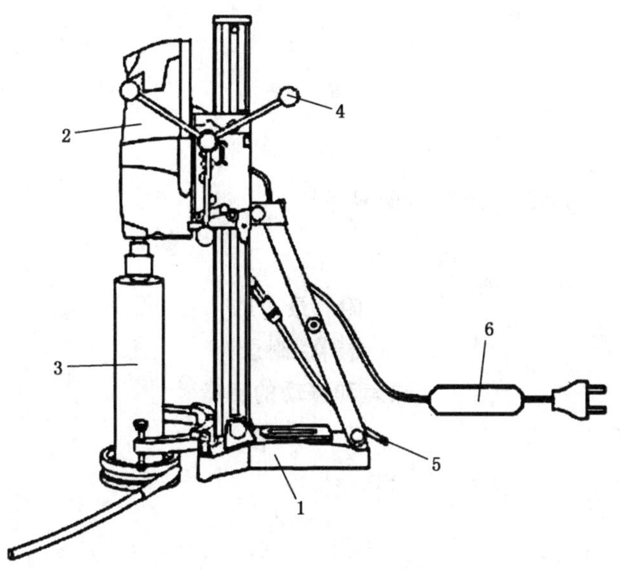

说明：

1——钻架；

2——钻机；

3——金刚石钻头；

4——将钻机上下移动的进给器；

5——供液系统；

6——RCD(剩余电流装置)，如有。

图 101 带供液系统的金刚石钻的示例

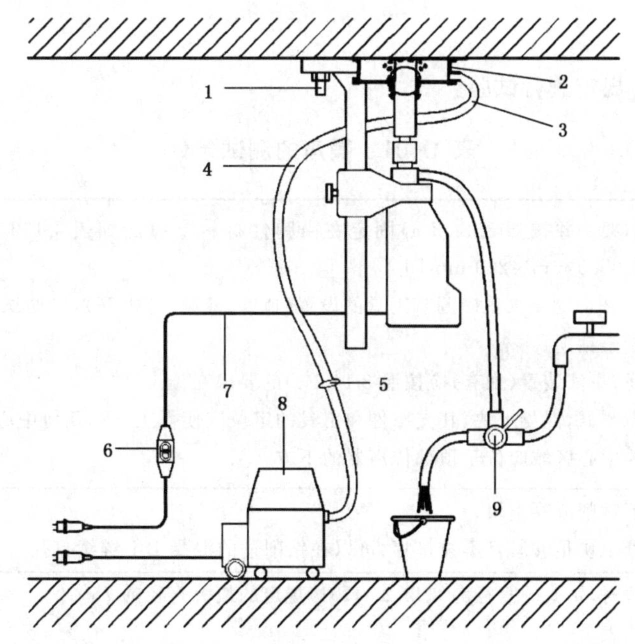

说明：

1——用螺栓固定的钻架；

2——集液装置；

3——与抽水机连接的装置；

4——出水软管；

5——湿式真空吸尘器的连接器；

6——RCD(剩余电流装置)，如有；

7——电源线；

8——湿式真空湿式吸尘器；

9——带有三通出水阀的液源。

图 102 检查集液装置效率的试验布置

附 录

除下述内容外,GB/T 3883.1—2014 的附录适用。

附 录 I
(资料性附录)
噪声和振动的测量

I.2 噪声测试方法(工程法)

除下述内容外,GB/T 3883.1—2014 的 I.2 适用。

I.2.4 电动工具在噪声测试时的安装和固定条件

替换:

金刚石钻按表 I.101"测试装置"的规定进行安装和固定。

I.2.5 运行条件

修改:

金刚石钻按表 I.101 规定进行试验。

表 I.101 噪声的测试条件

测试装置	钻机和钻架一并按照 8.14.2 a)固定在由弹性材料支撑的如表 I.102 的混凝土块(最小尺寸为 500 mm×500 mm×200 mm)上。 按照 8.14.2 a)的要求正确调节工具的设置(速度、液源、冲击等),以便试验用型式和直径的钻头能进行混凝土钻削。 工作期间,集液装置(如有)应按照 8.14.2 a)的要求在位。 对于噪声测试,混凝土块、其支撑件和工具的定位应使得工具的几何中心位于反射面上方 1 m。混凝土块的中心区域应位于顶部传声器的下方
定位	垂直向下钻削混凝土块。 只要混凝土块足够厚且不被打穿,可以在钻削过的混凝土上继续打孔
工作头	带有液源时,钻头的直径为 8.14.2 a)101)规定的最大直径的 75%。 孔深按照表 I.103。 测试前,钻头应在磨盘上磨得锋利,然后预钻一个孔使得钻头处于正常状态
进给力	工具的进给力按如下方式确定: 钻削时增加进给力直至速度因负载作用明显降低,或转矩限值装置动作。略微减小进给力直至恰好维持稳定操作。使用这个进给力进行测试
准备	钻削刚开始可能由于钻头没有定位而产生问题,因此,测试前,预留孔深 5 mm
测试周期	钻头接触混凝土深度达到约 5 mm 时开始测量,深度达到表 I.103 的规定,或达到了最大钻削深度(取小者)时停止

表 I.102　混凝土配比(每立方分米)

水泥	水	骨料[b]	
330 kg	183 L[a]	1 844 kg	
		颗粒大小/mm	比例/%
		0～2	38 ± 3
		0～8	50 ± 5
		0～16	80 ± 5
		0～32	100

注：28 天后抗压强度可达 40 N/mm²。

[a] 水/水泥的质量比应为 0.55±0.02(水和水泥的质量公差是+10%，以确保混凝土供应商用当地的水泥达到要求的抗压强度)。

[b] 不应使用燧石或花岗石等的坚硬骨料或石灰石等的松软骨料。

表 I.103　测试的孔深

单位为毫米

金刚石钻头直径	≤35	>35
孔深	100	200

I.3　振动

GB/T 3883.1—2014 的 I.3 不适用。

附 录 K
（规范性附录）
电池式工具和电池包

K.1 增加：

除非本附录另有规定，本部分的所有条款适用。

K.14.3.101 本部分的该条不适用。

K.17.2 本部分的该条不适用。

K.24.4 本部分的该条不适用。

附　录　L
（规范性附录）
提供电源联接或非隔离源的电池式工具和电池包

L.1　增加：

除非本附录另有规定，本部分的所有条款适用。

参 考 文 献

[1] GB/T 3883.1—2014 的参考文献适用

ICS 25.140.20
CCS K 64

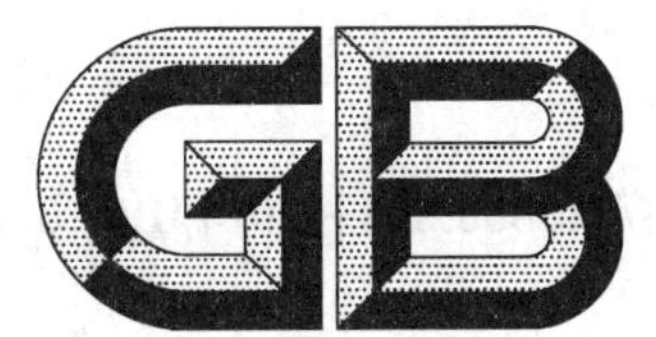

中华人民共和国国家标准

GB/T 3883.309—2021/IEC 62841-3-9:2014

代替 GB/T 13960.9—1997

手持式、可移式电动工具和园林工具的安全 第309部分:可移式斜切锯的专用要求

Safety of motor-operated hand-held, transportable and garden tools—Part 309: Particular requirements for transportable mitre saws

(IEC 62841-3-9:2014, Electric motor-operated hand-held tools, transportable tools and lawn and garden machinery—Safety—Part 3-9: Particular requirements for transportable mitre saws, IDT)

2021-04-30 发布　　　　2021-11-01 实施

国家市场监督管理总局
国家标准化管理委员会　发布

前言

本文件按照 GB/T 1.1—2020《标准化工作导则 第1部分:标准化文件的结构和起草规则》的规定起草。

本文件为 GB/T 3883《手持式、可移式电动工具和园林工具的安全》的第309部分。"手持式、可移式电动工具和园林工具的安全"的第3部分可移式电动工具,目前由以下5部分组成:

——GB/T 3883.306—2017 手持式、可移式电动工具和园林工具的安全 第3部分:可移式带液源金刚石钻的专用要求;

——GB/T 3883.311—2019 手持式、可移式电动工具和园林工具的安全 第311部分:可移式型材切割机的专用要求;

——GB/T 3883.302—2021 手持式、可移式电动工具和园林工具的安全 第302部分:可移式台锯的专用要求;

——GB/T 3883.305—2021 手持式、可移式电动工具和园林工具的安全 第305部分:可移式台式砂轮机的专用要求;

——GB/T 3883.309—2021 手持式、可移式电动工具和园林工具的安全 第309部分:可移式斜切锯的专用要求。

本文件代替 GB/T 13960.9—1997《可移式电动工具的安全 第二部分:斜切割机的专用要求》,与 GB/T 13960.9—1997 相比,主要技术变化有:

1) 范围:增加并明确了可移式斜切锯各类附件及其参数要求(见第1章、1997年版的第1章);
2) 术语和定义:增加倾斜角、复合角、锯割边缘区域、D、靠栅、中心工件支承、完全下压位置、水平锯割能力、锯缝、锯缝板、斜切角、(锯片)象限、停歇位置、锯割装置、台面、旋转台、垂直锯割能力的定义,修改斜切锯的定义,删除正常负载的定义(见第3章、1997年版的第2章);
3) 一般要求:增加关于锯片和 D 的说明(见第4章);
4) 试验一般条件:增加工具的质量包含范围的描述、水平锯割能力的程序(见第5章、1997年版的第4章);
5) 标志和说明书:增加锯片直径标注范围的要求和锯片两侧的台面上的标志要求;修改说明书中的安全警告、投入使用、操作说明和保养和售后服务的说明(见第8章、1997年版的第7章);
6) 不正常操作:修改第1部分的表4(见第18章、1997年版的第17章);
7) 机械危险:增加19.3、19.7.101、19.7.102测试;修改锯片护罩的要求;增加回弹装置、跑停时间要求;将锯台、锯台挡板、法兰盘、集尘口结构等其他要求移到20章并有修改(见第19章、1997年版的第18章);
8) 机械强度:增加护罩材质/厚度、搬运装置、工作台等要求(见第20章、1997年版的第19章);
9) 结构:增加对开关的要求、结构上便于锯割刀具的安装、工作台靠栅、夹紧装置等的要求(见第21章、1997年版的第20章);
10) 增加附录I(资料性)噪声和振动的测量;
11) 增加附录K(规范性)电池式工具和电池包、附录L(规范性)提供电源连接或非隔离源的电池式工具和电池包。

本文件使用翻译法等同采用 IEC 62841-3-9:2014《电动机驱动的手持式、可移式电动工具和园林机器 安全 第3-9部分:可移式斜切锯的专用要求》。

本文件做了下列编辑性修改:

——标准名称修改为“手持式、可移式电动工具和园林工具的安全　第 309 部分:可移式斜切锯的专用要求”;

——纳入了 IEC 62841-3-9:2014/COR1:2015 和 IEC 62841-3-9:2014/COR2:2016 技术勘误内容,分别是删除原表 4 中“23.3 要求的防止自复位”及相应的等级,将 8.3 中原 0.975D 修改为 0.96D。所涉及的条款的外侧页边空白位置用垂直双线(‖)进行了标示。

本文件应与 GB/T 3883.1—2014《手持式、可移式电动工具和园林工具的安全　第 1 部分:通用要求》一起使用。

本文件写明“适用”的部分,表示 GB/T 3883.1—2014 中相应条文适用;本文件写明“替换”的部分,则应以本文件中的条文为准;本文件中写明“修改”的部分,表示 GB/T 3883.1—2014 相应条文的相关内容应以本文件修改后的内容为准,而该条文中其他内容仍适用;本文件写明“增加”的部分,表示除了符合 GB/T 3883.1—2014 的相应条文外,还应符合本文件所增加的条文。

本文件由中国电器工业协会提出。

本文件由全国电动工具标准化技术委员会(SAC/TC 68)归口。

本文件起草单位:江苏苏美达五金工具有限公司、上海电动工具研究所(集团)有限公司、正阳科技股份有限公司、宝时得科技(中国)有限公司、南京德朔实业有限公司、锐奇控股股份有限公司。

本文件主要起草人:林有余、潘顺芳、徐飞好、丁玉才、高杨、朱贤波、张国峰、袁元。

本文件及其所代替文件的历次版本发布情况为:

——GB/T 13960.9—1997。

引　　言

2014 年，我国发布国家标准 GB/T 3883.1—2014《手持式、可移式电动工具和园林工具的安全　第 1 部分：通用要求》，将原 GB/T 3883（手持式电动工具部分）、GB/T 13960（可移式电动工具部分）和 GB/T 4706（仅园林电动工具部分）三大系列电动工具的通用安全标准的共性技术要求进行了整合。

与 GB/T 3883.1—2014 配套使用的特定类型的小类产品专用要求共 3 个部分，分别为第 2 部分（手持式电动工具部分）、第 3 部分（可移式电动工具部分）、第 4 部分（园林电动工具部分），均转化对应的国际标准 IEC 62841 系列的专用要求。

标准名称的主体要素扩大为“手持式、可移式电动工具和园林工具的安全”，沿用原手持式电动工具部分的标准编号 GB/T 3883。每一部分小类产品的标准分部分编号由三位数字构成，其中第 1 位数字表示对应的部分，第 2 位和第 3 位数字表示不同的小类产品。

新版 GB/T 3883 系列标准将形成一个比较科学、完整、通用、统一的电动工具产品的安全系列标准体系，使得标准的实施更加切实可行，使用方便。

目前，新版 GB/T 3883 系列标准“可移式电动工具部分”已发布的标准如下：

——GB/T 3883.302—2021　手持式、可移式电动工具和园林工具的安全　第 302 部分：可移式台锯的专用要求；

——GB/T 3883.305—2021　手持式、可移式电动工具和园林工具的安全　第 305 部分：可移式台式砂轮机的专用要求；

——GB/T 3883.306—2017　手持式、可移式电动工具和园林工具的安全　第 3 部分：可移式带液源金刚石钻的专用要求；

——GB/T 3883.309—2021　手持式、可移式电动工具和园林工具的安全　第 309 部分：可移式斜切锯的专用要求；

——GB/T 3883.311—2019　手持式、可移式电动工具和园林工具的安全　第 311 部分：可移式型材切割机的专用要求。

后续还将对以下标准进行修订：

——GB/T 13960.3—1996　可移式电动工具的安全　摇臂锯的专用要求；

——GB/T 13960.4—2009　可移式电动工具的安全　第二部分：平刨和厚度刨的专用要求；

——GB/T 13960.6—1996　可移式电动工具的安全　带锯的专用要求；

——GB/T 13960.8—1997　可移式电动工具的安全　第二部分：带水源金刚石锯的专用要求；

——GB/T 13960.10—2009　可移式电动工具的安全　第二部分：单轴立式木铣的专用要求；

——GB/T 13960.13—2005　可移式电动工具的安全　第二部分：斜切割台式组合锯的专用要求。

手持式、可移式电动工具和园林工具的安全 第309部分:可移式斜切锯的专用要求

1 范围

除下述条文外,GB/T 3883.1—2014 的这一章适用。

增加:

本文件适用于以下可移式斜切锯:

安装有带齿锯片用来锯割木料及类似材料,如塑料、有色金属(镁除外),且锯片直径不超过 360 mm。下文可简称为锯或工具。

本文件不适用于用来锯割其他金属,如镁、钢或生铁等的斜切锯。本文件也不适用于带有自动进给装置的斜切锯。

注 101:锯割黑色金属的可移式锯由 IEC 62841-3 未来某个部分规定。

本文件不适用于使用砂轮片的锯。

注 102:使用砂轮的可移式工具由 GB/T 3883.311 规定。

本文件不适用于带有台锯功能和斜切功能组合起来的可移式工具。

注 103:带有台锯功能和斜切功能组合起来的可移式工具由 IEC 62841-3-11 规定。

2 规范性引用文件

除下述条文外,GB/T 3883.1—2014 的这一章适用。

增加:

ISO 180 塑料 悬臂梁冲击强度的测定(Plastics—Determination of izod impact strength)

3 术语和定义

除下述条文外,GB/T 3883.1—2014 的这一章适用。

增加:

3.101

倾斜角 bevel angle

锯片平面向工作台面倾斜的角度。锯片平面垂直于工作台面的位置作为 0°倾斜角位置。

3.102

复合角 compound angle

锯片平面处于倾斜角和斜切角均不为 0°位置时的角度。

3.103

锯割边缘区域 cutting edge zone

锯片半径靠近外缘的 20%部分。

3.104

D

规定的锯片直径。

3.105

靠栅　fence

用于工件定位并承受锯割过程中锯片产生的水平力的装置。

3.105.1

中心工件支承　centre workpiece support

如图 109 所示的装置，具有一个与靠栅一同支撑工件的面。

3.106

完全下压位置　fully down position

斜切锯按照 8.14.2 a)107)进行调整后并如 8.14.2 a)108)将任何锯割深度限位器脱开或调整到使锯割装置处于最低时的位置。

3.107

水平锯割能力　horizontal cutting capacity

能被锯片单次完全穿通锯割的工件，其矩形横截面上垂直于靠栅平面的最大尺寸(宽度)。

注：5.101 提供了水平锯割能力的测量步骤。

3.108

锯缝　kerf

接触至少 3 个锯齿齿尖的两侧面构成的两个平行平面之间的距离。

3.109

锯缝板　kerf plate

台面上位于锯片与台面相交线两侧的部分，用于减少木质纤维被锯片撕裂。

注：锯缝板根据需要设计成为可调节、可更换或与台面为一体。

3.110

斜切角　mitre angle

靠栅的工件抵靠面向锯割线转动的角度。锯片平面垂直于靠栅抵靠面时的位置为 0°斜切角位置。

3.111

斜切锯　mitre saw

由支撑和定位工件的台面和靠栅以及伸出到台面上方的锯割装置组成的锯。

注：通过移动锯割装置进行向下切入动作或向下切入和滑动组合的动作来实现锯割。在锯割过程中，工件不相对于台面或靠栅移动。如图 101，锯割装置可以调节成以倾斜角、斜切角或两个角度组合产生的复合角进行锯割。

3.112

(锯片)象限　quadrants (of the saw blade)

锯割装置处于完全下压位置，锯片象限由两条经过锯片中心的相交线确定，其中一条线平行于台面，另一条线与第一条线垂直。

注：当锯割装置在停歇位置和完全下压位置之间移动时，象限相对于锯割装置保持固定(见图 102)：

——象限“A”位于平行于台面的线上方并且远离操作者位置；

——象限“B”位于平行于台面的线上方并且靠近操作者的位置；

——象限“C”位于平行于台面的线下方并且靠近操作者的位置；

——象限“D”位于平行于台面的线下方并且远离操作者的位置。

3.113

停歇位置　rest position

锯割装置处于台面上方最高位置，对于带有滑动功能的斜切锯为锯割装置距靠栅所能滑到的最大位置。

3.114

锯割装置　saw unit

具有固定锯片能够进行锯割动作的装置。

3.115

台面　table top

与工件接触并支撑工件的水平表面，通常包括旋转台、位于旋转台两侧的工作台底座以及延展工件支撑。

注：见图101。

3.116

旋转台　turn table

便于斜切角调整的工件支撑装置。

3.117

垂直锯割能力　vertical cutting capacity

当工件的矩形截面的宽度等于水平锯割能力时，工件在台面上方能被锯片单次行程完全穿通锯割的最大高度(厚度)。

4　一般要求

除下述条文外，GB/T 3883.1—2014 的这一章适用。

增加：

4.101　除非另有规定，本文件任何针对下述内容的要求或引用时：

——“锯片”：

泛指 8.14.2 a)中规定的所有“锯片”；

——以 D 的倍数表述的“力”：

力应以 N 为单位，而锯片直径 D 以 mm 为单位。

5　试验一般条件

除下述条文外，GB/T 3883.1—2014 的这一章适用。

5.17　增加：

工具的质量应包括靠栅和 21.104 所要求的工件夹紧装置，说明书所要求的其他安全使用工具所需要的部件，如搬运装置等也应包括在质量内。

5.101　确认水平锯割能力的程序

斜切锯安装厚度 2 mm、直径为 D 的钢盘替代锯片，倾斜角设置为 0°，锯割装置位于完全下压位置，对于带有滑动功能的斜切锯，锯割装置拉出到距离靠栅的最大水平延伸位置。斜切角设置在期望测定的水平锯割能力处。

水平锯割能力的测量是指在台面上从靠栅到钢盘象限“C”内钢盘的边缘与台面平面的交点间的垂直距离。

6　辐射、毒性和类似危险

GB/T 3883.1—2014 的这一章适用。

7 分类

GB/T 3883.1—2014 的这一章适用

8 标志和说明书

除下述条文外,GB/T 3883.1—2014 的这一章适用。

8.1 增加:

斜切锯应标注:

——输出轴的额定空载转速。

8.3 增加:

斜切锯应标注锯片直径,标注值不应大于 D 且不应小于 $0.96D$。

斜切锯应在工具上靠近锯片的明显位置,如锯片护罩上,用凸出、凹入的箭头或其他同等清晰耐久的方法标注主轴的旋转方向。

锯片两侧的台面上应标有如下标志:

该标志不必符合 GB/T 2893.2 的颜色要求。

8.14.1 增加:

应增加 8.14.1.101 所规定的补充安全说明。本文件内容可与“电动工具通用安全警告”分开印刷。

8.14.1.101 斜切锯安全说明

a) **斜切锯用于锯割木材或类似木材的产品,不能安装切割砂轮来锯割黑色金属材料,如钢筋、棒料、螺柱等。**磨屑会导致下护罩等运动部件堵塞,砂轮锯割产生的火花可能会引燃下护罩、锯缝板或其他塑料件。

b) **尽可能使用夹紧装置支撑工件,如果用手支撑工件,必须保持手远离锯片两侧至少 100 mm。勿使用此锯锯割小到无法被可靠夹持或用手握持的工件。**如果你的手离锯片太近会增加接触到锯片受伤的风险。

c) **工件必须定位并被夹紧或抵靠在靠栅和工作台上,不要将工件送入锯片或以任何方式“徒手”锯割。**不受约束的或移动的工件有可能会被高速抛出从而造成伤害。

d) **将锯推过工件,不要将锯拉过工件。进行锯割时,抬起锯割装置并从工件上方拉过而不进行锯割,启动电机,向下按压锯割装置并将锯推过工件。**在拉动行程上进行锯割可能导致锯片在工件顶面上爬行并猛烈地将锯片组件抛向操作者。

注:对于简单旋臂斜切锯省略上述警告。

e) **切勿将手越过锯片前方或后方设定的锯割线。**“交叉手”握持工件,如用左手来握持锯片右侧工件,或反之,是非常危险的。

f) **当锯片旋转时不要为了清除木片或其他目的而将手从锯片任何一侧在距离刀片 100 mm 范围**

内接近靠栅的后方。旋转的锯片接近你的手可能不易被发现从而会导致严重伤害。

g) **锯割前检查工件,如果工件存在弯曲或翘曲,则需将弓形面外侧朝向靠栅夹紧,始终确保工件与靠栅、台面间沿锯割线方向没有间隙。**弯曲或翘曲的工件在锯割时会产生扭动或窜动而卡住旋转的锯片。工件中不应有钉子或其他异物。

h) **使用斜切锯前须确保台面上除工件外没有任何工具、木片等。**接触锯片的小碎片、松散的木材或其他物体会引起高速抛掷。

i) **每次只能锯割一个工件。**多个堆放在一起的工件不能被充分地夹紧或支撑,在锯割过程中容易卡住锯片或发生窜动。

j) **使用前请确保斜切锯被安装或放置在水平结实的工作面上。**水平结实的工作表面可以降低斜切锯不稳定的风险。

k) **规划好你的工作。每次改变倾斜角或斜切角的设置要确保可调靠栅能正确地支撑工件并且不干涉锯片或防护装置。**在工具没有"开机"且工作台上没有工件时移动锯片进行一次完整的模拟锯割以确保不会有任何干涉或锯割靠栅的危险。

注:这里"倾斜角"不适用于不带倾斜角调节的斜切锯。

l) **对于宽度或长度超出台面的工件需要为工件提供足够支撑,如延伸台面、锯木架等。**长度或宽度超出斜切锯台面的工件如果没有被安全支撑会倾倒。被切断的部分或工件倾倒会抬起下护罩或被旋转的刀片抛出。

m) **不要用另一个人来代替延伸台面或作为辅助支撑。**在锯割过程中不可靠的工件支撑会使锯片被卡住或引起工件移位,将你和助手拉入旋转锯片中。

n) **切断的部分不能以任何方式被堵在或挤压在旋转的锯片上。**如果受到如长度挡块的限制,切断部分可能会被挤在锯片上并被猛烈抛出。

o) **当锯割棒或管等圆形材料时,总是使用为此而设计的夹持或固定装置。**棒料被锯割时有滚动倾向,会引起锯片"啃料"并将工件连带你的手拉向锯片。

p) **在锯片接触工件前让其达到全速。**这将降低工件被抛出的风险。

q) **如果工件或锯片被卡住,关闭斜切锯,等所有运动部件停止并从电源上拔出插头并/或取下电池包,然后清理被卡住的材料。**在工件被卡住时继续锯割会造成斜切锯的失控或损坏。

r) **完成锯割后,松开电源开关,继续按住锯割装置,待锯片停止后再清理锯断剩下部分。**用手靠近还在转动的锯片是危险的。

s) **在进行不完全锯割时,或在斜切锯锯割装置未到达完全下压位置之前松开电源开关时,应牢牢握住手柄。**斜切锯的刹车动作可能导致锯割装置被突然下拉而引起受伤风险。

注:上述警告仅适用于带制动系统的斜切锯。

8.14.2 a)

增加:

101) 用于锯割不同材料所需正确锯片的说明;

102) 有关锯割能力的信息;

103) 如果适用,有关最大倾斜角和最大斜切角设置的信息;

104) 仅使用符合斜切锯标识的锯片直径的说明,以及有关锯片孔径和锯片最大齿宽的信息;

105) 仅使用铭牌转速不小于工具所标注转速的锯片的说明;

106) 锯片更换方法(步骤)的说明,包括正确的锯片安装方向;

107) 如果适用,有关调节锯割能力的说明;

108) 如果适用,如何正确使用锯片锯割深度挡块、斜切角、倾斜角的设定装置及锁定装置的说明;

109) 如果适用,如何对齐靠栅的说明;

110) 如何检查锯片护罩功能是否正常的说明;

111） 如何连接吸尘系统的说明；

112） 对于带有滑动功能的斜切锯：锯割步骤的说明；

113） 如果适用，如何设置锯片的锯割深度以进行非穿通锯割的说明；

114） 确保斜切锯始终稳定和牢固（如固定在工作台上）的说明，以及如何将机器固定在工作台或类似装置的说明；

115） 如果提供了可调节和/或可拆卸的延展工件支撑来符合 21.102.1 的要求，在操作过程中始终固定并使用这些延展支撑的说明；

116） 如果需要，为确保工件稳固要使用额外支撑的说明。

8.14.2 b)

增加：

101） 关于正确的锯割操作的说明，包括截锯、倾斜角、斜切角锯割步骤，如果适用；

102） 简单的非穿通锯割，如开槽的说明；

103） 有关可以锯割哪些材料的信息。避免锯片齿尖过热、以及如果允许锯割塑料，避免熔化塑料的说明；

104） 正确使用工件夹紧装置的说明；

105） 如果斜切锯提供了可更换的锯缝板：如果适用，如何拆卸和安装锯缝板以及如何相对于台面调节锯缝板高度的说明。更换磨损的锯缝板的说明；

106） 如果适用，在无缝的锯缝板上开槽的说明和方法（步骤）；

107） 运输过程中用于提升和支撑斜切锯的位置的说明。

8.14.2 c)

增加：

101） 如何正确清洁工具及防护系统的说明。

9 防止触及带电零件的保护

GB/T 3883.1—2014 的这一章适用。

10 起动

GB/T 3883.1—2014 的这一章适用。

11 输入功率和电流

GB/T 3883.1—2014 的这一章适用。

12 发热

GB/T 3883.1—2014 的这一章适用。

13 耐热性和阻燃性

GB/T 3883.1—2014 的这一章适用。

14 防潮性

GB/T 3883.1—2014 的这一章适用。

15 防锈

GB/T 3883.1—2014 的这一章适用。

16 变压器及其相关电路的过载保护

GB/T 3883.1—2014 的这一章适用。

17 耐久性

GB/T 3883.1—2014 的这一章适用。

18 不正常操作

除下述条文外，GB/T 3883.1—2014 的这一章适用。

18.8 表 4 替换为：

表 4 要求的性能等级

关键安全功能(SCF)的类型和作用	最低允许的性能等级(PL)
电源开关——防止不期望的接通	用 18.6.1 的故障条件评估，SCF 不应缺失
电源开关——提供期望的断开	用 18.6.1 的故障条件评估，SCF 不应缺失
提供期望的旋转方向	用 18.6.1 的故障条件评估，SCF 不应缺失
任何为通过 18.3 试验的电子控制	c
防止输出转速超出额定(空载)转速 130%的超速保护	c
21.18.2.101 要求的断开锁定功能	b
下护罩——防止不期望的缩回或锁定装置的释放	c
防止超过第 18 章中的热限值	a

19 机械危险

除下述条文外，GB/T 3883.1—2014 的这一章适用。

19.1 替换第一段：

除旋转锯片外，工具的运动部件及其他危险零件应安置或包封得能提供防止人身伤害的足够保护。

旋转锯片的防护装置的要求由 19.101 规定。

19.3 **替换：**

拆除用于集尘的可拆卸零件或集尘装置(如有)后，应不能通过集尘口触及危险运动部件。

通过下述试验来检验。

集尘口用 GB/T 16842 的试具 B 检验。试具以不超过 5 N 的力插入集尘口直到试具挡板接触集尘口平面，应不能触及危险运动部件。

19.7.101 斜切锯应构造得在可预见的误操作中不会翻倒或过度移动。

如果适用，通过试验 1 和试验 2 来检验。试验 2 仅适用于带有随工具提供的工作台或者 8.14.2 特别要求的工作台的斜切锯。对于这两个试验，斜切锯倾斜角设置为 0°，试验在斜切角 0°和最大斜切角下进行。对于带有滑动功能的斜切锯，试验在锯割装置处于距离靠栅最大延伸和最小延伸的位置进行。如果可能，滑动机构被锁定在相应位置。工具按照 8.14.2 a)2)装配并装上直径为 D 厚度为 2 mm 的钢盘。

1) 试验 1：斜切锯既不安装在工作台上又不固定在支撑面上，放置在水平的密度为 650 kg/m^3～850 kg/m^3 的中密度纤维板(MDF)上。一块与上述密度相同的 MDF 工件，其厚度为(20±2)mm，宽度为水平锯割能力的 50%，长度等于 21.102 所要求的台面长度，抵靠住靠栅且在工件上留有锯缝让锯片通过。将锯割装置下压到完全下压位置，然后松开手柄，斜切锯不应翻倒。

2) 试验 2：斜切锯安装在工作台上重复试验，斜切锯/工作台不应翻倒。

19.7.102 斜切锯应提供便于将机器固定在工作台上的方式，例如，在底座上提供安装孔。

通过观察来检验。

19.101 锯片护罩

19.101.1 为减少意外触及锯片的危险，斜切锯应提供一个上护罩和一个下护罩的组合。

上护罩应至少遮住象限“A”和象限“B”中的锯割边缘区域和锯片外圆。见图 102。上护罩应相对于锯割装置固定。为便于锯割高于垂直锯割能力的工件，上护罩可以包含一个位于象限“A”内的开口角度不大于 30°的工件触发式自复位部件。当法兰/夹紧螺母不为圆形时应由上护罩遮住。

注：工件触发式自复位部件的附加要求在 19.101.9 和 19.102 中规定。20.1 针对上护罩的强度要求也适于工件触发式自复位部件。

当锯割装置处于停歇位置时，下护罩应位于锯片被遮住位置。除非下文另有规定，在该位置下护罩应能防护直径为 D 的锯片在象限“C”和象限“D”内未被上护罩遮住的锯割边缘区域及锯片外圆，见图 102。在象限“D”允许暴露不大于 30°的锯割边缘区域和外圆，但全部的 30°暴露区域在锯割装置处于停歇位置时应位于靠栅工件支承表面的后面。

下护罩应为自复位的，且可以是以下的一种：

- 符合 19.101.2 要求的“联动触发式”；或
- 符合 19.101.3 要求的“工件触发式”；或
- 符合 19.101.4 要求的“手动触发式”。

通过观察和使用直径为 D 的钢盘代替锯片进行测量来检验。

19.101.2 对于联动触发式护罩，下护罩的活动应与锯割装置的活动相关联或受其控制。锯割装置向下切入的动作应引起下护罩的开启行程。当然，下护罩还可以独立于连杆自由地进一步打开，但这个附加的活动应该是自复位的。

通过观察来检验。

19.101.3 工件触发式护罩应至少由两个侧挡板组成，当锯割装置处于停歇位置时，侧挡板应遮住锯片两侧没有被上护罩遮住的锯割边缘区域。工件触发式护罩不必遮住锯片外圆。侧挡板的边缘延伸超出最大推荐锯片的外圆的尺寸应至少两倍于锯片两平面和侧挡板内表面间的距离，两者取其较大值，见图 103所示的距离“*a*”。在锯割过程中，当锯片挡板与靠栅或工件接触时应打开，并应保持与靠栅或工件的接触。

当锯割装置位于停歇位置时，护罩应自动锁定在 19.101.1 规定的锯片被遮住位置。锁定装置应设计成下护罩可以由操作者不需要松开对手柄的握持即可用任意一只手解锁。

通过观察，和使用厚度为 2 mm、直径 *D* 的钢盘代替锯片的测量来检验。护罩锁定装置通过21.18.2.101的试验 2 来检验。

19.101.4 对于手动触发式护罩，护罩的打开应由操作者用操作工具电源开关的同一只手来控制。手动触发可以用于在象限“C”中部分打开护罩不超过 30°。护罩的进一步打开可以通过类似联动触发式护罩的联动装置或通过与工件接触来实现。

通过观察和测量来检验。

19.101.5 当锯割装置处于完全下压位置时，下护罩应能防止在象限“C”中意外触及锯片。

通过下述试验来检验。

台面上不放置工件，将斜切锯倾斜角和斜切角均设置在 0°角，且锯割装置处于完全下压位置。对于手动触发式护罩，操纵杆被释放。对于带有滑动功能的斜切锯，锯割装置位于距离靠栅最远的水平延伸位置。见图 104。直径为 12 mm、长 50 mm 的探棒，其纵轴平行于台面并垂直于锯割线，用不超过 5 N的力沿任意平行于台面的直线向靠栅方向移动。探棒上施加不超过 5 N 的力，不应触及安装在斜切锯上替代锯片的厚度为 2 mm、直径为 *D* 的钢盘的外圆。

19.101.6 斜切锯应具有将锯割装置锁定在下压位置以便于运输的措施。在锁定位置，下护罩应遮住象限“C”中的锯齿。

通过观察，和用图 105 所示的试验探针进行下述试验来检验。

对于具有滑动功能的斜切锯，锯割装置位于水平距离靠栅最近的位置。从操作者的位置开始，试验探针朝向下护罩方向移动，试验探针的试验部分横跨锯缝板的槽，探针的轴线垂直于锯片平面，探针的挡板沿着台面移动进行试验。试验探针不应触及安装在斜切锯上替代锯片的厚度 2 mm、直径为 *D* 的钢盘的外圆。

19.101.7 斜切锯应构造得不能从台面下方触及锯片。任何位于锯缝板下方、可能被锯片锯割的部件应由容易被锯片锯割的材料(如塑料、铝等)制成。但是，锯片不应割穿底部的结构件以至于从台面下方能触及锯片。

通过下述试验来检验。

斜切锯上安装直径为 *D*、厚度与 8.14.2 a) 104)所推荐的最大锯缝相对应的锯片，倾斜角和斜切角均设置为 0°。根据 8.14.2 a) 108)调节锯割装置使其达到可能的最低位置。然后操作斜切锯，锯割装置向下移动到最低位置。锯片可以切入锯缝板下方的任何零件。对于带滑动功能的斜切锯，锯割装置在任意水平位置时进行试验。

然后关闭斜切锯电源，并将锯割装置向下移动到可能的最低位置。图 105 所示的试验探针从台面下方在任何可能的方向上施加不超过 5 N 的力，不应触及锯片外圆。对于带滑动功能的斜切锯，锯割装置在任意水平位置时进行试验。

如适用，在右侧和左侧最大倾斜角位置重复试验。

19.101.8 下护罩侧挡板或外圆上的任何开口应设计得尽量减少锯屑喷向操作者，且应尽可能小以防止意外触及锯片。

注：通常护罩上的开口是为了增强锯片可见性或激光的投射。

通过观察和下述试验来检验。

用以 GB/T 16842 的试具 B 以不大于 5 N 的力检查下护罩表面上的所有开口。试具不应触及替代锯片安装在斜切锯上的厚 2 mm、直径为 *D* 的钢盘的锯割边缘区域。该试验不适用于工件触发式护罩外圆上的开口,这些开口必须符合 19.101.3 的尺寸要求。

19.101.9　下护罩和位于象限“A”的工件触发式部件的闭合时间应足够短,以防止意外触及锯片。

在 19.102 的回弹装置耐久试验前,通过试验 1、试验 2 或试验 3(如适用)来检验。在试验中,斜切锯的倾斜角和斜切角均设置为 0°。试验 1 适用于工件触发式下护罩和手动触发式下护罩。试验 2 适用于联动触发式下护罩。试验 3 适用于象限“A”中的工件触发式部件。

1)　试验 1:护罩从完全打开位置到 19.101.1 所规定的锯片遮住位置的时间,以秒计算,应小于以米为单位表示的 D 的数值。

护罩的完全打开位置通常是通过锯割装置移动到其完全下压位置以及通过锯割厚度等于垂直锯割能力的工件使护罩产生额外位移而实现。

但是,在测量期间锯割装置处于停歇位置。适当操作工件触发式下护罩的锁定装置和手动触发式下护罩的触发装置以允许护罩完全打开。

2)　试验 2:锯割装置移动到完全下压位置且下护罩打开到相当于锯割厚度等于最大垂直锯割能力的工件的位置。下护罩从该打开位置到对应于锯割装置处于完全下压位置时锯片被遮住的位置的时间应小于 0.2 s。

3)　试验 3:象限“A”中的工件触发部件打开到最大位置,然后允许其闭合。从打开位置到 19.101.1规定的象限“A”的锯片遮住位置的闭合时间应小于 0.2 s。

19.102　回弹装置

锯割装置、下护罩和象限“A”中的工件触发部件的回弹装置应具有足够的耐用性。此外,回弹装置应在合理短的时间内使锯割装置从完全下压位置移动到停歇位置。

通过下述试验和测量来检验。

安装了代替锯片的直径为 D 的 2 mm 厚钢盘的斜切锯,其倾斜角和斜切角均设置为 0°,锯割装置处于停歇位置。锯割装置从停歇位置下压到完全下压位置,不进行滑动(如果有),然后释放。返回停歇位置的时间,包括下护罩防护满足 19.101.2,19.101.3 或 19.101.4 要求(如适用)所需的时间,不应超过 1 s。

对于耐久性试验,锯割装置移动到完全下压位置的时间至少为 1 s 并允许其以至少 3 s 的时间返回停歇位置,即返回动作被故意减慢来反映典型使用情况。锯割装置的这种向下和向上运动重复进行 50 000 次循环。

如果可能或需要,该试验中斜切锯可以设置为在进行锯割装置的回弹装置的耐久性试验时,下护罩也可同时进行从 19.101.9 所规定的完全打开位置到 19.101.1 所规定的锯片遮住位置的试验。如果下护罩耐久试验不与锯割装置的回弹装置的耐久试验同时进行,则下护罩耐久试验应单独进行 50 000 次。如果下护罩的耐久试验与锯割装置的回弹装置耐久试验分开进行,则每个循环的打开时间应为 1 s 并且闭合时间应至少为 3 s。

如适用,象限“A”中的工件触发式部件应循环 5 000 次。

回弹装置耐久性试验后:

——锯割装置从完全下压位置到 19.101.2、19.101.3 或 19.101.4(如适用)所要求的下护罩防护位置的回弹时间应不大于 2 s;

——下护罩和象限“A”中的工件触发部件的闭合时间应小于 19.101.9 要求的 140%;

——当锯割装置从完全下压位置的大约 25%,50%和 75%释放时应自动回弹,使得下护罩的防护程度符合 19.101.2,19.101.3 或 19.101.4 的要求(如适用)。

19.103　跑停时间

关闭电机后,锯片的跑停时间应不大于 10 s。实现 10 s 跑停时间的装置(如果有)不应直接应用于锯片或锯片驱动法兰。

通过观察和下述试验来检验,该试验进行 10 次。

将厚度为 2 mm 且直径为 D 的钢制测试盘安装到工具上。工具电机开启至少 30 s,然后关闭。测量跑停时间。每次试验的跑停时间应不大于 10 s。

20 机械强度

除下述条文外,GB/T 3883.1—2014 的这一章适用。

20.1 增加:

锯片护罩应由下述任意一种材质制成:

a) 具有以下特征的金属:

极限抗拉强度/σ_b N/mm²	最小厚度 mm
$\sigma_b \geqslant 380$	1.25
$350 \leqslant \sigma_b < 380$	1.50
$200 \leqslant \sigma_b < 350$	2.00
$160 \leqslant \sigma_b < 200$	2.50

b) 壁厚至少为 3 mm 的聚碳酸酯。

c) 机械强度等于或优于至少 3 mm 厚聚碳酸酯的其他非金属材料。

通过测量、对观察工具和材料制造商提供的抗拉强度证明或通过对材料试样的测量来检验。

注:ISO 180 规定的悬臂梁缺口冲击试验是评估非金属材料冲击强度的典型方法。

20.5 GB/T 3883.1—2014 的该条不适用。

20.101 19.4 所要求的及在 8.14.2 b)107)中所说明的斜切锯的搬运装置应具有足够的强度以便安全地搬运机器。

通过观察和下述试验来检验。

每个搬运装置承受 3 倍于工具重量但不超过 600 N 的力。力沿着提升方向均匀施加于搬运装置中心 70 mm 的宽度上。在 10 s 内施加的力稳定增加到规定的试验值并维持 1 min。

如果提供不止一个搬运装置或部分重量分布于轮子上,则施加的力应如正常搬运位置一样分配在搬运装置上。如果工具提供不止一个搬运装置但可以仅通过一个搬运装置来搬运,则每个搬运装置应能承受总提升力。

搬运装置应不能从工具上松脱且应没有永久变形、破裂或其他失效。

20.102 随工具所配的或 8.14.2 所规定的工作台应具有足够的强度。

通过下述试验来检验。

斜切锯安装在工作台上,另外施加一逐渐增加到 $3D$ 的垂直力 1 min,该力分布在斜切锯的整个工作台面上。试验中工作台应不能倒塌,力撤除后支架上不应有永久变形。

注:通过使用沙袋或其他类似装置可以实现额外力的均匀分布。

21 结构

除下述条文外,GB/T 3883.1—2014 的这一章适用。

21.18.2 替换

斜切锯应配备一个瞬动接触式电源开关,能被操作者的任何一只手在 8.14.2 所规定的操作位置不松开对锯割装置手柄的握持就能接通和关断。电源开关的操动应不受转台位置或工件的影响或限制。

通过观察来检查是否符合要求。

21.18.2.1 GB/T 3883.1—2014 的该条不适用。

21.18.2.2 GB/T 3883.1—2014 的该条不适用。

21.18.2.3 GB/T 3883.1—2014 的该条不适用。

21.18.2.4 GB/T 3883.1—2014 的该条不适用。

21.18.2.101 为了降低意外起动锯割动作带来的风险,斜切锯应满足 a)或 b)或 c)的要求:

a) 电源开关应带有断开锁定装置,断开锁定装置的操动方式应独立于电源开关的操动方式并且可由使用者的任何一只手操作。如果断开锁定装置和电源开关的操动在相同方向上操作,则断开锁定的操动应先于电源开关的操动。

b) 当斜切锯的锯割装置处于最高位置时,锯割装置应被自动锁定。锁定装置应设计得操作者的任何一只手不松开对手柄的握持就能解锁锯割装置。

c) 当下护罩处于 19.101.1 中规定的锯片完全遮住位置时,斜切锯的下护罩应自动锁定。锁定装置应设计得操作者的任何一只手不松开对手柄的握持就能解锁下护罩。

对 a)的符合性通过观察来检验。

注:电源开关的断开锁定装置也需要承受 21.17.1 的耐久性要求。

对 b)的符合性通过下述试验来检验。

装有替代锯片的直径为 D 的 2 mm 厚钢盘的锯割装置处于停歇位置,倾斜角和斜切角均设置为 0°。锯割装置的操作手柄在最高点垂直向下承受 150 N 载荷。在施加载荷之前和之后,钢盘外圆与台面之间的最小距离减小应不大于 15 mm。

对 c)的符合性:联动触发式和手动触发式护罩通过试验 1 来检验,工件触发式护罩通过试验 2 来检验。

1) 试验 1:锯割装置处于停歇位置,倾斜角和斜切角均设置为 0°。下护罩在最可能破坏锁定机构的完整性和触发护罩打开的位置的方向上承受 50 N 的载荷。象限"D"中的下护罩不应使钢盘外圆的暴露比处于停歇位置时锯片的暴露超过 5°。

2) 试验 2:倾斜角和斜切角均设置为 0°并向下移动锯割装置,使得锁定的下护罩接触台面。锯割装置的操作手柄在最高点垂直向下承受 150 N 的载荷。侧挡板的底边靠近钢盘外圆的距离应不大于钢盘两侧面到侧挡板内表面之间距离中的较大者。

b)和 c)的试验完成后,下护罩仍应符合 19.101 的要求。

21.30 GB/T 3883.1—2014 的该条不适用。

21.35 GB/T 3883.1—2014 的该条适用。

21.101 结构上便于锯割刀具的安装

21.101.1 斜切锯防护装置应允许不需从工具上拆卸下护罩就能更换锯片。

通过观察来检验。

21.101.2 斜切锯应提供一片锯片,斜切锯应构造成不能安装直径大于斜切锯指定直径的锯片。

通过观察和下述试验来检验。应不能自由安装厚度为 2 mm、直径比 D 大 12 mm 或 3%D 的钢盘,取大者。

21.102 台面

21.102.1 台面应设计成在锯片两侧沿平行于靠栅的方向延伸,以提供足够的工件固定区域并具有足够的垂直于靠栅的尺寸，从而保证工件的稳定性。如果使用延展工件支撑来符合上述要求，则不借助工具应不能拆卸。如果延长支架是可调节的，则应能在操作期间被固定。

通过观察和下述试验来检验。

垂直于靠栅且由台面提供的工件支承，在锯片斜切侧的斜角设置处，其尺寸至少为相应水平锯割能力的以下百分比：

——简单旋臂斜切锯：80%；

——带滑动功能的斜切锯：50%。

注：某些斜切锯设计成左斜侧和右斜侧有不同的最大斜切角，导致在两斜切侧上有不同的最小工作台尺寸。

对于下述试验，锯片设置为0°倾斜角处的最大斜切角。锯割装置处于完全下压位置，对于带滑动功能的斜切锯锯割装置处于水平方向距离靠栅最远的位置。斜切锯安装直径为D的2 mm厚的钢盘代替锯片。台面的工件支承在平行于靠栅方向、从象限"C"的钢盘外圆与台面的交点在靠栅上的垂直投影处向外伸出至少100 mm，见图106。

21.102.2 旋转台水平面和底座固定部分的水平面与锯缝板所定义的平面之间的垂直偏差应不大于±1.0 mm。底座和旋转台的表面不必连续。

通过观察和测量来检验。

21.102.3 斜切锯应有锯缝板。除了容纳锯片的槽隙，锯缝板表面应是连续的。锯缝板上容纳锯片的槽隙宽度应不大于12 mm。根据8.14.2 b)105)，锯缝板可以是可更换的，但必须借助于工具进行更换。锯缝板应由易于被锯割的材料制成，如塑料、木材或铝。

通过观察和测量来检验。

21.103 工作台靠栅

21.103.1 在锯片的两侧都应设置靠栅，且靠栅有足够的长度以支撑工件。靠栅高度应至少为0°倾斜角设置时垂直锯割能力的0.6倍，但与锯割线相邻的靠栅部分应是可调节的或经过整形得以允许锯片、法兰、护罩、电机外壳(如果适用)在所有锯割条件下通过。靠栅的面不必是连续的。

通过观察和测量来检验。

在锯片两侧、靠栅应至少延伸(取大者)：

——3/4 D；或

——从0°倾斜角和0°斜切角设置时的钢盘平面到0°倾斜角和最大值斜切角设置时象限"C"的钢盘外圆与斜切侧台面的交点之间的垂直距离E，见图107。

在0°倾斜角和0°斜切角位置，在靠栅的前平面上平行于台面方向进行测量(见图108)，在每侧的可调节靠栅或可整形靠栅离与安装在斜切锯上的直径为D的2 mm钢盘表面最近点与钢盘之间的间隙不得超过：

——带中心工件支承的设计：20 mm；

——所有其他锯：8 mm。

通过观察来检验。

与锯片相邻的靠栅部分应由铝、塑料或木材等材料制成。

通过观察来检验。

钢盘两侧的包括中心工件支承的面(如果有)在内的靠栅面的垂直平面应充分对齐，以尽可能减小锯割过程中工件移位的可能性。

通过观察和下述试验来检验。

斜切锯设定为0°倾斜角和0°斜切角。靠栅设置为钢盘和靠栅面之间间隙最小。如果适用，靠栅根据8.14.2 a)109)进行调整。长度足以测量整个靠栅的直边在高于台面(25±2)mm处平行于台面紧贴靠栅放置并在钢盘两侧至少有一个接触点。直边与靠栅或中心工件支承之间的间隙应不大于2 mm。

中心工件支承(如有)不应超出直边。

如果靠栅有多个部件组成,直边平行于台面、在这些额外部件的中心高度重复试验。如果部件在锯片的另一侧没有对应的靠栅面,该部件不需要进行测量。

21.103.2 中心工件支承

如果提供中心工件支承,如图 109 所示,其不应妨碍任何锯割操作,并且应由易于被锯割的材料制成,例如铝、塑料或木材。从锯缝板定义的平面进行测量,中心工件支承的最小高度应为 0°倾斜角设置时垂直锯割能力的 0.35 倍。包括槽隙在内,中心工件支承的全部表面宽度应不小于 6 mm,为不妨碍锯割操作而需要整形的部分除外。对于任何倾斜角或斜切角位置,中心工件支承的锯缝应与锯片平面对齐。中心工件支承应能够调整,使得至少有一个支撑点与靠栅平面对齐且其余点不应伸出靠栅前平面。可以通过自动或手动调节来实现。

通过观察和测量来检验。

21.104 工件夹紧

21.104.1 斜切锯应配备至少一个工件夹紧装置。

通过观察来检验。

21.104.2 斜切锯的台面应设计成在锯片的任意一侧至少可以用工件夹紧装置进行垂直夹紧。

通过观察及手动试验来检验。

21.105 主轴和法兰

21.105.1 斜切锯用于安装锯片的主轴直径,当锯片直径 D 不大于 255 mm 时应不小于 12 mm,当锯片直径 D 大于 255 mm 时应不小于 15 mm。主轴的极限抗拉强度应不小于 350 N /mm^2。

通过观察、测量以及材料制造商的材料极限抗拉强度确认或通过测量材料样品的极限抗拉强度来检验。

21.105.2 斜切锯主轴旋转方向应使锯片齿尖从象限“A”前进到象限“B”,依此类推。主轴应具有锁在锯片外法兰上的装置,或者应以其他方式防止法兰相对于主轴旋转。

通过观察来检验。

21.105.3 为了限制锯片不平衡引起的振动,应限制用于定位锯片的部件的总偏心量。

通过测量来检验。以千分表测量计数的最大和最小值的差值应小于 0.2 mm。

21.105.4 与主轴联接的锯片固定紧固件不应在任何操作下松动,例如起动时锯片加速和电机制动装置(如有)引起的锯片快速减速。

通过观察及下述手动试验来检验。

直径为 D 的 2 mm 厚钢盘安装在斜切锯上。斜切锯从停歇位置开始达到操作速度并关闭。该循环重复 10 次。试验期间和试验结束时锯片不应松动。

21.105.5 如图 110 所示,锯片支承法兰应:

——法兰副夹紧面重叠部分的外径应至少为 $D/6$;

——通过外法兰锁定在主轴上或以其他方式防止相对于主轴旋转;

——内法兰和外法兰的夹紧面重叠部分至少为较小法兰直径的 0.1 倍。

通过观察和测量来检验。

22 内部布线

GB/T 3883.1—2014 的这一章适用。

23 组件

GB/T 3883.1—2014 的这一章适用。

24 电源联接和外接软线

GB/T 3883.1—2014 的这一章适用。

25 外接导线的接线端子

GB/T 3883.1—2014 的这一章适用。

26 接地装置

GB/T 3883.1—2014 的这一章适用。

27 螺钉与连接件

GB/T 3883.1—2014 的这一章适用。

28 爬电距离、电气间隙和绝缘穿通距离

GB/T 3883.1—2014 的这一章适用。

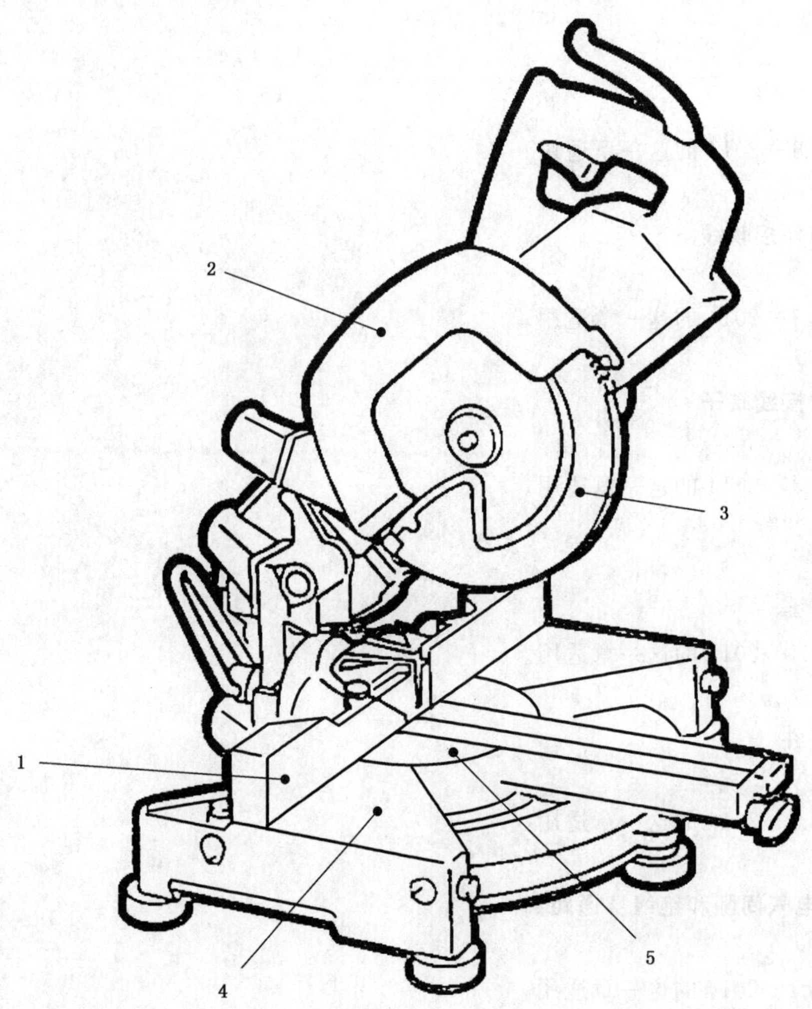

标引序号说明：

1 ——靠栅；

2 ——上护罩；

3 ——下护罩；

4 ——底座；

5 ——旋转台。

图 101 斜切锯

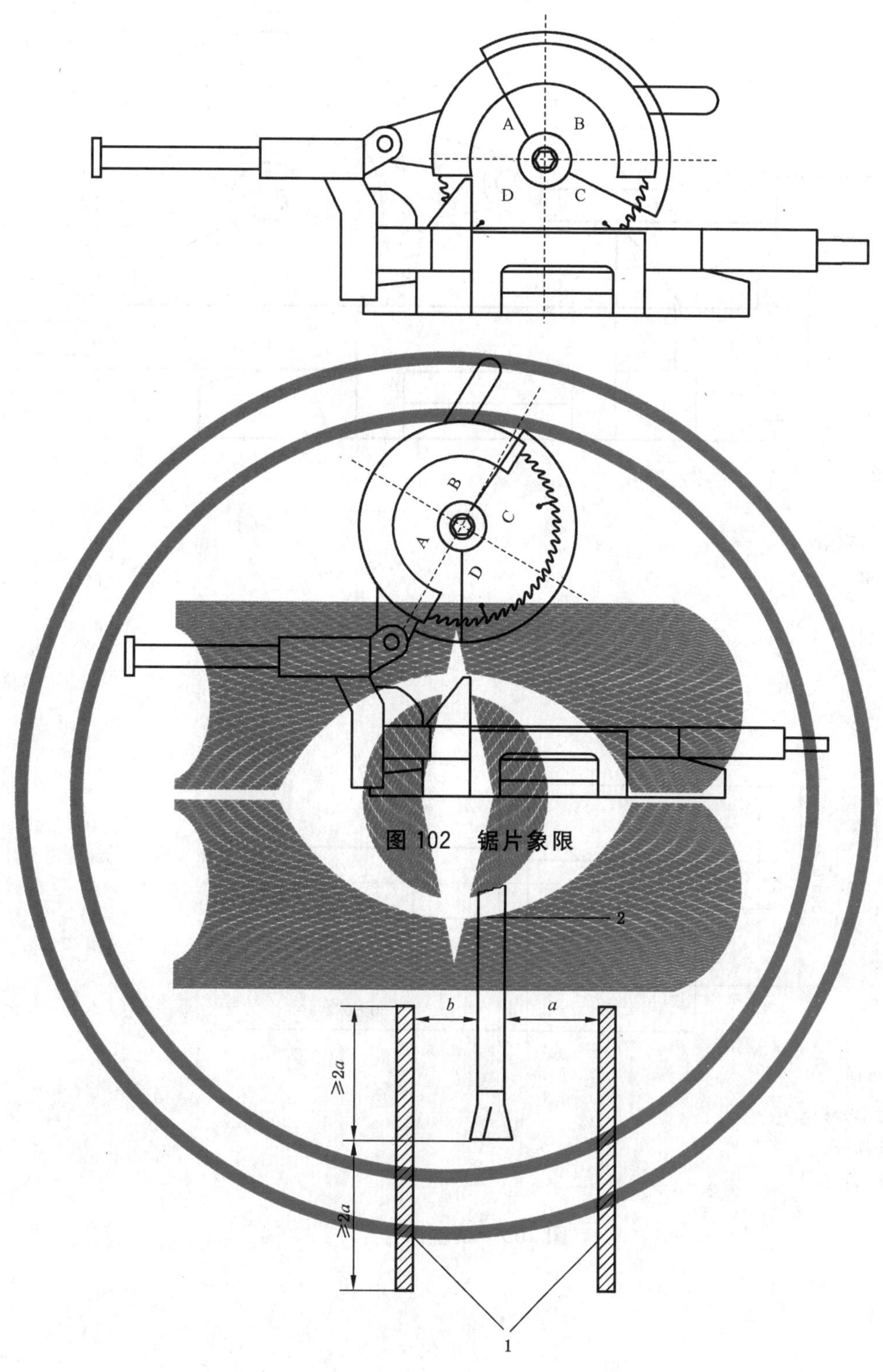

图 102 锯片象限

标引序号说明：

a,b ——锯片平面与侧挡板内表面之间的距离；

1 ——侧挡板；

2 ——锯片。

图 103 开放式护罩结构

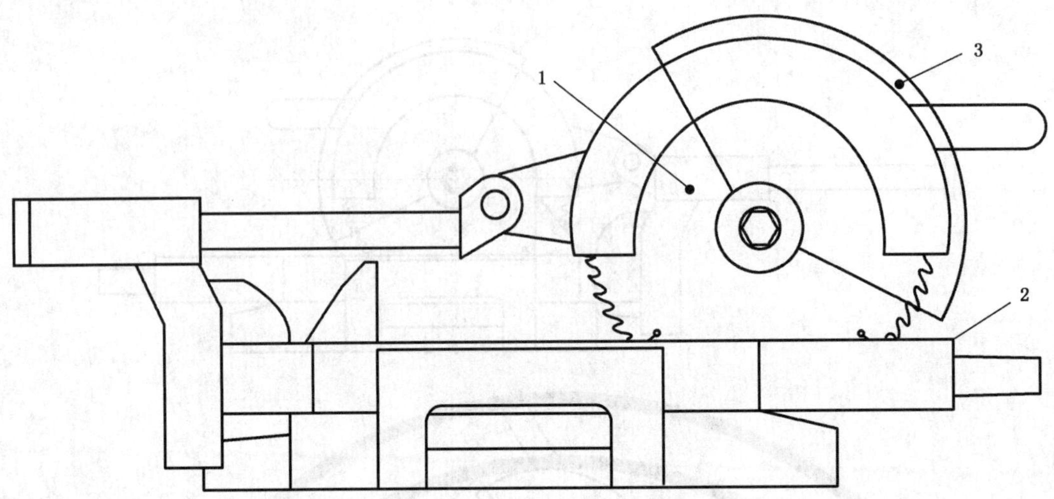

标引序号说明：

1——锯片；

2——工作台末端；

3——下护罩。

图 104 锯片和下护罩相对于锯台的位置

单位为毫米

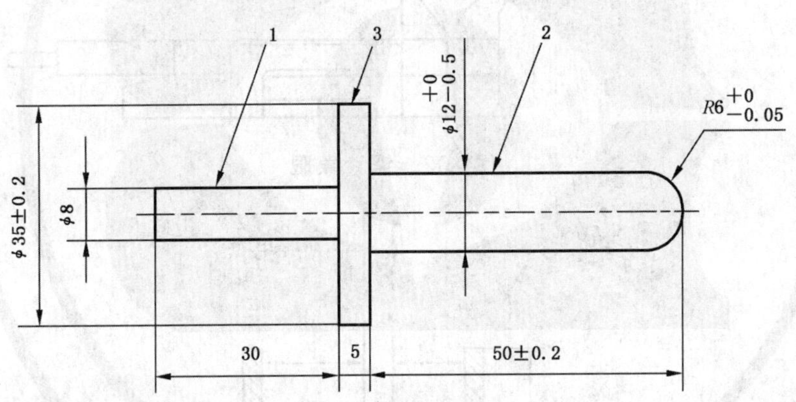

标引序号说明：

1——握持部分；

2——试验部分；

3——探针挡板。

图 105 试验探针

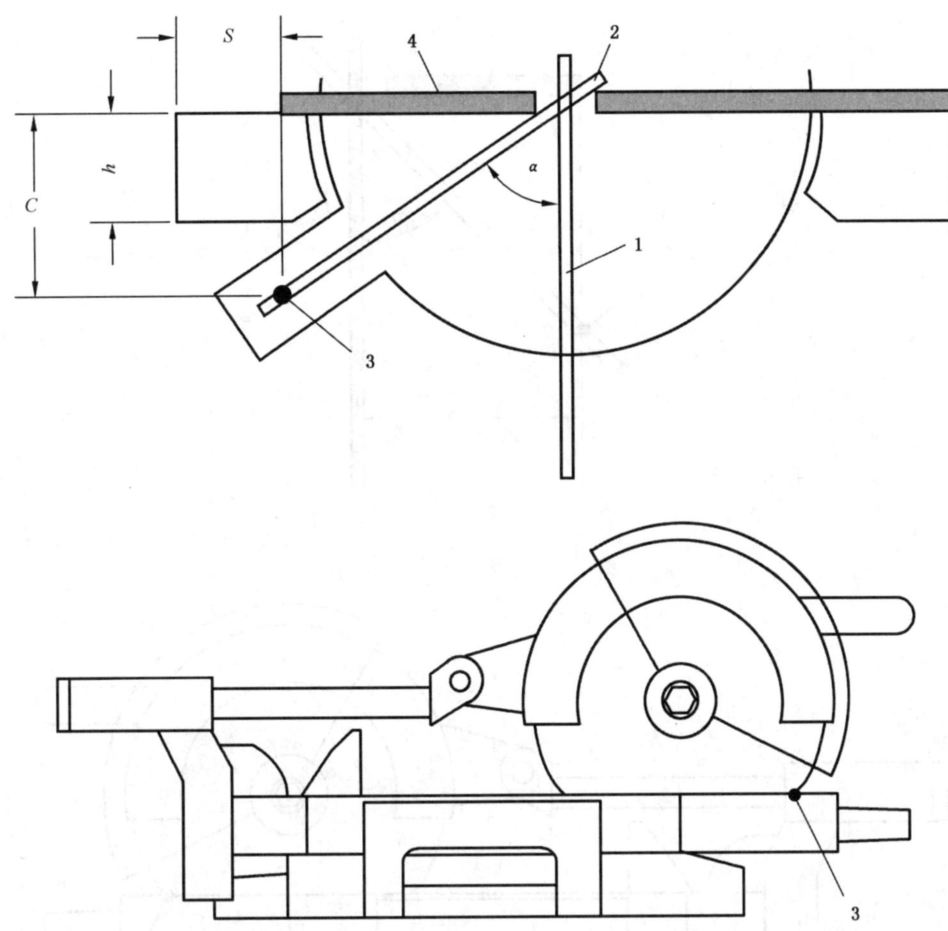

标引序号说明：

α ——最大斜切角(所显示为左斜切侧)；

S——平行于靠栅的最小工件支撑；

h ——垂直于靠栅的最小工件支撑；

C——最大斜角处的水平锯割能力；

1 ——0°倾斜角和0°斜切角设置时的钢盘；

2 ——0°倾斜角和最大斜切角设置时的钢盘；

3 ——0°倾斜角和最大斜切角设置时钢盘和台面的相交点；

4 ——靠栅；

图 106　工件支撑尺寸

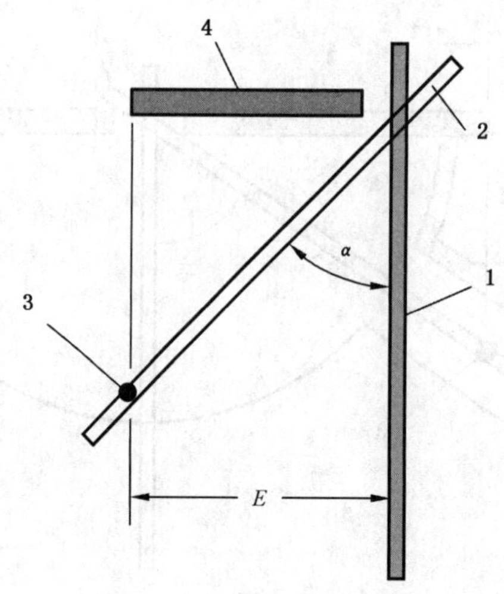

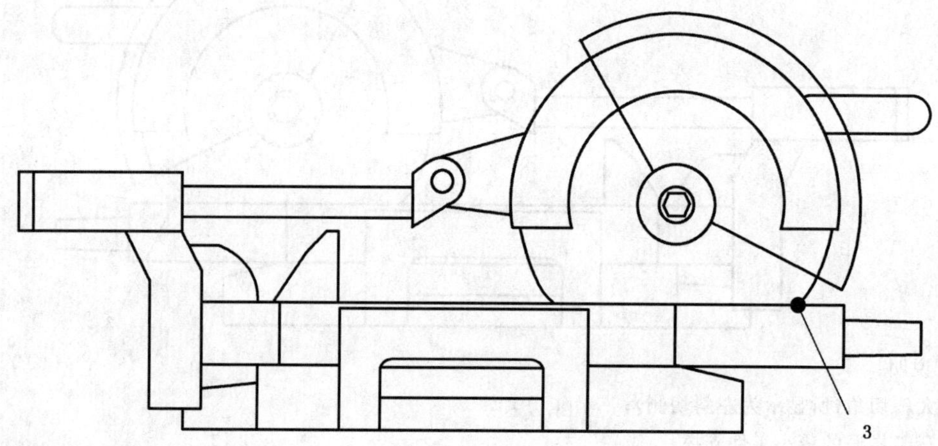

标引序号说明：

α ——最大斜切角(所显示为左斜切侧)；

E——靠栅的最小延伸(见 21.103)；

1 ——0°倾斜角和 0°斜切角设置时的钢盘；

2 ——0°倾斜角和最大斜切角设置时的钢盘；

3 ——0°倾斜角和最大斜切角设置时钢盘和台面的相交点；

4 ——靠栅。

图 107　靠栅的最小延长支架

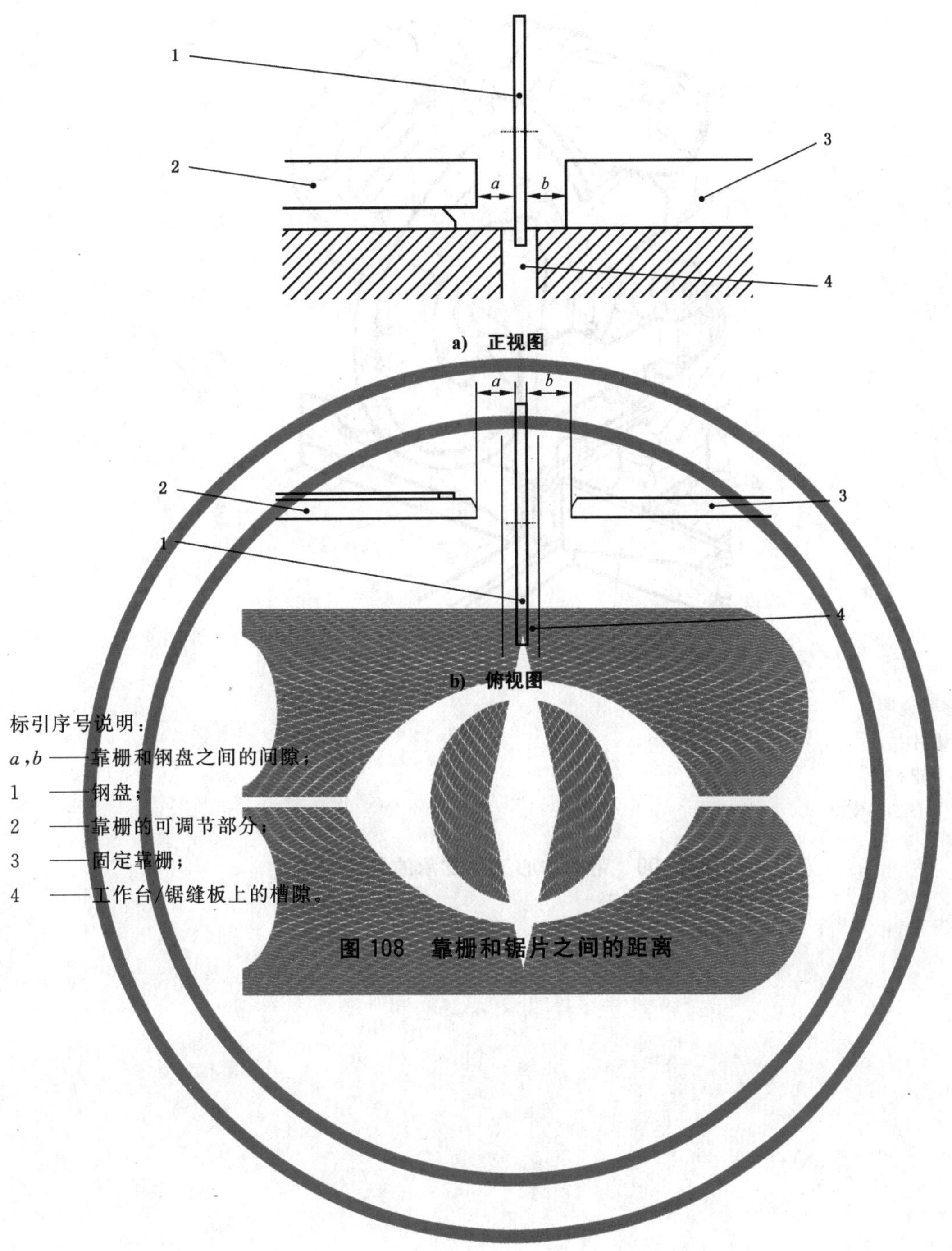

标引序号说明：

a,*b* ——靠栅和钢盘之间的间隙；

1 ——钢盘；

2 ——靠栅的可调节部分；

3 ——固定靠栅；

4 ——工作台/锯缝板上的槽隙。

图 108 靠栅和锯片之间的距离

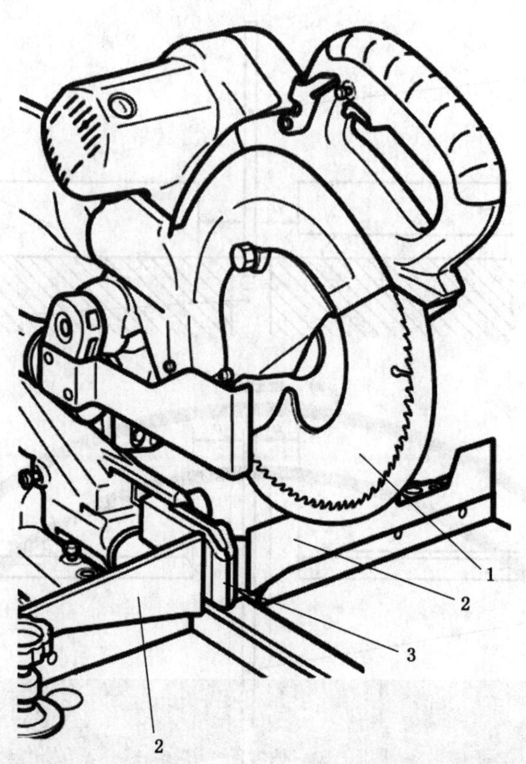

标引序号说明：

1——锯片；

2——靠栅；

3——中心工件支承。

图 109　带有中心工件支承的斜切锯

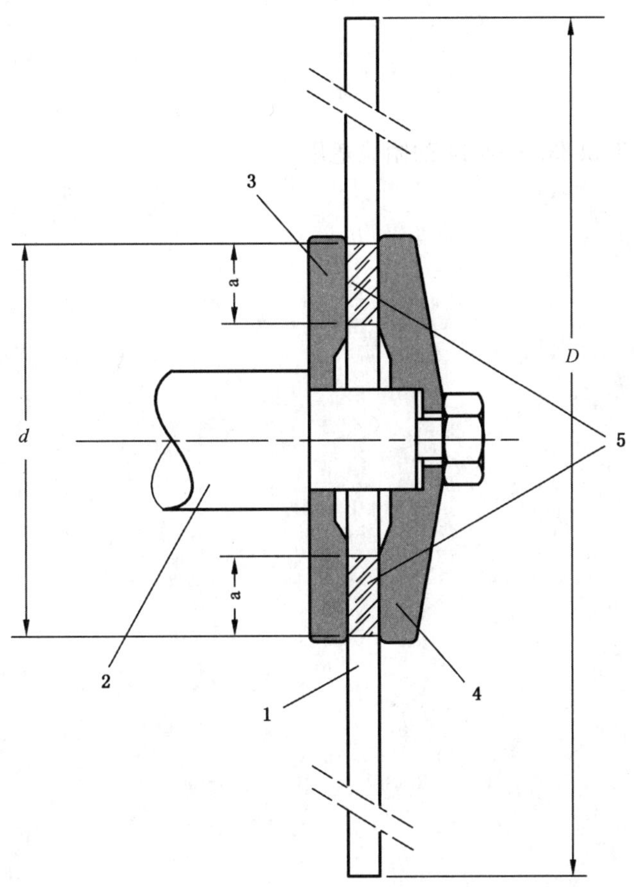

标引序号说明：

a——夹紧面重叠部分；

D——规定的最大锯片直径；

d——夹紧面重叠部分的外径；

1——锯片；

2——输出主轴；

3——内法兰；

4——外法兰；

5——夹紧面重叠区域。

图 110　法兰尺寸

附 录

除以下内容外,GB/T 3883.1—2014 的附录适用。

附 录 I
（资料性）
噪声和振动的测量

I.2 噪声测试等级(2 级)

除以下内容外，GB/T 3883.1—2014 的附录适用。

I.2.4 电动工具在噪声测试时的安装和固定条件

修改：

带有工作台的锯放置在支架上，连支架放在反射平面上。

其他锯置于反射面上的试验台(如图 I.1 所示)。

I.2.5 运行条件

增加：

在表 I.101 所示的负载条件下测试斜切锯。

表 I.101 斜切锯的噪声测试运行条件

材料	山毛榉——20 mm×2/3 水平锯割能力，但不超过 200 mm——四面刨平
进给力	不超载机器的情况下轻松地锯割
锯断宽度	在 0°倾斜角和 0°斜切角设置时，最小 15 mm
测试周期	5 次快速连续锯割构成一个完整的测试周期。 在整个测试周期中进行(平均)测量
工作头	在整个测试系列，使用新的用于横锯的带硬质合金齿尖的锯片，锯片直径为规定的最大锯片直径 D

I.3 振动

GB/T 3883.1—2014 的这一章不适用。

附 录 K
（规范性）
电池式工具和电池包

K.1 增加：

除非本附录另有规定，本文件的所有章节适用。

K.21.18.2.101 修改：

b)和 c)不适用。

附 录 L
（规范性）
提供电源连接或非隔离源的电池式工具和电池包

L.1 增加：

除非本附录另有规定，本文件的所有章节适用。

L.21.18.2.101 修改：

b）和 c）不适用。

参 考 文 献

除下述内容外,GB/T 3883.1—2014 的参考文献适用。

增加:

GB/T 3883.311 手持式、可移式电动工具和园林工具的安全 第 311 部分:可移式型材切割机的专用要求

IEC 62841-3-11 电动机驱动的手持式、可移式电动工具和园林机器 安全 第 3-11 部分:可移式组合锯和台锯的专用要求[1]。

1) 尚在考虑中。

ICS 25.140.20
K 64

中华人民共和国国家标准

GB/T 3883.311—2019/IEC 62841-3-10:2015
代替 GB/T 13960.11—2000

手持式、可移式电动工具和园林工具的安全 第 311 部分:可移式型材切割机的专用要求

Safety of motor-operated hand-held, transportable and garden tools—Part 311: Particular requirements for transportable cut-off machines

(IEC 62841-3-10:2015, Electric motor-operated hand-held tools, transportable tools and lawn and garden machinery—Safety—Part 3-10: Particular requirements for transportable cut-off machines, IDT)

2019-10-18 发布　　2020-05-01 实施

国家市场监督管理总局
中国国家标准化管理委员会　发布

前　言

《手持式、可移式电动工具和园林工具的安全》的第3部分可移式电动工具，目前由以下2部分组成：

——GB/T 3883.306—2017　手持式、可移式电动工具和园林工具的安全　第3部分：可移式带液源金刚石钻的专用要求；

——GB/T 3883.311—2019　手持式、可移式电动工具和园林工具的安全　第311部分：可移式型材切割机的专用要求。

本部分为GB/T 3883的第311部分。

本部分按照GB/T 1.1—2009给出的规则起草。

本部分代替GB/T 13960.11—2000《可移式电动工具的安全　第二部分：型材切割机的专用要求》，与GB/T 13960.11—2000相比，主要技术变化如下：

——适用范围增加混凝土、砖石等切割对象，增加金刚石切割轮的使用，明确所使用砂轮的型式、线速度和范围，增加本部分不适用范围(见第1章)；

——术语增加“内法兰”“固结增强型砂轮”“切割装置”“*D*”“金刚石切割轮”“靠栅”“外法兰”和“停歇位置”；修改术语“型材切割机”和“砂轮护罩”；删除术语“主轴”“夹紧压板组件”“直边凹槽夹紧压板”和“工件固定装置”(见第3章，2000年版的第2章)；

——试验一般条件中增加工具质量应包含的零部件的说明(见第5章)；

——不正常操作修改第1部分的表4(见第18章)；

——机械危险19.6增加防止超速测试；19.7增加防止倾倒测试和便于固定工具的要求；19.101.1增加砂轮防护的通用要求；修改原18.1.103、18.1.104和20.17为19.101.2，即完善砂轮护罩要求；修改原18.104为19.101.3，并完善台面下方的砂轮防护；修改原18.1.105为19.102，即完善火星飞溅的偏转；修改原18.101为19.103，即完善工件的固定；增加19.104附件的安装；修改原18.102为19.105.1和19.105.2，即完善法兰的通用要求和最小尺寸；增加19.105.3金刚石切割轮法兰的尺寸要求；增加19.105.4法兰强度试验；修改18.103为19.106，并完善工具主轴的要求(见第19章，2000年版的第18章)；

——机械强度修改18.1.102为20.101和20.102，完善砂轮护罩强度要求(见第20章，2000年版的第18章)；

——结构修改原第1部分的20.18为21.18.2.1，并完善电源开关的要求；增加对应第1部分的不适用条款(见第21章，2000年版的第20章)；

——组件增加对应第1部分的23.3(见第23章)；

——电源联接和外接软线修改原23.2为24.4，即提高电源线材质的要求(见第24章，2000年版的第23章)；

——增加资料性附录I“噪声和振动的测量”(见附录I)。

本部分使用翻译法等同采用IEC 62841-3-10:2015《电动机驱动的手持式、可移式电动工具和园林机器　安全　第3-10部分：可移式型材切割机的专用要求》。

与本部分中规范性引用的国际文件有一致性对应关系的我国文件如下：

——GB/T 4127.15—2007　固结磨具　尺寸　第15部分：固定式或移动式切割机用切割砂轮(ISO 603-15:1999，MOD)

——GB/T 34560(所有部分)　结构钢[ISO 630(所有部分)]

本部分做了下列编辑性修改:

——将标准名称修改为“手持式、可移动式电动工具和园林工具的安全　第 311 部分:可移式型材切割机的专用要求”;

——本部分纳入了 IEC 62841-3-10:2015/COR1:2016 的内容,这些技术勘误内容涉及的条款已通过在其外侧页边空白位置的垂直双线(‖)进行了标示;

——国际标准有误,现将表 102 中 8 mm 公制对应 2 in 改成 5/16 in。

本部分应与 GB/T 3883.1—2014《手持式、可移式电动工具和园林工具的安全　第 1 部分:通用要求》一起使用。

本部分写明“适用”的部分,表示 GB/T 3883.1—2014 中相应条款适用;本部分写明“替换”的部分,则应以本部分中的条款为准;本部分中写明“修改”的部分,表示 GB/T 3883.1—2014 相应条款的相关内容应以本部分修改后的内容为准,而该条款中其他内容仍适用;本部分写明“增加”的部分,表示除了符合 GB/T 3883.1—2014 的相应条款外,还应符合本部分所增加的条款。

本部分由中国电器工业协会提出。

本部分由全国电动工具标准化技术委员会(SAC/TC 68)归口。

本部分起草单位:弘大集团有限公司、上海电动工具研究所(集团)有限公司、锐奇控股股份有限公司、正阳科技股份有限公司、浙江信源电器制造有限公司、宝时得科技(中国)有限公司。

本部分主要起草人:姚旭程、顾菁、朱贤波、徐飞好、陈华政、丁玉才、曹振华、姚同锁、陈建秋。

本部分所代替标准的历次版本发布情况为:

——GB/T 13960.11—2000;

——GB 14807—1993。

引　言

2014 年，我国发布国家标准 GB/T 3883.1—2014《手持式、可移式电动工具和园林工具的安全　第 1 部分：通用要求》，将原 GB/T 3883（手持式电动工具部分）、GB/T 13960（可移式电动工具部分）和 GB/T 4706（仅园林电动工具部分）三大系列电动工具的通用安全标准的共性技术要求进行了整合。

与 GB/T 3883.1—2014 配套使用的特定类型的小类产品专用要求共 3 个部分，分别为第 2 部分（手持式电动工具部分）、第 3 部分（可移式电动工具部分）、第 4 部分（园林电动工具部分），均转化对应的国际标准 IEC 62841 系列的专用要求。

标准名称的主体要素扩大为“手持式、可移式电动工具和园林工具的安全”，沿用原手持式电动工具部分的标准编号 GB/T 3883。每一部分小类产品的标准分部分编号由 3 位数字构成，其中第 1 位数字表示对应的部分，第 2 位和第 3 位数字表示不同的小类产品。

新版 GB/T 3883 系列标准将形成一个比较科学、完整、通用、统一的电动工具产品的安全系列标准体系，使得标准的实施更加切实可行，使用方便。

目前，新版 GB/T 3883 系列标准“可移式电动工具部分”已发布的标准如下：

——GB/T 3883.306—2017　手持式、可移式电动工具和园林工具的安全　第 3 部分：可移式带液源金刚石钻的专用要求（代替 GB/T 13960.7—1997）；

——GB/T 3883.311—2019　手持式、可移式电动工具和园林工具的安全　第 311 部分：可移式型材切割机的专用要求（代替 GB/T 13960.11—2000）。

后续还将对以下标准进行修订：

——GB/T 13960.2—2008　可移式电动工具的安全　第二部分：圆锯的专用要求；

——GB/T 13960.3—1996　可移式电动工具的安全　摇臂锯的专用要求；

——GB/T 13960.4—2009　可移式电动工具的安全　第二部分：平刨和厚度刨的专用要求；

——GB/T 13960.5—2008　可移式电动工具的安全　第二部分：台式砂轮机的专用要求；

——GB/T 13960.6—1996　可移式电动工具的安全　带锯的专用要求；

——GB/T 13960.8—1997　可移式电动工具的安全　第二部分：带水源金刚石锯的专用要求；

——GB/T 13960.9—1997　可移式电动工具的安全　第二部分：斜切割机的专用要求；

——GB/T 13960.10—2009　可移式电动工具的安全　第二部分：单轴立式木铣的专用要求；

——GB/T 13960.13—2005　可移式电动工具的安全　第二部分：斜切割台式组合锯的专用要求。

手持式、可移式电动工具和园林工具的安全 第311部分:可移式型材切割机的专用要求

1 范围

除下述条款外,GB/T 3883.1—2014 的这一章适用。

增加:

本部分适用于用作切割金属、混凝土、砖石等材料的可移式型材切割机,装有一片下列型式的砂轮:

——41 型固结增强型砂轮;或

——金刚石切割轮,如有圆周槽,宽度不超过 10 mm;

并且

——最大直径砂轮在额定空载转速下,砂轮边缘的线速度不超过 100 m/s;且

——砂轮直径范围为 250 mm~410 mm。

注 1:如没有特殊指明,本部分中的"砂轮"包括范围中规定的"41 型固结增强型砂轮"和"金刚石切割轮"。

本部分不适用于:

——可移式斜切锯;

——可移式瓷砖切割机;

——可移式金属锯。

注 2:可移式斜切锯由 IEC 62841-3-9 覆盖,可移式瓷砖切割机和可移式金属锯由未来的 IEC 62841-3 某个部分覆盖。

2 规范性引用文件

除下述条款外,GB/T 3883.1—2014 的这一章适用。

增加:

ISO 603-15 黏合磨料产品 尺寸 第 15 部分:固定式或移动式切割机用切割砂轮(Bonded abrasive products—Dimensions—Part 15: Grinding wheels for cutting-off on stationary or mobile cutting-off machines)

ISO 630(所有部分) 结构钢(Structural steels)

3 术语和定义

除下述条款外,GB/T 3883.1—2014 的这一章适用。

3.101

内法兰 inner flange

接触并支撑砂轮背面的零件,且位于砂轮和工具间的主轴上。

3.102

固结增强型砂轮 bonded reinforced wheel

符合 ISO 603-15 且有不同用途的砂轮。

3.103

型材切割机　cut-off machine

通过旋转的固结增强型砂轮或金刚石切割轮进行切割的工具。砂轮固定在切割装置的主轴上。工具配有底座，用于支撑和安放由夹紧装置固定的工件，切割装置固定在悬臂上，且悬臂通过底座或工具支架上的支点突出于底座上方。

注：见图 101。

3.104

切割装置　cutting unit

装有附加砂轮的装置，能产生切割动作。

3.105

D

规定的最大砂轮直径。

3.106

金刚石切割轮　diamond wheel

带有砂磨边缘的金属切割轮，边缘呈连续或槽口状。

3.107

靠栅　fence

给工件定位并承受切割过程中砂轮产生的水平力的装置。

3.108

外法兰　outer flange

支撑砂轮前侧面的零件，且将砂轮固定并夹紧在主轴和内法兰上。

3.109

停歇位置　rest position

由设计确定的切割装置的最高位置。

3.110

砂轮护罩　wheel guard

部分包封砂轮以保护操作者的护罩。

4　一般要求

GB/T 3883.1—2014 的这一章适用。

5　试验一般条件

除下述条款外，GB/T 3883.1—2014 的这一章适用。

5.17　增加：

工具的质量应包含砂轮护罩和靠栅。

使用说明书要求的其他零件，如搬运装置，也应包含在工具质量中。

6　辐射、毒性和类似危险

GB/T 3883.1—2014 的这一章适用。

7 分类

GB/T 3883.1—2014 的这一章适用。

8 标志和说明书

除下述条款外,GB/T 3883.1—2014 的这一章适用。

8.1 增加:

工具应标有:

——输出轴的额定空载转速。

8.2 增加:

工具应标有以下安全警告:

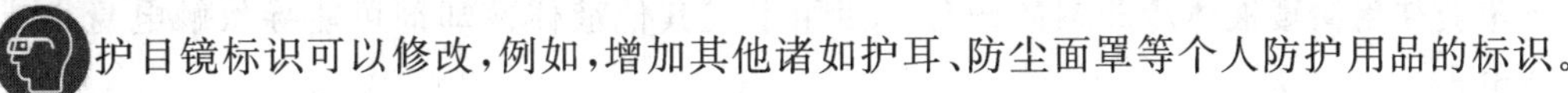

"⚠警告——始终戴好护目镜"或 ISO 7010 的 M004 符号或以下安全标识:

护目镜标识可以修改,例如,增加其他诸如护耳、防尘面罩等个人防护用品的标识。

8.3 增加:

工具还应标有如下增加的信息:

——砂轮直径 D;

——应以凸起或凹陷的箭头或其他同等清晰耐久的方法表明砂轮的旋转方向。

8.14.1 增加:

应给出 8.14.1.101 规定增加的安全说明。这部分内容可以和"电动工具通用安全警告"分开印刷。

对于 8.14.1.101 中所有的警告,"切割装置"这个词可以按生产者的选择用另一个适当的词替换。

8.14.1.101 型材切割机的安全说明

1) **型材切割机的安全警告**

a) **操作人员和旁观者要远离砂轮的旋转切割面。**护罩有助于保护操作者不被砂轮碎片击中及意外触及砂轮。

b) **仅使用适用于本工具的固结增强型砂轮或金刚石切割轮。**可以装到本工具上的其他附件不能保证安全操作。

注 1:依据工具的功能确定"固结增强"或"金刚石"用语的适用性。

c) **附件的额定转速应至少等于工具标识的最大转速。**附件转速超过其额定值会产生破裂和飞溅。

d) **应按制造商推荐的应用方式使用砂轮。例如,不要用砂轮的端面进行打磨。**砂轮是用圆周面进行作业的,施加在砂轮上的侧向力会使砂轮破裂。

e) **始终使用完好的砂轮法兰,其直径应与所选砂轮相匹配。**合适的砂轮法兰可以支承砂轮并减少砂轮破裂的可能性。

f) **所选附件的外径和厚度应在本工具的额定值范围内。**尺寸不正确的附件得不到恰当的防护和控制。

g) **砂轮和法兰的孔径应与本工具的输出轴相匹配。**砂轮和法兰轴孔与本工具安装件的不匹配会引起失衡、过度振动,并可能导致失控。

h) **不要使用破损的砂轮。每次使用前检查砂轮是否有缺口和裂缝。如果工具或砂轮跌落,要检查砂轮是否损坏或安装一片完好的砂轮。检查和安装好砂轮后,操作人员和旁观者**

应远离旋转砂轮所在平面,并使工具以最大空载转速运行 1 min。通常,受损的砂轮会在这个测试时间段发生爆裂。

i) **穿戴个人防护用品。根据使用场合,佩戴面罩、护目镜或安全眼镜。视具体情况,佩戴防尘面罩、耳罩、手套和能够阻挡砂轮小碎片或工件碎片的围裙**。眼睛防护应能够阻挡各种操作时产生的飞屑。面罩或口罩应能过滤操作时产生的颗粒。长时间暴露于高强度噪声可能会导致失聪。

j) **让旁观者与工作区域保持安全距离。任何人进入工作区域必须佩戴个人防护用品**。工件或爆裂砂轮的碎片可能飞出,造成操作区域附近的伤害。

k) **电源线远离旋转附件**。如果操作者失控,电源线可能被切割或钩破,操作者的手或手臂可能被卷进旋转的砂轮。

l) **定期清理工具的通风口**。电机风扇会将灰尘吸入机壳内,金属粉尘的过度积累可能产生电气危险。

m) **不要在易燃材料附近操作工具。当工具置于木材等可燃物表面时,不要进行操作**。火花易点燃这些材料。

n) **不要使用需要液体冷却剂的附件**。使用水或其他液体冷却剂可能导致触电身亡或遭受电击。

注 2:本条警告不适用于带有供液系统设计的工具。

2) **反弹及相关的警告**

反弹是旋转砂轮受挤压或被卡住时突然产生的反作用力。旋转砂轮受挤压或被卡住后会迅速产生堵转,紧接着导致切割装置失控而被迫向上反弹至操作者。

例如,如果砂轮被工件卡住或挤压,进入夹咬点的砂轮边缘会挖入材料表面从而使砂轮爬出或反弹。在这种情况下砂轮可能会破碎。

反弹是滥用工具和/或不正确的操作步骤或条件导致的结果,采取以下适当预防措施能避免反弹。

a) **紧握工具,身体和手臂放置得能抵御反弹作用力**。如采取适当措施,操作者能控制住向上的反弹力。

b) **不要将操作者的身体和砂轮的旋转面对齐**。如发生反弹,会迫使切割装置向上反弹到操作者。

c) **不要安装锯链、木工雕刻刀片、圆周槽宽度超过 10 mm 金刚石切割轮或带齿锯片**。这些附件经常导致反弹和失控。

d) **不要"堵住"砂轮或施加过大的力。不要试图做过深的切割**。砂轮过度受力会使砂轮在切割中更易扭曲或卡住并增加反弹或砂轮破碎的可能性。

e) **当砂轮被卡住或因各种原因中断切割时,关断工具并维持切割装置静止,直至砂轮完全停下为止。不要试图在切割过程中移动运转的砂轮,否则可能发生反弹**。检查并采取应对砂轮卡住的措施。

f) **砂轮在工件中时,不要重新启动切割操作。砂轮达到全速后再小心地进行切割**。当砂轮处于工件中时重新启动工具,砂轮可能被卡住、向上或反弹。

g) **支撑超大尺寸工件以降低砂轮被卡住或反弹的风险**。大型工件会因自重而下沉,在砂轮两侧,工件下方靠近切割线以及工件边缘处应受支撑。

8.14.2 a) 增加:

101) 允许使用的附件(金刚石切割轮或固结增强型砂轮)、砂轮直径、砂轮厚度和孔径的说明。

金刚石切割轮的说明:

——圆周槽最大宽度应为 10 mm;

——(金刚石层的)前倾角应为负值。

见图 102。

102） “固结增强型砂轮”一词或指定型号的解释，如适用。

103） 如果在工作台或类似台面上使用型材切割机，要有确保型材切割机始终放在平稳的表面上和如何固定工具的说明。

104） 工具处于 0°和最大倾角时对应的最大切割能力的信息。

8.14.2 b） 增加：

101） 如随固结增强型砂轮一并提供衬垫，则应有恰当使用衬垫的说明。

102） 关于安装附件、使用正确的法兰以及小心使用砂轮的说明。对可反装的法兰，应有正确安装的说明。

103） 操作者使用按照 8.14.2 a)101)说明书中规定的所有不同类型砂轮的说明，例如，固结增强型砂轮、金刚石切割轮。

104） 如何固定和支撑工件的说明。

105） 配戴个人防护用品的说明：

——耳罩；

——切割时戴手套。

8.14.2 c） 增加：

101） 附件的储存和处置说明。

9 防止触及带电零件的保护

GB/T 3883.1—2014 的这一章适用。

10 起动

GB/T 3883.1—2014 的这一章适用。

11 输入功率和电流

GB/T 3883.1—2014 的这一章适用。

12 发热

GB/T 3883.1—2014 的这一章适用。

13 耐热性和阻燃性

GB/T 3883.1—2014 的这一章适用。

14 防潮性

GB/T 3883.1—2014 的这一章适用。

15 防锈

GB/T 3883.1—2014 的这一章适用。

16 变压器及其相关电路的过载保护

GB/T 3883.1—2014 的这一章适用。

17 耐久性

GB/T 3883.1—2014 的这一章适用。

18 不正常操作

除下述条款外，GB/T 3883.1—2014 的这一章适用。

18.8 表 4 替换为：

表 4 要求的性能等级

关键安全功能(SCF)的类型和作用	最低允许的性能等级(PL)
电源开关-防止不期望的接通	用 18.6.1 的故障条件评估，SCF 不应缺失
电源开关-提供期望的断开	用 18.6.1 的故障条件评估，SCF 不应缺失
任何为通过 18.3 测试的电子控制器	c
防止输出转速超过额定(空载)转速的 120%的过速保护	c
提供期望的旋转方向	b
21.18.2.3 要求的断开锁定功能	b
防止超过第 18 章中的热极限	a
23.3 要求的防止自复位	a

19 机械危险

除下述条款外，GB/T 3883.1—2014 的这一章适用。

19.1 增加：

本条不适用于为防止由砂轮造成人身伤害而提供的防护。

注：砂轮防护的要求由 19.101 规定。

19.6 替换：

工具应设计得在正常使用情况下防止超速。任何操作条件下，工具的转速不应超过工具的额定空载转速。

通过观察和测量工具运行 5 min 后的转速来检验。应安装会产生最高转速的推荐的附件。

如果工具装有对负载敏感的速度控制器，则不需要安装附件进行加载以达到最高转速。

19.7 增加：

19.7.101 型材切割机应构造得在可预见使用情况下不会倾倒。

通过以下试验来检验。工具按 8.14.2 a)2)的说明装配。

将型材切割机放在密度为 650 kg/m³～850 kg/m³ 的水平中密度板(MDF)上,不与支撑面固定。靠栅固定在最接近底座支点的位置。不安装工件,按下切割装置至最低切割位置,然后释放手柄。型材切割机不应倾倒。

19.7.102 应便于将型材切割机固定到工作台上以避免移动,例如,在底座上设有安装孔或夹紧面。

19.101 砂轮防护

19.101.1 通用要求

工具的防护装置应在正常使用中保护操作者以防止:

——意外触及砂轮;

——砂轮碎片的射出;

——火星和其他碎片。

护罩应符合下述要求:

——更换砂轮时,应不必从工具上拆除护罩。

——设计应便于砂轮更换。为此,只要护罩的一部分以任意紧固方式与护罩相连,则可不借助工具打开护罩的该部分。

——其设计可以将正常使用时操作者意外触及砂轮的风险降至最低。

应至少在一个位置上,通过与主轴相关的固定装置限制安装超尺寸的砂轮。直径为 D 的新砂轮,其圆周与该装置的最大间隙应不超过 12 mm。

防护装置应符合 19.101.2 和 19.101.3 的要求。

通过观察和测量来检验。

19.101.2 砂轮护罩设计要求

19.101.2.1 工具应通过固定和活动护罩的组合包封图 103 所示的区域 1、区域 2 和区域 3。

当切割装置处于完全下压位置时,区域 1 是平行于底座并通过砂轮中心的直线上方的区域。当切割装置处于任意位置时,除主轴末端、螺母和外法兰,区域 1 内的砂轮侧面和圆周面应有防护。

如果主轴末端、螺母或外法兰不是圆形的,则它们也应被防护。 ‖

当切割装置处于停歇位置时,区域 2 在工具前端,且位于区域 1 和平行于底座并通过砂轮中心的直线下方至少 15°夹角[图 103 b)的角 β]之间。在停歇位置时,区域 2 的防护应使砂轮护罩能保护到砂轮圆周和两侧至少半径靠近边缘 20%的部分。

当切割装置处于完全下压位置时,区域 3 在工具后端,且位于区域 1 和平行于底座并通过砂轮中心的直线下方至少 15°夹角[图 103 a)的角 α]之间。在完全下压位置时,区域 3 的防护应使砂轮护罩能保护到砂轮圆周和两侧至少半径靠近边缘 10%的部分。

通过观察和测量来检验。

当由于技术原因,砂轮的固定护罩和活动护罩产生重叠时,应注意防止通过重叠区域触及砂轮。

用图 104 的探针来检验,在砂轮固定护罩和活动护罩之间的所有位置施加不超过 5 N 的力,探针应不能触及砂轮。

活动护罩应是如下一种:

——符合 19.101.2.2 要求的“联动触发”型;或

——符合 19.101.2.3 要求的“工件触发”型。

手柄释放后,切割装置应自动返回至停歇位置,且恢复区域 2 的防护。

注：这类活动护罩也称为自复位护罩。

19.101.2.2　对联动触发型护罩，活动护罩应与切割装置的动作联动或受其控制。切割装置的下压动作应开启活动护罩。当然，如活动护罩持续打开后可自复位，则允许其独立于联动机构进一步自由打开。

通过观察来检验。

19.101.2.3　当工件触发型砂轮护罩触及底座或工件时，护罩应打开，并在切割过程中可以保持与底座或工件的接触。

注：某些情况下，如切割小型工件时，护罩不会被激活。

通过观察和测量来检验。

19.101.3　台面下方的砂轮防护

型材切割机应防护得防止通过台面下方触及砂轮。

将工具放在水平面上，切割装置处于完全下压位置，用图 104 的探针施加不超过 5 N 的力来检验，探针应不能触及砂轮。

通过观察和测量来检验。

19.102　火星飞溅的偏转

向工具后方飞溅在如图 105 所示切线 1(T1)和切线 2(T2)形成的角 β 区域内的火星应受到控制，或应向下偏转。

向工具后方飞溅在如图 105 所示角 α 区域内的火星应受到控制，或应向下偏转。对称于砂轮平面的角 α 不应小于 18°。角 α 的顶点是当切割装置处于完全下压位置时，通过砂轮中心的铅垂线与底座平面的相交点。

火星的控制或向下偏转可以由护罩、机身、火星防护罩或它们的组合来实现。

通过观察和测量来检验。

19.103　工件的固定

工具应配有固定在台面上的靠栅，用于切割时定位工件。靠栅可调，用于完成斜切割。靠栅高度应至少是最大切割深度的 0.6 倍。

切割操作期间，应提供工件夹具以固定工件。工件夹具应提供紧靠靠栅的水平夹紧力、紧靠底座的垂直夹紧力或它们的组合。水平夹具的接触板，如有，其高度应至少是最大切割深度的 0.6 倍。

通过观察和测量来检验。

19.104　附件的安装

附件可以直接安装在主轴上，或诸如轴套或作为法兰一部分的定位装置上。

主轴直径、法兰轴孔直径和用作定位、引导附件的法兰部分的直径(如适用)，其共同构成的总同轴度应小于 0.30 mm。

通过测量来检验。

对带有法兰的工具，应测量安装过程中允许产生的最恶劣偏心位置时的同轴度。

19.105　法兰

19.105.1　通用要求

法兰应是平滑的，且没有锐棱。其中一个法兰应锁定在输出轴上。

法兰尺寸应符合 19.105.2。

用于带有金刚石切割轮的工具，可以增加一套符合 19.105.3 尺寸要求的法兰。内外法兰应有相同

的直径 D_f,或者内外法兰承压面的重叠部分应不小于 1.5 mm。

通过观察和测量来检验。

19.105.2 法兰应符合表 101 和图 106 所示的最小尺寸。

表 101 法兰尺寸

D mm	D_f mm	C mm	G mm	W mm
250	64	10	1.5	1.5
300	75	13	1.5	1.5
$350 \leqslant D \leqslant 356$	89	16	1.5	1.5
$400 \leqslant D \leqslant 410$	100	17	1.5	1.5
说明： D ——规定的最大砂轮直径； D_f ——法兰夹紧面直径； C ——法兰夹紧面宽度； G ——凹槽深度； W ——凹槽宽度。				

通过测量来检验。

19.105.3 如图 106 所示,用于金刚石切割轮的法兰应有如下尺寸,其中,D 是金刚石切割轮的最大外径,G 和 W 是凹槽的尺寸,D_f 是法兰夹紧面的外径。

$$D_f \geqslant 0.15\ D$$

尺寸 G 和 W 应:

$$W \geqslant 0,\ G \geqslant 0$$

通过测量来检验。

19.105.4 法兰应设计得有足够的强度。

通过以下试验来检验。

型材切割机上安装一个厚度和形状与砂轮相同的钢盘。

用表 102 中的第一次测试用扭矩拧紧夹紧螺母。用厚度为 0.05 mm 的塞规测试法兰在整个圆周内是否接触钢盘。

如果塞规在任何地方均不能塞进法兰,则认为符合要求。

进一步用表 102 中的第二次测试用扭矩拧紧夹紧螺母。用厚度为 0.05 mm 的塞规测试法兰的变形量。如果塞规在任何地方塞进法兰不超过 1 mm,则认为符合要求。

表 102 法兰试验扭矩

螺纹		第一次测试用扭矩	第二次测试用扭矩
公制 mm	英制 in	Nm	Nm
8	5/16	2	8
10	3/8	4	15
12	1/2	7.5	30

表 102（续）

螺纹		第一次测试用扭矩	第二次测试用扭矩
公制 mm	英制 in	Nm	Nm
14	—	11	45
16	5/8	17.5	70
20	3/4	35	140
＞20	＞3/4	75	300

19.106 工具主轴

如果主轴使用螺纹，则在切割操作中应是自紧式的。

通过观察来检验。

在任何操作条件下，包括启动时砂轮的加速和通过电机制动器（如有）迅速减速时，与主轴联结的紧固砂轮的装置不应松动。

通过下述试验来检验。

将直径为 D、厚 3 mm 的砂轮装到型材切割机上。启动处于停歇位置时的工具，在达到允许的操作转速后关机。这样的循环重复 10 次，砂轮在测试过程中和结束时不应松动。

20 机械强度

除下述条款外，GB/T 3883.1—2014 的这一章适用。

20.5 本条不适用。

20.101 砂轮护罩强度

砂轮护罩应：

a) 由极限抗拉强度为 300 N/mm^2 的钢制成，护罩的圆周厚度不小于 2.5 mm，侧面厚度不小于 2.0 mm；或

b) 如不符合 a)，应有足够的强度。

通过下述试验来检验：

——通过观测和测量来检验 a)；或

——通过 20.102 的试验来检验 b)。

20.102 强度试验

20.102.1 工具按正常使用方式进行安装。

将厚度为 8.14.2 a) 101) 建议的最大厚度、直径为 D 的固结增强型砂轮按说明书要求安装到主轴上。

型材切割机在额定电压和空载情况下至少运行 5 min。测量和记录砂轮转速。

然后按 20.102.2 进行测试。

20.102.2 将 20.102.1 规定的砂轮切成四等分的槽口。切槽由外缘径向直指中心。每个槽口宽度应不大于 3 mm。每个槽口应尽可能长，但砂轮在受到冲击前不应解体。

尽可能在靠近法兰处冲击砂轮使其完全破裂，冲击机构应自动缩回以免影响试验结果。

冲击试验要求如下：

——如图 107 所示，在护罩上打一个孔，使其与试验装置的冲击机构对齐；

——将工具安装在图 108 所示的试验箱里，并将其可靠地固定在箱体底部；

——锁上试验箱盖，工具空载运行至少 30 s；

——快速、猛烈地撞击冲击器一次；

——切断工具电源。

20.102.3 在 20.102.2 的试验后，护罩和紧固件或用于安装护罩的固件应维持在原位。允许护罩以及安装固件上有变形、细微裂纹或刮痕、凿痕。

21 结构

除下述条款外，GB/T 3883.1—2014 的这一章适用。

21.18.2.1 替换为：

型材切割机应装有瞬动开关，且不应有将开关锁定在“接通”位置的装置。

通过观察来检验。

21.18.2.2 本条不适用。

21.18.2.4 本条不适用。

21.30 本条不适用。

22 内部布线

GB/T 3883.1—2014 的这一章适用。

23 组件

除下述条款外，GB/T 3883.1—2014 的这一章适用：

23.3 增加：

型材切割机被认为是意外起动会引起风险的工具。

24 电源联接和外接软线

除下述条款外，GB/T 3883.1—2014 的这一章适用：

24.4 第 1 段替换为：

可使用的最轻型电缆为：

——重型氯丁橡胶或其他同等性能的护层电缆[GB/T 5013.4—2008 中的 60245 IEC 66 (YCW)]。

25 外部导线的接线端子

GB/T 3883.1—2014 的这一章适用。

26 接地装置

GB/T 3883.1—2014 的这一章适用。

27 螺钉与连接件

GB/T 3883.1—2014 的这一章适用。

28 爬电距离、电气间隙和绝缘穿通距离

GB/T 3883.1—2014 的这一章适用。

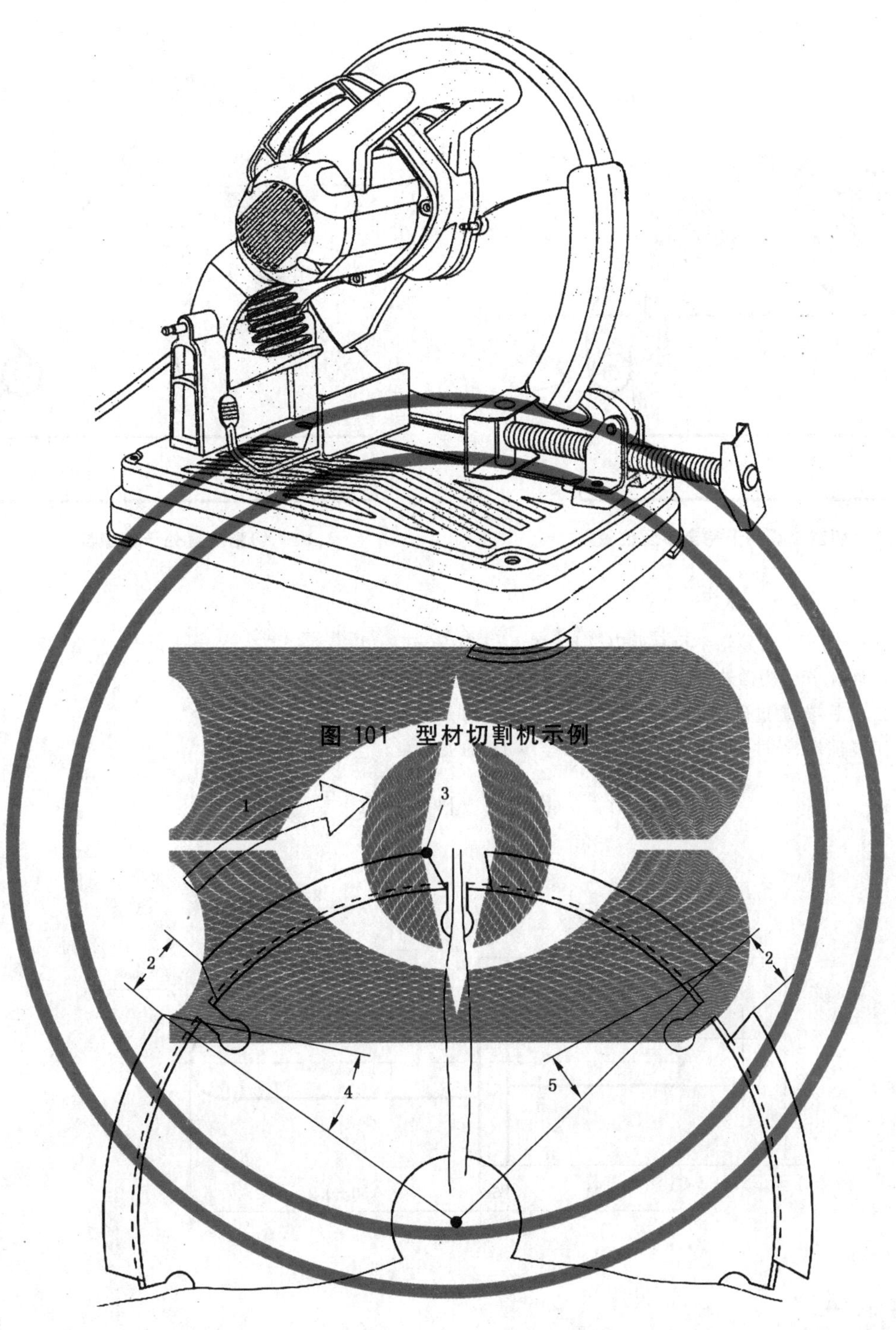

图 101　型材切割机示例

说明：

1——旋转方向；

2——槽口；

3——圆周槽的前端；

4——负前倾角；

5——正前倾角。

图 102　槽口和前倾角示例

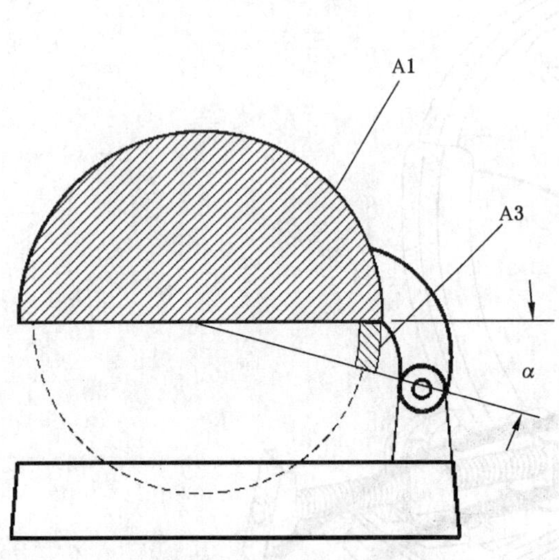

a）切割装置处于完全下压位置

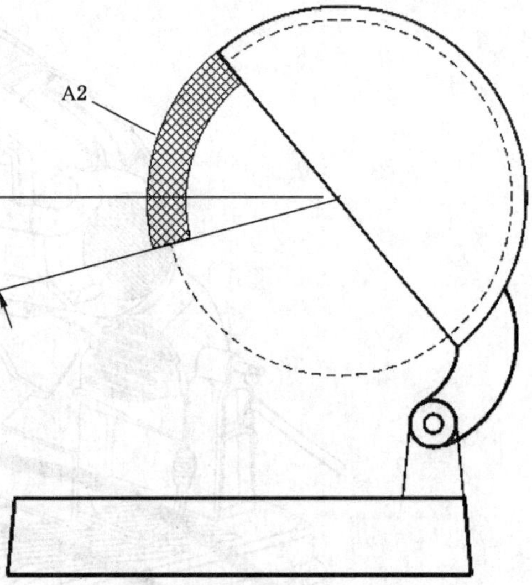

b）切割装置处于停歇位置

说明：

A1——区域 1；

A2——区域 2，至少为砂轮半径靠近边缘 20%；

A3——区域 3，至少为砂轮半径靠近边缘 10%；

α ——工具后端，通过砂轮中心的直线下方至少 15°的夹角；

β ——工具前端，通过砂轮中心的直线下方至少 15°的夹角。

图 103 砂轮护罩

单位为毫米

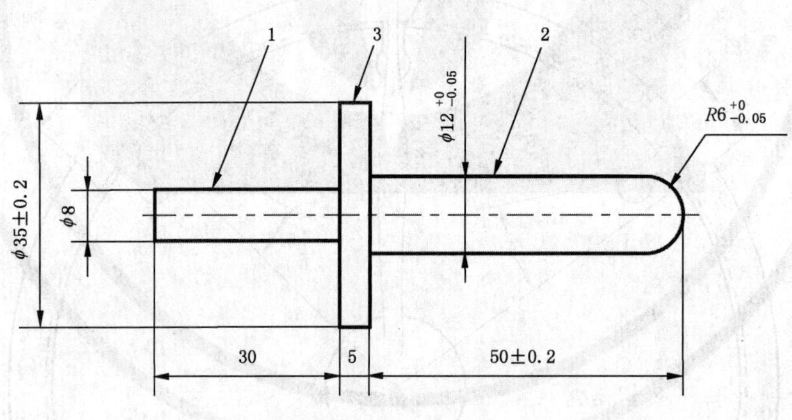

说明：

1——握持部分；

2——试验部分；

3——探针挡板。

图 104 试验探针

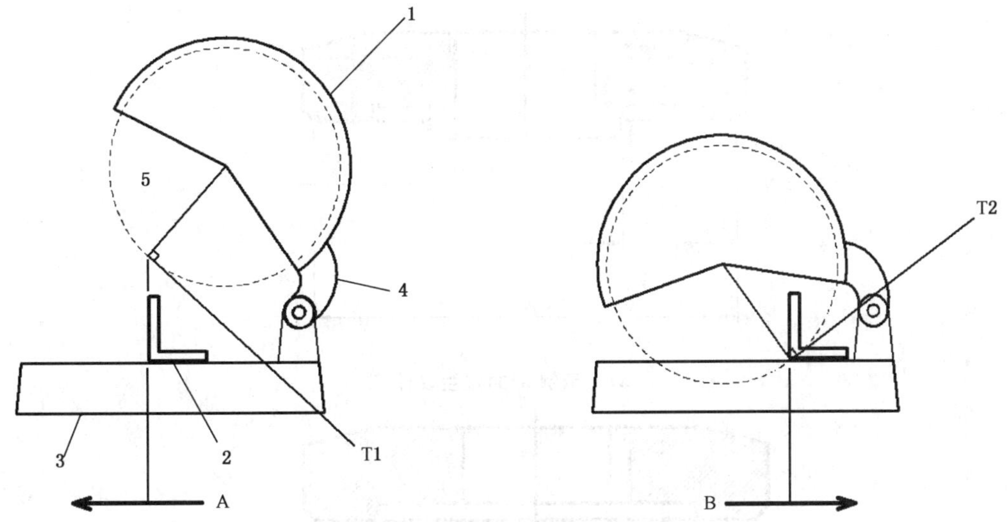

a） 切割装置处于停歇位置和完全下压位置

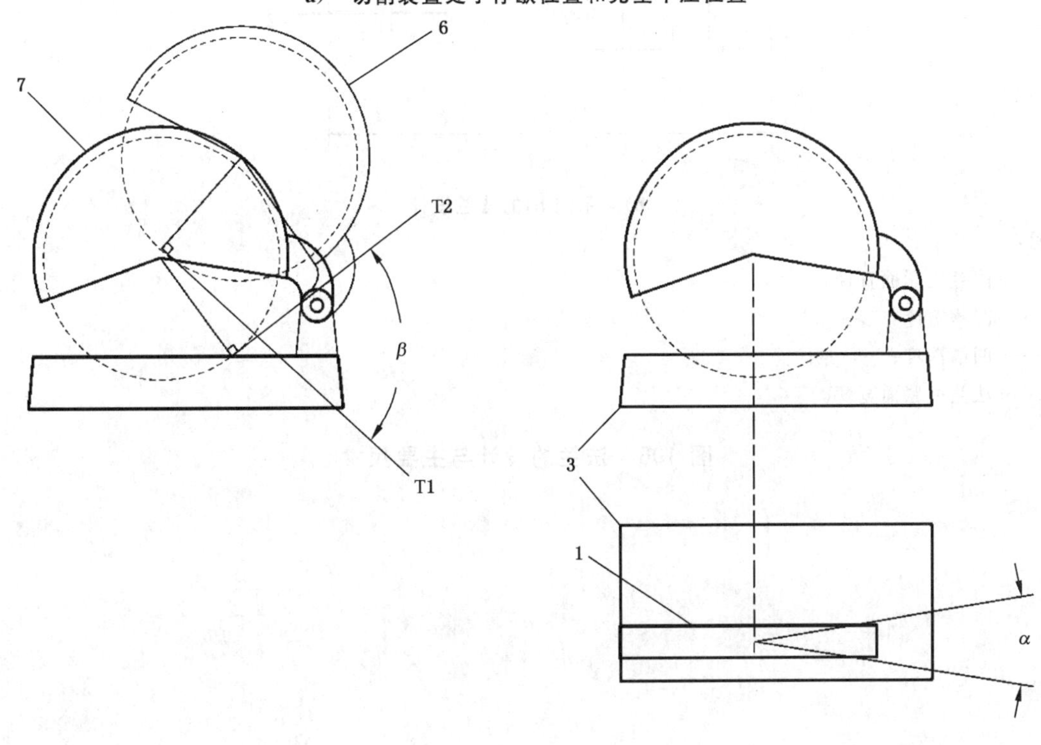

b） 火星偏转角

说明：

1——固定护罩；
2——靠栅；
3——底座；
4——工具悬臂；
5——直径为 D 的砂轮；
6——切割装置处于停歇位置；
7——切割装置处于完全下压位置；
A ——靠栅最靠近操作者的位置；
B ——靠栅最远离操作者的位置；
α ——火星水平偏角；
β ——火星垂直偏角；
T1 ——切线 1；
T2 ——切线 2。

图 105 火星偏转

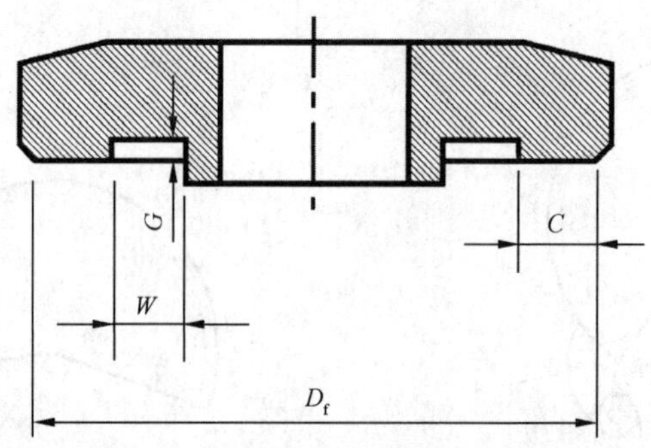

a） 示例 a)的法兰设计

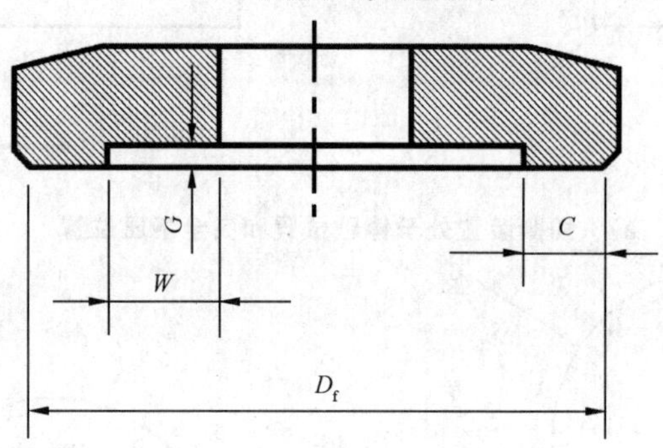

b） 示例 b)的法兰设计

说明：

D_f ——法兰夹紧面直径；

W ——凹槽宽度；

G ——凹槽深度；

C ——法兰夹紧面宽度。

图 106 法兰的设计与主要尺寸

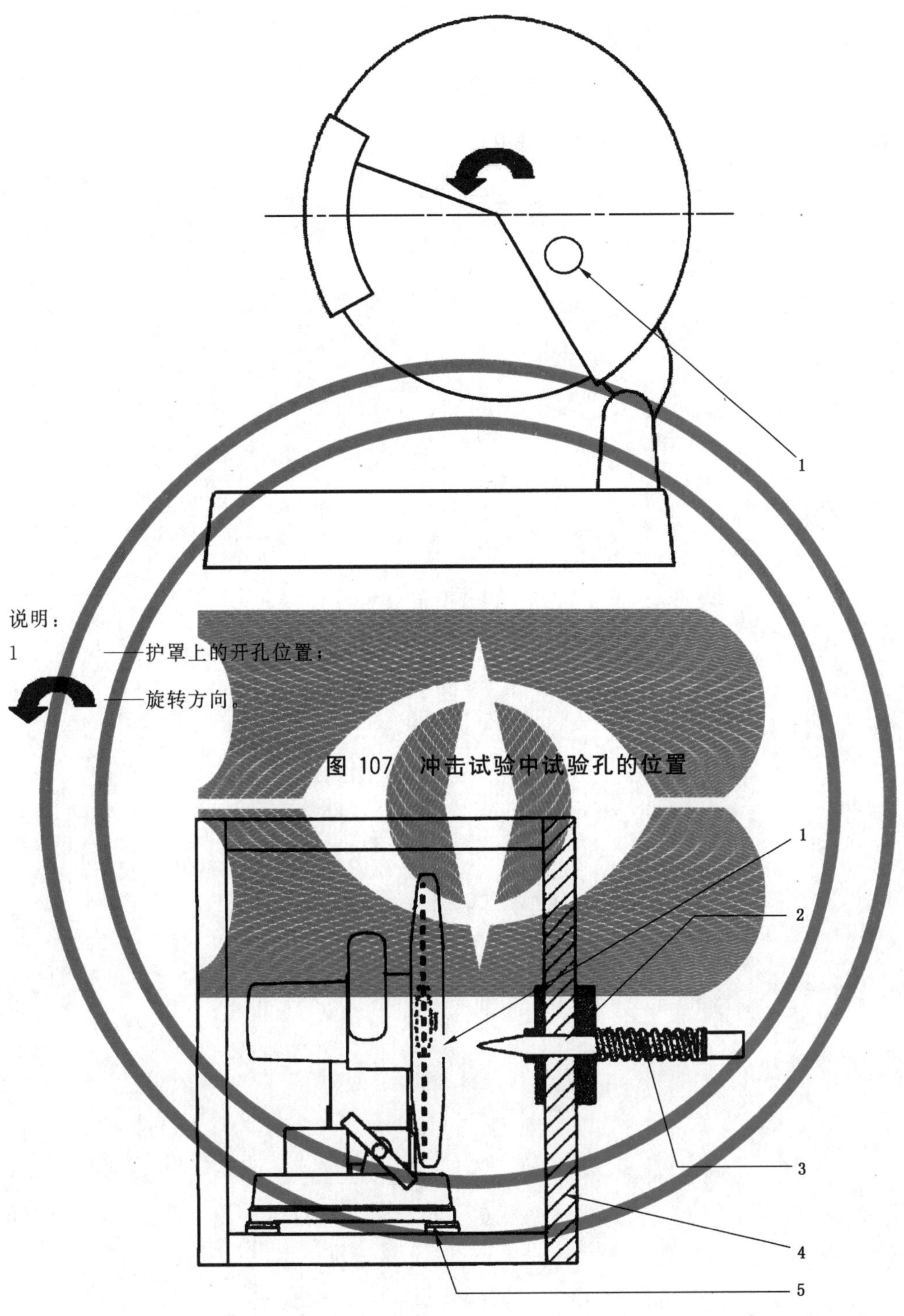

说明：

1 ——护罩上的开孔位置；

——旋转方向。

图 107 冲击试验中试验孔的位置

说明：

1 ——试验前，为使钢质冲击器通过而在护罩上开的孔；

2 ——钢质冲击器；

3 ——钢质冲击器回缩机构(如弹簧或气动装置)；

4 ——试验箱；

5 ——试验箱底部固定工具的装置。

图 108 护罩材料强度试验

附　录

除以下内容外，GB/T 3883.1—2014 的附录适用。

附　录　I
（资料性附录）
噪声和振动的测量

I.2　噪声测试方法（工程法）

除下述条款外，GB/T 3883.1—2014 的这一章适用。

I.2.4　电动工具在噪声测试时的安装和固定条件

增加：

配有工作台的型材切割机放在工作台上，并将其置于反射面上。

其他型材切割机放在图 I.1 所示的测试台面上，并将其置于反射面上。

I.2.5　运行条件

增加：

型材切割机按表 I.101 规定的负载和条件进行试验。

表 I.101　型材切割机噪声测试条件

工件和定位	在全部试验序列前，切割水平放置的符合 ISO 630 的方型钢，其截面积尺寸为 40 mm×40 mm，长度至少为 500 mm
工作头	全部序列试验使用全新的、制造商推荐的固结增强型砂轮
进给力	刚好能进行平稳切割
切割深度	切断 40 mm 方型钢
测试周期	在方型钢上切断约 10 mm 宽的材料。一个完整测试周期包括 5 个快速连续切断。 取一个完整测试周期内测量结果的平均值

I.3　振动

GB/T 3883.1—2014 的这一章不适用。

附 录 K
（规范性附录）
电池式工具和电池包

K.1 范围

增加：

除本附录规定的条款外，本部分的所有章适用。

K.8.14.1.101 除下述内容外，本条适用：

1）k)不适用。

K.24.4 本条不适用。

参 考 文 献

除下述内容外,GB/T 3883.1—2014 的参考文献适用。

增加:

IEC 62841-3-9 Electric motor-operated hand-held tools,transportable tools and lawn and garden machinery—Safety—Part 3:Particular requirements for transportable mitre saws

ICS 25.140.20
CCS K 64

中华人民共和国国家标准

GB/T 3883.401—2023/IEC 62841-4-1:2017
代替 GB/T 3883.14—2007

手持式、可移式电动工具和园林工具的安全　第401部分:链锯的专用要求

Safety of motor-operated hand-held, transportable and garden tools—Part 401: Particular requirements for chain saws

(IEC 62841-4-1:2017, Electric motor-operated hand-held tools, transportable tools and lawn and garden machinery—Safety—Part 4-1: Particular requirements for chain saws, IDT)

2023-09-07 发布　　2024-04-01 实施

国家市场监督管理总局
国家标准化管理委员会　发布

前言

本文件按照 GB/T 1.1—2020《标准化工作导则　第 1 部分:标准化文件的结构和起草规则》的规定起草。

本文件是 GB/T 3883《手持式、可移式电动工具和园林工具的安全》的第 401 部分。GB/T 3883 的第 4××部分“园林式电动工具”已经发布了以下部分:

——GB/T 3883.403—2017　手持式、可移式电动工具和园林工具的安全　第 4 部分:步行式和手持式草坪修整机、草坪修边机的专用要求;

——GB/T 3883.401—2023　手持式、可移式电动工具和园林工具的安全　第 401 部分:链锯的专用要求;

——GB/T 3883.402—2023　手持式、可移式电动工具和园林工具的安全　第 402 部分:修枝剪的专用要求。

本文件代替 GB/T 3883.14—2007《手持式电动工具的安全　第二部分:链锯的专用要求》,与 GB/T 3883.14—2007 相比,除结构调整和编辑性改动外,主要技术变化如下:

a) 范围一章不适用内容增加了“杆式修枝锯”,并明确左右手的操作(见第 1 章);

b) 术语中在 3.102 链制动下增设 3.102.1 和 3.102.2,修改“锯割长度”和“反弹”,增加“最大速度”和“操作者在场传感器”(见第 3 章,2007 年版的第 3 章);

c) 试验一般条件中增加链锯质量的说明和试验样品要求的说明(见第 5 章);

d) 标志和说明书中增加部分安全符号、标志、说明书中安全说明和信息(见第 8 章);

e) 防潮性中增加试验条件(见第 14 章);

f) 不正常操作增加 18.3 的试验条件和结果判定,增加表 4(见第 18 章);

g) 机械危险中增加 19.9 紧固件的要求,修改 19.101 手柄、19.103 后手柄挡板,修改原 19.104“运动件的防护”为“驱动链轮罩”并细化内容,删除原 19.105 的试验,原 19.106 防滑齿移到 21.103 并增加内容,修改原 19.108 反弹保护,增加 19.110 锯链润滑的条件,增加 19.112 中张力调整以及停止的规定(见第 19 章,2007 年版的第 19 章);

h) 机械强度增加 20.1 试验条件、20.3.1 试验方法和 20.103 锯链限块的机械强度(见第 20 章);

i) 结构修改原 21.18.1 和 21.18.2 开关的要求为 21.18.101 和 21.18.102,增加 21.101 锯割长度的确定,21.102 操作者在场传感器,删除原 21.31 和 21.32(见第 21 章,2007 年版的第 21 章);

j) 组件增加 23.1.10 开关的有关测试和 23.3 保护装置的要求(见第 23 章);

k) 电源联接和外接软线增加 24.1 联接方式(见第 24 章);

l) 增加附录 I 噪声和振动的测量(资料性)(见附录 I);

m) 增加附录 K 电池式工具和电池包(规范性)(见附录 K);

n) 增加附录 L 提供电源联接或非隔离源的电池式工具和电池包(规范性)(见附录 L);

o) 修改安全说明和警告的安全标志(规范性)(见附录 AA,2007 年版的附录 AA);

p) 修改作业示例(资料性)(见附录 BB,2007 年版的附录 BB);

q) 增加人工地面(资料性)(见附录 CC)。

本文件等同采用 IEC 62841-4-1:2017《电动机驱动的手持式、可移式电动工具和园林机器　安全　第 4-1 部分:链锯的专用要求》。

本文件做了下列最小限度的编辑性改动:

——标准名称修改为《手持式、可移式电动工具和园林工具的安全　第 401 部分:链锯的专用要求》。

请注意本文件的某些内容可能涉及专利。本文件的发布机构不承担识别专利的责任。

本文件由中国电器工业协会提出。

本文件由全国电动工具标准化技术委员会(SAC/TC 68)归口。

本文件起草单位:浙江三锋实业股份有限公司、上海电动工具研究所(集团)有限公司、浙江亚特电器有限公司、宝时得科技(中国)有限公司、南京泉峰科技有限公司、江苏苏美达五金工具有限公司、慈溪市贝士达电动工具有限公司、江苏东成工具科技有限公司、浙江锐奇工具有限公司、浙江明磊锂能源科技股份有限公司、永康市开源动力工具有限公司、浙江东立电器有限公司。

本文件主要起草人:杨锋、陈建秋、顾菁、丁俊峰、丁玉才、高杨、林有余、俞黎明、施春磊、朱贤波、欧阳智、林文清、卢云峰、吴传東。

本文件及其所代替文件的历次版本发布情况为:

——1993 年首次发布为 GB 3883.14—1993,2007 年第一次修订;

——本次为第二次修订,标准编号为 GB/T 3883.401—2023。

引　言

本文件与 GB/T 3883.1—2014《手持式、可移式电动工具和园林工具的安全　第 1 部分:通用要求》一起使用。

本文件写明"适用"的部分,表示 GB/T 3883.1—2014 中相应条款适用;本文件写明"替换"的部分,则以本文件中的条款为准;本文件中写明"修改"的部分,表示 GB/T 3883.1—2014 相应条款的相关内容以本文件修改后的内容为准,而该条款中其他内容仍适用;本文件写明"增加"的部分,表示除了符合 GB/T 3883.1—2014 的相应条款外,还要符合本文件所增加的条款。

2014 年,我国发布 GB/T 3883.1—2014《手持式、可移式电动工具和园林工具的安全第 1 部分:通用要求》,将原 GB/T 3883(手持式电动工具部分)、GB/T 13960(可移式电动工具部分)和 GB/T 4706(仅园林电动工具部分)三大系列电动工具的通用安全标准的共性技术要求进行了整合。

与 GB/T 3883.1—2014 配套使用的特定类型的小类产品专用要求共 3 个部分,分别为第 2 部分(手持式电动工具部分)、第 3 部分(可移式电动工具部分)、第 4 部分(园林电动工具部分),均转化对应的 IEC 62841 系列的专用要求。

标准名称的主体要素扩大为"手持式、可移式电动工具和园林工具的安全",沿用原手持式电动工具部分的标准编号 GB/T 3883。每一部分小类产品的标准分部分编号由三位数字构成,其中第 1 位数字表示对应的部分,第 2 位和第 3 位数字表示不同的小类产品。

新版 GB/T 3883 系列标准将形成一个比较科学、完整、通用、统一的电动工具产品的安全系列标准体系,使得标准的实施更加切实可行,使用方便。

目前,新版 GB/T 3883 系列标准"园林式电动工具部分"已发布的标准如下。

——GB/T 3883.403—2017　手持式、可移式电动工具和园林工具的安全　第 4 部分:步行式和手持式草坪修整机、草坪修边机的专用要求。目的在于规范步行式和手持式草坪修整机、草坪修边机小类产品的特定专用安全要求。

——GB/T 3883.401—2023　手持式、可移式电动工具和园林工具的安全　第 401 部分:链锯的专用要求。目的在于规范链锯小类产品的特定专用安全要求。

——GB/T 3883.402—2023　手持式、可移式电动工具和园林工具的安全　第 402 部分:修枝剪的专用要求。目的在于规范修枝剪小类产品的特定专用安全要求。

后续还将对以下标准进行修订:

——GB/T 4706.64—2012　家用和类似用途电器的安全　第 2 部分:剪刀型草剪的专用要求;

——GB/T 4706.65—2003　家用和类似用途电器的安全　第二部分:步行控制的电动草坪松土机和松砂机的专用要求;

——GB/T 4706.78—2005　家用和类似用途电器的安全　第二部分:步行控制的电动割草机的特殊要求;

——GB/T 4706.79—2005　家用和类似用途电器的安全　第二部分:手持式电动园艺用吹屑机、吸屑机及吹吸两用机的特殊要求;

——GB/T 4706.110—2021　家用和类似用途电器的安全　第 2 部分:由电池供电的智能草坪割草机的专用要求。

手持式、可移式电动工具和园林工具的安全　第401部分:链锯的专用要求

1　范围

除下述条文外,GB/T 3883.1—2014 的这一章适用。

增加:

本文件适用于单人使用的锯割木材的链锯。

本文件不涵盖与导板和分料刀结合使用的链锯,也不涵盖任何以其他方式(如带支架)使用的链锯,以及用作固定式或可移式工具的链锯。

本文件不适用于:

——符合 GB/T 19726.2 定义的林用链锯;或

——杆式修枝锯。

注 101:杆式修枝锯将由 GB/T 3883 的未来某个部分规定。

本文件所涵盖的链锯只适用于右手位于后手柄、左手位于前手柄的链锯。

2　规范性引用文件

除下述条文外,GB/T 3883.1—2014 的这一章适用。

增加:

GB/T 3767—2016　声学　声压法测定噪声源声功率级和声能量级　反射面上方近似自由场的工程法(ISO 3744:2010,IDT)

GB/T 5390—2013　林业及园林机械　以内燃机为动力的便携式手持操作机械噪声测定规范　工程法(2级精度)(ISO 22868:2011,IDT)

GB/T 19726.2—2020　林业机械　便携式油锯安全要求和试验　第2部分:修枝油锯(ISO 11681-2:2011,IDT)

GB/T 20247—2006　声学　混响室吸声测量(ISO 354:2003,IDT)

GB/T 20456—2012　林业机械　便携式油锯　被动式锯链制动器性能要求及测试方法(ISO 13772:2009,IDT)

GB/T 33003—2016　便携式农林机械、草坪和园艺动力机械　单带式产品安全标志的设计总则(ISO 17080:2005,IDT)

ISO 6533:2012　林业机械　便携式链锯前护手器的尺寸规格和间隙(Forestry machinery—Portable chain-saw front hand-guard—Dimensions and clearances)

ISO 6534:2007　林业机械　便携式链锯护手器机械强度(Forestry machinery—Portable chain-saw hand-guards—Mechanical strength)

ISO 7914:2002　林业机械　便携式链锯　最小把手间隙和尺寸(Forestry machinery—Portable chain-saws—Minimum handle clearance and sizes)

ISO 7915:1991　林业机械　便携式链锯　手把强度的测定(Forestry machinery—Portable chain-saws—Determination of handle strength)

ISO 9518 林业机械 便携式链锯 反弹试验(Forestry machinery—Portable chain-saws—Kickback test)

ISO 10726:1992 便携式链锯 链条制动器尺寸和机械强度(Portable chain-saws—Chain catcher—Dimensions and mechanical strength)

IEC 61672-1 电声学 声级计 第1部分:规范(Electroacoustics—Sound level meters—Part 1:Specifications)

注:GB/T 3785.1—2023 电声学 声级计 第1部分:规范(IEC 61672-1:2013,IDT)

3 术语和定义

除下述条文外,GB/T 3883.1—2014 的这一章适用。

3.101

导板前端护罩 bar tip guard

防止触及导板顶部锯链的防护罩。

3.102

链制动 chain brake

当发生反弹时手动或非手动触发的、用来制动锯链的功能或装置。

3.102.1

手动触发链制动 manually activated chain brake

由操作者的手激活的链制动功能。

3.102.2

非手动触发链制动 non-manually activated chain brake

由反弹运动激活、且不依赖于操作者触发的制动功能。

3.103

锯链限块 chain catcher

当锯链断裂或跳齿时,用来限制锯链的装置(见图 101)。

3.104

链锯 chain saw

设计成由双手握持,由手柄、电动机、导板和锯链组成,用锯链锯割木材的工具(见图 101)。

3.105

锯割长度 cutting length

近似的链锯有效锯割长度(见图 102)。

注:锯割长度的测量由 21.101 规定。

3.106

驱动链轮 drive sprocket

带齿的锯链驱动轮。

3.107

前手柄挡板 front hand guard

用于防止手从前手柄滑脱引发伤害的、位于前手柄与锯链之间的护罩(见图 101)。

3.108

前手柄 front handle

位于工具前部或朝向工具前部的支承手柄(见图 101)。

3.109

导板　guide bar

支承并引导锯链的配件(见图 101)。

3.110

反弹　kickback

当运动的锯链接触靠近导板顶部的类似原木或树枝等物体,或当木料并拢并夹住运动锯链时,可能发生的链锯快速向上和/或反向运动。

3.111

最大速度　maximum speed

在所有正常使用条件下(包括空载)锯链可以达到的最高速度。

3.112

操作者在场传感器　operator presence sensor

用于感应操作者的手在场的装置。

3.113

后手柄挡板　rear hand guard

如果锯链出现断裂或跳齿时,用来防止手触及锯链的后手柄下部的延伸部分(见图 101)。

3.114

后手柄　rear handle

朝向工具后部的支承手柄(见图 101)。

3.115

锯链　saw chain

用作锯割工具的配件,由驱动链节和锯割刀片组成(见图 101 和图 108)。

3.116

防滑齿　spiked bumper

固定在导板安装点的前部、当接触树木或原木时用作支点的装置(见图 101 和图 102)。

4　一般要求

GB/T 3883.1—2014 的这一章适用。

5　试验一般条件

除下述条文外,GB/T 3883.1—2014 的这一章适用。

5.14　增加:

除空载外,按照额定输入功率或额定电流的任意百分比进行试验时,可去除锯链和导板并用制动器给链锯加载。

5.17　增加:

工具的质量包括按照 8.14.2 c)101)的最重导板和锯链组合,以及将润滑油箱(如有)加注到规定的最大刻度,但不包括导板罩。

5.101　对于以最大速度和空载进行的测试,制造商可能需要提供特殊的硬件和/或软件。

6 辐射、毒性和类似的危害

GB/T 3883.1—2014 的这一章适用。

7 分类

GB/T 3883.1—2014 的这一章适用。

8 标志和说明书

除下述条文外，GB/T 3883.1—2014 的这一章适用。

8.2 增加：

链锯应标有工具销售国的官方语言之一书写的安全信息，或标有适当的标志：

——“佩戴护目镜”或 ISO 7010 的相关安全标志或附录 AA 所规定的安全标志；

——“佩戴耳罩”或 ISO 7010 的相关安全标志或附录 AA 所规定的安全标志。如果按照附录 I 测得的操作者耳旁噪声(声压级)不超过 85 dB(A)，可省略此标记。

允许 ISO 中的安全标志相组合，如眼部、耳部、粉尘和头部保护。此外，附录 AA 所规定的安全标志组合也是允许的。

——“不要暴露在雨中”或附录 AA 所规定的安全标志，除非链锯至少具有 IPX4 的防护等级。

——“小心链锯反弹，避免接触导板前端”或 GB/T 33003—2016 的 A.1.3。

——“始终双手使用链锯”或 GB/T 33003—2016 的 A.3.1。

电网电源供电的工具：

——“如电缆损坏或被割破，应立即从电源上拔掉插头”或附录 AA 所规定的安全标志。

8.3 增加：

链锯应标明以下内容：

——规定的标称导板尺寸或尺寸范围；

注 101：标称导板尺寸无需与切割长度相同。

——工具机身上用清晰易辨且耐久的标志来标识锯链的旋转方向。该标志可位于驱动链轮罩下方。

8.14.1 增加：

应提供 8.14.1.101 中所有补充安全说明。此部分可与“工具通用安全警告”分开印刷。

8.14.1.101 链锯安全说明：

1) **链锯通用安全警告：**

a) **操作链锯时，保持身体所有部位远离锯链。在起动链锯之前，确保锯链没有接触任何物件。**操作链锯时的瞬间疏忽，可能会导致你的衣服或身体被锯链缠绕；

b) **始终用右手握持链锯的后手柄，左手握持前手柄。**反手握持链锯会增加人身伤害的风险，应绝对禁止；

c) **仅通过绝缘握持面握持链锯，因为锯链可能触及暗线或其自身导线。**锯链碰到带电导线会使链锯外露的金属零件带电而使操作者受到电击；

d) **佩戴护目镜。推荐进一步佩戴对耳、头、手、腿和足部的防护设备。**适当的防护设备将减少因飞屑或意外接触锯链造成的人身伤害；

e) **不要在树上、梯子上、屋顶上或任何不稳定的支撑架上操作链锯。**用这种方式操作链锯可能会导致严重的人身伤害；

f) **始终保持适当的立足点，只有当站在固定、安全和平整的表面时才操作链锯。**光滑或不稳定的表面可能导致失去平衡或对链锯的控制；

g) **当锯割带应力的树枝时，要警惕弹回。**木材纤维的应力一旦被释放，有弹性的树枝可能会打击到操作者和/或致使链锯失控；

h) **切割灌木和小树苗时要格外小心。**细条可能会夹住锯链并甩向你或使你失去平衡；

i) **用前手柄提携链锯，提携时链锯开关断开且远离你的身体。当运输或储存链锯时，始终安装导板罩。**正确搬动链锯将减少意外接触运动锯链的可能性；

j) **按照说明书进行润滑、张紧锯链、更换导板和锯链。**锯链张紧或润滑不当可能会断裂或增加反弹的可能性；

k) **仅锯割木材。切勿使用链锯作非预期用途。例如：不要用链锯锯割金属、塑料、砖石或非木材类建筑材料。**使用链锯进行与预期不同的操作可能会导致危险的发生；

l) **在你明确风险以及如何避免风险之前，不要试图去伐木。**伐木会给操作者或旁观者带来非常严重的伤害；

注 1：对于制造商规定的不适合伐木的链锯，此条省略。参见 8.14.2 b)104)。

m) **本链锯不用于伐木。**不按链锯的预期用途操作链锯可能对操作者或旁观者造成非常严重的伤害。

注 2：对于适合伐木的链锯，此条省略。

2) **反弹原因及操作者预防：**

反弹可能发生在导板的前端或顶端接触到物体时，或者当锯割时木料并拢并夹住锯链时。

在某些情况下的顶端接触可能会引起突然的反作用力，将导板向上和向后甩向操作者。

沿导板顶部夹紧锯链会将导板迅速向后推向到操作者。

这两种反作用力都可能导致失去对链锯的控制，从而导致严重的人身伤害。不要仅依赖安装在链锯上的安全装置。作为一个链锯使用者，应该采取几个步骤来保证锯割作业不发生意外或伤害。

反弹是链锯误用和/或不正确的操作程序或条件的结果，可以通过采取以下适当的预防措施来避免：

a) **用拇指和手指环绕链锯手柄保持牢固握持，双手放在链锯上，身体和手臂的位置允许你承受反弹力。**如果操作者采取适当的预防措施，可以控制反弹力。不要松开链锯；

注 3：图 103 可作为说明书中正确地握住工具的图示。

b) **手不能伸得过长且不要在肩部以上高度进行锯割。**这有助于防止意外的顶端接触，且在意外的情况下能更好地控制链锯；

c) **仅使用制造商规定的替换导板和锯链。**更换了不正确的导板和锯链可能导致锯链断裂和/或反弹；

d) **按照制造商对锯链的磨锐和维护说明进行操作。**深度规高度的减小会增加反弹。

8.14.2 a) 增加：

101)链锯安全装置的说明；

102)正确安装和调整导板和锯链的说明；

103)眼、耳、头、手、腿和足部防护设备的选择和使用说明，如适用。

8.14.2 b) 增加：

101)宜使用动作电流小于或等于 30 mA 的剩余电流装置；

102)锯割过程中安置好电源线以免被树枝或类似物缠绕的声明；

103)建议初次使用者至少应在锯木架或托架上练习锯割原木；

104)链锯不适合伐木的信息，如适用；

105)讲解正确的伐木、打枝和截断的基本技巧的说明。在附录 B 中的 BB.1～BB.5 中给出了所要求说明的示例。如制造商规定链锯不适用于伐木，则可省略该说明；

106)如适用，使用手动润滑控制的说明；

107)如适用，不要在没有润滑的情况下操作链锯的说明，并在容器清空之前及时补充润滑油；

108)仅使用推荐的润滑油的说明；

109)锯链最大速度的信息，或如果锯链最大速度小于 20 m/s，则可按此说明。

8.14.2 c)增加：

101)推荐的可使用并保持符合本文件的导板和锯链组合的信息；

102)关于锯链磨锐和维护的说明和/或由授权服务中心对锯链进行磨锐和维护的建议。

8.14.3 替换：

如提供工具质量或重量的信息，应为不包括锯链、导板、导板罩、润滑油和其他可选附件的质量。

通过观察来检验。

9 防止触及带电零件的保护

GB/T 3883.1—2014 的这一章适用。

10 起动

GB/T 3883.1—2014 的这一章适用。

11 输入功率和电流

GB/T 3883.1—2014 的这一章适用。

12 发热

除下述条文外，GB/T 3883.1—2014 的这一章适用。

12.2.1 替换：

12.2 发热试验的加载条件如下：

施加扭矩负载使工具在额定输入功率或者额定输入电流下运行。工具运行 30 min。在此期间，调整负载扭矩以维持额定输入功率或者额定输入电流。

13 耐热性和阻燃性

GB/T 3883.1—2014 的这一章适用。

14 防潮性

除下述条文外，GB/T 3883.1—2014 的这一章适用。

增加：

注 101：8.14.2 明确的与润滑油一起使用的链锯润滑油箱和润滑系统不被认为是供液系统。

14.2.1 替换：

工具不与电源连接。

工具以正常停歇位置摆放在一个有孔的旋转台上。旋转台按照接近 1 r/min 的速度连续旋转。

将电气组件、罩盖和其他可拆卸零件都拆下，且如有必要，与工具主体一起经受相关处理。不可拆卸零件且不能自动复位的可移动罩盖放置在最不利的位置。

注：自动复位的罩盖示例包括依靠弹力复位或依靠自重关闭。

14.3 GB/T 3883.1—2014 的该条不适用于 8.14.2 明确的与润滑油一起使用的链锯润滑油箱和润滑系统。

15 防锈

GB/T 3883.1—2014 的这一章适用。

16 变压器和相关电路的过载保护

GB/T 3883.1—2014 的这一章适用。

17 耐久性

除下述条文外，GB/T 3883.1—2014 的这一章适用。

17.2 修改：

GB/T 3883.1—2014 中针对手持式工具的要求适用。耐久性试验时拆除锯链。

18 不正常操作

除下述条文外，GB/T 3883.1—2014 的这一章适用。

18.3 替换：

装有串励电动机的工具在不装锯链的情况下以 1.3 倍的额定电压空载运行 1 min。

试验期间，工具内不应飞甩出零件。试验后，工具不一定要能继续使用。

试验期间，工具内的附加限速装置允许动作。

18.5 修改：

18.5.3 非串励电动机适用。

18.8.1 表 4 替换为：

表 4 要求的性能等级

关键安全功能(SCF)的类型和作用	最低允许的性能等级(PL)
电源开关——防止不期望的接通	用 18.6.1 的故障条件评估，SCF 不应缺失
电源开关——提供期望的断开	用 18.6.1 的故障条件评估，SCF 不应缺失

表 4　要求的性能等级（续）

关键安全功能(SCF)的类型和作用	最低允许的性能等级(PL)
锯割长度≤300 mm 的链锯提供期望的旋转方向	a
锯割长度>300 mm 的链锯提供期望的旋转方向	b
10.2 的起动电流限制	不是 SCF
防止超过 18 章中的热极限	a
19.107.1 要求的手动触发链制动功能	b
不带链制动器的链锯因超速导致不符合 19.107.1 的超速防护	a
超速会导致不符合 19.107.1.2 的超速防护	a
防止超过 19.107.1.2 规定的最大制动时间的防护	a
不带非手动触发链制动的链锯,其锯链速度不超过 19.107.2的 15 m/s 的超速防护	a
19.107.2 要求的非手动触发链制动功能	b
如果超速会导致不符合 19.107.4 的超速防护	a
19.110 中为锯链提供自动润滑	不是 SCF
防止超过 19.112 的最大跑停时间	a
21.18.102 要求的操作者在场传感器	a
21.18.102 要求的断开锁定功能	b
21.18.102 要求的视觉或听觉指示装置	不是 SCF
23.3 要求的防止自复位	a

19　机械危险

除下述条文外,GB/T 3883.1—2014 的这一章适用。

19.1　修改:

本条要求不适用于 19.102、19.103 和 19.104 有单独要求的运动零件和护罩。

19.6　GB/T 3883.1—2014 的该条不适用。

19.7　GB/T 3883.1—2014 的该条不适用。

19.8　GB/T 3883.1—2014 的该条不适用。

19.9　替换:

如果根据 8.14.2,为了如维护、更换锯链或导板等,要求使用者拆除驱动链轮罩,则紧固件应始终连接到驱动链轮罩或工具上,除非驱动链轮罩紧固件是固定导板的唯一方式。如果拆下驱动链轮罩不需要移除紧固件,则认为紧固件始仍然连在驱动链轮罩上。

通过观察和手试来检查。

19.101 手柄

链锯应至少安装 2 个手柄来提供安全控制。前手柄的握持区域应至少有 100 mm 的长度。手柄表面应设计和构造得能被牢固握持。手柄的最小间距和尺寸应符合 ISO 7914 林用链锯的要求，但尺寸 D 的确定除外。尺寸 D 应为从电源开关按钮后侧到前手柄轴线上 X_0 左侧 50 mm 处的直线距离，其中 X_0 根据 ISO 6533 确定。对于锯链的最大速度不超过 8 m/s 且最大锯割长度不超过 300 mm 的链锯，ISO 7914:2002 表 1 中的尺寸 D 可以降低到最小 125 mm。

通过观察和测量来检验。

19.102 前手柄挡板

在前手柄附近应安装护罩，以防止操作者的手指触及锯链而受伤。该前手柄挡板的尺寸和间距以及防止从前手柄处接触锯链的要求应符合 ISO 6533。

通过观察和测量来检验。

19.103 后手柄挡板

应沿后手柄底部右侧的长度方向提供后手柄挡板，以防止操作者的手意外触及断裂或跳齿的锯链。

在导板侧，后手柄挡板应从后手柄右边缘伸出至少 30 mm（见图 104），且选取以下更靠后者：

——从链锯机身后部的内侧纵向延伸至少 100 mm（见图 104）；或

——电源开关后方至少能容纳三个 25 mm 直径的圆，通过由压接在后手柄和电源开关后端的三个圆柱体来确定。

该要求也可以由工具的部件来满足。

通过观察和测量来检验。

19.104 驱动链轮罩

驱动链轮和在机身区域内的锯链应被覆盖。除非驱动链轮罩的紧固件是维持导板固定的唯一方式，否则不借助于工具应不能移除该罩盖。

在前部、前上部和底部可以有开口，以允许木屑的排出和允许导板和锯链通过。

通过观察和以下试验检验：

安装驱动链轮罩、导板和锯链后，在链锯机身区域范围内使用直形试验探针（见图 105）从驱动链轮罩的顶部、后部、两侧施加一个不超过 5 N 的力，不应触及驱动链轮和锯链。

19.105 锯链限块

链锯应在锯链下方尽可能靠前端的部位装有锯链限块。锯链限块应从导板中心平面向侧面伸出至少 5 mm。

通过观察和测量来检验。

19.106 （空）

19.107 反弹伤害的防护

链锯的设计应尽可能减少因反弹而造成伤害的风险。

19.107.1 链锯应装有一个手动触发链制动来停止（制动）锯链的运动，（该制动）是通过将前手柄挡板推向远离操作者的方向来操作。

如果链锯配有符合 19.107.2 要求的非手动触发链制动或者满足以下要求，则不需要手动触发链制动：

——锯链的最大速度不超过 5 m/s；且

——不带导板前端护罩的锯割长度不超过 300 mm。

通过观察，并用配有 8.14.2 中明确的锯链和导板的链锯进行测量来检查。

19.107.1.1 手动触发链制动的静态触发力应设计得不大于 60 N 且不小于 20 N。

通过以下试验来检验。

当电源开关处于“接通”位置并且链锯与电源断开时，应在前手柄挡板的顶部(水平)的中心，且相对于导板中心线前下方 45°方向上测量触发制动需要施加在前手柄挡板上的力，见图 106。

应以均匀的速度施加力。

19.107.1.2 平均制动时间不应超过 0.12 s，且最大制动时间不应超过 0.15 s。

通过以下试验来检验。

链锯和锯链张力应按 8.14.2 明确的正常使用进行调整。在开始测试之前，链锯应用电源开关运行 10 次“接通/关断”的循环进行磨合。一个循环包括 30 s 运行和 30 s 停歇。磨合后，应根据制造商的建议调整锯链张力。如果没有提供建议，则按通用方法调整，即当锯链下部在锯割长度的中心悬挂 1 kg 质量时，锯链侧链节与导板之间的间隙为每毫米导板长度至少 0.017mm。

按正常使用润滑锯链，并在额定电压和最大速度下运行工具，通过摆锤的冲击使前手柄挡板移动。该摆锤的质量为 0.70 kg，冲击平面的直径为 50 mm，臂长为 700 mm。摆锤下落高度应为 200 mm。按照 5.101 要求用来实现最大速度的任何特殊硬件和/或软件不应影响链制动的制动性能。锯链停止的时间应从与前手柄挡板撞击的瞬间开始测量(见图 107)。

链制动应总共操作 25 次。应由最初 5 次和最末 5 次的制动操作确定链锯的最长制动时间和平均制动时间。

当两个连续驱动链节(见图 108 中的尺寸 a)通过固定点的时间超过 5 ms 时，即认为锯链停止。

试验应以 2 min 的间隔时间进行，其包括摆锤每次冲击前的空载运行 1 min。紧接着在链制动动作和锯链停止后，在剩余的间隔时间内应关断链锯。在关断期间，链制动操动机构应被复位。

19.107.2 锯链最大速度超过 15 m/s 的链锯应配备非手动触发链制动，该制动在发生反弹时应足够灵敏。

通过观察和 GB/T 20456 的试验来检验，试验时电源开关在“接通”位置且链锯与电源断开。对于锯割长度小于 500 mm 的，应适用发动机排量≤40 cm^3 的林用链锯的阈值等级。对于锯割长度大于或等于 500 mm 的，应适用发动机排量＞40 cm^3 的林用链锯的阈值等级。

19.107.2.1 如果非手动触发链制动的操动不依靠前手柄挡板，则制动时间要求应按照 19.107.1.2 的规定。

通过 19.107.1.2 描述的试验来检验。但是要采用合适的布置替代摆锤，以测量从非手动触发链制动检测到模拟反弹发生的那一刻直到锯链停止的时间。

注：合适的测试布置示例包括使用计时装置、传感器、高速摄像机等。

19.107.2.2 如果通过前手柄挡板触发非手动触发链制动功能，则 19.107.1.2 中规定的制动时间应适用。

通过 19.107.1.2 描述的试验来检验。如果已经对手动触发链制动进行了该试验，则不需要重复试验。

19.107.3 链制动(如有)触发后，如果没有以下任意一项刻意操作，锯链的运动应停止，并且链锯的运行不得恢复：

——断开并重新接通电源开关;或者

——如果链制动的操作状态通过位置或其他方式识别,则重置前手柄挡板。

通过观察和手试来检验。

19.107.4 应采用 8.14.2 中明确的能产生最不利结果的导板和锯链组合获得计算的反弹角度或锯链停止角度。在测得的两个角度中取较小者,且所测得的角度不应大于 45°。

注:最不利的组合可以通过先在单个导板上测试以获得最坏结果的锯链,然后单独在最坏结果的锯链上试验获得最坏结果的导板来确定。

如果链锯的导板配有前端护罩,则无论该护罩是可拆卸的还是永久固定的,在试验前都应将其拆除。

中密度纤维板(MDF)样品应符合 ISO 9518 的规定。

通过根据 ISO 9518 获得计算的反弹角度或锯链停止角度来检查。

19.108 导板罩

应为链锯提供防护罩盖住导板以防止搬运时的伤害。

当导板处于垂直向下位置时,导板罩的移动不应大于 50 mm。

当导板调整到其最大长度并且导板罩完全覆盖在导板上时,导板顶部或底部暴露的锯链不应大于 50 mm。

通过观察和测量来检验。

19.109 锯链张紧

链锯应配置能张紧锯链的装置。

通过观察来检验。

19.110 锯链润滑

锯链最大速度大于或等于 5 m/s 的链锯应配备润滑锯链的装置。

如果链锯配有手动润滑控制装置,在定位成正常作业位置双手握持链锯时应能对其进行操作。

通过观察来检验。

19.111 平衡

链锯应保持纵向平衡。

通过以下试验来检验。

链锯应按照 8.14.2 装上能产生最不利结果的导板和锯链。润滑油箱(如有)应为半满。应安装防滑齿(如有)。在电源线伸出链锯处将其去除,或者如果配有电缆护套则在电源线伸出护套处将其剪除。如果链锯配有器具进线座,则进线座上无连接装置。不应安装链锯导板罩。

链锯应由前手柄支撑并使导板平面垂直。该支撑应产生尽可能低的摩擦力以允许链锯转动。可以使用一段尺寸合适的滚珠轴承来实现低摩擦。见图 109。

如图 109 所示,导板中心线与水平面之间的夹角 α 应不超过±30°。

19.112 跑停时间

应限制链锯的跑停时间。

通过以下试验来检验。

链锯和锯链张力应按 8.14.2 明确的正常使用进行调整。在开始试验前,链锯应用电源开关运行

10 次"接通/关断"循环进行磨合。一个循环包括 30 s 运行和 30 s 停歇。磨合后，应根据制造商的建议调整锯链张力。如果没有提供建议，按通用方法调整，即当锯链下部在锯割长度的中心悬挂 1 kg 质量时，锯链侧链节与导板之间的间隙为每毫米导板长度至少 0.017 mm。

试验在空载下进行。试验程序包括总共 2 500 个循环。

对起初 6 个操作循环，锯链的跑停时间应不超过 2 s，并且对试验程序的最后 6 个循环，锯链的跑停时间应不超过 3 s。

停止时间测量从电源开关操动释放时刻起到锯链停止时刻结束。当两个连续驱动链节(见图 108 中的尺寸 a)通过固定点的时间超过 5 ms 时，即认为锯链停止。

20 机械强度

除下述条文外，GB/T 3883.1—2014 的这一章适用。

20.1 增加：

忽略导板、锯链和锯链限块的损坏。

在进行电气强度试验之前，当链锯在六个正交方向上各保持 30 s 时，润滑剂不应从油箱和油箱盖的裂缝中泄漏。经过通风系统的渗漏不认为失效。

20.3.1 替换：

根据 8.14.2 完成组装并清空润滑油箱，链锯从 1 m 高处跌落到混凝土表面总共 3 次。对于这 3 次跌落，试样在 3 个最不利的位置进行测试，工具的最低点在混凝土表面上方 1 m 处。应避免二次跌落。

注：绳是避免二次跌落的方法之一。

如果 8.14.2 要求提供并安装配件，则要将每个配件或配件组合安装在单独的工具试样上重复测试。

试验后，润滑油箱按 8.14.2 加注至最高液位。

20.101 手柄

手柄应具有持久耐用的结构，能够承受正常工作条件下的应力。

按照 ISO 7915 规定的手柄强度试验方法来检验，施加的试验力应适用排量≤50 cm^3 的工具。

20.102 前手柄挡板和后手柄挡板

前手柄挡板和后手柄挡板应具有耐久的结构并能承受正常工作条件下的冲击。

通过 ISO 6534 的动态和耐久性测试来检验。对于 ISO 6534:2007 的 5.2，温度应为(－10±3)℃。

20.103 锯链限块应具有足够的机械强度。

通过观察和按照 ISO 10726:1992 第 3 章和第 4 章规定的强度试验方法来检验。对于 ISO 10726:1992 的 4.1，温度应为(－10±3)℃。

21 结构

除下述条文外，GB/T 3883.1—2014 的这一章适用。

21.18 替换：

链锯电源开关的附加要求见 21.18.101 和 21.18.102。

21.18.101 21.17 所要求的电源开关应为不带接通锁定装置的瞬动电源开关，操作者无需释放任何 19.101 中要求的手柄或握持就能接通和断开电源开关。

当 21.18.102 中规定的断开锁定功能处于解锁状态时,链锯应在电源开关操动后 1 s 内运行。

只有当链制动(如有)在未触发状态链锯才能运行。

通过观察和手试来检验。

21.18.102　工具应配有带断开锁定装置的电源开关,使得锯链在接通前至少需要两个单独且不同的动作。应不可能在 8.14.2 b)6)确定的任何握持表面内用一个单一握持或直线动作完成这两个动作。

在电源开关能够驱动锯链之前,应操动断开锁定装置和操作者在场传感器(如有)。

在电源开关被触发之前,如果符合下述条件,则不必维持断开锁定装置的操动:

——电源开关或操作者在场传感器(如有)在断开锁定装置释放后 5 s 内触发;且

——断开锁定装置释放后立即有视觉或听觉的指示,直至电源开关被触发;

或者

——操作者在场传感器(如有)在断开锁定装置释放前被触发。

注:视觉或听觉的指示仅用于指示工具的状态。

工具应在电源开关被释放后 1 s 内恢复到最初的断开锁定状态(如至少要求两个单独且不同的动作来启动锯链),除非:

——配有操作者在场传感器;且

——手没有从操作者在场传感器上释放。

通过观察、测量和手试来检验。

此外,对于位于 8.14.2 b)6)确定的任何握持面内的断开锁定装置,可通过以下的试验来确定是否用一个单一握持或直线动作可操动电源开关和断开锁定装置:

断开锁定装置应不能被一个直径为 25 mm、长 75 mm 的圆棒以任意方向在施加不超过 20 N 的力所操动。圆棒的圆柱形表面应桥接断开锁定装置的表面以及任何临近该锁定装置的表面。

21.101　锯割长度的确定

锯割长度 L 应在导板调整到其可调位置的中间点的情况下进行测量。测量应按照下面 a)～d)沿导板的中心线进行。

a)　对于没有导板前端护罩且没有提供防滑齿或防滑齿可拆卸的链锯,锯割长度 L 确定为 $L=L_1+L_3$,如图 102a)所示,其中:

——L_1 是从链锯主体(A)到导板前端的距离(不包括导板前端链轮,如有);且

——L_3 为 6 mm,为锯链带有锯割刀片部分的高度的近似值。

b)　对于没有导板前端护罩且防滑齿永久固定的链锯,锯割长度 L 确定为 $L=L_2+L_3$,如图 102a)所示,其中:

——L_2 是防滑齿上最靠近导板中心线的齿根部(B)到导板前端的距离;且

——L_3 为 6 mm,为锯链带有锯割刀片部分的高度的近似值。

c)　对于有导板前端护罩且没有提供防滑齿或者防滑齿可拆卸的链锯,则锯割长度 L 确定为 $L=L_1$,如图 102b)所示,其中 L_1 是从链锯主体(A)和导板前端护罩的内侧部分的距离。

d)　对于有导板前端护罩且防滑齿永久固定于链锯上的链锯,锯割长度 L 确定为 $L=L_2$,如图 102b)所示,其中 L_2 是从防滑齿上最靠近导板中心线的齿根部到导板前端护罩的内侧部分的距离。

21.102　操作者在场传感器

如果有操作者在场传感器,则应位于带电源开关的手柄或握持表面内。

不需要将操作者在场传感器设计成能够区分操作者的手和其他物体。

操作者在场传感器的功能可以通过机械、电气或电子的组合方式实现。

注：图 101 显示了操作者在场传感器的示例。

通过观察来检验。

21.103 防滑齿

链锯可以：

——配备防滑齿(见图 101)；或

——有一个预留安装位置。

注：防滑齿为操作者对某些类型的锯割提供了便利。

通过观察来检验。

21.104 导板前端护罩

链锯可配备导板前端护罩(见图 102b))。

注：如果提供了导板前端护罩，则会影响 21.101 中的锯割长度。

通过观察来检验。

22 内部布线

GB/T 3883.1—2014 的这一章适用。

23 组件

除下述条文外，GB/T 3883.1—2014 的这一章适用。

23.1.10.1 第六段改换为：

关于耐久性，开关应进一步分类如下：

链锯电源开关——50 000 次循环。

增加：

不认为与链制动相关的辅助开关(如有)是电源开关，并且在耐久性方面应分类为——10 000 次循环。

23.1.10.2 第三段的修改：

链锯的电源开关循环试验的次数为 50 000 次。

23.3 增加：

保护装置(例如过载或过温保护装置)或切断链锯的电路应为非自动复位型。

24 电源联接和外接软线

除下述条文外，GB/T 3883.1—2014 的这一章适用。

24.1 替换：

工具应配置下列一种电源联接装置：

——一个至少符合 8.1 工具标志的防水等级的器具进线座；

——长度为 0.2 m 到 0.5 m、装有插头或至少与工具在 8.1 标称相同防水等级的其他连接器的电源线。

插头、连接器和进线座应符合工具的额定值。

通过观察和测量来检验。

软线长度测量是从软线伸出工具处到软线与插头或连接器的连接处。软线护套伸出工具的长度或超出插头主体的长度计入软线长度。

24.4 修改：

电源线应至少采用重型氯丁橡胶护层软线[GB/T 5013.4—2008 的 60245 IEC 66(YCW)]。

通过观察来检验。

25 外接导线的接线端子

GB/T 3883.1—2014 的这一章适用。

26 接地保护装置

GB/T 3883.1—2014 的这一章适用。

27 螺钉和联接件

GB/T 3883.1—2014 的这一章适用。

28 爬电距离，电气间隙和绝缘穿通距离

GB/T 3883.1—2014 的这一章适用。

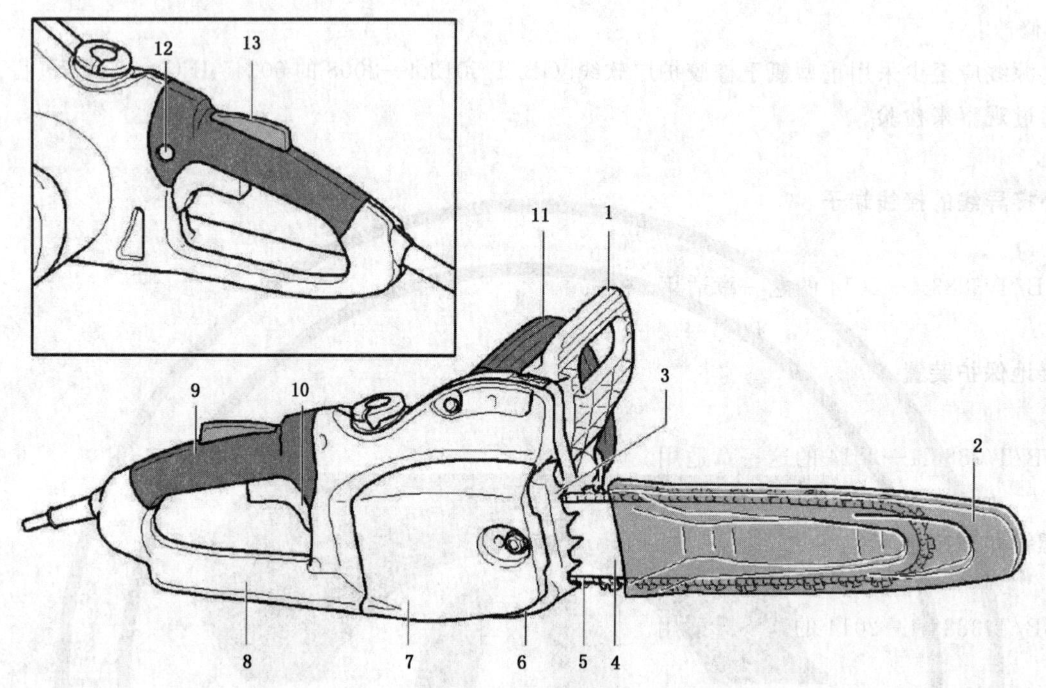

标引序号说明：

1 ——前手柄挡板；

2 ——导板罩；

3 ——防滑齿；

4 ——导板；

5 ——锯链；

6 ——锯链限块；

7 ——驱动链轮罩；

8 ——后手柄挡板；

9 ——后手柄；

10——电源开关；

11——前手柄；

12——断开锁定装置；

13——操作者在场传感器。

图 101 链锯专用术语

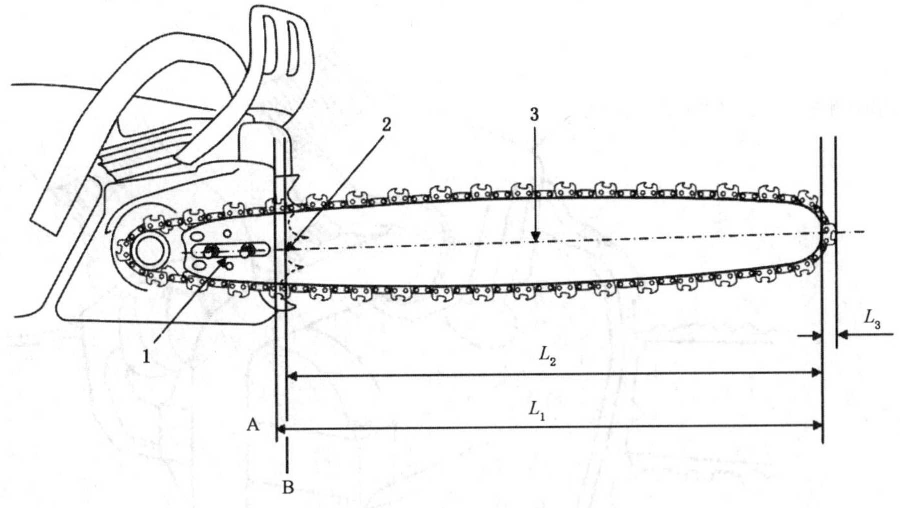

a） 无导板前端护罩的链锯

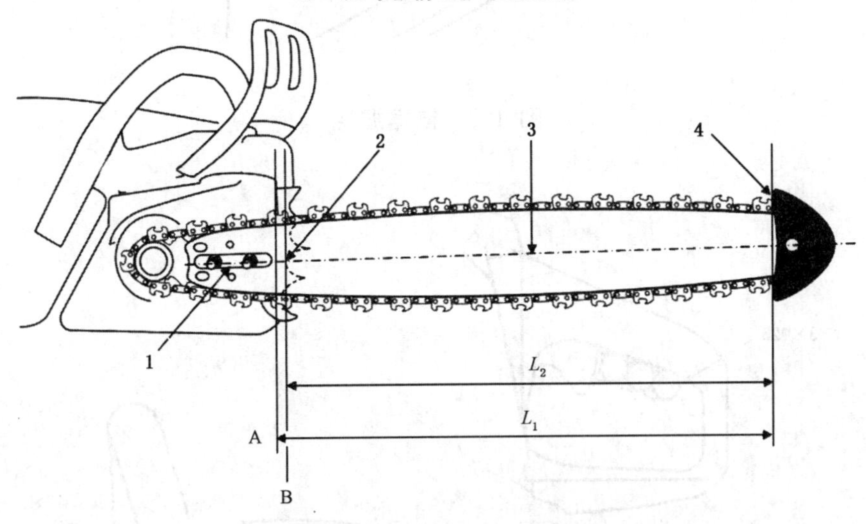

b） 有导板前端护罩的链锯

标引序号说明：

1 ——导板；

2 ——防滑齿；

3 ——导板中心线；

4 ——导板前端护罩；

A ——链锯主体；

B ——防滑齿上最靠近导板中心线的齿根部；

L_1 ——从A到导板前端的距离（对于没有导板前端护罩的链锯）或从A到导板前端护罩的内侧部分的距离；

L_2 ——从B到导板前端的距离（对于没有导板前端护罩的链锯）或从B到导板前端护罩的内侧部分的距离；

L_3 ——6 mm（锯链带有锯割刀片部分的高度的近似值）。

图 102 锯割长度

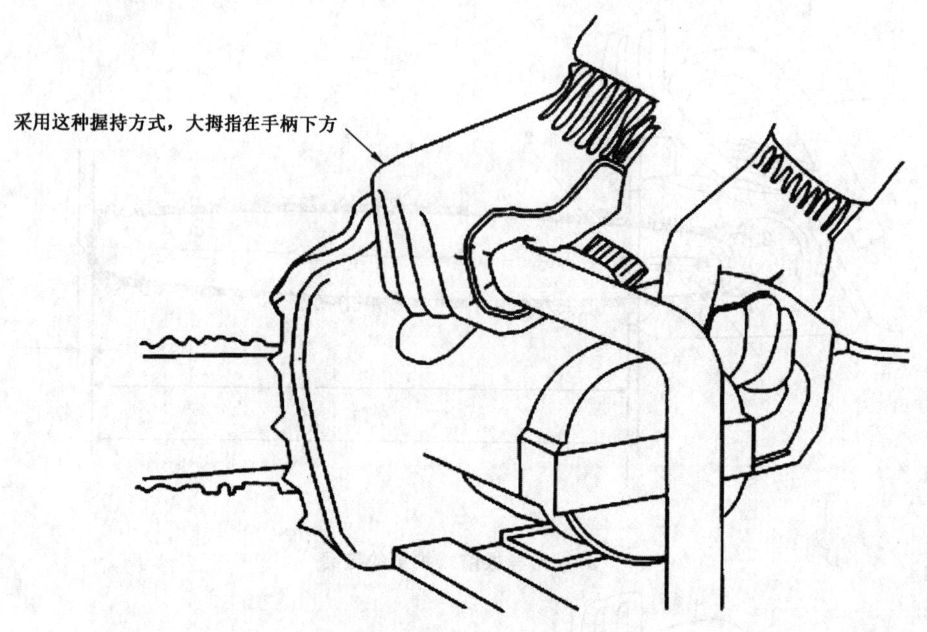

图 103　链锯握持

单位为毫米

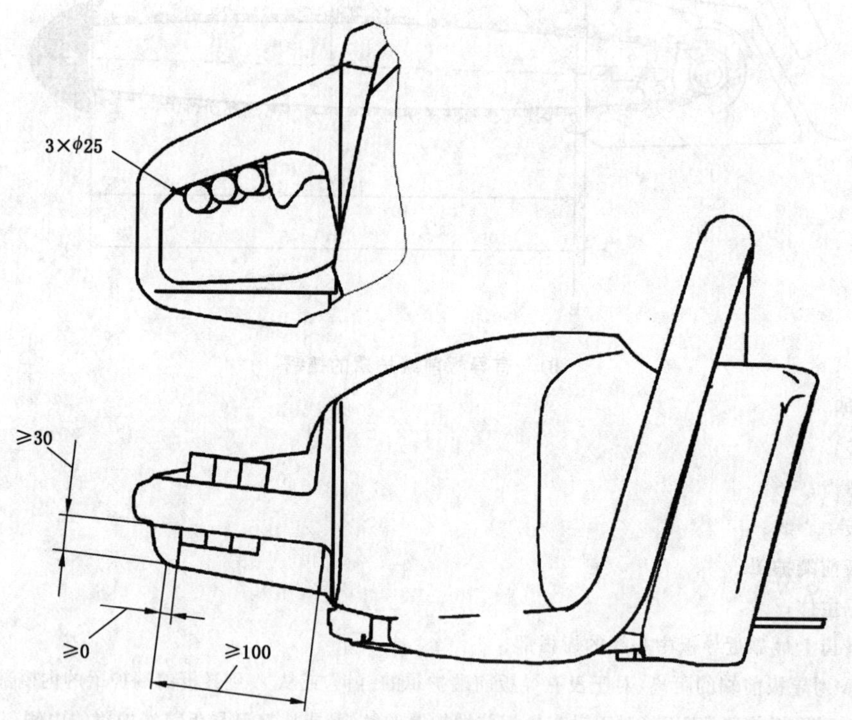

图 104　后手柄挡板的最小尺寸

单位为毫米

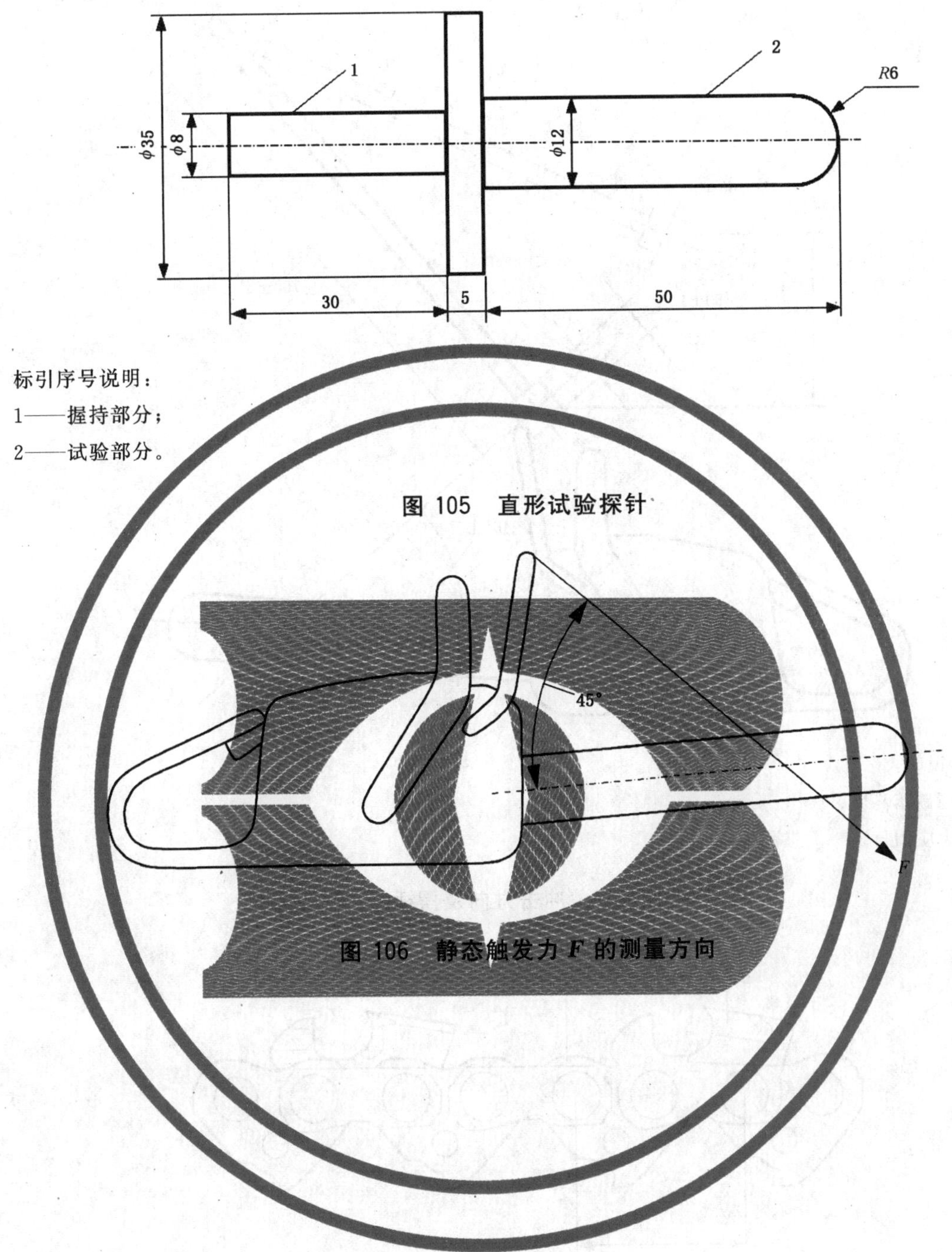

标引序号说明：

1——握持部分；

2——试验部分。

图 105　直形试验探针

图 106　静态触发力 **F** 的测量方向

单位为毫米

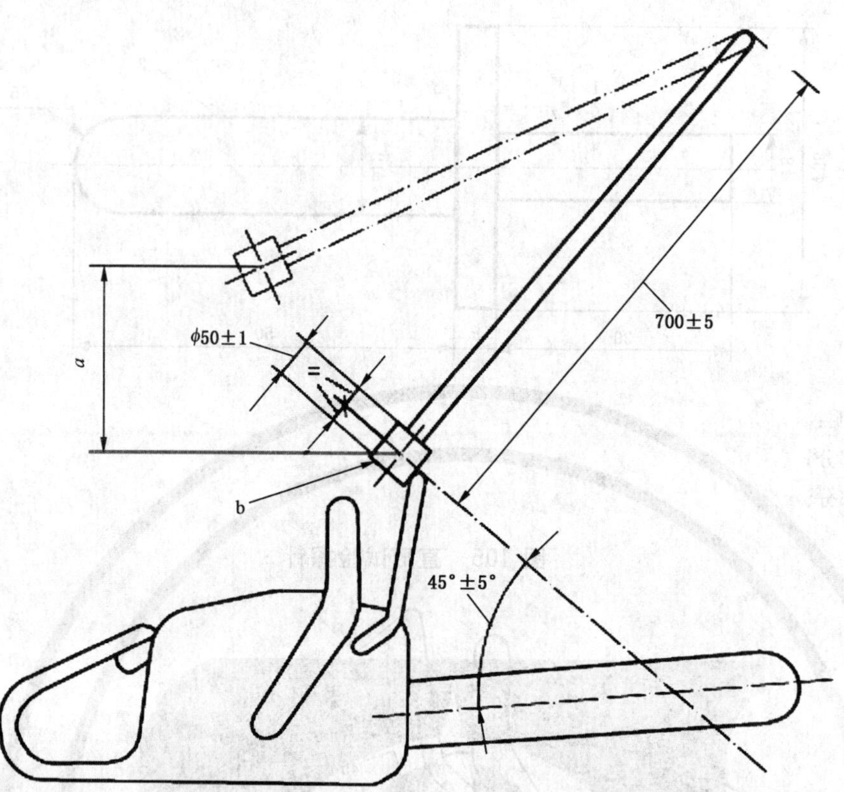

标引序号说明：

a——摆锤跌落高度；

b——锐边应倒角。

图 107　冲击方向及摆锤

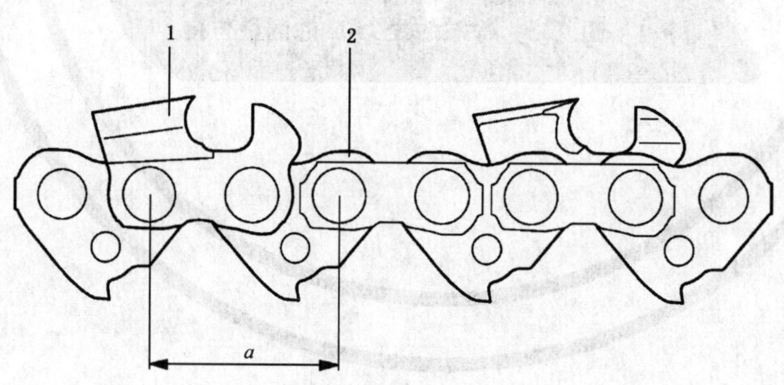

标引序号说明：

1——锯割刀片；

2——驱动链节；

a——驱动链节之间的距离。

图 108　锯链驱动链节间距

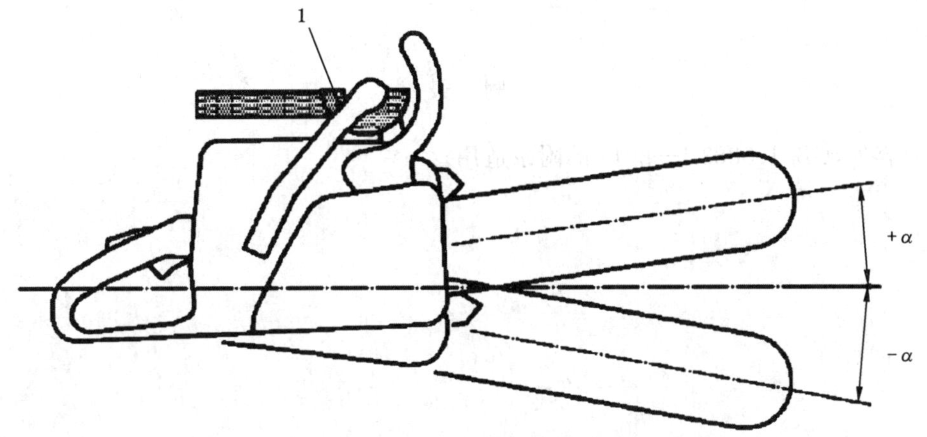

标引序号说明：

1——一段滚珠轴承或等效件；

α——导板中心线与水平面之间的角度。

图 109　链锯平衡

附　录

除以下内容外，GB/T 3883.1—2014 的附录适用。

附 录 I
（资料性）
噪声和振动的测量

I.2 噪声测试方法（工程法）

除下述条文外，GB/T 3883.1—2014 的这一章适用。

I.2.2 声功率级测试

替换：

声功率级的测量应按图 I.101 和 GB/T 3767—2016 的规定使用半球表面测量，该标准给出了测量声音环境、仪器仪表、测量量、待确定的数量，以及测量程序。

声功率级应以 A 计权声功率级给出，单位参考 1 pW 的 dB 值。确定声功率时用到的 A 计权的声压级应直接测量，而不是由频段数据计算得出。测量应在户外或室内基本自由场内进行。

I.2.2.1 GB/T 3883.1—2014 的该条不适用。

I.2.2.2 GB/T 3883.1—2014 的该条不适用。

I.2.2.3 园林工具

替换：

户外试验环境应是一个平坦的开放空间（如果有斜坡的话，坡度不应大于 5/100），在一个半径约为半球形测量表面半径三倍的圆形区域内，明显没有反射声音的物体（建筑物、树木、杆、标牌等）。

为了确定声功率级，使用 GB/T 3767—2016 时应有以下修改：

——按图 I.101 和表 I.101 要求放置 6 个传声器测量阵列；

——对于户外和室内的测量，反射面由 I.2.2.101 规定的人工地面或由 I.2.2.102 规定的自然地面来代替。使用天然草坪或其他有机材料的结果再现性可能低于 2 级的精度。如有争议，应在露天和人工地面上根据 I.2.2.101 进行测量；

——测量表面是半径 r 为 4 m 的半球面；

——对于户外测量，$K_{2A}=0$；

——在户外测量时，环境条件应在测量设备制造商规定的范围内。周围的空气温度应在 −10 ℃到 +30 ℃之间，风速应小于 8 m/s，小于 5 m/s 更佳。当风速超过 1 m/s 时，应使用挡风板；

——对于室内测量，环境噪声值应按照 GB/T 3767—2016，并且根据 GB/T 3767—2016 中附录 A 的没有人工地面的条件确定 K_{2A} 的值应≤2 dB 的，此时 K_{2A} 应被忽略；

——测量应使用在 IEC 61672-1 中定义的积分平均声级计；或者使用按照 IEC 61672-1 所定义的带有“缓慢”时间计权特性的设备。

A 计权声功率级 L_{WA}（dB）应根据 GB/T 3767—2016 中 8.6 要求，使用公式（I.101）计算：

$$L_{WA}=\overline{L_{pfA}}+10\lg\left(\frac{S}{S_0}\right) \qquad \text{(I.101)}$$

式中 $\overline{L_{pfA}}$ 由以下公式确定

$$\overline{L_{pfA}}=10\lg\left[\frac{1}{6}\sum_{i=1}^{6}10^{0.1L'_{pA,i}}\right]-K_{1A}-K_{2A}$$

式中：

L_{pfA} ——根据 GB/T 3767—2016 要求的 A 计权表面声压级,单位为分贝(dB);

$L'_{pA,i}$ ——在第 i 个传声器测得的 A 计权表面声压级,单位为分贝(dB);

K_{1A} ——A 计权背景噪声修正;

K_{2A} ——A 计权环境修正;

S ——测量表面的面积,单位为平方米(m^2);

S_0 ——= 1 m^2。

对于半球形测量面,测量表面的面积 S(单位为 m^2)计算公式如下:

$$S = 2\pi r^2$$

式中半球半径 r=4 m

所以,从公式(I.101)得出:

$$L_{WA} = \overline{L_{pfA}} + 20(\text{dB})$$

表 I.101 传声器坐标位置

位置序号	x	y	z
1	+0.65r	+0.65r	0.38r
2	−0.65r	+0.65r	0.38r
3	−0.65r	−0.65r	0.38r
4	+0.65r	−0.65r	0.38r
5	−0.28r	+0.65r	0.71r
6	+0.28r	−0.65r	0.71r

I.2.2.101 人工地面的要求

根据 GB/T 20247—2006 的测量,人工地面应该有如表 I.102 的吸声系数。

表 I.102 吸声系数

频率/Hz	吸声系数	公差
125	0.1	±0.1
250	0.3	±0.1
500	0.5	±0.1
1 000	0.7	±0.1
2 000	0.8	±0.1
4 000	0.9	±0.1

人工地面应放置在一个坚硬的、有反射的表面并位于测量环境的中心,尺寸至少有 3.6 m×3.6 m。支撑结构的构造应确保吸声材料在位后仍符合声音特性的要求。该结构应支撑操作者以避免吸声材料材料受压。

注:有关符合本要求材料和结构的示例参阅附录 CC。

I.2.2.102 自然地面的要求

试验场地中心的地面应平整，具有良好的吸声特性。地面应是森林地面或草坪，草坪或其他有机材料的高度为(50±20)mm。

I.2.3 发射声压级测试

除下述条文外，GB/T 3883.1—2014 的该条适用。

I.2.3.2 GB/T 3883.1—2014 的该条不适用。

I.2.3.3 替换：

根据 I.2.3.1 对链锯给出发射声压级。

注：链锯采用的方法和手持式工具类似，即没有唯一定义的工作场所。可以认为在距离工具 1 m 的声压值是适用的。

I.2.4 电动工具在噪声测试时的安装和固定条件

替换：

工作场所下确定声功率级和发射声压级的安装和固定条件应完全相同。

被测工具应是全新的，安装上 8.14.2 明确的影响声学特性的配件。测试前，工具(包括任何必需的辅助设备)应按 8.14.2 设置，形成一个稳定的工作条件。

A 计权声功率级的测量安装和组装条件应符合 GB/T 5390—2013 的 A.1 和 A.2 的适用于链锯部分的要求。

操作者(如有)不应直接位于任何一个传声器和工具之间。

注：在试验中有操作者可能导致结果不符合 2 级精度要求。

I.2.5 运行条件

替换：

I.2.5.1 总则

工作场所下确定声功率级和发射声压级的操作条件应完全相同。

应在一台新工具上进行测量。

在开始测试前，工具应在 I.2.5.2 或 I.2.5.3 的条件下运行至少 15 min。

应注意测试木材在其支架上的位置不会对测试结果产生不利影响。

I.2.5.2 连接到电网电源的链锯应在额定电压下使用 8.14.2 c) 101)明确的锯链和最长导板在下列两种情况下进行测试：

——使工具运行在空载速度，不改变任何硬件或软件使速度控制位于最高挡(如有)；和

——使用 GB/T 5390—2013 中 A.2.1 规定的水力制动器(或等效方式)使工具运行在额定输入功率或额定电流。

在空载速度下和额定输入功率或额定电流下分别进行 4 次连续声功率级测试。

声功率级 L_{WA}(dB)的结果由下式计算得出：

$$L_{WA}=10\lg\frac{1}{2}\left[10^{0.1L_{W1}}+10^{0.1L_{W2}}\right]$$

式中：

L_{W1}——是在空载速度下进行的四次声功率级测试的算术平均值，小数四舍五入至个位分贝值；

L_{W2}——是在额定输入功率或额定电流下进行的四次声功率级测试的算术平均值，小数四舍五入至个位分贝值。

测量过程中，工具应在稳定的条件下工作。一旦噪声发射稳定，测量间隔时间应至少为 15 s。如果测量在倍频程或三分之一倍频段，频段位于或低于 160 Hz 时最低间隔时间至少为 30 s，频段集中或高于 200 Hz 时最低间隔时间至少为 15 s。

I.2.5.3 电池驱动式链锯应使用满电电池，使用 8.14.2 c)101)明确的锯链和最长导板组合在下列两种情况下进行测试：

——使工具运行在空载速度，不改变任何硬件或软件使速度控制位于最高档(如有)；和

——按照 5.101 使工具运行在空载最大速度。

注：GB/T 5390—2013 A.2.1 中规定的水力制动器(或等效方式)不适用于 I.2.5.3 的测试。

在空载速度下和空载最大速度下分别进行 4 次连续声功率级测试。声功率级 L_{WA}(dB)的结果由下式计算得出：

$$L_{WA}=10\lg\frac{1}{2}\left[10^{0.1L_{W1}}+10^{0.1L_{W2}}\right]$$

式中：

L_{W1}——是在空载速度下进行的四次声功率级测试的算术平均值，小数四舍五入至个位分贝值；

L_{W2}——是在空载最大速度下进行的四次声功率级测试的算术平均值，小数四舍五入至个位分贝值。

在测量过程中，工具应在稳定的条件下工作。一旦噪声发射稳定，测量间隔时间应至少为 15 s。如果测量在倍频程或三分之一倍频段，频段位于或低于 160 Hz 时最低间隔时间至少为 30 s，频段集中或高于 200 Hz 时最低间隔时间至少为 15 s。

I.3 振动

除下述条文外，GB/T 3883.1—2014 的这一章适用。

I.3.3.2 测量位置

增加：

图 I.102 给出了传声器在链锯上的位置。

I.3.5.3 运行条件

增加：

链锯应在符合表 I.103 的负载条件下进行试验。

表 I.103 测试条件

原料	取自新鲜砍伐硬木原木的完好木材，不经风干或冰冻处理的结实木材。原木宽度裁剪为导板可用锯割长度的 75%
工件方向	水平夹紧原木，且其中心线距离地面 (800±100) mm
附件方向	握持链锯，保持导板中心线水平、导板平面垂直
锯割附件	用 8.14.2 c) 101)明确的锯链与最长导板的最不利组合

表 I.103 测试条件(续)

进给力	对于连接到电网电源的链锯,足够的进给力使输入功率达到额定输入功率±10%的范围内。对于电池驱动链锯,足够达到可能的最快锯割而工具不过载的力
测试周期	在基本没有树结的部分进行截断锯割期间测量振动。测量应在通过原木中间三分之一处进行,此时整个导板前端位于原木之外。测试木材与工具的电机部分或防滑齿(如有)之间不得有任何接触。仅导板和锯链与测试木材接触

I.3.6.1 振动值的报告

增加:

每次试验的振动数据应至少从四次测量中获得,每次测量的持续时间至少为 2 s,总计至少为 20 s。每次测量完毕后,应关断链锯。

I.3.6.2 总振动发射值的声明

增加:

应声明手柄的最高总振动发射值 a_h 及其不确定度 K。

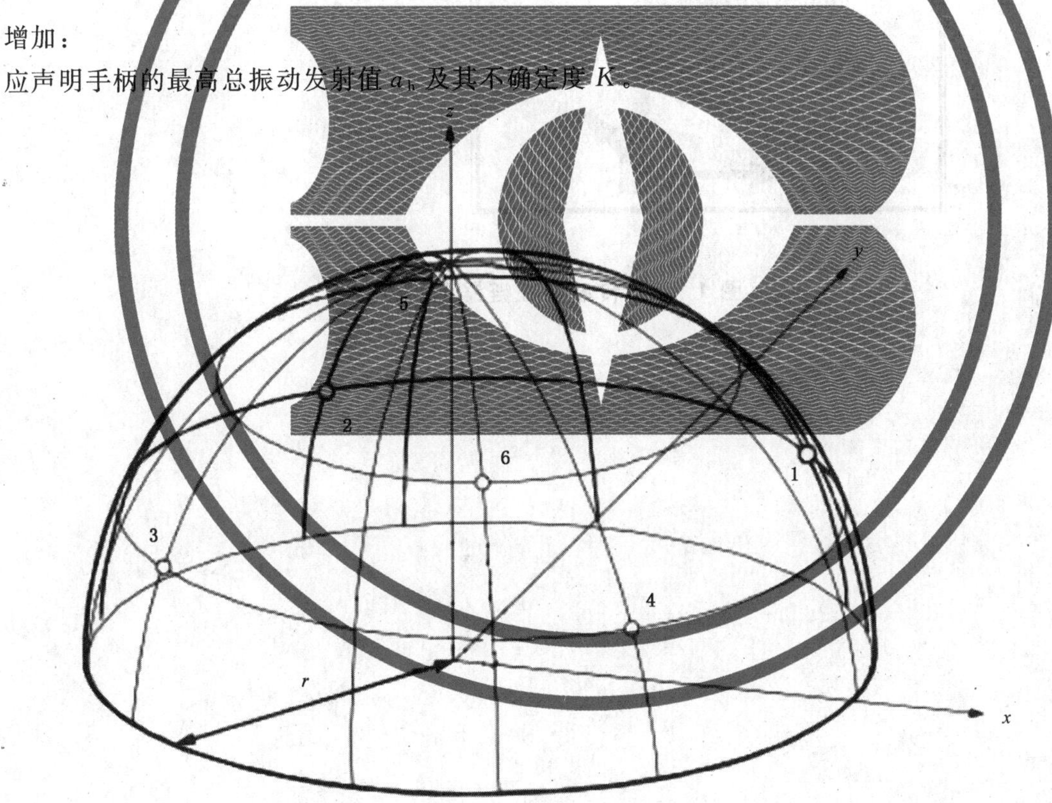

图 I.101 半球面上传声器的位置(见表 I.101)

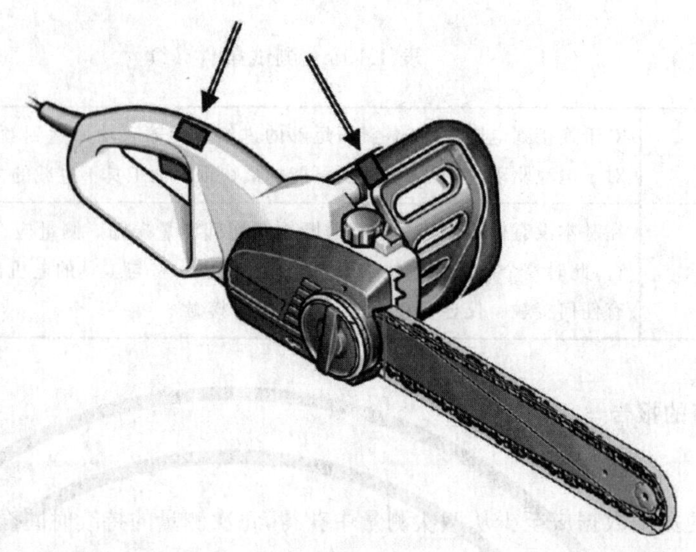

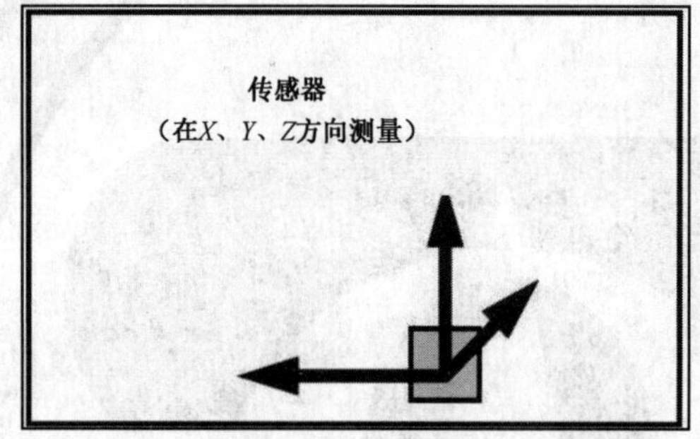

图 I.102　传感器在链锯上的位置

附　录　K
（规范性）
电池式工具和电池包

除非本附录另有规定，则本文件正文的条文适用。除非另有规定，如果该附录出现一个条文的说明，则它将替换本文件正文的相应要求。

K.1　范围

除下述条文外，GB/T 3883.1—2014 的这一章适用。

增加：

本文件适用于单人使用的锯割木材的链锯。

本文件不涵盖与导板和分料刀结合使用的链锯，也不涵盖任何以其他方式（如带支架）使用的链锯，以及用作固定式或可移式工具的链锯。

本文件不适用于：

——符合 GB/T 19726.2 定义的林用链锯；或

——杆式修枝锯。

注 101：杆式修枝锯将由 GB/T 3883 的未来某个部分规定。

本文件所涵盖的链锯只适用于右手位于后手柄、左手位于前手柄的链锯。

K.8　标志和说明书

K.8.14.1.101　链锯安全使用说明

替换 1）c）：

c）　**仅通过绝缘握持面握持链锯，因为链锯可能触及暗线。**锯链碰到带电导线会使链锯外露的金属零件带电而使操作者受到电击。

K.8.14.1.301　链锯的通用安全警告

a）　**在清理堵塞的材料、存储或维修链锯时遵循所有指示。确保开关已关断，电池包已移除。**在清理堵塞的材料或维修时意外操动链锯会造成严重身体伤害。

注 1：以上警告适用于装有分体式电池包或可拆卸式电池包的工具。

b）　**在清理堵塞的材料、存储或维修链锯时遵循所有指示。确保开关已关断，断开锁定装置在锁定位置。**在清理堵塞的材料或维修时意外操动链锯会造成严重身体伤害。

注 2：以上警告适用于装有整体式电池组的工具。

K.8.14.2　b）本文件的 101）和 102）不适用。

增加：

301）使用和调节符合 K.21.301 的任何分体式电池包的支撑装置的说明，以及如何释放或移除分体式电池包的说明。

K.8.14.2　c）增加：

301）对于带整体式电池组的工具，给出在维护或维修时如何禁用工具的说明。

K.8.14.3　如提供工具质量或重量的信息，应为不包括锯链、导板、导板罩、润滑油、电池（整体式电池组除外）和其他可选附件的质量。

如提供有关电池质量或重量的信息，则应包括指定范围内的所有电池。

K.12.2.1 本文件的该条不适用。

K.14 防潮性

除下述条文外，本文件的这一章适用。

K.14.301 电池供电的链锯的防潮性

K.14.301.1 工具的外壳应按工具分类提供相应的防潮等级。8.14.2 中规定的与润滑油一起使用的锯链润滑油箱和润滑系统不适用。

通过工具在 K.14.301.3 的条件下，按 K.14.301.2 规定进行相应处理来检验。

K.14.301.2 工具带可拆卸电池包或分体式电池包进行试验。试验中工具开关处于关断位置。

工具以正常停歇位置摆放在一个有孔的旋转台上。旋转台按照接近 1 r/min 的速度连续旋转。

将电气组件、罩盖和他可拆卸零件都拆下，且如有必要，与工具主体一起经受相关处理。不可拆卸零件且不能自动复位的可移动罩盖放置在最不利的位置。

注：自动复位的罩盖示例包括依靠弹力复位或依靠自重关闭。

高于 IPX0 的电池组根据其分类等级单独试验。

K.14.301.3 非 IPX0 的工具经受如下 GB/T 4208 的试验：

——IPX1 工具经受 14.2.1 规定的试验；

——IPX2 工具经受 14.2.2 规定的试验；

——IPX3 工具经受 14.2.3 规定的试验；

——IPX4 工具经受 14.2.4 规定的试验；

——IPX5 工具经受 14.2.5 规定的试验；

——IPX6 工具经受 14.2.6 规定的试验；

——IPX7 工具经受 14.2.7 规定的试验，试验中将工具浸在含约 1%氯化钠(NaCl)的水中。

紧接在相应的处理后，观察结果应表明在绝缘上没有会使爬电距离和电气间隙减小到 K.28.1 规定值以下的水迹。

K.17.2 本文件的该条不适用。

K.18.3 本文件的该条不适用。

K.18.5 本文件的该条不适用。

K.19.107.4 增加：

在进行试验时，应考虑不同选配电池的重量，以确定最不利的情况。

K.19.111 替换：

链锯应保持纵向平衡。

通过以下试验来检验。

链锯应按照 8.14.2 和 K.8.14.2 装上能产生最不利结果的导板、锯链和可拆卸电池包。如果链锯是通过分体式电池包供电，在连接线伸出链锯处将其去除，或者如果配有电缆护套或适配装置，则在连接线伸出电缆护套处或适配装置将其去除。润滑油箱应为半满。应安装防滑齿(如有)。不应安装导板罩。

链锯应由前手柄支撑并使导板平面垂直。该支撑应产生尽可能低的摩擦力以允许链锯转动。可以使用一段尺寸合适的滚珠轴承来实现低摩擦。见图 109。

如图 109 所示，导板的中心线与水平面之间的夹角 α 不应超过±30°。

K.20.1 除下述条文外,GB/T 3883.1—2014 的该条适用。

增加:

忽略导板、锯链和锯链限块的损坏。

当链锯在六个正交方向上各保持 30 s 时,润滑剂不应从油箱和油箱盖的裂缝中泄漏。经过通风系统的渗漏不被认为失效。

K.20.3.1 根据 8.14.2 完成组装并清空润滑油箱,安装任何可拆卸电池包后将链锯从 1 m 高处跌落到混凝土表面共 3 次。对于 3 次跌落,试样在 3 个最不利的位置进行测试,工具的最低点应高于混凝土地面 1 m。应避免二次跌落。测试中不安装可分离附件。

注:系绳是避免二次跌落的方法之一。

对带有可拆卸电池包的工具,在不带可拆卸电池包的情况下重复跌落 3 次。每组 3 次跌落可以使用新试样。测试中不安装可分离附件。

此外,对于可拆卸电池包或分体式电池包,再重复对电池包进行 3 次单独试验。

如果 8.14.2 要求提供并安装配件,则试验中需要带配件或不带配件的组合进行跌落,跌落可以采用单独的试样并且装上可拆卸电池包或分体式电池包。

试验后,润滑油箱按照 8.14.2 加注至最高液位。

K.21.301 对于按照 K.8.14.2 b)301)需要操作者身体支撑的分体式电池包应提供一个支撑装置或配件。

可以通过提供一个肩带、背带或其他支持装置或配件的方式来符合以上要求。

任何肩带或背带应能根据操作者体型进行调节,且其操作应符合 K.8.14.2 b)301)。

肩带或背带应:

——设计得易于移除;或

——配有快速释放装置

以确保分体式电池包能从操作者身上被移除或快速释放。

快速释放装置应位于肩带与分体式电池包之间,或肩带与操作者之间。快速释放装置应仅能通过操作者的有意动作而分离。快速释放装置应设计得在工具本身的重量下能够打开。快速释放装置应只需要使用单手且释放点不应超过 2 个。

注:释放点的示例是释放前需要用拇指和其他手指进行挤压的搭扣,例如侧面释放搭扣。

如果左右背带在操作者身体前面没有互相连接,则双肩肩带的设计也认为是易于移除的。如果在左右背带之间提供了连接带,当左右肩带之间的连接带在工具自重下可以只用一只手释放并且释放点不超过 2 个,则这种设计也被认为是易于移除的。

释放机构应仅允许操作者有意识的动作而分离。

通过观察和使用 K.8.14.2 e)明确的最重分体式电池包的功能试验来检验。

K.23.1.10.1 本文件的该条不适用。

K.23.1.10.2 本文件的该条不适用。

K.23.301 不认为与链制动相关的辅助开关(如有)是电源开关,但其应符合 K.23.1.10 和 K.23.1.201 的要求。

通过相关试验来检验。

K.24 电源联接和外接软线

除下述条文外,本文件的这一章不适用:

K.24.301 对于带有分体式电池包的工具,外接软电缆或软线应有固定装置以使工具内用于连接的导线不会承受包含扭曲在内的应力且能防止磨损。

通过观察来检验。

K.24.302 如果工具带分体式电池包，则操作者应在正常操作中不借助工具就可以断开分体式电池包与工具的连接。

通过观察来检验。

附 录 L

(规范性)

提供电源联接或非隔离源的电池式工具和电池包

除非本附录另有规定,则本文件正文的条文适用。除非另有规定,如果该附录出现一个条文的说明,则它将替换本文件正文的相应要求。

L.1 范围

除下述条文外,GB/T 3883.1—2014 的这一章适用。

增加:

本文件适用于单人使用的锯割木材的链锯。

本文件不涵盖与导板和分料刀结合使用的链锯,也不涵盖任何以其他方式(如带支架)使用的链锯,以及用作固定式或可移式工具的链锯。

本文件不适用于:

——符合 GB/T 19726.2 定义的林用链锯;或

——杆式修枝锯。

注 101:杆式修枝锯将由 GB/T 3883 的未来某个部分规定。

本文件所涵盖的链锯只适用于右手位于后手柄、左手位于前手柄的链锯。

L.8 标志和说明书

L.8.14.1.101 链锯安全使用说明

替换 1)中的 c)项:

c) **仅通过绝缘握持面握持链锯,因为链锯可能触及暗线。**锯链碰到带电导线会使链锯外露的金属零件带电而使操作者受到电击。

L.8.14.1.301 链锯的通用安全警告

a) **在清理堵塞的材料、存储或维修链锯时遵循所有指示。确保开关已关断,电池包已移除。**在清理堵塞的材料或维修时意外操动链锯会造成严重身体伤害。

注 1:以上警告适用于装有分体式电池包或可拆卸式电池包的工具。

b) **在清理堵塞的材料、存储或维修链锯时遵循所有指示。确保开关已关断,断开锁定装置在锁定位置。**在清理堵塞的材料或维修时意外操动链锯会造成严重身体伤害。

注 2:以上警告适用于装有整体式电池组的工具。

L.8.14.2 b)增加:

301)使用和调节符合 L.21.301 的任何分体式电池包的支撑装置的说明,以及如何释放或移除分体式电池包的说明。

L.8.14.3 如提供工具质量或重量的信息,应不包括锯链、导板、导板罩、润滑油、电池(整体式电池组除外)和其他可选附件的质量。

L.19.107.4 增加:

在进行试验时,应考虑不同选配电池的重量,以确定最不利的情况。

L.19.111 替换:

链锯应保持纵向平衡。

通过以下试验来检验。

链锯应按照 8.14.2 和 L.8.14.2 装上能产生最不利结果的导板、锯链和可拆卸电池包。如果链锯是通过分体式电池包供电，在连接线伸出链锯处将其去除，或者如果配有电缆护套或适配装置，则在连接线伸出电缆护套或适配装置处将其去除。润滑油箱应为半满。应安装防滑齿(如有)。不应安装导板罩。

链锯应由前手柄支撑并使导板平面垂直。该支撑应产生尽可能低的摩擦力以允许链锯转动。可以使用一段尺寸合适的滚珠轴承来实现低摩擦。见图 109。

如图 109 所示，导板的中心线与水平面之间的夹角 α 不应超过 $\pm 30°$。

L.20.1 除下述条文外，GB/T 3883.1—2014 的该条适用。

增加：

忽略导板、锯链和锯链限块的损坏。

当链锯在六个正交方向上各保持 30 s 时，润滑剂不应从油箱和油箱盖的裂缝中泄漏。经过通风系统的渗漏不被认为失效。

L.20.201 增加：

试验结束后，当链锯在 6 个正交方向上各保持 30 s 时，润滑剂不应从油箱和油箱盖的裂缝中泄漏。经过通风系统的渗漏不被认为失效。

L.20.202 对于链锯，L.20.301 适用。

L.20.301 链锯按照 8.14.2 完全组装但不连接到电网电源或非隔离电源，润滑油箱内放空，安装任何可拆卸电池包后从 1 m 高处跌落到混凝土表面共 3 次。对于 3 次跌落，试样在 3 个最不利的位置进行测试，工具的最低点应高于混凝土地面 1 m。应避免二次跌落。测试中不安装可分离附件。

注：系绳是避免二次跌落的方法之一。

对带有可拆卸电池包的工具，在不带可拆卸电池包的情况下重复跌落 3 次。每组 3 次跌落可以使用新试样。测试中不安装可分离附件。

此外，对于可拆卸电池包或分体式电池包，再重复对电池包进行 3 次单独试验。

如果 8.14.2 要求提供并安装配件，则试验中需要带配件或不带配件的组合进行跌落，跌落可以采用单独的试样并且装上可拆卸电池包或分体式电池包。

试验后，润滑油箱按照 8.14.2 加注至最高液位。

L.21.301 对于按照 L.8.14.2 b)301)需要操作者身体支撑的分体式电池包应提供一个支撑装置或配件。

可以通过提供一个肩带、背带或其他支持装置或配件的方式来符合以上要求。

任何肩带或背带应能根据操作者体型进行调节，且其操作应符合 L.8.14.2 b)301)。

肩带或背带应：

——设计得易于移除；或

——配有快速释放装置

以确保分体式电池包能从操作者身上被移除或快速释放。

快速释放装置应位于肩带与分体式电池包之间，或肩带与操作者之间。快速释放装置应仅能通过操作者的有意动作而分离。快速释放装置应设计得在工具本身的重量下能够打开。快速释放装置应只需要使用单手且释放点不应超过 2 个。

注：释放点的示例是释放前需要用拇指和其他手指进行挤压的搭扣，例如侧面释放搭扣。

如果左右背带在操作者身体前面没有互相连接，则双肩肩带的设计也认为是易于移除的。如果在左右背带之间提供了连接带，当左右肩带之间的连接带在工具自重下可以只用一只手释放并且释放点不超过 2 个，则这种设计也被认为是易于移除的。

释放机构应仅允许操作者有意识的动作而分离。

通过观察和使用按 L.8.14.2 e)明确的最重分体式电池包的功能试验来检验。

L.24.1 修改为：

本条也适用于非隔离源和工具之间的软电线。

L.24.4 修改为：

除了提供给非隔离源和工具之间的软线不应配有能直接连接到电网电源的插头以外，本条适用。

L.24.301 如果工具带分体式电池包，则操作者应在正常操作中不借助工具就可以断开分体式电池包与工具的连接。

通过观察来检验。

附 录 AA
（规范性）
安全标志

1） 不要暴露在雨中
（资料来源:IEC 60745-2-13:2009，附录 AA）

2） 如电缆损坏或被割破,应立即从电源上拔掉插头
（资料来源:IEC 60745-2-13:2009，附录 AA）

3） 佩戴护目镜
（资料来源:IEC 60745-2-13:2009，附录 AA）

4） 佩戴护目镜的替代

5） 佩戴耳罩
（资料来源:IEC 60745-2-13:2009，附录 AA）

6） 可选择标志：佩戴护目镜和耳罩

7） 可选择标志：佩戴护目镜和安全帽

8） 可选择标志：佩戴护目镜、耳罩和安全帽

附 录 BB
（资料性）
关于基本伐木、打枝和截断作业的适当技巧示例

BB.1 伐木

在由两名或以上人员同时进行横切/竖切及伐木作业时，应将伐木作业与横切/竖切作业隔开至少两倍于被砍伐树木高度的距离。伐木不应危及任何人、破坏任何设施线缆或造成任何财产损失。如果确实会碰到设施线缆，应立即通知有关公司。

因为树被砍倒后可能会滚动或下滑，链锯操作者应保持在地形的上坡一侧。

在锯割开始之前，必要时应计划并明确给出一条撤离路线。如图 BB.101 所示，撤离路线应向后并呈对角线延伸到树木预期倒下线的后方。

在开始伐木前，要考虑树木的自然倾斜度、较大树枝的位置和风向，以判断树木会朝哪个方向倒下。

清除树上的泥土、石头、松动的树皮、钉子、U 型钉和铁丝。

BB.2 下锯口锯割

在树木直径的 1/3 处开下锯口，如图 BB.102 所示垂直于倾倒方向。先开底部水平锯口，这将有助于避免在开第二个锯口时夹住锯链或导板。

BB.3 上锯口锯割

使上锯口比水平锯口高至少 50 mm，如图 BB.102 所示。保持上锯口与水平锯口平行。上锯口处保留足够的木材作为留弦。留弦防止树木扭曲和倒向错误的方向。不要切穿留弦。

当砍伐接近留弦时，树木就会开始倾倒。如果存在树木可能不是倒向预期的方向或者后仰并夹住链锯的情况，则停止上锯口锯割，并将楔形的木材、塑料或铝撑开锯口，使树木沿预期方向倾倒。

当树开始倒下的时候，将链锯从锯口移除、停机、放下链锯，然后按照计划路线撤离。警惕头顶上方的树枝掉落并警惕脚下。

BB.4 打枝

打枝是在一棵已经砍倒的树上去除枝条。打枝时留较大的下方树枝以支撑原木离开地面。如图 BB.103 所示，一次性切割去除若干小树枝。应从下往上锯割受应力的树枝以避免链锯被夹。

BB.5 截断/造材

截断/造材就是把原木分段。务必确保立足点稳固且重量均匀分布在双脚上。如有可能，应使用树枝、原木或木楔抬起并支撑原木。遵循简单的说明以便于切割。

当原木沿其全长被支撑时，如图 BB.104 所示，应从上部对其进行锯割。

当原木一端受支撑时，如图 BB.105 所示，从下部向上锯到直径的 1/3 处，然后从上部继续锯割直至与第一个锯口重合。

当原木两端都受支撑时，如图 BB.106 所示，从上部锯割到直径 1/3 处，然后从下部继续锯割剩余的 2/3 直至与第一个锯口重合。

当在斜坡上截断/造材时，始终位于原木的上坡一侧，如图 BB.107 所示。当“穿通锯割”时，在接近

锯割结束时减小锯割压力，且不放松对链锯手柄的握持从而维持对锯割的完全控制。不要让锯链接触地面。完成锯割后，等待锯链停止，然后移动链锯。在操作者从一棵树移动到另一棵树的间歇，保持链锯停机。

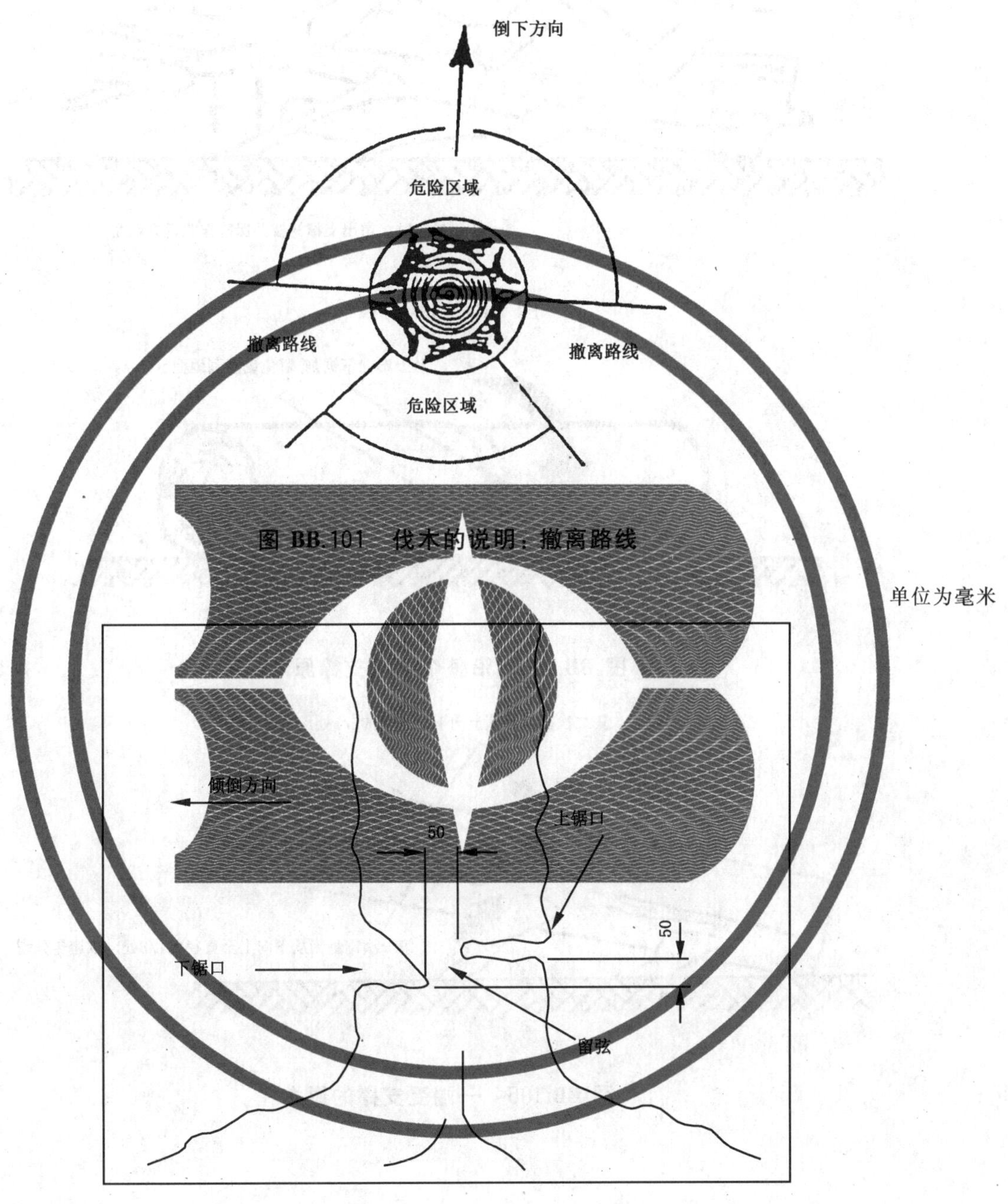

图 BB.101　伐木的说明：撤离路线

图 BB.102　伐木的说明：锯口锯割

打枝
锯割原木时，留出支撑树枝并保持作业远离地面

图 BB.103　打枝

从上端向下锯割，避免锯割到地面

图 BB.104　沿整个长度支撑原木

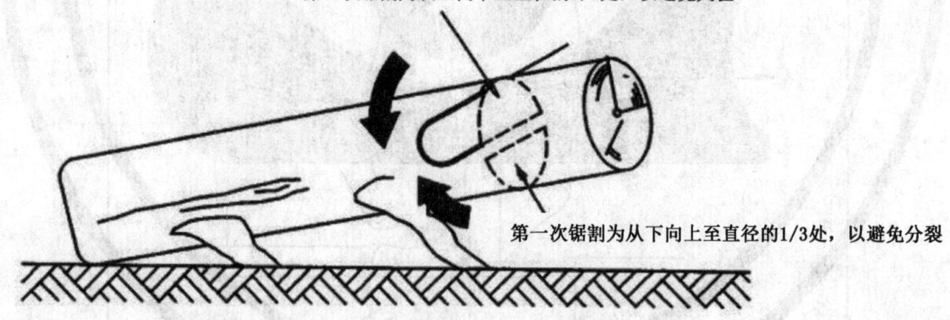
第二次锯割为从上向下至直径的2/3处，以避免夹住
第一次锯割为从下向上至直径的1/3处，以避免分裂

图 BB.105　一端受支撑的原木

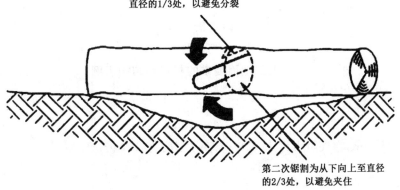

第一次锯割为从上向下至直径的1/3处，以避免分裂

第二次锯割为从下向上至直径的2/3处，以避免夹住

图 BB.106　两端受支撑的原木

锯割时站在上坡侧，因为原木可能会滚动

图 BB.107　截断/造材

附 录 CC
（资料性）
符合人工地面要求的材料和结构示例

CC.1 材料

矿物纤维，厚 20 mm，空气阻力为 11 kN·s/m^4，密度为 25 kg/m^3。

CC.2 结构

如图 CC.1 所示，测量场地的人工地面分成九个接合面，每块约 1.20 m×1.20 m。图 CC.1 所示结构的支衬层由 19 mm 厚刨花板组成，两边涂有塑料材料。这种板用途的例子是用作厨房家俱。刨花板的截面应涂一层塑胶漆以防潮。在地面外侧用 U 型截面的铝型材封边，型材腿高 20 mm。此型材的侧面用螺钉拧到接合面的边缘用作隔离和连接点。

在测量时放置工具的中部接合面以及其他操作者能站立的面上，安装腿长为 20 mm 的 T 型截面的铝型材以用作隔离。这些部分也给工具对准测量场地的中部提供了精确的标志。然后在此准备好的板上覆盖切好尺寸的绝缘毛毡材料。

接合面的毛毡地面（图 CC.1 中的 A 型表面），既不站人，也不在上面驱动工具，盖有一张简易金属丝网，并固定到边条和连接点上。为此，这些部分钻好孔。如此，材料能充分附着，并且变脏时仍然能更换毛毡材料。事实证明，网格宽为 10 mm、金属丝直径为 0.8 mm，叫做鸟笼金属丝的材料适合用作金属丝网。这种金属丝显示能充分保护表面且不影响声学条件。

然而，简易金属丝并不能充分保护行进区域（图 CC.1 中的 B 型表面）。对这些表面，事实证明适合用直径为 3.1 mm 的波纹钢丝做成网格宽度为 30 mm 的钢丝网。

上述测量场地的结构提供了两个优点：准备起来不需要太多时间和努力，且所有材料能方便获得。

假定地面如沥青或混凝土地面一样既平又硬，使得传声器位置不能直接位于测量场地的地面的正上方，传声器可简单地安装在架子上。

当安放传声器时，考虑结合测量场地的地板表面测定传声器的高度，所以，当从传声器下的地面测量时，高出 40 mm。

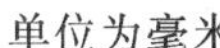

单位为毫米

标引序号说明：

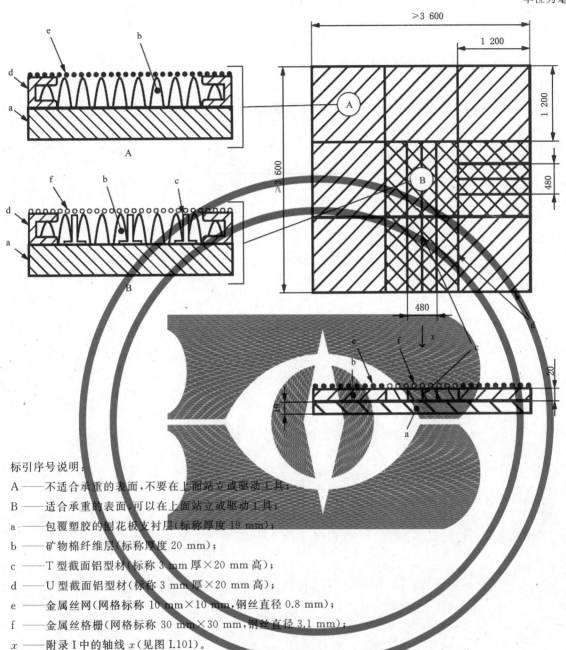

A ——不适合承重的表面，不要在上面站立或驱动工具；

B ——适合承重的表面，可以在上面站立或驱动工具；

a ——包覆塑胶的刨花板支衬层(标称厚度 19 mm)；

b ——矿物棉纤维层(标称厚度 20 mm)；

c ——T 型截面铝型材(标称 3 mm 厚×20 mm 高)；

d ——U 型截面铝型材(标称 3 mm 厚×20 mm 高)；

e ——金属丝网(网格标称 10 mm×10 mm，钢丝直径 0.8 mm)；

f ——金属丝格栅(网格标称 30 mm×30 mm，钢丝直径 3.1 mm)；

x ——附录 I 中的轴线 x(见图 I.101)。

图 CC.1 用人工地面覆盖的测量表面示意图(未按比例)

参 考 文 献

GB/T 3883.1—2014 的参考文献适用。

增加：

[16] IEC 60745-2-13:2009 Hand-held motor-operated electric tools—Safety—Part 2-13 Particular requirements for chain saws

ICS 25.140.20
CCS K 64

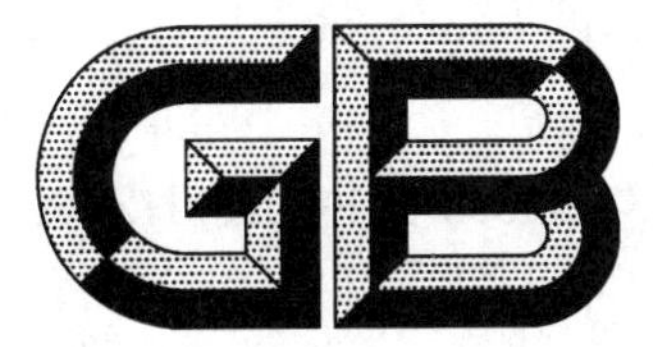

中华人民共和国国家标准

GB/T 3883.402—2023/IEC 62841-4-2:2017
代替 GB/T 3883.15—2007

手持式、可移式电动工具和园林工具的安全 第402部分：修枝剪的专用要求

Safety of motor-operated hand-held, transportable and garden tools—
Part 402: Particular requirements for hedge trimmers

(IEC 62841-4-2:2017, Electric motor-operated hand-held tools, transportable tools and lawn and garden machinery —Safety—
Part 4-2: Particular requirements for hedge trimmers, IDT)

2023-09-07 发布　　　　2024-04-01 实施

国家市场监督管理总局
国家标准化管理委员会　发布

前　言

本文件按照GB/T 1.1—2020《标准化工作导则　第1部分：标准化文件的结构和起草规则》的规定起草。

本文件是GB/T 3883《手持式、可移式电动工具和园林工具的安全》的第402部分。GB/T 3883的第4××部分“园林式电动工具”已经发布了以下部分：

——GB/T 3883.403—2017　手持式、可移式电动工具和园林工具的安全　第4部分：步行式和手持式草坪修整机、草坪修边机的专用要求；

——GB/T 3883.401—2023　手持式、可移式电动工具和园林工具的安全　第401部分：链锯的专用要求；

——GB/T 3883.402—2023　手持式、可移式电动工具和园林工具的安全　第402部分：修枝剪的专用要求。

本文件代替GB/T 3883.15—2007《手持式电动工具的安全　第二部分：修枝剪的专用要求》，与GB/T 3883.15—2007相比，除结构调整和编辑性改动外主要技术变化如下：

a) 范围中增加“包括最大长度不大于3.5 m的延长杆修枝剪”，不适用范围中增加“剪刀型草剪”(见第1章)；

b) 术语中增加“延长杆修枝剪”、“修枝剪”、“操作者在场传感器”和“杆”(见第3章)；

c) 试验一般条件中增加配件的说明、修枝剪质量的说明和试验样品要求的说明(见第5章)；

d) 标志和说明书中增加部分安全符号、易于辨认和耐久的标志要求、说明书中安全说明和信息(见第8章)；

e) 防潮性中修改和增加试验条件(见第14章，2007年版的第14章)；

f) 不正常操作增加表4(见第18章)；

g) 机械危险中说明不适用条款，19.101.1.1修改手柄的通用要求，增加19.101.1.4由杆组成的手柄尺寸、19.101.2延长杆修枝剪手柄的要求、19.101.3操作中可调节的手柄，19.102.2修改除了延长杆修枝剪外的修枝剪的防护，增加19.102.3针对延长杆伸修枝剪的防护，19.103修改除延长杆修枝剪的要求、增加延长杆修枝剪的要求，增加19.103.3可调切割器件，增加19.107调节装置的耐久、19.108调节装置的完整性、19.109延长杆修枝剪重量分布和19.110单肩/双肩带(见第19章，2007年版的第19章)；

h) 机械强度增加20.3测试方法的说明，将原21.31.101覆盖在金属手柄上的绝缘测试移到20.5，增加20.101修枝剪机械强度(见第20章)；

i) 结构增加21.18，21.30修改有关要求，增加21.101对于延长杆修枝剪的要求(见第21章，2007版的第21章)；

j) 内部布线增加22.6和22.101对带有相对转动的可调节部分的要求(见第22章)；

k) 组件增加23.1.10开关的有关测试和23.3保护装置的要求(见第23章)；

l) 电源联接和外接软线增加24.1联接方式和24.2Z型联接的说明(见第24章)；

m) 增加噪声和振动的测量(资料性)(见附录I)；

n) 增加电池式工具和电池包(规范性)(见附录K)；

o) 增加提供电源联接或非隔离源的电池式工具和电池包(规范性)(见附录L)；

p) 修改安全说明和警告的安全标志(规范性)(见附录AA，2007版的附录AA)；

q) 增加人工地面要求(资料性)(见附录BB)。

本文件等同采用 IEC 62841-4-2:2017《电动机驱动的手持式、可移式电动工具和园林机器 安全 第 4-2 部分:修枝剪的专用要求》。

本文件做了下列最小限度的编辑性改动:

——标准名称修改为《手持式、可移式电动工具和园林工具的安全 第 402 部分:修枝剪的专用要求》;

——纳入国际标准修正案 IEC 62841-4-2:2017/COR1:2018 的勘误内容,K19、K22.6 和 K.22.101 中 K.19.101.3.5 替换为 K.19.101.3.6。这些勘误内容涉及的条款已通过在其外侧页边空白位置的垂直双线(‖)进行了标示。

请注意本文件的某些内容可能涉及专利。本文件的发布机构不承担识别专利的责任。

本文件由中国电器工业协会提出。

本文件由全国电动工具标准化技术委员会(SAC/TC 68)归口。

本文件起草单位:南京泉峰科技有限公司、上海电动工具研究所(集团)有限公司、浙江亚特电器有限公司、宝时得科技(中国)有限公司、江苏苏美达五金工具有限公司、慈溪市贝士达电动工具有限公司、江苏东成工具科技有限公司、浙江锐奇工具有限公司、永康市开源动力工具有限公司、浙江东立电器有限公司。

本文件主要起草人:高杨、顾菁、丁俊峰、丁玉才、林有余、俞黎明、施春磊、朱贤波、林文清、卢云峰。

本文件及其所代替文件的历次版本发布情况为:

——1993 年首次发布为 GB 3883.15—1993,2007 年第一次修订;

——本次为第二次修订,标准编号为 GB/T 3883.402—2023。

引　言

本文件与 GB/T 3883.1—2014《手持式、可移式电动工具和园林工具的安全　第 1 部分:通用要求》一起使用。

本文件写明“适用”的部分,表示 GB/T 3883.1—2014 中相应条款适用;本文件写明“替换”的部分,则以本文件中的条款为准;本文件中写明“修改”的部分,表示 GB/T 3883.1—2014 相应条款的相关内容以本文件修改后的内容为准,而该条款中其他内容仍适用;本文件写明“增加”的部分,表示除了符合 GB/T 3883.1—2014 的相应条款外,还要符合本文件所增加的条款。

2014 年,我国发布 GB/T 3883.1—2014《手持式、可移式电动工具和园林工具的安全第 1 部分:通用要求》,将原 GB/T 3883(手持式电动工具部分)、GB/T 13960(可移式电动工具部分)和 GB/T 4706(仅园林电动工具部分)三大系列电动工具的通用安全标准的共性技术要求进行了整合。

与 GB/T 3883.1—2014 配套使用的特定类型的小类产品专用要求共 3 个部分,分别为第 2 部分(手持式电动工具部分)、第 3 部分(可移式电动工具部分)、第 4 部分(园林电动工具部分),均转化对应的国际标准 IEC 62841 系列的专用要求。

标准名称的主体要素扩大为“手持式、可移式电动工具和园林工具的安全”,沿用原手持式电动工具部分的标准编号 GB/T 3883。每一部分小类产品的标准分部分编号由三位数字构成,其中第 1 位数字表示对应的部分,第 2 位和第 3 位数字表示不同的小类产品。

新版 GB/T 3883 系列标准将形成一个比较科学、完整、通用、统一的电动工具产品的安全系列标准体系,使得标准的实施更加切实可行,使用方便。

目前,新版 GB/T 3883 系列标准“园林式电动工具部分”已发布的标准如下:

——GB/T 3883.403—2017　手持式、可移式电动工具和园林工具的安全　第 4 部分:步行式和手持式草坪修整机、草坪修边机的专用要求。目的在于规范步行式和手持式草坪修整机、草坪修边机小类产品的特定专用安全要求。

——GB/T 3883.401—2023　手持式、可移式电动工具和园林工具的安全　第 401 部分:链锯的专用要求。目的在于规范链锯小类产品的特定专用安全要求。

——GB/T 3883.402—2023　手持式、可移式电动工具和园林工具的安全　第 402 部分:修枝剪的专用要求。目的在于规范修枝剪小类产品的特定专用安全要求。

后续还将对以下标准进行修订:

——GB/T 4706.64—2012　家用和类似用途电器的安全　第 2 部分:剪刀型草剪的专用要求;

——GB/T 4706.65—2003　家用和类似用途电器的安全　第二部分:步行控制的电动草坪松土机和松砂机的专用要求;

——GB/T 4706.78—2005　家用和类似用途电器的安全　第二部分:步行控制的电动割草机的特殊要求;

——GB/T 4706.79—2005　家用和类似用途电器的安全　第二部分:手持式电动园艺用吹屑机、吸屑机及吹吸两用机的特殊要求;

——GB/T 4706.110—2021　家用和类似用途电器的安全　第 2 部分:由电池供电的智能草坪割草机的专用要求。

手持式、可移式电动工具和园林工具的安全　第 402 部分：修枝剪的专用要求

1　范围

除下述条文外，GB/T 3883.1—2014 的这一章适用。

增加：

本文件适用于单人操作的用于修剪树篱和灌木的修枝剪，包括最大长度不大于 3.5 m 的延长杆修枝剪。

注 101：延长杆修枝剪长度的测量见 21.101 的规定。

本文件不适用于带旋转刀片的修枝剪。

本文件不适用于剪刀型草剪。

注 102：剪刀型草剪包含在 GB/T 4706.64 中。

2　规范性引用文件

除下述条文外，GB/T 3883.1—2014 的这一章适用。

增加：

GB/T 5390—2013　林业及园林机械　以内燃机为动力的便携式手持操作机械噪声测定规范　工程法(2 级精度)(ISO 22868:2011,IDT)

GB 10396—2006　农林拖拉机和机械、草坪和园艺动力机械　安全标志和危险图形　总则(ISO 11684:1995,IDT)

GB/T 20247—2006　声学　混响室吸声测量(ISO 354:2003,IDT)

IEC 61672-1　电声学　声级计　第 1 部分：规范(Electroacoustics—Sound level meters—Part 1: Specifications)

注：GB/T 3785.1—2023　电声学　声级计　第 1 部分：规范(IEC 61672-1:2013,IDT)。

替换：

GB/T 3767—2016　声学　声压法测定噪声源声功率级和声能量级　反射面上方近似自由场的工程法(ISO 3744:2010,IDT)

3　术语和定义

除下述条文外，GB/T 3883.1—2014 的这一章适用。

3.101

刀片控制器　blade control

由操作者的手或手指触发来起动和停止切割器件操作的装置。

3.102

刀片停止时间　blade stopping time

从释放刀片控制器到切割器件的运动部件完全停止的时间。

3.103

刀齿　blade tooth

经开锋或具有锐边的执行剪切动作的切割刀片部分(见图 101 和图 102)。

3.104

延长钝齿　blunt extension

延伸超出刀齿的切割器件上的钝器零件或安装在切割器件上的未开锋板条部分(见图 101 和图 102)。

3.105

切割刀片　cutter blade

带有刀齿的切割器件部分,它相对其他刀齿或者相对剪切板通过剪切动作进行切割(见图 101 和图 102)。

3.106

切割器件　cutting device

执行切割动作的切割刀片和剪切板组件或者双切割刀片以及它们的支承零件所组成的部件,该部件可以是单侧带刃也可以是双侧带刃[见图 101、图 102、图 104 a)和图 104 b)]。

3.107

切割长度　cutting length

从第一个刀齿或剪切板齿的内边到最后一个刀齿或剪切板齿的内边测量得到的切割器件的有效切割长度(见图 103)。

注:在第一个和最后一个刀齿相距最远时测量切割长度。

3.108

延长杆修枝剪　extended-reach hedge trimmer

带有固定或可调节延长结构的修枝剪,包括额外的可分离的延长机构(如有),从而使切割器件在使用中远离手柄或握持表面。

3.109

前手柄　front handle

位于切割器件或对着切割器件设置的握持表面(见图 104)。

3.110

修枝剪　hedge trimmer

带有线性往复切割器件的用于修剪灌木和树篱的手持式工具。

3.111

最大速度　maximum speed

在正常使用的所有工作条件包括空载条件下切割器件能达到的最高速度。

3.112

操作者在场传感器　operator presence sensor

用于感应操作者的手在场的装置。

3.113

后手柄　rear handle

距离切割器件最远的握持表面(见图 104)。

3.114

杆 shaft

延长杆修枝剪上使切割器件和后手柄之间保持一定距离的固定或可延长的元件。

3.115

剪切板 shear plate

切割器件上通过相对于切割刀片进行剪切动作来辅助切割的运动的或者固定的未开锋部件(见图101)。

4 一般要求

GB/T 3883.1—2014 的这一章适用。

5 试验一般条件

除下述条文外,GB/T 3883.1—2014 的这一章适用。

5.8 增加:

如果不同的切割器件可按 8.14.2 a)和 8.14.2 b)装配到修枝剪上,则这些切割器件被认为是配件。

5.17 增加:

工具质量不包括切割器件罩和背带(如有),但包括:

——辅助手柄,如有;和

——对于延长杆修枝剪,其辅助延长杆配件,如有。

5.101 试验在所提供的工具上进行。如果单个工具由多个部件构成,则需要根据 8.14.2 组装后进行试验。

5.102 对于第 19 章和第 21 章,除非另有规定,工具按 8.14.2 对每个操作配置进行试验。

6 辐射、毒性和类似危险

GB/T 3883.1—2014 的这一章适用。

7 分类

GB/T 3883.1—2014 的这一章适用。

8 标志和说明书

除下述条文外,GB/T 3883.1—2014 的这一章适用。

8.2 增加:

修枝剪应标有工具所销售国的官方语言之一书写的安全信息,或标有适当的标志。

对所有修枝剪:

——"⚠危险——手远离刀片";或

——图 AA.1 规定的安全标志;或

——图 AA.2 规定的安全标志。

“危险”标志或符号应对于操作者清晰可视且不能位于工具底面。

对所有防护等级低于 IPX4 的修枝剪：

——“⚠警告——不要暴露在雨中”；或

——图 AA.3 规定的安全标志。

对电网电源供电的工具：

——“⚠警告——如果电缆损坏或被割破，应立即从电源上拔掉插头”；或

——图 AA.4 规定的安全标志。

对除了表 101 中 1 型的所有修枝剪：

——“佩戴护目镜”或 ISO 7010 的相关安全标志或图 AA.5 规定的安全标志之一。

对延长杆修枝剪，应额外包括：

——“⚠危险——与电力线路保持足够的距离”或 GB 10396—2006 的 C.2.30 标志；

——“佩戴安全帽”或 ISO 7010 的相关安全标志。

允许使用类似眼部和头部防护的 ISO 安全标志的组合。此外，允许使用图 AA.6 中安全标志的组合。

8.12 替换第一段：

本文件要求的标志应易于辨认和耐久。标志应当使用与背景对比度大的颜色、纹理或凸起，使得标志提供的信息或说明从(500±50)mm 处以正常视力的肉眼能清晰可见。标志不必与 GB/T 2893.2 要求一致。如果标志是浮雕、压印或模制的，则不用满足颜色对比的要求。

8.14.1 增加：

应给出 8.14.1.101 所有修枝剪的补充安全说明。应给出 8.14.1.102 所有延长杆修枝剪的补充安全说明。这部分安全说明可与“工具通用安全警告”部分分开印刷。

注 101：“工具通用安全警告”即 GB/T 3883.1—2014 的“电动工具通用安全警告”。

8.14.1.101 修枝剪安全说明

修枝剪安全警告：

a) **保持身体的所有部位远离刀片。在刀片运动时不要去移除被切下的材料或者用手握持待切割的材料**。开关关闭后刀片仍继续运行。操作修枝剪时的瞬间疏忽可造成严重的人身伤害。

b) **在刀片停止时通过手柄来搬运工具，留意不可启动任何电源开关**。正确的搬运操作可减少由刀片意外启动所带来的人身伤害的风险。

c) **当运输或者存储修枝剪时应总是装上刀片防护罩**。正确握持修枝剪可减少切割刀片带给身体的伤害。

d) **在清理堵塞材料或者维护工具时，要确保所有的电源开关处于关断且电源线未连接电源**。清理堵塞材料或维护时意外操动修枝剪会造成严重身体伤害。

e) **仅通过绝缘握持面握持修枝剪，因为刀片可能触及暗线或其自身导线**。刀片触及带电导线会使修枝剪外露的金属零件带电而使操作者受到电击。

f) **使所有电源线和电缆远离切割区域**。电源线或电缆可能会隐藏在树篱或灌木中，并且可能会被刀片无意切割到。

g) **不要在恶劣天气使用修枝剪，特别是有闪电风险时**。这样能减少被闪电击中的风险。

8.14.1.102 延长杆修枝剪安全额外说明

延长杆修枝剪安全警告：

a) **为减小触电危险，不可在电力线路附近使用延长杆修枝剪。**接触电力线或在电力线附近使用工具可能会导致严重伤害或电击，从而导致死亡。

b) **在操作延长杆修枝剪时总是使用双手操作。**为了避免失控用双手控制延长杆修枝剪。

c) **在操作延长杆修枝剪时总是佩戴安全帽。**落下的树枝可能会造成严重身体伤害。

注：使用如“杆式”或“长杆”替换“延长杆”。

8.14.2 a)增加：

101)如适用，允许与修枝剪配套使用的切割器件和配件的信息，如安装在切割器件上辅助去除修剪物的装置。

8.14.2 b)增加：

101) 检查树篱和灌木以防异物的建议，比如铁丝网和暗线；

102)推荐使用脱扣电流小于或等于 30 mA 的剩余电流装置(RCD)的建议；

103)按照 19.101 和 19.102 标识出手柄的抓握表面和握持面；

104)恰当握持修枝剪的说明，如配有双手柄的工具用双手握持；

105)建议操作者站在地面使用修枝剪而不是站在梯子或者其他不稳定支撑面上；

106)建议使用者在操作修枝剪前确保任何运动件(如延长杆和摆动元件)的锁定装置(如有)都处于锁定位置；

107)用于操作修枝剪的刀片控制器的位置及其使用方法；

108)工具配置的说明，包括任意手柄或切割刀片的调节；

109)按照 19.110 要求所提供的肩带的使用和调整，以及释放和移除的说明；

110)对 19.101.3 允许的可在操作中旋转的手柄，明确其中心位置以及其他操作位置。

8.14.2 c)增加：

101) 如果适用，定期维护任何可调节的制动机构的建议。

9 防止触及带电零件的保护

GB/T 3883.1—2014 的这一章适用。

10 起动

GB/T 3883.1—2014 的这一章适用。

11 输入功率和电流

GB/T 3883.1—2014 的这一章适用。

12 发热

除下述条文外，GB/T 3883.1—2014 的这一章适用。

12.2.1 和 12.2.2 替换：

温升试验加载条件如下：

施加扭矩负载使工具在额定输入功率或者额定输入电流下运行。工具按 8.14.2 b)108)要求的最不利配置状态运行 30 min。试验中通过调节扭矩负载来保持额定输入功率或额定输入电流。

13 耐热性和阻燃性

GB/T 3883.1—2014 的这一章适用。

14 防潮性

除下述条文外，GB/T 3883.1—2014 的这一章适用。

14.2.1 替换：

工具不与电源连接。

工具以正常停歇位置摆放在一个有孔的旋转台上。旋转台按照接近 1 r/min 的速度连续旋转。

将电气组件、罩盖和其他可拆卸零件都拆下，且如有必要，与工具主体一起经受相关处理。不可拆卸零件且不能自动复位的可移动罩盖放置在最不利的位置。

注：自动复位的罩盖示例包括依靠弹力复位或依靠自重关闭。

14.2.2 增加：

如果适用，可按照 GB/T 4208—2017 中的 14.2.3 b)或 14.2.4 b)对延长杆修枝剪进行替代试验。

15 防锈

GB/T 3883.1—2014 的这一章适用。

16 变压器及其相关电路的过载保护

GB/T 3883.1—2014 的这一章适用。

17 耐久性

除下述条文外，GB/T 3883.1—2014 的这一章适用。

17.2 修改：

GB/T 3883.1—2014 中针对手持式工具的要求适用。

增加：

工具按 8.14.2 b)108)要求的最不利配置运行。

18 不正常操作

除下述条文外，GB/T 3883.1—2014 的这一章适用。

18.5 修改：

18.5.3 非串励电动机适用。

18.8 表 4 替换为：

表 4　要求的性能等级

关键安全功能(SCF)的类型和作用	最低允许的性能等级(PL)
刀片控制器——防止不期望的接通	c
刀片控制器——提供表 101 或表 102 的任何型式期望的断开	b
刀片控制器——刀片停止时间大于表 101 或 102 中的 3a 型、3b 型和 4 型的规定时间不超过 1 s	a
防止超过 18 章中的热极限	a
任何用以防止 19.101.1.1 规定的本文件不允许的配置下进行操作的装置	a
21.18.102 要求的操作者在场传感器	a
21.18.102 要求的断开锁定功能	a
21.18.102 要求的视觉或听觉指示装置	不是 SCF
23.3 要求的防止自复位	a

19　机械危险

除下述条文外,GB/T 3883.1—2014 的这一章适用。

19.1　增加:

本条要求不适用于 19.102、19.103、19.105 和 19.106 有单独要求的运动零件、挡板和罩盖。

本条要求适用于 8.14.2 中描述的所有操作配置。

19.3　GB/T 3883.1—2014 的该条不适用。

19.4　GB/T 3883.1—2014 的该条不适用。

注:对于手柄的要求见 19.101。

19.6　GB/T 3883.1—2014 的该条不适用。

19.7　GB/T 3883.1—2014 的该条不适用。

19.8　GB/T 3883.1—2014 的该条不适用。

19.101　手柄

19.101.1　修枝剪手柄

19.101.1.1　通用要求

除了延长杆修枝剪以外的所有修枝剪,其手柄的最小数量应符合表 101。

如果含有电动机的某零件尺寸符合手柄尺寸要求,则它可被认为是一个手柄。

手柄应设计成每个都能被单手握持。手柄的形状应易于牢固握持并且周长介于 65 mm 到 170 mm 之间,如图 105 a)、105 b)或 105 c)。周长是将刀片控制器(如有)完全按压后测量的连续长度。手柄的握持长度应至少为 100 mm。

如果适用,包含刀片控制器的手柄部分应计入手柄握持长度。

如果有手指握持或类似叠加的轮廓,手柄握持长度不应沿表面测量,如果适用则仅需要考虑弧形或直线握持表面的距离。

除非 19.101.3 允许,手柄在操作中应锁定在位。如果按照 8.14.2 b)不使用工具就可将手柄调节至不同位置,则当手柄调节到违反本文件其他要求的位置时,应不能操作工具。

注:调节的耐久性和完整性要求见 19.107 和 19.108。

通过观察和测量来检验。

19.101.1.2　弧型手柄和环型手柄尺寸

对弧型手柄和环型手柄(U 形手柄),握持长度对应握持面的内宽。在握持面四周的应至少有 25 mm 的径向间隙。

如果使用弧型手柄和环型手柄,图 105 a)中的握持长度 L 应使用长度 A 和 B 按以下测量:

——长度 A 测量应位于区域 X 内,其曲率半径至少 100 mm;

——长度 B 测量应位于区域 Y 内,其过渡区域的曲率半径小于 100 mm,但在每个握持面区域 Y 内的每段长度 B 不应大于 10 mm。

通过观察和测量来检验。

19.101.1.3　中间支承的(即 T 型)手柄尺寸

如果手柄是中间支承的(即 T 型)手柄,在握持面四周应至少有 25 mm 的径向间隙。握持长度按以下计算[如图 105 b)]:

——对于手柄周长 P(不包括支承)小于 80 mm 的,握持长度是在支承两侧 $X+Y$ 两部分握持长度之和;

——对于手柄周长 P(不包括支承)大于或等于 80 mm 的,握持长度是从一端到另一端的完整握持长度 Z。

通过观察和测量来检验。

19.101.1.4　由杆组成的手柄尺寸

图 105 c)中的握持长度 L 应测量手柄直线部分,不包括任何过渡区域的曲率半径、手指握持或类似叠加的轮廓。通过观察和测量来检验。

19.101.2　延长杆修枝剪手柄

19.101.2.1　通用要求

延长杆修枝剪手柄最小数量应符合表 102。

如果含有电动机的某零件尺寸符合手柄尺寸要求,则它可被认为是一个手柄。

如果符合 8.14.2 规定,杆也可用作手柄。

手柄应设计成每个都能被单手握持。手柄的形状应易于牢固握持并且周长 P 介于 65 mm 到 170 mm 之间,如图 105 a)、105 b)或 105 c)。周长 P 是将刀片控制器(如有)完全按压后测量的连续长度。前手柄和后手柄的握持长度应至少为 100 mm。

如果适用,包含刀片控制器的手柄部分应计入手柄握持长度。

如果有手指握持或类似叠加的轮廓,手柄握持长度不应沿表面测量,如果适用则仅需要考虑弧形或直线握持表面的距离。

如果手柄按照 8.14.2 b)不使用工具就可调节至不同位置,则手柄被锁定在违反本文件其他要求的位置时,应不可能意外操作工具。这可通过至少一个刀片控制器装置来实现,该控制装置如21.18.102针对电源开关的要求所述,需要两个单独且不同的动作才能操作切割器件,并且还应满足21.17.1中对自复位断开锁定装置的要求。

通过观察和测量来检验。

19.101.2.2 弧型手柄和环型手柄尺寸

对弧型手柄和环型手柄(U形手柄),握持长度对应握持面的内宽。在握持面四周应至少有25 mm的径向间隙。

如果使用弧型手柄和环型手柄,图105 a)中的握持长度 L 应使用长度 A 和 B 按以下测量:

——长度 A 测量应在区域 X 内,其曲率半径至少100 mm;

——长度 B 测量应在区域 Y 内,其过渡区域的曲率半径小于100 mm,但在每个握持面区域 Y 内的每段长度 B 不应大于10 mm。

通过观察和测量来检验。

19.101.2.3 中间支承(即T型)手柄尺寸

如果手柄是中间支承的(即T型)手柄,在握持面四周应至少有25 mm的径向间隙。握持长度按以下计算[如图105 b)]:

——对于手柄周长 P(不包括支承)小于80 mm的,握持长度是在支承两侧 $X+Y$ 两部分握持长度之和;

——对于手柄周长 P(不包括支承)大于或等于80 mm的,握持长度是从一端到另一端的完整握持长度 Z。

通过观察和测量来检验。

19.101.2.4 由杆组成的手柄尺寸

图105 c)中的握持长度 L 应测量手柄直线部分,不包括任何过渡区域的曲率半径、手指握持或类似叠加的轮廓。通过观察和测量来检验。

19.101.3 操作中可调节的手柄

19.101.3.1 除了延长杆修枝剪外,按照表101允许在切割器件操作时不借助于工具就能使手柄围绕它们之间的轴进行左右轴向旋转的修枝剪,应符合19.101.3.2~19.101.3.6的要求。

在操作中不能有超过1个被握持的手柄是可被调节的。

延长杆修枝剪不应带有在切割器件操作时可按照8.14.2进行调节的手柄。

通过观察、手试和19.101.3.2~19.101.3.6的要求来检验。

19.101.3.2 任何可调节的手柄应有一个指定的中心位置。手柄在中心位置和8.14.2描述的任何其他预期的手柄调节操作位置都应有一个锁定止动。这些手柄的其他操作位置应位于中心位置到两侧的轴向旋转角度95°的范围内,如图106和图107。手柄被止动装置锁定后的旋转应限制在5°。手柄上应有满足19.101.3.3要求的手柄释放控制,从而使手柄从止动位置释放。

除非手柄释放控制被触发,否则调节手柄时应能将手柄自动锁定到每个止动位置。

通过观察和测量来检验。

19.101.3.3 可调手柄的运动限制

19.101.3.3.1 在操作中可调节的修枝剪手柄应设计得能防止不可控的运动,应满足19.101.3.3.2或者

19.101.3.3.3 的要求。

19.101.3.3.2　在手柄释放控制被触发后可调手柄旋转的容易程度应被限制。

通过以下试验来检验：

切割器件被可靠固定，手柄释放控制被触发，然后对可调手柄的旋转轴施加 1 N·m 的扭矩。手柄在 2 s 内旋转角度不应大于 5°。然后在相反的旋转方向重复该试验。

19.101.3.3.3　通过瞬动触发手柄释放控制从中心位置释放手柄后，工具可调节手柄的运动范围应被限制。

旋转手柄：

——最大旋转角度应为 60°；或

——应有一个或多个中间锁定止动来限定单次旋转角度不大于 60°。

在各手柄位置间测量旋转轴从中心位置到任意一个方向的旋转角度。

中间锁定止动可通过操作手柄释放控制而有意识地被跨接。

注：如果是通过使用一个或多个中间锁定止动来满足本条的要求，则最大旋转角度由 19.101.3.2 规定。

通过观察和测量来检验。

19.101.3.4　可调手柄应提供一个瞬动手柄释放控制将手柄从锁定止动位置解锁。手柄释放控制的操作不应对修枝剪的操作控制有不利影响。手柄释放控制在有意识的触发时可允许手柄越过止动位置而不会锁定。

通过观察和手试来检验。

19.101.3.5　手柄释放控制的可触及性

19.101.3.5.1　手柄释放控制的位置、设计或防护应不可能导致意外触发。

通过符合 19.101.3.5.2，19.101.3.5.3 或 19.101.3.5.4 之一的要求来检验。

19.101.3.5.2　手柄释放控制应位于手柄握持面以外，并在 8.14.2 b)103)指出。

通过观察来检验。

19.101.3.5.3　当直径(100±1)mm 的刚性球体从任何方向以单一直线动作作用在手柄释放控制上时，应不能触发释放控制。

通过观察和手试来检验。

19.101.3.5.4　释放手柄释放控制应需要两个单独且不同的动作。用一个单一握持或直线动作应不能完成这两个动作。

通过观察和手试来检验。

19.101.3.6　手柄释放控制应有足够的强度和足够的耐久性。

通过以下试验来检验：

手柄释放控制被操动共 2 000 次，在可调节手柄的两个方向的全部行程范围内的所有锁定止动位置都需要啮合。

每个手柄释放控制的操动由以下 a)～d)的步骤组成：

a)　从任意锁定的止动位置开始触发手柄释放控制；

b)　朝向下一个锁定止动位置开始旋转手柄；

c)　在接近下个锁定止动位置大约一半距离时松开手柄释放控制；

d)　继续旋转可调手柄直到手柄啮合到下个锁定止动位置。

试验后，按附录 D 对工具的带电零件与易触及零件之间进行电气强度试验，如果调节的过程会使内部布线承受应力则带电零件还要符合第 9 章而不应可触及。

施加以上试验条件后，手柄释放控制应按预期运行并应满足以下试验：

手柄位于任意锁定止动位置时，在手柄期望的每个旋转方向上施加 6 N·m 的扭矩各 1 min。

试验中，手柄不应从锁定止动位置脱扣，而且试验后手柄应能正常操作。电气连接不应松动且不应有其他的恶化从而影响正常使用的安全。

19.102 手的防护

19.102.1 操作者的手在握持按照表 101 或表 102 要求的前手柄时，应被防护得不会意外接触运动的切割刀片。除了延长杆修枝剪外的修枝剪的防护应满足 19.102.2 要求，延长杆修枝剪的防护应满足 19.102.3 的要求。

19.102.2 除了延长杆修枝剪外的修枝剪的手部防护

19.102.2.1 除了 1 型外的修枝剪，其他修枝剪的任意一个前手柄的后部到切割刀片上最近切割边缘的距离不应小于 120 mm，如图 108。

对于 1 型修枝剪，从手柄握持区的前侧到最近的刀齿间最短距离应至少 120 mm，如图 111。距离测量应沿着手柄握持区的前侧到切割刀片上最近切割边缘的最短路径。

对于表 101 中所有型式的修枝剪，如果有前手柄挡板，则图 108 中的距离 x_1 和 x_2 应是从手柄后侧，经过前手柄挡板边缘到切割刀片上最近切割边缘之间测量的最短路径。前手柄挡板上不应有最小尺寸大于 10 mm 的开口。

此外，对于 3a 型修枝剪，其前手柄挡板最小外形尺寸要求如下：

——垂直于切割平面有 90 mm 的高度 y_1；和

——切割器件中心线两侧有 50 mm 的宽度 y_2。

如果轴是可旋转的，则在切割器件设置在 0°时测量 y_1 和 y_2，如图 109。

通过观察和测量来检验。

19.102.2.2 此外，对于切割器件可绕轴左右旋转的 3a 型修枝剪，在切割器件完全旋转至最左或者最右侧时，前手柄挡板宽度应延伸超出切割器件至少 25 mm，如图 110。

通过观察和测量来检验。

19.102.2.3 此外，对于 1 型修枝剪，手柄应构造得其手柄握持区的前部连接在工具上(见图 111)。

通过观察来检验。

19.102.3 对于延长杆修枝剪，前手柄的位置应保证切割刀片上最近切割边缘到如下的最短距离：

——弧型手柄和 T 型手柄的后侧，如图 112 a)；或

——按照 8.14.2 的用作手柄的杆上任何握持区域内最近的点，如图 112 b)。

应至少为 250 mm，期间按照 8.14.2 切割器件在最不利的配置，同时工具可操作。

此外，工具应构造得按照 8.14.2 b)设置在任意操作配置时，后手柄的刀片控制器上距离切割刀片最近的点到切割刀片上最近的切割边缘之间的距离应至少 1 000 mm，否则还应符合 19 章中为非延长杆修枝剪规定的所有要求。

通过观察和测量来检验。

19.103 切割器件

19.103.1 为了防止接触切割刀片，修枝剪的结构应满足下表中的一种型式：

——除了延长杆修枝剪，所有修枝剪应符合表 101；

或

——延长杆修枝剪应符合表 102。

通过观察和测量来检验。

表 101　修枝剪型式(不包括延长杆修枝剪)

要求项目	型式编号和要求				
	1	2	3a	3b	4
切割长度	≤200 mm	不适用	不适用	不适用	不适用
最大刀片停止时间(19.104)	无	无	3 s	2 s	1 s
手柄最小数量	1	2	2	2	2
带刀片控制器的手柄最小数量	1	1	1	2 (两个同时操动)	2 (两个同时操动)
刀片控制器位置	后手柄	后手柄	后手柄	不适用	不适用
刀片构造图	114	114	115	115	116
要求下挡板(19.105)	无	无	有	无	无
操作中允许调节手柄(19.101.3)	不允许	允许	允许	允许	允许
要求前手柄挡板(19.102.2)	不需要	不需要	需要	不需要	不需要

表 102　延长杆修枝剪型式

要求项目	型式编号和要求				
	1	2	3a	3b	4
切割长度	≤200 mm	不适用	不适用	不适用	不适用
最大刀片停止时间(19.104)	3 s	3 s	3 s	3 s	3 s
手柄最小数量	2	2	2	2	2
带刀片控制器的手柄最小数量	1	1	1	1	1
刀片控制器位置	后手柄	后手柄	后手柄	后手柄	后手柄
刀片构造图	114	114	115 (如果需要延长钝齿)	115 (如果需要延长钝齿)	116 (如果需要延长钝齿)
要求下挡板(19.105)	不需要	不需要	不需要	不需要	不需要
要求前手柄挡板	不需要	不需要	不需要	不需要	不需要

19.103.2　延长钝齿

19.103.2.1　19.103.2.2 到 19.103.2.4 中提到的延长钝齿在以下位置应延伸至少 400 mm：

——从前手柄后侧任意一点；或

——对延长杆修枝剪,从按照 8.14.2 用作手柄的杆上任意握持面上最近的点。

如果前手柄位于切割器件上,见图 113,则延长钝齿应从第一个刀齿开始,并一直延伸到超出前手柄的后部至少 400 mm。

通过观察和测量来检验。

19.103.2.2 1 型和 2 型修枝剪(见图 114)

刀齿开口距离 d_1 不应大于 8 mm。

如 19.103.2.1 要求,延长钝齿的最小深度 d_2 不应小于 8 mm。

通过观察和测量来检验。

19.103.2.3 3a 型和 3b 型修枝剪(见图 115)

如 19.103.2.1 要求,则在两个相邻延长钝齿之间,用($19.0^{+0}_{-0.1}$)mm 试验棒垂直切割器件平面放置并施加不超过 1 N 的力,试验棒不应碰到任何刀齿。

通过观察和手试来检验。

19.103.2.4 4 型修枝剪(见图 116)

如 19.103.2.1 要求,则延长钝齿的最小深度不应小于 8 mm,见图 116 a)。

此外,将一个(120^{+1}_{-0})mm 试验圆棒垂直于切割器件平面地放置在两个延长钝齿之间,刀齿与试验圆棒侧面之间的距离不应小于 4 mm,如图 116 a)所示。

对于延长钝齿与切割器件不是一体的工具,应满足以下额外要求:

试验圆棒先按照图 116 a)放置,后绕着延长钝齿末端倾斜到 40°,切割刀片之间的切割平面末端与试验圆棒侧面之间的距离不应小于 4 mm,见图 116 b)。

应通过观察和手试来检验。

19.103.3 可调切割器件

19.103.3.1 允许切割器件相对于工具本体定向移动且不借助工具的可调切割器件应满足 19.103.3.2 到 19.103.3.6 的要求。该可调切割器件应不能违反本文件中针对 8.14.2 b)中说明的每个操作配置的其他要求。

19.103.3.2 对于可从一侧到另一侧轴向旋转的可调切割器件,切割器件的操作位置应不能从旋转轴的中心位置转动超过 95°,见图 117 的从一侧到另一侧轴向转动的例子。

通过观察和测量来检验。

19.103.3.3 可调切割器件应根据 8.14.2 b)的每个操作配置提供锁定止动。除非切割器件释放控制被触发,否则切割器件应能在调节时自动锁定到每个锁定止动位置。

通过观察和手试来检验。

19.103.3.4 可调切割器件应带有一个瞬动切割器件释放控制用以将切割器件从止动位置解锁。应按照 8.14.2 b)103)提供一个手柄来调节切割器件位置,这样就不需要(手)接触切割器件。21.30 的要求不适用于切割器件的调节手柄。

通过观察和手试来检验。

19.103.3.5 切割器件的释放控制应位于按照 8.14.2 b)103)的手柄握持表面外。对非延长杆修枝剪的修枝剪,单个操作者仅使用一只手应不能在工具运行中将切割器件从锁定位置解锁。

通过观察和手试来检验。

19.103.3.6 切割器件的释放控制应有足够的强度且足够的耐久性。

通过以下试验来检验：

切割器件的释放控制被操动共 2 000 次，在切割器件的可调范围内两个方向对所有锁定止动位置都需要啮合。

每个切割器件的释放控制的操动由以下 a)～d)的步骤组成：

a) 从任意锁定止动位置开始触发切割器件的释放控制；

b) 朝下一个锁定止动位置开始调节切割器件；

c) 在接近下个锁定止动位置大约一半距离时松开切割器件的释放装置；

d) 继续调节切割器件直到切割器件啮合到下个锁定止动位置。

试验后，按附录 D 对工具的带电零件与易触及零件之间进行电气强度试验，如果调节的过程会使内部布线承受应力则带电零件还要符合第 9 章而不应可触及。

施加以上试验条件后，切割器件的释放控制应按预期运行并应满足以下试验：

在切割器件处于任意锁定止动位置时，在切割器件期望的每个旋转方向上施加 6 N·m 的扭矩各 1 min。

试验中，切割器件不应从锁定止动位置脱扣，而且试验后切割器件应能正常操作。电气连接不应松动且不应有其他的恶化从而影响正常使用的安全。

19.103.4 对于除了延长杆修枝剪外的 3a 型修枝剪，切割器件上应有除了绿色、褐色或黑色外(如，红色、黄色或橙色)的一条高亮的颜色带，并满足：

——至少 10 mm 宽；

——位于切割器件的上表面；

——至少延伸 90%的切割长度；

——满足 8.12 要求。

通过观察、测量和试验来检验。

19.104 刀片停止时间

19.104.1 工具应满足如下的最大停止时间要求：

——除了延长杆修枝剪，所有修枝剪符合表 101；

或

——延长杆修枝剪符合表 102；

期间工具按 8.14.2 的建议进行调节和润滑。

通过按 19.104.2 要求进行 19.104.3 的试验来检验。

19.104.2 修枝剪的安装和加装仪器不应致使试验结果受到影响。如使用外加起动装置，则它不应影响试验结果。

试验期间操作修枝剪的装置应使得刀片控制器突然释放，它能从完全“接通”位置自由回复到“断开”位置。应提供探测刀片控制器释放时刻的装置。

修枝剪应以最大速度运行。

转速计应具有±2.5%的准确度，时间记录测量系统应具有±25 ms 的准确度。

每个循环周期应包含以下程序：

——将切割器件从停歇加速到最大速度 (时间 t_s)；

——在该速度下保持一小段时间以确保稳定 (时间 t_r)；

——释放刀片控制器并让切割器件逐步停止 (时间 t_b)；

——在开始下个周期前停歇一小段时间（时间 t_o）。

如果一个周期的总时间为 t_c，则 $t_c=t_s+t_r+t_b+t_o$。“接通”试验周期（t_s+t_r）和“断开”试验周期（t_b+t_o）应由制造商确定，但“接通”不超过 100 s、“断开”不超过 20 s。

注：本试验不代表正常使用情况，因此循环周期时间由制造商规定，以避免不必要的工具的磨损或损坏。

在开始试验前，刀片控制器操作 10 个“接通”/“断开”循环，切割器件和制动机构（如有）按 8.14.2 进行调节。

停止时间是指从刀片控制器释放瞬间开始到切割刀片到达最后一个完整行程末所测得的时间。对有两个刀片控制器的场合，通过两个刀片控制器之间交替试验来完成，每一个刀片完成一半的试验周期和停止时间的测量。

如工具带有两个以上刀片控制器，则在单独的试样上对刀片控制器的每种组合使用单独的试样交替试验刀片控制器。

19.104.3 试验程序应包括总共 2 506 个循环。应在每 500 个循环的前 6 个循环和试验程序的最后 6 个循环测量切割刀片的停止时间。修枝剪应按 8.14.2 进行调节和润滑。如适用，制动机构应按 8.14.2 进行维护。

不要求测量其他刀片停止时间。

如适用，所要求测量的 36 个刀片停止时间都应符合表 101 和表 102 的要求。如果试样没能完成整个循环数，但满足了本试验的其他要求，且失效与制动机构无关（如有），则：

——要么工具可修复且不影制动机构，则修复后继续试验，或

——要么工具无法修复，可用一台新试样，但应符合完整的要求。

试验程序不必连续，但所有操作的周期应仅在一组 6 个被测循环后停止。此外，仅可在完成一组 6 个被测循环后按 8.14.2 进行制动机构的维护。

19.105 下挡板

对除了延长杆修枝剪的 3a 型工具，应在修枝剪下方，在切割器件和易被操作者握持部位之间提供图 118 所示的挡板。沿切割器件中心线测量，挡板应从修枝剪下方至少伸出 12 mm。挡板应构造得不会被用作手柄。

通过观察和测量来检验。

19.106 切割器件罩

应给修枝剪提供罩住切割器件上切割长度的防护罩，以防止在 8.14.2 中指出的搬运和储存时受到伤害。当工具在垂直朝下位置时，防护罩不应与修枝剪的切割器件分离。

通过观察和手试来检验。

19.107 调节装置的耐久

除以下调节装置：

——19.101.3 中规定的可调手柄；和

——19.103.3 中规定的可调切割器件。

其余调节装置应有足够的耐久性来避免不符合 19 章要求的失效。

8.14.2 a）所要求的将工具投入使用所需要的操作不认为是调节。

通过以下试验来检验：

对于打算在工具不工作时进行的调节，其调节装置应按 8.14.2 的描述在其最大行程条件下进行 400 次循环操作。

对于打算在工具运行时进行的调节，其调节装置应按 8.14.2 的描述在其最大行程条件下进行2 000次循环操作，频率至少是 6 次/min。

如适用，调节装置按 8.14.2 的建议进行维护。

试验后，按附录 D 对工具的带电零件与易触及零件之间进行电气强度试验，如果调节的过程会使内部布线承受应力则带电零件还要符合第 9 章而不应可触及。

在施加以上条件后，工具仍应继续符合 19.1，并且调节装置仍应具备期望的功能并满足 19.108 的要求。电气连接不应松动且不应有其他的恶化从而影响正常使用的安全。

19.108 调节装置的完整性

除了以下情况的工具手柄和其他元件：

——19.101.3 中规定的可调手柄；和

——19.103.3 中规定的可调切割器件。

其余的手柄和元件应设计得其期望的调节不应被意外地改变位置。

通过以下试验来检验：

所有调节都按照 8.14.2 a)和 8.14.2 b)操作。如果螺纹紧固件用作调节，则使用 27.1 规定的扭矩值的 2/3 拧紧，以下除外：

——杠杆型紧固件的螺纹调节装置；或

——夹头型的紧固件；或

——公称直径超过 6.0 mm 的螺钉。

以上按照 8.14.2 的要求拧紧。

能轴向运动的调节装置沿着轴向调节的任意一个方向以(150±5)N 的力施加 1 min，力不应猛然施加。能旋转的调节装置应承受 6 N·m 的扭矩 1 min，扭矩不应猛然施加。手柄或调节装置不应破裂。在移除施加的力或扭矩后不应有超过 10 mm 的轴向偏移或超过 10°的永久偏转。

19.109 延长杆修枝剪重量分布

延长杆修枝剪的杆在长度方向上的重量分布不应因失去控制而产生危险。

用 8.14.2 b)明确的前手柄或握持面来悬挂延长杆修枝剪，为维持延长杆修枝剪水平而在后手柄上施加的力不应大于 100 N。

通过以下试验来检验：

按 8.14.2 b)将延长杆修枝剪前手柄调节到与切割器件末端距离最长的配置。应在电源线伸出工具处剪将其剪断。

从前手柄处悬挂工具。在后手柄施加力以维持工具水平，见图 119。

应选择悬挂点与后手柄上能获得最小维持力(平衡力)的维持力施加点，但两点之间距离不应小于 0.3 m 且不大于 1 m。

19.110 单肩/双肩带

超过 6 kg 的延长杆修枝剪应有单肩或者双肩带。

工具所带的任意肩带应：

——根据操作者体型是可调节的且其操作应符合 8.14.2 b)的要求；或

——设计得易于移除；或

——配有快速释放装置来保证工具可快速从操作者身上移除或释放。

快速释放装置(如有)应位于工具和肩带连接处或肩带与操作者之间。快速释放装置应仅能通过操作者的有意动作而分离。

如果提供了快速释放装置,其应能在工具自重下打开。快速释放装置应只需要使用单手且释放点不应超过2个。

注:释放点的示例是释放前需要用拇指和其他手指进行挤压的搭扣,例如侧面释放搭扣。

单肩带被认为是按易于移除的方式设计的。

如果左右背带在操作者身体前面没有互相连接,则双肩带的设计也认为是易于移除的。

如果在左右背带之间提供了连接带,当左右肩带之间的连接带在工具自重下可只用一只手释放并且释放点不超过2个,则这种设计也被认为是易于移除的。

通过观察和使用8.14.2明确的最重配置进行功能试验来检验。

20 机械强度

除下述条文外,GB/T 3883.1—2014的这一章适用。

20.1 增加:

不考虑切割器件损坏。

20.3 修枝剪的要求见20.3.1。

20.3.1 替换:

修枝剪按图120进行四个方向从1 m的高度分别跌落到混凝土表面1次,试验前按8.14.2 b)将可延长装置调整到最小,并且任何调节装置或调节把手处于0°切割位置。工具的最低点应高于混凝土表面1 m。试验中不安装可分离的附件。应避免工具的二次跌落。

注1:系绳是避免二次跌落的方法之一。

如果8.14.2要求提供并安装配件,应重复试验,每个配件或配件组合安装在一台单独的工具上。

此外,延长杆修枝剪还应以3个最不利的位置和配置且处于最大延伸长度时跌落到混凝土表面各1次。每次跌落,工具后手柄上的刀片控制器的后端为摆动支撑点,支撑点高于混凝土表面1 m。距离后手柄最近的切割刀片上的切割边缘提升到离地面2 m高处,然后跌落到混凝土表面,见图121。

每次跌落应在单独试样上进行。根据制造商的要求,每次跌落可在同一台试样上进行。

注2:延长杆修枝剪一共需要跌落7次。

20.5 增加:

覆盖在金属手柄上的任何绝缘应适应正常使用条件下的可预见的温度。

通过以下试验来检验:

覆盖部分的单独试样应放置在比第12章温升试验时测得的最高温度高至少25 K,但不低于(70±2) ℃的环境下168 h。在此处理后,应允许试样达到接近室温。

该绝缘覆盖层不应剥落、纵向移动或收缩以至于不满足要求的绝缘。

在此之后该试样应在(−10±2) ℃温度下保持4 h后,立即在装置(见图122)上承受由一质量300 g的重物"A"从350 mm高度落在淬火钢錾"B"上产生的冲击,钢錾的棱边放在试样上。对每个正常使用中看起来薄弱或易损部位施加一次冲击。各冲击点之间距离应至少为10 mm。

此后,按D.2在覆盖有金属箔的手柄和握持表面与切割器件之间进行电气强度试验,试验电压为1 250 V。

试验期间,不应发生闪络和击穿。

20.101 修枝剪机械强度

20.101.1 工具应有机械强度以承受预期的受力。

通过以下试验来检验：

——20.101.2 适用于除延长杆修枝剪外的修枝剪；

——20.101.3 适用于延长杆修枝剪，或；

——20.101.2 和 20.101.3 适用于在延长杆修枝剪和非延长杆修枝剪之间可转化的工具。

20.101.2　将修枝剪垂直悬挂于切割器件长度的中点，以下质量：

——对 1 型和 2 型修枝剪，5 kg；或

——对 3a 型，3b 型和 4 型修枝剪，15 kg。

被依次逐渐悬挂在 8.14.2 中明确的每个手柄的每个握持表面的中点处，施加在(75±5)mm 宽度区域内，各悬挂 1 min。

试验后，修枝剪应能满足 20.1 的验收准则并且没有因受力产生零件分离或永久形变而不能满足本文件对工具的机械安全要求(不考虑切割器件的形变)。

20.101.3　延长杆修枝剪强度

20.101.3.1　延长杆修枝剪应有机械强度以承受正常使用时的受力。

通过以下试验来检验：

延长杆修枝剪按 8.14.2 b)的说明调整到前手柄到切割器件末端之间距离最长的配置。将延长杆修枝剪垂直悬挂于切割器件长度的中点，并在 8.14.2 中明确的每个手柄的每个握持表面的中点处依次逐渐悬挂 20 kg 质量 1 min，施加在(75±5)mm 的宽度区域内。

试验后，延长杆修枝剪应能满足 20.1 的验收准则并且没有因受力产生零件分离或永久形变而不能满足本文件对工具的机械安全要求(不考虑切割器件的形变)。

20.101.3.2　带伸缩杆的延长杆修枝剪应有停止锁扣来防止杆和其他部件在正常使用中的分离。

通过以下试验来检验：

将修枝剪垂直悬挂于切割器件长度的中点，切割器件尽量平行于杆的中心线。工具应在收缩的状态下。对后手柄/握持表面施加 10 kg 的重量。任何锁定装置以尽可能快的方式单独释放使后手柄完全下降到最大的延伸位置。

延长杆修枝剪的部件不应因此导致与工具分离、破裂或出现可视的裂纹。

20.101.3.3　延长杆修枝剪应具有足够的机械强度来承受切割带来的静态应力。

工具：

——在最靠近前手柄的刀齿上施加 50 N 的力，暂时变形不应大于从后手柄刀片控制器上最靠近切割刀片的点到切割刀片最近的切割边缘的长度的 15%；

——在以上的力撤除之后，永久变形不应大于从后手柄刀片控制器上最靠近切割刀片的点到切割刀片最近的切割边缘的长度的 5%；

——刀片控制器在施加力之后不应出现导致不符合第 20 章要求的破裂或可视的裂纹。

通过以下试验来检验：

延长杆修枝剪按 8.14.2 b)调节到前手柄与切割器件末端距离最长的配置。工具的轴保持水平状态，在前手柄和后手柄中点(75±5)mm 宽度区域内将工具刚性固定，对切割器件上最靠近前手柄的刀齿在每个垂直于切割器件平面的方向(y_1 和 y_2)以及切割器件平面的横向(z_1 和 z_2)施加 50 N 的力 1 min，见图 123。试验过程中切割器件不应从工具止动位置(如有)上脱离。在每个方向上应评估暂时和永久的形变。每一个方向可用一台新的试样试验。

21 结构

除下述条文外,GB/T 3883.1—2014 的这一章适用。

21.17 替换第一段:

如适用,按表 101 或表 102,电源开关的功能应通过单手或双手操作刀片控制器的方式实现。

除非另外指出,本文件中电源开关的操作要求适用于刀片控制器。电气要求适用于刀片控制器中用于控制修枝剪操作的电气负载部分。

修枝剪不应有将刀片控制器锁定在接通位置的装置。刀片控制器应需要操作者施加力才可操动。当释放任何刀片控制器后切割器件应停止。

刀片控制器应设计得尽量减小因意外启动造成的危险。满足以下任意之一的选择可认为符合要求:

——对于使用一个刀片控制器的修枝剪应满足 21.18.102 的要求;或

——对于使用至少两个手柄且分别有刀片控制器的修枝剪,切割器件应只有在按 8.14.2 b)明确的操作刀片控制器的组合后才能动作。

21.18 替换:

21.18.101 当 8.14.2 b)明确的刀片控制器或刀片控制器组合(如有)启动后,切割器件应在 1 s 内启动。

通过观察、测量和手试来检验。

21.18.102 单个刀片控制器的修枝剪

21.18.102.1 通用要求

使用单个刀片控制器的修枝剪额外的要求见 21.18.102.2 到 21.18.102.4。

21.18.102.2 21.17 要求的刀片控制器应是一个不带接通锁定装置的瞬动开关,且操作者可不松开 19.101 要求的手柄或握持表面即可接通或断开开关。

通过观察和手试来检验。

21.18.102.3 修枝剪应装有带断开锁定装置的刀片控制器,且需要至少两个单独且不同的动作来启动切割器件。应不可能在 8.14.2 b)6)明确的任何握持表面内用一个单一握持或直线动作完成这两个动作。

断开锁定装置和操作者在场传感器(如有)应在刀片控制器驱动切割器件前被操动。

在刀片控制器触发前,如果符合下述条件,应不必维持断开锁定装置的操动:

——刀片控制器或操作者在场传感器(如有)在断开锁定装置释放后的 5 s 内触发;且

——断开锁定装置释放后立即有视觉或听觉的指示,直至刀片控制器或操作者在场传感器(如有)被触发;

或

——操作者在场传感器(如有)在断开锁定装置释放前被触发。

注:视觉或听觉的指示仅用于指示修枝剪的状态。

修枝剪应在刀片控制器被释放后 1 s 内恢复到最初的断开锁定状态(如至少要求两个单独且不同的动作来启动切割器件),除非:

——配有操作者在场传感器;且

——手没有从操作者在场传感器上释放。

操作者在场传感器功能可通过机械、电气或电子的组合方式实现。

通过观察、测量和手试来检验。

此外，对于位于 8.14.2 b)6)103)明确的任何握持面内的断开锁定装置，可通过以下的试验来确定是否用一个单一握持或直线动作可操动刀片控制器和断开锁定装置：

断开锁定装置不应被一个直径为 25 mm、长 75 mm 的圆棒以任意方向在施加不超过 20 N 的力所操动。圆棒的圆柱形表面应桥接断开锁定装置的表面以及任何临近该锁定装置的表面。

21.18.102.4 操作者在场传感器

如果有操作者在场传感器，则应位于带有刀片控制器的手柄或握持表面内。

操作者在场传感器的功能可通过机械、电气或电子的组合方式实现。

注：操作者在场传感器的示例见图 124。

通过观察来检验。

21.30 修改：

GB/T 3883.1—2014 的该条适用于除延长杆修枝剪之外的其他修枝剪。

21.30.101 延长杆修枝剪被认为是可能切割到暗线或者自身导线的工具，且应满足以下要求：

按 8.14.2 b) 6)说明的延长杆修枝剪的手柄和握持表面应由绝缘材料构成，如果是金属，其应至少被 1 mm 厚的绝缘材料充分地覆盖，或者它们的易触及零件用绝缘隔层与因切割器件带电而可能会带电的易触及金属零件隔开。这类绝缘隔层不认为是基本绝缘、附加绝缘或加强绝缘。

用来满足本条要求的延长杆修枝剪上绝缘棍状辅助手柄和延长杆的一部分，应有高出握持面至少 12 mm、覆盖超过 240°的凸缘，凸缘用来减少手滑落到没有适当绝缘或隔离表面的可能性。

如果杆的绝缘在前手柄向切割刀片方向延伸，直到与后手柄刀片控制器上最靠近切割刀片和最靠近切割刀片的刀齿的距离超过 1.2 m，那么在前手柄和切割器件之间的凸缘可省略。

通过观察、测量和 20.5 的试验来检验。

21.35 GB/T 3883.1—2014 的该条不适用。

21.101 对于延长杆修枝剪，在工具调节到最不利的配置后，从距离切割刀片最远的刀片控制器上的点到切割刀片的尖端的最大长度不应大于 3.5 m。

通过测量来检验。

22 内部布线

除下述条文外，GB/T 3883.1—2014 的这一章适用。

22.6 修改：

GB/T 3883.1—2014 的该条不适用于修枝剪上可彼此相对转动的可调节零件，其相关要求由 22.101、19.101.3.6、19.103.3.6 和 19.107 规定。

22.101 修枝剪上根据 8.14.2 说明可彼此相对转动的可调节零件不应对内部布线产生过度应力。

本条不适用于修枝剪上由 19.101.3.6、19.103.3.6 和 19.107 规定的可彼此相对转动的可调节零件。

通过观察和以下试验来检验：

对于没有终端旋转限位器的工具，在将其任何中间锁定止动失效的情况下，工具的旋转部件在每个方向承受 2 000 次连续旋转。

对于有终端旋转限位器的工具，在将其任何中间锁定止动失效的情况下，工具的旋转部件从一端的终端旋转限位器到另一端终端旋转限位器承受 2 000 次旋转。2 000 次旋转完成后，每端的终端旋转限位器承受逐渐施加的 6 N·m 扭矩 1 min。两端的终端旋转限位器不应允许旋转元件超过其预期行程的限制。

注：中间锁定止动不认为是两端终端旋转限位器。

试验后，按附录 D 对工具的带电零件与易触及零件之间进行电气强度试验，带电零件还应符合第 9 章而不应可触及。

23 组件

除下述条文外，GB/T 3883.1—2014 的这一章适用。

23.1.10 替换：

开关应构造得不致出现可能有损于符合本文件的故障。

通过以下试验来检验：

已单独进行试验，并确定符合 GB/T 15092.1—2020[1] 的开关应符合 23.1.10.1 的规定。此外，如果刀片控制器包含了连接到电气开关的机械连接，则刀片控制器和开关的组合在 23.1.10.2 一起试验。

尚未单独进行试验，并且尚未确定符合 GB/T 15092.1—2020 或不满足 23.1.10.1 要求的开关应按照 23.1.10.2 到 23.1.10.3 的规定进行试验。

23.1.10.2 替换：

开关和刀片控制器应有足够的耐久性。

通过在三个开关或刀片控制器试样上，按 GB/T 15092.101—2020 或 GB/T 15092.102—2020 的 17.5.4[2] 加快速度循环耐久试验进行检验，但是负载条件按 23.1.10.2.1 或 23.1.10.2.2 中的规定，循环次数按以下规定，但速率不应大于 10 次/min。试验中切割器件按 8.14.2 进行润滑。

如果刀片控制器由电气开关外的机械连接执行操作，则机械连接可随电气开关连接到带指示器的电路一起试验，用来代替工具的负载。

操作时要求单次操动的刀片控制器需要进行 50 000 次操作试验。以操动刀片控制器作为一个循环。

对于没有顺序要求的双手同时操动（启动修枝剪）的刀片控制器，对 8.14.2 b) 明确的每组（每个）刀片控制器组合中的每个刀片控制交替进行试验，每个刀片控制器进行 10 000 次循环试验。其中一个循环由表 103 中的次序 1 和次序 2 组成，其中刀片控制器 1 和刀片控制器 2 是按 8.14.2b) 明确的组合。每个组合的试验可用单独的试样。

表 103 没有顺序双手触发刀片控制器的试验循环

试验循环	刀片控制器启动修枝剪	刀片控制器关断修枝剪
次序 1	1 然后 2	1 然后 2
次序 2	2 然后 1	2 然后 1

对于有顺序要求的双手操动（启动修枝剪）的刀片控制器，对 8.14.2 b) 明确的每组刀片控制器组合中的每个刀片控制器交替进行试验，每个刀片控制器进行 10 000 次循环试验。其中一个循环由表 104 中的次序 1 和次序 2 组成，其中刀片控制器 1 和刀片控制器 2 是按 8.14.2b) 明确的组合。每个组合的试验可用单独的试样。

1) GB/T 15092.1—2010 已被 GB/T 15092.1—2020 替代。

2) 因 GB/T 15092.1—2010 已被 GB/T 15092.1—2010 替代，该部分内容出现在 GB/T 15092.101—2020 或 GB/T 15092.102—2020 相应条款中，但不涉及技术内容的变化。

表 104　有顺序双手触发刀片控制器的试验循环

试验循环	刀片控制器启动修枝剪	刀片控制器关断修枝剪
次序 1	1 然后 2	1 然后 2
次序 2	1 然后 2	2 然后 1

如果刀片控制器中包含串联了电子线路的机械触头，并且电子线路中有一个或者多个 GB/T 15092.1—2020[3)]中定义的半导体开关器件(SSD)，在开关运行时，电子线路通过降低电流提供保护功能，则：

——在三个附加试样上，将电子线路短路，重复试验至少 1 000 个循环；或

——视保护功能为关键安全功能，且应符合 18.8 对刀片控制器更高的性能等级要求。

除了刀片控制器以外的开关，诸如调速开关，当通电时可能被操作的，按上述试验，但只在正常使用时的负载条件下，进行 1 000 次循环操作。

除了刀片控制器以外、不带电气负载操作的开关，以及只有借助工具才能操作的开关，或被互锁而不能在电气负载下操作的开关，不经受 GB/T 15092.101—2020 或 GB/T 15092.102—2020 中 17.5.4[4)] 的试验。

除了刀片控制器以外，属于 GB/T 15092.1—2020[3)] 中 7.1.2.6 分类的 20 mA 负载的开关也不经受 GB/T 15092.101—2020 或 GB/T 15092.102—2020 中 17.5.4[4)] 的试验。

完成上述试验后，开关应能接通和关断，且开关符合 GB/T 15092.101—2020 或 GB/T 15092.102—2020 中 17.6.3[4)] (TE3)基本绝缘要求。

23.1.10.2.1　GB/T 3883.1—2014 的该条适用。

23.1.10.2.2　GB/T 3883.1—2014 的该条适用。

23.1.10.3　替换：

修枝剪的刀片控制器应有足够的分断能力。

通过 GB/T 15092.101—2020 中 17.5.5 或 GB/T 15092.102—2020 中 17.5.9[4)] 的堵转试验(TC9)通以 6×I-M 的电流来检验。或者每个电气开关和任何刀片控制器装在修枝剪内，在电动机堵转的情况下进行试验，每个“接通”期不大于0.5 s，每个“断开”期不小于 10 s。

如果修枝剪使用了多个相同(如生产商和型号)的电气开关并且承受相同的负载条件，则仅一个此类电气开关进行试验即可。

试验后，刀片控制器应无电气故障或机械故障。如果刀片控制器在试验结束时可在“接通”和“断开”位置正常工作，则认为无电气故障或机械故障。

23.3　增加：

用来关断修枝剪的保护装置(如过载或过温等保护装置)或电路应是非自复位型的。

24　电源联接和外接软线

除下述条文外，GB/T 3883.1—2014 的这一章适用。

24.1　替换：

工具应配置下列一种电源联接装置：

---

3)　GB/T 15092.1—2010 已被 GB/T 15092.1—2020 替代。

4)　因 GB/T 15092.1—2010 已被 GB/T 15092.1—2010 替代，该部分内容出现在 GB/T 15092.101—2020 或 GB/T 15092.102—2020 相应条款中，但不涉及技术内容的变化。

——一个至少与工具有相同防水等级的器具进线座；

——长度为 0.2 m 到 0.5 m、装有插头或至少与工具在 8.1 标称相同防水等级的其他连接器的电源线。

插头、连接器和进线座应符合工具的额定值。

通过观察和测量来检验。

软线长度的测量是从软线伸出工具处到软线与插头或连接器的连接处。软线护套伸出工具的长度或超出插头主体的长度计入软线长度。

24.2 增加：

允许使用 Z 型联接。

25 外接导线的接线端子

GB/T 3883.1—2014 的这一章适用。

26 接地保护装置

GB/T 3883.1—2014 的这一章适用。

27 螺钉和联接件

GB/T 3883.1—2014 的这一章适用。

28 爬电距离、电气间隙和绝缘穿通距离

GB/T 3883.1—2014 的这一章适用。

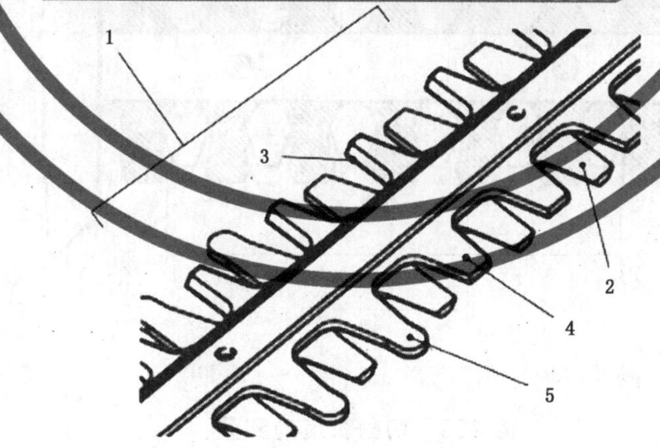

标引序号说明：

1——切割器件；

2——切割刀片；

3——刀齿；

4——剪切板；

5——延长钝齿。

图 101 定义的图解 1

标引序号说明：
1——切割器件；
2——切割刀片；
3——刀齿；
4——延长钝齿。

图 102 定义的图解 2

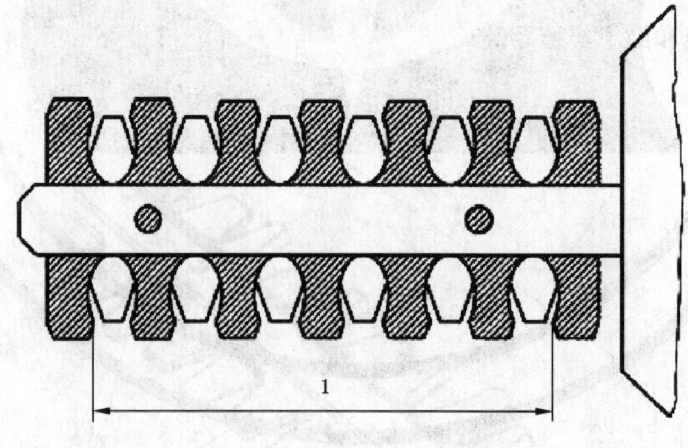

标引序号说明：
1——切割长度。

图 103 切割长度的测量

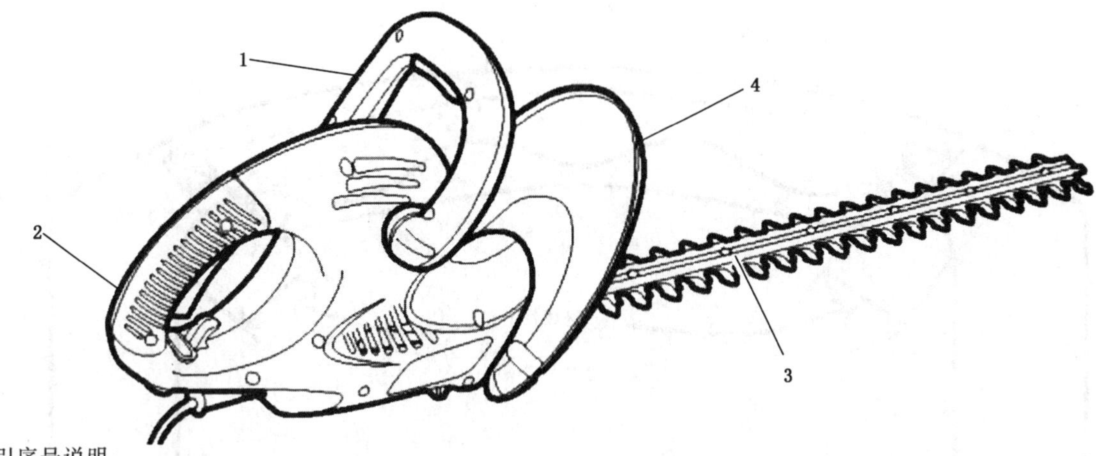

标引序号说明：

1——前手柄；

2——后手柄；

3——双侧带刃切割器件；

4——前手柄挡板。

a) 双侧带刃切割器件

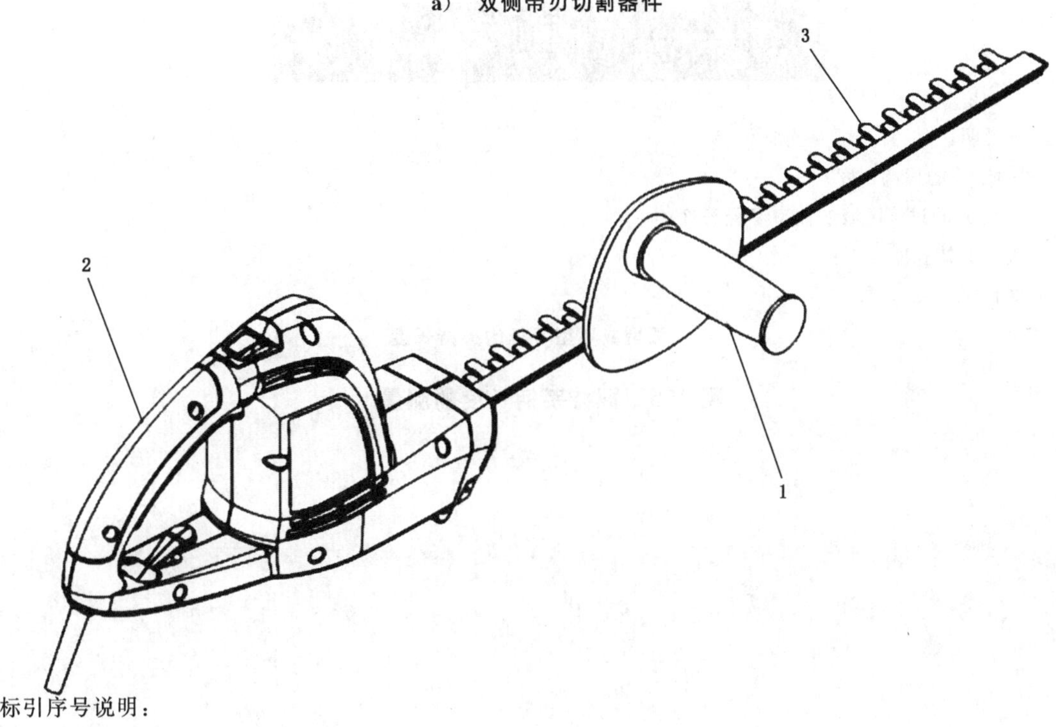

标引序号说明：

1——前手柄；

2——后手柄；

3——单侧带刃切割器件。

b) 单侧带刃切割器件

图 104 手柄布置

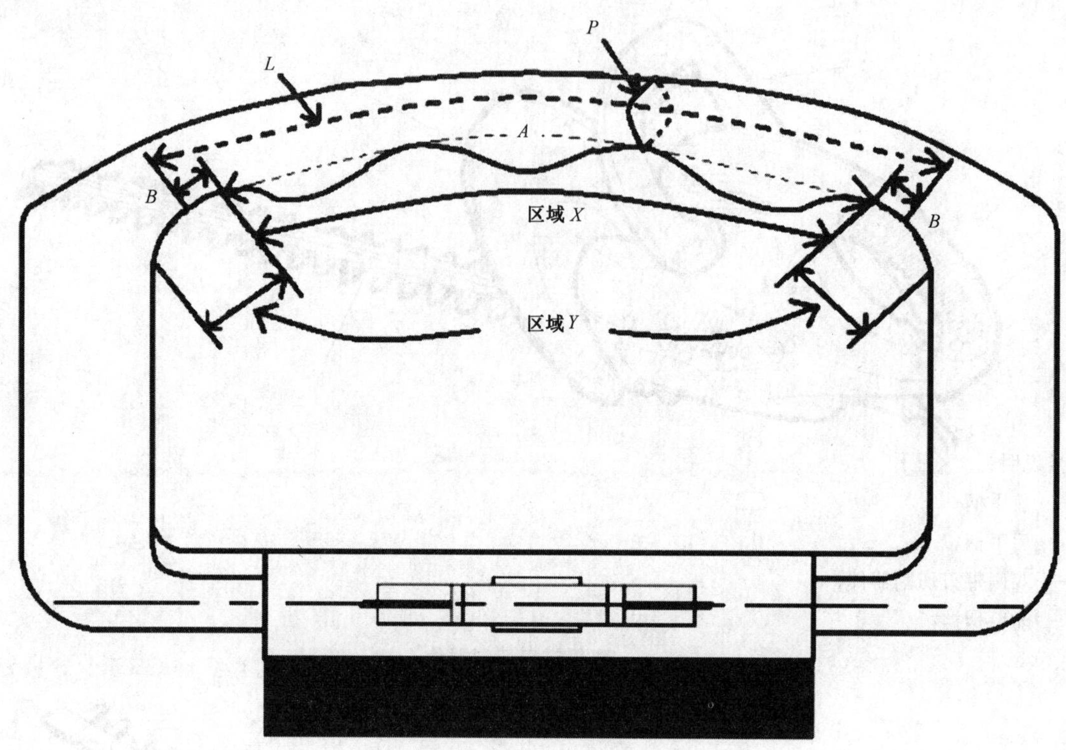

标引序号说明：

A ——区域 X 的握持长度；

B ——区域 Y 的过渡区域的曲率半径长度；

L ——最大握持长度；

P ——周长。

a） 弧型或环型手柄的握持长度

图 105 握持手柄长度的测量

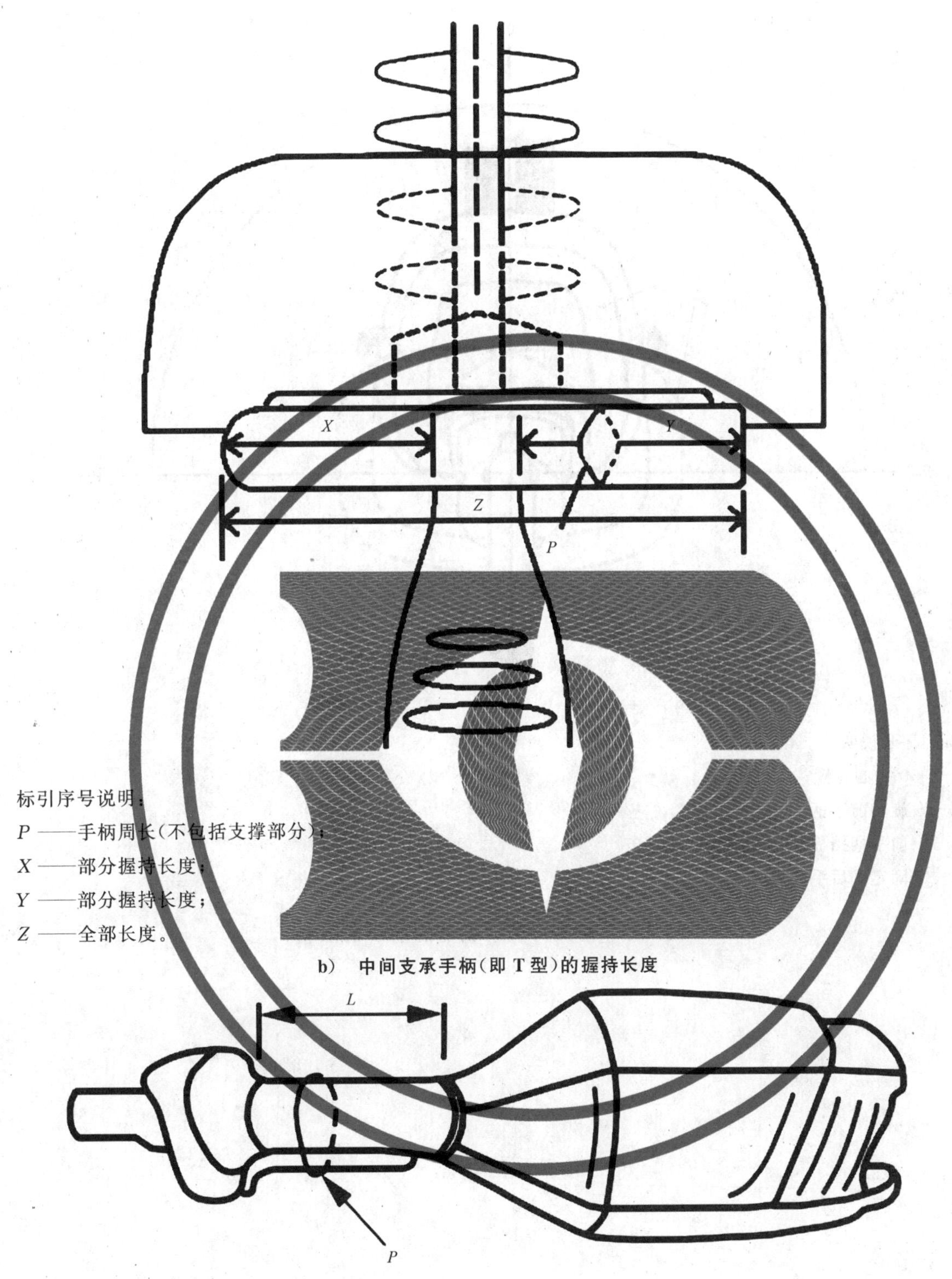

标引序号说明：

P ——手柄周长(不包括支撑部分)；

X ——部分握持长度；

Y ——部分握持长度；

Z ——全部长度。

b） 中间支承手柄(即T型)的握持长度

L

P

标引序号说明：

L ——最大握持长度；

P ——周长。

c） 以杆为手柄的握持长度和周长尺寸的确定

图 105 握持手柄长度的测量（续）

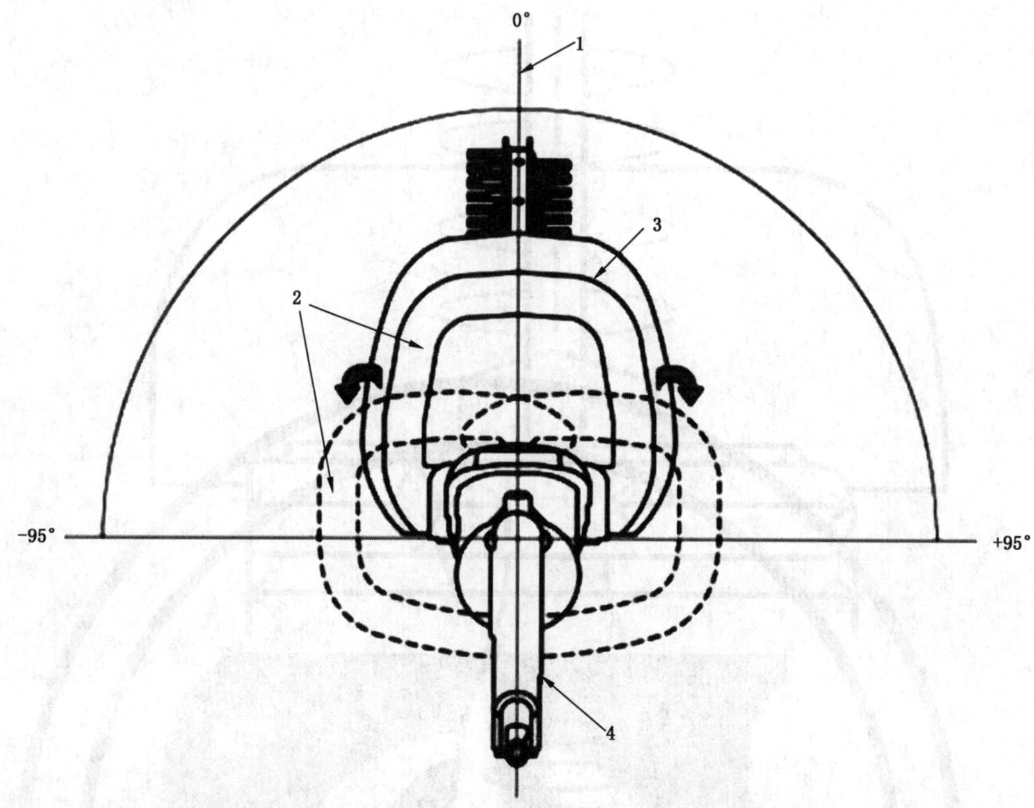

标引序号说明：

1——0°中心位置；

2——旋转前手柄；

3——前手柄挡板；

4——固定式后手柄。

图 106 两侧可转动调节的前手柄限制

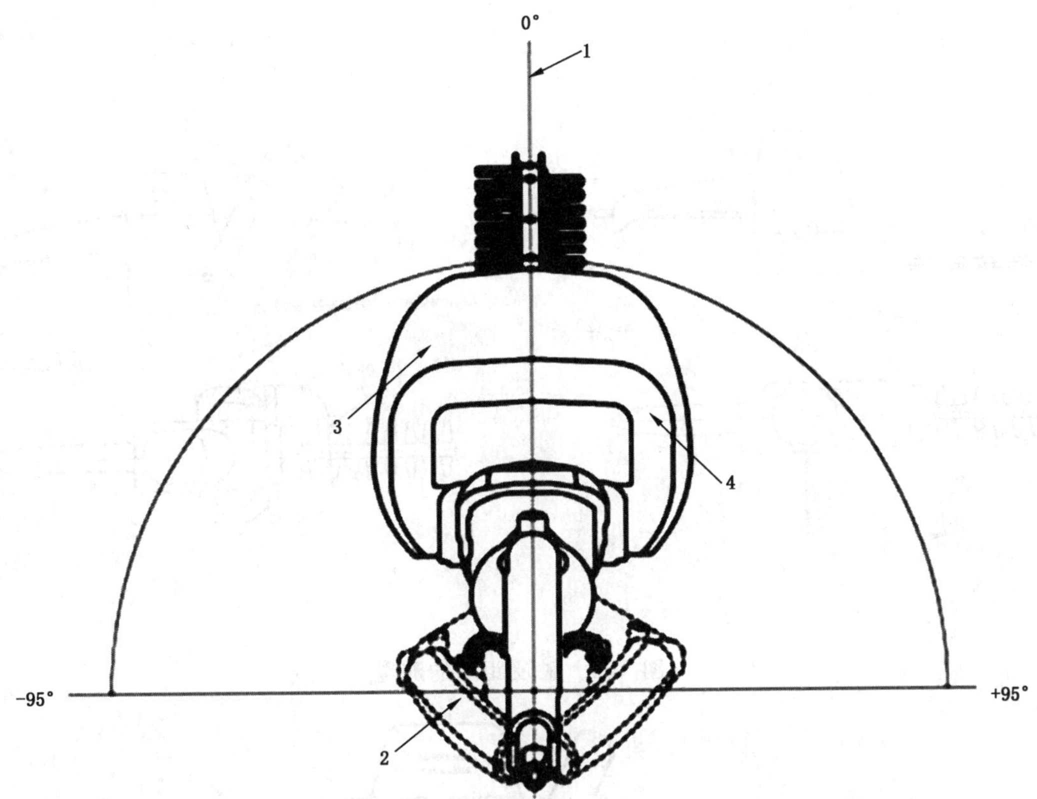

标引序号说明：

1——0°中心位置；

2——旋转后手柄；

3——前手柄挡板；

4——固定式前手柄。

图 107　两侧可转动调节的后手柄限制

单位为毫米

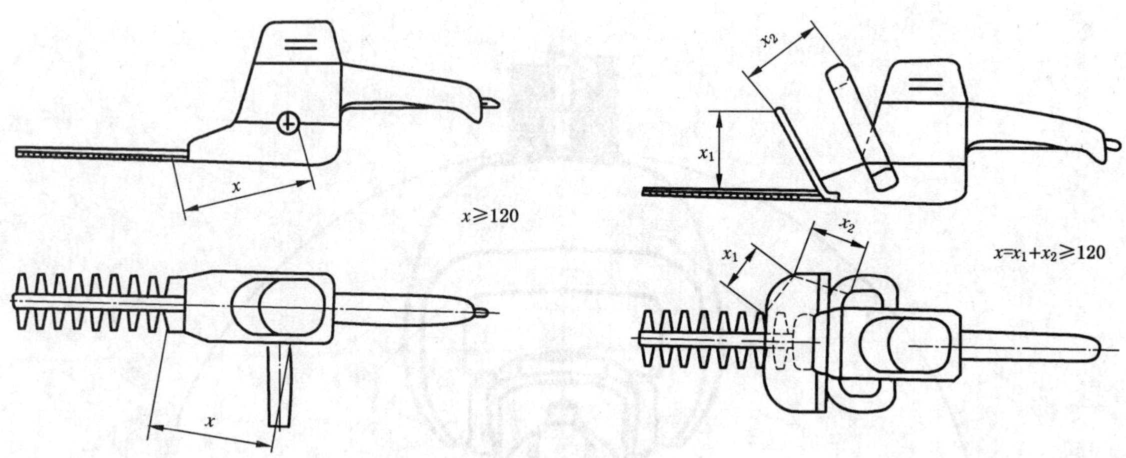

图 108 触及距离的测量

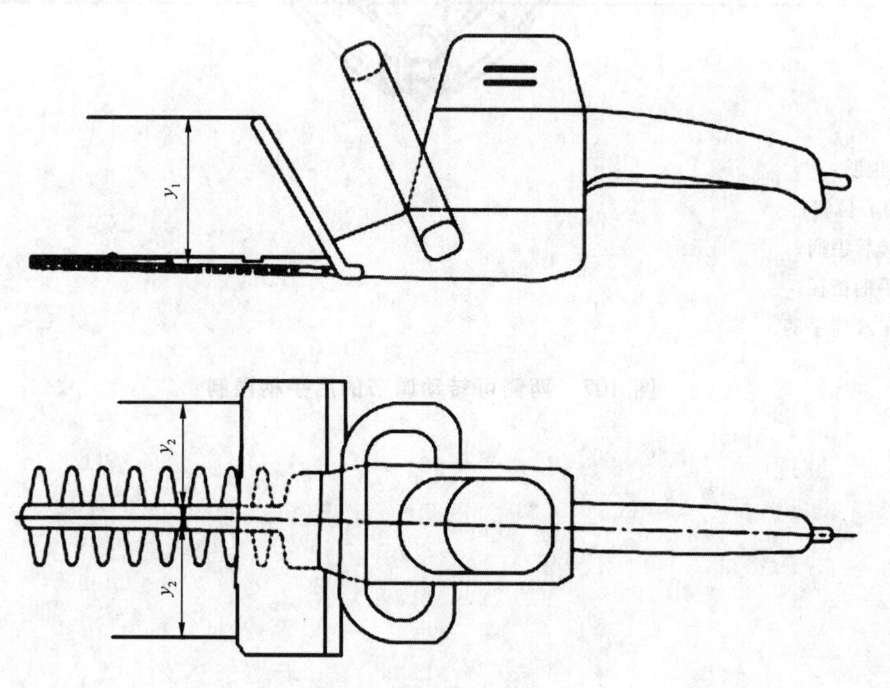

图 109 前手柄挡板尺寸

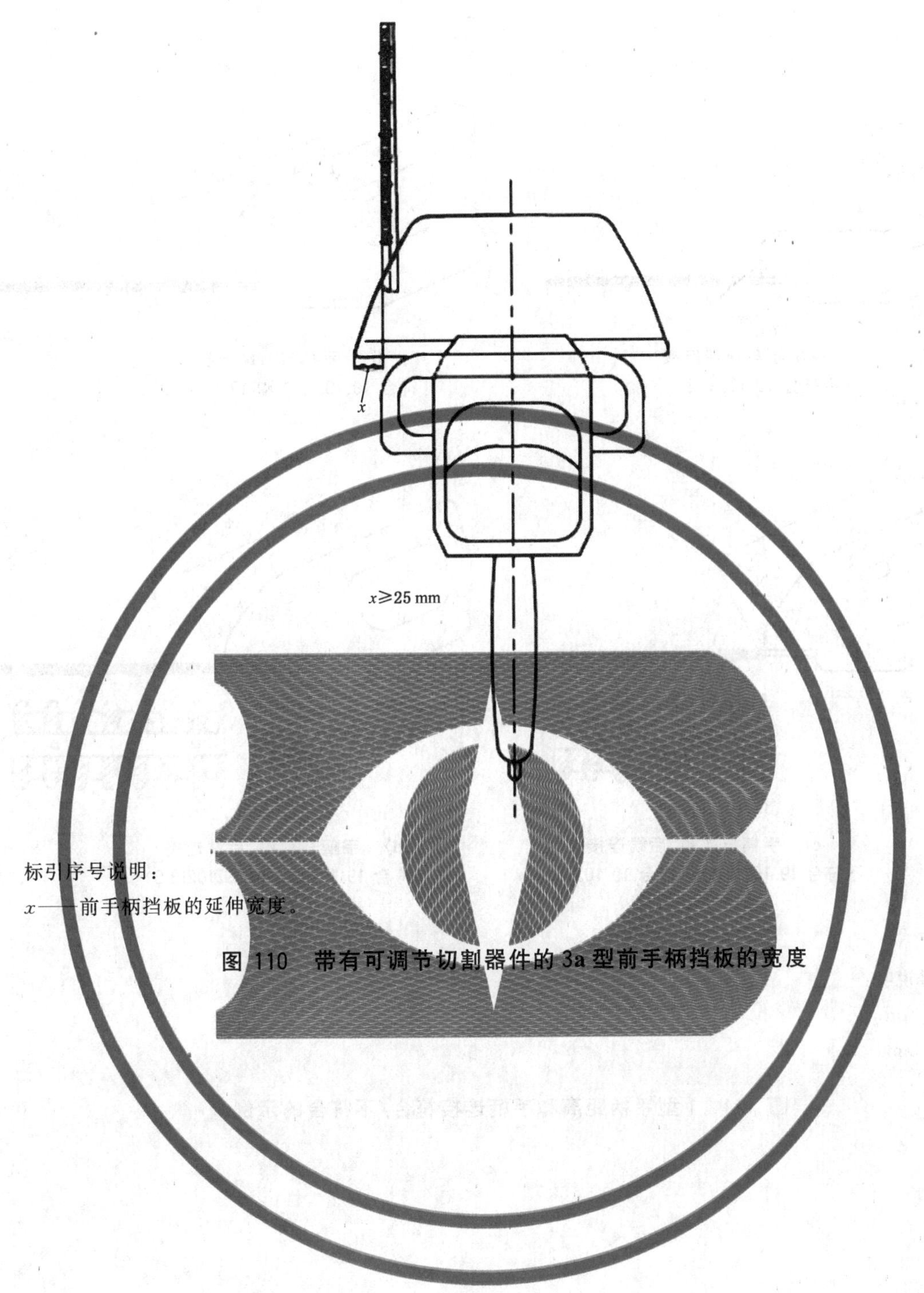

标引序号说明：

x——前手柄挡板的延伸宽度。

图 110　带有可调节切割器件的 3a 型前手柄挡板的宽度

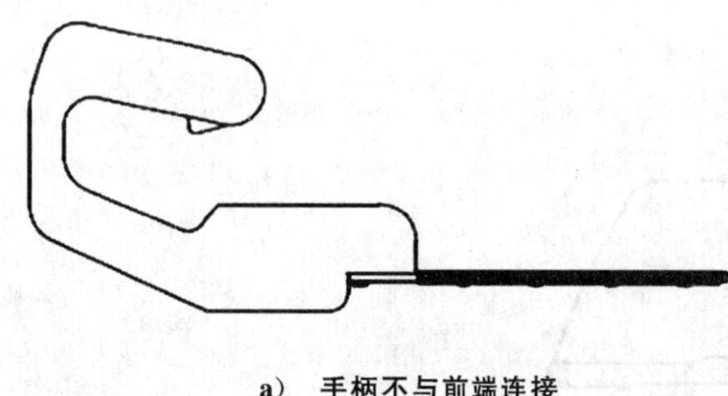

a） 手柄不与前端连接
（不符合 19.102.2.3）

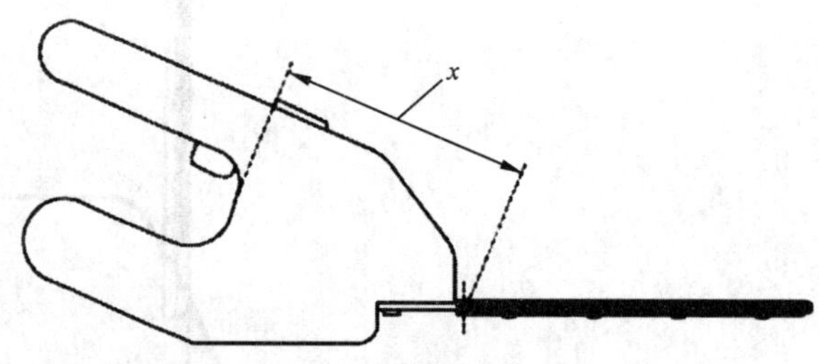

b） 手柄与前端连接
（符合 19.102.2.1 和 19.102.2.3）

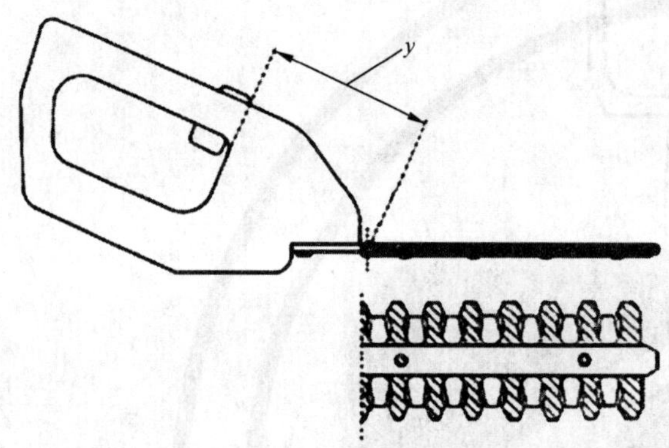

c） 手柄与前端、后端连接
（不符合 19.102.2.1，但符合 19.102.2.3）

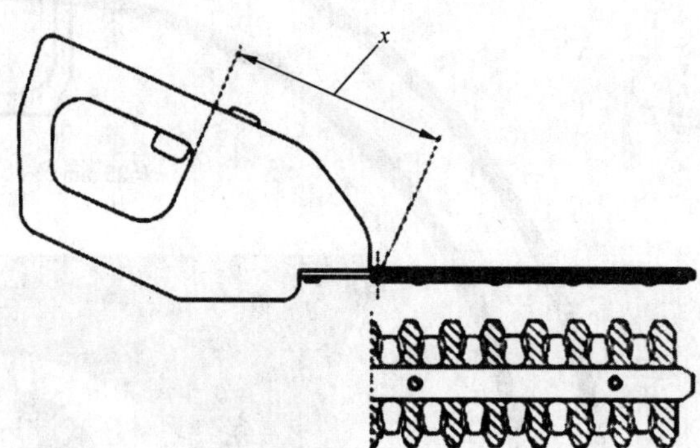

d） 手柄与前端、后端连接
（符合 19.102.2.1 和 19.102.2.3）

标引序号说明：

x ≥120 mm；

y <120 mm。

图 111 1型手柄距离和手柄连接符合/不符合的示例

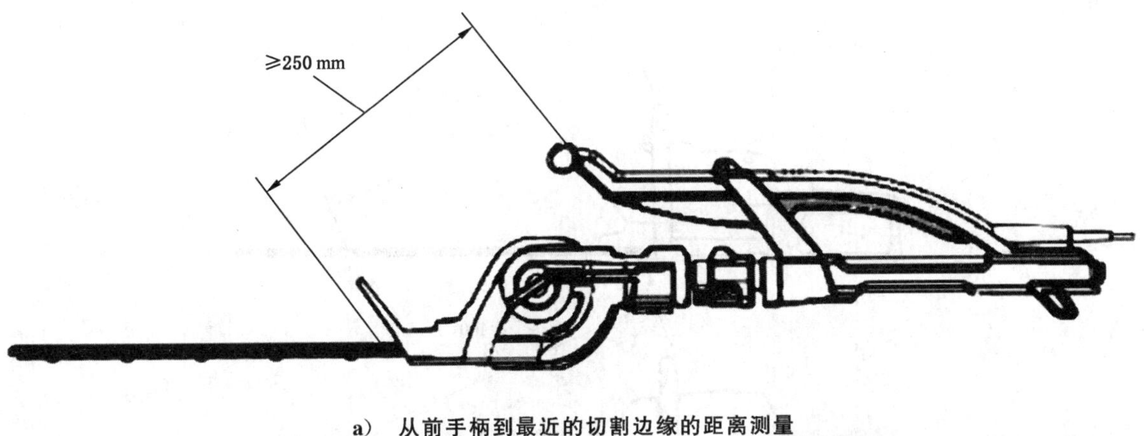

a） 从前手柄到最近的切割边缘的距离测量

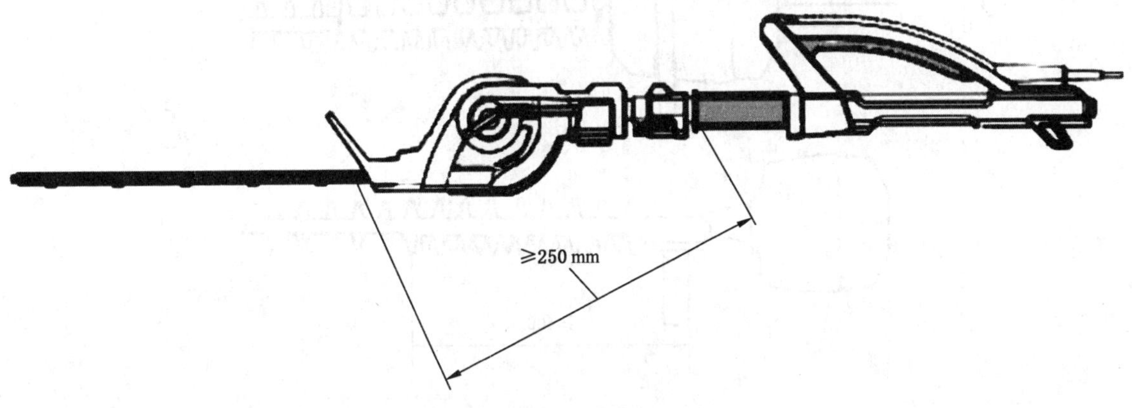

b） 从杆上的握持面到最近切割边缘的距离测量

图 112 从切割刀片到手柄和抓握表面的距离测量

单位为毫米

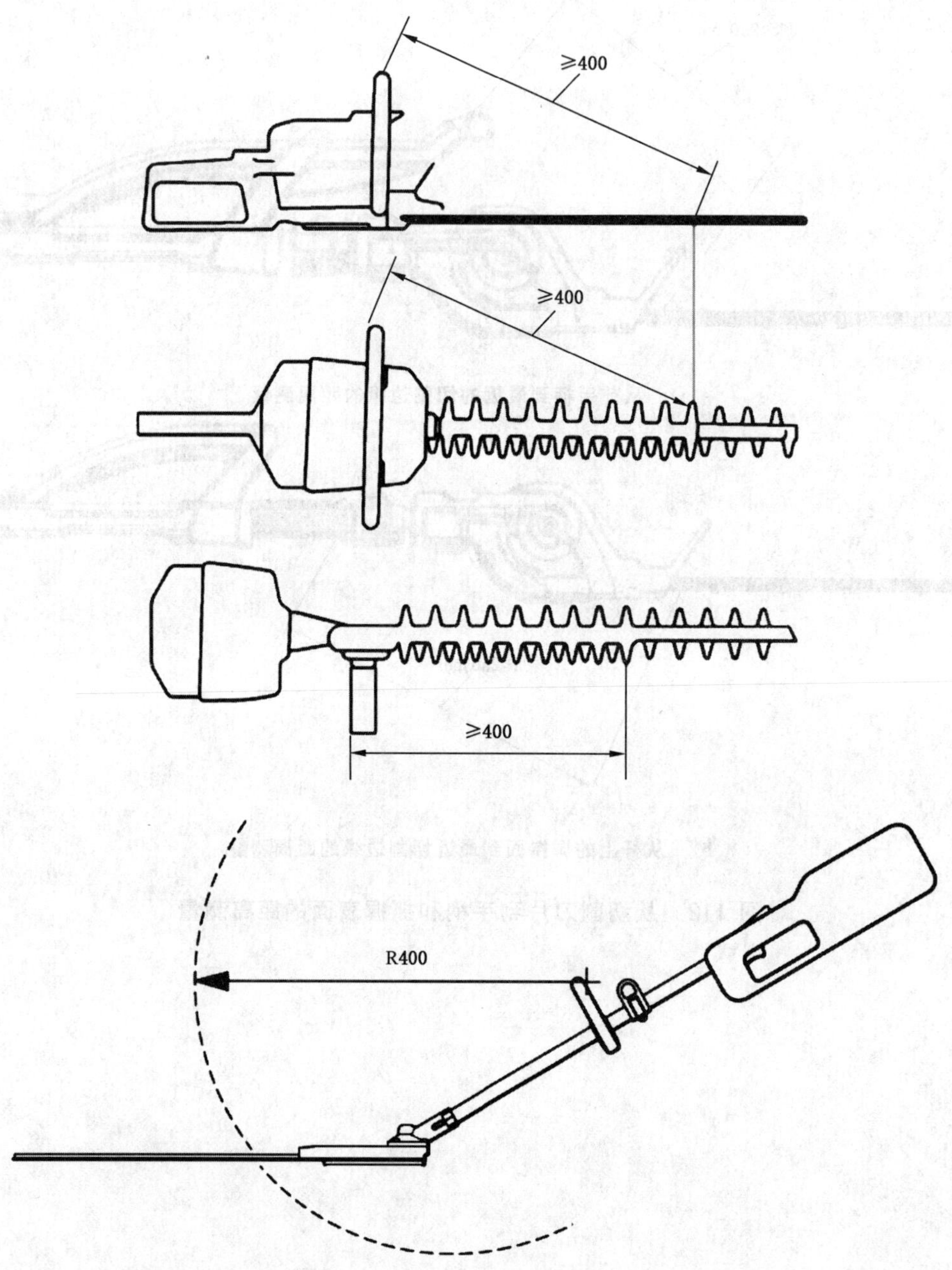

图 113　沿切割器件轴线的延长钝齿最小长度的测量方法

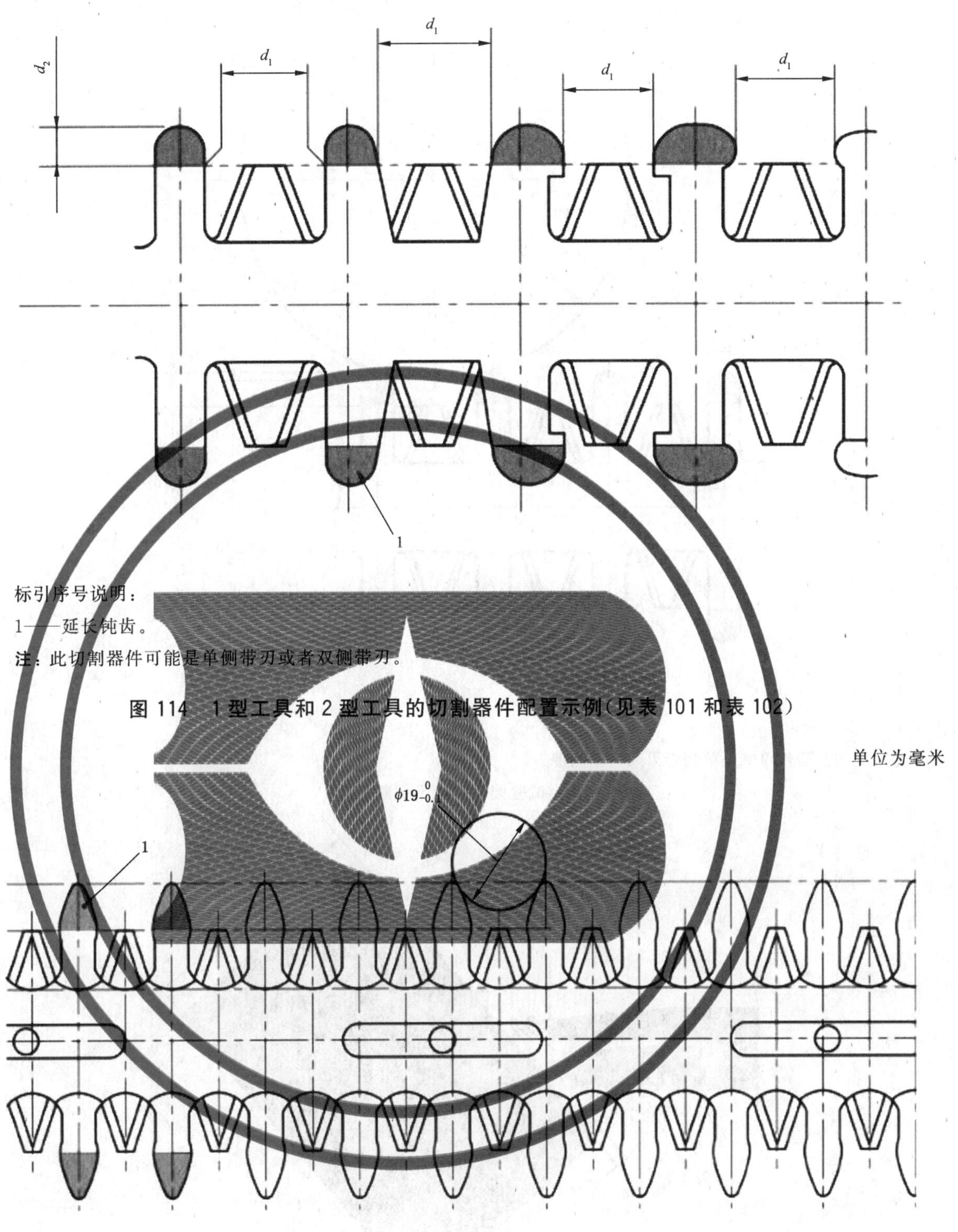

标引序号说明：

1——延长钝齿。

注：此切割器件可能是单侧带刃或者双侧带刃。

图 114　1 型工具和 2 型工具的切割器件配置示例(见表 101 和表 102)

单位为毫米

标引序号说明：

1——延长钝齿。

注：此切割器件可能是单侧带刃或者双侧带刃。

图 115　3a 型工具和 3b 型工具的切割器件备配置示例(见表 101 和表 102)

单位为毫米

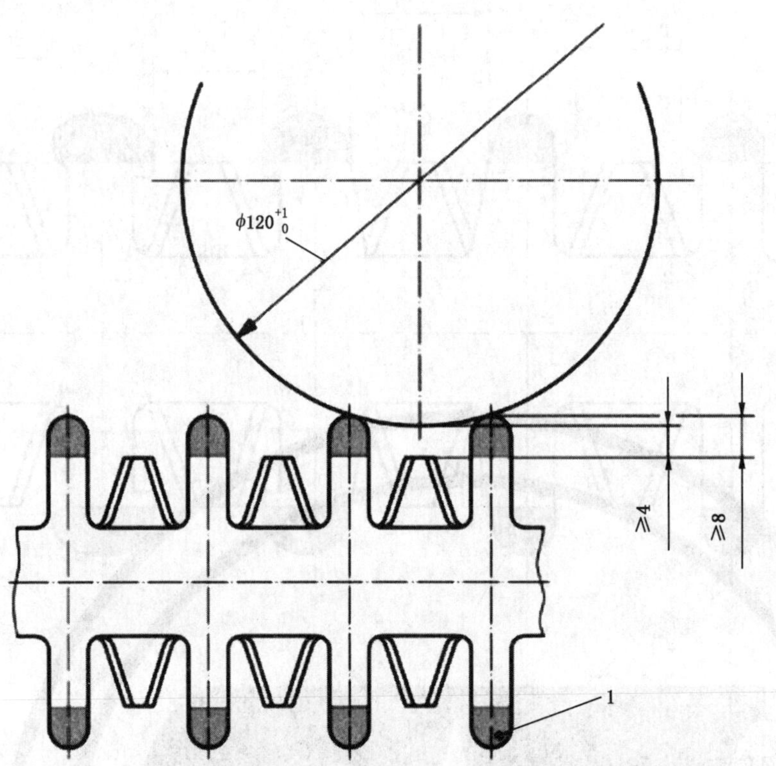

标引序号说明：

1——延长钝齿。

注：此切割器件可能是单侧带刃或者双侧带刃。

a） 试验圆棒垂直于切割平面

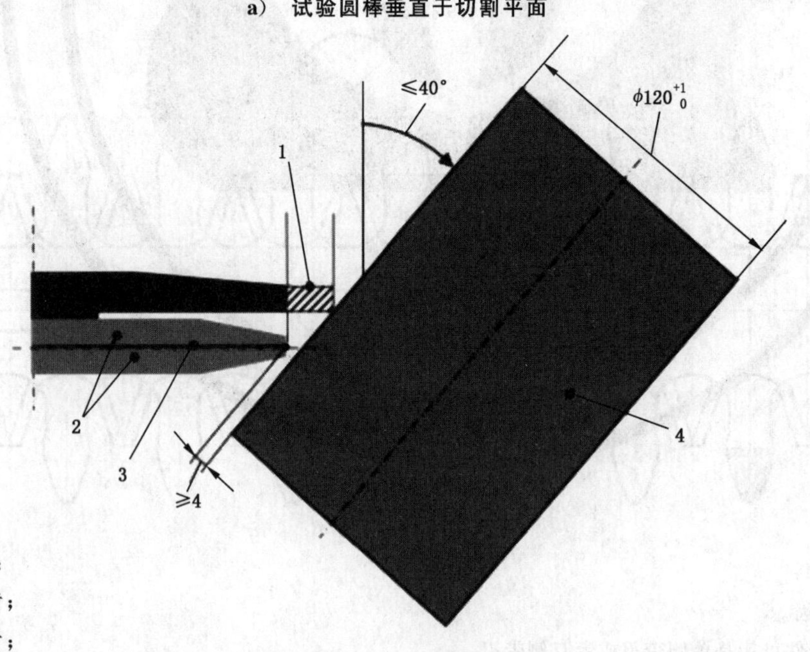

标引序号说明：

1——延长钝齿；

2——切割刀片；

3——切割平面；

4——试验圆棒。

b） 试验圆棒倾斜于切割平面

图 116 4 型工具的切割器件配置示例（见表 101 和表 102）

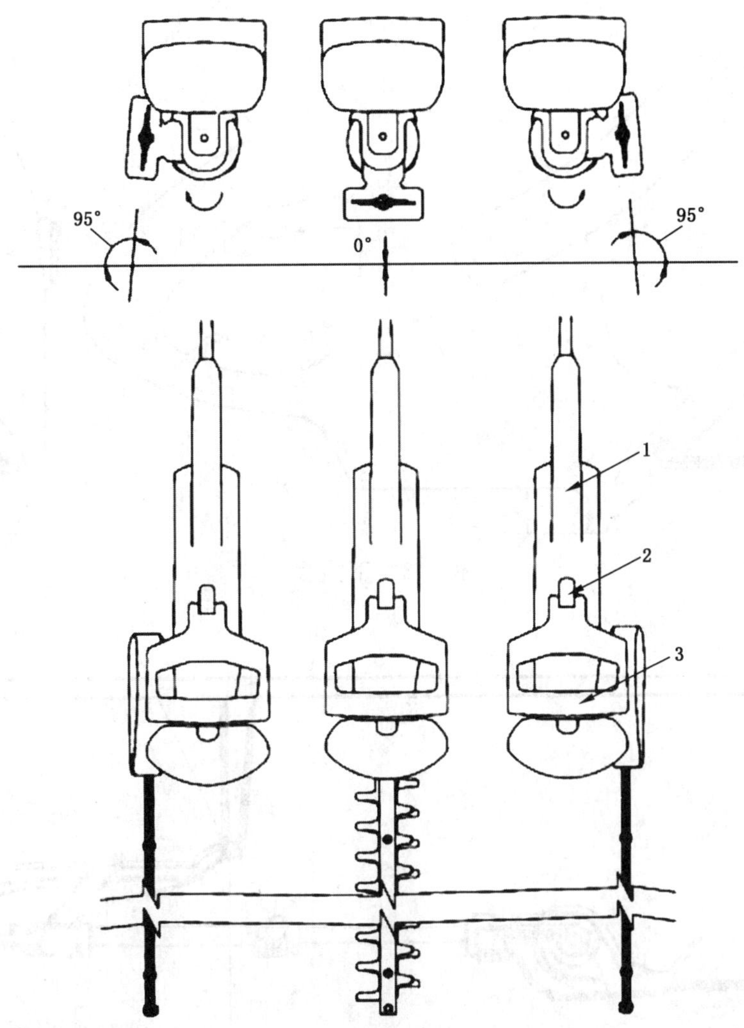

标引序号说明：

1——后手柄；

2——切割器件释放控制；

3——前手柄。

图 117 可调整切割器件的一侧到另一侧的限制

单位为毫米

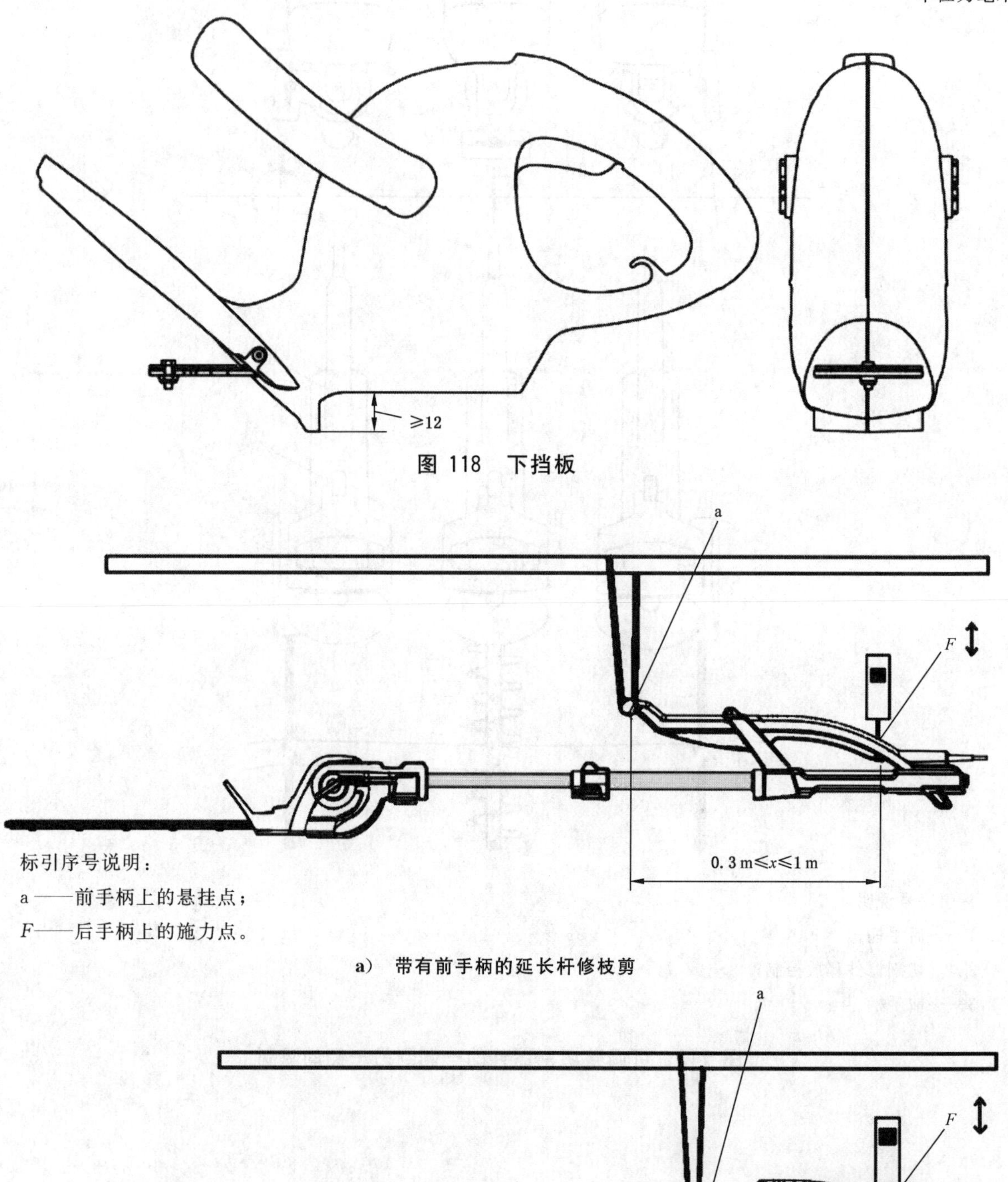

图 118　下挡板

标引序号说明：

a——前手柄上的悬挂点；

F——后手柄上的施力点。

a)　带有前手柄的延长杆修枝剪

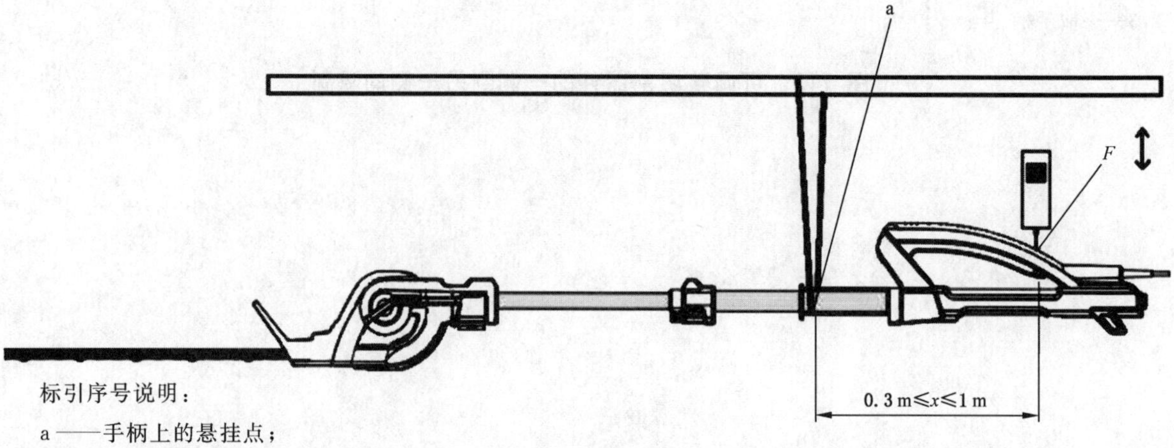

标引序号说明：

a——手柄上的悬挂点；

F——后手柄上的施力点。

b)　以杆作为手柄的延长杆修枝剪

图 119　延长杆修枝剪在水平方向上保持平衡所需力的测量

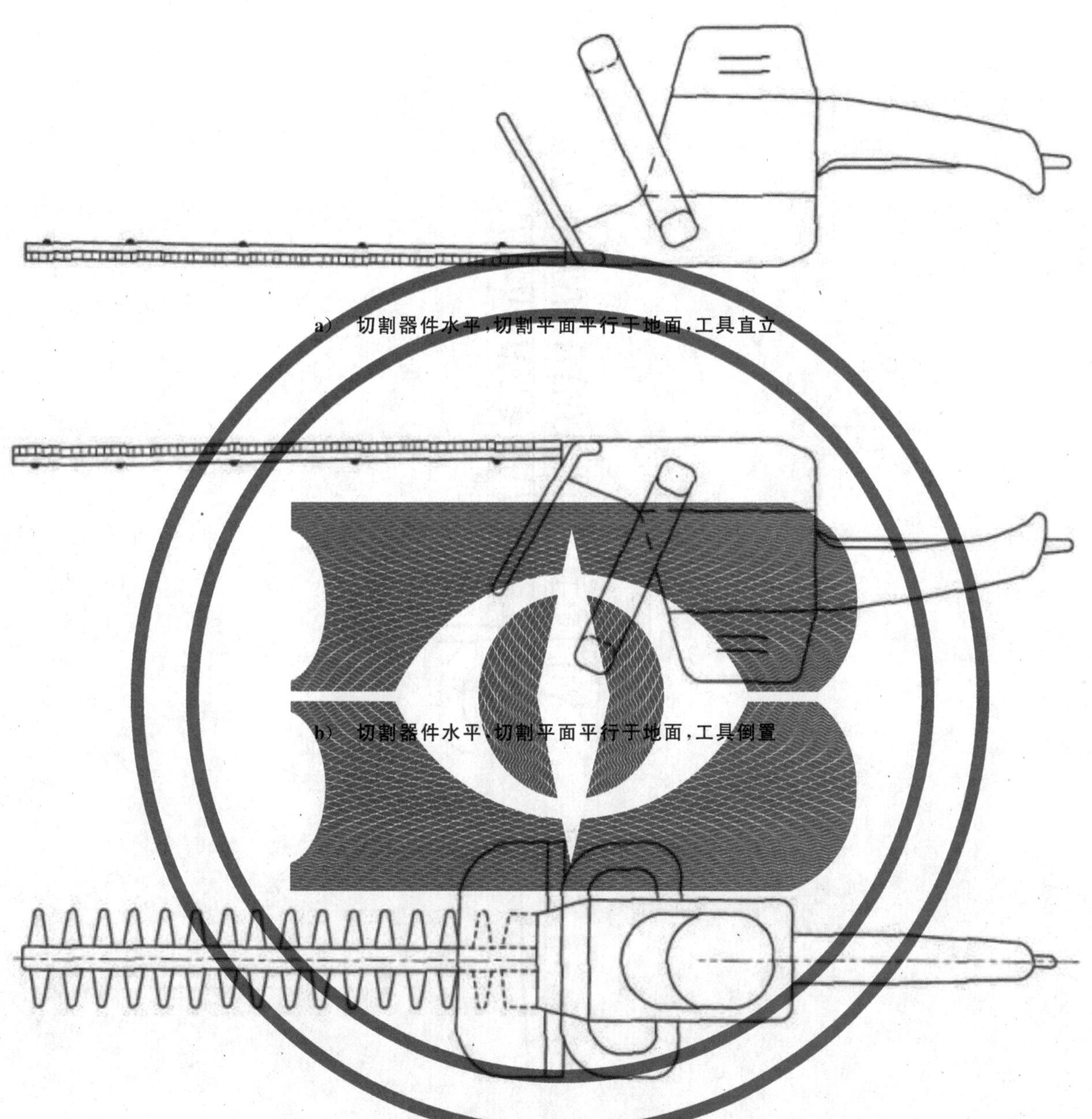

a） 切割器件水平，切割平面平行于地面，工具直立

b） 切割器件水平，切割平面平行于地面，工具倒置

c） 切割器件水平，切割平面垂直于地面，用于切割树篱的侧面（左手或右手）

图 120 20.3.1 跌落试验时修枝剪位置

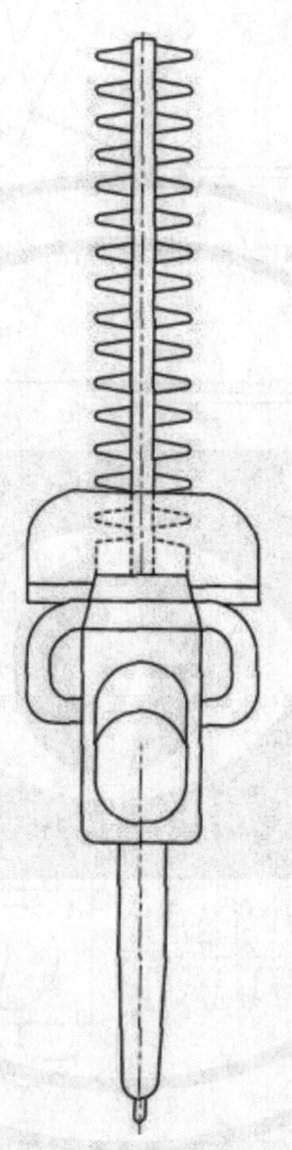

d） 切割器件垂直向上，为切割树篱的侧面

图 120 20.3.1 跌落试验时修枝剪位置（续）

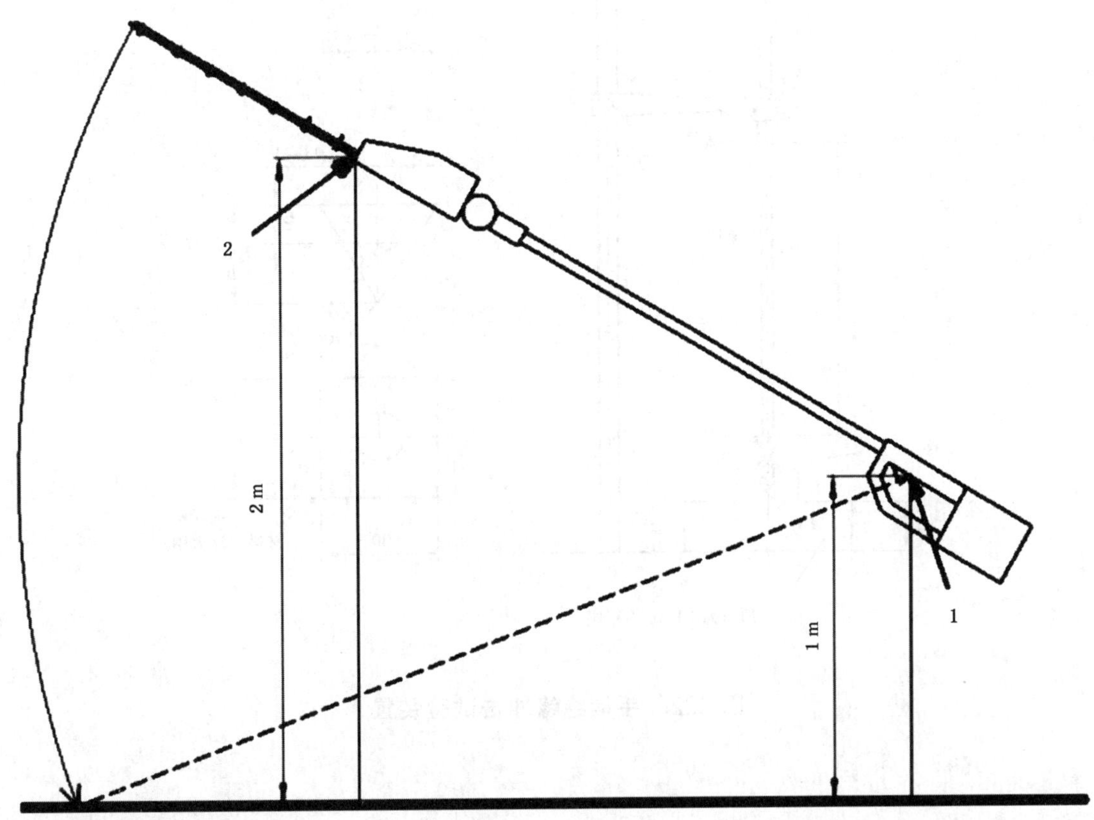

标引序号说明：

1——后手柄上刀片控制器后端的支点；

2——距离后手柄最近的切割刀片的切割边缘。

图 121 延长杆修枝剪 20.3.1 的附加跌落试验

单位为毫米

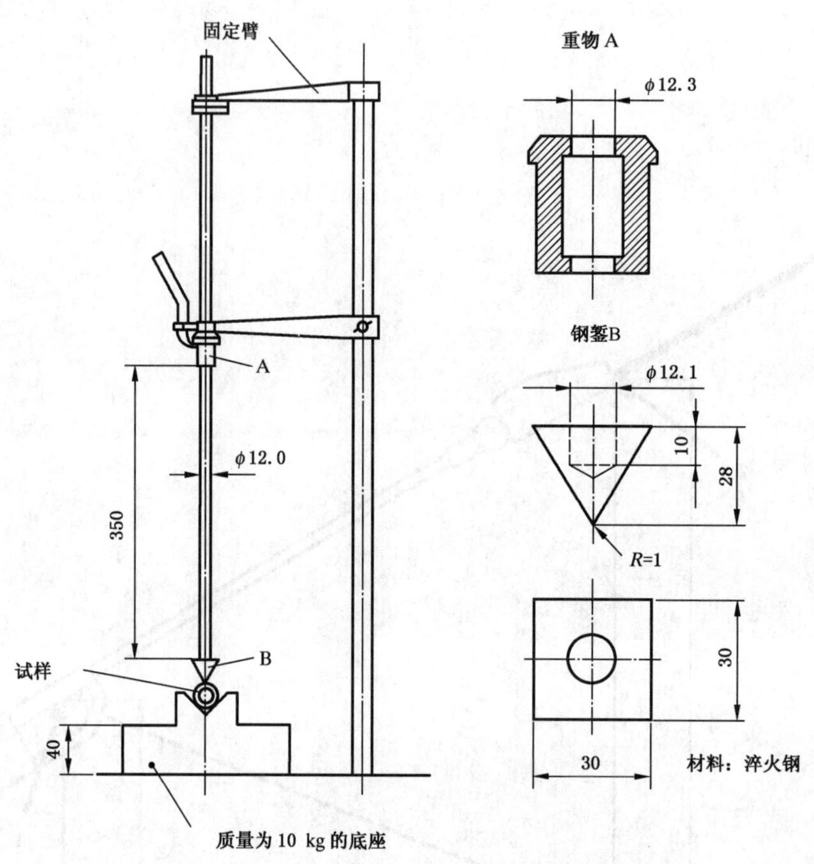

图 122　手柄绝缘冲击试验装置

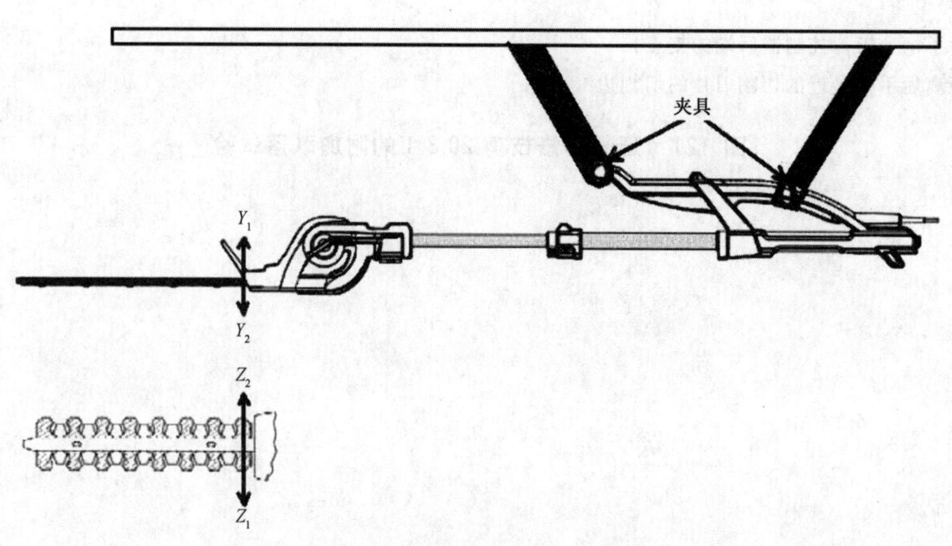

图 123　20.101.3.3 试验的安装和施力

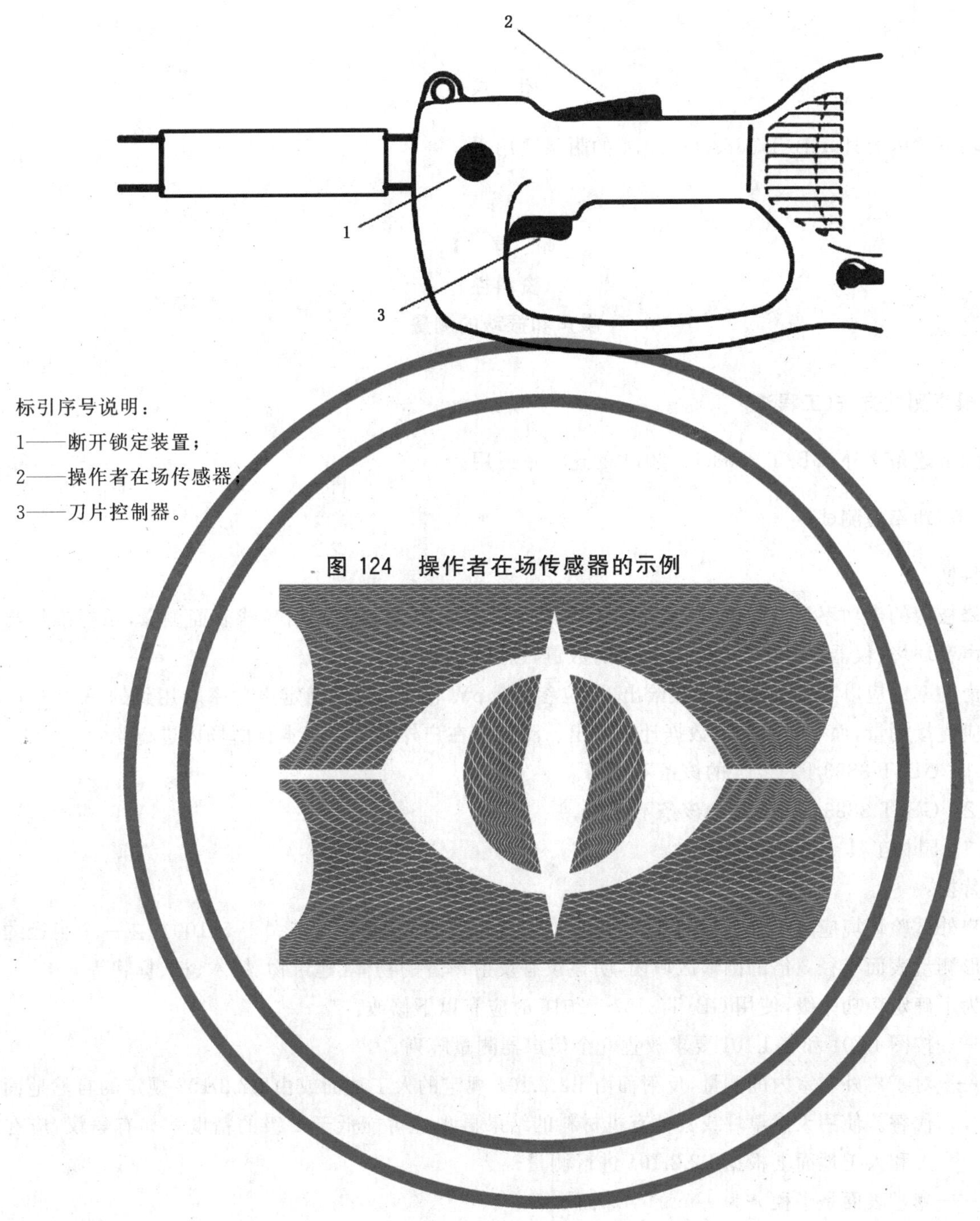

标引序号说明：

1——断开锁定装置；

2——操作者在场传感器；

3——刀片控制器。

图 124 操作者在场传感器的示例

附　录

除下述内容外，GB/T 3883.1—2014 的附录适用。

附　录　I
（资料性）
噪声和振动的测量

I.2　噪声测试方法（工程法）

除下述条文外，GB/T 3883.1—2014 的这一章适用。

I.2.2　声功率级测试

替换：

修枝剪的声功率测量应按图 I.101 和 GB/T 3767—2016 的规定使用半球表面测量，该标准给出了测量声音环境、仪器仪表、测量量、待确定的数量，以及测量程序。

声功率级应以 A 计权声功率级给出，单位参考 1 pW 的 dB 值。确定声功率时用到的 A 计权的声压级应直接测量，而不是由频段数据计算得出。测量应在户外或室内基本自由场内进行。

I.2.2.1　GB/T 3883.1—2014 的该条不适用。

I.2.2.2　GB/T 3883.1—2014 的该条不适用。

I.2.2.3　园林工具

替换：

户外试验环境应是一个平坦的开放空间（如果有斜坡的话，坡度不应大于 5/100），在一个半径约为半球形测量表面半径 3 倍的圆形区域内，明显没有反射声音的物体（建筑物、树木、杆、标牌等）。

为了确定声功率级，使用 GB/T 3767—2016 时应有以下修改：

——按图 I.101 和表 I.101 要求放置 6 个传声器测量阵列；

——对于户外和室内的测量，反射面由 I.2.2.101 规定的人工地面或由 I.2.2.102 规定的自然地面来代替。使用天然草坪或其他有机材料的结果再现性可能低于 2 级的精度。如有争议，应在露天和人工地面上根据 I.2.2.101 进行测量；

——测量表面是半径 r 为 4 m 的半球面；

——对于户外测量，$K_{2A}=0$；

——在户外测量时，环境条件应在测量设备制造商规定的范围内。周围的空气温度应在 −10℃ 到 30℃之间，风速小于 8 m/s，小于 5m/s 更佳。当风速超过 1 m/s 时，应使用挡风板；

——对于室内测量，环境噪声值应按照 GB/T 3767—2016，并且根据 GB/T 3767—2016 中附录 A 的没有人工地面的条件确定 K_{2A} 的值应≤2 dB 的，此时 K_{2A} 应被忽略；

——测量应使用在 IEC 61672-1 中定义的积分平均声级计；或者使用按照 IEC 61672-1 所定义的带有“缓慢”时间计权特性的设备。

A 计权声功率级 L_{WA} 应根据 GB/T 3767—2016 中 8.6 要求，使用公式（I.101）计算：

$$L_{WA}=\overline{L_{pfA}}+10\lg\left(\frac{S}{S_0}\right)\ \text{dB} \qquad \cdots\cdots\cdots\cdots\text{(I.101)}$$

式中L_{pfA}由以下公式确定：

$$\overline{L_{pfA}} = 10\lg\left[\frac{1}{6}\sum_{i=1}^{6}10^{0.1L'_{pA,i}}\right] - K_{1A} - K_{2A}$$

式中：

$\overline{L_{pfA}}$ ——根据 GB/T 3767—2016 要求的 A 计权表面声压级，单位为分贝(dB)；

$L'_{pA,i}$ ——在第 i 个传声器测得的 A 计权表面声压级，单位为分贝(dB)；

K_{1A} ——A 计权背景噪声修正；

K_{2A} ——A 计权环境修正；

S ——测量表面的面积，单位为平方米(m^2)；

S_0 ——$= 1\ m^2$。

对于半球面测量面，测量表面的面积 S(单位为 m^2)计算公式如下：

$$S = 2\pi r^2$$

式中：

半球半径 $r = 4$ m。

所以，从公式(I.101)得出：

$$L_{WA} = \overline{L_{pfA}} + 20(\text{dB})$$

表 I.101 传声器坐标位置

位置序号	x	y	z
1	+0.65r	+0.65r	0.38r
2	−0.65r	+0.65r	0.38r
3	−0.65r	−0.65r	0.38r
4	+0.65r	−0.65r	0.38r
5	−0.28r	+0.65r	0.71r
6	+0.28r	−0.65r	0.71r

I.2.2.101 人工地面的要求

根据 GB/T 20247—2006 的测量，人工地面应有如表 I.102 的吸声系数。

表 I.102 吸声系数

频率 Hz	吸声系数	公差
125	0.1	±0.1
250	0.3	±0.1
500	0.5	±0.1
1 000	0.7	±0.1
2 000	0.8	±0.1
4 000	0.9	±0.1

人工地面应放置在一个坚硬的、有反射的表面并位于测量环境的中心，尺寸至少有 3.6 m×3.6 m。

支撑结构的构造应确保吸声材料在位后仍符合声音特性的要求。该结构应支撑操作者以避免吸声材料受压。

注：有关符合本要求材料和结构的示例参阅附录 BB。

I.2.2.102 自然地面的要求

试验场地中心的地面应平整，具有良好的吸声特性。地面应是森林地面或草坪，草坪或其他有机材料的高度为(50±20)mm。

I.2.3 发射声压级测试

除下述条文外，GB/T 3883.1—2014 的该条适用。

I.2.3.2 可移式电动工具

GB/T 3883.1—2014 的该条不适用。

I.2.3.3 园林工具

替换：

根据 I.2.3.1 对修枝剪给出发射声压级。

注：修枝剪采用的方法和手持式工具类似，即没有唯一定义的工作场所。可认为在距离工具 1 m 的声压值是适用的。

I.2.4 电动工具在噪声测试时的安装和固定条件

替换：

工作场所下确定声功率级和发射声压级的安装和固定条件应完全相同。

被测工具应是全新的，安装上 8.14.2 明确的影响声学特性的配件。测试前，工具(包括任何必需的辅助设备)应按 8.14.2 设置，形成一个稳定的工作条件。

A 计权声功率级的测量安装和组装条件应符合 GB/T 5390—2013 的 D.1 和 D.2 的适用于修枝剪部分的要求。

操作者(如有)不应直接位于任何一个传声器和工具之间。

注：在试验中有操作者可能导致结果不符合 2 级精度要求。

I.2.5 运行条件

修改：

修枝剪应在切割器件正常转速的“空载”条件下测量。

I.3 振动

除下述条文外，GB/T 3883.1—2014 的这一章适用。

I.3.3.2 测量位置

增加：

图 I.102 给出了传声器在修枝剪上的位置。

I.3.5.2 附件/工件和作业

增加：

如果修枝剪能安装不同切割器件，应安装最长的切割器件进行试验。

I.3.5.3 运行条件

替换：

修枝剪应在“空载”条件下试验，按正常使用方式握持工具并保持切割器件水平。

注：由于在实验室中很难应用或模拟对修枝剪的负载，并且试验结果表明，负载对振动结果没有显著影响，因此测量仅在“空载”条件下进行。

对于延长杆修枝剪，工具按 8.14.2 b）调节到最长配置并保持切割器件的轴尽量与杆的中心在一直线上。

工具应根据说明书在正常工作条件和工作模式下操作，并在试验过程中保持该状态。在可能发生的典型和正常使用条件下对工具的试验，应使用最能代表最大振动值的操作条件。

在开始测试之前，工具应在这些状况下运转预热至少 1 min。

I.3.6.1 振动值的报告

增加：

每个试验循环是工具启动后“空载”运行超过 10 s 然后关机。

一个周期内，在启动至少为 8 s 后测量。

I.3.6.2 总振动发射值的声明

增加：

应声明手柄的最高总振动发射值 a_h 和不确定度 K。

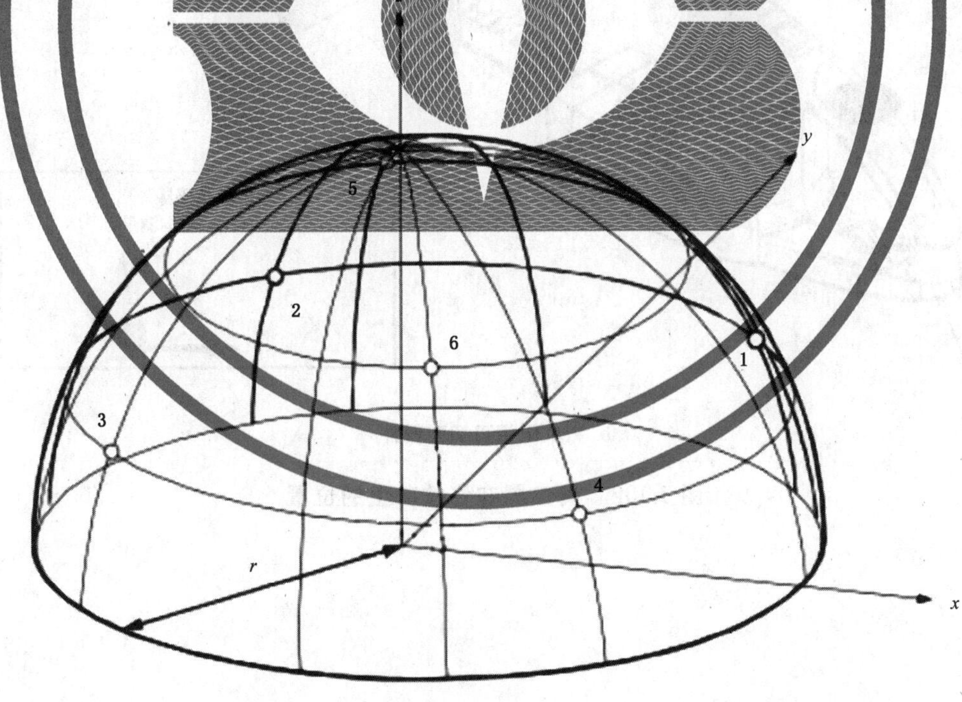

图 I.101 半球面上传声器的位置（见表 I.101）

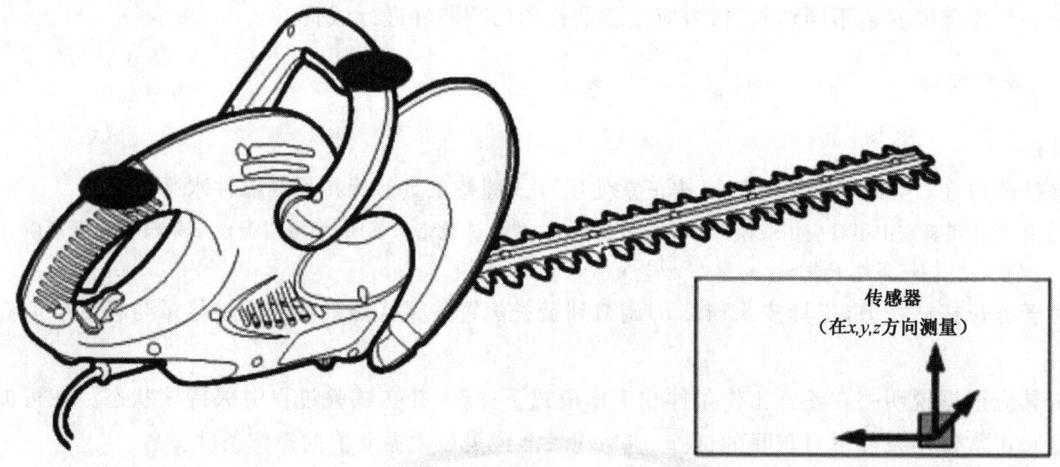

a） 双侧带刃切割器件

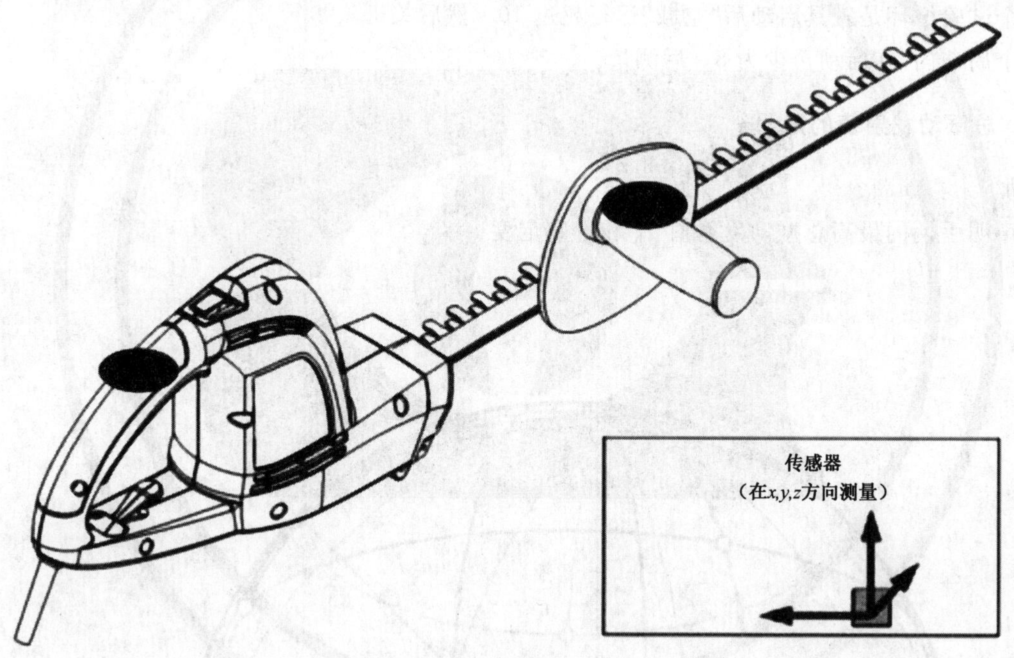

b） 单侧带刃切割器件

图 I.102 传感器在修枝剪上的位置

附　录　K
（规范性）
电池式工具和电池包

除非本附录另有规定，则本文件正文的条文适用。除非另有规定，如果该附录出现一个条文的说明，则它将替换本文件正文的相应要求。

K.1　范围

除下述条文外，GB/T 3883.1—2014 的这一章适用。

增加：

本文件适用于单人操作的用于修剪树篱和灌木的修枝剪，包括最大长度不大于 3.5 m 的延长杆修枝剪。

注 101：延长杆修枝剪长度的测量见 21.101 的规定。

本文件不适用于带旋转刀片的修枝剪。

本文件不适用于剪刀型草剪。

注 102：剪刀型草剪包含在 GB/T 4706.64 中。

K.8.14.1.101　替换：

修枝剪安全警告：

a)　**保持身体的所有部位远离刀片。在刀片运动时不要去移除被切下的材料或者用手握持待切割的材料**。开关关闭后刀片仍继续运行。操作修枝剪时的瞬间疏忽可造成严重的人身伤害。

b)　**在刀片停止时通过手柄来搬运工具，留意不可启动任何电源开关**。正确的搬运操作可减少由刀片意外启动所带来的人身伤害的风险。

c)　**当运输或者存储修枝剪时应总是装上刀片防护罩**。正确握持修枝剪可减少切割刀片带给身体的伤害。

d)　**在清理堵塞材料或者维护工具时，要确保所有的电源开关处于关断且电池包是移除或未连接状态**。清理堵塞材料或维护时意外操动修枝剪会造成严重身体伤害。

注 1：针对带整体式电池组的工具，以上警告可省略。

e)　**在清理堵塞材料或者维护工具时，要确保所有的电源开关处于关断且断开锁定装置在锁定位置**。清理堵塞材料或维护时意外操动修枝剪会造成严重身体伤害。

注 2：针对带可拆卸电池包和分体式电池包的工具，以上警告可省略。

f)　**仅通过绝缘握持面握持修枝剪，因为刀片可能触及暗线**。刀片触及带电导线会使修枝剪外露的金属零件带电而使操作者受到电击。

g)　**切割区域远离所有电源线和电缆**。电源线或电缆可能会隐藏在树篱或灌木中，并且可能会被刀片无意切割到。

h)　**不要在恶劣天气使用修枝剪，特别是有闪电风险时**。这样能减少被闪电击中的风险。

K.8.14.2　b）修改：

102）本文件的该条不适用。

增加：

301）不要同时穿多种背带和/或肩带的说明；

302）使用和调节符合 K.21.301 的任何分体式电池包的支撑装置的说明，以及如何释放或移除分体式电池包的说明。

K.8.14.2 c) 增加：

301)对于带整体式电池组的工具，给出在维护或维修时如何禁用工具的说明。

K.12.2.1 本文件的该条不适用。

K.14 防潮性

除下述条文外，本文件的这一章不适用。

K.14.301 电池式修枝剪的防潮性

K.14.301.1 工具的外壳应按工具分类提供相应的防潮等级。

通过工具在 K.14.301.3 的条件下，按 K.14.301.2 规定进行相应处理来检验。

K.14.301.2 工具带可拆卸电池包或分体式电池包进行试验。试验中工具开关处于关断位置。

工具以正常停歇位置摆放在一个有孔的旋转台上。旋转台按照接近 1 r/min 的速度连续旋转。

将电气组件、罩盖和他可拆卸零件都拆下，且如有必要，与工具主体一起经受相关处理。不可拆卸零件且不能自动复位的可移动罩盖放置在最不利的位置。

注：自动复位的罩盖示例包括依靠弹力复位或依靠自重关闭。

高于 IPX0 的电池根据其分类等级单独试验。

K.14.301.3 非 IPX0 的工具经受如下 GB/T 4208 的试验：

——IPX1 工具经受 14.2.1 规定的试验；

——IPX2 工具经受 14.2.2 规定的试验；

——IPX3 工具经受 14.2.3 规定的试验；

——IPX4 工具经受 14.2.4 规定的试验；

——IPX5 工具经受 14.2.5 规定的试验；

——IPX6 工具经受 14.2.6 规定的试验；

——IPX7 工具经受 14.2.7 规定的试验，试验中将工具浸在含约 1%氯化钠(NaCl)的水中。

或者如适用，延长杆修枝剪可按 GB/T 4208 中的 14.2.3 b)或 14.2.4 b)测试。

紧接在相应的处理后，观察结果应表明在绝缘上没有会使爬电距离和电气间隙减小到 K.28.1 规定值以下的水迹。

K.17.2 本文件的该条不适用。

K.18.5 本文件的该条不适用。

K.19.101.3.6 手柄释放控制应有足够的强度且足够的耐久性。 ‖

通过以下试验来检验：

手柄释放控制按 8.14.2 触发共 2 000 次，在手柄的最大可调范围内按至少 6 个循环/min 的方式试验。

试验后，如果调节的过程会使内部布线承受应力则带有危险电压的工具需要符合 K.9 的要求而不会导致起火。

施加以上条件，手柄释放控制应有期望的性能并能满足以下试验：

在手柄处于任意锁定止动位置时，在手柄期望的每个旋转方向上施加 6 N·m 的扭矩各 1 min。

试验中，手柄不应从锁定止动位置脱扣，而且试验后手柄应能正常操作。电气连接不应松动且不应有其他的恶化从而影响正常使用的安全。

K.19.103.3.6 切割器件释放控制应有足够的强度和足够的耐久性。

通过以下试验来检验：

切割器件释放控制按 8.14.2 触发共 2 000 次，在切割器件的最大可调范围内按至少 6 个循环/min 的方式试验。

试验后，如果调节的过程会使内部布线承受应力，则带有危险电压的工具应符合 K.9 的要求而不会导致起火。

施加以上条件，切割器件释放控制应有期望的性能并能满足以下试验：

在切割器件处于任意锁定止动位置时，在切割器件期望的每个旋转方向上施加 6 N·m 的扭矩各 1 min。

试验中，切割器件不应从锁定止动位置脱扣，而且试验后切割器件应能正常操作。电气连接不应松动且不应有其他的恶化从而影响正常使用的安全。

K.19.107　调节装置的耐久

除了 19.101.3 中规定的可调手柄和 19.103.3 中规定的可调切割器件，其他调节装置应有足够的耐久性来避免不符合 19 章要求的失效。

通过以下试验来检验：

在工具不工作时的进行调节的装置，按 8.14.2 要求进行 400 个循环的最大行程的调节。

在工具在工作时的进行调节的装置，按 8.14.2 要求进行 2 000 个循环的最大行程的调节，调节频率是 6 次/min。

试验后，如果调节的过程会使内部布线承受应力则带有危险电压的工具应符合 K.9 的要求而不会导致起火。

在施加以上条件后，应保证工具仍符合 19.1，并且调节装置仍有期望的调节功能并满 19.108 的调节完整性试验。电气连接不应松动且不应有其他的恶化从而影响正常使用的安全。

K.19.109　延长杆修枝剪重量分布

延长杆修枝剪的杆在长度方向上的重量分布不应因失控而产生危险。

用 8.14.2 b)规定的前手柄或握持面来悬挂延长杆修枝剪，为维持延长杆修枝剪水平而在后手柄上施加的力不应大于 100 N。

通过以下试验来检验：

延长杆修枝剪按 8.14.2 调节到最长距离的配置，切割刀片的轴线与工具杆的轴线尽可能保持在一直线。工具安装以下后进行试验：

——按 8.14.2 b)的最轻和最重的可拆卸电池包；

——分体式电池包的中间连接线在进入工具处剪断。

工具悬挂于前手柄或握持表面处。在后手柄施加力以维持工具水平，见图 119。

应选择悬挂点与后手柄上能获得最小维持力(平衡力)的维持力施加点，但两点之间距离不应小于 0.3 m 且不大于 1 m。

K.20.3.1　修枝剪按图 120 进行四个方向从 1 m 的高度分别跌落到混凝土表面 1 次，试验前将按 8.14.2 b)的可延长装置调整到最小，并且任何调节装置或调节把手处于 0°切割位置。工具的最低点应高于混凝土地面 1 m。试验中不安装可分离的附件。需要避免工具的二次跌落。

注 1：系绳是避免二次跌落的方法之一。

带可拆卸电池包的工具在拆卸电池包后对工具按图 120 进行四个方向分别再次跌落。试验中不安装可分离的附件。

如果 8.14.2 要求提供并安装配件，应重复试验，每个配件或配件组合安装在一台单独的工具上并且装上可拆卸电池包或分体式电池包。

此外，延长杆修枝剪还应以3个最不利的位置和配置且处于最大延伸长度时跌落到混凝土表面各1次。每次跌落，工具后手柄上的刀片控制器的后端为摆动支撑点，支撑点高于混凝土表面1 m。距离后手柄最近的切割刀片上的切割边缘提升到离地面2 m高处，然后跌落到混凝土表面，见图121。

注2：延长杆修枝剪一共需要跌落11次。

每次跌落用单独试样试验。根据制造商的要求，每次跌落可在同一台试样上进行。

此外，可拆卸电池包或分体式电池包需要单独从1 m的高度跌落到混凝土表面3次。

K.20.101.3.2 增加：

对于可拆卸电池包，该试验在按K.8.14.2 e)2)最重的电池包上进行。

K.21.301 对于按照K.8.14.2 b)302）需要操作者身体支撑的分体式电池包需要提供一个支撑装置或配件。

可通过提供一个肩带，背带或其他支撑装置或配件的方式来符合以上要求。

任何肩带或背带应能根据操作者体型进行调节，且其操作应符合K.8.14.2 b)302）。

肩带或背带应满足：

——设计得易于移除；或

——配有快速释放装置

以确保分体式电池包能从操作者身上被移除或快速释放。

快速释放装置应位于肩带与分体式电池包之间，或肩带与操作者之间。快速释放装置应仅能通过操作者的有意动作而分离。快速释放装置应设计得在工具自重作用下能够打开。快速释放装置应只需要使用单手且释放点不应超过2个。

注：释放点的示例是释放前需要用拇指和其他手指进行挤压的搭扣，例如侧面释放搭扣。

如果左右背带在操作者身体前面没有互相连接，则双肩带的设计也认为是易于移除的。如果在左右背带之间提供了连接带，当左右肩带之间的连接带在工具自重下可只用一只手释放并且释放点不超过2个，则这种设计也被认为是易于移除的。

释放机构应仅允许操作者有意识的动作而分离。

通过观察和使用K.8.14.2 e)明确的最重分体式电池包的功能试验来检验。

K.22.6 修改：

GB/T 3883.1—2014的该条不适用于修枝剪上可彼此相对转动的可调节零件，其相关要求K.22.101、K.19.101.3.6、K.19.103.3.6和K.19.107规定。

替换最后一段：

试验后工具应满足K.9。

K.22.101 修枝剪上根据8.14.2说明可彼此相对转动的可调节零件不应对内部布线产生过度应力。

本条不适用于修枝剪上由K.19.101.3.6、K.19.103.3.6和K.19.107规定的可彼此相对转动的可调节零件。

通过观察和以下试验来检验：

对于没有终端旋转限位器的工具，在将其任何中间锁定止动失效的情况下，工具的旋转部件在每个方向承受2 000次连续旋转。

对于有终端旋转限位器的工具，在将其任何中间锁定止动失效的情况下，工具的旋转部件从一端的终端旋转限位器到另一端终端旋转限位器承受2 000次旋转。2 000次旋转完成后，每端的终端旋转限位器承受逐渐施加的6 N·m扭矩1 min。两端的终端旋转限位器不应允许旋转元件超过其预期行程的限制。

注：中间锁定止动不认为是两端终端旋转限位器。

试验后，带有危险电压的工具需要符合 K.9 的要求而不会导致起火。

K.23.1.10 刀片控制器应具有足够的分断能力。

通过让刀片控制器经受 50 次接通和断开来检验，采用修枝剪输出机构堵转时的电流。每个"接通"周期有不大于 0.5 s 的持续时间，每个"断开"期间至少有 10 s 的持续时间。

对于双手同时操动的刀片控制器，试验时将第一个刀片控制器保持在"接通"位置，第二个刀片控制器进行循环的接通与断开试验。然后更换为第二个刀片控制器保持在"接通"位置的方式试验。每个试验可用单独的试样。

试验后刀片控制器应没有电气或机械故障。如果试验终止时，仍旧能正常地在"接通"或"断开"位置操作刀片控制器，则认为没有机械或电气故障。

K.23.1.10.2 本文件的该条文不适用。

K.23.1.10.3 本文件的该条文不适用。

K.23.1.201 GB/T 3883.1—2014 的该条替换为：

刀片控制器应能承受正常使用产生的机械应力、电气应力和热应力而无过度磨损或其他有害影响。

通过让每个刀片控制器经受所要求的循环次数来检验，采用空载运行时产生的电流，切割器件按 8.14.2 进行润滑。刀片控制器以每分钟不大于 10 次的均匀速率操作。试验期间，刀片控制器应正确动作。试验后，刀片控制器应没有电气或机械故障。如果试验终止时，仍旧能正常地在"接通"或"断开"位置操作开关，则认为没有机械或电气故障。

单一操动的刀片控制器需要操作 6 000 个循环。每个循环需要操动一次刀片控制器。

对于没有顺序要求的双手操动(启动修枝剪)的刀片控制器，分别对每个刀片控制器进行 6 000 次接通和断开来检验，采用按照 8.14.2 b)明确的每组刀片控制器组合交替空载运行时产生的电流。一个循环是由表 103 中的次序 1 和次序 2 组成，其中刀片控制器 1 和刀片控制器 2 是按 8.14.2b)明确的组合。每个组合的试验可用单独的试样。

对于有顺序要求的双手操动(启动修枝剪)的刀片控制器，分别对每个刀片控制器进行 6 000 次接通和断开来检验，采用按照 8.14.2 b)明确的每组刀片控制器组合交替空载运行时产生的电流。一个循环是由表 104 中的次序 1 和次序 2 组成，其中刀片控制器 1 和刀片控制器 2 是按 8.14.2b)明确的组合。每个组合的试验可用单独的试样。

K.24 电源联接和外接软线

除下述条文外，本文件的这一章不适用。

K.24.301 对于带分体式电池包的工具，外接软电缆或软线应有固定装置以使工具内用于连接的导线不会承受包含扭曲在内的应力且能防止磨损。

通过观察来检验。

K.24.302 如果工具带分体式电池包，则操作者应在正常操作中不借助工具就可断开分体式电池包与工具的连接。

通过观察来检验。

附 录 L
（规范性）
提供电源联接或非隔离源的电池式工具和电池包

除非本附录另有规定，则本文件正文的条文适用。除非另有规定，如果该附录出现一个条文的说明，则它将替换本文件正文的相应要求。

L.1 范围

除下述条文外，GB/T 3883.1—2014 的这一章适用。

增加：

本文件适用于单人操作的用于修剪树篱和灌木的修枝剪，包括最大长度不大于 3.5 m 的延长杆修枝剪。

注 101：延长杆修枝剪长度的测量见 21.101 的规定。

本文件不适用于带旋转刀片的修枝剪。

本文件不适用于剪刀型草剪。

注 102：剪刀型草剪包含在 GB/T 4706.64 中。

L.8.14.1.101 替换：

修枝剪安全警告：

a) **保持身体的所有部位远离刀片。在刀片运动时不要去移除被切下的材料或者用手握持待切割的材料。开关关闭后刀片仍继续运行。**操作修枝剪时的瞬间疏忽可造成严重的人身伤害。

b) **在刀片停止时通过手柄来搬运工具，留意不可启动任何电源开关。**正确的搬运操作可减少由刀片意外启动所带来的人身伤害的风险。

c) **当运输或者存储修枝剪时应总是装上刀片防护罩。**正确握持修枝剪可减少切割刀片带给身体的伤害。

d) **在清理堵塞材料或者维护工具时，要确保所有的电源开关处于关断且电源线和/或电池包移除或未连接电源。**清理堵塞材料或维护时意外操动修枝剪会造成严重身体伤害。

注 1：针对带整体式电池组的工具，以上警告可省略。

e) **在清理堵塞材料或者维护工具时，要确保电源线未连接电源、所有的电源开关处于关断且断开锁定装置在锁定位置。**清理堵塞材料或维护时意外操动修枝剪会造成严重身体伤害。

注 2：针对带可拆卸电池包和分体式电池包的工具，以上警告可省略。

f) **仅通过绝缘握持面握持修枝剪，因为刀片可能触及暗线或其自身导线。**刀片触及带电导线会使修枝剪外露的金属零件带电而使操作者受到电击。

g) **切割区域远离所有电源线和电缆。**电源线或电缆可能会隐藏在树篱或灌木中，并且可能会被刀片无意切割到。

h) **不要在恶劣天气使用修枝剪，特别是有闪电风险时。**这样能减少被闪电击中的风险。

L.8.14.2 b）增加：

301)对带有分体式电池包的工具，不要同时穿多种背带和/或肩带的说明；

302)使用和调节符合 L.21.301 的任何分体式电池包的支撑装置的说明，以及如何释放或移除分体式电池包的说明。

L.8.14.2 c）增加：

对于带整体式电池组的工具，给出在维护或维修时如何禁用工具的说明。

L.19.109 延长杆修枝剪重量分布

延长杆修枝剪的杆在长度方向上的重量分布不应因失控而产生危险。

用 8.14.2 b)明确的前手柄或握持面来悬挂延长杆修枝剪,为维持延长杆修枝剪水平而在后手柄上施加的力不应大于 100 N。

通过以下试验来检验:

延长杆修枝剪按 8.14.2 调节到最长距离的配置,切割刀片的轴线与工具杆的轴线尽可能保持在一直线。应在电源线(如有)伸出工具处将其剪断。工具试验时如下安装 8.14.2 b)明确的所有电池和电源线:

——对于可拆卸电池包,8.14.2 b)明确的最轻和最重的电池包;

——对于分体式电池包,在进入工具处剪断中间连接线。

工具悬挂于前手柄或握持表面处。在后手柄施加力以维持工具水平,见图 119。

应选择悬挂点与后手柄上能获得最小维持力(平衡力)的维持力施加点,但两点之间距离不应小于 0.3 m 且不大于 1 m。

L.20.101.3.2 增加:

对于可拆卸电池包,该试验在按 L.8.14.2 e)2)最重的电池包上进行。

L.20.202 GB/T 3883.1—2014 的这条替换为:

对于修枝剪,L.20.301 适用。

L.20.301 对于不直接与电源连接或不直接与非隔离源连接的修枝剪,在装上任何可拆卸电池包后按图 120 进行四个方向从 1 m 的高度分别跌落到混凝土表面 1 次,试验前将按 8.14.2 b)的可延长装置调整到最小,并且任何调节装置或调节把手处于到 0°切割位置。工具的最低点应高于距离混凝土地面 1 m。试验中不安装可分离的附件。需要避免工具的二次跌落。

注 1:系绳是避免二次跌落的方法之一。

带可拆卸电池包的工具在拆卸电池包后对工具按图 120 进行四个方向分别再次跌落。试验中不安装可分离的附件。

如果 8.14.2 要求提供并安装配件,应重复试验,每个配件或配件组合安装在一台单独的工具上并且装上可拆卸电池包或分体式电池包。

此外,对于不直接与电源连接或不直接与非隔离源连接的延长杆修枝剪在装上任何可拆卸电池包后、且处于最大延伸长度时以 3 个最不利位置和配置分别跌落到混凝土表面 1 次。每次跌落,工具后手柄上的刀片控制器的后端为摆动支撑点,支撑点高于混凝土表面 1 m。距离后手柄最近的切割刀片的切割边缘抬高到离地面 2 m 高处,然后跌落到混凝土表面,见图 121。

注 2:对于不直接与电源连接或不直接与非隔离源连接的延长杆修枝剪一共需要跌落 11 次。

每次跌落用单独试样试验。根据制造商的要求,每次跌落可在同一台试样上进行。

此外,可拆卸电池包或分体式电池包需要单独从 1 m 的高度跌落到混凝土表面 3 次。

L.21.301 对于按照 L.8.14.2 b) 302)需要操作者身体支撑的分体式电池包需要提供一个支撑装置或配件。

可通过提供一个肩带,背带或其他支撑装置或配件的方式来符合以上要求。

任何肩带或背带应能根据操作者体型进行调节,且其操作应符合 L.8.14.2 b) 302)。

肩带或背带应:

——设计得易于移除;或

——配有快速释放装置

以确保分体式电池包能从操作者身上被移除或快速释放。

快速释放装置应位于肩带与分体式电池包之间，或肩带与操作者之间。快速释放装置应仅能通过操作者的有意动作而分离。快速释放装置应设计得在工具自重作用下能够打开。快速释放装置应只需要使用单手且释放点不应超过 2 个。

注：释放点的示例是释放前需要用拇指和其他手指进行挤压的搭扣，例如侧面释放搭扣。

如果左右背带在操作者身体前面没有互相连接，则双肩带的设计也认为是易于移除的。如果在左右背带之间提供了连接带，当左右肩带之间的连接带在工具自重下可只用一只手释放并且释放点不超过 2 个，则这种设计也被认为是易于移除的。

释放机构仅允许操作者有意识的动作而分离。

通过观察和使用 L.8.14.2 e)明确的最重分体式电池包的功能试验来检验。

L.21.302 以整体式电池组为动力的工具应有一个用于分离或断开切割器件电源的禁用装置。该装置的操动应是工具上的一个永久部件，且如果电源开关的断开锁定符合 21.17.1，可通过电源开关进行锁定。断开锁定装置可以是非自复位类型的。断开锁定装置应能通过明确的标志、颜色或位置指示修枝剪在禁用状态。工具的重新启用应需要在操动装置施加至少 5 N 的力或者两个独立的不相同的动作。

通过观察和测量来检验。

L.23.1.10 替换：

刀片控制器应具有足够的分断能力。

通过让刀片控制器经受 50 次接通和断开来检验，采用修枝剪输出机构堵转时的电流。每个“接通”周期有不大于 0.5 s 的持续时间，每个“断开”期间至少有 10 s 的持续时间。

对于要求双手同时操动的刀片控制器，试验时将第一个刀片控制器保持在“接通”位置，第二个刀片控制器进行循环的接通与断开试验。然后更换为第二个刀片控制器保持在“接通”位置，第一个刀片控制器进行循环。每个试验可用单独的试样。

试验后刀片控制器应没有电气或机械故障。如果试验终止时，仍旧能正常地在“接通”或“断开”位置操作刀片控制器，则认为没有机械或电气故障。

L.23.1.10.202 GB/T 3883.1—2014 的该条替换为：

刀片控制器应能承受正常使用产生的机械应力、电气应力和热应力而无过度磨损或其他有害影响。

通过让刀片控制器经受所要求的接通和断开循环次数来检验，采用空载运行时产生的电流，切割器件按 8.14.2 进行润滑。刀片控制器以每分钟不大于 10 次的均匀速率操作。试验期间，刀片控制器应正确动作。试验后，刀片控制器应没有电气或机械故障。如果试验终止时，仍旧能正常地在“接通”或“断开”位置操作开关，则认为没有机械或电气故障。

单一操动的刀片控制器需要操作 6 000 个循环。每个循环需要操动一次刀片控制器。

对于没有顺序要求的双手操动(启动修枝剪)的刀片控制器，分别对每个刀片控制器进行 6 000 次接通和断开来检验，采用按照 8.14.2 b)明确的每组刀片控制器组合交替空载运行时产生的电流。一个循环是由表 103 中的次序 1 和次序 2 组成，其中刀片控制器 1 和刀片控制器 2 是按 8.14.2b)明确的组合。每个组合的试验可用单独的试样。

对于有顺序要求的双手操动(启动修枝剪)的刀片控制器，分别对每个刀片控制器进行 6 000 次接通和断开来检验，采用按照 8.14.2 b)明确的每组刀片控制器组合交替空载运行时产生的电流。一个循环是由表 104 中的次序 1 和次序 2 组成，其中刀片控制器 1 和刀片控制器 2 是按 8.14.2b)明确的组合。每个组合的试验可用单独的试样。

L.24.1 修改：

本条也适用于非隔离源和工具之间的软线。

L.24.4 修改：

除了提供给非隔离源和工具之间的软线不应配有能直接连接到电源的插头以外，本条适用。

L.24.301 对带分体式电池包的电池式工具，操作者应可在正常操作中不借助工具就断开分体式电池包与工具的连接。

通过观察来检验。

附 录 AA
（规范性）
安全说明和警告的安全标志

图 AA.1 到图 AA.6 提供了安全说明和警告的安全标志。

图 AA.1 安全标志说明——“危险——手远离刀片”

图 AA.2 可替换的安全标志说明——“危险——手远离刀片”

图 AA.3 安全标志说明——“不要暴露在雨中”

图 AA.4　安全标志说明——“如电缆损坏或被割破,应立即从电源上拔掉插头”

图 AA.5　安全标志说明——“佩戴护目镜”

图 AA.6 可选择安全标志说明——“佩戴护目镜和安全帽”

附 录 BB
（资料性）
符合人工地面要求的材料和结构示例

BB.1 材料

矿物纤维，厚 20 mm，空气阻力为 11 kN·s/m^4，密度为 25 kg/m^3。

BB.2 结构

如图 BB.1 所示，测量场地的人工地面分成九个接合面，每块约 1.20 m×1.20 m。图 BB.1 所示结构的支衬层由 19 mm 厚刨花板组成，两边涂有塑料材料。这种板用途的例子是用作厨房家俱。刨花板的截面应涂一层塑胶漆以防潮。在地面外侧用 U 型截面的铝型材封边，型材腿高 20 mm。此型材的侧面用螺钉拧到接合面的边缘用作隔离和连接点。

在测量时放置工具的中部接合面以及其他操作者能站立的面上，安装腿长为 20 mm 的 T 型截面的铝型材以用作隔离。这些部分也给工具对准测量场地的中部提供了精确的标志。然后在此准备好的板上覆盖切好尺寸的绝缘毛毡材料。

接合面的毛毡地面（图 BB.1 中的 A 型表面），既不站人，也不在上面驱动工具，盖有一张简易金属丝网，并固定到边条和连接点上。为此，这些部分钻好孔。如此，材料能充分附着，并且变脏时仍然能更换毛毡材料。事实证明，网格宽为 10 mm、金属丝直径为 0.8 mm，叫做鸟笼金属丝的材料适合用作金属丝网。这种金属丝显示能充分保护表面且不影响声学条件。

然而，简易金属丝并不能充分保护行进区域（图 BB.1 中的 B 型表面）。对这些表面，事实证明适合用直径为 3.1 mm 的波纹钢丝做成网格宽度为 30 mm 的钢丝网。

上述测量场地的结构提供了两个优点：准备起来不需要太多时间和努力，且所有材料能方便获得。

假定地面如沥青或混凝土地面一样既平又硬，使得传声器位置不能直接位于测量场地的地面的正上方，传声器可简单地安装在架子上。

当安放传声器时，考虑结合测量场地的地板表面测定传声器的高度，所以，当从传声器下的地面测量时，高出 40 mm。

单位为毫米

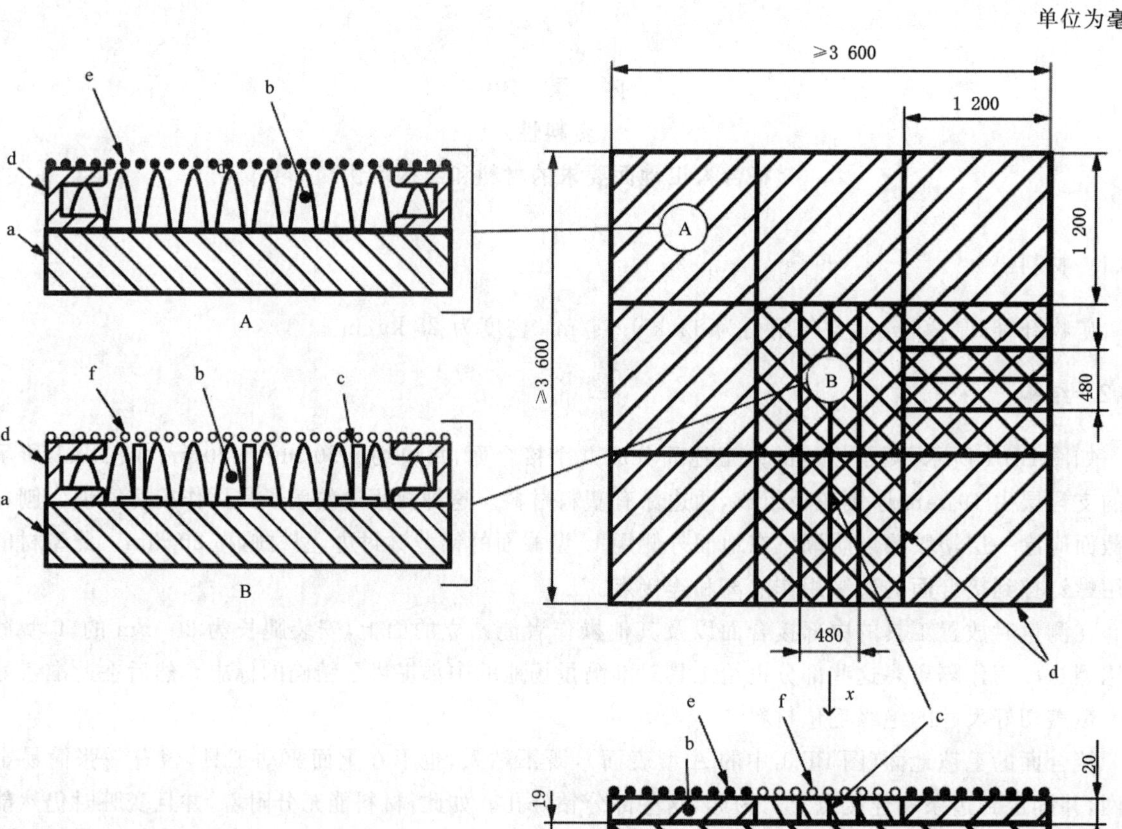

标引序号说明：

A ——不适合承重的表面。不要在上面站立或驱动工具。

B ——适合承重的表面。可在上面站立或驱动工具。

a ——包覆塑胶的刨花板支衬层(标称厚度 19 mm)。

b ——矿物棉纤维层(标称厚度 20 mm)。

c ——T 型截面铝型材(标称 3 mm 厚× 20 mm 高)。

d ——U 型截面铝型材(标称 3 mm 厚× 20 mm 高)。

e ——金属丝网(网格标称 10 mm ×10 mm,钢丝直径 0.8 mm)。

f ——金属丝格栅(网格标称 30 mm ×30 mm,钢丝直径 3.1 mm)。

x ——附录 I 中的轴线 x(见图 I.101)。

图 BB.1 用人工地面覆盖的测量表面示意图(未按比例)

参 考 文 献

除下述内容外,GB/T 3883.1—2014 的参考文献适用:

增加:

GB/T 4706.64—2012 家用和类似用途电器的安全 剪刀型草剪的专用要求(IEC 60335-2-94:2008,IDT)

GB/T 17249.3—2012 声学 低噪声工作场所设计指南 第 3 部分:工作间内的声传播和噪声预测(ISO TR 11609-3:1997,IDT)

ICS 25.140.20
K 64

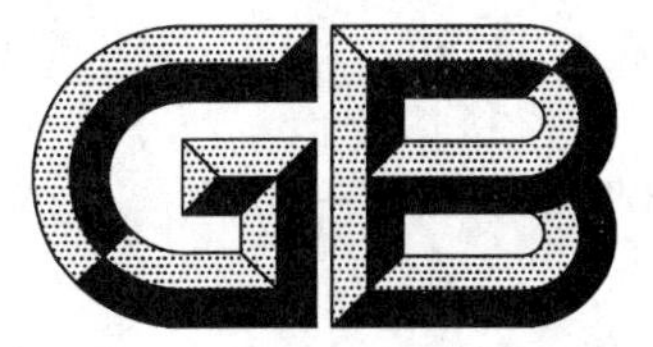

中华人民共和国国家标准

GB/T 3883.403—2017
代替 GB/T 4706.54—2008

手持式、可移式电动工具和园林工具的安全 第4部分:步行式和手持式草坪修整机、草坪修边机的专用要求

Safety of motor-operated hand-held, transportable and garden tools—Part 4: Particular requirements for walk-behind and hand-held lawn trimmers and lawn edge trimmers

2017-07-31 发布　　2018-02-01 实施

中华人民共和国国家质量监督检验检疫总局
中国国家标准化管理委员会　发布

前　言

GB/T 3883《手持式、可移式电动工具和园林工具的安全》标准第4部分所涉及的产品是园林电动工具，初步预计由以下8部分组成：

——第4部分：链锯的专用要求；
——第4部分：修枝剪的专用要求；
——第4部分：步行式和手持式草坪修整机、草坪修边机的专用要求；
——第4部分：剪刀型草剪的专用要求；
——第4部分：步行控制的电动草坪松土机和松沙机的专用要求；
——第4部分：步行控制的电动割草机的专用要求；
——第4部分：手持式电动园艺用吹屑机、吸屑机及吹吸两用机的专用要求；
——第4部分：智能割草机的专用要求。

本部分为GB/T 3883的第4部分：步行式和手持式草坪修整机、草坪修边机的专用要求。

本部分按照GB/T 1.1—2009给出的规则起草。

本部分代替GB/T 4706.54—2008《家用和类似用途电器的安全　第2部分：步行式和手持式草坪修整机、草坪修边机的专用要求》，与GB/T 4706.54—2008的主要技术差异有：

——前言：安全的通用要求由采用GB 4706.1—2005《家用和类似用途电器的安全　第1部分：通用要求》改为采用GB/T 3883.1—2014《手持式、可移式电动工具和园林工具的安全　第1部分：通用要求》，标准的名称也做了相应的修改；
——术语和定义中删除“正常工作”“电源开关”(2008版的3.1.9、3.108)；
——删除附录AA，将其部分内容移到标志和说明书(见8.2)；增加“**步行式和手持式草坪修整机、草坪修边机安全警告**”(见8.14.1.1)；修改投入使用的说明[见8.14.2a)]；
——删除正常负载下的发热运行的条件(2008版的11.5)；
——不正常操作中修改GB/T 3883.1—2014的表4(见18.8，2008年版19)；
——修改结构中关于手柄的要求，移到机械危险章节中(见19.102，2008年版22.36)；
——组件中删除“用于接通电动机的由切割器件控制器来操动的开关应至少具有3 mm的总触头开距，应用单极或者用双极断开实现。”(2008版的24.1.3)；修改电缆耦合器的电源线长度(见24.1，2008年版25.5)；
——将附录BB和附录CC合并成附录I；
——将附录DD的内容移到附录AA；
——删除附录B、附录D、附录I、附录EE。

本部分应与GB/T 3883.1—2014《手持式、可移式电动工具和园林工具的安全　第1部分：通用要求》一起使用。

本部分写明“适用”的部分，表示GB/T 3883.1—2014中相应条款适用；本部分写明“替换”的部分，则应以本部分中的条款为准；本部分中写明“修改”的部分，表示GB/T 3883.1—2014相应条款的相关内容应以本部分修改后的内容为准，而该条款中其他内容仍适用；本部分写明“增加”的部分，表示除了符合GB/T 3883.1—2014的相应条款外，还应符合本部分所增加的条款。

本部分由中国电器工业协会提出。

本部分由全国电动工具标准化技术委员会(SAC/TC 68)归口。

本部分主要起草单位：上海电动工具研究所、慈溪市贝士达电动工具有限公司、泉峰(中国)贸易有限公司、弘大集团有限公司、嘉禾工具有限公司、牧田(中国)有限公司、苏州宝时得电动工具有限公司。

本部分主要起草人：顾菁、俞黎明、李邦协、陈勤、潘顺芳、蒋鹏飞、卢云峰、周远、丁玉才、陈建秋。

手持式、可移式电动工具和园林工具的安全 第4部分:步行式和手持式草坪修整机、草坪修边机的专用要求

1 范围

除以下条文外,GB/T 3883.1—2014 的这一章适用。

1.1 增加:

本部分适用于步行式和手持式草坪修整机、草坪修边机,其具有非金属纤维绳的切割元件或自由回转的非金属切割器件,分别以不大于 10 J 的动能,由站立的操作者进行割草作业,它们的额定电压交流不大于 250 V 或直流不大于 75 V。

注:就本部分而言的动能计算方法在 21.103 中给出。

本部分不适用于:

——切割器件不同于上述切割器件的剪刀型草坪修整机和草坪修边机;

——带收集装置的草坪修整机和草坪修边机;

——自进型草坪修整机和草坪修边机。

2 规范性引用文件

下列文件对于本文件的应用是必不可少的。凡是注日期的引用文件,仅注日期的版本适用于本文件。凡是不注日期的引用文件,其最新版本(包括所有的修改单)适用于本文件。

除以下条文外,GB/T 3883.1—2014 的这一章适用。

增加:

GB/T 17248.2—1999　声学　机器和设备发射的噪声工作位置和其他指定位置发射声压级的测量　一个反射面上方近似自由场的工程法(eqv ISO 11201:1995)

GB/T 20247—2006　声学　混响室吸声测量(ISO 354:2003,IDT)

3 术语和定义

除以下条文外,GB/T 3883.1—2014 的这一章适用。

3.101

手持式修整机　handheld trimmer

用手握持,可以用轮子、滑轮或背带等作辅助的工具,它被构造成没有操作者握持,就不能被保持在操作位置。

3.102

步行式修整机　walk-behind trimmer

由地面支撑,操作者在后面步行控制的工具,它被构造成没有操作者握持,也能保持在操作位置。

3.103

草坪修整机　lawn trimmer

切割器件在近似平行于地面的平面上旋转的草地修整工具。

3.104

草坪修边机　lawn edge trimmer

切割器件在近似垂直于地面的平面上旋转的草地修整工具。

3.105

切割器件　cutting means

用来提供切割作业的机械装置,其包含一个或多个绕垂直于切割面的轴线旋转的、依靠高速冲击进行切割的切割元件。

3.106

切割元件　cutting element

单根非金属纤维绳或单个回转非金属切割用器件。

3.107

切割头　cutting head

切割元件的支撑体。

3.108

切割器件控制器　cutting means control

由操作者手或手指操动的器件,用来控制切割器件的运动。

3.109

空载　no-load

工具在额定电压下装上新切割器件运行,对可延伸的单股纤维绳应截成比最大切割长度短 5 mm。

4　一般要求

GB/T 3883.1—2014 的这一章适用。

5　试验一般条件

除下述条文外,GB/T 3883.1—2014 的这一章适用。

5.17　增加:

工具的质量应包括辅助手柄,不包括背带(如有)。

6　辐射、毒性和类似危险

GB/T 3883.1—2014 的这一章适用。

7　分类

除以下条文外,GB/T 3883.1—2014 的这一章适用。

7.1　替换:

工具应是Ⅱ类或Ⅲ类。

通过观察和相应试验来检验。

7.2 替换：

Ⅱ类或具有Ⅱ类部件的步行式草坪修整机和草坪修边机应至少是 IPX4 型。

8 标志和说明书

除以下条文外，GB/T 3883.1—2014 的这一章适用。

8.2 增加：

工具应标有以下内容，除具有 360°防护的步行式草坪修整机外：

——“**警告！始终带好护目镜**”；或 ISO 7010 的 M004 符号，或如下标识：

——“**警告！始终带好耳罩**”；或 ISO 7010 的 M003 符号，或如下标识：

此标识允许通过增加其他保护方式进行修改，例如增加面罩等，但标识应符合 ISO 7010 的要求。

——“**警告：让旁观者远离**”，或如下标识：

对低于 IPX4 的手持式草坪修整机和手持式草坪修边机，还应标有以下警告内容：

——“**不得暴露在潮湿环境**”，或如下标识：

市电驱动工具还应标有以下内容：

——“**如果电线发生损坏或缠绕，拔掉电源插头**”，或如下标识：

警告信息的标志应尽可能靠近相关的危险处。

8.3 增加：

如果防护范围小于 360°，工具应标有以下内容：

——旋转方向标志，应以凸起或凹陷的箭头清晰地标明在工具上。

8.14.1.1 增加：

步行式和手持式草坪修整机、草坪修边机安全警告：

——**确保电源线远离切割区域。**切割时，电源线可能隐于草丛中，且不经意被切割到。

——**当在切割器件可能触及暗线或其自身导线的场合进行操作时，要通过绝缘握持面握持工具。**切割器件碰到带电导线会使工具外露的金属零件成为带电从而使操作者受到电击。

8.14.2 a) 增加：

101）重复标出那些要求在工具上标出的警告，并应在适用时作进一步说明。工具上以符号或安全图标标出的，应对其功能进行解释；

102)如果工具不以整机形式提供,要有正确装配该工具的说明;

103)所有控制器的操作说明;

104)有关外接线的使用和型式的建议(不低于第 24 章的要求);

105)推荐使用动作电流值不大于 30 mA 的剩余电流保护装置。

9 防止触及带电零件的保护

GB/T 3883.1—2014 的这一章适用。

10 起动

GB/T 3883.1—2014 的这一章不适用。

11 输入功率和电流

GB/T 3883.1—2014 的这一章不适用。

12 发热

GB/T 3883.1—2014 的这一章适用。

13 耐热性和阻燃性

GB/T 3883.1—2014 的这一章适用。

14 防潮性

除以下条文外,GB/T 3883.1—2014 的这一章适用。

14.2.1 修改:

测试时,步行式打草机沿着垂直的输出轴旋转,旋转速率为(1±0.1)r/min。

装有器具进线座或耦合器的工具应配备合适的连接器进行测试。

过滤器不必移除。

15 防锈

GB/T 3883.1—2014 的这一章适用。

16 变压器及其相关电路的过载保护

GB/T 3883.1—2014 的这一章适用。

17 耐久性

除了以下条文外,GB/T 3883.1—2014 的这一章适用。

17.2 替换:

对于手持式修整机,GB/T 3883.1—2014 手持式工具的方法适用;

对于步行式修整机,GB/T 3883.1—2014 可移式工具的方法适用。

18 不正常操作

除了以下条文外,GB/T 3883.1—2014 的这一章适用。

18.8 修改:

表 4 要求的性能等级

关键安全功能的类型和作用	要求的性能等级(PL)
电源开关——防止不期望的接通	a
电源开关——提供期望的断开	a
对无 19.6 要求的或者输出速度的增加不会超过额定空载速度 130%的工具	不是 SCF
防止超过第 18 章中的热极限	a
防止 23.3 中要求的自复位	b

19 机械危险

除了以下条文外,GB/T 3883.1—2014 的这一章适用。

19.6 GB/T 3883.1—2014 的这一章不适用。

19.7 GB/T 3883.1—2014 的这一章不适用。

19.8 GB/T 3883.1—2014 的这一章不适用。

19.101 切割器件的防护

19.101.1 草坪修整机

草坪修整机在操作者一侧应至少防护到图 101 所示的程度。

护罩半径 x 应不小于切割头扫过的最大半径,且步行式草坪修整机护罩应至少高于切割元件旋转平面 3 mm,手持式草坪修整机护罩应至少超出切割元件旋转平面 10 mm。在切割元件离开操作者一侧,护罩应至少覆盖距离手柄轴线 45°夹角范围;在切割元件朝着操作者一侧,护罩应至少覆盖距离手柄轴线 90°夹角范围。夹角的顶点位于切割头主轴的轴线上。如果旋转方向相反,45°和 90°的护罩也应反置。

通过观察和测量来检验。

19.101.2 草坪修边机

草坪修边机应至少防护到图 102 所示位置。

护罩半径 x 应不小于切割头扫过的最大半径,且护罩应至少超出切割元件旋转平面 10 mm。草坪修边机处于正常使用位置时,护罩应至少覆盖到:在切割元件朝上运动一侧,从手柄中心线在护罩上的投影位置到水平位置的90°夹角范围;在切割元件朝下运动一侧,从手柄中心线在护罩上的投影位置到水平位置的45°夹角范围。夹角的顶点位于切割头主轴的轴线上。如果旋转方向相反,45°和90°的护罩也应反置。

通过观察和测量来检验。

19.101.3 切割器件的防护罩

所有护罩应无穿孔,并且应永久不可拆卸,或由螺钉、螺母或快速扣紧装置紧固以防不借助工具即可拆卸。

通过观察来检验。

19.102 手柄

手持式草坪修整机和手持式草坪修边机应至少有一只手柄。

所有质量大于3.5 kg的手持式草坪修整机和手持式草坪修边机应有两个手柄,并且两手柄中心距应至少为250 mm。

注:该250 mm距离测量不适用于质量小于或等于3.5 kg的带两个手柄的草坪修整机和草坪修边机。

另外,所有质量大于6 kg的手持式草坪修整机和手持式草坪修边机应至少还有一个单肩背带,质量大于7.5 kg的应有双肩背带。

本部分要求的所有手柄握持面长度应至少为100 mm。

如果内含电动机的零部件尺寸达到100 mm,可以把它视为手柄。

环状或封闭环状手柄的握持长度应包括所有直段或曲率半径大于100 mm的长度,以及握持面两端(或之一)的所有长度不大于10 mm的弯弧。

如果直手柄是中心支撑的(如"T"字形),握持长度应按下述计算:

——对圆周长度小于80 mm(不包括支撑)的手柄,则握持长度应是除支撑以外的两部分长度之和。

——对圆周长度大于或等于80 mm(不包括支撑)的手柄,则握持长度应是一端到另一端的总长度。

含切割器件的控制操动件的手柄合适部分,应视作手柄握持长度的一部分。手指握持的或类似重叠的外形不应影响手柄握持长度的计算方法。

通过观察和测量计算检验。

19.103 控制器

对用户而言,用途不明显的控制器应用耐久的标志将其功能、方向和操作方法清晰地标出。

所有控制器操作的详细说明应在说明书中提供。

20 机械强度

除了以下条文外,GB/T 3883.1—2014的这一章适用。

20.2 替换:

切割器件护罩应通过20.101试验检验,并且切割头通过20.102试验检验。工具的其他零件通过用GB/T 2423.55规定的弹簧冲击试验器对工具作冲击来检验。

冲击能量值为(1.0±0.05)J。

20.5 GB/T 3883.1—2014的这一章不适用。

20.101 切割器件护罩强度和刚性

切割器件护罩强度和刚性应足以满足正常使用。试验前被试零件的温度稳定在(20±3)℃的环境温度。

通过 20.101.1，20.101.2 和 20.101.3 试验来检验。

20.101.1　切割器件护罩的刚性通过用相当于草坪修整机重量的力，在任意点以最不利的方向施加 30 s 来检验。

试验期间和试验后，护罩应不会变形或脱落，也不应呈现任何可见的裂痕。螺钉和保持架应仍安全有效，且 19.101.1 和 19.101.2 要求仍能满足。

20.101.2　步行式草坪修整机和步行式草坪修边机的切割器件护罩强度是用钢球进行冲击试验来检验。

三台整机中，在每台护罩可能的薄弱部位经受(6.5±0.2)J 的冲击，试样放置在光滑的刚性平面上。

试验时这样操作：每次试验，试样受到冲击的部位均不同于其他两次试验部位。

冲击用直径为(50±0.8)mm 的钢球(例如球轴承上的)施加，如果被试零件与水平面成不大于 45°的夹角，允许球从静止位置铅垂下落撞击护罩；否则用绳把球拴住，并允许球摆动下落，撞击护罩，在上述两种情况中，球的垂直落差为(1 300±3)mm。

试验后，护罩应不会脱落，也不应呈现任何可见的裂痕，螺钉和保持架应仍安全有效，且 19.101.1 和 19.101.2 要求仍能满足。

20.101.3　手持式草坪修整机和手持式草坪修边机的切割器件护罩强度通过以下跌落试验来检验。

一个不带电源线的整机试样跌落 3 次，使护罩以最严酷的方式从(900±2)mm 高处垂直跌落到光滑的水平混凝土地面上(见图 103)。宜用一绳索悬挂工具以便使工具获得所要求的方位。

切断绳索使工具以正确的方向落下以试验切割器件护罩强度(见图 103)。

试验后，护罩应不会脱落，也不应呈现任何可见的裂痕。螺钉和保持架应仍安全有效，且 19.101.1 和 19.101.2 要求仍能满足。

20.102　切割头的强度

切割头机械强度应足以满足正常使用。试验前被试零件的温度稳定在(20±3)℃的环境温度。

通过以下试验检验。

一个整机试样跌落，使切割头以水平位置下落撞击到刚性支撑的水平钢板上，对手持式草坪修整机和草坪修边机的跌落高度为(900±2)mm，对步行式草坪修整机和草坪修边机的跌落高度为(250±2)mm。

宜用一绳索悬挂工具以便使工具获得所要求的方位。切断绳索使切割头以正确的方向落下以试验切割头的强度(见图 104)。

试验期间，工具其他零件的损坏可忽略不计。

试验后，工具不必是能运行的。

如果工具能运行，则马上进行以下试验。

工具分别带和不带切割元件，以最高速运转 30 s。

如果工具不能运行，而切割头没有明显损坏，则把由用户更换的以及可拆除的切割头所有零件安装到新的工具上，然后该新工具分别带和不带切割元件，以最高速运转 30 s。

应不出现零件脱落和可见的裂痕。

21　结构

除了以下条文外，GB/T 3883.1—2014 的这一章适用。

21.18.1.2 替换：

工具应提供一个切割器件控制器，并在驱动切割器件前要求该控制器应经有两个独立的、不同动作，或者该控制器防护得能够防止意外操作。该控制器“接通”位置不应有锁定器件，并且当控制器释放后切割元件的运动将停下来。

通过观察来检验，并且对需防护的切割器件控制器，应不可能被直径为(100±1)mm 的球作用使控制器动作。

21.101 切割器件应包含 1 个或多个非金属切割元件，它们安装在普通圆形切割头上或从普通圆形切割头引出。

通过观察来检验。

21.102 切割元件应由包括如下一种零件组成：

a) 非金属纤维绳，或

b) 非金属自由回转刀具。

对使用一根或多根(绕在装在切割头或其他附件上的线筒)连续纤维绳作为切割元件的工具，应装有将纤维绳放长和/或操作工具后能自动将该绳限定到正确操作长度的装置。

生产者不应供应能替代非金属切割元件的金属切割元件。

通过检查来检验。

21.103 切割元件的动能应不大于 10 J。

通过观察、测量和试验检验。在试验和测量前，吸湿材料制成的切割元件要按 14.1 规定在防潮箱内至少存放 7 天。

就本部分而言，动能按式(1)确定：

$$E_{\mathrm{p}}=\frac{1}{2}mv^{2} \quad \cdots\cdots\cdots\cdots(1)$$

式中：

E_{p} ——动能，单位为焦耳(J)；

m ——长度为 L 的切割元件的质量，单位为千克(kg)(见图 105)；

v ——长度为 L 的切割元件的中点 Z 达到的最大线速度，单位为米每秒(m/s)。

因此

$$v=0.104\ 7n^{[r-(L/2)]} \quad \cdots\cdots\cdots\cdots(2)$$

式中：

n ——带整卷绳或装上新刀具的最高转速，单位为每分或转每分(min^{-1} 或 r/min)；

r ——切割头回转中心到切割器件外端的距离，单位为米(m)；

L ——测量的切割元件长度，单位为米(m)。

22 内部布线

除了以下条文外，GB/T 3883.1—2014 的这一章适用：

22.6 增加：

园林工具的旋转元件不应使内部布线承受过度应力。

通过观察和以下试验来检验：

不带旋转限位的园林工具，工具的旋转部分在每个旋转方向承受 2 000 次连续旋转。

带旋转限位的园林工具，在每个停止的位置承受 5 N·m 的扭矩 1 min，力矩不得猛然施加。旋转元件不应脱离该位置。

测试后，工具的带电零件和可触及零件应承受附录 D 规定的电气强度试验，且如第 9 章规定带电零件不能变成可触及。

23 组件

除了以下条文外，GB/T 3883.1—2014 的这一章适用。

23.1.10.1 第 6 段第 2 个破折号修改为：

——工具的电源开关——50 000 次。

23.1.10.2 第 3 段修改为：

工具的电源开关试验 50 000 次。

23.3 替换第一段：

除非工具装有在“接通”位置不能锁定的瞬动开关，保护装置或线路应是非自动复位型的。

24 电源联线和外接软线

除了以下条文外，GB/T 3883.1—2014 的这一章适用。

24.1 替换：

工具应配有下列一种电源联接装置：

——配有至少与工具防水等级要求相同的插头、至少 6 m 的电源线；

——至少与工具防水等级要求相同的器具进线座；

——长度为 0.2 m～0.5 m、装有至少与工具防水等级要求相同的电缆耦合器的电源线。

插头、连接器和进线座应符合工具的额定值。

通过观察和测量来检验。

测量从软线伸出工具处到软线与插头连接处的软线长度，如果没有插头，则测量到软线的末端。

25 外部导线的接线端子

GB/T 3883.1—2014 的这一章适用。

26 接地装置

GB/T 3883.1—2014 的这一章适用。

27 螺钉与连接件

GB/T 3883.1—2014 的这一章适用。

28 爬电距离、电气间隙和绝缘穿通距离

GB/T 3883.1—2014 的这一章适用。

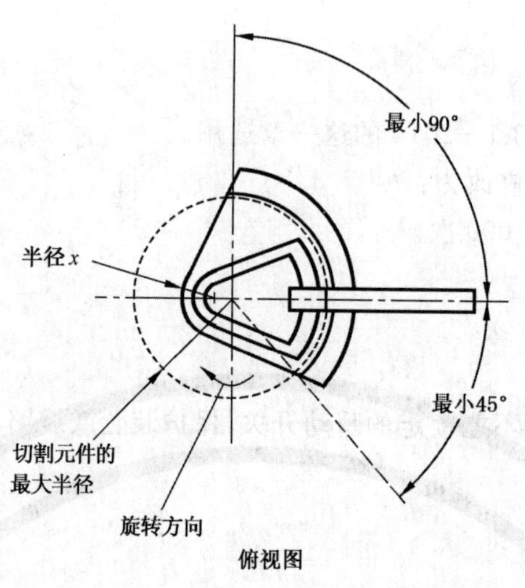

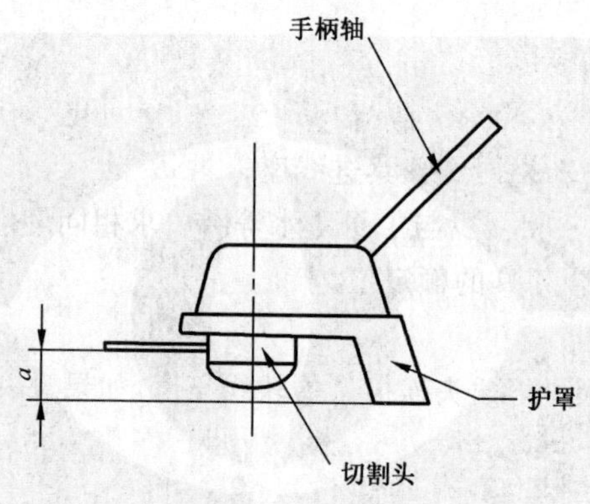

说明：

对于步行式工具，a 至少为 3 mm；对于手持式工具，a 至少为 10 mm。

注 1：为清楚起见，所有滑轮或轮子在图上均不显示。除了显示的相应尺寸和特殊要求外，该图不用于指导设计。

注 2：图不按比例。

图 101　草坪修整机护罩

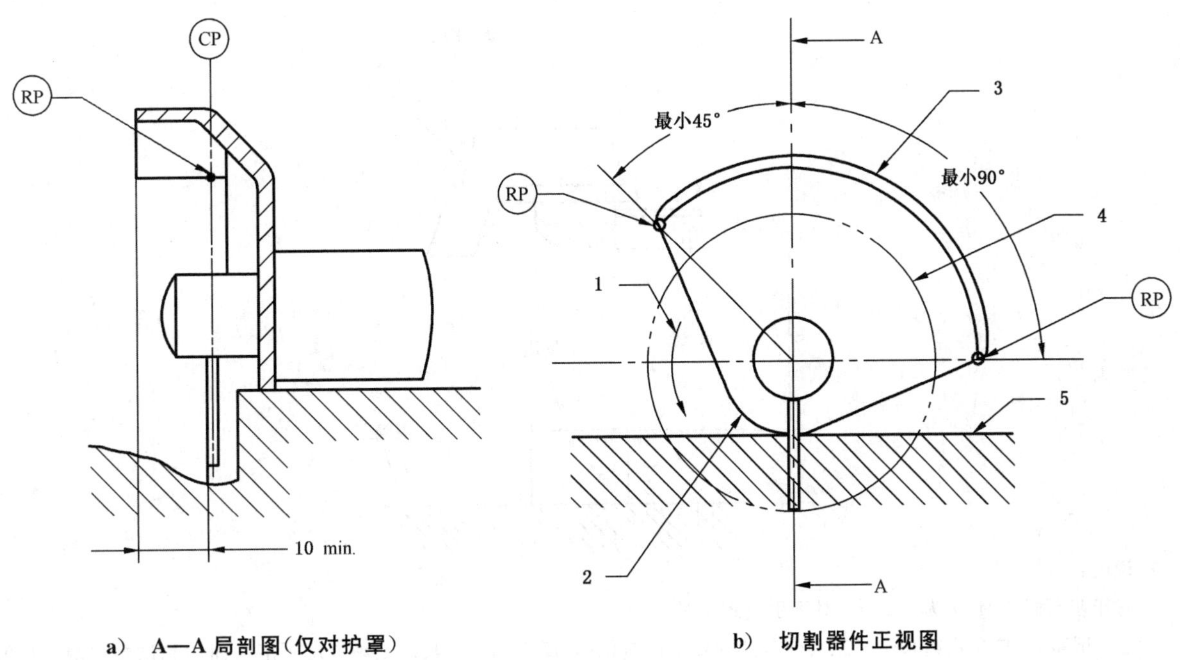

a） A—A 局剖图（仅对护罩） b） 切割器件正视图

说明：

1——旋转方向；

2——半径“r”；

3——护罩；

4——切割元件的最大半径；

5——草坪修边机的底平面。

注 1：为简化起见，手柄和所有滑轮或轮子在图上均不显示。除了显示的相应尺寸和特殊要求外，该图不用于指导设计。

注 2：图不按比例。

注 3：引出点“RP”是位于切割元件“CP”中心平面与外护罩边的交点。

图 102 草坪修边机护罩

单位为米

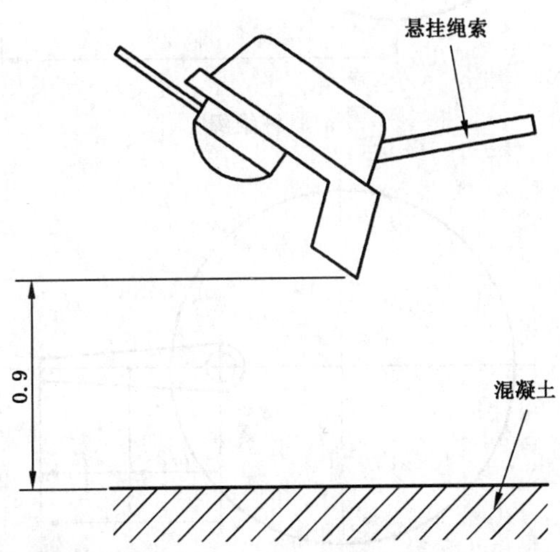

注：试验时，应采用绳来悬吊工具使其达到要求的方位，切断绳会使工具以正确方位下落从而达到试验切割器件护罩的目的。

图 103 护罩强度试验（手持式工具）

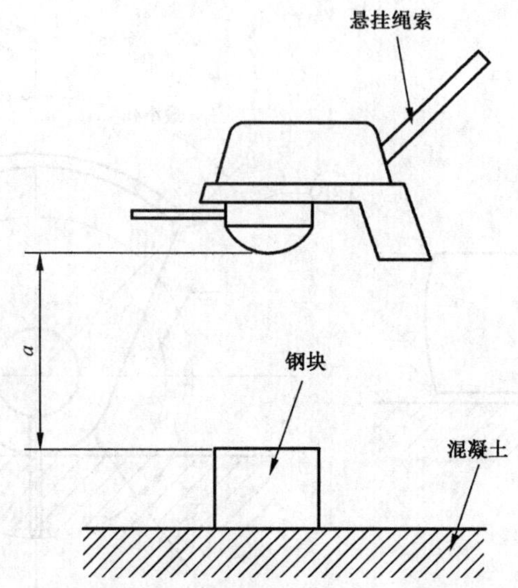

说明：

对于步行式工具，a 为 0.25 m；对于手持式工具，a 为 0.9 m。

注：试验时，应采用绳来悬吊工具使其达到要求的方位，切断绳会使工具以正确方位下落从而达到试验切割头强度的目的。

图 104 切割头强度试验

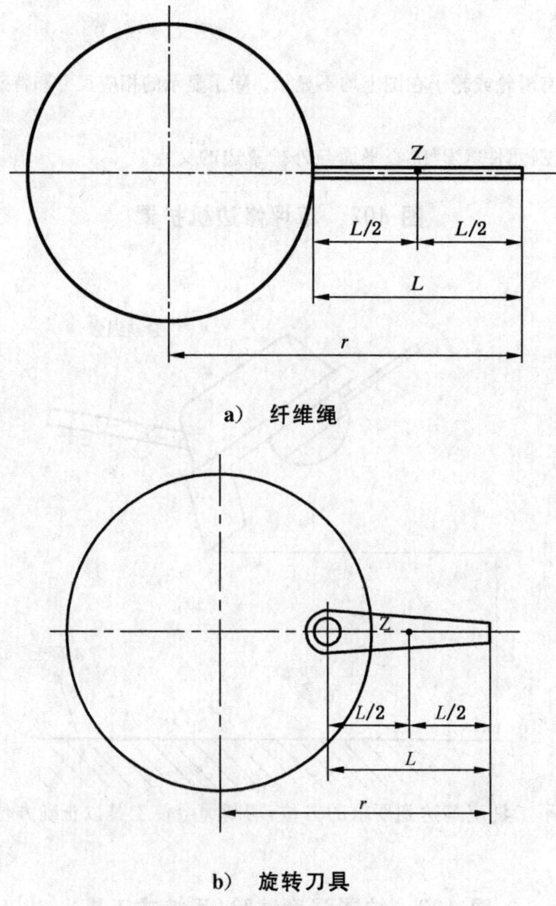

a） 纤维绳

b） 旋转刀具

图 105 切割器件测量

附　录

除以下内容外，GB/T 3883.1—2014 的附录适用。

附　录 I
（资料性附录）
噪声和振动的测量

I.2　噪声测试方法（工程法）

除下述内容外，GB/T 3883.1—2014 的 I.2 适用。

I.2.2.3　园林工具

替换：

按图 I.101 使用半球测量表面确定声功率级。反射面应采用人工地面替代或天然草坪。采用天然草坪的结果的可重复性精度容易低于 2 级。如有怀疑，应在敞开的场地，在人工地面上进行测量。

对于敞开场地测量的，$K_{2A}=0$；对于室内测量的，不用人工地面，按 ISO 3744：1994 的附录 A 确定，K_{2A} 值应小于或等于 2 dB，这种情况下 K_{2A} 值被认为等于 0。

环境条件应在所用测量仪器制造商规定的限制范围内，环境空气温度应为 5 ℃～30 ℃，并且风速小于 8 m/s，最好小于 5 m/s。

靠近操作者半径为 3 r 的区域内不许有其他人。操作者应身穿无声学吸收和反射效果的常规工作服。

由 6 个传声器组成测量阵列，传声器的位置如图 I.101 所示，坐标值由表 I.101 给出。对切割宽度小于或等于 1.2 m 的工具，测量表面应为半径 r 等于 4 m 的半球面；对切割宽度大于 1.2 m 的工具，测量表面应为半径 r 等于 4 m 的半球面。若能保证与用此半球面的测试结果误差在 0.5 dB 之内，可减少测量表面半径 r。若减小测量表面半径，则其不能小于包络被测机器的参考长方体对角线的 2 倍。

测量位置见图 I.101。

单位为米

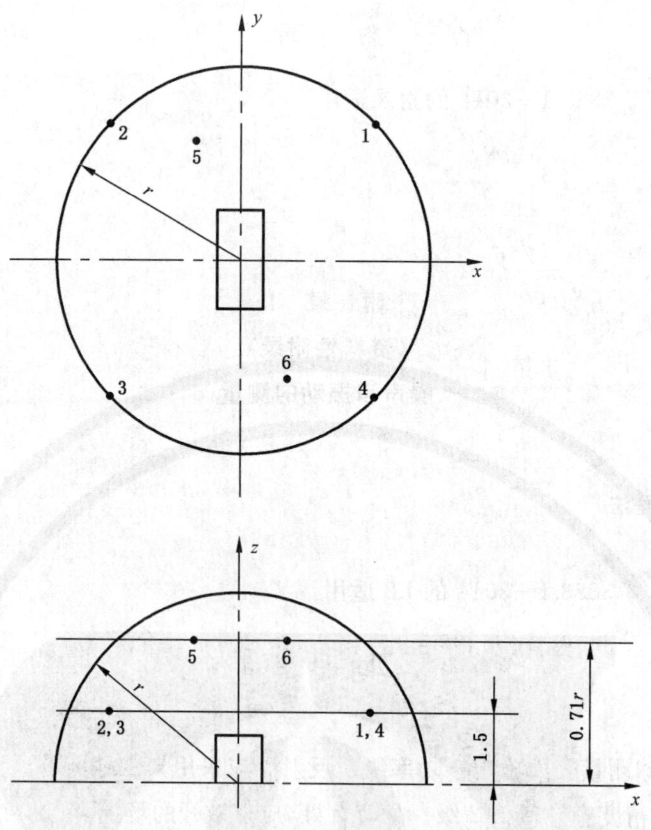

说明：
r 为半球半径。

图 I.101　半球面上的 6 个传声器位置

表 I.101　传声器位置的坐标值(6 个传声器布置)

单位为米

编号	x	y	z
1	+2.80	+2.80	+1.50
2	−2.80	+2.80	+1.50
3	−2.80	−2.80	+1.50
4	+2.80	−2.80	+1.50
5	−1.08	+2.60	+2.84
6	+1.08	−2.60	+2.84

声功率级 L_{WA} 按式(I.101)和式(I.102)计算：

$$L_{WA}=\overline{L}_{PfA}+10\lg\left(\frac{S}{S_0}\right) \qquad \text{(I.101)}$$

$$\overline{L}_{PfA}=10\lg\left(\frac{1}{6}\sum_{i=1}^{6}10^{0.1L'_{PA,i}}\right)-K_{1A}-K_{2A} \qquad \text{(I.102)}$$

式中：

$\overline{L}_{PfA}$ ——表面声压级，单位为分贝[dB(A)]；

$L'_{PA,i}$——在第 i 传播声器测得表面声压级，单位为分贝[dB(A)]；

K_{1A} ——背景噪声修正，A 计权；

K_{2A} ——环境修正，A 计权；

S ——测量表面面积，单位为平方米(m^2)；

$S_0 = 1\ m^2$[见式(I.103)]；

$$S = 2\pi r^2 \qquad (I.103)$$

这里 r 为 4 m 球面半径，式(I.101)变成[见式(I.104)]：

$$L_{WA} = \overline{L}_{PfA} + 20 \qquad (I.104)$$

I.2.3.3 园林工具

替换：

为确定 A 计权的声压级，应采用 GB/T 17248.2—1999，并作修改或附加如下要求：

——反射面应采用人工地面替代或天然草坪。采用天然草坪的结果可重复性精度容易低于 2 级。如有怀疑，应在敞开场地的人工地面上进行测量。

——环境条件应在所用测量仪器制造商规定的限制范围内，环境空气温度应为 5 ℃～30 ℃，并且风速小于 8 m/s，最好小于 5 m/s。

——传声器应安装在距操作者头部中心平面 200 mm±20 mm 的较响侧，高度与视线齐高。操作者站直，眼睛平视，操作者应佩戴附有传声器的头盔。传声器距头盔边缘应不小于 30 mm。操作者身高应是 1.75 m±0.05 m。

- 对步行式草坪修整机和草坪修边机，传声器应将其最大平坦响应轴线(按制造商的规定)指向前且与水平成向下的 45°。
- 对手持式草坪修整机和草坪修边机，传声器应将其最大平坦响应轴线(按制造商的规定)指向该工具的前手柄。

I.2.4 电动工具在噪声测试时的安装和固定条件

替换：

试验应在一台新的草坪修整机或草坪修边机上进行，它是由该工具生产者用标准设备正常生产的。如果切割器件是按在切割头上的线盘进给的单股纤维绳，则旋转切割器件的长度应调节到比最大长度大约短 5 mm。

自动绳延伸器应不起作用。

试验采用的反射面应采用人工地面替代或天然草坪。

a) 人工地面

人工地面应具有按 GB/T 20247—2006 测得的表 I.102 规定的吸音系数。

表 I.102 吸音系数

频率/Hz	吸音系数	误差
125	0.1	±0.1
250	0.3	±0.1
500	0.5	±0.1
1 000	0.7	±0.1
2 000	0.8	±0.1
4 000	0.9	±0.1

吸声材料放置在硬的反射平面上，尺寸至少为 3.6 m×3.6 m，并且置于测试环境的中心。支撑件的结构应能使其支撑的吸音材料符合声学特性的要求。人工地面的结构应能承受操作者的重量以避免吸音材料的挤压。

注：符合这些要求的人工地面的材料和结构的例子见附录 AA。

b) 天然草坪

对应于测量表面的水平投影下的地面应至少用高质量的天然草坪覆盖。测试之前，用割草机将草坪切割到接近 30 mm 的高度。

草坪表面应无草屑和残留物，并没有明显的潮气、霜或雪。

I.2.5 运行条件

替换：

在着手试验之前，草坪修整机和草坪修边机应运行到稳定条件。所有速度设定装置应被调节到最高数值。

试验期间，接上切割器件但不带负载。

测量应在草坪修整机和草坪修边机达到最高速度时进行。如果该工具具有低于该速度的调节器，测量应在说明书规定的最高速度下接上切割器件进行。

可调手柄应被设定在中间位置。如提供有背带，试验时应使用。

操作者应以正常操作姿势握持草坪修整机和草坪修边机手柄，切割器件平面平行于地面且离地 50 mm 内。切割器件应无任何阻塞物。

应采用电动机速度指示器监测电动机的速度。读数精度应为±2.5%，指示器和它与草坪修整机和草坪修边机的衔接应不会影响试验期间的操作。

为了测量声压级，从切割器件的上方水平部分画出的假想线到装有拾音器的头部的最短距离应尽可能接近 0.7 m。

为了确定声功率级，切割器件应在半球中心的上方。

I.2.9 噪声发射值的声明和验证

增加：

当在操作位置测量发射声压级时，应重复试验以达到要求的精度，直到 3 次连续 A 计权结果得出的偏差不大于 2 dB。这些值的算术平均值便是测量的草坪修整机和草坪修边机 A 计权的发射声压级。

I.3 振动

除下述内容外，GB/T 3883.1—2014 的 I.3 适用。

I.3.3.1 测量方向

替换：

应对每个手柄进行 x、y 和 z 3 个方向的测量(手持式草坪修整机、草坪修边机见图 I.102，步行式草坪修整机、草坪修边机见图 I.103)。

单位为毫米

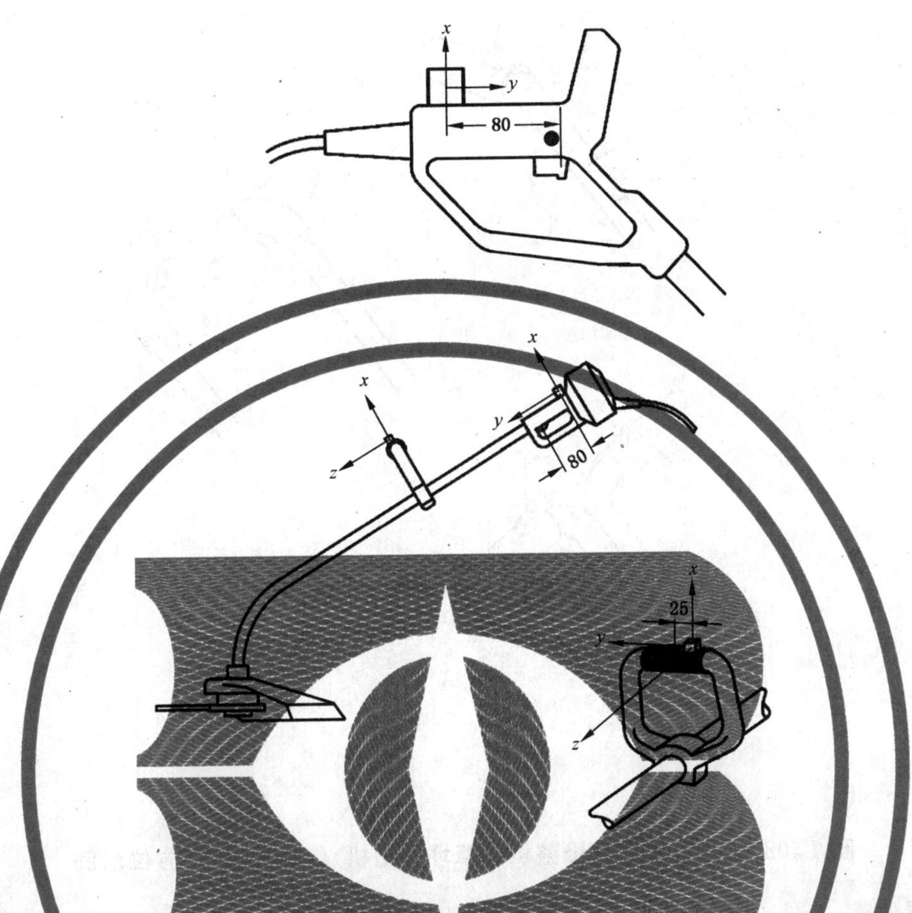

注：如果不能进行 80 mm 的测量，传感器被放置在将要握持的手柄部分的尾端。如果不能进行 25 mm 的测量，传感器尽可能放置在这个位置以避免碰到手。

图 I.102 （手持式草坪修整机和草坪修边机）传感器位置/方位示例

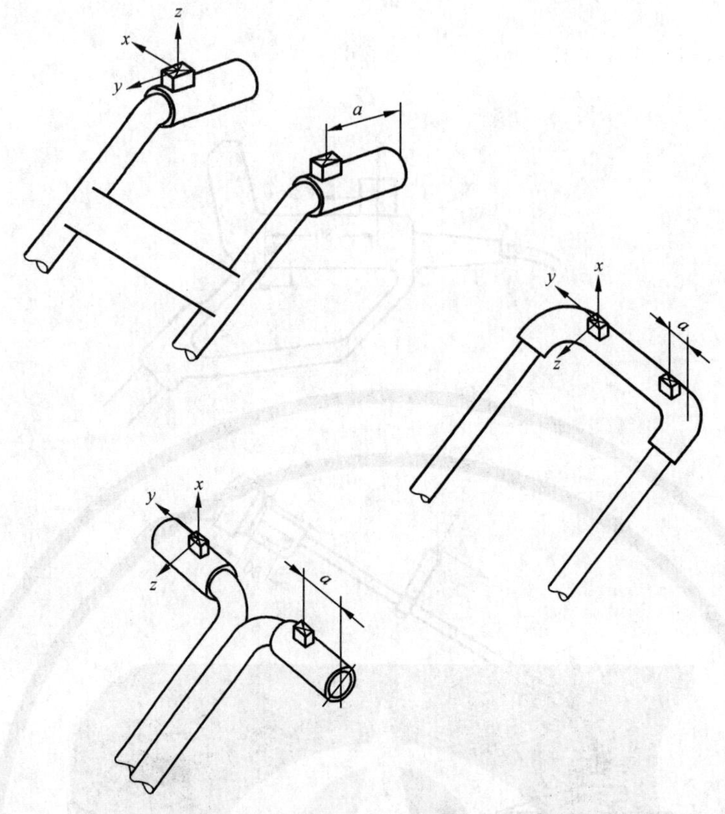

说明：

a=100 mm。

图 I.103 （步行式草坪修整机和草坪修边机）传感器位置/方位示例

I.3.3.2 测量位置

替换：

传感器组件的典型位置和测量方向(手持式草坪修整机、草坪修边机见图 I.102,步行式草坪修整机、草坪修边机见图 I.103)。

I.3.5.2 附件/工件和作业

替换：

试验应在一台新草坪修整机和草坪修边机上进行,它是由该工具生产者用标准设备正常生产的。如果切割器件是由装在切割头上的线盘进给的单股纤维绳,则旋转切割器件的长度应调节到比最大长度大约短 5 mm。

自动绳延伸器应不起作用。

I.3.5.3 运行条件

替换：

在着手试验前,草坪修整机和草坪修边机应运行到稳定状态。所有的速度设定装置应被调节到最数值。

试验期间,应驱动切割器件。应避免手与传感器接触。

特式草坪修整机和草坪修边机和步行式草坪修整机和草坪修边机分别按照以下方式操作：

a) 手持式草坪修整机和草坪修边机

   可调手柄应被设定在中间位置。如提供有背带，试验时应使用。工具手柄应按正常操作位置握持，切割器件底平面适当地平行或垂直与地面，且离地 50 mm。切割器件应无任何障碍物。

b) 步行式草坪修整机和草坪修边机

   可调手柄应被设定在适合操作者的位置，当对坚硬水平面作设定时，切割高度应被设定在 30 mm 或邻近的更高切割位置。对具有最高切割高度不大于 30 mm 的工具，应被设定在其最高设定值。

测量在 19 mm 厚的覆盖了椰衣垫的夹板上进行，椰衣垫被钉在夹板上。椰衣垫应约有 20 mm 高的含有 PVC 基的纤维，重量近似为 7 000 g/m^2。

I.3.5.4 操作者

增加：

测量应让一个具有(1.75±0.05)m 身高的操作者来实施。

附 录 K
（规范性附录）
电池式工具和电池包

K.1 增加：

除本附录规定的条文外，本部分的所有章适用。

K.8.14.1.1 替换：

步行式和手持式草坪修整机、草坪修边机安全警告：

——当在切割器件可能触及暗线的场合进行操作时，通过绝缘握持面握持工具。切割器件碰到带电导线会使工具金属零件成为带电从而使操作者受到电击。

K.8.14.2 a）本部分的104)不适用。

K.17.2 本部分的该条不适用。

K.24.1 本部分的该条不适用。

附 录 L
（规范性附录）
提供电源联接或非隔离源的电池式工具和电池包

L.1 增加：

除本附录规定的条文外，本部分的所有章适用。

附 录 AA
（资料性附录）
材料和结构符合人工地面要求的示例

AA.1 材料

材料是一种无机纤维，20 mm 厚，具有 11 kN·s/m⁴ 的抗透风性，密度为 25 kg/m³。

AA.2 结构

如图 AA.1 所示，测量地点的人工地面被分成 9 块连接板，每块近似为(1.20×1.20)m 。结构衬板如图 AA.1 所示，由 19 mm 厚的硬纸板组成，两面附有塑料材料。例如，厨房家具的结构采用这种板。硬纸板的剪切边应用塑料涂料涂敷以防潮湿。地板外侧应用两脚铝件(d)包边，脚高 20 mm。各段该侧面材料还被用螺钉固定到充当隔板和配属物的连接板边缘。

在测量期间将放置草坪修整机和草坪修边机的地方以及操作者会站立的所有其他地方的连接板中部，脚长 20 mm 的 T 型铝材(c)被当作隔板安装。这些材料也提供便于在测量点中部的草坪修整机和草坪修边机对准的准确标记。然后用剪成一定尺寸的绝缘毛毡材料(b)覆盖预制板。

既不能站上去，也不能把工具推上去的连接板的毛毡地板(图 AA.1 所示的 A 型地面)用一层固定在边条和连接点上的简易线网覆盖；为此，连接板应留有孔。这样，就能很好地绑住材料，以便毛毡脏后可以更换。一种所谓饲养场线网，其网格宽度为 10 mm，直径为 0.8 mm 的网线被证明比较合适。表明该网线足以保护地面而不影响声学条件。

但是，简易线网在经受搬运时地方保护不够充分(图 AA.1 所示的 B 型地面)。对于这些表面，使用直径 3.1 mm 和网格宽 30 mm 的钢丝栅被证明比较合适。

如上述要求的测量点的结构有两个优点：无需很多时间和精力就能准备好，并且所有材料都是容易获取的。

由于传声器位置不直接位于测量点的地板上方，所以传声器允许被装在支架上，假定地面是平整和坚硬的，例如沥青或混凝土地面。

当布置传声器时，应考虑传声器的高度要由与测量点地板面的关系来决定。因此，传声器应高出其下方的地面 40 mm。

单位为毫米

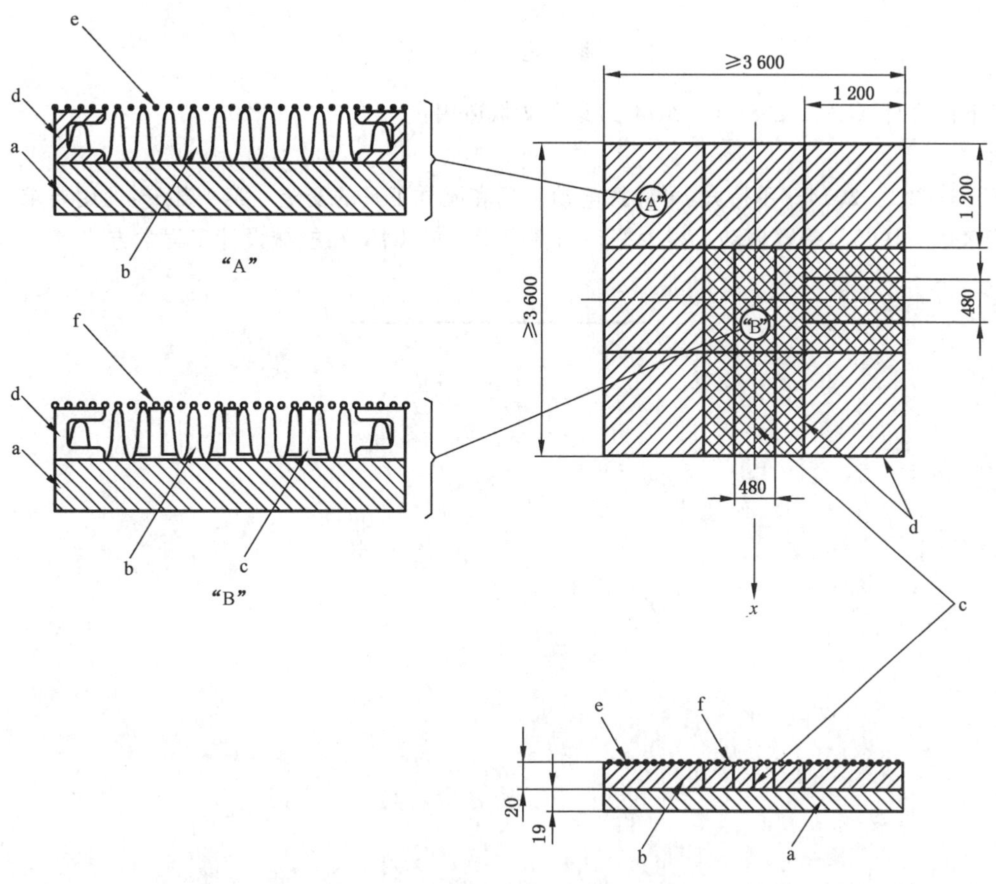

说明：

"A"——该区不适合承重。不能站上去，也不可将工具推上去；

"B"——该区适合承重。可以站上去，也可以将工具推上去；

a ——塑料覆盖层的纤维板背衬层（通常厚 19 mm）；

b ——矿石纤维层（通常厚 20mm）；

c ——T 型铝材（3 mm 厚×20 mm 高）；

d ——U 型铝材（3 mm 厚×20 mm 高）；

e ——钢丝网（通常用直径为 0.8 mm 钢丝线编制的 10 mm×10 mm 网格）；

f ——钢丝栅（通常用直径为 3.1 mm 钢丝线编制的 30 mm×30 mm 网格）。

注：除非另有说明，所有尺寸是近似值。

图 AA.1 覆盖人工地面的测量面的草图（不按比例）

参 考 文 献

除以下内容外，GB/T 3883.1—2014 的参考文献适用：

增加：

GB/T 3883.1—2014　手持式、可移式电动工具和园林工具的安全　第1部分：通用要求

CR 1030-1：1995　手臂振动　减少振动伤害指南　第1部分：机械设计工程学方法

ICS 25.140.20
CCS K 64

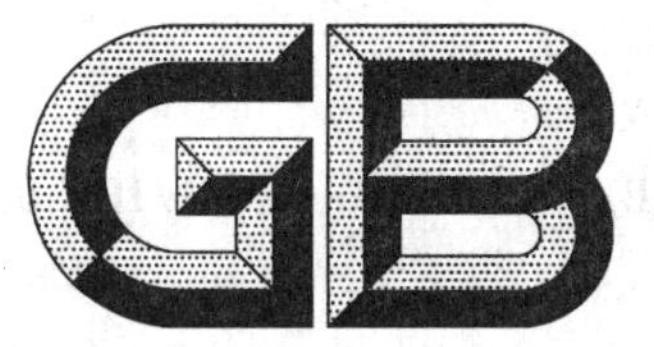

中华人民共和国国家标准

GB/T 4706.110—2021/IEC 60335-2-107:2017

家用和类似用途电器的安全　第2部分：由电池供电的智能草坪割草机的专用要求

Safety of household and similar electrical appliances—Part 2: Particular requirements for robotic battery powered electrical lawnmowers

(IEC 60335-2-107:2017, Household and similar electrical appliances—Safety—Part 2-107: Particular requirements for robotic battery powered electrical lawnmowers, IDT)

2021-08-20 发布　　　　2022-03-01 实施

国家市场监督管理总局
国家标准化管理委员会　发布

前 言

本文件按照 GB/T 1.1—2020《标准化工作导则 第1部分:标准化文件的结构和起草规则》的规定起草。

本文件是 GB/T 4706《家用和类似用途电器的安全》的第2部分。GB/T 4706 已经发布了以下5个部分:

——GB/T 4706.64—2012 家用和类似用途电器的安全 第2部分:剪刀型草剪的专用要求;

——GB/T 4706.65—2003 家用和类似用途电器的安全 步行控制的电动草坪松土机和松砂机的专用要求;

——GB/T 4706.78—2005 家用和类似用途电器的安全 步行控制的电动割草机的特殊要求;

——GB/T 4706.79—2005 家用和类似用途电器的安全 手持式电动园艺用吹屑机、吸屑机及吹吸两用机的特殊要求;

——GB/T 4706.110—2021 家用和类似用途电器的安全 第2部分:由电池供电的智能草坪割草机的专用要求。

本文件使用翻译法等同采用 IEC 60335-2-107:2017《家用和类似用途电器 安全 第2-107部分:由电池供电的智能草坪割草机的专用要求》。

本文件纳入 IEC 60335-2-107/Amd 1:2020 的修正内容,这些修正内容涉及的条款已通过在其外侧页边空白位置的垂直双线(‖)进行了标示。

与本文件中规范性引用的国际文件有一致性对应关系的我国文件如下:

——GB/T 4269.1—2000 农林拖拉机和机械、草坪和园艺动力机械 操作者操纵机构和其他显示装置用符号 第1部分:通用符号(idt ISO 3767-1:1991);

——GB/T 4269.3—2000 农林拖拉机和机械、草坪和园艺动力机械 操作者操纵机构和其他显示装置用符号 第3部分:草坪和园艺动力机械用符号(idt ISO 3767-3:1995);

——GB/T 10006—1988 塑料薄膜和薄片摩擦系数测定方法 (idt ISO 8295:1986);

——GB 10396—2006 农林拖拉机和机械、草坪和园艺动力机械 安全标志和危险图形 总则(ISO 11684:1995,MOD);

——GB/T 14574—2000 声学 机器和设备噪声发射值的标示和验证(eqv ISO 4871:1996);

——GB/T 16273(所有部分) 设备用图形符号 (ISO 7000);

——GB/T 17248.4—1998 声学 机器和设备发射的噪声 由声功率级确定工作位置和其他指定位置的发射声压级(eqv ISO 11203:1995);

——GB/T 17465(所有部分) 家用和类似用途器具耦合器[IEC 60320(所有部分)];

——GB/T 28164—2011 含碱性或其他非酸性电解质的蓄电池和蓄电池组 便携式密封蓄电池和蓄电池组的安全性要求(IEC 62133:2002,IDT);

——GB/T 31523.1—2015 安全信息识别系统 第1部分:标志(ISO 7010:2011,MOD)。

本文件做了下列编辑性修改:

——将标准名称修改为《家用和类似用途电器的安全 第2部分:由电池供电的智能草坪割草机的专用要求》;

——将正文中规范性引用的 IEC 60335-1:2020 补充到第2章,并将国际原文中适用于其他国家而引用的 ISO 11688-1 以及未引用的 ISO 11201:2010 不再列入第2章;

——纳入了国际标准修正案 IEC 60335-2-107:2017/Amd 1:2020,主要包括第3章修改和增加术语和定义、第 6 章增加电源供电外围设备的要求等内容;第 20 章修改成人足形试具试验、站立儿童的足形试具试验要求等内容,增加跪爬儿童的足形试具试验;第 22 章修改翻转传感器、障碍物传感器接触表面要求等内容;第 29 章修改机器和非电源供电外围设备的要求等。

请注意本文件的某些内容可能涉及专利。本文件的发布机构不承担识别专利的责任。

本文件由中国电器工业协会提出。

本文件由全国电动工具标准化技术委员会(SAC/TC 68)归口。

本文件起草单位:上海电动工具研究所(集团)有限公司、宝时得科技(中国)有限公司、宁波大叶园林设备股份有限公司、浙江亚特电器有限公司、南京德朔实业有限公司、浙江三锋实业股份有限公司、锐奇控股股份有限公司。

本文件主要起草人:丁玉才、顾菁、朱典悝、丁俊峰、高杨、李杰、朱贤波、曹振华、陈勤、陈建秋。

引　言

近年来，智能化技术已经渗入人们的生活。作为园林电动工具代表的电池供电智能草坪割草机是电动工具与智能化技术高度融合的标志。智能草坪割草机方便人们的日常生活，不仅节省人力和物力，还实现了较高的工作效率。智能草坪割草机的应用为城市的绿色可持续发展做出了贡献。

目前 GB/T 4706 的第二部分已针对 5 类园林电动工具制定了标准，分别是：

——GB/T 4706.64—2012　家用和类似用途电器的安全　第 2 部分：剪刀型草剪的专用要求，旨在规范剪刀型草剪在安全方面的要求；

——GB/T 4706.65—2003　家用和类似用途电器的安全　步行控制的电动草坪松土机和松砂机的专用要求，旨在规范步行控制的电动草坪松土机和松砂机在安全方面的要求；

——GB/T 4706.78—2005　家用和类似用途电器的安全　步行控制的电动割草机的特殊要求，旨在规范步行控制的电动割草机在安全方面的要求；

——GB/T 4706.79—2005　家用和类似用途电器的安全　手持式电动园艺用吹屑机、吸屑机及吹吸两用机的特殊要求，旨在规范手持式电动园艺用吹屑机、吸屑机及吹吸两用机在安全方面的要求；

——GB/T 4706.110—2021　家用和类似用途电器的安全　第 2 部分：由电池供电的智能草坪割草机的专用要求，旨在规范由电池供电的智能草坪割草机在安全方面的要求。

本文件与 IEC 60335-1:2020 一起使用。本文件写明“适用”的部分，表示 IEC 60335-1:2020 中相应条款适用；本文件写明“替换”的部分，则以本文件中的条款为准；本文件中写明“修改”的部分，表示 IEC 60335-1:2020 相应条款的相关内容以本文件修改后的内容为准，而该条款中其他内容仍适用；本文件写明“增加”的部分，表示除了符合 IEC 60335-1:2020 的相应条款外，还要符合本文件所增加的条款。

本文件认可在正常使用情况下，考虑到制造商的说明，机器的电气、机械、热、火灾和辐射等危险的国际公认防护水平，它还涵盖了实践中可能出现的非正常情况，并考虑了电磁现象影响机器安全运行的方式。

家用和类似用途电器的安全　第2部分：由电池供电的智能草坪割草机的专用要求

1　范围

替换：

本文件规定了由电池供电的智能转盘式草坪割草机及其外围设备的设计、结构的安全要求及其验证方法，其电池额定电压不大于75 Vd.c.

除噪声外，本文件未考虑电磁兼容和环境方面的要求。

本文件不适用于内燃机、混合动力和燃料电池驱动的机器及相关充电系统有关的额外风险。

本文件规定了由电池供电的智能草坪割草机及其外围设备按用途使用及合理可预见的误用条件下所产生的所有显著危险。

本文件中，机器一词特指智能草坪割草机，不包括它的充电站。

本文件也对由电网电源供电的充电站和边界分隔器信号源的安全提出了要求。

附录KK规定了额外的智能草坪割草机电池操作和充电要求，包括锂离子电池的充电，取代IEC 60335-1:2020中的附录B。

本文件不适用于本文件正式生效前生产的机器。

注：附录FF提供了一种试验规范以便于本文件的使用。

2　规范性引用文件

下列文件中的内容通过文中的规范性引用而构成本文件必不可少的条款。其中，注日期的引用文件，仅该日期对应的版本适用于本文件；不注日期的引用文件，其最新版本（包括所有的修改单）适用于本文件。

除下述条文外，IEC 60335-1:2020的这一章适用。

增加：

GB/T 3767—2016　声学　声压法测定噪声源声功率级和声能量级　反射面上方近似自由场的工程法（ISO 3744:2010，IDT）

GB/T 15706—2012　机械安全　设计通则　风险评估与风险减小（ISO 12100:2010，IDT）

GB/T 20247—2006　声学　混响室吸声测量（ISO 354:2003，IDT）

GB/T 23821—2009　机械安全　防止上下肢触及危险区的安全距离（ISO 13857:2008，IDT）

ISO 683-4:2016[1)]　可热处理钢合金钢和易切削钢　第4部分：自由切削钢（Heat-treatable steels，alloy steels and free-cutting steels—Part 4:Free-cutting steels）

ISO 3767-1　拖拉机、农林机械、草坪和园艺动力机械　操作者操纵机构和其他显示装置用符号　第1部分：通用符号（Tractors，machinery for agriculture and forestry，powered lawn and garden equipment—Symbols for operator controls and other displays—Part 1:Common symbols）

1)　国际标准原文中引用的ISO 683-4:2014已被ISO 683-4:2016所代替。

ISO 3767-3 拖拉机、农林机械、草坪和园艺动力机械 操作者操纵机构和其他显示装置用符号 第3部分:草坪和园艺动力机械用符号(Tractors, machinery for agriculture and forestry, powered lawn and garden equipment—Symbols for operator controls and other displays—Part 3: Symbols for powered lawn and garden equipment)

ISO 4871:1996 声学 机器和设备噪声发射值的声明和验证(Acoustics—Declaration and verification of noise emission values of machinery and equipment)

ISO 7000:2014 设备用图形符号 索引和概要(Graphical symbols for use on equipment—Index and synopsis)

ISO 7010:2011 图形符号 安全色和安全标志 注册安全标志(Graphical symbols—Safety colors and safety signs—Registered safety signs)

ISO 8295:1995 塑料制品 薄膜和薄片 摩擦系数的测定(Plastics—Film and sheeting—Determination of the coefficients of friction)

ISO 11203:1995 声学 机器和设备发射的噪声 由声功率级确定工作位置和其他指定位置的发射声压级(Acoustics—Noise emitted by machinery and equipment—Determination of emission sound pressure levels at a work station and at other specified positions from the sound power level)

ISO 11684 农林拖拉机和机械、草坪和园艺动力机械 安全标志和危险图形 总则(Tractors, machinery for agriculture and forestry, powered lawn and garden equipment—Safety signs and hazard pictorials—General principles)

IEC 60320(所有部分) 家用和类似用途器具耦合器(Appliance couples for household and similar general purposes)

IEC 60335-1:2020[2] 家用和类似用途电器的安全 第1部分:通用要求(Household and similar electrical appliances—Safety—Part 1: General requirements)

IEC 62133(所有部分) 含有碱性或其他非酸性电解质的二次电池和电池 便携式密封二次电池和由其制成的便携式应用电池的安全要求(Secondary cells and batteries containing alkaline or other non-acid electrolytes—safety requirements for portable sealed secondary cells, and for batteries made from them, for use in portable applications)

3 术语和定义

除下述条文外,IEC 60335-1:2020 的这一章适用。

3.5.1 增加:

注 101:不认为机器和充电站是便携式器具。

3.5.4 增加:

注 101:不认为机器是固定式器具。认为充电站是固定式器具。

3.101

自动模式 automatic mode

未用手动控制器情况下机器自发工作的模式。

注:在设置工作区域期间操控机器,没有用手动控制器并且切割器件不工作时不认为是自动模式下的工作。

3.102

电池组 battery

用以给机器提供电能的一个或多个电池的组合。

2) 国际标准原文中引用的 IEC 60335-1:2010 及其修正案已被 IEC 60335-1:2020 所代替。

3.103

电池　cell

由电极、电解质、容器、端子，通常还带有隔膜共同装配而成，实现化学能直接转化提供电能的基本功能的电化学单元。

3.104

充电站　charging station

位于工作区域内或紧邻工作区域为电池组提供自动充电的设施。

3.105

控制器　control

控制机器操作或任何与其相关的特定操作功能的器件或装置。

3.106

切割器件　cutting means

用来提供切割作业的机械装置。

注：警告语和说明书中可以用“刀片”一词指代“切割器件”。

3.107

切割器件外壳　cutting means enclosure

在切割器件周围提供防护的零件或部件。

3.108

切割器件顶圆　cutting means tip circle

切割器件最外点绕其轴旋转时所描绘出的轨迹。

3.109

切割位置　cutting position

制造商为割草而定义的、对切割器件设置的任一高度。

3.110

禁用装置　disabling device

3.110.1

禁用装置(可移除)　disabling device (removable)

移除后能防止割草机操作的零件，例如钥匙。

3.110.2

禁用装置(密码保护)　disabling device (code protected)

起作用时能防止割草机操作，并且操作前要求输入密码(例如通过键盘)的装置。

注：见22.103。

3.111

排料槽　discharge chute

切割器件外壳上排料口的外伸部分，通常用于控制来自切割器件的排料。

3.112

排料口　discharge opening

切割器件外壳上可用于排出草料的缺口或开口。

3.113

充满电的电池组/电池　fully charged (battery/cell)

对电池或电池组充电，直到与机器一起使用的电池充电系统允许的最满充电状态。

3.114

完全放电电池组/电池 fully discharged (battery/cell)

电池组或电池以 C_5 放电率放电直到出现下述条件之一：

——因保护电路(动作)而停止放电；

——电池组(或电池)达到总电压，即每一节电池的平均电压达到电池化学材料放电终止电压，除非生产者另行规定了一个放电终止电压。

注：普通电池化学材料放电终止电压见 KK.5.10。

3.115

通用电池组/电池 general purpose (batteries/cells)

来自多个生产者生产的，通过各种渠道销售与不同制造商产品相配的电池组和电池。

注：通用电池组/电池的示例：12V 汽车电池组和 AA 型、C 型和 D 型碱性电池。

3.116

集草器 grass catcher

用于收集草料或碎屑的零件或零件的组合。

3.117

护罩 guard

通过实体挡板，对操作者和(或)在场人员提供保护的机器零件或一个组件。

3.118

危险电压 hazardous voltage

零件之间平均电压大于 60 V 的直流电压或在峰-峰纹波值大于平均值 10% 时大于 50 V 峰值电压。

3.119

预期使用 intended use

在说明书中描述的合理可预见的机器的任何使用，这些使用与诸如割草、起动、停机、接至动力源(或从动力源上脱开)等动作相一致。

3.120

草坪割草机 lawnmower

其切割器件在近似平行于地面的平面内旋转，利用滚轮、气垫或导轨等对地的高度来确定其切割高度、采用电动机作为动力源的割草机器。

3.121

手动控制器 manual controller

制造商提供的通过有线或无线连接的可手动操作机器的装置。

3.122

手动停止装置 manual stop

通过基于软件或硬件的组件来凌驾于所有其他控制器，使电动机断电从而将所有运动部件停止的手动触发装置。

3.123

最高电动机运行速度 maximum operating motor speed

按制造商规定和/或说明书调节，连接上切割器件，电动机能达到的最高转速。

3.124

覆草式草坪割草机 mulching lawnmower

切割器件外壳上没有排料口的转盘式草坪割草机。

3.125

操作者控制器　operator control

任何需要操作者操动实现规定功能的控制器。

注：包括手动控制器上的控制器。

3.126

操作者在场控制器　operator presence control

位于手动控制器上、且当操作者移除操动力后会自动中断切割器件工作的控制器。

3.127

边界分隔器　perimeter delimiter

定义工作区域边界的装置，在该边界内机器能自动操作。

注：边界分隔器示例：以发射信号来表明工作区域界限的边界线。

3.128

外围设备　peripherals

为达到机器预期使用目的，制造商提供的机器本身以外的设备（例如，充电站、手动控制器、边界分隔器的信号源）。

3.129

动力源　power source

为直线或旋转运动提供机械能的电动机。

3.130

遥控设定装置　remote setting device

不用电线连接机器的、设计用于机器基本功能设定的装置。

注：遥控设定装置不是手动控制器。

3.131

智能草坪割草机　robotic lawnmower

无需照看、能自动工作的草坪割草机。

注：本文件中的“机器”一词指代智能草坪割草机。

3.132

转盘式草坪割草机　rotary lawnmower

内装切割器件作冲击切割、绕垂直于切割平面的轴线旋转的草坪割草机。

3.133

传感器　sensor

对物理刺激（诸如但不限于：热、光、声、压力、磁力、动作）作出响应并发送产生的信号或数据以执行测量或（和）使控制器动作的装置。

3.133.1

抬起传感器　lift sensor

感知机器全部或部分抬离地面的传感器。

3.133.2

障碍物传感器　obstruction sensor

感知机器接触人或障碍物的传感器。

3.133.3

倾斜传感器　tilt sensor

感知机器达到或超出预定倾斜角度的传感器。

3.133.4

翻转传感器　rollover sensor

感知机器翻转的传感器。

3.134

制动时间　stopping time

从传感器触发或手动控制器触发机构释放瞬间到机器或组件停止瞬间所经历的时间。

3.135

抛射物危险　thrown object hazard

被运动的切割器件推动的物体所引起的潜在伤害。

3.136

牵引机构　traction drive

用于将动力由动力源传递到地面驱动装置的机构(系统)。

3.137

工作区域　working area

任何机器可以自动实现功能的定义区域。

3.138

断开电路　switched circuit

当电源开关在"断开"位置时低功率的电路。

注：低功率电路的要求见 19.11.1。

3.139

电源开关　power switch

在"接通"位置,通电触发机器的切割器件和/或牵引机构和至"断开"位置,断电停止机器这些功能的装置。

注：此装置包含触发机器上切割器件和/或牵引机构的电气控制电路的所有主要零件和辅助零件(例如触摸开关、继电器、负载开关)。

4　一般要求

IEC 60335-1:2020 的这一章适用。

5　试验一般条件

除下述条文外,IEC 60335-1:2020 的这一章适用。

5.1　增加:

当电子速度控制器可调节,将其设置在最高速。

5.2　修改:

第 21 章的每个试验应使用新样品。但可以按照制造商的要求,使用较少的样品。

增加:

要避免对电池组连续试验所产生的累计应力。

如果对单个样品进行多个试验,则前序试验应不影响后续试验的结果。

5.8.1　替换:

除非另外规定,每个试验应使用充满电的电池组。如规定对同一电池组进行连续试验,各试验间应至少有 1 min 休息时间。

5.17 替换：

由可充电电池组供电的机器和外围设备要评估附录KK的额外要求。

由不可充电电池组供电的外围设备按照附录B进行试验。

6 分类

除下述条文外，IEC 60335-1:2020 的这一章适用。

6.1 替换：

本条不适用于机器和非电网电源供电的外围设备。

注：本文件中的机器和非电网电源供电的外围设备限于那些电池组是唯一动力源的产品，所以不认为是Ⅰ类器具、Ⅱ类器具或Ⅲ类器具，并不要求具有基本绝缘、附加绝缘或加强绝缘。认为电击危险只存在于具有危险电压的不同极性的零件之间。

按防触电保护分类，电网电源供电的外围设备应属于下列中的一类：

——Ⅱ类器具；

——Ⅲ类器具。

通过观察和相应试验来检验。

6.2 增加：

机器的外壳防护应至少是IPX1，内含工作电压是危险电压的零件的外壳，其防护应至少是IPX4。预期安装在户外的充电站和其他外围设备(例如边界分隔器的信号源)如果是Ⅲ类结构，其外壳的防护应至少是IPX1，非Ⅲ类结构的防护应至少是IPX4。

7 标志和说明书

除下述条文外，IEC 60335-1:2020 的这一章适用。

7.1 替换：

机器和外围设备应按下列要求标识，如果需要，还应按7.1.101的要求标识。在不引起误解的情况下可使用增加的标志。警告语应位于显而易见的位置。如果IP代码省略了第一位数字，该省略的数字应由字母“X”来取代，例如IPX4。

机器上应标注：

——防止有害进水的防护等级代码(IP代码)，IPX0除外；

——IEC 60417-5180(2003-02)规定的Ⅲ类器具符号，如充电时当作Ⅲ类器具，仅由电池组(原电池或在机器以外充电的蓄电池)供电的机器无需此标志；

——制造商和授权代表(如适用)的商业名称和详细地址；

——生产年份；

——机器质量(如果大于25 kg)；

——机器的名称，该名称可由字母和/或数字组合而成，只要随机提供的使用说明书内解释了该代码明确的产品名称，例如“由电池供电的智能草坪割草机”；

注1：一种代码的示例“A123B”。

——系列的名称或类型，给予产品的技术识别，它可以由字母和/或数字组合而成，也可以和机器名称组合而成；

注2：“系列的名称或类型”也被称为型号。

——序列号(如果有)；

——其他强制标志；

——切割宽度,单位为厘米(cm);
——“警告:操作机器前请阅读使用说明书”;
——“警告:机器工作时请与机器保持安全距离”;
——“警告:禁止跨骑在机器上”;
——“警告:操作或抬起机器前移除(或开启)禁用装置”;

注 3:根据装在机器上的禁用装置类型使用“移除”或“开启”。

——“警告:禁止触碰旋转刀片”;
——正常使用中可更换的切割器件应标注其零件号码及其制造商、进口商或供应商,此标志不要求从机器外部清晰辨识;
——如果使用集草器时需要用到适配器,机器靠近排料口处和集草器适配器处应有适配器和集草器不在位时不应操作机器的说明。

充电站和其他电网电源供电外围设备,即使是Ⅲ类,应标注以下内容。
——额定电压或额定电压范围,单位为伏特(V)。
——电源种类符号,标有额定频率的可不标。
——额定输入功率,单位为瓦特(W);或额定电流,单位为安培(A)。
——充电站的Ⅱ类结构部分,IEC 60417-5172(2003-02)规定的符号。
——充电站的Ⅲ类结构部分,IEC 60417-5180(2003-02)规定的符号。
——制造商和授权代表(如适用)的商业名称和详细地址。
——生产年份。
——充电站或外围设备名称,该名称可由字母和/或数字组合而成。只要随机使用说明书内解释了该代码明确的名称,例如“充电站”。

注 4:一种代码的示例“A123B”。

——系列的名称或类型,给予产品的技术识别,它可以由字母和/或数字组合而成,也可以和充电站或外围设备的名称合并在一起。

注 5:“系列的名称或类型”也被称为型号。

——序列号(如果有)。
——其他强制标志。

如果机器配有手动控制器,除非永久连接到机器,否则手动控制器上应标注以下内容。
——IEC 60417-5172 (2003-02)规定的符号(仅对Ⅱ类器具)。
——IEC 60417-5180 (2003-02)规定的符号(对Ⅲ类器具)。由电池组(原电池或不在手动控制器上充电的蓄电池)供电的手动控制器无需标此标志。
——制造商和授权代表(如适用)的商业名称和详细地址。
——生产年份。
——手动控制器名称,该名称可由字母和/或数字组合而成。只要随机提供的使用说明书内解释了该代码明确的名称,例如“手动控制器”。

注 6:这种代码的例子“A123B”。

——系列的名称或类型,以允许产品的技术识别,它可以由字母和/或数字组合而成,也可以和手动控制器的名称组合而成。

注 7:“系列的名称或类型”也被称为型号。

——序列号(如果有)。
——其他强制标志。
——“警告:操作机器前请阅读使用说明书”。
——“警告:机器工作时请与机器保持安全距离”。

手动控制器上要求的标志可以包含在电子显示屏中，只要标志在手动控制过程中连续显示。

通过观察来检验。

7.1.101 提供警告信息的标志应足够靠近相应危险源。此类标志应使用机器销售国的官方语言表示。可使用附录 EE 中规定的符号代替文字标志。ISO 3767-1、ISO 3767-3、ISO 11684 和 ISO 7010：2011 中的符号在合适情况下也可以使用。符号应使用反差明显的颜色，模压、雕刻或冲压的符号除外。

含有功能接地的Ⅱ类和Ⅲ类器具应标有 IEC 60417-5018 (2011-07)规定的符号。

操作时会引起危险的控制器(例如 20.101.1 中的操作者在场控制器)应标注或安置得能清晰对应所控制的部分。

当护罩设计得可以打开或移除并暴露出危险，应在护罩上或护罩附近有警示危险的安全标识。

通过观察来检验。

7.6 增加：

增加的符号符合附录 EE 的要求。

7.8 增加：

如果打算由使用者更换电池或电池组，并且极性可能会接反，那么应正确标示其预期位置极性。

7.9 修改：

如下替换第一段：

应能通过持久的标签或标志清晰地识别操作者控制器的功能、方向和/或操作方法。

手动停止装置应标示“停机”或“STOP”字样并且该装置应为红色，其他外部可视控制器均不应为红色。

7.11 替换：

在安装或预期使用中打算调节的控制器应提供调整方向的指示。

注：＋和－的标志视作符合要求。

通过观察来检验。

7.12 替换：

应随机提供使用说明书，并提供符合 GB/T 15706—2012 中 6.4 的操作、服务、维护和安全说明。在制造商或授权代表确认的语言版本上应标注“原版说明书”。当没有机器使用国官方语言“原版说明书”时，制造商、授权代表或将机器带至所涉语言地的人应提供此类语言的翻译件。翻译件应显示“原版说明书的翻译”，并且附上“原版说明书”。

使用说明书应包括以下内容。

a) 重复机器上要求标识的警告，如适用，并作进一步的说明。当机器上标有安全标志时，应对其作出解释。

b) 禁止儿童，生理、感官或精神能力缺乏的人或缺乏经验和知识的人、或不熟悉这些说明的人使用机器的警告，当地法规可能会限制操作者年龄。

c) 机器工作时不准儿童接近或玩弄机器的警告。

d) 机器及其外围设备的整体描述、预期使用和正确使用机器的说明，包括机器及其外围设备用途的建议、如何根据预期用途使用机器和任何合理可预见的误用。

e) 经验表明可能会发生但是机器不能按此方式使用的相关警告。

f) 如果机器和/或外围设备没有完整装配好，正确装配和拆卸机器及其外围设备的说明。

g) 机器及其外围设备的正确调节和任何必要的用户维护的说明，包括时间表，以及对危险运动零件的警告。

h) 正确设置工作区域边界的说明。

i) 宜更换、维修或维护时需要注意的关键零部件的说明。对易耗零件，配件应可以明确识别，例如使用零件编号或其他方式。

j) 关于所有控制器操作的说明。

k) 如何安全起动和操作机器的说明。

l) 机器及其外围设备操作位置和诸如移动、安全定位、握持、清理堵塞等正确安全操作的说明，以及如果配有收集设施，使用、准备、维护和储存机器时保持排料槽处没有被加工材料的说明。

m) 如适用，手动控制时勿手伸得过长，并且始终保持平衡，以确保踏稳斜坡的说明，以及操作机器及其外围设备时只可步行禁止奔跑的说明。

n) 在危险运动零件完全停止前禁止触碰的说明。

o) 所用电池充电器的详情和生命周期结束时安全处置电池组的建议。

p) 如设计需要使用延长线，需要使用延长线及其长度、型号的建议(规格不低于 25.7 的要求)。

q) 如随机提供收集设施，何时及如何将收集装置装到机器和从机器拆除的说明。

r) 如有配件，装配和使用的说明。

s) 有关尽管采取本质安全设计措施、安全防护、补充防护措施后仍有残余风险的信息。

t) 使用手动控制器操控机器时始终穿着结实的工作鞋和长裤的说明。

u) 出现下列情况时，断开电源的说明(比如，从电网电源拔离电源插头或移除/开启禁用装置)：

   1) 清理机器的堵塞前；

   2) 检查、清洁或研究机器或充电站前；

   3) 异物撞击后检查机器损坏状况前；

   4) 如机器开始异常振动，重启前检查损坏状况前。

v) 何时何处如何去检查机器及其外围设备、有破损或老化的迹象的电源线和延长线，以及如可以，如何修理。

w) 禁止在护罩有缺陷或没有安全装置以及电源线损坏或磨损时操作机器和/或其外围设备。

x) 勿连接损坏的导线至电源或在从电源拔离电源线前接触损坏的导线，因为损坏的导线会导致接触带电零件的建议。

y) 使任何电源线和/或延长线远离工作区域以避免损坏导线而导致接触带电零件的建议。

z) 万一发生事故或故障时所需采取的行动的说明。

aa) 万一电解液泄漏时所需采取的行动的说明。

bb) 如果使用时电源线损坏，如何从电网电源断开外围设备电源的说明。

cc) 宜：

   1) 仅将外围设备接到带有脱扣电流不大于 30 mA 的漏电保护器(RCD)保护的电源电路；

   2) 避免在恶劣天气条件尤其是有雷电危险时使用机器及其外围设备。

dd) 测定机器沿空气传播的噪声发射信息，见附录 FF。包括：

   1) 当大于 70 dB(A)时，见附录 FF，A 计权发射声压级 LPA 和它的不确定度 KPA。当值不大于 70 dB(A)时，应指出该信息；

   2) 当 A 计权发射声压级 LPA 大于 80 dB(A)时，附录 FF 指出，A 计权声功率级 LWA 和它的不确定度 KWA。

ee) 异常振动时如何处理的说明。

ff) 质量，单位为千克(kg)。

gg) 对在公共场合使用的机器，应在机器工作区域的周围放置警告标识。标识应显示如下文字的实质内容：

“警告：全自动草坪割草机！远离机器！看护好儿童！”

7.12.1 本条适用。

7.12.2 本条不适用。

7.12.3 本条不适用。

7.12.4　本条不适用。

7.12.5　本条适用。

7.12.6　本条适用。

7.12.7　本条不适用。

7.12.8　本条不适用。

8　防止触及带电零件的保护

除下述条文外，IEC 60335-1:2020 的这一章适用。

8.1　本条：

——适用于充电站和边界分隔器；

——不适用于机器、手动控制器和遥控设定装置。

8.2　本条：

——适用于充电站和边界分隔器；

——不适用于机器、手动控制器和遥控设定装置。

8.101　防触电保护

8.101.1　机器及其电池包应构建和包围得有足够的防触电保护。

通过观察及按 8.101.2 和 8.101.3 的要求来检验(如适用)。

8.101.2　除非带有阻抗可以将电流限制在安全值内，两个导电的、可同时触及的易触及零件之间不应存在危险电压。

在带有阻抗将电流限制到安全值的情况下，零件之间的短路电流应不大于直流 2 mA 或交流 0.7 mA峰值，并且零件之间电容量应不大于 0.1 μF。

通过对每个带电零件施加 IEC 61032:1997 中的试具 B 来检验易触及的符合性。

用不大于 5 N 的力施加到 IEC 61032:1997 中的试具 B 上探触，试具通过孔隙伸到允许的任何深度，并且在伸到任一位置之前、之中和之后，转动或弯折试具。

如果试具不能进入孔隙，则使用与 IEC 61032:1997 中的试具 B 相同尺寸的不带关节的刚性试具，施加力增加到 20 N，然后再用带关节的 IEC 61032:1997 中的试具重复试验。

拆除所有可拆卸零件，并且机器在预期使用的任何操作位置用试具探触。

如果可以通过用户操作的插头、电池包或开关来断开位于可拆卸罩后面的灯泡的电源，那么不必拆下灯泡。

8.101.3　材料应提供足够的防触电绝缘。

通过对绝缘材料按 16.3 的要求进行一次电气强度试验来检验，但试验电压为 750 V。本条并不排除在机器内部对材料进行试验，只要注意确保不在考虑范围的材料不承受试验电压。

此试验仅适用于因绝缘失效、危险电压会使用户触电的材料。此试验不适用于只提供物理隔离以防止接触的材料。因此，材料表面距离未绝缘的带电零件小于 1.0 mm 的应承受此试验。

9　电动器具的起动

IEC 60335-1:2020 的这一章不适用。

10 输入功率和电流

IEC 60335-1:2020 的这一章不适用。

11 发热

除了电网电源供电的外围设备外,IEC 60335-1:2020 的这一章不适用。

12 金属离子电池的充电[3)]

IEC 60335-1:2020 的这一章不适用。

13 工作温度下的泄漏电流和电气强度

除了电网电源供电的外围设备外,IEC 60335-1:2020 的这一章不适用。

14 瞬态过电压

除了电网电源供电的外围设备外,IEC 60335-1:2020 的这一章不适用。

15 防潮性

除下述条文外,IEC 60335-1:2020 的这一章适用。

15.1 增加:

机器应按其 IP 等级既单独试验,也放在充电站试验。

充电站应按其 IP 等级既单独试验,也将机器放置在充电站试验。

对机器和充电站按其 IP 等级分别评定来检验。不对机器执行 16.3 的试验。

15.1.2 修改:

分类为 IPX4 的机器或外围设备试验时应沿其铅垂轴线旋转。旋转速率为(1.2±0.2)r/min。

15.2 增加:

装有器具进线座或电缆耦合器的机器或外围设备应配备合适的联接器进行试验。

空气过滤器不移除。

15.3 除了电网电源供电的外围设备外,本条不适用。

16 泄漏电流和电气强度

除下述条文外,IEC 60335-1:2020 的这一章适用。

16.1 除了电网电源供电的外围设备外,本条不适用。

16.2 除了电网电源供电的外围设备外,本条不适用。

3) 本条标题对应 IEC 60335-1:2020。

16.3 替换第一段:

对电网电源供电的外围设备,在 16.2 的试验之后立即对绝缘部位按 IEC 61180-1 施加频率为 50 Hz或 60 Hz 的电压 1 min,不同类型绝缘的试验电压见表 7。

对机器和非电网电源供电的外围设备,按 8.101.3 的试验要求,对绝缘部位按 IEC 61180-1 施加频率为 50 Hz 或 60 Hz 的电压 1min,试验电压值按 8.101.3 的规定。

17 变压器及其相关电路的过载保护

除了电网电源供电的外围设备外,IEC 60335-1:2020 的这一章不适用。

18 耐久性

IEC 60335-1:2020 的这一章不适用。

19 不正常操作

除下述条文外,IEC 60335-1:2020 的这一章适用。

19.1 第一段增加:

包括电池组电解液泄漏。

19.7 本条不适用。

19.8 本条不适用。

19.9 本条不适用。

19.10 本条不适用。

19.11 增加:

可以在任何时间施加第一次故障条件。如果对电子保护线路不得不施加另外的故障条件,不应在机器新的工作周期前施加。如果要按 19.11.2 的要求进行试验,则此施加故障条件的顺序也适用于第 20 章和第 22 章的试验。

本条不适用于锂离子电池充电系统。

注 101:锂离子电池充电系统的要求在 KK.19.1 中规定。

19.11.1 本条不适用于锂离子电池充电系统。

19.11.2 本条不适用于锂离子电池充电系统。

19.11.3 增加:

在相关的测试过程中,如果保护电子电路对可能导致机器不安全的零件提供了非自复位的电源切断,则不必重复该测试。

本条不适用于锂离子电池充电系统。

19.11.4 本条不适用于锂离子电池充电系统。

19.11.4.1～19.11.4.8 这些条文不适用于锂离子电池充电系统。

19.14 除了电网电源供电的外围设备外,本条不适用。

19.15 除了电网电源供电的外围设备外,本条不适用。

20 稳定性和机械危险

除下述条文外,IEC 60335-1:2020 的这一章适用。

20.1 本条不适用。

20.2 替换：

为防止可能会造成危险的意外操作，除非下列情况，切割器件应不能起动：

a) 机器按 20.102.6 描述的重启程序起动；或

b) 完成 22.110 描述的切割器件启动指示程序；或

c) 对手动控制，按 20.101.1 的描述起动。

除了切割器件和地面接触零件，所有动力驱动组件应防护得防止意外接触。任何开口或安全距离应符合 GB/T 23821—2009 的 4.2.4.2 和 4.2.4.3 的要求。

为防止接触被切割器件外壳防护住的切割器件，切割器件外壳应符合 20.102.1 和 20.102.4 的要求。

所有护罩，包括 20.102.1 规定的切割器件外壳，应永久地连接到机器上并且不用工具应不能被拆除，20.102.1.2 规定的打开或移除后使原本受保护的运动零件不动作的互锁护罩除外。

例行维护时用户按指导要移除的固定式护罩，其固定装置应留在护罩上，或者留在机器的本体上。

当互锁护罩复原至其正常位置后，切割器件和牵引机构应只有在满足 20.102.6 的重启程序要求后才能重新起动。

通过观察和测量来检验。

20.101 控制

20.101.1 手动控制器

手动控制器(如有)上应装有操作者在场控制器，当操作者的手从操作者在场控制器上移开时切割器件能自动停止转动。可以通过停止电机驱动或通过中间离合/制动机构来实现。应要求两个独立并且不同的动作才能起动切割器件，其中一个应触发操作者在场控制器。如果这些动作用一只手就能执行，那么这些动作应明显不同，以防止意外"接通"。

当操作者释放手动控制器上的控制牵引机构的触发器时，牵引机构应自动停止或脱开。

在手动操作期间，障碍物传感器和检测机器是否在工作区域外的传感器可以被关闭，但抬起传感器、倾斜传感器和翻转传感器应仍然保持其功能。

如提供手动控制器，它应满足 21.101.5 和 22.107 的要求。

通过观察、实际试验及按 21.101.5 和 22.107 进行试验来检验。

20.101.2 遥控设定装置

如果提供遥控设定装置，它可以用来执行"离机状态"下的设置调整、工作区域内的移动，以及在自动模式下起动和停止机器。

遥控设定装置应维持自动工作的所有要求。

通过观察和实际试验来检验。

20.101.3 空

20.101.4 手动停止装置

在机器上表面的显著位置应配有单一动作、能清晰识别的手动停止装置。手动停止装置的触发器应至少有 20%表面积高出紧靠着的周边区域至少 5 mm。紧靠着的周边区域的最小宽度应不小于 15 mm。手动停止装置触发器的几何最小尺寸应不小于 35 mm，触发器表面积应不小于 700 mm^2。

在高出紧靠着的周边区域至少 5 mm 的手动停止装置的触发器表面任何部位的操作力应不大于

30 N。

手动停止装置应优先于所有其他控制器，并使牵引机构按 20.102.5.2 的规定、切割器件按20.102.2 规定停止。

通过观察和测量来检验。如果依赖于电子电路的工作来保证符合性，应分别在下列条件下检验：

1) 对电子电路按 19.11.2 a)～g)的要求施加故障条件，一次施加一种故障；

2) 对机器施加 19.11.4.1 和 19.11.4.2 中规定的电磁现象试验。

如果电子电路是可编程的，那么软件应包含针对表 R.1 中规定的故障/错误条件的控制措施，并且按附录 R 的相关要求评估。

手动停止装置动作后，应只有在 20.102.6 的重启程序完成后才能重启割草机。

通过观察和实际试验来检验。

20.102 安全要求

20.102.1 切割器件外壳

20.102.1.1 总体要求

切割器件外壳应伸出切割器件顶圆平面以下至少 3 mm，这种情况例外：如果切割器件固定螺栓的螺栓头位于切割器件顶圆直径靠近圆心 50%的范围内，则其可以伸出到低于切割器件外壳。

切割器件外壳可有开口。

注：意外接触切割器件的要求见 20.102.4。

通过观察和测量来检验。

此要求不适用于切割器件是大体上圆形的驱动单元，其上装有一个或多个绕轴旋转的切割元件或细线的机器。这些切割元件应依靠离心力来达到切割目的，并且每一切割元件的动能不大于 2 J。

为达到本条目的，绕轴旋转的切割元件的动能应按附录 AA 的规定计算得出。

通过观察、测量和计算来检验。

20.102.1.2 护罩和集草器

为安装集草器不得不移位的护罩应是互锁的，以满足 20.102.2 的要求。护罩应视为切割器件外壳的组成部分。

通过观察和实际试验来检验。

20.102.2 切割器件制动时间

如果下述任意一个对切割器件发出制动命令，则切割器件应在 2 s 内从其最高转速停止：

——倾斜传感器；

——抬起传感器；

——障碍物传感器(当按照 22.105.2 的规定触发后超过 3 s)；

——手动停止装置被触发；

——操作者释放切割器件操作者在场控制器后；或

——打开或者移除能使受保护的运动部件停止的互锁护罩。

按 20.102.2.1～20.102.2.3 中规定的试验来检验。

如果依赖于电子电路的工作来保证符合性，那么在下列条件下进行检验：

1) 对电子电路按 19.11.2 中的 a)～g)的要求施加故障条件，一次施加一种故障。

按条件 1)和试图使切割器件制动的命令导致的所有制动时间，应：

——符合以上制动时间限值；或

——在以上给出值的 2 倍的时长间隔末测得的旋转能量不大于 0.1 J。在这种情况下，试验重复进行，或者切割器件制动命令应符合以上制动时间限值，或者切割器件应永久失效，操作者不能重新触发切割器件，并要求由有资质的服务人员进行修复。

视情况应按附录 AA 的规定或 $E=\frac{1}{2}L\omega^2$ 来计算旋转能量。

如果电子电路是可编程的，那么软件应包含针对表 R.1 中规定的故障/错误条件的控制措施，并且按附录 R 的相关要求评估。

对切割器件制动时间不由电子电路监控的机器，应按 20.102.2.2 和 20.102.2.3 的规定进行耐久试验。

20.102.2.1 切割器件制动时间试验

试验前，机器应按制造商的使用说明书装配和调整好，并应起停 10 次。如可能，机器应由模拟充满电的电池组的外部电源供电。

时间记录测量系统应具有 25 ms 的综合准确度，任何使用的转速计应具有±2.5%的准确度。环境温度应是 20 ℃±5 ℃。机器应以不影响试验结果的方式安装和连接仪器。

从传感器触发一刻开始测量制动时间直到下面任一种情况最先出现：

——切割器件最后一次通过试验设备传感装置；或

——切割器件的剩余能量小于 0.1 J。

试验中启动切割器件制动程序的方式应如下：

——对切割器件的操作者在场控制器，控制器应从完全“接通”位置突然释放，以致它能自己回到“空档”或“断开”位置；

——对障碍物传感器，按 22.105.2 的规定使每一个传感器被触发后产生切割器件制动命令；

——对倾斜传感器，应按 22.105.1 要求的方向倾斜机器以触发和关闭传感器；

——对抬起传感器，应按 22.105.3 的要求抬起机器以触发和关闭传感器；

——对手动停止装置，应使其触发。

应从下列每一个时刻测量单个切割器件制动时间 5 次：

——释放切割器件操作者在场控制器；

——按 22.105.2 的规定通过接触固体物件触发障碍物传感器；

——倾斜传感器动作。机器切割器件制动时间的测量应定位在给出最长平均值的主方向；

——手动停止装置触发；和

——抬起传感器触发。

从这些选项中得出平均值最长的传感器或手动动作，按 20.102.2.2 的规定，应作为测量机器的切割器件制动时间的方法。

20.102.2.2 切割器件制动时间耐久试验——方法

对切割器件制动时间不由电子电路监控的机器，应经受 5 000 个停/开周期的试验。不要求 5 000 次试验周期连续进行，试验过程中，机器应按制造商出版的使用说明书维护和调整。4 500 个周期完成后不应维护和调整。

图 101 给出了代表两个周期的图表。每一周期应包含下列程序：

——将切割器件从静止加速到最高电机运行速度(n)(时间$=t_s$)；

——保持此速度片刻确保速度稳定(时间$=t_r$)；

——操控机器让切割器件停歇(时间$=t_b$)；

——开始下一周期前可休息片刻(时间$=t_o$)。

设一个周期的所有时间为 t_c，则 $t_c = t_s + t_r + t_b + t_o$，“开”($t_s + t_r$)和“关”($t_b + t_o$)的试验周期时间应由制造商决定但不应大于 100 s“开”和 20 s“关”。

注：此试验不代表正常使用，所以由制造商规定周期时间，以避免对机器造成不必要的磨损或损坏。

20.102.2.3 切割器件制动时间耐久试验——验证

对经受 20.102.2.2 试验的机器，切割器件制动时间应按如下进行测量：

——5 000 个试验周期的前 5 个周期的每个周期(既不包括准备的操作，也不包括为确认采用哪种触发制动方式来进行耐久性试验而进行的尝试性制动)；

——在试验过程中任何制动器维护或调整执行之前的最后 5 个周期的每个周期；

——每 500 个操作周期的前 5 个周期的每个周期；和

——5 000 个试验周期的最后 5 个周期的每个周期。

不必记录其他制动时间。

每一个测量的制动时间(t_b)应符合 20.102.2 的要求。如果试样没有完成全部试验周期的数量，但其他符合本试验要求，则：

——机器可以维修，如制动机构不受影响，试验继续；

——如机器不能维修，可用另一台样机进行试验，并应符合全部要求。

20.102.3 抛物危险

智能草坪割草机应提供足够的防护，防止可能由旋转着的切割器件抛出的异物对人造成伤害。

通过下列试验检验。

当进行此试验时，人员不应进入试验区域，或者受到保护，防止抛物的危害。

将机器放在附录 BB 规定的试验围墙内，围墙底座符合附录 CC 的规定。所采用的靶板结构应在本试验前后立刻按 BB.3 中的试验来检查。靶板应如图 BB.1 所示和符合附录 DD 的规定，由水平线划分成标高区域。

试验所用的弹丸应为直径为 6.35 mm、硬度至少为 45HRC 的钢珠(例如用于球轴承的钢珠)。

钢珠的喷射点应设在图 BB.2 所示位置，并且位于切割器件切割刃口的中间位置。

喷射管出口应予固定，并与椰棕垫的上表面齐平，见附录 CC 的图 CC.1，而且该系统应配置成钢珠可以不同的速度喷射出来。

必要时，为防止水平移动，可在机器上有弹性地加以约束。

在试验期间，机器应以最高电动机运行速度(见 3.123)运行，如可能，通过与充满电的电池组特性相同的外部电源供电。

应对每组切割器件进行试验。

机器应以各种工作构造形式进行试验，例如装有或未装有覆草配件或其他配件和附件的情况。

将机器放置在坚硬的平面上，应将切割器件调节到30 mm切割高度或下一较高挡切割位置。应将最大切割高度不大于 30 mm 的机器调节到最大切割高度挡位。

试验前，调节钢珠的喷出速度，使钢珠在椰棕垫上方，并在与铅垂轴线成 10°范围内，上升至少 30 mm。然后在机器就位的情况下，每次有一个钢珠射入机器。以微小的增量逐步增加钢珠的速度，直到每个钢珠都被机器切割器件碰撞为止。在确定钢珠最低速度后开始试验。碎裂或损伤的钢珠应予以更换。

每次试验，注入 500 颗钢珠进入喷射点。对多轴机器而言，对每个轴都应进行试验，每次试验都有评定结果，试验时所有轴都运行。每次试验应使用一套新的切割器件。

在任何一次试验期间，假如在局部区域内过多击中，则在继续试验前，可能有必要更换或维修靶板。如果由先前的试验击中留下的孔不能被一块 40 mm 见方的上胶标贴所覆盖，则更换靶板。在任何一个部位上,不应有多于一层的上胶标贴(补丁)。

留在试验围墙内(在试验表面上)的钢珠可由试验人员视情况予以清除,以使回弹击中的情况减小到最低程度。忽略穿越试验围墙上方的钢珠。

清点击中数并将其记录在附录DD规定的数据记录单上。完全穿通所有靶板层的试验弹丸被记为击中。击中并损伤靶标高度线的标线上的钢珠应计击中该线以下的靶标区的击中数。

每次试验(500 颗钢珠),300 mm 线以上部分(标高区域)不应有击中,在底面和 300 mm 线间每个靶标不应超过 2 颗击中。

试验后不要求机器还适合使用。

假如试验失败,可另用两台机器进行试验,但该两台机器都应通过试验。

20.102.4 意外接触切割器件

20.102.4.1 脚与切割器件的意外接触

20.102.4.1.1 总体要求

只要合理可行,在运行期间切割器件外壳应防止脚意外接触到切割器件。

按 20.102.4.1.2、20.102.4.1.3 和 20.102.4.1.4 中规定的试验检验。

应在切割器件最不利的切割位置进行试验。如果切割器件在不同的运行速度下其轨迹高度不同,则试验应在包含切割器件高度的极限位置下进行。

20.102.4.1.2 成人足形试具试验

将机器放置在坚硬平坦的表面上,护罩在切割器件外壳上处于正常的操作位置,并且机器支承件与支承面相接触。就本试验而言,认为诸如轮子和机架等机器的组件是切割器件外壳相关的组成部分。试验应在静止状态下进行。

图 102 的足形试具应沿着机器的外部机壳插向切割器件。在任何高度上,试具的底部呈水平,然后再从水平方向上前倾或后倾最大不超过 15°(见图 102)。试具沿着整个机器外围(如图 102 所示)施加水平力直至最大 20 N,或直到机器的外壳从其原始位置抬起或移开,或直到接触切割器件轨迹,以最先发生为准。

试具不应进入切割器件组件的轨迹。

20.102.4.1.3 站立儿童的足形试具试验

将机器放置在坚硬平坦的表面上,护罩在切割器件外壳上处于正常的操作位置,并且机器支承件与支承面相接触。就本试验而言,认为诸如轮子和机架等机器的组件是切割器件外壳相关的组成部分。试验应在静止状态下进行。

图 107 的足形试具应沿着机器的外部机壳插向切割器件。在任何高度上,试具的底部呈水平,然后再从水平方向上前倾或后倾最大不超过 15°(见图 102)。试具沿着整个机器外围(见图 102)施加水平力直至最大 20 N,或直到机器的外壳从其原始位置抬起或移开,或直到接触切割器件轨迹,以最先发生为准。

试具不应进入切割器件组件的轨迹。

20.102.4.1.4 跪爬儿童的足形试具试验

将机器放置在附录 CC 规定的试验平面,除了下述情况:

——CC.2 所述的最小尺寸应使在正常使用时,在自动模式下切割器件工作时机器能达到其最高牵引机构的驱动速度;和

——试验平面不必装有图 CC.1 所示的喷射管。

用图 109 所示的足形试具试验机器。足形试具的足底由邵式硬度 HA 为 70(标称值)、厚度为(3±0.5)mm 的材料构成。足形试具的足底应无灰尘和油脂。进行一系列试验之前,应检查图 109 所示足形试具足底,以确保相同材料表面按照 ISO 8295:1995 测得的动摩擦系数为(0.6±0.06)。

机器在自动模式下工作,切割器件运转。当机器工作时,放置图 109 的足形试具到图 110 所示的 10 个试验位置,适用于机器的预期运动,如此安排:

——将足形试具对准机器的运行方向,足尖朝向机器;和

——将足形试具放置在试验平面上,机器与足形试具接触时注意尽可能减小足形试具的位移;

注:试具膝盖上的尖钉或其他物体有助于尽可能减小测试中足形试具的位移。

——椰棕垫上如有喷射管,不可影响验试结果。

在自动模式下,如果机器不可能如图 110 所示的任何试验位置那样运动,那么没有必要对这些试验位置试验。

足形试具保持在每个试验位置直到下列情况发生,以先发生为准:

——机器完全离开足形试具;或

——足形试具已在位保持 20 s;或

——机器停止,需要手动重启。

对每个试验位置,切割器件旋转时足形试具不应接触切割器件。试验过程中如果足形试具的足尖损坏,应予以修复,必要时更换。

20.102.4.2 手与切割器件的意外接触

20.102.4.2.1 总体要求

只要合理可行,在运行期间通过切割器件外壳应防止手意外接触切割器件。

按 20.102.4.2.2 和 20.102.4.2.3 中规定的试验检验。

20.102.4.2.2 手和手臂试具试验

当手从切割器件外壳下方伸入时,切割器件外壳应提供防护以减少意外接触切割器件的可能性。

通过下列试验检验。

20.102.4.2.2.1 手试具试验

使用图 111 所示的机械试具试验。其关节应锁紧到笔直位置或用一个刚性部件代替。

注:图 111 的试具类似于 IEC 61032:1997 中的试具 B,但用直径为 50 mm 的圆形挡板代替非圆形挡板。

应将机器放置在坚硬平坦的表面上,护罩在切割器件外壳上处于正常的操作位置,并且机器支承件与支承面相接触。就本试验而言,认为诸如轮子和机架等机器的组件是切割器件外壳相关的组成部分。试验应在静止状态下进行。

应在切割器件最不利的切割位置进行试验。如果切割器件在不同的运行速度下其轨迹高度不同,则试验应在包含切割器件高度的极限位置进行。

试具应沿着机器外围和底部插向切割器件。在任何高度上,试具的轴线先水平,然后再从水平方向向上或向下倾斜最高达 15°。试具在机器下方插入时保持垂直高度不变。试具施加力直至最大 5 N,或直到机器任何部位离开其原始位置,或直到接触切割器件轨迹,以最先发生为准。

除非维持水平移动的需要,试具不应施加垂直方向的力。

试具的手指部分不应进入切割器件的轨迹。可触及切割器件的圆形、光滑和无缺口的部分。

20.102.4.2.2.2　**童臂试具试验**

应使用 IEC 61032:1997 中的试具 18(图 12),但整个试验中配上加长手柄。铰接点应可活动。

应将机器放置在坚硬平坦的表面上,护罩在切割器件外壳上处于正常的操作位置,并且机器支承件与支承面相接触。就本试验而言,认为诸如轮子和机架等机器的组件是切割器件外壳相关的组成部分。试验应在静止状态下进行。

应在切割器件最不利的切割位置进行试验。如果切割器件在不同的运行速度下其轨迹高度不同,则试验应在包含切割器件高度的极限位置下进行。

试具应沿着机器外围和底部插向切割器件。试具的轴线从水平方向倾斜 45°±1°。试具施加力直至最大 5 N,或直到机器任何部位离开其原始位置,或直到接触切割器件轨迹,以最先发生为准。在机器下方,铰接式手指关节应在其角度活动全范围内移动。

除非维持水平运动的需要,试具不应施加垂直方向的力。

试具的手指部分不应进入切割器件的轨迹。可触及切割器件的圆形、光滑和无缺口的部分。

20.102.4.2.3　**手指试具试验**

应提供试图抬起时减少接触切割器件可能性的防护。

通过下列试验检验。

使用图 111 所示的机械试具试验。

应将机器放置在坚硬平坦的表面上,护罩在切割器件外壳上处于正常的操作位置,并且机器支承件与支承面相接触。就本试验而言,认为诸如轮子和机架等机器的组件是切割器件外壳相关的组成部分。试验应在静止状态下进行。

应在切割器件最不利的切割位置进行试验。如果切割器件在不同的运行速度下其轨迹高度不同,则试验应包含在切割器件高度的极限位置下进行。

试具的手指部分应沿着机器外围边缘和底部插入切割器件,直到 50 mm 挡板接触任何能抬起机器的外围处。为达到试验目的,机器的正常位置可以被支承在坚硬平坦的支承面上方,以便试具的插入不受坚硬平坦表面的限制。试具的轴线保持水平。铰接式手指关节应在其角度活动全范围内移动。试具施加不大于 5 N 的力直到试具的 50 mm 挡板接触机器外围,或直到机器任何部位偏离其原始位置,或直到接触切割器件轨迹,以最先发生为准。施加试具的例子见图 105。

除非维持水平位置的需要,试具不应施加垂直方向的力。

试具的手指部分不应进入切割器件组的轨迹。可触及切割器件的圆形、光滑和无缺口的部分。

注:通过评定从地面上抬起固定式机器时外壳哪个部位最可能握持,及注意手指根部放置的部位来确定试具挡板的位置。

20.102.5　**牵引机构制动**

20.102.5.1　**总体要求**

当制动命令从下列任何一个发出时,机器应提供牵引机构的制动装置。

——手动停止装置;

——手动控制器;

——抬起传感器;

——倾斜传感器;

——障碍物传感器(按 22.105.2 触发超过 10 s 时)。

按 20.102.5.2 的规定来检验手动停止装置和手动控制器,按 20.102.5.3 的规定来检验抬起传感器和倾斜传感器,以及按 20.105.2 的规定来检验障碍物传感器。

如果依赖于电子电路的工作来保证符合性，则按以下条件重复进行 20.102.5.2 和 20.102.5.3 的试验(如适用)：

1） 对电子电路按 19.11.2 中的 a)～g)的要求施加故障条件，一次施加一种故障。

按条件 1)施加并尝试一次牵引机构制动命令后产生的总距离或总制动时间(如适用)，应符合以下限值，或某一次命令尝试只可不大于以下限值的 2 倍。

如果电子电路是可编程的，那么软件应包含针对表 R.1 中规定的故障/错误条件的控制措施，并且按附录 R 的相关要求评估。

20.102.5.2 由下述任意条件而触发任何牵引机构的制动命令后：

——手动停止装置的触发；

——当操作者释放控制牵引机构的手动控制器的触发器后(如有)。

机器应在下述距离内停止：

——200 mm；或

——按照 0.11 m·(km/h)进行计算得出的距离，最大为 1 m；

按大者计。

通过下列试验检验。

依次用手动停止装置和手动控制器(如有)的每个可能触发停机的方式来发起停机。制动试验应在基本水平(不大于 1%的坡度)、干燥、光滑、坚硬的混凝土表面(或等同试验表面)进行。应在能达到的最高地面速度下在前进和后退方向都进行试验。

20.102.5.3 当倾斜传感器和/或抬起传感器触发后，牵引机构应在行进方向 2 s 内停止运行。

在自动模式下，机器可以试图在 10 s 内从导致传感器触发状态下恢复，但之后机器应在不同于原先行进的方向上移动。

在自动模式下，如果机器在 10 s 期间不能恢复，则牵引机构应停止运行，但完成 20.102.6 的重启程序后可以重新起动。

通过观察、测量和手动试验来检验。

20.102.6 重启程序

当下列情况发生时如果要重启牵引机构和切割器件：

——按 22.105.1～22.105.4 的规定触发传感器；或

——按 20.101.4 的规定触发手动停止装置；或

——按 22.104 的规定改变工作区域。

应只能在下列操作完成后才能实现重启：

——两个独立动作；或

——输入至少 4 个字符的字母-数字密码；或

——响应提示的多次按键。

通过观察和实际试验来检验。

20.102.7 空

20.102.7.1 空。

20.102.7.1.1 空。

20.102.7.1.2 空。

20.102.7.1.3 空。

21 机械强度

除下述条文外，IEC 60335-1:2020 的这一章适用。

21.1 修改：

施加到所有机壳(包括外围设备)上的冲击能量应为(1.0±0.05)J。

本条不适用于：

——遥控设定装置；和

——由独立的终端产品标准规定的电源或电池充电器。

21.101 智能草坪割草机的补充要求

21.101.1 总体要求

对本条的试验，机器在最高速度下运行，并且可以弹性固定以免水平移动。

21.101.2 切割器件及其安装配件的强度

切割器件及其安装配件应具有足够强度以经受固体物体的冲击。

通过下列试验检验。

应将机器放在附录BB所描述的试验围墙内，使用如图103所示的一种冲击试验装置。机器应放置在已置于试验装置中的标称直径为25 mm的钢棒上方(见图103)。试验机器的切割器件应调节到切割高度最接近50 mm处，机器应定位得使钢棒插入旋转的切割器件的轨迹时，切割器件应能在离切割器件尖端10 mm～15 mm处撞击钢棒外露部分(见图103)。对每个切割器件组件的轨迹，钢棒均应插入一次。每次试验应使用新的钢棒。

机器应运行15 s，或直至刀具停止运动，或钢棒被割断。

因机器本身设计的原因致使钢棒不能插入时，机器应作必要的最小距离的移动以使钢棒能够插入。

在试验期间，整个切割器件、安装切割器件的臂或盘不应脱落，机器的任何零部件也不应穿透纸板围墙墙壁的所有隔层。并且，切割器件或切割器件固定装置的任何破损均应认为试验失败。驱动剪切装置的破损或切割器件切割刃口的缺损不认为是试验失败。

本试验不要求机器在试验后还能使用。

21.101.3 不平衡

智能草坪割草机应能承受切割器件或其组件因磨损等原因产生的不平衡力。

通过下列试验检验。

应将机器放置在附录BB所示的试验围墙中。试验应在光滑坚硬的水平面上进行。

对使用刚性切割器件的机器，首先确定切割器件的不平衡量为0.024 L^3，单位为千克米(kg·m)，其中L为切割器件顶圆的直径，单位为米(m)。

通过在切割器件上去除或增加材料的方式获得并计算不平衡量，直至达到期望的不平衡量。

对用在总体圆形的盘上绕轴自由旋转切割器件的机器，应由去除一个切割器件来产生不平衡量。

对每个切割器件组件，在试验围墙中试验1 h。如可能，机器由特性与充满电的电池组相同的外部电源供电。

多轴机器的所有切割器件组件都应单独进行试验。根据制造商的选择，多轴机器的所有切割器件组件可同时进行试验。根据制造商的选择，每次试验可使用新的机器。

在试验期间，符合本文件要求所必需的任何组件不应从机器上松脱，也不应有任何组件或零件穿透试验围墙墙壁的所有隔层。本试验不要求机器在试验后还能使用。

21.101.4 结构完整性

21.101.4.1 总体要求

智能割草机的切割器件外壳、排料槽、护罩和集草器应具有足够的强度，以承受可能由切割器件抛甩出来的异物的冲击。

按 21.101.4.2～21.101.4.4 中规定的试验来检验。试验期间，相关人员应予以防护以应对可能的抛物。

21.101.4.2 试验设备

21.101.4.2.1 试验装置（见图 104）

试验装置的底面应由厚度至少为 1.5 mm 的钢板及其背面 19 mm 厚的胶合板组成。钢板的大小应能延伸至足以超过机器切割器件外壳至少 25 mm 处。

应设一个与各切割器件顶圆同心的进气孔，大致孔径符合表 101 的规定。

表 101 试验装置的进气孔尺寸

割草机类型	切割器件顶圆直径(BTCD)	进气孔直径
非覆草式	全部	0.3×BTCD
覆草式	<635 mm	BTCD-127 mm
覆草式	≥635 mm	0.8×BTCD

机器应用合适的方式进行约束，以便在整个试验间能够维持与喷射点的规定位置。约束物应不阻挡机器下方钢球的自由路径。

21.101.4.2.2 喷射点

一个喷射点 B 的位置应：

——对覆草式机器，位于图 BB.2 中 12 点位置，且在切割器件切割刃口中间位置；

——对非覆草式机器，喷射点应位于直线 BC 上切割器件切割刃口中间位置，直线 BC 的位置为直线 AC 朝切割器件旋转方向反向转 45°，A 为排料槽出口的中心，C 为切割器件顶圆中心，见图 104。

以切割器件顶圆中心 C 为中心从喷射点 B 开始均布 10 个喷射点，见图 104。喷射点的孔径大约 15 mm，用于喷射钢球（见 21.101.4.2.3）。

或者，可以让机器以 36°的增量从喷射点 B 开始旋转的方式来代替 10 个喷射点的方法。

喷射管不应从钢板平面上伸出。

21.101.4.2.3 试验钢球

试验所用的钢球应为 100 颗直径(12.75±0.25)mm、硬度不低于 HRC45 的硬质钢球（例如滚动轴承的钢球）。

21.101.4.2.4 喷射方法

装置应能以不同的速度喷射钢球。调整钢球的喷射速度使其弹射至切割器件切割平面以上至少 13 mm，但最高不大于 300 mm 处。

21.101.4.3 试验方法

应将机器放置在钢板上，其切割器件轴心 C 位于试验装置底座中心的上方。将切割器件设定在可调节的最低切割高度，但不小于 30 mm 处。如果最大切割高度不大于 30 mm，应将其调整到最大高度进行试验。

应将 100 颗钢球分成 10 组,每组 10 颗。10 个喷射点的每个喷射点各喷一组钢球。

对每个切割器件都应进行一次试验。

对多轴机器,每次试验可用新的机壳。每个轴的试验前应安装一整套新的切割器件。

21.101.4.4 试验接受标准

如果发生下列情况之一,则应认为切割器件外壳、护罩或集草器未能通过试验。

a) 切割器件外壳、护罩或集草器上有钢球可穿过的孔洞。在辅助外壳上的孔洞,例如在内部隔板上的,不应视为失效。

b) 切割器件外壳、护罩或集草器上任何零件变形并进入切割器件轨迹。

c) 集草器或护罩从其连接位置上移开。

d) 集草器或护罩从其正常工作位置脱落。

在试验失败的情况下,应另取 2 台相同的机器进行试验,如果增加的 2 台机器中任何一台未能通过试验,则应认为试样未能通过本试验。

本试验不要求机器在试验后还能使用。

21.101.5 切割器件外壳的强度

切割器件外壳和地面支承系统应能经受可能的额外负重。

通过下列试验检验:

将 20 kg 重物放置在机器顶部任何易触及零件的顶部。机器应放在光滑坚硬的水平面上,通过一层厚度为(50±5)mm、密度为 32 kg/m^3 且背面垫有一块坚硬平整的 12 mm 厚的胶合衬板的泡沫塑料将负重均匀分布在 10 cm×5 cm 的面积上,历时 30 s。如果发生下列情况之一,则应认为机器通过试验:

a) 试验后机器没有可见损坏并且能持续正确运作;或

b) 如果有可见损坏,切割器件应不能工作,或者切割器件的防护应足以通过 21.101.3 和21.101.4 的全部试验。

21.101.6 跌落试验——手动控制器

手动控制器(如有),应从 1.0 m 高度以最可能损坏控制器的位置跌落三次到光滑混凝土地板上,跌落时控制器应接通电源并与机器通讯。

如果发生下列情况中的一种或多种,则控制器不应通过试验:

——使用 IEC 61032:1997 中的试具 13,能触及工作电压大于危险电压的零件;

——丧失操作者在场控制功能,无论是由于机械的还是电气的损坏;

——发生非预定的动作;

——使手触及那些因外壳缺失而导致短路的非绝缘零件的任何破裂。

22 结构

除下述条文外,IEC 60335-1:2020 的这一章适用。

22.6 增加:

外壳上防止积水的排水孔直径应至少为 5 mm,或面积至少为 20 mm^2 且宽度不小于 3 mm。

通过观察来检验。

22.12 增加:

如果机器或其他需提起的物件上配有搬运装置,它们应具有足够的强度。

通过观察和下列试验来检验。

对搬运装置施加 3 倍于相应机器或需提起的物件(如电池组)重量的力。在提起方向上,力均匀地施加在位于搬运装置中心 70 mm 宽度上。稳定地增加力并在 10 s 内达到试验值,然后维持 1 min。

如果多于一个搬运装置,或者有一部分重量由轮子分担,则搬运装置间力的分配与正常运输位置比例相同。如果机器配有多个搬运装置,但设计成只可用一个搬运装置搬运,则每一个搬运装置应承受全部的力。

搬运装置不应从机器上松脱,并且不应有任何永久的变形、破裂或其他失效的迹象。

22.36　本条不适用。

22.40　本条不适用。

注 101:本内容在 20.101.1 和 20.101.4 中规定。

22.46　本条不适用

注 101:因为丧失功能性控制造成的危害在相关子条款中规定。19.11.2 中的其他电子故障条件导致的危险故障不必按附录 R 进行软件评估。

22.49　本条不适用。

注 101:本内容在 20.101.2(遥控设定装置)中规定。

22.50　本条不适用。

注 101:本内容在 20.101.4 中规定。

22.51　本条不适用。

注 101:本内容在 20.107(手动控制器)中规定。

22.101　电池组充电

除非电池组由非接触式方式(例如太阳能电池板)充电,电池组充电时,机器的切割器件或牵引机构应不能动作。

注:充电时操动牵引机构以维持接触应力不认为是操动牵引机构。

通过观察和实际试验来检验。如果依赖于电子电路的工作来保证符合性,那么在下列条件下分别施加检验:

1)　对电子电路按 19.11.2 a)～g)的要求施加故障条件,一次施加一种故障;

2)　对充电站(不包括边界分隔器,如有)施加 19.11.4.1～19.11.4.7 中规定的电磁现象试验。

如果电子电路是可编程的,那么软件应包含针对表 R.1 中规定的故障/错误条件的控制措施,并且按附录 R 的相关要求评估。

22.102　空气过滤器

为了清洁而设计成能取下的空气过滤器在预期使用时应不可能脱落。

通过观察和下列实际试验来检验:

——空气过滤器借助于工具才能拆除,或;

——装有弹簧能防止其在正常使用中由于振动而跌落,或;

——其拆卸需要使用者做一个有意识的动作。

22.103　禁用装置

22.103.1　总体要求

应提供禁用装置,当其被移除或动作时,能防止机器操作。禁用装置不应轻易被跨接。

禁用装置应符合 22.103.2 或 22.103.3 的要求。

22.103.2 可移除禁用装置

在可移除禁用装置被移除后，机器应不能被操控。如果符合下列条件，可以通过移除所有可拆卸电池包来满足可移除禁用装置的要求：

——任何单个电池包质量不大于 5.0 kg；和

——可拆卸电池包不借助于工具能被移除。

在可移除禁用装置被移除后或动作时，机器的显示、通讯、传输或存储数据(例如错误代码)不认为是操控机器。

通过观察和下列试验来检验：

在不施加过度的力的情况下移除禁用装置：

a) 如可能，操纵操作者在场控制器；和

b) 用一根适当尺寸的扁平金属条尝试跨接禁用装置。

机器不应变成可操控的。

如果依赖于电子电路的工作来保证符合性，那么在下列条件下分别施加检验：

1) 对电子电路按 19.11.2 a)～g)的要求施加故障条件，一次施加一种故障；

2) 对机器施加 19.11.4.1 和 19.11.4.2 中规定的电磁现象试验。

如果电子电路是可编程的，那么软件应包含针对表 R.1 中规定的故障/错误条件的控制措施，并且按附录 R 的相关要求评估。

22.103.3 密码保护禁用装置

当通过密码保护禁用装置的工作使机器不能使用时，机器应有清晰持久的禁用指示，并且除非在键盘上输入一种特殊的“密钥程序”(例如，至少 4 个字符的字母和/或数字代码)，机器应不能被操控。

在机器被密码保护禁用装置保护而禁用后，机器的显示、通讯、传输或存储数据(例如错误代码)不认为是操控机器。

应只能从机器上解除密码保护禁用装置。如果手动控制器是唯一的控制器，则可以通过手动控制器解除密码保护禁用装置。

应不能通过遥控设定装置来解除密码保护禁用装置。

通过观察来检验。如果依赖于电子电路的工作来保证符合性，那么在下列条件下分别施加检验：

1) 对电子电路按 19.11.2 a)～g)的要求施加故障条件，一次施加一种故障；

2) 对机器施加 19.11.4.1 和 19.11.4.2 中规定的电磁现象试验。

如果电子电路是可编程的，那么软件应包含针对表 R.1 中规定的故障/错误条件的控制措施，并且按附录 R 的相关要求评估。

22.104 工作区域

当机器在自动模式下工作时，机器应不能离开工作区域。在自动模式下工作时，机器应不能跨越工作区域的边界超过整个机身长度的距离。

可按 22.104.2 中规定的边界分隔器或通过预编程区域来确立工作区域的边界。

如果机器被放置在工作区域外，除非使用手动控制器，从工作区域的边界到最近的机身部分的距离大于 1 m 时，机器应不能运行。

如果机器不能接收到任何识别工作区域所需的信号，则机器行进的距离不应大于 1 m，并且切割器件应在 5 s 内停止，时间从机器不能接收到任何识别工作区域所需的信号的时刻算起，到切割器件按 20.102.2 的规定停止的时刻结束。

如果机器恢复识别工作区域，则应在 22.110 规定的切割器件启动指示程序完成后，机器才可以在自动模式下运行。

如果工作区域被改变，除非20.102.6的重启程序完成，否则机器应不能在自动模式下工作。此要求不适用于边界分隔器。

通过观察、测量和实际试验来检验。

如果依赖于电子电路的工作来保证符合性，那么在下列条件下检验：

1) 对电子电路按19.11.2 a)～g)的要求施加故障条件，一次施加一种故障。

作为条件1)的结果，机器总的行进距离和/或总的制动时间，不应大于上述给定值的2倍。在这种故障条件下，重启切割器件应通过手动操作，这种重启只应允许一次。

如果电子电路是可编程的，那么软件应包含针对表R.1中规定的故障/错误条件的控制措施，并且按附录R的相关要求评估。

22.104.1 空

22.104.2 边界分隔器

如果用发射信号来指定工作区域界限的边界线来作为边界分隔器，则最高电压不应大于安全特低电压(SELV)。

通过测量来检验。

22.105 传感器

22.105.1 倾斜传感器

机器应配有倾斜传感器。倾斜传感器应在机器变得不稳定角度的至少3°之前触发。

注：机器没有必要配备针对各个传感器要求的独立的传感器件，可以通过可回应多种感应源的少量器件来达到各种传感功能，也能用机械器件代替电气电路来满足传感要求。

通过观察和下列试验来检验。

将机器放置在有单面斜坡、坡度可调、表面平整的倾斜台面上，机器通过自身的轮子支承。挡住机器的轮子以防止从斜坡坡上滑下。在位于高处的每个轮子下面放一条1 mm厚的钢条。倾斜台面直至抬离现象发生。抬离现象是指用1 N或更小的力把所有位于高处的轮子下面钢条从侧向抽出。

机器在下列各个位置都应进行试验：

——面向下坡；

——面向上坡；

——右侧向下坡；

——左侧向下坡。

如果有比这些可能更不利的方向，试验也应在这个位置进行。

倾斜传感器应在每个位置的抬离现象发生的角度至少3°前动作。

如果依赖于电子电路的工作来保证符合性，那么在下列条件下重复进行试验：

1) 对电子电路按19.11.2 a)～g)的要求施加故障条件，一次施加一种故障。

如果电子电路是可编程的，那么软件应包含针对表R.1中规定的故障/错误条件的控制措施，并且按附录R的相关要求评估。

当倾斜传感器触发时，切割器件应按20.102.2的规定制动。

在自动模式下，如果传感器按20.102.5.3的规定在10 s内复位，则在22.110中切割器件启动指示程序完成后，切割器件的驱动可以重新启动。

在自动模式下，如果传感器没有按20.102.5.3的规定复位，则在20.102.6的重启程序完成后，切割器件的驱动可以重新启动。

在手动控制器控制期间，传感器复位后，切割器件只可按 20.101.1 的要求才能重启。

通过观察和测量来检验。

22.105.2 障碍物传感器

机器应配有障碍物传感器。在自动模式下，除了下列行进方向外，传感器应起作用并能在所有操作位置和所有行进方向上执行预期功能：

——切割器件不工作，并且行进距离不大于机身长度的 2 倍；或

——切割器件工作，并且行进距离不大于行进方向上机器边缘至最近切割器件顶圆的距离。

注：机器没有必要配备针对各个传感器要求的独立的传感器件，可以通过可回应多种感应源的少量器件来达到各种传感功能，也能用机械器件代替电气电路来满足传感要求。

在自动模式下行进时，机器冲击到障碍物的最大动能应为 5 J。

在自动模式下机器撞到障碍物的最大力不应大于：

——260 N，撞击后且超过 50 N 的最初 0.5 s 期间；和

——130 N，随后。

注：GB/T 36008—2018 给出了最大力的相关值的指导。

如果障碍物传感器被触发，在行进方向上牵引机构应在 t_{ts} 内停止，计算见公式(1)：

$$t_{ts}=D/v \qquad (1)$$

式中：

t_{ts}——牵引机构制动时间；

D——机器前沿至最近切割器件顶圆的最近刃口的距离；

v——机器靠近的速度。

机器随后应在不同行进方向上重启，机器可离开障碍物，以便传感器在初始触发 3 s 内复位。如果传感器在首次触发 3 s 内没有复位，切割器件应按 20.102.2 的要求停止。

如果额外的非接触式传感器能对具备以下特征的硬质非金属目标作出反应，则可依靠该传感器减小速度来满足对最大撞击力的要求：

——圆柱形；

——(70±2)mm 直径，(400±5)mm 高，竖立；

——颜色或明暗度与背景相匹配；和

——与环境温度相同。

通过观察、测量、下列试验以及按 20.102.2 的要求来检验。

将机器放置在 CC.3 描述的水平试验表面上，应使机器与测力装置相撞。应将测力装置平行于地面并垂直于测力装置的接触点来测量冲撞时触发障碍物传感器的力。接触点不应高于地面 150 mm。与安装测力装置相关的摩擦力、错位和其他因素引起的误差应在测量中减到最小。

通过装有直径为(90±10)mm 的刚性冲击盘和弹性系数为(60±2)N/mm 的弹簧的仪器来测量力。弹簧作用在一个连接到带宽限制在(150±50)Hz、精度为 5% 的测量仪器的感应元件上。采样频率应至少为带宽的 2 倍。典型配置见图 106。

试验总共进行 5 次。用冲击后最初 0.5 s 期间的最大力和后续冲击产生的最大力计算得出 5 次测量中各自的平均值。

如果依赖于电子电路的工作来保证符合性，那么在下列条件下重复进行试验：

1) 对电子电路按 19.11.2 a)～g)的要求施加故障条件，一次施加一种故障。

如果电子电路是可编程的，那么软件应包含针对表 R.1 中规定的故障/错误条件的控制措施，并且按附录 R 的相关要求评估。

作为选择，如果能对下列硬质非金属目标作出反应，非接触式传感器可以满足障碍物传感器的

要求：

——圆柱形；

——(25±2)mm 直径，140 mm～150 mm 高，竖立；

——颜色或明暗度与背景匹配；和

——与环境温度相同。

通过下列试验以及按 20.102.2 的要求来检验。

将机器放置在 CC.3 描述的水平试验表面上，机器应不能接触硬质非金属目标。

如果依赖于电子电路的工作来保证符合性，那么在下列条件下重复进行试验：

1) 对电子电路按 19.11.2 a)～g)的要求施加故障条件，一次施加一种故障。

如果电子电路是可编程的，那么软件应包含针对表 R.1 中规定的故障/错误条件的控制措施，并且按附录 R 的相关要求评估。

机器因为接触或避开物体而制动后，如果 10 s 内障碍物传感器复位，则在 22.110 的切割器件启动指示程序完成后，切割器件的驱动可以重新启动。

机器因为接触或避开物体而制动后，如果 10 s 内障碍物传感器没有复位，则牵引机构应关闭。应只有在满足 20.102.6 的重启程序要求后，才能重启切割器件和牵引机构。

通过观察和实际试验来检验。

22.105.3 抬起传感器

机器应配有抬起传感器。抬起传感器应既能探测到机器从地面的全部抬起，也能检测到导致倾斜的倾斜抬起。

注：机器没有必要配备针对各个传感器要求的独立的传感器件，可以通过可回应多种感应源的少量器件来达到各种传感功能，也能用机械器件代替电气电路来满足传感要求。

如果抬起传感器动作，切割器件应按 20.102.2 的规定制动，牵引机构应按 20.102.5 的规定制动。

通过观察和下列试验检验。

a) 将机器放置在坚硬、光滑的水平表面上。除了地面接触零件外，通过机器外壳的任何部位以均匀水平的方式垂直于平面地抬起机器。抬起速率应为(20±10)mm/s。当所有地面接触零件离开地面并且最低的地面接触零件在地面以上不大于 10 mm 时，抬起传感器应触发。

b) 将机器放置在坚硬、光滑的水平表面上。除了地面接触零件外，通过机器外壳的任何部位的单点抬起机器。抬起速率应为(100±20)mm/s。当至少有一个地面接触零件离开地面并且最高地面接触零件在地面以上不大于 300 mm 时，抬起传感器应触发。

通过机器外壳周围可能被操作者抓握的不同位置抬起机器来验证抬起传感器的动作。

如果依赖于电子电路的工作来保证符合性，那么在下列条件下分别施加检验：

1) 对电子电路按 19.11.2 a)～g)的要求施加故障条件，一次施加一种故障；

2) 在抬起传感器动作经过 10 s 之后对机器施加 19.11.4.1 和 19.11.4.2 中规定的电磁现象试验。

如果电子电路是可编程的，那么软件应包含针对表 R.1 中规定的故障/错误条件的控制措施，并且按附录 R 的相关要求评估。

当抬起传感器被触发，切割器件应按 20.102.2 的要求制动。

在自动模式下，如果传感器按 20.102.5.3 规定在 10 s 内复位，则在 22.110 的切割器件启动指示程序完成后，切割器件的驱动可以重新启动。

在自动模式下，如果传感器没有按 20.102.5.3 规定在 10 s 内复位，则在 20.102.6 的重启程序完成后，切割器件的驱动可以重新启动。

在手动控制器控制期间，传感器复位后，切割器件只有按 20.101.1 的要求才能重启。

通过观察和测量来检验。

22.105.4 翻转传感器

机器应配有翻转传感器。翻转传感器应在机器翻倒后能防止牵引机构和切割器件起动。

注：机器没有必要配备针对各个传感器要求的独立的传感器件，可以通过可回应多种感应源的少量器件来达到各种传感功能，也能用机械器件代替电气电路来满足传感要求。

通过观察和下列试验检验。

将机器翻转后放置在距工作区域任意边 1 m 以内的平整水平表面上，应不能起动牵引机构和/或切割器件。就本试验而言，机器应不能从翻转的静止位置移动。

如果依赖于电子电路的工作来保证符合性，那么在下列条件下分别施加检验：

1） 对电子电路按 19.11.2 a)～g)的要求施加故障条件，一次施加一种故障；

2） 在翻转传感器动作经过 10 s 之后对机器施加 19.11.4.1 和 19.11.4.2 中规定的电磁现象试验。

如果电子电路是可编程的，那么软件应包含针对表 R.1 中规定的故障/错误条件的控制措施，并且按附录 R 的相关要求评估。

对装有手动控制器的机器，操作者应不能通过手动控制器起动牵引机构和/或切割器件。

如果将机器放回至正确位置，切割器件和牵引机构只有在满足 20.102.6 重启程序要求后才能被重新起动。

通过观察和实际试验来检验。

22.106 充电站

充电站和机器之间的所有联接不应大于安全特低电压(SELV)。

本要求不适用于无线(感应)充电。

通过观察和测量检验。

22.107 手动控制器

22.107.1 总体要求

如有手动控制器，应需要操作者靠近机器进行操作，并且能经受包括可预见误用的预期使用。

机器或手动控制器应提供在手动模式和自动模式选择切换的方法。

当电子电路上的某个电子元件不工作时，工作模式不应改变。

通过观察来检验，并在下列试验条件下分别施加检验：

1） 对电子电路按 19.11.2 a)～g)的要求施加故障条件，一次施加一种故障；

2） 对机器和手动控制器施加 19.11.4.1 和 19.11.4.2 中规定的电磁现象试验。

如果电子电路是可编程的，那么软件应包含针对表 R.1 中规定的故障/错误条件的控制措施，并且按附录 R 的相关要求评估。

22.107.2 有线手动控制器

如有手动控制器是有线联接的，则线长应在 1.5 m～3 m。

如果在手动控制时手动控制器的电缆联接脱开或手动控制器失电，则牵引机构应按 20.102.5 的要求制动，切割器件应按 20.102.2 的要求制动。

手动控制器重新联接或电力恢复后：

——牵引机构可以重启；和

——切割器件应只能按 20.101.1 的规定重启。

通过观察和实际试验检验。

22.107.3 无线手动控制器

从自动模式到无线手动控制的切换，应要求操作者：

——在离机器 6 m 内开始触发无线手动控制器；或

——在机身上完成动作。

切换完成后，无线手动控制器只有在下列距离以内才可以操控机器：

——当切割器件动作时离机器 6 m 距离；或

——如果切割器件不动作时离机器 20 m 距离。

无线手动控制器不应通过诸如转发器或因特网联接器等中继装置与机器进行通讯。

无线手动控制器应只能与使用的机器一一配对或针对使用的机器有唯一的加密信号。

如果手动控制过程中无线手动控制器与机器失去通讯的时间大于 2 s，则牵引机构应按 20.102.5 要求制动，切割器件应按 20.102.2 的要求制动。

当无线手动控制器和机器间的通讯恢复后：

——牵引机构可以重启；和

——切割器件应只能按 20.101.1 的规定重启。

通过观察、测量和手动试验检验。

22.108 电池组和蓄电池组

22.108.1 空

22.108.2 端子保护

电池组的端子和连接应放置或包护得不容易被短路。暴露的端子应用绝缘挡板隔离以保证正负极性零件间总距离不小于 6 mm。

通过观察和下列试验检验：

用任意长度的直径 6 mm 的试验棒从外壳的任何开口塞入应不能跨接端子。

22.109 组件安装

除了下述情况，操作者握持的任何组件应安装牢靠且有不依赖表面间摩擦力的方式来防止转动。

例外 1：如果下列 3 个条件都满足，防止开关转动的要求可以豁免。

a) 操作时不会有转动倾向的柱塞式转换开关、滑动开关或其他型式的开关。拨动开关被视作正常操作开关时有转动倾向；

b) 如果开关转动，绝缘距离没有减小到最小接受值以下；

c) 靠机械装置而非由人直接接触来正常操作开关。

例外 2：如果灯座中的灯不能被替换，诸如氖灯或指示灯被封在不可拆除的封胶里的，只要灯座转动不会使绝缘距离减小到最小值以下，则不必要防止旋转。

22.110 切割器件的起动指示

除非机器按 20.102.6 描述的重启程序重启，或者对手动控制器，符合 20.101.1 的要求，在切割器件能开始自动工作前，应符合下列条件之一：

a) 应配有闪光灯。灯应在 3 m 距离处、360°圆周范围内、1 m 高处可见，并且应在切割器件起动前工作并持续至少 2 s；或

b) 应配有声音警示器。声音警示器可以是一个连续音、多重音或频率为至少 2 次/s 的间歇音。声音警示器应在切割器件起动前工作并持续至少 2 s。在距机器中央最小 1.5 m 处任何方向

上，在 1.75 m 高度处声音警示器的声压值应不小于 35 dB(A)；或

c) 机器在切割器件起动前应移动至少 5 s。

通过观察和实际试验检验。

22.111 充电站联接器

机器配置的与充电站联接的联接器应不能与 IEC 60884、IEC/TR 60083 或 IEC 60906-1 所列的电源插头和插座或与符合 IEC 60320(所有部分)的联接器和器具接口互换。

通过观察来检验。

22.112 障碍物传感器接触表面

撞击障碍物的接触表面应设计得将伤害风险减到最小，并且不应有大于 5 mm 的垂直突出物，除非突出物符合下列条件：

——表面积大于 20 mm^2；和

——最小边的尺寸大于 5 mm。

所有突出部分边角应倒圆。

用作障碍物传感器的潜在接触表面应设置成能检测位于离地不大于 150 mm 高度处的物体。

通过观察和测量来检验。

23 内部布线

IEC 60335-1:2020 的这一章适用。

24 组件

除下述条文外，IEC 60335-1:2020 的这一章适用。

24.1.3 替换：

开关应在机器内所承受的负载条件下符合 IEC 61058-1:2008 的规定。按 IEC 61058-1:2008 中 7.1.4要求的操作循环次数应不小于 10 000 次。开关也可以只按试验结果接受所要求的功能指标随机测试。

如果开关用于操控继电器、接触器或电子功率器件，则有必要对完整的开关系统进行试验。

如果开关或开关系统用来控制驱动的电机负载，则可以在驱动输出未施加额外机械负载的情况下随机试验。

注：声明的操作循环次数只适用于要求符合本文件的开关。

如果开关只操控符合 IEC 60730-2-10 要求的电机起动继电器，并且按 IEC 60730-1:2007 中6.10和 6.11 的要求声明的操作循环次数至少为 10 000 次，则不必对完整的开关系统进行试验。

如果开关或开关系统控制电机负载，还应进行 24.1.3.101 中规定的分断能力试验。

24.1.3.101 对开关进行 50 次接通和断开电流试验，电流是机器装有完全充满电的电池组并锁住机械输出时开关所承受的电流。每个“接通”期不大于 0.5 s，每个“断开”期不小于 10 s。

试验后，开关应无电气或机械故障。如果开关在试验结束时在“接通”和“断开”状态下操作正常，则认为没有机械或电气故障。

25 电源联接和外接软线

除电网电源供电的外围设备外，IEC 60335-1:2020 的这一章不适用。除下述条文外，IEC 60335-1:2020

的这一章适用于电网电源供电的外围设备。

25.1 替换:

电网电源供电的外围设备应配有电源线或器具进线座。

通过观察来检验。

26 外接导线的接线端子

除电网电源供电的外围设备的电源联接外,IEC 60335-1:2020 的这一章不适用。

27 接地装置

IEC 60335-1:2020 的这一章适用。

28 螺钉与连接件

IEC 60335-1:2020 的这一章适用。

29 爬电距离、电气间隙和绝缘穿通距离

除下述条文外,IEC 60335-1:2020 的这一章适用。

29.1 本条适用于电网电源供电的外围设备。

29.2 除下述条文外,本条适用于电网电源供电的外围设备。

修改:

除已采取预防措施保护绝缘时适用于污染等级 1 级,其他情况适用于污染等级 3 级。

29.3 本条适用于电网电源供电的外围设备。

29.101 对机器和非电网电源供电的外围设备,爬电距离和电气间隙不应小于表 102 所规定的最小值,以毫米(mm)计。所规定的电气间隙不适用于热控制器、过载保护器、微动开关等类似器件的触点之间的空气间隙,也不适用于电气间隙随着触点的运动而变化的器件载流件之间的空气间隙。爬电距离和电气间隙也不适用于电池组电芯结构或电池包内电池之间的内部联接。表 102 所列值不适用于电机绕组的交叉点。

在下列条件适用时,表 102 所示的值大于或等于 IEC 60664-1 所要求的值。

——过电压类别Ⅰ;

——材料组Ⅲ;

——污染等级 3;

——不均匀电场。

通过下列方法可以防止污物沉积:

——最小厚度为 0.5 mm 的封装;或

——防止导体间表面上细微颗粒和潮气混合沉积的保护涂层。这些类型的保护涂层要求在 IEC 60664-3中描述;或

——用过滤器或密封的方式防止灰尘进入的外壳(如果外壳本身内部不会产生灰尘)。

注 1:封装的一个例子为灌胶。

对只在断开电路中不同电势的零件，如果两零件的短路不会导致机器起动，可以接受小于表 102 所给的爬电距离和电气间隙。

注 2：间隔小于要求值的起火危险在 KK.19.4 中规定。

表 102　不同电势的零件间的最小爬电距离和电气间隙

单位为毫米

条件	工作电压 $U \leqslant 15$ V		工作电压 15 V$<U \leqslant 32$ V		工作电压 32 V$<U \leqslant 130$ V		工作电压 130 V$<U \leqslant 280$ V		工作电压 280 V$<U \leqslant 480$ V	
	爬电距离	电气间隙	爬电距离	电气间隙	爬电距离	电气间隙	爬电距离	电气间隙	爬电距离	电气间隙
有防污沉积保护：										
——断开电路	0.8	0.8	1.0	1.0	1.0	1.0	2.0	2.0	2.0	2.0
——非断开电路	0.8	0.8	1.5	1.5	1.5	1.5	2.0	2.0	2.0	2.0
无防污沉积保护	1.1	0.8	1.5	1.5	2.5	1.5	4.0	2.5	8.0	3.0

对印刷电路板的导电图形，除在电路板边缘外，如果是功能绝缘，表 102 内所列的不同电势零件之间的值可以减小，只要工作电压的峰值不超过：

——150 V/mm，最小距离为 0.2 mm(防污物沉积的)；

——100 V/mm，最小距离为 0.5 mm(无防污沉积的)。

如按上述限值得到的数值大于表 102 数值时，则采用表 102 数值。

注 3：以上数值大于或等于 IEC 60664-3 规定的值。

零件之间具有危险电压时，每个零件和距其最近的易触及表面之间测得的总距离应不小于表 103 所规定的数值。

注 4：图 109 提供了测量方法的说明。

表 103　危险电压至易触及表面爬电距离和电气间隙的最小总和

单位为毫米

工作电压的危险电压					
$U \leqslant 130$ V		130 V$<U \leqslant 280$ V		280 V$<U \leqslant 480$ V	
爬电距离	电气间隙	爬电距离	电气间隙	爬电距离	电气间隙
5.0	1.5	8.0	3.0	16.0	4.0

通过测量来检验。

穿过绝缘材料的外部零件上槽缝或开口的距离要测量到与易触及表面接触的金属箔。用 IEC 61032:1997 中的试具 B 将该金属箔推入拐角各处，但不压入开口内。

在工作电压为危险电压的零件与易触及表面之间测得的总距离由每一个零件到易触及表面测得的距离来决定，距离加在一起得出总和。见图 109。

另外，其中一个至最近的易触及表面的爬电距离或电气间隙应不小于 1 mm。

如有必要，测量时施加力到裸露导体的任意点或金属外壳的外部，尽量减小爬电距离和电气间隙。

用 IEC 61032:1997 中的试具 B 来施加下列值的力：

——对裸露导体，2 N；

——对外壳,30 N。

30 耐热和耐燃

除下列条文外,IEC 60335-1:2020 的这一章适用。

30.2 增加:

机器及其外围设备被认为是无人照看器具。

31 防锈

IEC 60335-1:2020 的这一章适用。

32 辐射、毒性和类似危险

IEC 60335-1:2020 的这一章不适用。

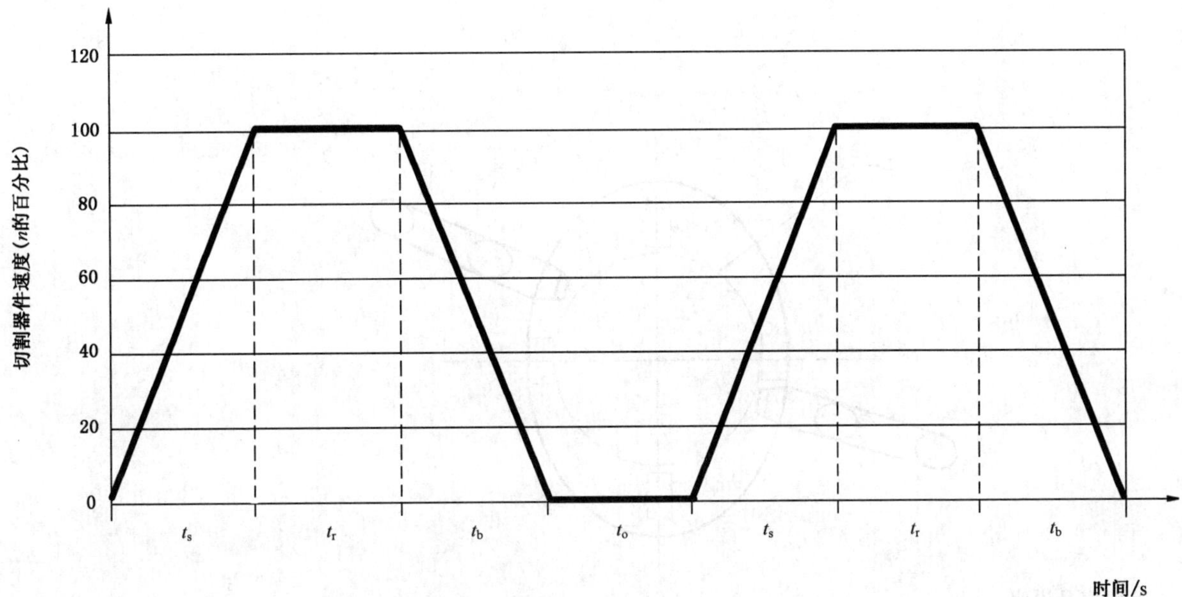

注:"n"=最高电动机运行速度下切割器件的速度。

图 101 试验周期示例(见 20.102.2.2)

单位为毫米

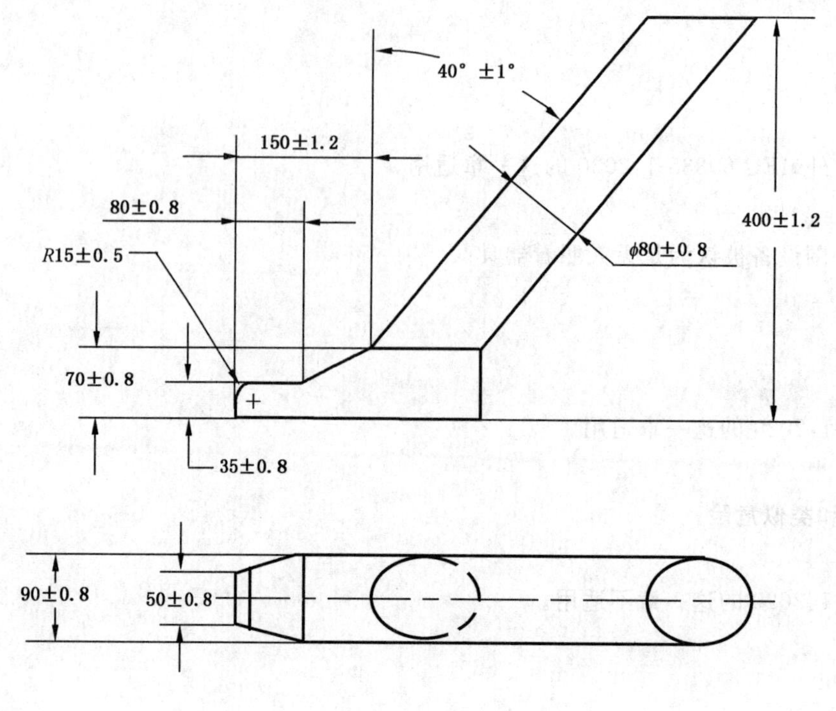

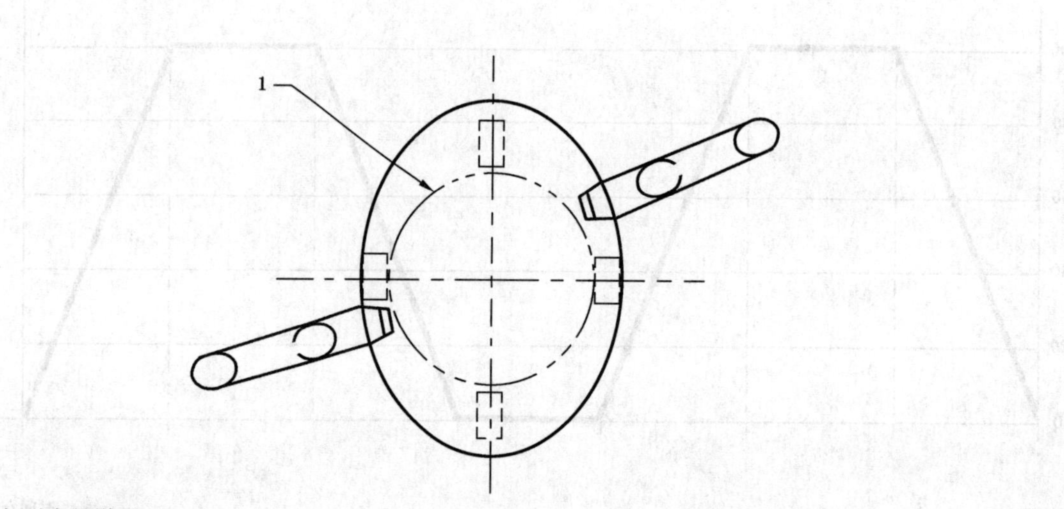

标引序号说明：

1——切割器件顶圆。

图 102　足形试具试验(见 20.102.4.1.2 和 20.102.4.1.3)

单位为毫米

(除非另行规定,所有尺寸是标称尺寸)

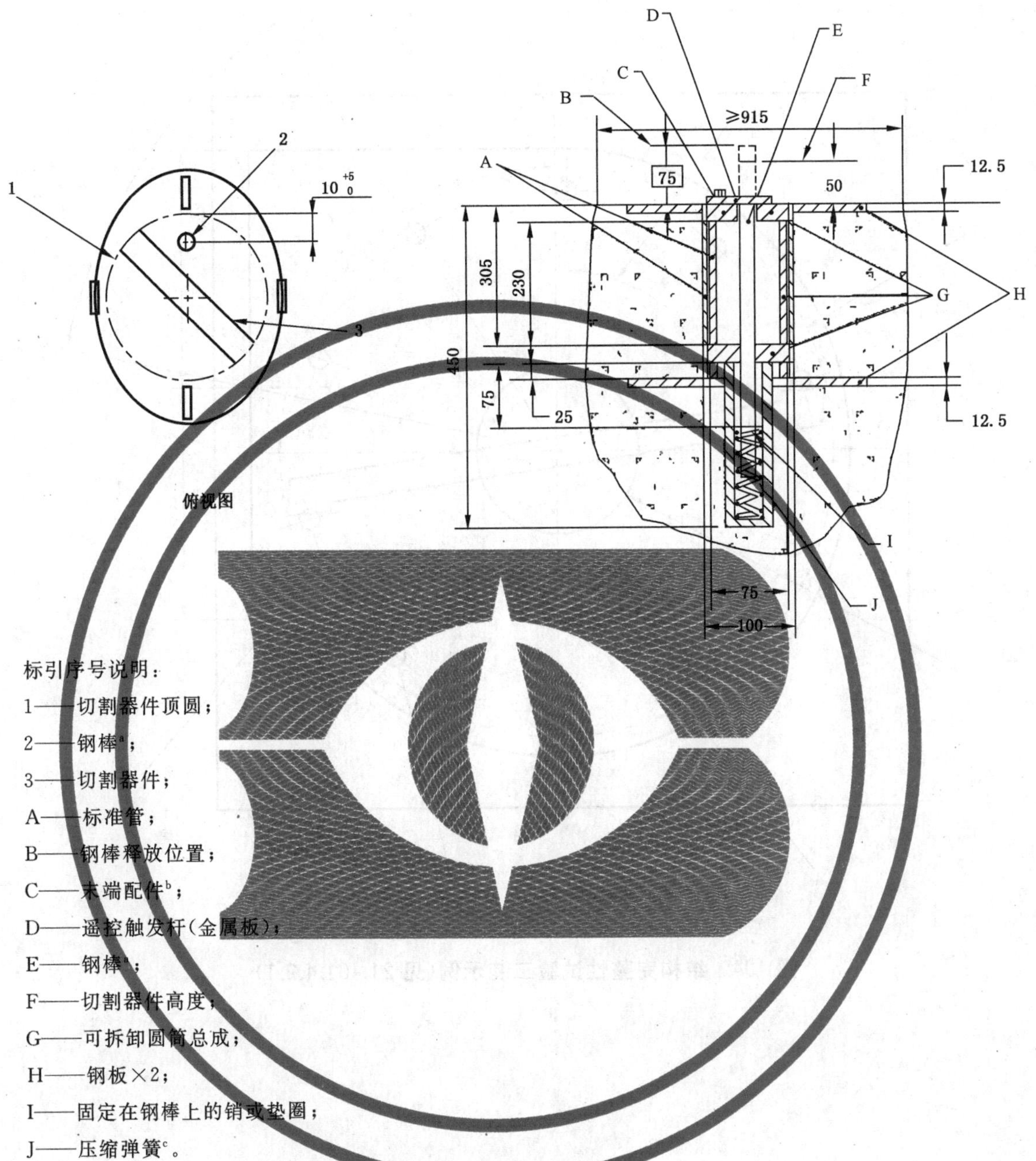

标引序号说明:

1——切割器件顶圆;

2——钢棒[a];

3——切割器件;

A——标准管;

B——钢棒释放位置;

C——末端配件[b];

D——遥控触发杆(金属板);

E——钢棒[a];

F——切割器件高度;

G——可拆卸圆筒总成;

H——钢板×2;

I——固定在钢棒上的销或垫圈;

J——压缩弹簧[c]。

[a] 直径为(25±0.5)mm、符合 ISO 683-4:2014 一级要求的钢棒。

[b] 中心孔径为 33 mm 的标准管内的末端配件安装在标称外径为 100 mm 的标准管内(间隙 1.5 mm～3 mm),两端相同,厚 25 mm,硬度为 350 HB。

[c] 压缩弹簧尺寸:自由长度为 165 mm;钢丝直径为 3.2 mm;总圈数为 11.75;中径为 36 mm;弹簧比率为 2.27 N/mm;末端磨平。

图 103　冲击试验装置(见 21.101.2)

单位为毫米

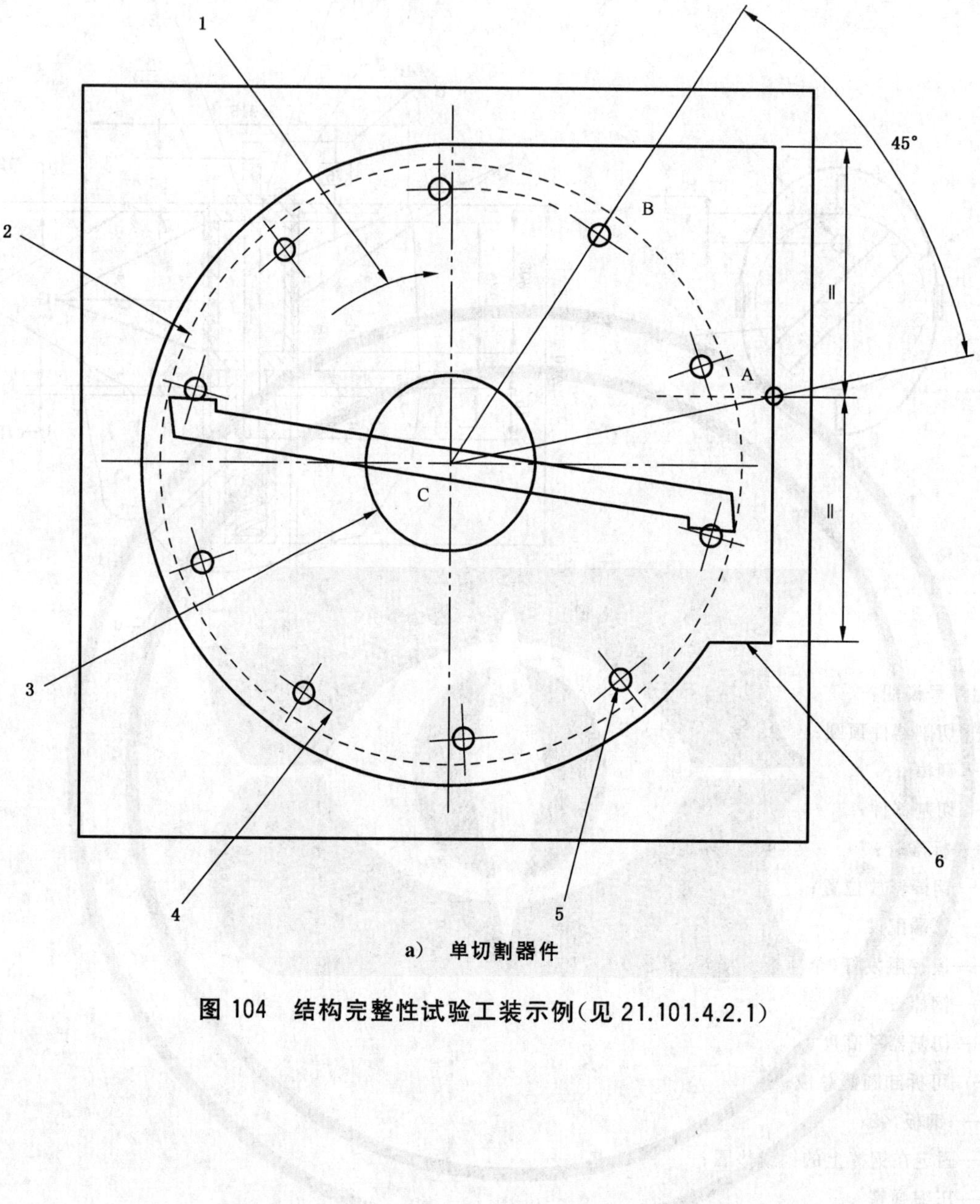

a) 单切割器件

图 104 结构完整性试验工装示例(见 21.101.4.2.1)

单位为毫米

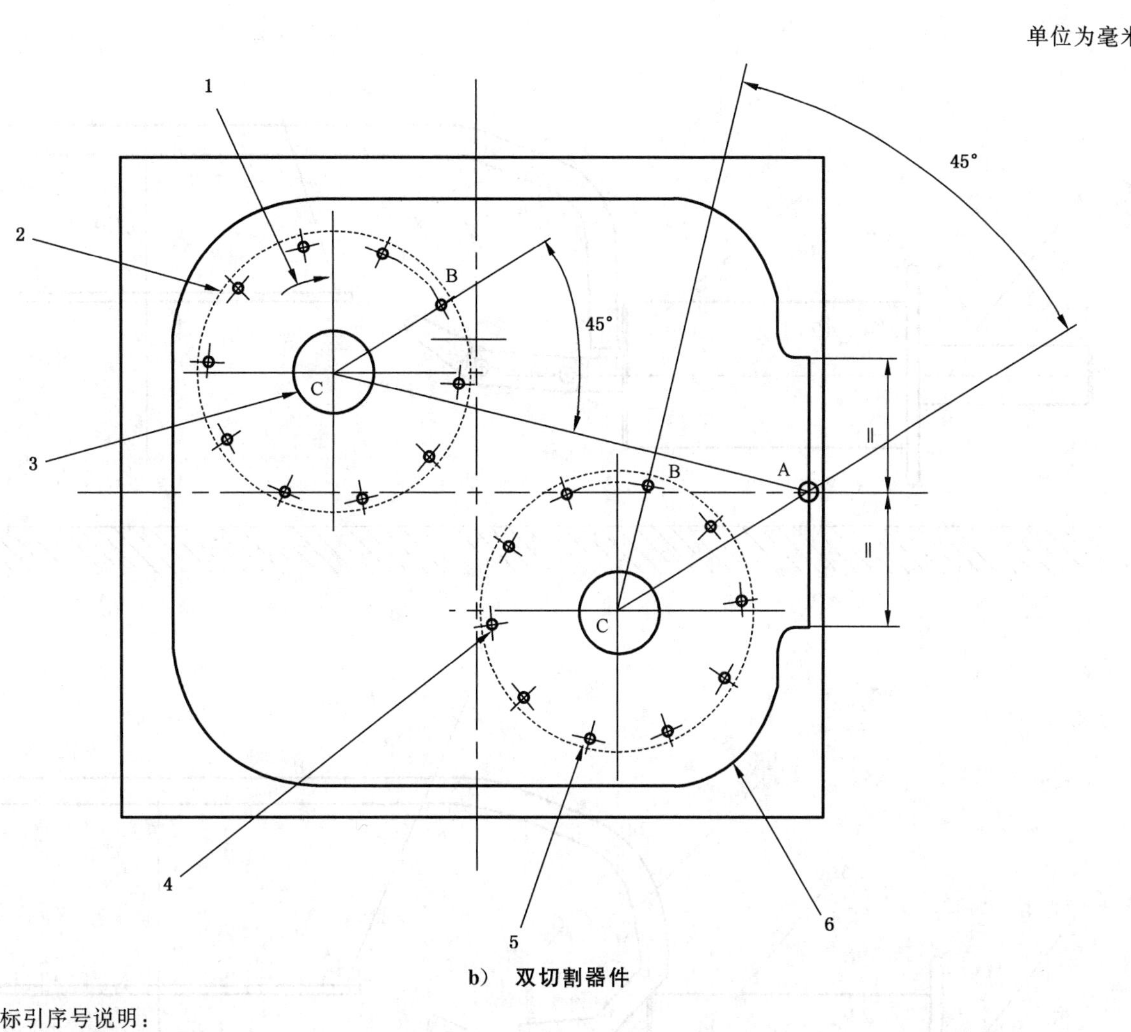

b） 双切割器件

标引序号说明：

1——旋转方向；

2——切割器件顶圆；

3——进气孔；

4——喷射孔中心；

5——等距间隔 10×ϕ15 mm 喷射点；

6——切割器件外壳；

A——排料槽出口中心；

B——喷射点；

C——切割器件顶圆中心。

图 104 结构完整性试验工装示例(见 21.101.4.2.1)(续)

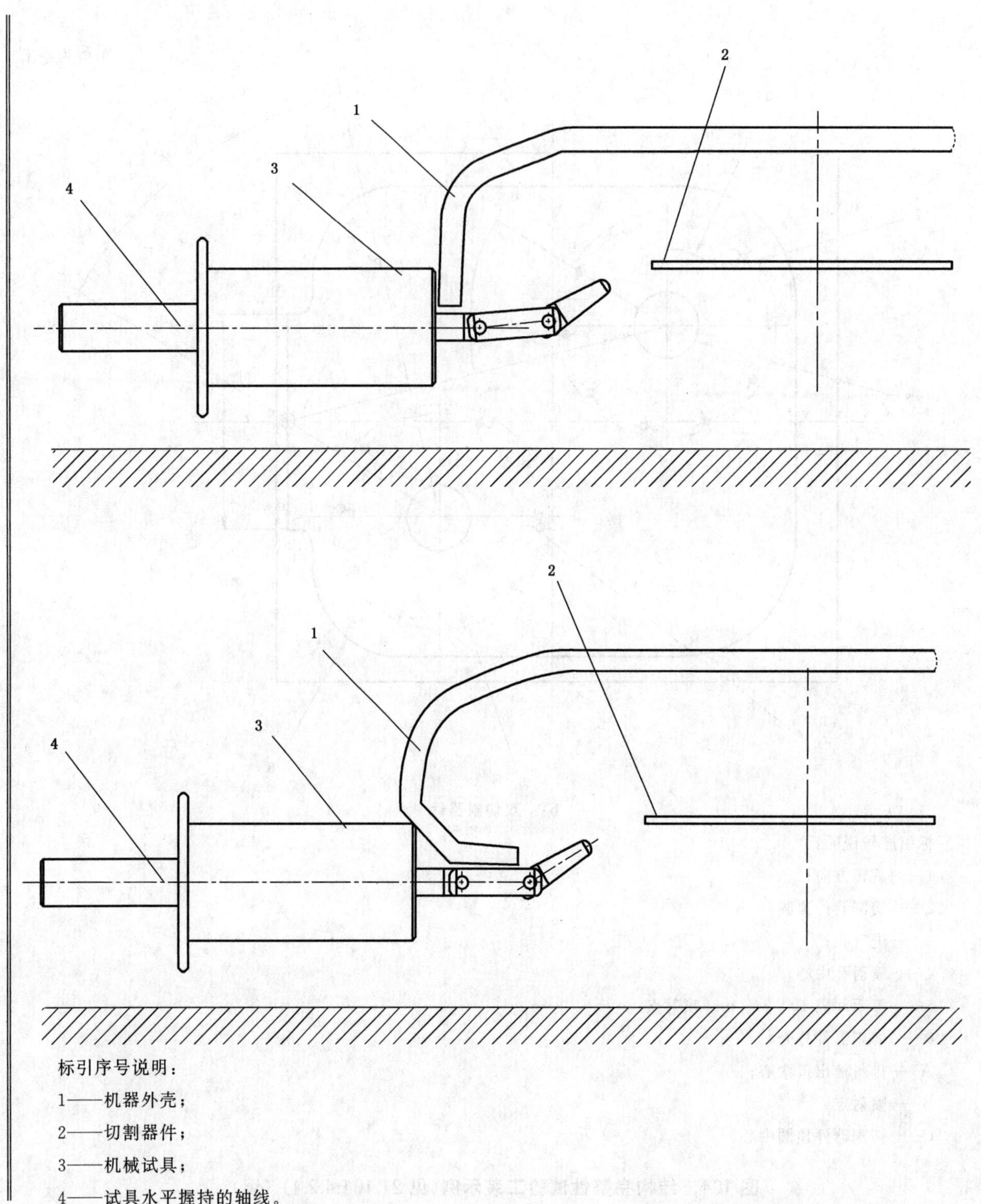

标引序号说明：

1——机器外壳；

2——切割器件；

3——机械试具；

4——试具水平握持的轴线。

图 105　手指试具试验——试具应用图例，插入深度由外壳形状限制

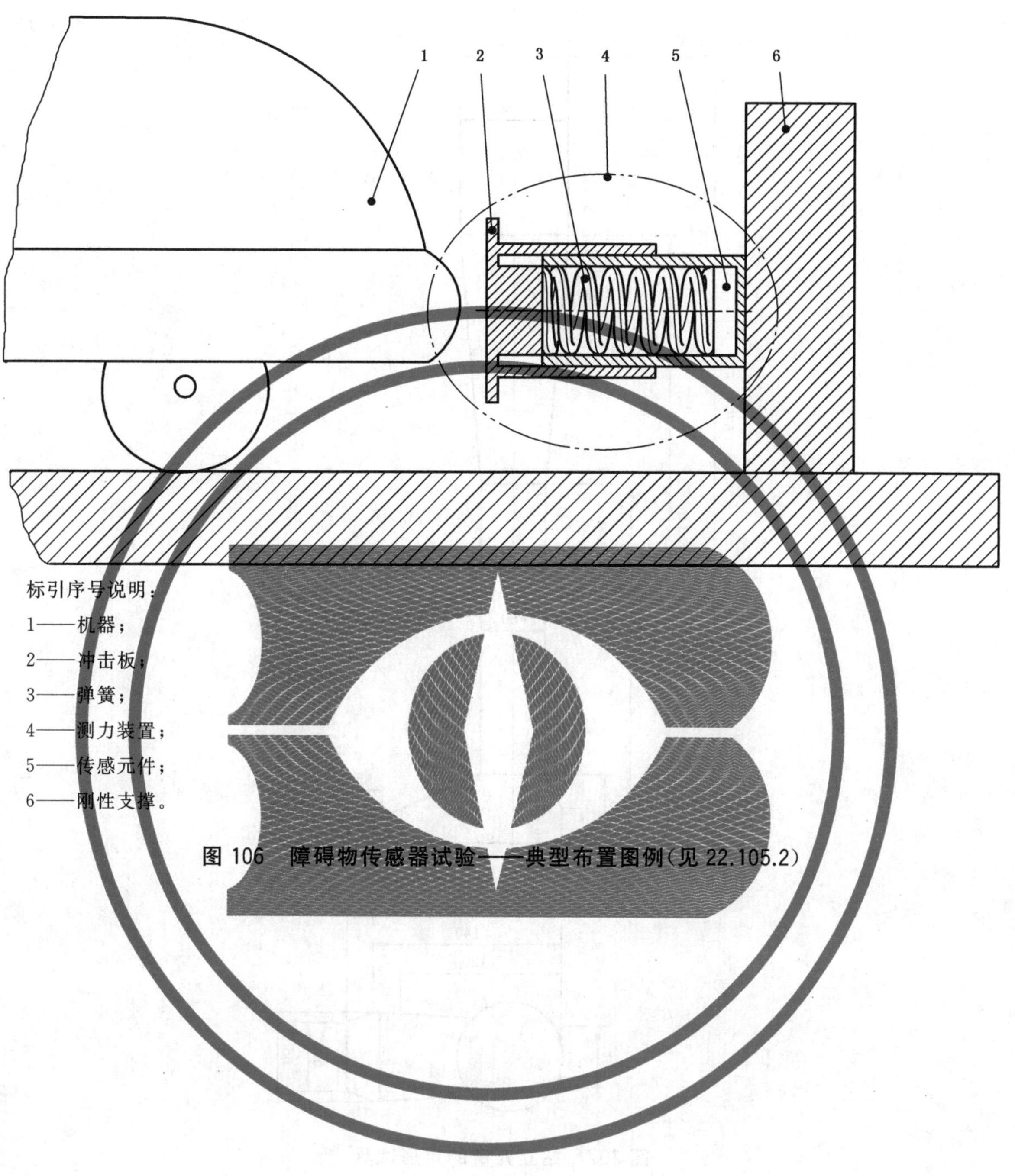

标引序号说明：

1——机器；

2——冲击板；

3——弹簧；

4——测力装置；

5——传感元件；

6——刚性支撑。

图 106　障碍物传感器试验——典型布置图例(见 22.105.2)

单位为毫米

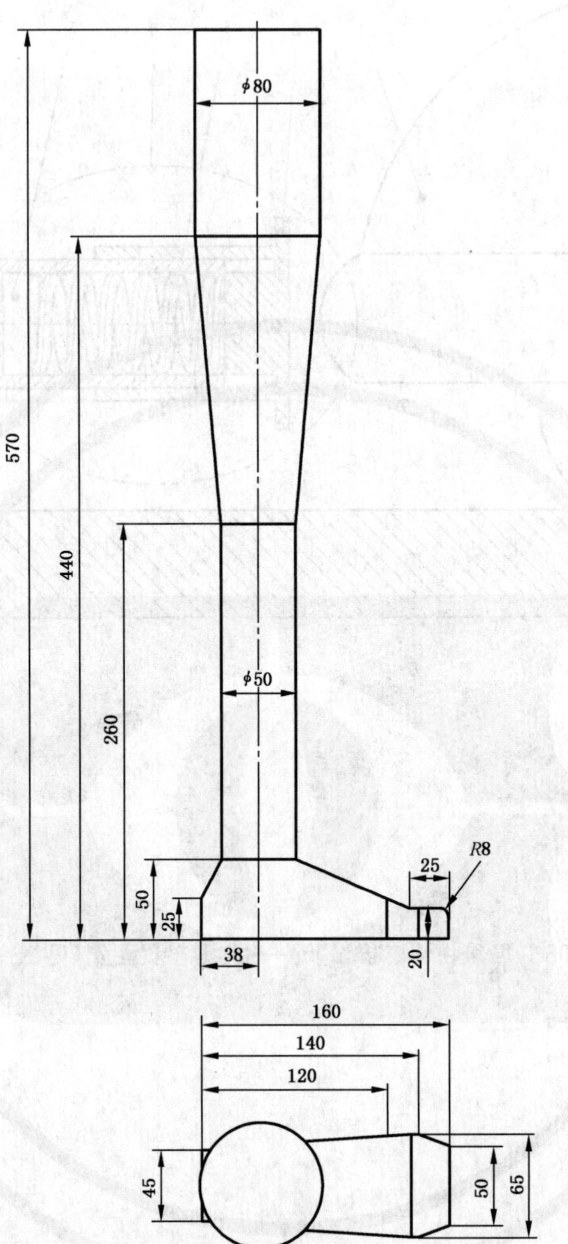

图 107 站立儿童的足形试具

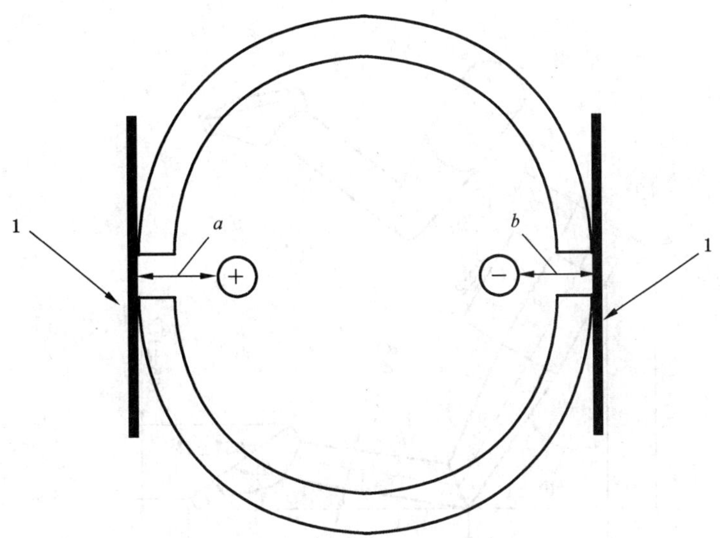

标引序号说明：

1　　——金属箔。

尺寸 *a* ——从正极裸露导体零件到用拉直的金属箔跨过开口所确定的外表面的距离。

尺寸 *b* ——从负极裸露导体零件到用拉直的金属箔跨过开口所确定的外表面的距离。

a＋*b*＝29.101 中所定义的总和。

图 108　电气间隙的测量

单位为毫米

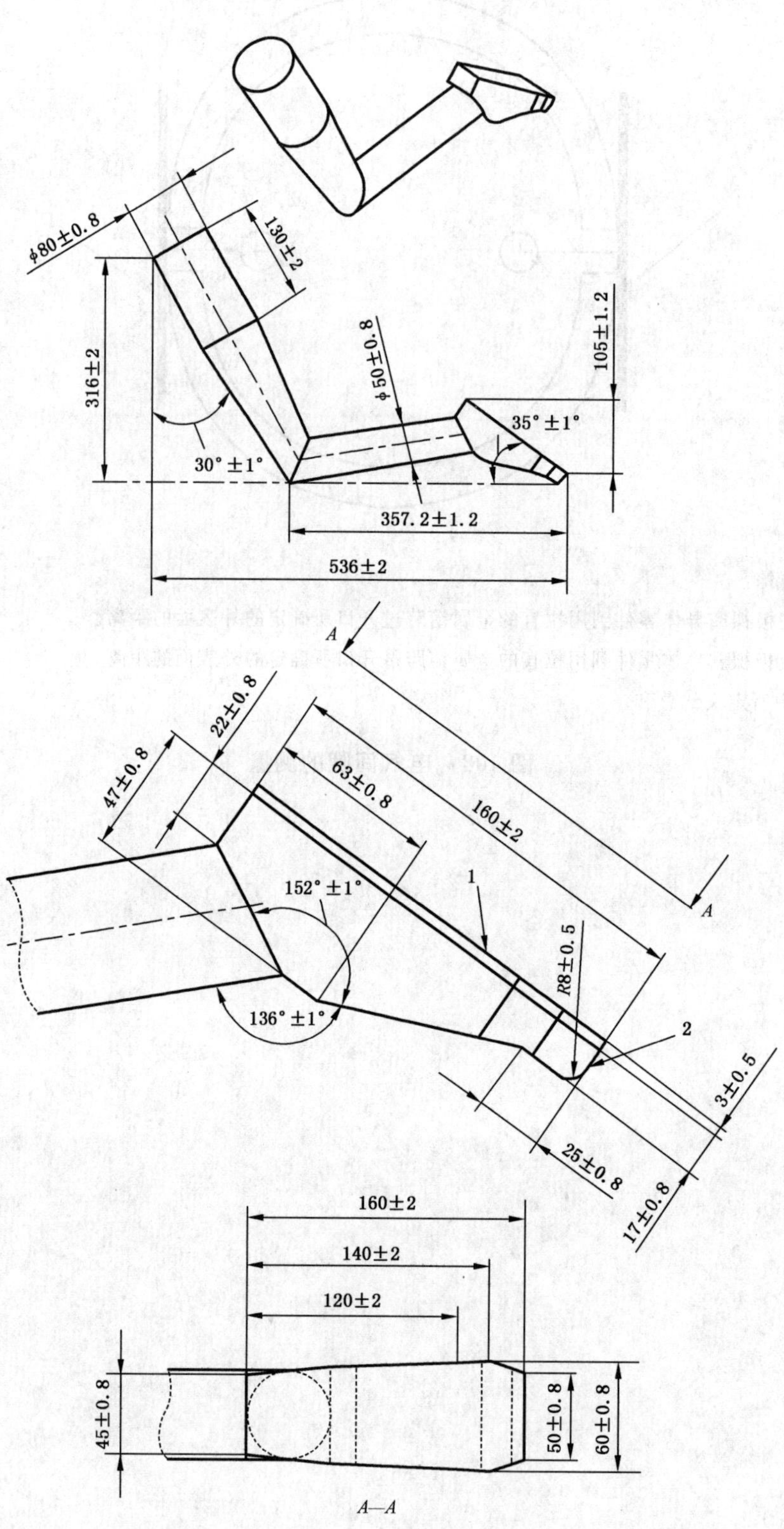

标引序号说明：

1——足底；

2——足尖。

图 109　跪爬儿童的足形试具

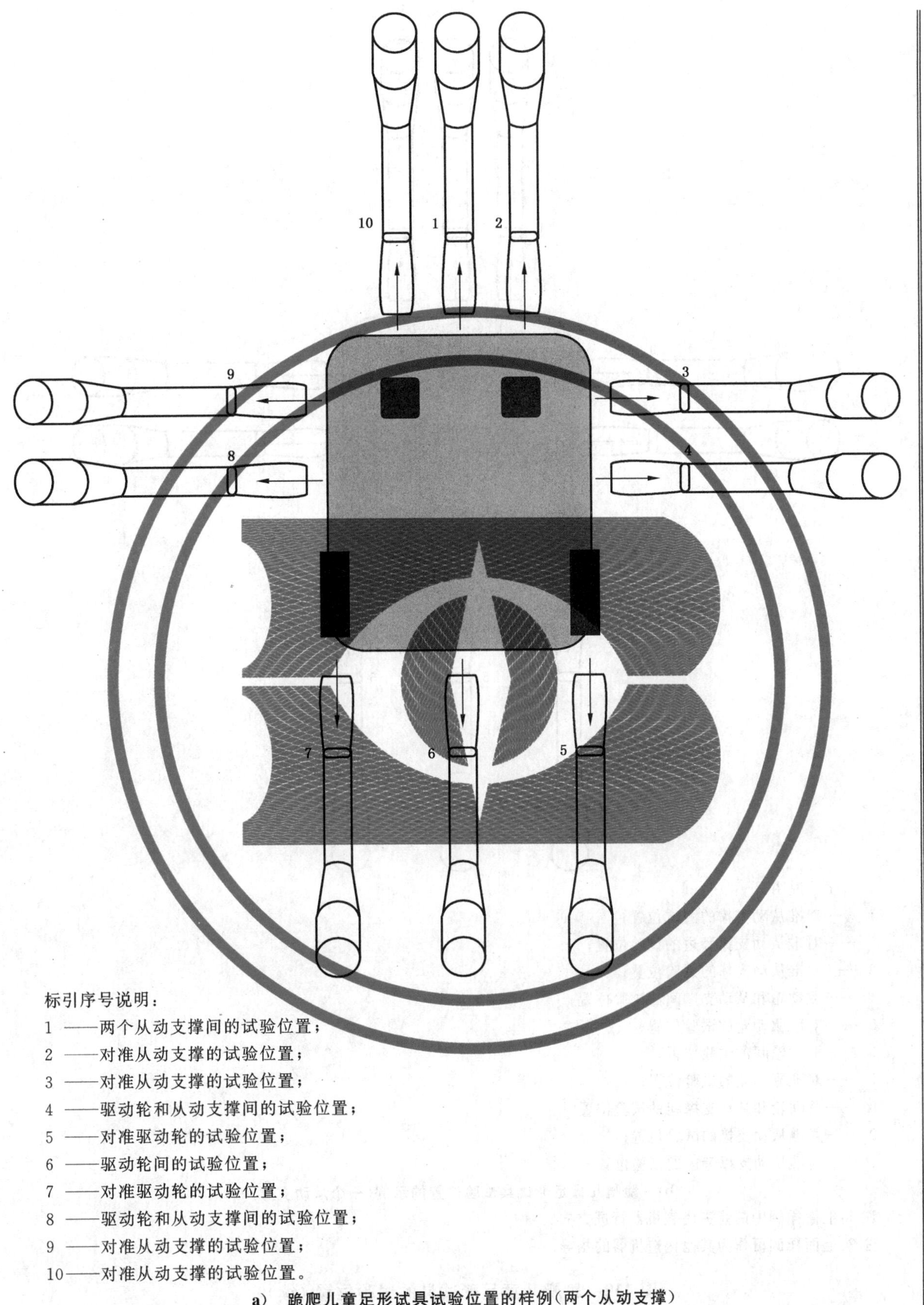

标引序号说明：

1 ——两个从动支撑间的试验位置；

2 ——对准从动支撑的试验位置；

3 ——对准从动支撑的试验位置；

4 ——驱动轮和从动支撑间的试验位置；

5 ——对准驱动轮的试验位置；

6 ——驱动轮间的试验位置；

7 ——对准驱动轮的试验位置；

8 ——驱动轮和从动支撑间的试验位置；

9 ——对准从动支撑的试验位置；

10——对准从动支撑的试验位置。

a） 跪爬儿童足形试具试验位置的样例(两个从动支撑)

图 110 跪爬儿童足形试具的试验位置

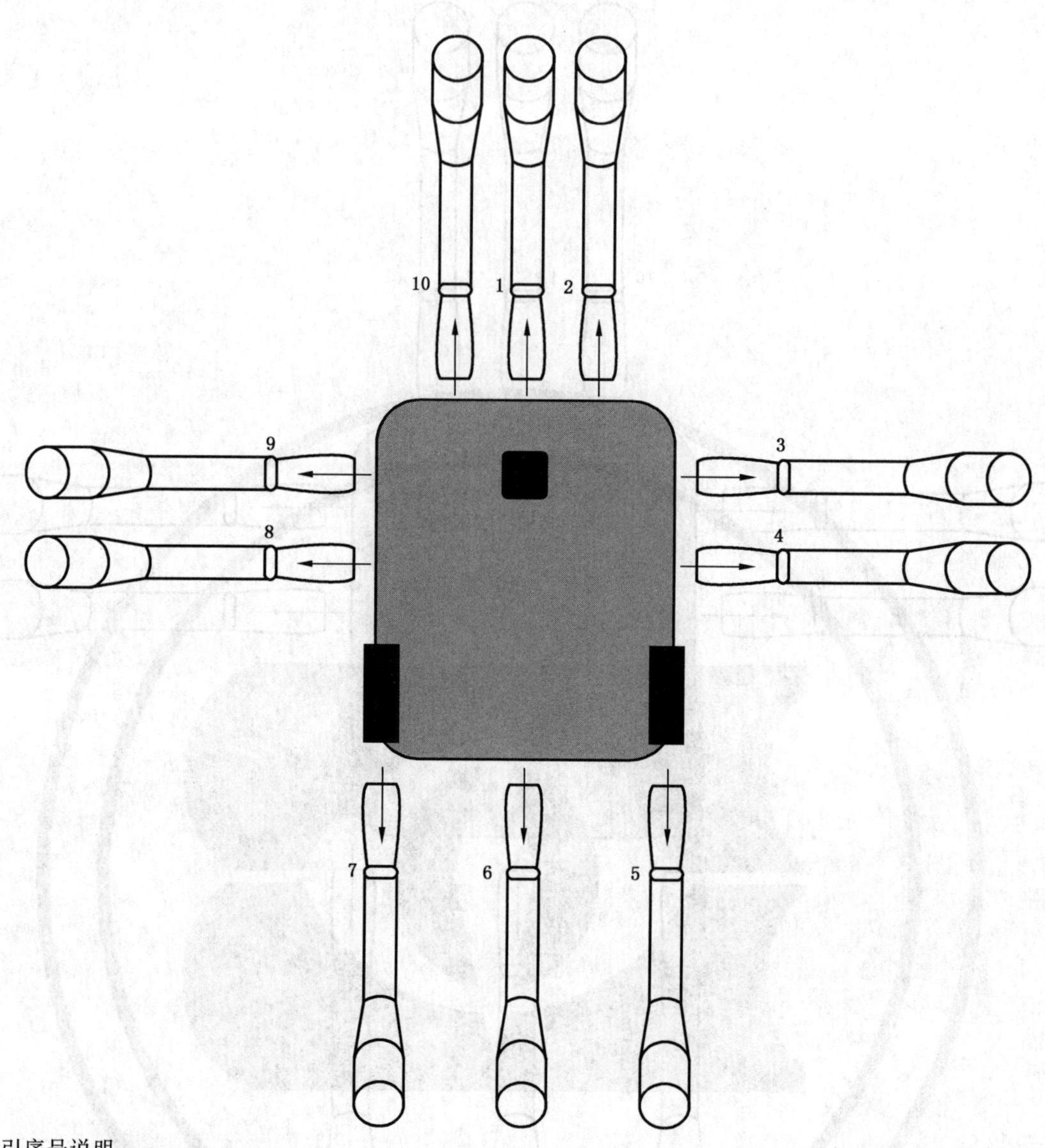

标引序号说明：

1 ——对准从动支撑的测试位置；

2 ——对准从动支撑旁边的试验位置；

3 ——对准从动支撑的试验位置；

4 ——驱动轮和从动支撑间的试验位置；

5 ——对准驱动轮的试验位置；

6 ——驱动轮间的试验位置；

7 ——对准驱动轮的试验位置；

8 ——驱动轮和从动支撑间的试验位置；

9 ——对准从动支撑的试验位置；

10——对准从动支撑旁边的试验位置。

b） 跪爬儿童足形试具试验位置的示例(一个从动支撑)

注 1：上面样例中的箭头代表机器行进方向。

注 2：上面样例可作为其他构造机器的指导。

图 110 跪爬儿童足形试具的试验位置(续)

单位为毫米

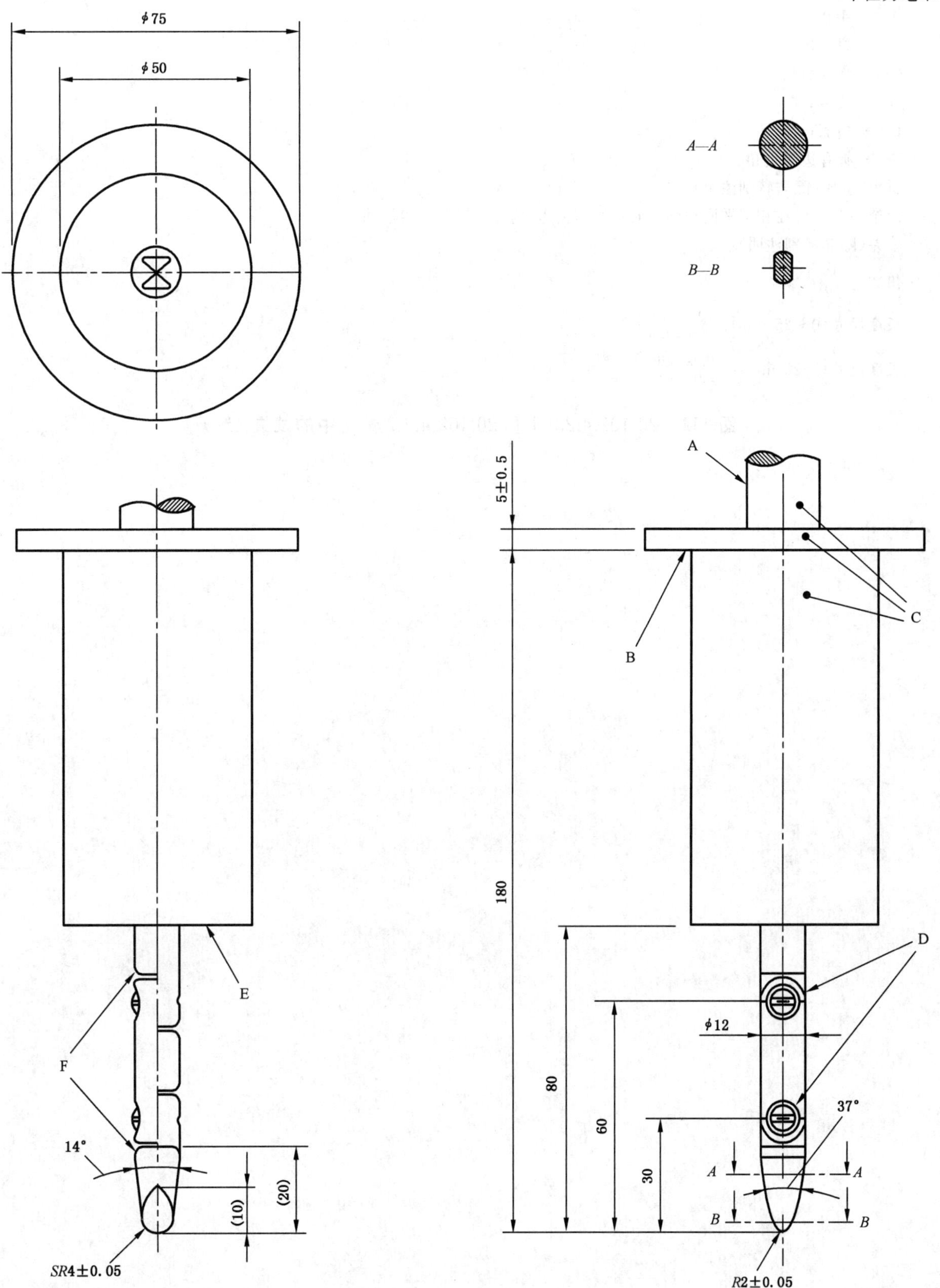

图 111　20.102.4.2.2.1 和 20.102.4.2.3 试验中的试具

标引序号说明：

A——手柄；

B——护板；

C——绝缘材料；

D——关节；

E——挡面；

F——所有边缘倒角。

材料:金属(除非特别注明)。

两个关节应可在相同平面相同方向在90°(公差0°/+10°)范围内活动。

公差(除非特别注明)：

角度：$^{0}_{-10^\circ}$；

长度尺寸(0～25 mm)：$^{0}_{-0.05\ \text{mm}}$；

长度尺寸(＞25 mm)：$^{+0.02\ \text{mm}}_{-0.02\ \text{mm}}$。

图 111　20.102.4.2.2.1 和 20.102.4.2.3 试验中的试具（续）

附　录

除以下内容外，IEC 60335-1:2020 的附录适用。

附　录　B
（规范性）
电池供电电器，电池供电电器的可分离电池和可拆卸电池

IEC 60335-1:2020 的附录 B 只适用于不可充电电池组。

注：智能草坪割草机可充电电池组供电的机器和外围设备的操作和充电要求在附录 KK 中规定。

附 录 R
（规范性）
软件评估

替换第一段和注：

要求软件含有针对表 R.1 中规定的故障/错误条件有控制措施的可编程电子电路，应根据本附录的要求进行验证。

注：表 R.1 是基于 IEC 60730-1 中表 H.11.12.7 的通用故障/错误条件。

R.2.1.1 替换第一段：

要求软件含有针对表 R.1 中规定的故障/错误条件有控制措施的可编程电子电路，应有措施去控制和避免在软件安全相关数据和软件中安全相关分区的故障/错误。

R.2.1.2 替换：

要求软件含有针对表 R.1 中规定的故障/错误条件有控制措施的可编程电子电路，应有下列结构之一：

——含功能检测的单通道(见 IEC 60730-1 中的 H.2.16.5)；

——含周期性自检的单通道(见 IEC 60730-1 中的 H.2.16.6)；

——不带比较的双通道(见 IEC 60730-1 中的 H.2.16.1)。

通过观察和按 R.3.2.2 中规定的软件架构试验来检验。

R.2.2.2 本条不适用。

R.2.2.3 替换第一段：

对要求软件含有针对表 R.1 中规定的故障/错误条件有控制措施功能的可编程电子电路，应提供识别和控制对外部安全相关数据路径传输中错误的措施。此类措施应考虑在数据、寻址、传输定时和协议顺序中的错误。

R.2.2.4 替换第一段：

对要求软件含有针对表 R.1 中规定的故障/错误条件有控制措施功能的可编程电子电路，可编程电子电路应含有措施来定位表 R.1 中所列的在安全相关分区和数据中的故障/错误。

R.2.2.5 替换：

对要求软件含有针对表 R.1 中规定的故障/错误条件有控制措施功能的可编程电子电路，应在第 19 章、第 20 章和第 22 章的符合性受损前检测故障/错误。

通过观察和检测源代码来检验。

R.2.2.9 修改：

软件和在软件控制下与安全相关的硬件应在第 19 章、第 20 章和第 22 章的符合性受损前初始化和终止。

R.3.1 总体要求

替换：

对要求软件含有针对表 R.1 中规定的故障/错误条件有控制措施功能的可编程电子电路，应使用下列措施以避免软件中的系统故障。

本质上可接受含有针对表 R.2 中规定的故障/错误条件有控制措施的软件，作为要求对表 R.1 中规定的故障/错误条件进行控制的软件。

注：这些要求的内容见 IEC 61508-3，并根据本文件需要做了调整。

附 录 AA
（规范性）
绕轴旋转的切割元件动能的计算

对本文件而言，切割元件的动能应由公式（AA.1）决定（见图 AA.1）：

$$E_K = 1/2\ mv^2 \qquad \text{(AA.1)}$$

式中：

E_K ——动能，单位为焦耳（J）；

m ——切割元件的可测算长度 L 的质量，单位为千克（kg）；

v ——Z 点可达到的最大速度，Z 点位于切割元件可测算长度 L 的一半，单位为米每秒（m/s）。

故：

$$v = 0.104\ 7n(r - L/2) \qquad \text{(AA.2)}$$

式中：

n——装有满长度切割绳或新刀具时可达到的最高转速，单位为转每分（r/min）；

r——切割头旋转轴至切割元件外部顶尖的距离，单位为米（m）；

L——切割元件的可测算长度，单位为米（m）。

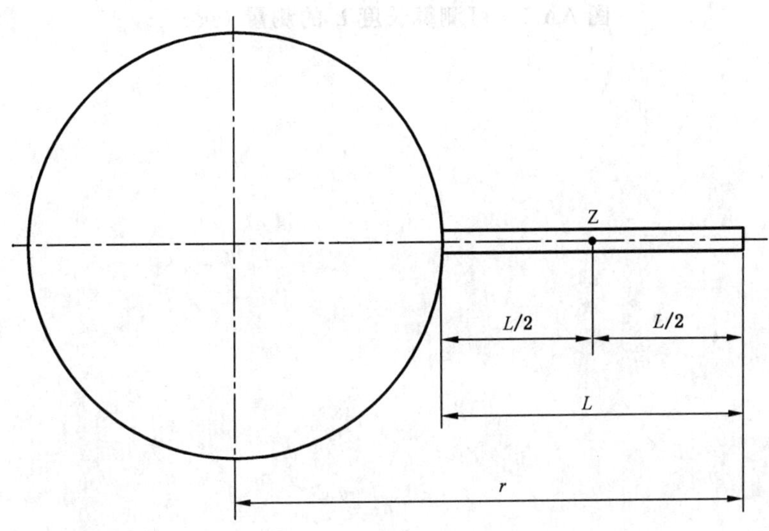

a） 细线绳

图 AA.1 可测算长度 L 的测量

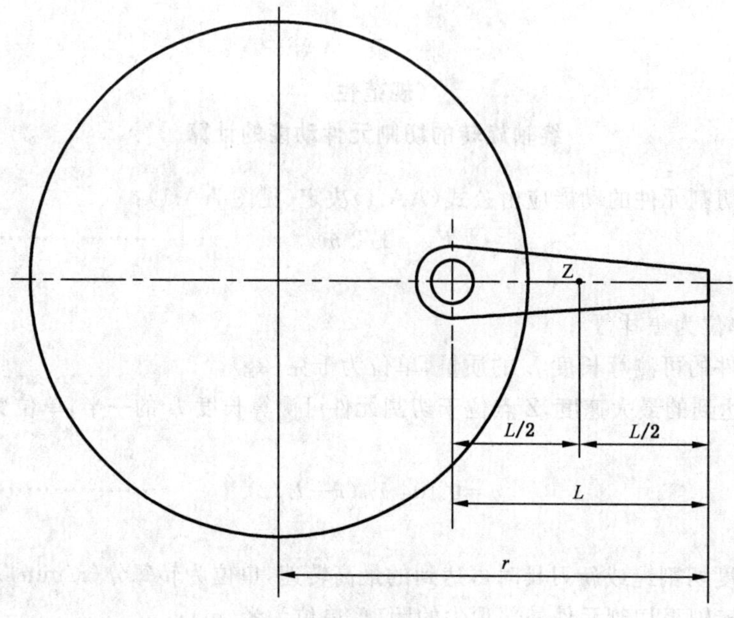

b） 绕轴旋转刀具

图 AA.1 可测算长度 L 的测量（续）

附　录　BB
（规范性）
试验围墙结构

BB.1　总体结构

试验围墙的结构总体应符合图 BB.1 和图 BB.2 的要求。

侧壁应由 8 块靶板组成，每块靶板高 2 000 mm，并垂直于试验装置的底面，以此形成一个八角形（见图 BB.3）。0 mm～900 mm 高度范围内靶板的构成应符合 BB.2 的材料要求。900 mm 以上的靶标应由一张单层牛皮纸构成并向上伸至 2 000 mm 的高度。为了便于清点击中数，靶板支架应设计成至少能使一块靶板滑入和滑出。

应把靶标垂直地设置在从单轴切割器件顶圆径向外延(750±50)mm 的位置上或从多轴机器取最邻近的切割器件顶圆向外延(750±50) mm 的位置上。瓦楞硬纸板的楞槽应垂直。如果靶标妨碍了机器的部件，如草箱或滚轮等，则应将其后移以避免干涉。

BB.2　靶板结构

靶板应满足 BB.3 的试验，并且最好是一张单层双瓦楞硬纸板。如有必要，可用在靶面前面另贴有牛皮纸的单层双瓦楞硬纸板，但不宜这样做。硬纸板应最多 9 mm 厚。为获得最大一致性的结果，硬纸板应足够薄，与试验要求一致。

如果用牛皮纸，应将其点胶到硬纸板上，以保证在试验围墙的位置，整张纸紧贴在硬纸板表面。牛皮纸结构标称为 80 g/m^2。

BB.3　靶板材料试验

所采用靶板结构的试样应被切割成 150 mm × 150 mm 见方，并在图 BB.4 所示的装置中作如下试验：

——将试样放在底板中央，方形试样的边缘可用胶或胶带固定。盖上顶板，保证顶板和底板上的中心孔同心，硬纸板要被钢板压平；

——穿刺棒提起到要求的高度，然后落到靶板试样上；

——从 300 mm 高度处对 5 块试样进行试验，然后从 400 mm 高度处对另外 5 块试样进行试验。

当穿刺棒从 300 mm 高跌落时，5 块试样中，不完全穿透靶板的应多于 2 块。

当穿刺棒从 400 mm 高跌落时，5 块试样中，完全穿透靶板的应至少为 4 块。

单位为毫米

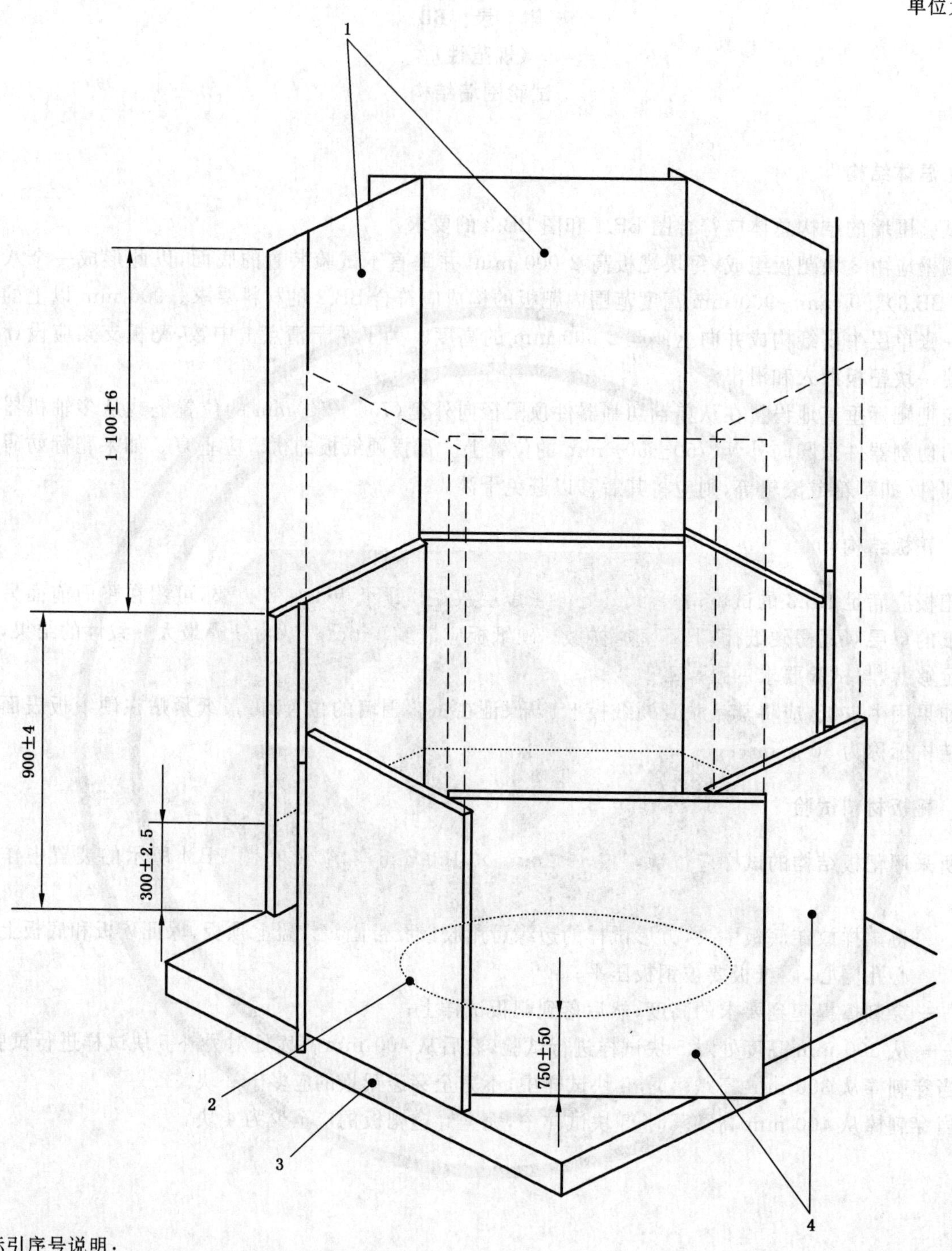

标引序号说明：

1——牛皮纸靶板(80 g/m² 延伸至所有 360°)；

2——切割器件顶圆；

3——底座(见附录 BB 和图 BB.3)；

4——楞槽垂直的瓦楞硬纸板(见图 BB.2 和图 BB.3)。

图 BB.1 抛物试验围墙——总体布局

单位为毫米

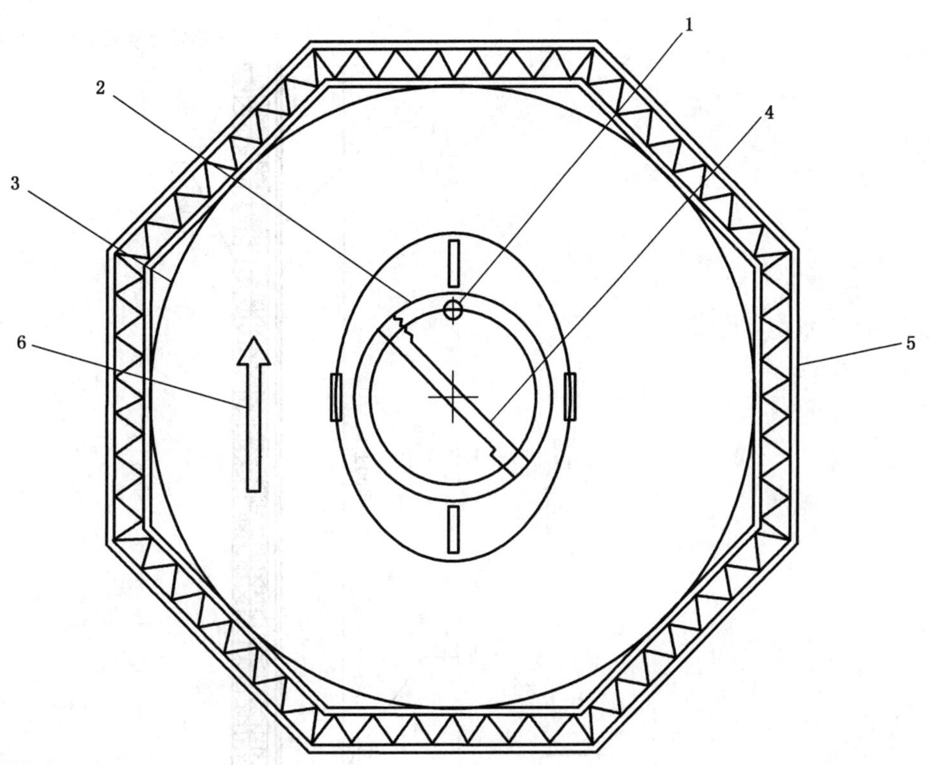

标引序号说明：

1——喷射点；

2——切割器件顶圆；

3——半径＝(切割器件顶圆半径＋750)mm±50 mm；

4——切割器件；

5——楞槽垂直的八面靶板；

6——机器行进的正常方向。

图 BB.2 抛物试验围墙

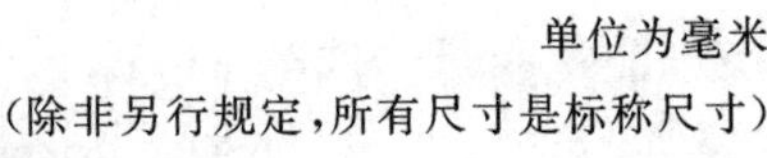
单位为毫米

（除非另行规定，所有尺寸是标称尺寸）

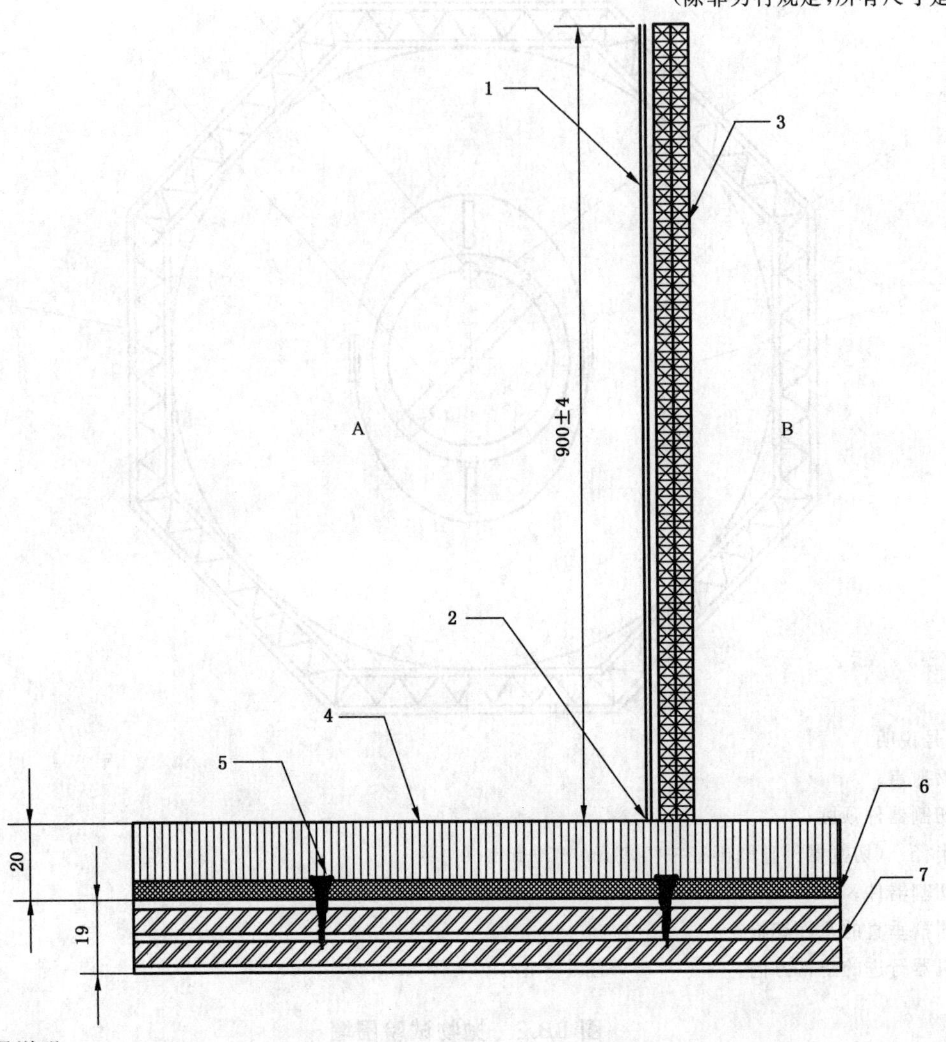

标引序号说明：

1 ——牛纸皮，必要时用，在靶板内表面点胶以确保紧贴在整个区域；

2 ——紧贴底座表面的靶板边缘，以防止钢球飞出试验围墙；

3 ——由楞槽垂直的最厚 9 mm 的双瓦楞硬纸板组成的靶板；

4 ——椰棕垫；

5 ——钉子；

6 ——聚氯乙烯(PVC)；

7 ——胶合板底座；

A ——试验围墙内部；

B ——试验围墙外部。

图 BB.3 试验围墙墙体和底座

单位为毫米

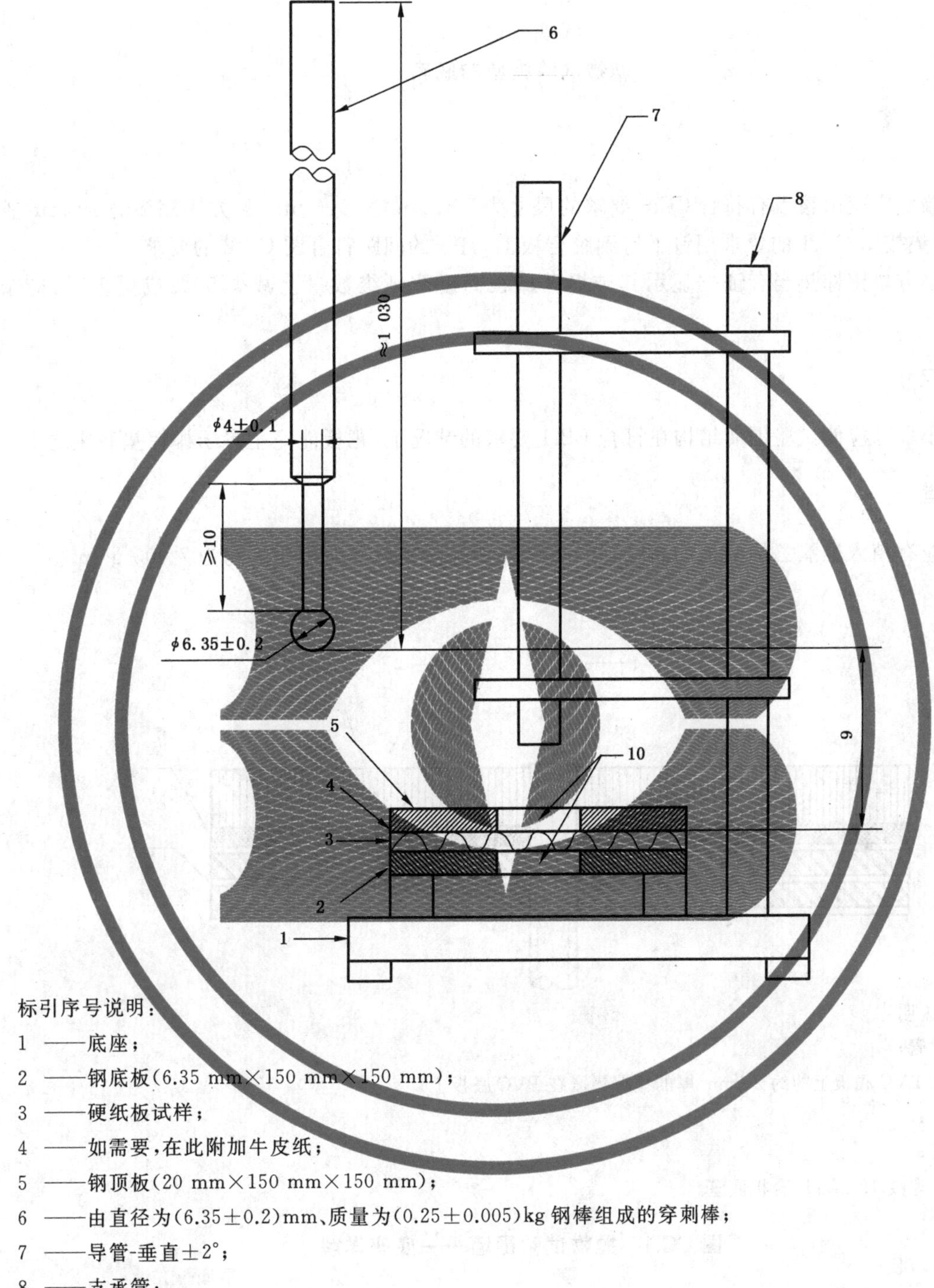

标引序号说明：

1 ——底座；

2 ——钢底板(6.35 mm×150 mm×150 mm)；

3 ——硬纸板试样；

4 ——如需要，在此附加牛皮纸；

5 ——钢顶板(20 mm×150 mm×150 mm)；

6 ——由直径为(6.35±0.2)mm、质量为(0.25±0.005)kg 钢棒组成的穿刺棒；

7 ——导管-垂直±2°；

8 ——支承管；

9 ——跌落高度；

10 ——两孔，直径(50±0.3)mm。

图 BB.4　瓦楞硬纸板穿透试验用工装

附 录 CC
（规范性）
抛物试验围墙的底座

CC.1 结构

试验围墙底座应由覆盖有符合 CC.3 要求的尺寸为 500 mm × 500 mm 见方椰棕垫的 19 mm 胶合板组成，椰棕垫按图 CC.1 的要求用钉子钉到胶合板上，钉子的间距符合图 CC.2 的要求。

任何一小方块椰棕垫当有证据显示其破损区域在高度或纤维数量上减少 50％或更多时，应予以更换。

CC.2 最小尺寸

底座最小尺寸应使试验围墙结构在符合 BB.1 要求的情况下，靶板能完全置于椰棕垫底座之上。

CC.3 椰棕垫

椰棕垫应有植入聚氯乙烯底板的高度约 20 mm 的纤维，其单位面积质量约为 7 000 g/m^2。

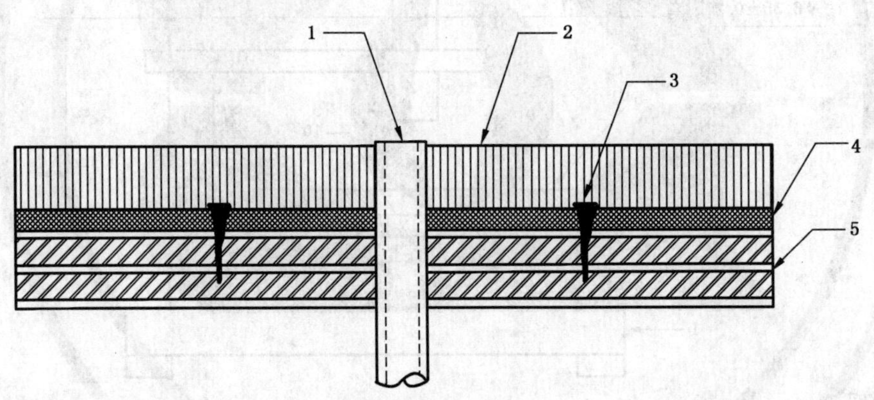

标引序号说明：
1——喷射管；
2——嵌在 PVC 底板上的约 20 mm 厚的椰棕垫嵌在 PVC 底板上；
3——钉子；
4——PVC；
5——标称厚度 19 mm 胶合板底座。

图 CC.1 抛物试验围墙——底座详解

单位为毫米
（所有尺寸为近似）

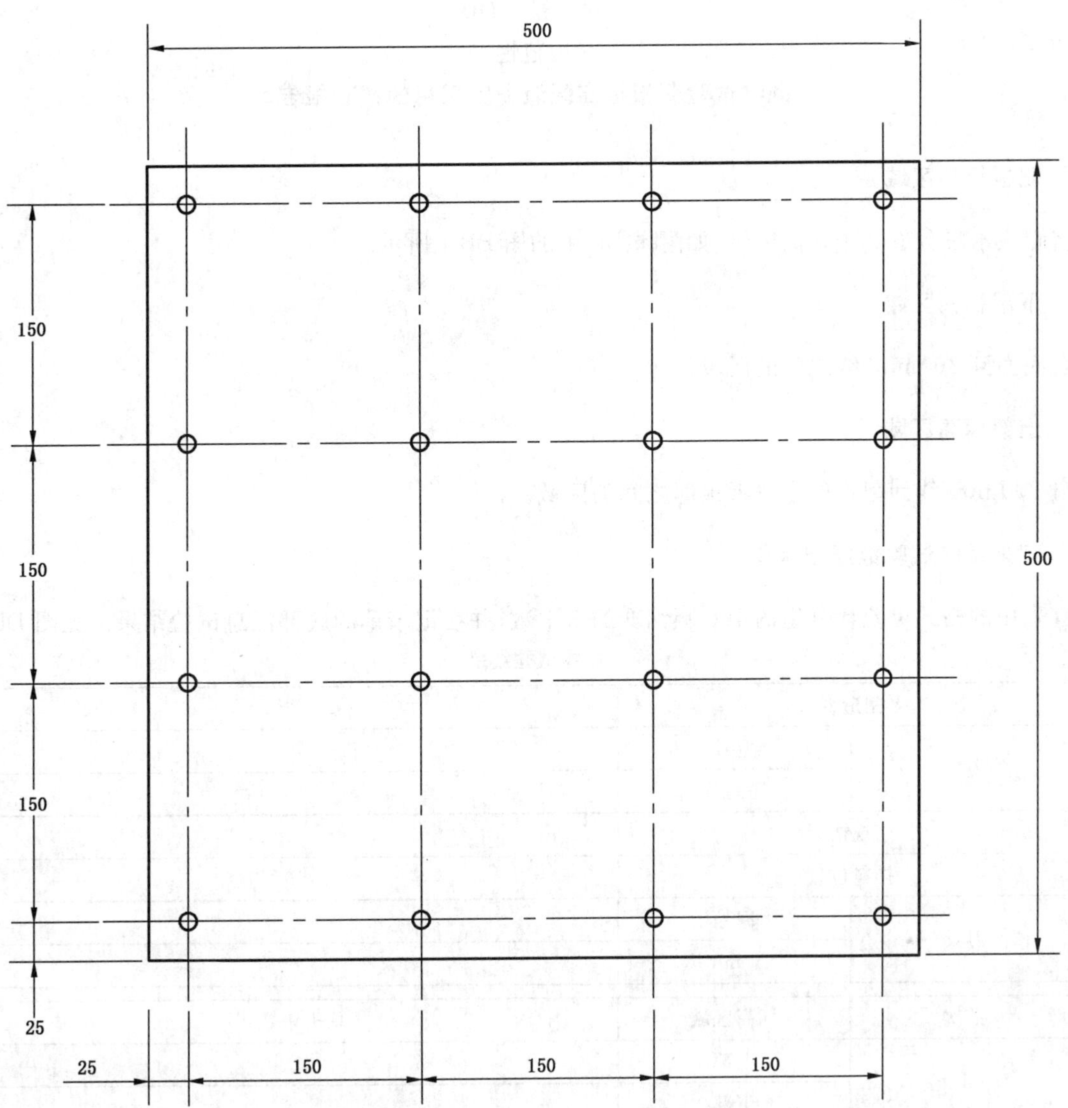

图 CC.2 试验围墙底座钉子分布图

附 录 DD
（规范性）
抛物试验靶板标高区域和宜采用的试验报告

DD.1 靶板标高区域

将靶板水平分成 2 个标高区域，如附录 BB 中的图 BB.1 所示。

DD.2 下部标高区域

自底面到 300 mm 线之间的区域。

DD.3 上部标高区域

自 300 mm 线到靶板的牛皮纸顶部之间的区域。

DD.4 宜采用的试验数据记录单

宜采用的格式可统计分组的 100 颗钢珠的击中数，并在记录单的底部汇总试验结果。见图 DD.1。

抛物试验结果

<table>
<tr><td colspan="2">制造商</td><td></td></tr>
<tr><td rowspan="2">类型</td><td>型号</td><td></td></tr>
<tr><td>序列号</td><td></td></tr>
<tr><td colspan="2">规格</td><td></td></tr>
<tr><td colspan="2">排料位置</td><td></td></tr>
<tr><td rowspan="2">刀具</td><td>编号</td><td></td></tr>
<tr><td>r/min</td><td></td></tr>
</table>

<table>
<tr><th>批次</th><th>标高区域</th><th>总击中数</th></tr>
<tr><td rowspan="2">1</td><td>上部</td><td></td></tr>
<tr><td>下部</td><td></td></tr>
<tr><td rowspan="2">2</td><td>上部</td><td></td></tr>
<tr><td>下部</td><td></td></tr>
<tr><td rowspan="2">3</td><td>上部</td><td></td></tr>
<tr><td>下部</td><td></td></tr>
<tr><td rowspan="2">4</td><td>上部</td><td></td></tr>
<tr><td>下部</td><td></td></tr>
<tr><td rowspan="2">5</td><td>上部</td><td></td></tr>
<tr><td>下部</td><td></td></tr>
<tr><td rowspan="3">试验汇总</td><td>上部合计</td><td></td></tr>
<tr><td>下部合计</td><td></td></tr>
<tr><td>所有区域总计</td><td></td></tr>
</table>

图 DD.1 宜采用的试验数据记录单

附 录 EE
（规范性）
安全标志

如使用安全标志，应符合图 EE.1～图 EE.7 的规定。

图 EE.1　安全标志图例——“警告：操作机器前请阅读使用说明书”

图 EE.1 所示安全标志的下半部分的符号可以用 ISO 7000：2014 中的符号 1641 替换，如图 EE.2 所示。

图 EE.2　图 EE.1 中的安全信息面板部分的可选安全标志（ISO 7000：2014 的安全标志 1641）

或用 ISO 7010:2011 中的符号 M002 替换,如图 EE.3 所示。

图 EE.3 图 EE.1 的安全信息面板部分的可选安全标志(ISO 7010:2011 的安全标志 M002)

图 EE.4 安全标志图例——“警告:工作时与机器保持安全距离”

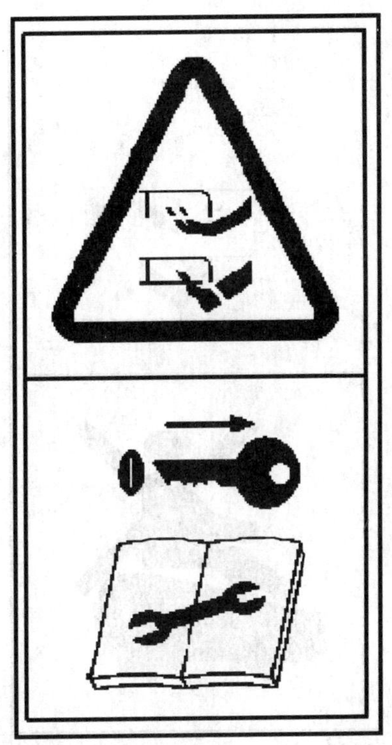

图 EE.5 安全标志图例——“警告:维护或抬起机器前移除禁用装置”

图 EE.6 安全标志图例——“警告:维护或抬起机器前开启禁用装置”

图 EE.7　安全标志图例——“警告:禁止跨骑在机器上”

附 录 FF
（资料性）
噪声测试方法——工程法(2 级精度)

FF.1 概述

本噪声测试方法规定了在标准化条件下对电池驱动智能草坪割草机的噪声发射特性进行有效测定所必需的信息。噪声发射特性包括发射声压级和声功率级。测定这些量值的目的是：

——制造商声明所发射的噪声；

——比较所关注的同族机器发射的噪声；

——用于在设计阶段从源头控制噪声。

使用本噪声测量方法可以保证测定的噪声发射特性在规定的限值内的再现性，该限值是由所用的基本噪声测量方法的精度等级确定的。本文件允许的噪声测量方法给出的结果为 2 级精度。

FF.2 A 计权声功率级的测定

为测定 A 计权声功率级，在下列修改或增加要求的情况下按 GB/T 3767—2016 的规定执行。

——反射面由 FF.4.1 中给出的人工地面或由 FF.4.2 给出的天然草坪代替。使用天然草坪结果的再现性可能要低于 2 级精度。发生争议时，测量在开阔场及人工地面进行。

——测量表面为半径为 r 的半球面，r 根据试验机器的切割宽度确定，为：

r=4 m(机器切割宽度为 1.2 m 及以下)；

r=10 m(机器切割宽度大于 1.2 m)。

——参照图 FF.1 和表 FF.1 的定义布置 6 个传声器。

——环境条件在测量设备制造商规定的限值内。环境温度在 5 ℃～30 ℃范围内，风速小于 8 m/s，宜小于 5 m/s。

——在开阔场测量时，K_{2A} 取作 0。

——在室内测量时，在没有人工地面时测定并符合 GB/T 3767—2016 附录 A 的 K_{2A} 值不大于 2 dB，此时，K_{2A} 取作 0。

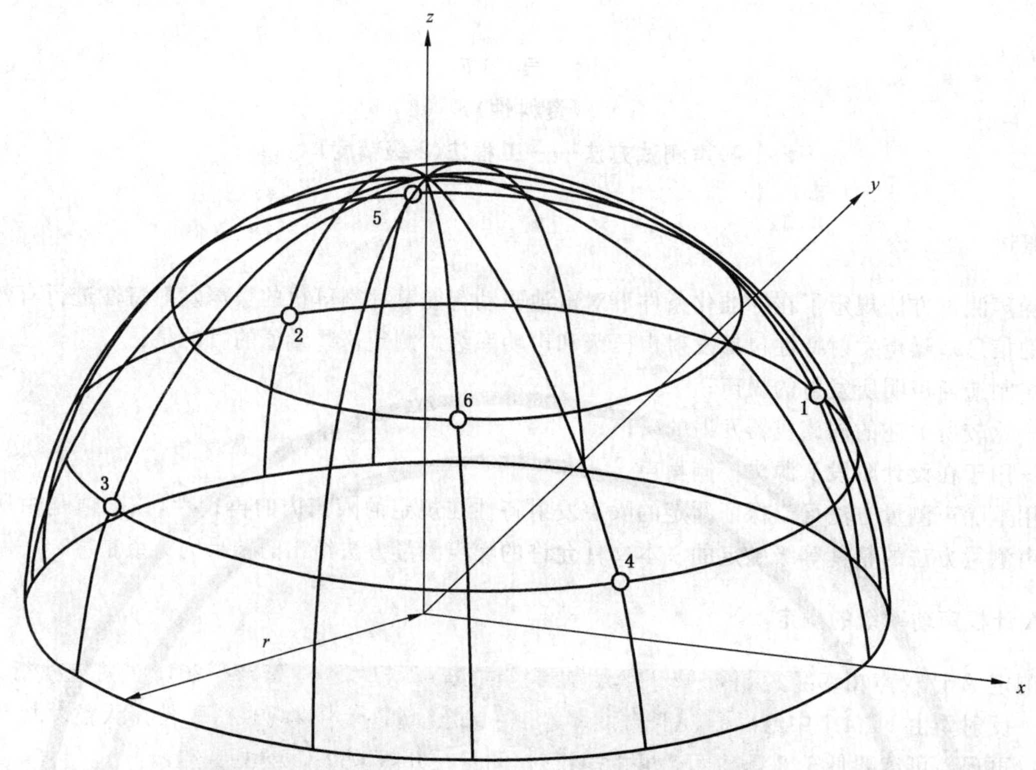

标引序号说明：

r——半球半径。

图 FF.1 半球面上的传声器位置(见表 FF.1)

表 FF.1 传声器位置的坐标

位置编号	x	y	z
1	$+0.65r$	$+0.65r$	$0.38r$
2	$-0.65r$	$+0.65r$	$0.38r$
3	$-0.65r$	$-0.65r$	$0.38r$
4	$+0.65r$	$-0.65r$	$0.38r$
5	$-0.28r$	$+0.65r$	$0.71r$
6	$+0.28r$	$-0.65r$	$0.71r$

测定声功率级时，传声器参照表 FF.1 的位置布置。

FF.3 A 计权发射声压级的测量

电池驱动智能草坪割草机的 A 计权声压级 L_{pA} 按 ISO 11203：1995 中的公式确定，单位为分贝(dB)见公式(FF.1)：

$$L_{pA} = L_{WA} - Q \qquad \text{(FF.1)}$$

式中：

$Q=8$，单位为分贝(dB)。

注：经过实验性研究确认，该 Q 值适用于电池驱动智能草坪割草机。在电池驱动智能草坪割草机上得到的 A 计权发射声压级等同于距电池驱动智能草坪割草机 1 m 处的表面声压级的值。选择的这个距离满足结果的再现性，不同电池驱动智能草坪割草机的声学性能可进行比较。

FF.4 试验地面的要求

FF.4.1 人工地面

按 GB/T 20247—2006 测量的人工地面的吸声系数符合表 FF.2 给出的数值。

表 FF.2 吸声系数

频率 Hz	吸声系数	公差
125	0.1	±0.1
250	0.3	±0.1
500	0.5	±0.1
1 000	0.7	±0.1
2 000	0.8	±0.1
4 000	0.9	±0.1

人工地面放置在坚硬的反射面上，尺寸不小于 3.6 m×3.6 m，放置于测试环境的中央。支承结构构造成，在有吸声材料时也符合对声学特性的要求。结构能支撑操作者，避免压缩吸声材料。

注：满足这些要求的材料和结构的例子见附录 GG。

FF.4.2 天然草坪

至少在所用测量表面的水平投影上，测量环境覆盖有高质量的天然草坪。测量前，草坪用割草机割至尽可能接近 30 mm 高度。表面清除修剪下的草屑，并且看不到潮湿、冰霜或雪。

FF.5 安装、装配和操作条件

在制造商提供的一台新的、有批量生产的标准设备上试验。如制造商提供了或机器带有集草器，装上且清空。

机器在静止位置上试验，牵引机构脱开，切割高度设置到最接近 30 mm 位置。如果牵引机构不能脱开，用支承块垫起机器到正好确保有离地间隙。试验期间，支承块尽可能小同时又能保证安全，且很好地避开切割器件。

开始噪声测量时，使用符合制造商规定的充满电的电池组。对于铅酸电池，当负载电池电压跌落至低于 0.9 倍开始测量时的负载电池电压时，或对于其他电池低于 0.8 倍时，测量不继续。

在电池组端子上测量电池电压。

试验期间，切割器件空载动作。

试验在最高电动机运行速度下进行。

使用电机转速仪检查电机转速，其精度为±2.5%。试验中，指示器及其与机器的连接不影响操作。

对声功率级的测定，以这样的方式将机器放在表面上测量：机器主体的几何中心的投影与传声器定位的坐标系统的原点位置重合。如果使用与 FF.4.1 要求相符的人工地面，它也放置得使其几何中心与传声器定位的坐标系统的原点位置重合。机器的长轴在 x 轴上，在没有操作者时进行测量。

FF.6 测量不确定度

发射声压级和声功率级的总测量不确定度取决于适用的噪声发射测量方法给定的标准偏差σ_{R0}，以及由不稳定操作和安装条件σ_{omc}带来的不确定度。总不确定度的结果由公式(FF.2)算出：

$$\sigma_{tot}=\sqrt{\sigma_{R0}^2+\sigma_{omc}^2} \tag{FF.2}$$

注1：σ_{tot}以前表示为σ_R。

假设发射声音的噪声源没有明显走调，2级精度方法的σ_{RO}的上界值约为1.5 dB。

注2：对于噪声发射相当稳定的机器，σ_{omc}可取为0.5 dB。在其他情况下，例如，大量有影响的物料进出机器或者物料流动以不能预测的方式变化时，取2 dB的值可能更合适。确定σ_{omc}的方法在基本测量标准中有描述。

扩展测量不确定度U，单位为分贝(dB)，按$U=k\sigma_{tot}$计算得出，k是包含因子。

注3：扩展测量不确定度取决于期望的置信度。为了将结果与限值比较，单边正态分布宜采用包含因子。此时，对应95%置信度的包含因子为$k=1.6$。更多信息见ISO 4871:1996。注意扩展不确定度U在ISO 4871:1996中表示为K。

FF.7 要记录的信息

记录的信息包含本噪声试验方法的所有技术要求。任何与本试验方法或适用的基础标准的偏差与这些偏差的技术说明一起记录。

FF.8 报告的信息

试验报告中至少包含准备噪声声明或验证声明值所需的信息。

至少包括下列信息：

——引用的基础噪声发射标准；

——安装和运行条件的描述；

——工作站位置和其他确定定L_{pA}的规定位置；

——测得的噪声发射值；

——不确定度。

确认满足了所有本文件的噪声测试方法的要求，或如果不是，标明任何未被满足的要求。说明与要求的偏差和给出偏差的技术说明。

FF.9 噪声发射值的声明和验证

根据ISO 4871:1996声明两位数的噪声发射值。声明发射声压级L_{pA}和声功度级L_{WA}及它们各自的不确定度K_{pA}和K_{WA}。

注：根据经验假定不确定度K_{pA}和K_{WA}约为3 dB。

噪声发射值四舍五入至最近的整数分贝。

噪声声明陈述噪声发射是按本噪声测量方法、ISO 11203:1995和GB/T 3767—2016测得。

否则，噪声发射声明清晰指出与本文件和/或基础标准的偏差。

如果要进行验证，使用与首次噪声发射值测定时用到的相同的安装、装配和操作条件，按照ISO 4871:1996的规定进行。

附 录 GG
（资料性）
符合人工地面要求的材料和结构示例

GG.1 材料

矿物纤维，厚 20 mm，空气阻力为 11 kN·s/m^4，密度为 25 kg/m^3。

GG.2 结构

如图 GG.1 所示，测量场地的人工地面分成九个接合面，每块约 1.2 m×1.2 m。图 GG.1 所示结构的支衬层(a)由 19 mm 厚刨花板组成，两边涂有塑料材料。这种板用途的例子是用作厨房家具。刨花板的截面应涂一层塑胶漆以防潮。在地面外侧用 U 型截面的铝型材(d)封边，型材腿高 20 mm。此型材的侧面用螺钉拧到接合面的边缘用作隔离和连接点。

在测量时放置机器的中部接合面以及其他操作者能站立的面上，安装腿长为 20 mm 的 T 型截面的铝型材(c)以用作隔离。这些部分也给机器对准测量场地的中部提供了精确的标志。然后在此准备好的板上覆盖切好尺寸的绝缘毛毡材料(b)。

接合面的毛毡地面（图 GG.1 中的 A 型表面），既不站人，也不在上面驱动机器，盖有一张简易金属丝网，并固定到边条和连接点上。将这些部分钻好孔。如此一来，材料能充分附着，并且变脏时仍然能更换毛毡材料。事实证明，网格宽为 10 mm，金属丝直径为 0.8 mm，叫做鸟笼金属丝的材料适合用作金属丝网。这种金属丝显示能充分保护表面且不影响声学条件。

然而，简易金属丝并不能充分保护行进区域（图 GG.1 中的 B 型表面）。对这些表面，事实证明适合用直径为 3.1 mm 的波纹钢丝做成网格宽度为 30 mm 的钢丝网。

上述测量场地的结构提供了两个优点：准备起来不需要太多时间和努力，且所有材料能方便获得。

假定地面如沥青或混凝土地面一样既平又硬，使得传声器位置不能直接位于测量场地的地面的正上方，传声器可简单地安装在架子上。

当安放传声器时，考虑结合测量场地的地板表面测定传声器的高度，所以，当从传声器下的地面测量时，高出 40 mm。

单位为毫米

(除非另行规定,所有尺寸是名义尺寸)

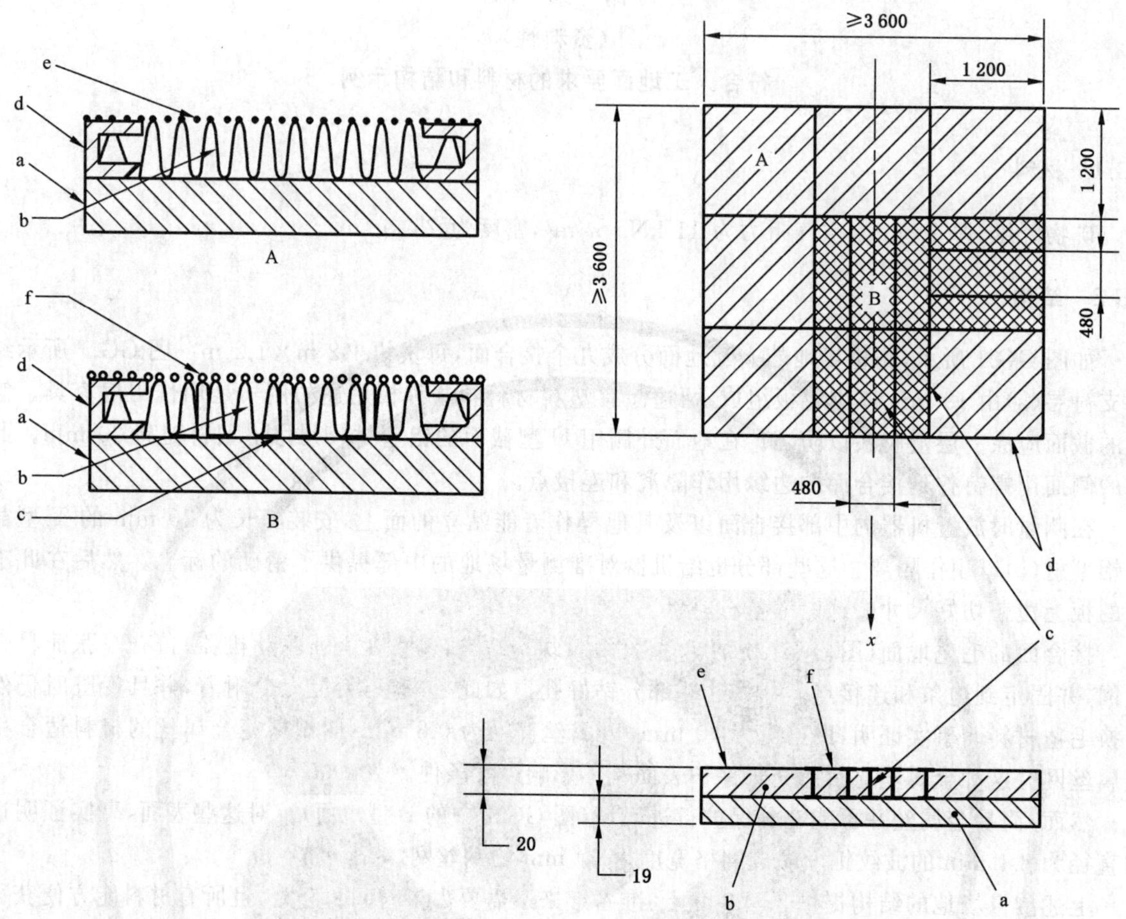

标引序号说明:

A ——不适合承重的表面。不要在上面站立或驱动机器。

B ——适合承重的表面。可以在上面站立或驱动机器。

a ——包覆塑胶的刨花板支衬层(标称厚度 19 mm);

b ——矿物棉纤维层(标称厚度 20 mm);

c ——T 型截面铝型材(标称 3 mm 厚×20 mm 高);

d ——U 型截面铝型材(标称 3 mm 厚×20 mm 高);

e ——金属丝网(网格标称 10 mm×10 mm,钢丝直径 0.8 mm);

f ——金属丝格栅(网格标称 30 mm×30 mm,钢丝直径 3.1 mm);

x ——附录 FF 中的轴线 x(见图 FF.1)。

图 GG.1 覆盖人工地面的测量表面草图(未按比例)

附 录 HH

（空）

附 录 II

（空）

附 录 JJ
（资料性）
抬起传感器、倾斜传感器、障碍物传感器和翻转传感器的操作

图 JJ.1～图 JJ.3 展示了抬起传感器、倾斜传感器、障碍物传感器和翻转传感器的操作。

图 JJ.1 22.105.3 抬起传感器(LS)和 22.105.1 倾斜传感器(TS)

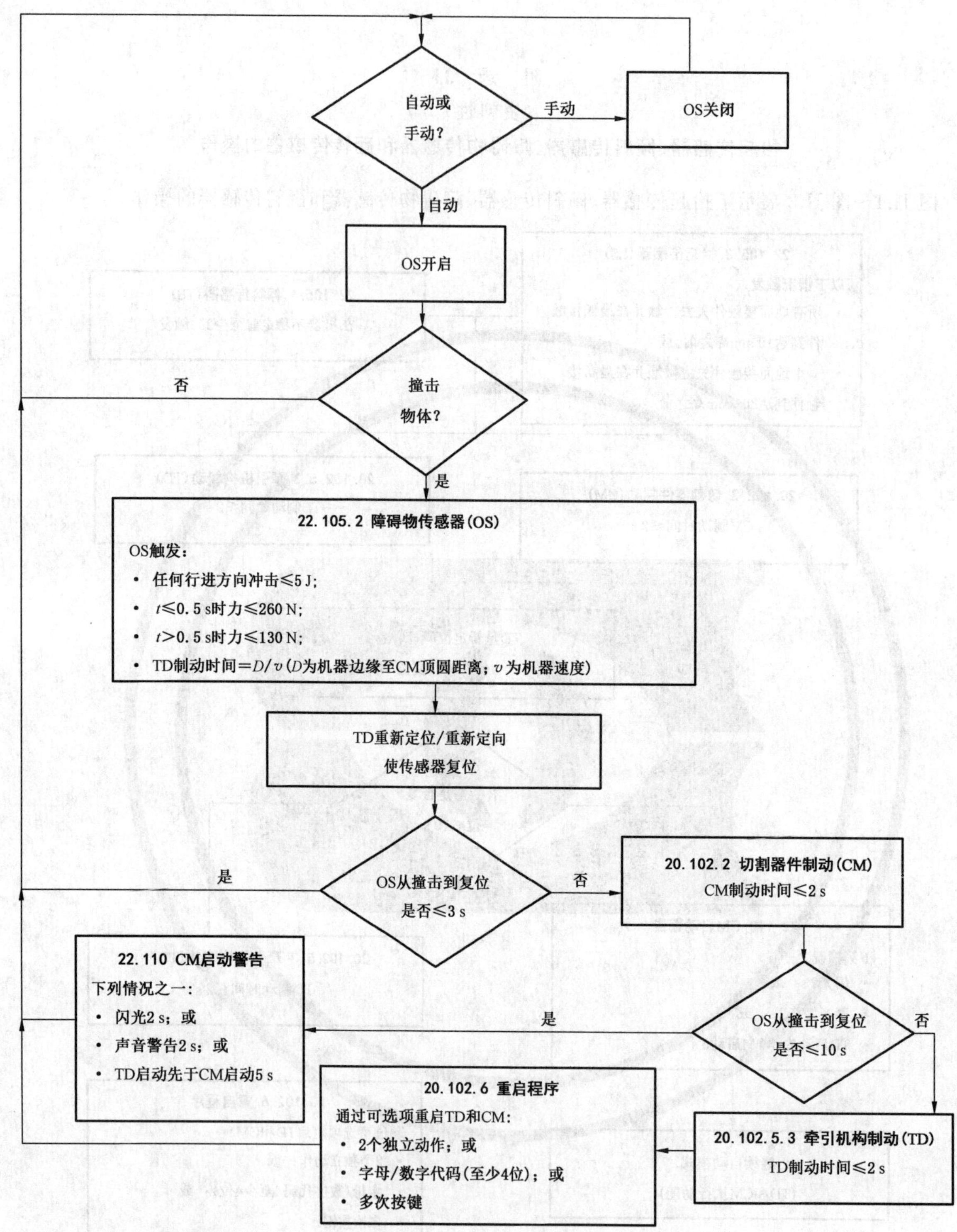

图 JJ.2　22.105.2 障碍物传感器(OS)

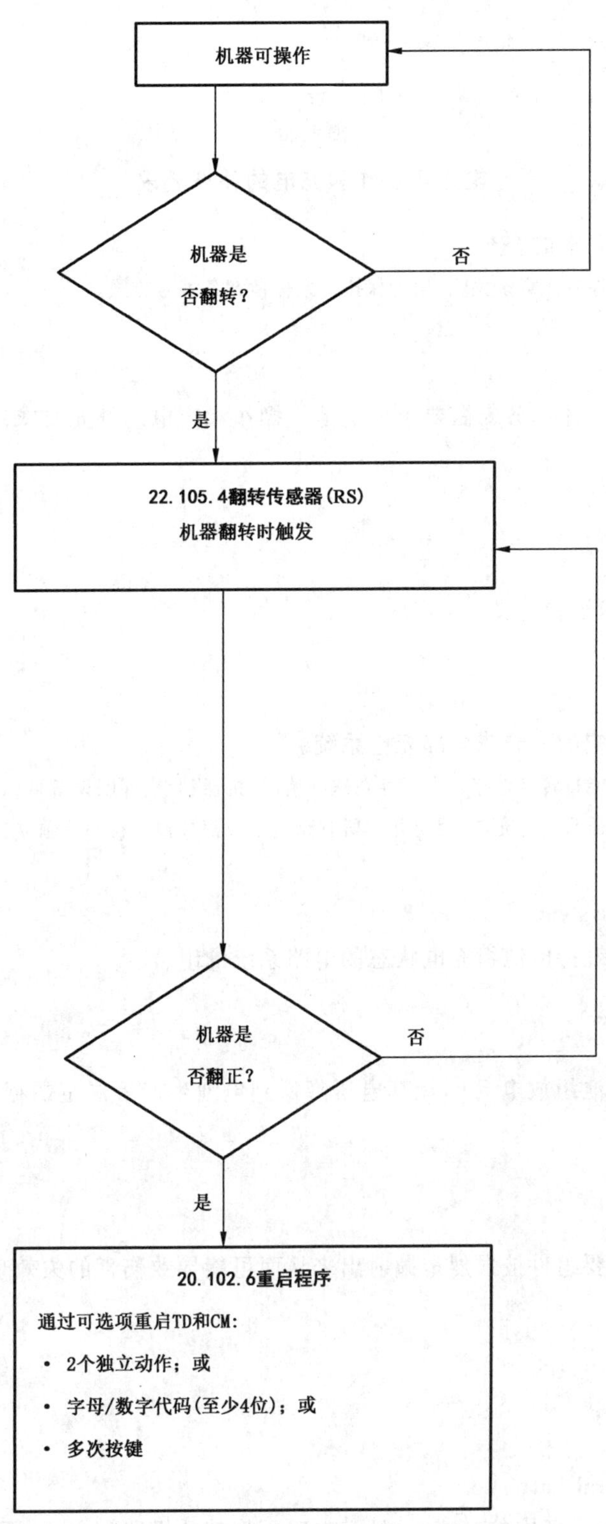

图 JJ.3　22.105.4 翻转传感器(RS)

附 录 KK
（规范性）
电池组操作和充电的补充要求

本附录是本文件主体要求的补充。

注：本附录不直接与本文件主体章条关联，但为保持一致保留章条编号方式。

KK.1 概述

本附录给出了本文件主体部分未做要求的电池组操作和充电的补充要求。

KK.2 空章

KK.3 术语和定义

本附录中，增加以下术语和定义。

KK.3.1

充电器 charger

包含在一个独立壳体中的部分或全部充电系统。

注：充电器至少包含部分能量转换电路。由于存在这种情况：机器和/或外围设备可以利用一根电源软线或内置一个连接到电源插座的插头进行充电，因此并非所有充电系统都被包含在一个独立充电器中。

KK.3.2

充电系统 charging system

用于充电、平衡和/或维持电池组充电状态的电路系统的组合。

KK.3.3

C_5 放电率 C_5 rate

将一节电池或一个电池组放电 5 h，让其电压降低到电池生产者规定的截止点时的电流，单位为安培(A)。

KK.3.4

爆炸 explosion

外壳猛然破裂并且主要组件被强烈地抛射出来从而可能导致伤害的失效现象。

KK.3.5

着火 fire

电池组发出火焰。

KK.3.6

整体式电池组 integral battery

包含在机器和/或外围设备中的电池组，且充电时不将其从机器和/或外围设备上取下。

注1：仅为废弃处置或回收目的而从机器和/或外围设备上取下的电池组被认为是整体式电池组。

注2：智能草坪割草机的电池组被认为是整体式电池组。

KK.3.7

锂离子电池系统 lithium-ion battery system

锂离子电池组、充电系统、机器和/或外围设备，以及在机器和/或外围设备在工作或充电期间它们之间可能存在连接的组合。

KK.3.8

最大充电电流　maximum charging current

电池在电池生产者规定的并经 IEC 62133(所有部分)评定过的特定温度范围内充电时可通过的最高电流。

KK.3.9

指定工作区域　specified operating region

锂离子电池工作允许的范围,由电池参数限值表示。

KK.3.9.1

指定的充电工作区域　specified operating region for charging

锂离子电池充电时在电池生产者规定的并经 IEC 62133(所有部分)评定过的电压和电流范围运行的条件。

KK.3.10

充电电压上限　upper limit charging voltage

一节锂离子电池在电池生产者规定的并经 IEC 62133(所有部分)评定过的特定温度范围内充电时允许的最高电压。

KK.3.11

泄/放气　venting

当电池按预先设计释放过量内压而产生的状况,以防止爆炸发生。

KK.4　空章

KK.5　试验的一般要求

KK.5.1　当测量电压时,任何大于平均值 10% 的叠加纹波值应包含在内。瞬态电压可忽略,例如从充电器上取下后,其电压的瞬时升高。

KK.5.2　测量锂离子电池系统中电池的电压时,应采用截止频率为 5 kHz±500 Hz 的单极容抗低通滤波器。如果测量值大于最大充电电压限值,应使用流经上述网络后的电压峰值。测量误差应为±1%。

KK.5.3　某些试验可能导致着火或爆炸。因此要保护人员避免因此类爆炸受到的伤害:例如飞溅的碎片、爆炸冲力、突然的热喷射、化学灼伤及强光和噪声。试验区域应保持良好通风以避免人员因可能产生的有害浓烟或气体而受到伤害。

KK.5.4　除非另有规定,所有电池组应完全按下述条件进行处置:应将电池组完全放电后再根据生产者说明书的规定充电。再重复进行上述程序,且每次放电后间隔至少 2 h 再充电。

KK.5.5　测量锂离子电池的温度时,热电偶应布置在电池外表面温度最高处、且沿最长边尺寸的中间位置。

KK.5.6　电池组充电电流值应为平均间隔 1 s～5 s 测得的平均电流。

KK.5.7　除非另有规定,否则应采用充满电的电池组。试验前,充满电的电池组从充电系统上取下后,应在环境温度为(20±5)℃的中放置至少 2 h,但不应大于 6 h。

KK.5.8　当电池组仅由一节电池构成时,应忽略本文件对串联电池中每一节电池的特殊制备要求。

KK.5.9　在进行那些需要在测试前改变单节电池的充电量的测试时,对于并联后再串联的电池组,其并联电池应视为一个电池。

KK.5.10　普通电池化学材料的放电终止电压:

——对镍镉(NiCd)、镍氢(NiMH)电池组,0.9 V/节;

——对铅酸电池组,1.75 V/节;

——对锂电池组,2.5 V/节,除非生产者规定不同电压。

KK.6　空

KK.7　空

KK.8　空

KK.9　空

KK.10　空

KK.11　空

KK.12　锂离子电池系统的正常充电

正常条件下对锂离子电池组充电时应不能超过其电池指定的充电工作区域。

通过如下试验来检验。

对完全放电电池组按充电系统的说明进行充电。测试在(20±5)℃的环境温度中进行，且：

——如果机器和/或外围设备宜在低于4 ℃的温度 T 下操作，则测试还应在该温度 $T_{-5}^{\ 0}$ ℃的温度中进行；

——如果机器和/或外围设备宜在高于40 ℃的温度 T 下操作，则测试还应在该温度 T_{0}^{5} ℃温度中进行。

监测每一节电池的电压、按K.5.5测量得到的温度和充电电流。对于含并联回路的电池组，通过分析可以不需要监测并联支路的电流。测量结果不应超过其电池的指定充电工作区域(例如，与温度相关的电压和电流限值)。

注1：以下为此类分析的示例：如果充电器的最大输出电流不超过单节电池的最大充电电流，就不需要监测每一并联支路的充电电流。

对于串联结构的电池组，需在一个特定的不均衡电池上重复测试。通过对一个完全放电电池组中的一节电池充电，使其达到满充电的约50%来实现不均衡。

如果通过测试和/或设计评估证明在正常使用中产生的不均衡低于50%，则可以用该不均衡值进行测试。

注2：此类设计的示例：电池包中有用于维持电池之间均衡的电路。在实际使用中，如果电路监测到电池组存在一个较小的初始不均衡时，机器就会停止正常的操作，那么这个由数量较少的电池串联成的电池组显示出有限的不均衡性。

注3：重复测试的示例：根据生产者的使用说明，对一个电池组重复充放电直到其容量降低到额定容量的80%，使用最终的不均衡值进行测试。

KK.13　空

KK.14　空

KK.15　空

KK.16　空

KK.17　空

KK.18　空

KK.19　不正常操作

KK.19.1　锂离子充电系统

本条仅适用于装有锂离子电池组的机器。

锂离子电池系统的充电系统和电池组应设计得尽可能避免充电时的不正常操作所引起的着火和爆炸危险。

通过下列试验来检验。

含有机器和充电站或外围设备和包含充电系统组件的充电器的试样放置在盖有2层绢纸的软木面上;试样上盖有1层未经处理的纯棉医用纱布。锂离子电池系统按使用说明书的规定在以下a)～d)所列的所有不正常条件下运行。

a) 如果依据电路分析得到的结论不确定,则充电系统中的元件应按照KK.19.6a)～f)故障条件,一次施加一种故障。就每一故障试验,充电前的电池组状态如下:
   1) 串联电池组应预置成不均衡。通过对一个完全放电电池组中一节电池充电使其容量达到满电的约50%来产生不均衡;或
   2) 如果KK.12的测试是在低于50%的不均衡条件下进行的,则串联电池组的预置不均衡应与KK.12相同;或
   3) 单节电池或仅存在并联结构的电池组应完全放电。
b) 如果电路的功能决定了KK.12的试验只能在低于50%的不均衡条件下进行,并且电路中的任何元件的失效将导致该功能缺失,则串联的电池组应在预置不均衡条件下进行充电。通过对一个完全放电电池组中一节电池充电使其容量达到满电的约50%来产生不均衡。
c) 对于一个串联电池组,除了被短路的那一节电池,其余所有的电池都处于约50%的满电状态。然后对电池组充电。
d) 将充满电的电池组联接到充电器上,对充电系统中的一个元件或可能产生最不利结果的印制电路板上的相邻导线(通道)进行短路来评估电池组的反馈情况。对于通过软线连接到电池组的充电器,需在(软线上)可能产生最恶劣结果处进行短路。短路电阻的阻值应不大于10 mΩ。

试验中,应连续监测每节电池的电压以确认是否大于其限值。电池可泄气。

试验一直持续到试样失效,温度回到室温的5 K以内,或如果以上条件均未发生,则试验持续至少7 h或正常充电周期的2倍时间,取时间较长者。

如果下述所有条件均满足,则认为通过试验。

——试验中未发生爆炸。

——纱布或绢纸未炭化或燃烧。所谓的炭化是指纱布由于燃烧而变黑。由于烟雾导致的纱布变色是可以的。短路器件本身导致绢纸或纱布的炭化或灼烧不被认为是失效的。

——电池电压应不大于其充电电压上限150 mV,如果大于,则充电系统应永久无法再对电池组进行充电。为确定是否无法再充电,整体式电池系统用被试机器和/或充电设备放电到约50%电量,可拆卸电池系统用一个新的机器和/或试样放电到约50%电量,然后再对其正常充电。在充电10 min或补充充电额定容量的25%(取最先达到者)后,应不再有充电电流;和

——电池泄气应无违反KK.22.2的损坏的迹象。

KK.19.2 锂离子电池的短路

本条仅适用于锂离子电池系统。

当一个机器和/或外围设备里的串联式整体式电池组的主放电联接在极端不均衡条件下被短路时,不应有着火或爆炸的危险。

通过下述试验来检验。

试验时电池组除一节电池完全放电外,其余电池充满电。

含有整体式电池组的机器和/或外围设备放置在盖有2层绢纸的软木面上,试样上盖有1层未经处理的纯棉医用纱布。

用不大于10 mΩ的电阻短路电池组的主放电联接回路。试验一直进行到试样失效或试样的温度回到室温的5 K范围内。试验期间和试验后不应发生爆炸。试验后,纱布或绢纸应没有炭化或燃烧。

电池可泄气。

所谓的炭化是指纱布由于燃烧而变黑。由于烟雾导致的纱布变色是可以的。短路器件本身导致绢纸或纱布的炭化或灼烧不被认为是失效的。

在上述试验中,用于中断放电电流的熔断器、热断路器、热熔体、限温器和电子装置或任何元器件、导体可以动作。如果依赖于上述零件通过测试,则应用2个附加试样分别重复此试验,且电路应以同样方式断开,除非试验以其他方式圆满完成。也可以通过将开路的装置短路这种方式重复试验来代替。

KK.19.3 非锂离子电池组——过充

非锂离子型的电池组成的电池组应能承受过度充电,无着火或者爆炸的危险。

通过以下试验来检验。

含有电池组的机器和/或外围设备放置在盖有2层绢纸的软木面上,并盖有1层未经处理的纯棉医用纱布。电池组以10倍的 C_5 放电率充电1.25 h,应不会发生爆炸,且纱布或绢纸未炭化或燃烧。所谓的炭化是指纱布由于燃烧而变黑。由烟雾导致的纱布变色是可以的。电池可泄气。

KK.19.4 不正常放电

在电池供电下运行时,机器和/或外围设备及其电池包应设计得尽可能避免不正常操作所引起的着火或电击危险。

通过下列试验来检验。

应施加下列a)～e)的不正常条件。

机器和/或外围设备、电池包和d)的软线(视情形)放置在盖有2层绢纸的软木面上,试样上盖有1层未经处理的纯棉医用纱布。在进行试验b)、c)和e)时,开启机器和/或外围设备且不施加额外的机械负载。试验一直进行到试样失效或试样的温度回到室温的5 K范围内,或如果以上条件均未发生,则试验持续至少3 h。可使用新试样分别进行下列每个故障。试验期间和试验后不应发生爆炸。应有足够的对第8章规定的防电击能力。纱布或绢纸应没有炭化或燃烧。电池可泄气。

所谓的炭化是指纱布由于燃烧而变黑。由于烟雾导致的纱布变色是可以的。a)、b)、d)和e)中的短路电阻应不大于10 mΩ。短路器件本身导致绢纸或纱布的炭化或灼烧不被认为是失效的。

在上述试验中,用于中断放电电流的熔断器、热断路器、热熔体、限温器和电子装置或任何元器件、导体可以动作。如果依赖于上述零件通过测试,则应用2个附加试样分别重复此试验,且电路应以同样方式断开,除非试验以其他方式圆满完成。也可以通过将开路的装置短路这种方式重复试验来代替。

a) 将可拆卸电池包的外露端子的组合短路以产生最恶劣的结果。可用IEC 61032:1997中的试具B或试具13触及的电池包端子被认为是外露的。短路的方式或其部位不应致使绢纸或医用纱布炭化或点燃受影响;

b) 一次短路一个电动机端子;

c) 一次锁定一个电动机转子;

d) 机器和充电器之间或外围设备与其充电器之间的任何软线在可能产生最不利影响的地方被短路;

e) 对于不满足29.101距离要求的任意两个未绝缘的不同极性零件进行短路。可用电路分析判断某处是否需要短路。封装的未绝缘零件不进行试验。

KK.19.5 对不借助于工具电池组能被取下并且端子能用细直棒短路的机器和/或外围设备,将电池组的端子短路,电池组完全充满电。

KK.19.6 考虑下列故障条件,如有必要,一次施加一种故障,要考虑随之发生的故障。

a) 任何元件端子的开路。

b) 电容器的短路,除非它们符合IEC 60384-14。

c) 除集成电路外,电子元件任意两个端子的短路。该故障不适用于光电耦合器的两个电路之间。

d) 晶闸管失效成二极管模式。

e) 微处理器和集成电路的失效，诸如晶闸管和双向可控硅之类的元件除外。需考虑元件发生内部故障时所有可能的输出信号。如果表明某个特殊输出信号不会产生，则相关故障不予考虑。

f) 部分开启模式下失去栅极(基极)控制的电子功率开关装置的失效。

注1：此模式可以这样模拟：断开电子功率开关装置的栅极(基极)端子，并在电子功率开关装置的栅极(基极)端子和源极(发射极)端子间连接一个外部可调电源，然后调节电源达到虽不破坏电子功率开关装置但会给予最苛刻试验条件的电流值。

注2：电子功率开关装置的示例是场效应晶体管(FET 和 MOSFET)和双极晶体管(包括 IGBT)。

如果用其他方法不能评估电路，故障条件 e)适用于封装和类似元件。

KK.20 机械危险

KK.20.1 锂电外壳压力试验

本条只对锂离子电池组适用。

锂离子电池组的外壳应设计得可以安全释放因泄气而产生的气体。

通过检查确认是否符合 a)或通过试验 b)来检验：

a) 外壳上允许气体直通释放的开孔的总面积应大于或等于 20 mm^2；或

b) 外壳应通过以下试验：

通过一个直径为(2.87±0.05)mm 的孔向带有整体式电池组的机器和/或外围设备的外壳传输初始压力为 2 070 kPa(偏差为±10%)的空气共 21 mL(偏差为±10%)。壳体内的压力在 30 s 内应降低到 70 kPa 以下。外壳不应产生不符合本文件要求的破裂。因试验装置的需要，可以向壳体内多加体积不大于 3 mL 的气体。

KK.21 空

KK.22 结构

KK.22.1 机器应不能使用通用电池组(无论是原电池还是可充电电池)作为主要功能的能源。

通过观察来检验。

KK.22.2 如果安全依赖于锂离子电池的泄气，则泄气孔不应受阻。

通过观察来检查，如有怀疑，通过在 KK.19.4a)、b)和 c)的不正常试验来检查电池，要确保除了从电池泄气孔泄气外没有任何其他的泄气方式。

KK.23 空

KK.24 组件

KK.24.1 机器和/或外围设备中所用的含碱性或其他非酸性电解质可充电电池应符合 IEC 62133(所有部分)。

通过观察来检验。

KK.24.2 机器或其电池包中所用的可充电电池不应是锂金属类型的。

通过观察来检验。

注：锂离子电池不是锂金属电池。

KK.24.3 机器和/或外围设备中所用的电池或电池包中所用的电池应密封。

通过观察来检验。

注：术语密封的理解是电芯内部材质不暴露在大气压力下。它并不妨碍通过泄气防止过度内部压力。

参 考 文 献

除了以下部分,IEC 60335-1:2020 的参考文献适用:

增加:

[1] GB/T 36008—2018 机器人与机器人装备协作机器人(ISO/TS 15066:2016,IDT)

[2] ISO 2758:2003 Paper—Determination of bursting strength

[3] ISO 3304:1985 Plain end seamless precision steel tubes—Technical conditions for delivery

[4] ISO 3305:1985 Plain end welded precision steel tubes—Technical conditions for delivery

[5] ISO 3306:1985 Plain end as-welded and sized precision steel tubes—Technical conditions for delivery

[6] ISO 4046:2002 Paper,board,pulp and related terms—Vocabulary

[7] ISO 4200:1991 Plain end steel tubes,welded and seamless—General tables of dimensions and masses per unit length

[8] ANSI/ITSDF B56.5-2012 Safety standard for driverless,automatic guided industrial vehicles and automated functions of manned industrial vehicles

[9] EGMF RLM003-1.1/2016 Robotic mowers boundary wire standard

[10] ETSI EN 303 447 Short range devices (SRD); Inductive loop systems for robotic mowers in the frequency range 0 Hz to 148,5 kHz; Harmonised standard covering the essential requirements of article 3.2 of Directive 2014/53/EU[1)]

1) 正在考虑中。

ICS 25.140.20
K 64

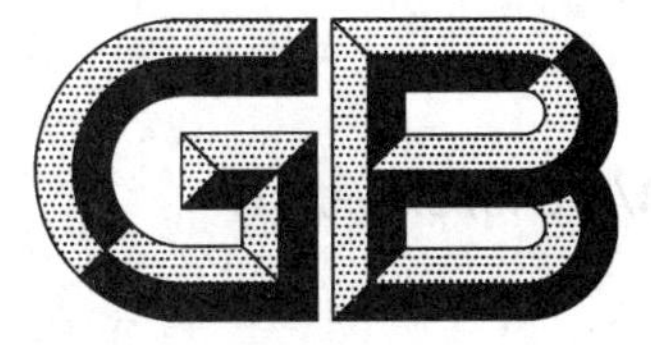

中华人民共和国国家标准

GB/T 34570.1—2017

电动工具用可充电电池包和充电器的安全 第1部分:电池包的安全

Safety for rechargeable battery packs and chargers for electric tools—Part 1:Safety for rechargeable battery packs

2017-09-29 发布 2018-04-01 实施

中华人民共和国国家质量监督检验检疫总局
中国国家标准化管理委员会 发布

前 言

GB/T 34570《电动工具用可充电电池包和充电器的安全》分为以下部分：

——第1部分：电池包的安全；

——第2部分：充电器的安全。

本部分为GB/T 34570的第1部分。

本部分按照GB/T 1.1—2009给出的规则起草。

本部分由中国电器工业协会提出。

本部分由全国电动工具标准化技术委员会(SAC/TC 68)归口。

本部分起草单位：上海电动工具研究所(集团)有限公司、江苏金鼎电动工具集团有限公司、百得(苏州)精密制造有限公司、南京德朔实业有限公司、东莞创机电业制品有限公司、麦太保电动工具(中国)有限公司、博世电动工具(中国)有限公司、牧田(中国)有限公司、苏州宝时得电动工具有限公司、慈溪市贝士达电动工具有限公司、弘大集团有限公司、宁波汉浦工具有限公司、德州仪器公司、东莞赛微微电子有限公司、江苏海四达电源股份有限公司、浙江博大实业有限公司、浙江三锋实业股份有限公司、浙江亚特电器有限公司、江苏天鹏电源有限公司。

本部分主要起草人：潘顺芳、徐鹏、周宝国、曹振华、顾菁、侯钢、陈勤、张国峰、李邦协、陈建秋、袁昌松、李彬、袁贵生、丁玉才、彭艳玲、俞黎明、陈学群、陈会甫、许允岚、周军、唐琛明、胡丽姬、孙亮亮、丁俊峰、沈春平。

电动工具用可充电电池包和充电器的安全 第1部分:电池包的安全

1 范围

GB/T 34570 的本部分规定了由可充电电池供电的手持式、可移式电动工具和园林工具的可拆卸或分体式电池包、整体式电池组的安全要求。

本部分适用于最大标称电压为直流 75 V 的电池包。

本部分不适用于:

——由使用者安装使用的通用电池包或电池组;

——铅酸蓄电池;

——锂金属类型电池包、电池组;

——充电器的安全。

2 规范性引用文件

下列文件对于本文件的应用是必不可少的。凡是注日期的引用文件,仅注日期的版本适用于本文件。凡是不注日期的引用文件,其最新版本(包括所有的修改单)适用于本文件。

GB/T 3883.1—2014 手持式、可移式电动工具和园林工具的安全 第1部分:通用要求

GB/T 5169.11—2006 电工电子产品着火危险试验 第11部分:灼热丝/热丝基本试验方法 成品的灼热丝可燃性试验方法

GB/T 5169.16—2008 电工电子产品着火危险试验 第16部分:试验火焰 50 W 水平与垂直火焰试验方法

GB/T 5169.21—2006 电工电子产品着火危险试验 第21部分:非正常热 球压试验

GB/T 16842—2008 外壳对人和设备的防护 检验用试具

GB/T 16855.1—2008 机械安全 控制系统有关安全部件 第1部分:设计通则

GB/T 17626.2—2006 电磁兼容 试验和测量技术 静电放电抗扰度试验

GB 21966—2008 锂原电池和蓄电池在运输中的安全要求

GB/T 22084.1—2008 含碱性或其它非酸性电解质的蓄电池和蓄电池组 便携式密封单体蓄电池 第1部分:镉镍电池

GB/T 22084.2—2008 含碱性或其它非酸性电解质的蓄电池和蓄电池组 便携式密封单体蓄电池 第2部分:金属氢化物镍电池

GB/T 28164—2011 含碱性或其它非酸性电解质的蓄电池和蓄电池组 便携式密封蓄电池和蓄电池组的安全性要求

IEC 61960 碱性或其他非酸性电解质的蓄电池 便携式锂蓄电池(Secondary cells and batteries containing alkaline or other non-acid electrolytes—Secondary lithium cells and batteries for portable applications)

3 术语和定义

下列术语和定义适用于本文件。

3.1

电池 cell

由电极、电解质、容器、端子,通常还带有隔膜共同装配而成,实现化学能直接转化提供电能的基本功能的电化学单元。

3.2

电池组 battery

用以提供工具电能的一个或多个电池的组合。

3.3

电池包 battery pack

电池组、电池管理(控制)和壳体的组合。

注:电池管理(控制)除与电池组和壳体组合一个整体外,它可设置在电池式工具的主体,或开关组件中,也可以设置在电池式工具配套的充电器中。

3.4

充电系统 charging system

用于充电、平衡和/或维持电池组充电状态的电路系统的组合。

3.5

电池系统 battery system

电池包、充电系统和工具及使用时三者之间可能存在连接的组合。

3.6

电池式工具 battery tool

由可充电电池供电的工具。

3.7

C_5 放电率 C_5 rate

将一个电池或电池组放电 5 h,让其电压降低到电池生产者规定的截止点时的电流值。

3.8

充电器 charger

包含在一个独立壳体中的部分或全部充电系统。但充电器至少应包含全部能量转换电路。

注:由于存在这种情况下,工具可以利用一根电源软线或内置一个连接到电源插座的插头进行充电,因此一个独立充电器并非包含所有充电系统。

3.9

可拆卸电池包 detachable battery pack

包含在一个独立于电池式工具的壳体的电池包,且充电时将其从工具上取下。

3.10

破裂 rupture

由电池的容器或电池包壳体的损坏,导致气体排出、液体溢出或固体的喷出,但未发生爆炸的状态。

3.11

爆炸 explosion

电池包外壳猛然破裂并且主要组件抛射出来,从而可能导致的伤害。

3.12

着火 fire

电池包发出火焰。

3.13

充满电 fully charged

对电池或电池组充电,直到与工具一起使用的电池充电系统允许的最满充电状态。

3.14

完全放电电池组/电池　fully discharged battery/cell

电池组或电池以 C_5 放电率放电直到出现下述条件之一，除非生产者另行规定了一个放电终止电压：

——因保护电路(动作)而停止放电；

——电池组达到总电压，即每一个电池的平均电压达到电池化学材料最终放电电压；

——单个电池的电压达到电池化学材料最终放电电压。

3.15

通用电池包/电池组　general purpose battery packs/ batteries

由不同生产者提供的、通过多种途径销售的用于不同生产者的各种产品的电池包或电池组。

3.16

危险电压　hazardous voltage

零件之间的电压，其直流平均电压大于 60 V 或在交流峰-峰纹波值超过平均值 10%时大于 42.4 V 峰值电压。

3.17

整体式电池组　integral battery

包含在电池式工具中的电池组，且充电时不将其从工具上取下。

注：仅为废弃处置或回收目的而从电池式工具上取下的电池组被认为是整体式电池组。

3.18

预期使用　intended use

按生产者提供的信息，对产品(包括其零件、配件、说明和包装)、过程或服务的使用。

3.19

泄漏　leakage

电池包以非设计预期的形式漏出电解质、气体或其他物质的状态。

3.20

最大充电电流　maximum charging current

电池在电池生产者规定的并经 GB/T 28164—2011 评定过的特定温度范围内充电时允许通过的最高电流。

3.21

标称电压　nominal cell voltage

在电池包上标识的并由生产者声明的电池包电压。

3.22

过热　overheat

电池包在充、放电过程中外壳温度升高至 170 ℃以上的状态。

3.23

额定容量　rated capacity

在额定的条件下测得的并由生产者声明的电池包容量。

3.24

合理可预见使用　reasonably foreseeable use

未按生产者的规定对产品、过程或服务的使用，这种结果是由很容易预见的人为活动所引起的。

3.25

分体式电池包　separable battery pack

包含在一个独立于电池式工具的壳体中的电池包，通过软线将其与电池式工具连接。

3.26

指定的充电工作区域　specified operating region for charging

锂离子电池充电时在电池生产者规定的并经 GB/T 28164—2011 评定过的电压和电流范围运行的条件。

3.27

充电电压上限　upper limit charging voltage

一个锂离子电池在电池生产者规定的并经 GB/T 28164—2011 评定过的特定温度范围内充电时允许的最高电压。

3.28

泄放/气　venting

电池按预先设计释放过量内压，以防止爆炸的发生。

4　一般要求

4.1　电池包的设计和结构应在电池式工具的预期使用和合理可预见使用条件下保证安全工作，不能对人身或周围环境发生危险。

4.2　电池包含碱性或其他非酸性电解质的电池或电池组的安全，对镍镉电池、金属氢化物镍电池和锂离子电池应符合 GB/T 28164—2011 的规定；镍镉电池的性能应符合 GB/T 22084.1—2008 的规定，金属氢化物镍电池的性能应符合 GB/T 22084.2—2008 的规定，锂离子电池的性能应符合 IEC 61960 的规定。

4.3　电池包作为电池式工具的关键功能的组件或部件应符合 GB/T 3883.1—2014 的要求。

5　试验一般条件

5.1　符合本部分的试验为型式试验。试验应由有经验的技术人员在采取适当防护措施，按程序进行检验，防止有可能造成的伤害。

5.2　电池组、电池管理(控制)和壳体组合成整体的电池包。试验在各单独的试样上进行，但可按生产者要求，使用较少的试样。电池管理(控制)设置在电池式工具主体，或开关组件的试样应连同电池式工具一起试验；电池管理(控制)如果设置在配套的充电器中，试样试验应连同配套的充电器一起进行。

5.3　如果从电池式工具或电池包的结构上，认为某一特定试验显然不适用，则可不进行该项试验。

5.4　试验在无通风且环境温度为(20±5)℃的场所进行。

如果任何部位所能达到的温度受到温度敏感装置的限制，或受环境温度的影响，则环境温度应维持在(23±2)℃。

5.5　除非另有规定，电池包在标称电压下的试验应在充满电的电池包上进行。

5.6　当测量电压时，任何大于平均值10%的叠加纹波值应包含在内，瞬态电压可忽略，例如电池包从充电器上取下后，其电压的瞬时升高。

5.7　测量锂离子电池系统中电池的电压时，应采用截止频率为(5 000±500)Hz 的单极容抗低通滤波器，应通过测量流经上述网络后到的电压峰值来确定是否超过最大充电电压，测量误差为±1%。

5.8　某些试验可能导致着火或爆炸，会产生例如飞溅的碎片、爆炸冲力、突然的热喷射、化学灼伤及强光和噪声等结果，应保护人员避免使其受到这类伤害。试验区域需保持良好通风以避免人员因可能产生的有害浓烟或气体而受到伤害，并设置“安全注意”的警示。

警示——要采取适当防护措施，按程序进行检验，否则有可能造成伤害。检验应由有资格、有经验的技术人员在采取适当的防护措施下进行的。

5.9 除非另有规定，所有电池包应完全按下述条件进行处置：必须将电池组完全放电后再根据生产者说明书的规定充电。再重复一次上述程序，且放电后间隔至少 2 h 再充电。

5.10 测量锂离子电池包的温度时，热电偶应布置在电池包外表面温度最高处。

5.11 电池组充电电流值应为平均间隔 1 s～5 s 测得的平均电流。

5.12 除非另有规定，否则应采用充满电的电池包。试验前，充满电的电池包从充电系统上取下后，应在环境温度为(20±5)℃中放置至少 2 h，但不得超过 6 h。

5.13 当电池组仅由一个电池构成时，可以忽略本部分对串联电池中每一个电池的特殊制备要求。

5.14 在进行那些需要在测试前改变单个电池的充电量的测试时，对于并联后再串联的电池组，其并联电池应视为一个电池。

5.15 普通电池化学材料的放电终止电压如下：

——对镍镉(NiCd)、镍氢(NiMH)电池组，0.9 V/节，除非生产者规定不同电压；

——对锂离子电池组，2.8 V/节，除非生产者规定不同电压。

6 标志和说明书

6.1 每个电池包上应标明以下标志：

a) 电池包的种类：比如锂离子/ Li-Ion、镍镉/ NiCd、镍氢/ NiMH；

b) 系列的名称或类型，允许有产品的技术标识，可以由字母和/或数字组合而成，也可以与工具名称组合而成；

c) 正负极端的极性(适用时)；

d) 标称电压，V；

e) 额定容量，Ah 或 mAh；

f) 标称能量，Wh；

g) 生产者或其授权代表的商业名称、地址，任何地址应足够确保联系。国家、地区、城市或邮编(如有)被认为足以满足此要求；

h) 商标(如适用)；

i) 警示符号(如适用)。

6.2 电池包的安全警告可以与使用说明书分开。“安全警告”的格式应采用突显的字体或类似方法与条文内容区分开，如下所示。

⚠警告！阅读随电池包提供的所有安全警告、说明、图示和规定。不遵照以下所列说明会导致电击、着火和/或严重伤害。

保存所有警告和说明书以备查阅。

6.3 标志应清晰易读并持久耐用。

通过观察并用手拿沾水的布擦拭标志 15 s，再用沾汽油的布擦拭 15 s 来检验。

经全部试验后，标志仍应清晰易读，标志牌应不易揭下并且不应卷边。

注：试验采用的汽油是脂肪族乙烷，所含芳香族至多为容积的 0.1%，贝壳松脂丁醇值为 29，始沸点约为 65 ℃，干点约为 69 ℃，密度约为 0.689 g/cm^3。

6.4 使用说明书和安全说明应随电池包和包装提供。当电池包从包装中取出时，它们应轻易地被用户注意到。本部分所要求的并用于电池包的符号解释应写入说明书或安全说明中。

a) 电池包使用和注意事项：

1) **仅使用生产者规定的充电器充电。**将适用于某种电池包的充电器用到其他电池包时可能会发生着火危险。

2） **充电应遵守生产者提供的说明并使用正确的充电方法**。电池包不使用时不要将其长期充电。

3） **仅适用于指定的电池式工具**。使用在非指定的电池式工具上可能会产生伤害和着火危险。

4） **注意电池包和电池式工具上“+”和“-”标志，将电池包正确装入工具**。如果电池包极性反装，电池有可能被充电或短路，从而导致电池过热、泄漏、泄放/气、破裂、爆炸、着火和人身伤害。

5） **不能将电池包短路**。当电池包的正极（+）和负极（-）相互连接时，电池包就短路，从而导致泄放/气、泄漏、爆炸、着火和人身伤害。

6） **不要使电池包强制放电**。当电池包被外电源强制放电时，电池包电压将被强制降至设计值以下，使电池内部产生气体，可能导致泄漏、泄放/气、爆炸、着火和人身伤害。

7） **不要使电池包过热**。电池包过热会导致泄漏、泄放/气、爆炸、着火和人身伤害。

8） **电池包在滥用条件下，液体可能会从电池组中溅出；应避免接触，从电池包中溅出的液体可能会发生腐蚀或燃烧**。如果不慎接触了该液体，应立即用大量清水冲洗并尽快就医。

9） **不要使电池包变形，电池不能被挤压、机械冲击、穿刺或遭受其他类型破坏**。这些破坏会导致泄漏、泄放/气、爆炸、着火和人身伤害。

10） **不要将电池包暴露于火或高温中**。避免在阳光直射下存储。电池包暴露于火或高于130 ℃的高温中可能导致爆炸。

11） **不能使用损坏或改装过的电池包**。损坏或改装过的电池包可能呈现无法预测的结果，导致着火、爆炸或伤害。

12） **当电池包不用时，将它远离其他金属物体，例如回形针、硬币、钥匙、钉子、螺钉或其他小金属物体，以防电池包一端与另一端连接**。电池组端部短路可能会引起燃烧或着火。

13） **电池包的存放、使用应远离儿童**。

14） **损坏或废弃的电池包应交由专业人士处理**。

b） 电池包保养、维护的说明：

1） 保持电池包的清洁和干燥。电池包的极端应使用干燥的布擦拭。

2） 电池包的充电、使用及存储温度限值和建议的充电温度范围的说明。

3） 对于使用可拆卸电池包或分体式电池包的电池式工具：通过类别号、系列号或等同方式来指定合适的电池包的说明。

4） 绝不能自行维修损坏的电池包。电池包仅能由生产者或者授权的维修服务商进行维修。

5） 在常温下使用的电池包的性能最佳。经长期储存后，需将电池包进行多次充放电循环以获得最佳的性能。

6） 背带快速脱卸装置的说明。

7 结构

7.1 电池式工具的电池包中的电池和电池组按其化学组成，阳极、阴极和电解质，内部结构（碳包式和卷绕式）有锂离子电池和电池组（简称锂系列电池和电池组），镍镉电池和电池组、镍氢电池和电池组（简称镍系列电池和电池组），其构成的电池包应：

a） 通过构造防止温度异常超过生产者规定的临界值；

b） 通过构造限制电流，从而控制电池的温度升高；

c） 通过对电池包内串、并联的电池组的管理，保证电池包能安全地充电、放电；

d） 电池包的外壳防护等级应与应用的工具的外壳防护等级相一致。壳体应设计一个减压装置或具有将过高的内部压力减小至某一值或某个等级的结构，以排除在运输、预期使用和合理可预见使用情况下的破裂、爆炸和自燃；

e) 电池包的电极的间距不应小于 5 mm，其测量按照 GB/T 3883.1—2014 中附录 A 中对电气间隙的测量方法进行。极端的材料、尺寸、形状和结构的设计应能承受最高的预期电流，确保在使用条件下与电池/电池组形成并保持有效、良好的电接触，极端外露触点表面应由能承受具有抗接触压力、机械强度高和耐腐蚀的低电阻导电材料制成，极端触点的分布应尽量减小短路的危险性；

f) 电池包的构造应能够防止其在结构上的倒装。

通过观察、相关的测量和试验来检查。

e)中的抗接触压力可通过以下试验来检查：

将 10 N 的力通过直径为 1 mm 的钢球持续作用于电池包的每个接触面的中央 10 s，不应出现可能导致妨碍电池包正常工作的明显变形。

7.2 组装在电池包内电池组的每个电池应具有相同的设计、相同的容量、相同的电压值、相同的化学体系，并来自同一生产者。

电池包应设计有过充电、过电流、过放电、短路和过温保护措施，以防止电池包在过充电、过放电和过电流导致电池内部发生短路，引起燃烧、爆炸的危险。

应防止因电池反接而造成泄漏。电池包的标称电压不能高于电池式工具的额定电压。

通过观察、相关的测量和试验来检查。

7.3 用作电动工具后备电源使用的电池包电路设计时，电池组应在单独电路中，使电池组不会被主电源强制放电或充电。

通过观察来检查。

7.4 电池包内部布线的绝缘导线应足以承受最高的预期电流、电压和温度。内部布线的位置应有足够的空间；电流通路应保持在两极之间，内部连接的可靠性应足以适应合理可预见使用条件。

通过观察、相关的测量和试验来检查。

7.5 如果安全依赖于锂离子电池包的泄放/气，则泄放/气孔不应受阻。

通过观察来检查。如有怀疑，通过不正常操作试验来检查，应确保除电池包泄放/气孔泄放/气外，没有任何其他的泄放/气方式。

7.6 使用者易触及的锂离子电池系统各单元之间的接口不应使用下述类型的连接器：

——除电源连接外，标准电源进线连接器；

——外径等于或小于 6.5 mm 的柱型连接器；

——直径等于或小于 3.5 mm 的耳机插孔。

通过观察、测量来检验。

7.7 对用于电池式工具的分体式电池包，外接软电缆或软线应有固定装置以使工具内用于连接的导线不会承受包含扭曲在内的应力且能防止磨损。

a) 应不能将软线推入电池包内，以免损伤软线或内部的零件。

通过观察、手试来检验。

b) 应不能将软线拉出电池包。

通过观察、手试以及以下试验来检验。

当经受表 1 所示拉力时，在距离软线固定装置约 20 mm 处或其他合适的地方给软线作一个标记。

然后以最不利的方向用规定的力拉软线，但不应猛然施加，每次历时 1 s。试验进行 25 次。

紧接着，软线应在尽可能靠近电池包处承受一个表 1 所示的扭矩，历时 1 min。

表 1 拉力和扭矩值

电池包质量 kg	拉力 N	扭矩 N·m
≤1	30	0.1
>1 且≤4	60	0.25
>4	100	0.35

试验期间，软线不应损伤，并且在端子处没有明显的张力。再次施加拉力时，软线纵向位移不得大于 2 mm。

c) 分体式电池包与输出到电池式工具的电源软线处，应有充分的防止过度弯曲的保护。

通过将充满电的电池包及输出部分固定在类似于图 1 所示的摆动件上，当电源线处于其行程中点时，进入软线保护套或入口处的软轴轴线处于垂直状态，且通过摆动件的轴线。

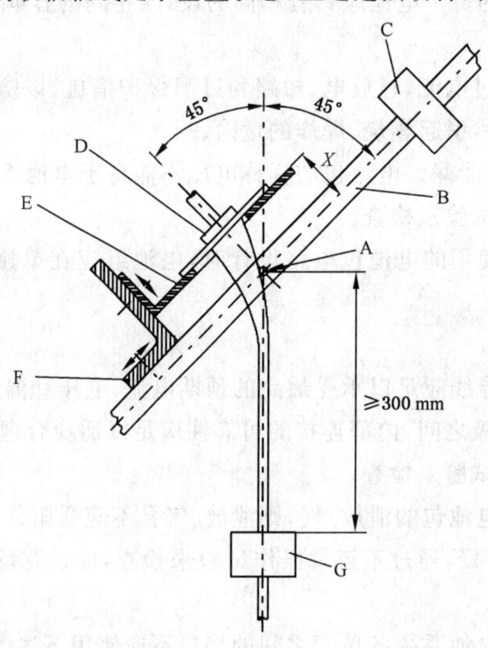

说明：

A——摆动轴线；

B——摆动架；

C——平衡块；

D——试样；

E——可调拖板；

F——可调支架；

G——负载。

图 1 弯曲试验装置

在电缆或软线上缚上一个与电池组质量一样，但不小于 2 kg 或不大于 6 kg 的重物。摆臂前后摆动 90°(铅垂线两侧各 45°)，弯曲次数为 6 000 次，弯曲速率为 60 次/min。向前或向后摆动一次为一次弯曲。在弯曲 3 000 次后，将试样绕软线护套中心线转过 90°再进行 3 000 次弯曲。

试验后，不应出现以下情况：

——导线离开接线端子；

——任何一根导线的线芯折断大于10%。

7.8 由使用者安装的通用电池包不能用于电池式工具。

通过观察、手试来检验。

7.9 用于固定电池包的单/双肩安全带或腰带应配有快速脱卸系统或易于脱卸。安全带的设计或者快速脱卸系统应确保使用者在紧急情况下能仅凭借单手、不超过2个动作快速脱卸电池包或其安全带。在说明书规定的所有运行模式和配置下,快速脱卸系统都应是可触及的和可操作的。

通过观察、手试来检验。

8 电气安全性

8.1 电池包应构造和包封得足以防止电击危险,且满足以下要求:

——不应有两个导电的、同时易触及的且相互之间直流电压超过60 V、交流峰值电压超过42.4 V的危险零件;

——不同极性之间零件的爬电距离、电气间隙应不小于表2规定值。

规定的电气间隙不适用电池管理(控制)的电子电路中载流件之间的气隙。爬电距离和电气间隙还不适用于电池组的电池或电池包内电池间互连的结构。

对于不同极性零件,如果两个零件短路不会导致电池式工具起动,则电气间隙和爬电距离小于表2的规定值是允许的。

表2 不同极性零件之间的最小爬电距离和电气间隙

单位为毫米

$U \leqslant 15$ V		15 V<$U \leqslant 32$ V		U>32V	
爬电距离	电气间隙	爬电距离	电气间隙	爬电距离	电气间隙
0.8	0.8	1.5	1.5	2.0	1.5

对于存在危险电压的零件之间,每个这样的零件与其最近的易触及表面间所测得的距离总和,对电气间隙应不小于1.5 mm,对爬电距离应不小于2 mm。

爬电距离和电气间隙的测量按GB/T 3883.1—2014的规定。

通过测量来检验。

提供防止电击保护的绝缘应具有足够的电气强度,且满足如下要求:

——正极端与电池组非电接触的外部暴露金属表面间的绝缘电阻在直流500 V电压下应不小于5 MΩ;

——绝缘应能经受实际正弦波、频率为50 Hz或60 Hz的电压,试验电压有效值为500 V,历时1 min。

试验用的高压电源在输出电压调节到相应电压后,应能够为输出端子间提供200 mA的短路电流。对任何小于脱扣电流的电流,过流脱扣器不动作。脱扣电流不应高于100 mA。

8.2 发热

8.2.1 电池包在充电、放电过程中不应产生过高的温度。

通过将充满电的电池包以10 C_5 恒流放电,或以生产者设定的电流放电至规定的终止电压。放电的负载为阻性负载。测量电池包外壳温度,其温升值不应超过50 K。

充电应在(20±5)℃的环境温度下,采用生产者规定的方法进行。

充电前电池包应在(20±5)℃条件下以 C_5 放电率恒流放电至规定的终止电压。

8.2.2 正常条件下对锂离子电池组充电时应不能超过其电池指定的充电工作区域。

通过以下试验来检验。

对完全放电电池组按充电系统的说明进行充电。测试在(20±5)℃的环境温度中进行,且:

——如果推荐工具在低于 4 ℃的温度下操作,则测试还应在该温度+0/−5 ℃的温度中进行;

——如果推荐工具在高于 40 ℃的温度下操作,则测试还应在该温度+5/−0 ℃的温度中进行。

监测每一个电池的电压、按 5.10 测量得到的温度和按 5.11 测量得到的充电电流。对于含并联回路的电池组,通过分析可以不需要监测并联支路的电流。测量结果不应超过其电池的指定充电工作区域(例如,与温度相关的电压和电流限值)。

注 1:以下为此类分析的示例:如果充电器的最大输出电流不超过单个电池的最大充电电流,就不需要监测每一并联支路的充电电流。

对于串联电池组,需在一个特定的不均衡电池上重复测试。通过对一个完全放电电池组中的一个电池充电,使其达到充满电的约 50%来实现不均衡。

如果通过测试和/或设计评估证明在正常使用中产生的不均衡低于 50%,则可以用该不均衡值进行测试。

注 2:此类设计的示例:电池包中有用于维持电池之间均衡的电路。在实际使用中,如果电路监测到电池组存在一个较小的初始不均衡时,工具就会停止正常的操作,那么这个由数量较少的电池串联成的电池组显示出有限的不均衡性。

注 3:测试的示例:根据生产者的使用说明,对一个电池组重复充放电直到其容量降低到额定容量的 80%,使用最终的不均衡值进行测试。

8.3 耐热性和阻燃性

8.3.1 电池包壳体的非金属材料应有足够的耐热性,以防止外壳的变形可能导致电池包无法符合本标准的要求

通过相关零件经受 GB/T 5169.21—2006 的球压试验来检验。应拆卸任何柔软材料(弹性体),如手柄软覆盖层。

可用两段或多段零件达到所需厚度。

试验在加热箱温度为(55±2)℃再加上发热试验期间测得的最高温升的温度下进行,但对外部零件,温度应至少为(75±2)℃。

8.3.2 电池包上包封载流零件的外壳应具有足够的耐燃和防火焰蔓延的能力。

可拆卸和分体式电池包中支撑连接件的非金属材料,充电时如果载流超过 0.2 A,且距离这些连接处 3 mm 范围内,应承受 GB/T 5169.11—2006 的灼热丝试验,温度为 850 ℃。

但是,试验不适用于:

——支撑熔焊连接的零件以及距离这些连接处 3 mm 范围内的零件;

——支撑低功率电路的连接零件以及距离这些连接处 3 mm 范围内的零件;

——线路板上的锡焊连接以及距离这些连接处 3 mm 范围内的零件;

——线路板上的小型组件的连接,例如二极管、三极管、电阻、电感、集成电路和电容,以及距离这些连接处 3 mm 范围内的零件。

8.3.3 电池包聚酯材料外壳及用于包封载流件的绝缘材料应至少符合 GB/T 5169.16—2008 规定的 V-1 类。

8.4 充满电的电池包以生产者的规定连续充电:

镍系列电池包连续充电 28 d 后,应不着火、不爆炸。

对锂离子系列电池包连续充电 7 d 后,应不着火、不爆炸、不泄漏。

8.5 充满电的电池包在低温和高温反复循环的条件下,其整体密封性能和内部电连接的性能应完好,不应引起着火和爆炸。

采用下述图 2 中的曲线进行检验。

充满电的电池包按下述程序在强制通风室中承受温度循环(−40 ℃,75 ℃):

——电池包在(75±2)℃环境下至少放置 6 h,然后在−40 ℃环境下至少放置 6 h。不同温度的转换时间应不超过 30 min;

——连续 9 次重复上述程序;

——在第 10 个循环后,将电池包搁置 24 h 进行检测。

电池包在检验中应不泄漏、不泄放/气、不短路、不破裂、不着火、不爆炸。

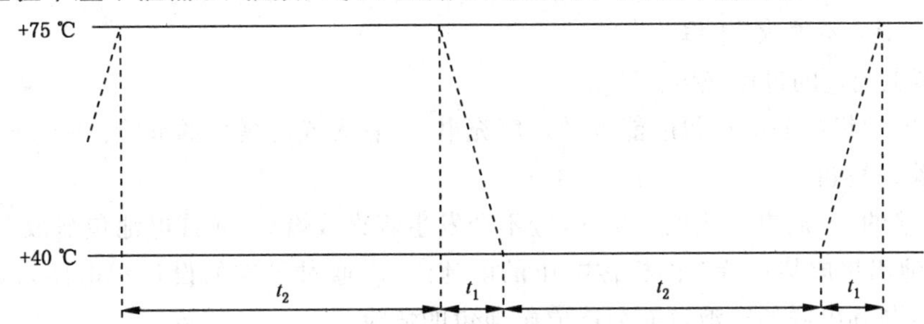

说明:$t_1 \leqslant 30$ min;$t_2 \geqslant 6$ h

图 2　温度循环试验(一个循环)的温度曲线

8.6　充满电的电池包应能在运输中承受振动的应力和粗暴的装卸而产生的危险。

对充满电的电池包施以振幅为 0.76 mm(双振幅为 1.52 mm)的正弦振动。振动频率范围 10 Hz～55 Hz,频率变化速率 1 Hz/min。从 10 Hz～55 Hz 再返回 10 Hz;每一安装位置(振动方向)上的振动时间为(90±5)min。振动试验在三个相互垂直的方向上进行。试验时,首先测量电压,以确定被试样品处于荷电状态,然后按上述规定参数进行振动试验。

试验结束,将试样搁置 1 h 后,进行目测检验。

电池包在检验中应不泄漏、不泄放/气、不短路、不破裂、不爆炸、不着火。

以下述的试验模拟在运输中的粗暴装卸。

用能支撑被试验电池包所有固定面的刚性支座将被测电池包固定在检测设备上。每只被试验电池包的三个相互垂直固定的方位上每个方位各经受 3 次,参数为:波形为半正弦、在最初的 3 ms 内,最小平均加速度为 $75g_n$,峰值加速度应在 $125g_n$ 和 $175g_n$ 之间,脉冲持续时间为 11 ms、每个半轴冲击次数为 3 次的共计 18 次冲击。

电池包在检验中应不泄漏、不泄放/气、不短路、不破裂、不爆炸、不着火。

8.7　电池包应能适应在低气压环境下的空中运输而不发生危险。

在环境温度下,被试验电池包在不大于 11.6 kPa 的压力下至少放置 6 h 来模拟低气压的环境进行检验。

电池包在检验中应不泄漏、不泄放/气、不破裂、不爆炸、不着火。

8.8　电池包的壳体应有承受高温的能力。

将充满电的电池包在室温下稳定后放置入(70±2)℃的自然或循环空气对流的恒温箱内,试验的时间为 7 h,然后取出,并恢复到室温。

电池包在检验中外壳应保持完整,不应发生导致内部组成暴露的物理变形。

9　不正常操作

9.1　镍系列电池组中的一个电池的错误安装不应引起着火或爆炸。

通过以下试验来检验。

将 4 只充满电的相同品牌、型号、尺寸和使用时间的电池串联,其中一只电池反极安装。将上述组合外接 1 只 1 Ω 的电阻直到泄气阀打开或反接的电池温度恢复到环境温度。另外，也可用稳压电源模拟对反接电池的强制放电。

试验中，电池包应不着火、不爆炸。

9.2 电池包在极高温度下不能发生危险。

将充满电的电池包在室温下稳定后放入一个自然或循环空气对流的恒温箱内，恒温箱以(5±2)℃/min的速率升温至(130±2)℃，保持此温度，10 min 后停止试验。

电池包在检验中应不着火、不爆炸。

9.3 镍镉、镍氢型电池包的过度充电。

镍镉、镍氢型电池组成的电池包应能承受过度充电，无着火或者爆炸的危险。

通过以下试验来检验。

电池包以 10 倍的 C_5 放电率充电 1.25 h，应不会发生着火或爆炸，允许电池包泄放/气。

9.4 对由若干电池串接成某一特定的标称电压的电池组，应通过可靠的设计和电路，以防止某一个或多个电池失效导致与其串联的电池过充而造成电池包的危险。

通过以下试验来检验。

试样电池包以 C_5 倍率充分放电至电压保护点后，去掉电池串的首节或尾节电池，形成新的电池包，置于原始匹配充电器上进行充电试验。试样上盖有一层未经处理的纯医用纱布，试验进行到失效或试样温度恢复到室温，如果两者均未发生，则测试至少进行 24 h。测试过程中和测试后，试样不应发生爆炸，纱布应没有碳化或燃烧。

在上述试验中，用于中断充电的电子装置或电路，可以动作。

9.5 镍系列电池包应能承受在反极时，不应引起危险；可拆卸或分体式镍系列电池包若电极颠倒就不可能安装到工具上。

将放完电的镍系列电池包以 $1I_t$A 反向充电 90 min。

注：I_tA=C_5Ah/1 h。

镍系列电池包应不着火、不爆炸。

9.6 整体式、可拆卸或分体式电池包应能承受当外部短路时不发生危险。

通过以下试验来检验。

对镍系列电池包，将两组充满电的电池包分别搁置在(20±5)℃和(55±5)℃的环境温度中。用外部总阻值不大于(80±20)mΩ 的电阻将每个电池或电池包短路。到满足下列任意条件(取较快者)时即可停止试验：

——电池或电池包短路持续 24 h；

——外壳的温度下降到温升最高值的 20%。

试验中电池或电池包不起火、不爆炸。

对锂系列电池包，将两组充满电的电池包在(55±5)℃的环温下用外部总阻值(80±20)mΩ 的电阻将电池包短路。满足下列任意条件(取较快者)时即可停止试验：

——电池或电池包短路持续 24 h；

——外壳的温度下降了温升最高值的 20%。

如果试验中短路电流快速下降，则应在电池包处于低电流的稳定条件下再测试一个小时。例如，串联电池组中每个电池的平均电压低于 0.8 V 且在半小时内电压下降小于 0.1 V。

试验过程中电池包应不起火、不爆炸。

9.7 电池包应设计得尽可能避免工具的不正常操作所引起的着火和电击危险。

通过以下试验来检验。

试样应经受如下 a)～f)的不正常条件：

a) 将可拆卸电池包的外露端子短路以产生最恶劣的结果。可用 GB/T 16842—2008 的试具 B 或试具 13 触及到的电池包端子被认为是外露的。短路器件不应达到过高的温度致使绢纸或医用纱布炭化或点燃；

b) 一次短路一个电动机端子；

c) 一次锁定一个电动机转子；

d) 分体式电池包与电池式工具之间的软线在可能产生最不利影响的地方被短路；

e) 工具和充电器之间的软线在可能产生最不利影响的地方被短路；

f) 对于不满足 GB/T 3883.1—2014 的 K.28 章要求的任意两个未绝缘的不同极性零件，如果未经由 GB/T 3883.1—2014 的 18.6 评估合格，则将其短路。

应避免在电子电路或电池上连续测试导致应力的累积。必要时，使用附加试样。

电池包，和 d)及 e)中的电源软线(如适用)，放置在盖有 2 层绢纸的软木面上；试样上盖有一层未经处理的纯医用纱布。在进行 b)、c)和 f)测试时，开启工具且不施加额外的机械负载。试验进行到失效或试样温度恢复到室温，或如果前两者均未发生，则测试至少进行 3 h。可用新试样分别进行以下所列的故障测试。测试过程中和测试后不应产生爆炸。试样应具有足够防电击能力。纱布或绢纸应没有炭化或燃烧。允许电池泄放/气。

所谓的炭化是指纱布由于燃烧而变黑。由于烟雾导致的纱布变色是允许的。a)、b)、d)、e)和 f)项的短路电阻的阻值应不大于 10 mΩ。短路器件本身导致绢纸或纱布的炭化或灼烧不被认为是失效的。

在上述试验中，用于中断放电电流的熔断器、热断路器、热熔体、限温器和电子装置或电路可以动作。如果依赖于上述零件通过测试，则用 2 个附加试样分别重复此试验，且电路应以同样方式断开，除非试验以其他方式结束试验。或者用以下方法代替：将开路的装置短路后重复进行试验。

如果依赖保护电子电路的功能通过测试，可认为其提供了关键安全功能，应符合 GB/T 3883.1—2014 中第 18 章 PL=a 的要求。如果是一个使用者可调整的限温器产生动作，则应在 2 个附加试样上重复试验，限温器调整至最不利位置。

可采用电路分析确定何处须进行短路。试验不适用于封装的未绝缘零件。

9.8 锂离子电池包应设置电池和电池组的管理系统。

a) 电池和电池组的管理系统的关键安全功能应对电池包可能发生的过充电、过放电和过电流及过温提供保护，以防止电池内部发生短路，引发燃烧、爆炸等危险。

——在一定的容量下，过高的充电终止电压，在电池包充电时，电池内部持续升温，产生气体膨胀，使电池内部压力增大而将气体排出，导致电池包壳体压力快速上升，使电池包的危险系数上升，造成电池包的循环寿命急速衰减，甚至发生壳体爆裂，引起着火或爆炸的危险。

锂离子电池包过充保护的单个锂离子电池的充电终止电压应设置在 4.225 V 以下，或生产者的规定值。

——过电流、负载短路，可能会造成电池包永久性损伤，甚至引起爆炸的危险，应设置对电池包大电流放电和短路的保护。

——过放电。电池包的过低电压会导致电池发热而使电池包循环寿命缩短，甚至永久性损伤。

单个电池的过放电的电池保护，电压应限制在不低于 2.8 V，或生产者的规定值。

——电池包应设置过温保护电路，防止超出正常工作范围的过高温度状态时，应迅速切断电池包的充放电回路，以避免电池因温度太高而发生爆炸。

b) 电池和电池组的管理系统的关键安全功能的电子电路应可靠，并且不会由于暴露在可预期的电磁环境应力中而引起关键安全功能的缺失。

——电子电路应当由 GB/T 3883.1—2014 的 18.6.1 中的故障条件来评估，其结果不应导致任何关键安全功能的缺失。如果不能符合这一要求，那么其可靠性应由 GB/T 16855.1—2008 来评估，其性能等级(PL)为 a，用平均危险失效时间($MTTF_d$)获取要求的性能等级。

——通过下述抗扰度试验来检测电子电路，不应出现关键安全功能的缺失。

电池包依据 GB/T 17626.2—2006 进行静电放电试验,试验等级 4 适用。进行 10 次正极放电和 10 次负极放电试验。

9.9 锂离子充电系统在合理可预见的使用条件下不应产生危险。

a) 充电系统和锂离子电池系统的电池包应设计得尽可能避免充电时的不正常操作所引起的着火和爆炸危险。

通过以下与电池式工具一起的试验来检验:

含有电池组及相关组件或充电系统的组件的试样放置在盖有 2 层绢纸的软木面上;试样上盖有 1 层未经处理的纯医用纱布。应避免在电路或电池上进行连续测试而引起的累积应力。电池泄放/气孔应不能受损,仍应符合 7.5 规定。电池系统按 6.4b) 2)的规定,在以下 1)~4)的所有不正常条件下运行:

1) 如果依据电路分析得到的结论不确定,则充电系统中的元器件应按照 GB/T 3883.1—2014 的 18.6.1b)~f)故障条件,一次施加一种故障。就每一故障试验,充电前的电池组状态如下:

——串联电池组应预置成不均衡。通过对一个完全放电电池组中一个电池充电使其容量达到满电的约 50%来产生不均衡;或

——如果 8.2.2 的测试是在低于 50%的不均衡条件下进行的,则串联电池组的预置不均衡应与 8.2.2 相同;或

——单个电池或仅存在一组并联的电池组应充满电。

2) 如果电路的功能决定了 8.2.2 的试验只能在低于 50%的不均衡条件下进行,并且电路中的任何组件的失效将导致该功能缺失,则串联的电池组应在此预置不均衡条件下进行充电。通过对一个完全放电电池组中一个电池充电使其容量达到满电的约 50%来产生不均衡。

3) 对于一个串联电池组,除了被短接的那一个电池,其余所有的电池都处于约 50%的满电状态。然后对电池组充电。

4) 将充满电的电池组连接到充电器上,对充电系统中的一个元器件或可能产生最不利结果的印制电路板上的相邻电路进行短路来评估电池组的反馈情况。对于通过软线连接到电池组的充电器,需在(电缆线上)可能产生最恶劣结果处进行短路。短路电阻的阻值应不大于 10 mΩ。

试验中,应连续监测每个电池的电压以确认是否超过其限值。允许电池泄放/气。

试验一直持续到试样失效,或试样温度回到室温,或如果以上条件均未产生,则持续至少 7 h 或正常充电周期的 2 倍时间,取时间较长者。

如果下述所有条件均满足,则认为通过试验:

——试验中未发生爆炸。

——纱布或绢纸未炭化或燃烧。所谓的炭化是指纱布由于燃烧而变黑。由于烟雾导致的纱布变色是允许的。短路器件本身导致绢纸或纱布的炭化或灼烧不被认为是失效的。

——电池电压应不超过其充电电压上限 150 mV,如果超过,则充电系统应当永久无法再对电池组进行充电。为确定是否无法再充电,整体式电池系统用被试工具放电到约 50%电量,可拆卸电池系统用一个新的工具试样放电到约 50%电量,然后再对其正常充电。在充电 10 min 或补充充电的容量达到额定容量的 25%(取最先达到者)后,应不再有充电电流。

b) 当一个串联的整体式电池组、可拆卸电池包或分体式电池包的主放电联接在极端不均衡条件下被短路时,不应有着火或爆炸的危险。

通过以下试验来检验。

试验时电池组除一个电池完全放电外,其余电池充满电。

可拆卸式或分体式电池包放置在盖有2层绢纸的软木面上;并盖有1层未经处理的纯医用纱布。

含有整体式电池组的工具放置在盖有2层绢纸的软木面上;并盖有1层未经处理的纯医用纱布。

用不大于10 mΩ的电阻短路电池组的主放电联接回路。试验一直进行到试样失效或试样的温度回到室温。试验期间和试验后不应发生爆炸。试验后,纱布或绢纸应未炭化或燃烧。允许电池泄放/气。

在上述试验中,用于中断放电电流的熔断器、热断路器、热熔体、限温器和电子装置或电路可以动作。如果依赖于上述零件通过测试,则应用2个附加试样分别重复此试验,且电路应以同样方式断开,除非试验以其他方式圆满完成。也可以将开路的电路短路重复试验来代替。

如果依赖保护电子电路的功能通过测试,可认为其提供了关键安全功能,应符合PL=a的要求。如果是一个使用者可调整的限温器产生动作,则应在2个附加试样上重复试验,限温器调整至最不利位置。

10 机械强度

10.1 电池包应具有足够的机械强度,并且构造得能承受正常使用中可能出现的粗暴的使用。

对手持式工具的可拆卸电池包,将其装在工具上,从1 m高处跌落到混凝土表面3次。试验时,工具的最低点应高出混凝土表面1 m,在试样3个最不利的位置上进行。不安装可分离的附件。

另外,对可拆卸或分体式电池包再单独进行3次试验。

对可移式工具的可拆卸电池包,按正常操作位置装在工具上,用一个直径(50±2)mm、质量(0.55±0.03)kg的光滑钢球对每个在正常使用过程中可能受到冲击的薄弱位置冲击1次。如果工具的一部分能够承受来自上方的冲击,则球从静止位置跌落冲击该元件,否则用细绳将钢球悬起从静止位置释放像摆锤一样来冲击工具被试区域。在任何一个情况下,钢球的垂直行程是(1.3±0.1)m。

如果可拆卸或分体式电池包的质量大于或等于3 kg,还需单独对电池包进行试验。

如果可拆卸或分体式电池包的质量小于3 kg,电池包应能承受从1 m高处跌落到混凝土地面3次。试样的放置应避免冲击点相同。

试验后,电池包应不能着火或爆炸,且应满足8.1的规定。

对于电池组,在承受上述冲击试验后还应符合以下要求:

——电池组的开路电压不应低于试验测量电压的90%;

——试验后电池组应能正常充放电;

——电池泄放/气孔应不能受损,仍应符合7.5。

10.2 锂离子电池包应承受外壳压力试验。

锂离子电池包的外壳应设计得可以安全释放因泄放/气而产生的气体。

通过检查确认是否符合a)或通过试验b)来检验:

a) 外壳上允许气体直通释放的开孔的总面积应大于或等于20 mm²;或

b) 外壳应通过以下试验:

通过一个直径为(2.87±0.05)mm的孔向带有整体式电池组的工具外壳或可拆卸式或分体式电池包的外壳传输初始压力为2 070 kPa ± 10%的空气共21 mL±10%。壳体内的压力在30 s内应降低到70 kPa以下。外壳不应产生不符合本标准要求的破裂。因试验装置的需要,可以向壳体内多加体积不超过3 mL的气体。

注:以上压力值均为相对压力。

11 包装、运输、储存、处理

11.1 电池包应适当包装,以避免电池包在运输、装卸及堆放过程中损坏。应选择合适的包装材料及设计,防止电池包意外导电、短路、移位、极端腐蚀及免受环境的影响。

11.2 包装电池包的纸板箱应小心装卸,粗暴装卸可能导致电池包短路或受损,从而导致泄漏、爆炸或着火。

11.3 锂电池包的运输要求应符合 GB 21966—2008 的规定。

根据联合国关于危险货物运输的建议制定锂电池国际运输规则。

运输规程会被修订,因此运输锂电池包应参考下列规则的最新版本。

——锂电池的空运规程在国际民航组织(ICAO)出版的《危险货物运输安全技术导则》和国际航空协会(IATA)出版的《危险品运输规则》中规定。

——锂离子电池包的海运规程在国际海运组织(IMO)出版的《国际海运危险货物规则》(IMDG)中规定。

——锂离子电池包道路和铁路运输规则由一国或多国制定。虽然越来越多的管理者采用联合国的《规章范本》,仍然建议在货运之前应参考我国制定的运输规则。

11.4 锂离子电池包的储存要求如下:

a) 电池包应贮存在通风、干燥和凉爽的环境中。高温或高湿有可能导致电池性能下降和/或电池表面腐蚀。

b) 电池包箱堆叠的高度不可超过生产者规定的高度。假如太多的电池包箱堆叠在一起,最下层箱中的电池包有可能受损并导致电解质泄漏。

c) 勿将电池陈列或贮存在阳光直射或遭受雨淋之处。当电池受潮时,电池包的绝缘性能会降低,有可能发生电池包自放电和腐蚀;高温会导致电池包性能下降。

d) 电池包应保存在原包装中。若拆开包装将电池包混在一起,电池包有可能短路或损坏。

11.5 在不违反我国法规的情况下,锂离子电池包可作为公共垃圾处理。

处理电池包时,在运输、贮存和装卸的过程中要注意以下安全事项:

a) 不应拆解电池包。锂离子电池包中的某些成分是易燃、有害的,会造成伤害、着火、破裂或爆炸。

b) 除可采用被认可的可控制的焚烧炉外,不能焚烧电池包。锂离子会剧烈燃烧,锂电池包在火中会爆炸。锂离子电池包燃烧后的产物是有毒的、有腐蚀性的。

c) 将回收的锂离子电池包存放在干净、干燥的环境中,避免阳光直射,远离极端热源。污物和潮湿可能造成电池包短路和发热。发热可能引起易燃气体的泄漏,从而导致着火、破裂或爆炸。

d) 将回收的电池包存放在通风良好的地方。使用过的电池包可能还有剩余电荷。如果电池包被短路、非正常的充电或强制放电,会造成易燃气体的泄漏。从而导致着火、破裂或爆炸。

e) 不要将回收的电池包和其他材料混在一起。使用过的电池包可能还有剩余的电荷。如果电池包被短路、非正常的充电或强制放电,所产生的热量会点燃易燃的废物,如油腻的破布、纸张或木头,从而导致着火。

f) 保护电池包的极端。应采用绝缘材料对电池包极端进行保护,尤其是对高电压的电池包。不保护极端会发生短路、非正常充电和强制放电。从而导致泄漏、着火、破裂或爆炸。

参 考 文 献

[1] 国际民航组织(ICAO).《危险货物运输安全技术导则》
[2] 国际航空协会(IATA).《危险品运输规则》
[3] 国际海运组织(IMO).《国际海运危险货物规则》

ICS 25.140.20
K 64

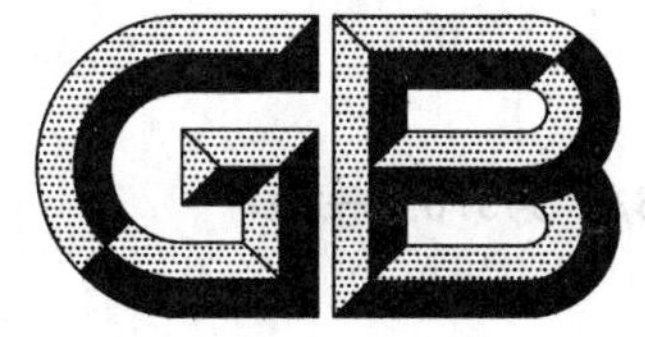

中华人民共和国国家标准

GB/T 34570.2—2017

电动工具用可充电电池包和充电器的安全 第2部分：充电器的安全

Safety for rechargeable battery packs and chargers for electric tools—
Part 2: Safety for chargers

2017-09-29 发布　　2018-04-01 实施

中华人民共和国国家质量监督检验检疫总局
中国国家标准化管理委员会　发布

前言

GB/T 34570《电动工具用可充电电池包和充电器的安全》分为以下部分：

——第1部分：电池包的安全；

——第2部分：充电器的安全。

本部分为GB 34570的第2部分。

本部分按照GB/T 1.1—2009给出的规则起草。

本部分由中国电器工业协会提出。

本部分由全国电动工具标准化技术委员会(SAC/TC 68)归口。

本部分起草单位：上海电动工具研究所(集团)有限公司、苏州宝时得电动工具有限公司、南京德朔实业有限公司、百得(苏州)精密制造有限公司、博世电动工具(中国)有限公司、牧田(中国)有限公司、东莞创机电业制品有限公司、麦太保电动工具(中国)有限公司、江苏金鼎电动工具集团有限公司、弘大集团有限公司、慈溪市贝士达电动工具有限公司、宁波汉浦工具有限公司、德州仪器公司、东莞赛微微电子有限公司、浙江博大实业有限公司、浙江三锋实业股份有限公司、浙江亚特电器有限公司、江苏天鹏电源有限公司、江苏海四达电源股份有限公司。

本部分主要起草人：顾菁、徐鹏、丁玉才、陈勤、李邦协、侯钢、曹振华、李彬、潘顺芳、陈建秋、袁贵生、张国峰、袁昌松、谢耀华、周宝国、陈学群、俞黎明、陈会甫、许允岚、周军、胡丽姬、孙亮亮、丁俊峰、沈春平、唐琛明。

电动工具用可充电电池包和充电器的安全
第2部分：充电器的安全

1 范围

GB/T 34570的本部分规定了可充电电池供电的手持式、可移式电动工具和园林工具的可拆卸或分体电池包传导充电的充电器或充电装置的安全。

本部分适用于由单相交流250 V以下市电供电、户内外使用的携带式或固定式的充电器或充电装置。

对于能直接接在市电或非隔离电源上操作和/或充电的电池式工具中充电器的安全要求也属于本部分范围。

本部分不适用于：

——电气车辆使用的电池充电桩、充电设施；

——电子设备用的供电单元的充电器；

——照相用电子闪光装置和供电单元的充电器；

——玩具用电池充电器；

——使用在特殊场所的电池充电器，例如存在腐蚀和爆炸性气体(灰尘、蒸气或可燃气体)的场所。

2 规范性引用文件

下列文件对于本文件的应用是必不可少的。凡是注日期的引用文件，仅注日期的版本适用于本文件。凡是不注日期的引用文件，其最新版本(包括所有的修改单)适用于本文件。

GB/T 1002—2008 家用和类似用途单相插头插座 型式、基本参数和尺寸

GB/T 2099.1—2008 家用和类似用途插头插座 第1部分：通用要求

GB/T 2423.10—2008 电工电子产品环境试验 第2部分：试验方法 试验Fc：振动(正弦)

GB/T 2423.55—2006 电工电子产品环境试验 第2部分：环境测试 试验Eh：锤击试验

GB/T 3883.1—2014 手持式、可移式电动工具和园林工具的安全 第1部分：通用要求

GB/T 4208—2008 外壳防护等级(IP代码)

GB/T 4343.2—2009 家用电器、电动工具和类似器具的电磁兼容要求 第2部分：抗扰度

GB/T 5013.1—2008 额定电压450/750 V及以下橡皮绝缘电缆 第1部分：一般要求

GB/T 5023.1—2008 额定电压450/750 V及以下聚氯乙烯绝缘电缆 第1部分：一般要求

GB/T 5169.11—2006 电工电子产品着火危险试验 第11部分：灼热丝/热丝基本试验方法 成品的灼热丝可燃性试验方法

GB/T 5169.16—2008 电工电子产品着火危险试验 第16部分：试验火焰50 W水平与垂直火焰试验方法

GB/T 5169.21—2006 电工电子产品着火危险试验 第21部分：非正常热 球压试验

GB/T 12113—2003 接触电流和保护导体电流的测量方法

GB/T 16842—2008 外壳对人和设备的防护 检验用试具

GB/T 16895.21—2011 低压电气装置 第4-41部分：安全防护 电击防护

GB/T 17626.2—2006 电磁兼容 试验和测量技术 静电放电抗扰度试验

GB/T 17626.4—2008 电磁兼容 试验和测量技术 电快速瞬变脉冲群抗扰度试验

GB/T 17626.5—2008 电磁兼容 试验和测量技术 浪涌(冲击)抗扰度试验

GB/T 17626.6—2008 电磁兼容 试验和测量技术 射频场感应的传导骚扰抗扰度

GB/T 17626.11—2008 电磁兼容 试验和测量技术 电压暂降、短时中断和电压变化的抗扰度试验

GB/T 19212.5—2011 电源电压为 1 100 V 及以下的变压器、电抗器、电源装置和类似产品的安全 第 5 部分:隔离变压器和内装隔离变压器的电源装置的特殊要求和试验

ISO 7010:2011 图形符号 安全色和安全标志 已注册安全标志(Graphical symbols—Safety colours and safety signs—Registered safety signs)

电器电子产品有害物质限制使用管理办法(国家质量监督检验检疫总局令第 32 号)

3 术语和定义

下列术语和定义适用于本文件。

注:除非另有规定,所用术语"电压"和"电流"均指有效值。

3.1

充电器 charger

包含在一个独立壳体中的部分或全部充电系统。但充电器至少应包含全部能量转换电路。

注:由于存在这种情况下,工具可以利用一根电源软线或内置一个连接到电源插座的插头进行充电,因此一个独立充电器并非包含所有充电系统。

3.2

传导充电 conductive charge

利用电传导给电池包进行充电的方式。

3.3

直流配电板 d.c. distribution board

具有给插座或端子分配直流电的电路的面板。

3.4

额定电流 rated current

由生产者给电池充电器规定的输入电流。

3.5

额定输入功率 rated input power

由生产者给电池充电器规定的输入功率。

3.6

额定输出电流 rated output current

由生产者给电池充电器规定的输出电流。

3.7

额定输出电压 rated output voltage

由生产者给电池充电器规定的输出电压。

3.8

额定电压 rated voltage

由生产者给电池充电器规定的输入电流。

4 一般要求

充电器的设计和结构应使其在预期使用和合理可预见使用条件下保证安全工作，不致对人员和周围环境产生危险。

通过满足本部分中规定的各项相关要求，进行所有相关试验来确定是否合格。

5 试验的一般条件

5.1 符合本部分的试验为型式试验。

5.2 各项试验应按各章条的顺序在充电器上进行，充电器应能够经受所有有关的试验。

5.3 试验在无通风且环境温度为(20±5)℃的场所进行。

如果任何部位所能达到的温度受到温度敏感装置的限制，或受环境温度的影响，则环境温度应维持在(23±2)℃。

5.4 充电器按交付状态，在额定电压、额定频率下进行试验。对打算用柔性软线连接到固定布线的充电器，则把相适用的柔性软线连接到充电器上进行试验。

5.5 充电器中的在安全特低电压上工作的部件，应符合Ⅲ类结构的有关要求。

5.6 如果Ⅰ类充电器带有未接地的易触及的金属部件，而且未使用一个接地的中间金属部件将其与带电部件隔开，则应符合Ⅱ类结构的有关要求。

如果Ⅰ类充电器带有易触及的非金属部件，除非这些部件用一个接地的中间金属部件将其与带电部件隔开，否则应符合Ⅱ类结构的要求。

6 分类

6.1 充电器按防电击分类应属于下列各类中的某一类：

——Ⅰ类充电器；

——Ⅱ类充电器。

通过观察和进行相关试验来检验。

6.2 标有 IP 等级的充电器应按 GB/T 4208—2008 规定具有恰当的防护等级。

通过观察和进行相关试验来检验。

6.3 对电池式工具或电池包的充电有如下两种模式：

a) 由单相交流电网通过连接器直接向内置在工具的充电装置供电，以交流进行充电；

b) 由单相交流电网通过连接器向充电器供电，以直流向工具或电池包进行充电。

用于对电池式工具充电的充电器或装置应属于下列型式之一：

——携带式；

——固定式。

7 标志和说明

7.1 充电器应标有以下信息：

——额定输出电压，V；

——额定输出电流，A 或 mA；

——额定电压，V；

——电源种类符号,但标有额定频率或额定频率范围者可不标。电源种类符号应紧接在额定电压标志之后;

——额定输入功率/电流,W/A;

——安装在直流配电板上保护装置的额定电流,A;

——输出端子的极性,正极应用"+"号表示,负极用"-"号表示;

注:对于可避免极性接错的充电器,不需要极性标志;

——Ⅱ类结构符号(仅用于Ⅱ类充电器);

——防止有害进水的防护等级代码(IP代码);

——延时型熔断器的时间-电流特性;

如果输出至少为20 VA,则要标记下述内容:

——充电前阅读说明书;

——用于户内或谨防雨淋(外壳防护等级至少为IPX4的充电器或装置除外);

装有开关的充电器应标有下述内容:

——最大接通时间;

——最小"断开"时间或"接通"时间与"断开"时间之间的最大比值。

如果充电器可调至不同的额定直流输出电压,在充电器所能调到的输出电压应清晰可见。

通过观察来检验。

直流配电板应标有以下内容:

——每个输出电路的最大输出电流,A;

——可被连接的任何附件电源的类型。

通过观察来检验。

7.2 充电器应标有以下安全警告:

——⚠**警告**:为降低伤害风险,用户必须阅读使用说明书,或ISO 7010:2011的M002标记;

——**警告**:爆炸性气体,谨防火焰或火花,充电过程中提供足够的通风。

"警告"两字,应使用不小于2.4 mm高的黑体字,且不得与警句图形符号分开。如果使用警句,警句的内容应按规定顺序逐字写出。

通过观察来检验。

7.3 充电器应标有以下附加信息:

——生产者或其授权代表的商业名称、地址,任何地址都应确保可以联系。国家、地区、城市和邮编(如有)被认为足以满足此要求;

——原产地;

——充电器的型号、名称或类型,允许用产品的技术标识,它可以由字母和/或数字组合而成,也可以与工具名称组合而成;

——至少标识年份的制造日期(或生产者日期代码)。

增加的标志应不会引起误解。

通过观察来检验。

7.4 使用说明书应随充电器一起提供,以保证充电器能安全使用,其内容应至少包括:

a) 规定充电器所能充电的电池包类型及额定容量;

b) 指明在充电过程中,工具或电池包应置于一个通风良好的地方;

c) 对携带式Ⅰ类充电器,指明充电器只允许插入到带保护接地的插座内;对固定式充电器应说明充电装置与供电电网的连接应符合GB/T 16895.21—2011的要求。

d) 对智能充电器,应说明自动功能并指明任何限制;

e） 指出禁止给不可充电的电池包充电的警告；

f） 固定式充电器的使用说明书中应阐明如何将充电器固定在其支撑物上，如果与用户的安装或保养期间有必要采取预防措施，则应给出相应的详细说明。

如果固定式充电器未配备电源软线和插头，也没有断开电源的其他装置，则使用说明中应指出，其连接的固定布线应按布线规则配有断开装置。

打算永久连接到电源上的固定式充电装置，如果其固定布线的绝缘，能与 8.10 发热试验期间温升超过 50 K 的那些部件接触，则使用说明书中应指出：此固定布线的绝缘须有防护，例如，使用具有适当耐热等级的绝缘护套。

通过观察和 8.10 发热试验来检验。

g） 对于专门制备软线的电源连接的充电器，使用说明应包括下述内容：

“如果电源软线损坏，必须用专用软线或从其生产者或维修部买到的专用组件来更换。”

对于 Y 型连接的充电器，使用说明应包括下述内容：

“如果电源软线损坏，为了避免危险，必须由生产者或维修部或类似部门的专业人员更换。”

对于 Z 型连接的充电器，使用说明应包括下述内容：

“电源软线不能更换，如果软线损坏，此充电器应废弃。”

通过观察来检验。

7.5 本部分要求使用的单位、图形、符号应符合 GB/T 3883.1—2014 的规定。使用说明和本部分要求的其他内容，应使用充电器销售地所在国的官方语言文字写出。

通过观察来检验。

7.6 标志应清晰易读并持久耐用，7.1、7.2 规定的标志应标在充电器的主体上。

通过观察并用手拿沾水的布擦拭标志 15 s，再用沾汽油的布擦拭 15 s 来检验。

经全部试验后，标志仍应清晰易读，标志牌应不易揭下并且不应卷边。

注：试验采用的汽油是脂肪族乙烷，所含芳香族至多为容积的 0.1%，贝壳松脂丁醇值为 29，始沸点约为 65 ℃，干点约为 69 ℃，密度约为 0.689 g/cm³。

8 电气安全性

8.1 充电器的结构和外壳应使其对意外触及带电零件有足够的防护。

用不大于 5 N 的力施加到 GB/T 16842—2008 的试具 B 上去探触。试具通过孔隙允许的任何深度，并且在伸到任一位置之前、之中和之后，转动或弯折试具。

检验时，该试具应不能触及带电零件和仅由清漆、瓷漆、普通纸、棉织物、氧化膜等保护的带电零件。

8.2 以不大于 5 N 的力施加到 GB/T 16842—2008 的试具 13 来探触Ⅱ类充电器或Ⅱ类结构充电器上的各孔隙。该试具应不能触及到带电零件。

试具还施加于表面覆盖一层非导电涂层如瓷漆或清漆的接地金属外壳上的孔隙。

Ⅱ类充电器或Ⅱ类结构充电器还应构造和包封得足以防止意外触及基本绝缘和仅由基本绝缘与带电零件隔开的金属零件。

凡不是由双重绝缘或加强绝缘与带电零件隔开的零件均不应是易触及的。

本要求适用于当工具按正常使用方式，甚至拆去所有可拆卸零件后的所有操作位置。

通过观察以及用 GB/T 16842—2008 的试具 B 来检验。

8.3 充电器的易触及部件为下述情况，则不认为其是带电的：

——该部件由安全特低电压供电，且对交流，其电压峰值不超过 42.4 V；对直流，其电压不超过

60 V；

或

——该部件由保护阻抗与带电零件隔开。

在有保护阻抗的情况下，该零件与电源间的电流应为：直流时不超过 2 mA，交流时峰值不超过 0.7 mA，而且：

——电压峰值大于 42.4 V 和不大于 450 V 的，其电容量不应大于 0.1 μF；

——电压峰值大于 450 V 和不大于 15 kV 的，其放电量不应大于 45 μC。

通过工具在额定电压下运行来检验。测量有关零件与电源任一极之间的电压和电流。放电量要在切断电源后立即测量。

8.4 充电器与供电系统的连接应满足以下要求：

a) 充电器不允许连接在中性导体的功能和保护导体的功能合并于一根导体(PEN)的 TN-C 系统。不能采用未接地的供电电源为市电的Ⅰ类充电器供电；

b) Ⅰ类充电器的电路应采用符合 GB/T 19212.5—2011 的隔离变压器与供电电源隔离；

c) Ⅰ类充电器在电源输入端应由额定剩余动作电流不超过 30 mA 的剩余电流装置(RCD、PRCD)提供单独保护。装置应断开所有带电导体，包括中性极。

通过观察来检验。

8.5 Ⅱ类充电器的输出电路不应连接到可触及的带电部件或接地端子上。在安全特低电压下工作的部件和带电部件之间的绝缘应符合双重绝缘或加强绝缘的要求。

通过观察以及通过双重绝缘或加强绝缘来检验。

8.6 与工具或电池包的正极端子连接的导线应是红色的，与负极端子连接的导线是黑色的，但本要求不适用下述情况：

——输出导线上装有极性连接器；

——连接的极性由充电器结构自动确定；

——与工具或电池包的正极端相连接的导线或其端子的绝缘，被标志永久地标识，当充电器与工具或电池包连接时该标志是可见的。

通过观察来检验。

8.7 充电器的每个直流配电板供电的电路应装有一个过载保护装置。

通过观察来检验。

8.8 户外使用的充电器的外壳防护应至少达到 IPX4 的要求。

通过 GB/T 4208—2008 规定的试验来检验。

8.9 充电器的最高空载直流电压不应超过 75 V；输出电流的算术平均值与额定直流输出电流的偏差不应超过 10%。

通过把电池包充电器连接到图 1 电路上来检验。给充电器供以额定电压，测量直流输出电压；调节可变电阻使输出电压达到额定直流输出电压，然后测量输出电流。

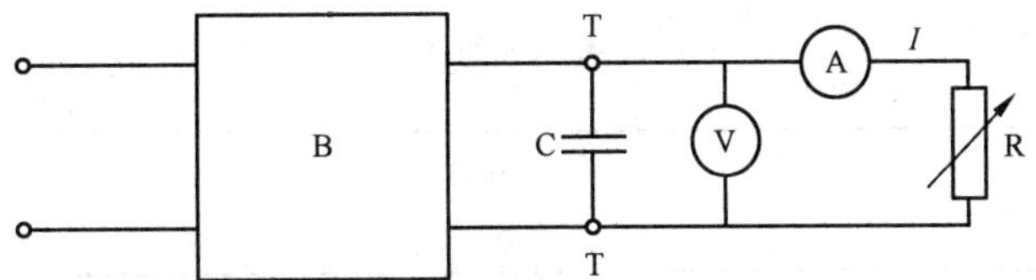

说明：

A:平均电流安培表

B:电池包充电器

C:电容器，容量(F)由下式计算：$12.5\ \frac{I_r}{p \times f \times U_r}$

式中：

I_r ——额定直流输出电流，单位为安培(A)；

p ——1，半波整流；2，全波整流；

f ——电源频率，单位为赫兹(Hz)；

U_r ——额定直流输出电压，单位为伏特(V)。

I:输出电流；

R:可变电阻器；

T:电池包充电器的输出端子；

V:平均读数电压表。

注 1：电容器的电容值可以与计算数值偏差±20%。

注 2：电容器可能要预充电之后电池包充电器才能工作。

图 1 测试电池包充电器的电路

8.10 充电器在额定电流下，各部分的温升应不超过表1规定的限值。

试验时，给充电器施加1.06倍额定电压，调节负载使充电器达到额定电流下工作直到稳定状态建立，测量充电器各部分温升。

特定电池式工具使用的专用充电器可以与工具上的电池包连接后，在充电器的输入端施加1.06倍的额定电压，运行至稳定状态，测量充电器各部分的温升。

表 1 充电器各部件极限温升

零部件	温升 K
绕组，若绝缘结构为： ——105级 ——120级 ——130级	 75 90 95
进线座、插销 ——对热环境 ——对冷环境	 95 40
内、外接线(包括电源线) ——无温度额定值 ——有温度额定值	 50 T-25
外壳 ——金属 ——非金属	 50 60

表 1（续）

零部件	温升 K
电容器外表面： ——有最高工作温度标志(T) ——无最高工作温度标志： ● 抑制无线电和电视干扰用的小陶瓷电容器 ● 符合 GB/T 14472 或 GB 8898—2011 的 14.2 的电容器 ● 其他电容器	 T-25 50 50 20

8.11 充电器在工作温度下，泄漏电流通过 GB/T 12113—2003 中图 4 所描述的电路装置进行测量，应不超过下述值：

——对Ⅰ类充电器 0.75 mA；

——对Ⅱ类充电器 0.25 mA。

泄漏电流应通过图 2 来测量，开关 S1 处于闭合位置。

泄漏电流试验应在交流电源下进行，通过隔离变压器向充电器供电，否则充电器应与地绝缘。

用图 2 规定的电路测量电源的任何一极与易触及金属零件及与覆盖在绝缘材料易触及表面的金属箔之间的泄漏电流。

测量时，充电器以 1.06 倍额定电压供电。

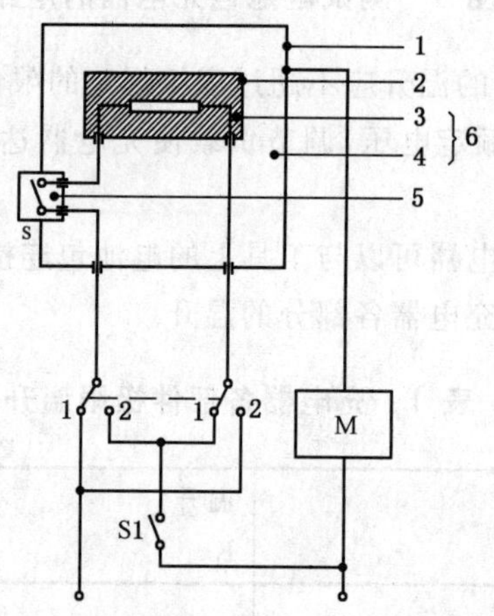

说明：

M ——泄漏电流表的电路；

S ——试验时产品的电源开关；

1 ——易触及零件；

2 ——不易触及的金属零件；

3 ——基本绝缘；

4 ——附加绝缘；

5 ——加强绝缘；

6 ——双重绝缘。

图 2 充电器在工作温度下泄漏电流的测量图

8.12 充电器在工作温度下，断开电源后，充电器绝缘应承受频率为 50 Hz 的下述规定的试验电压，历时 1 min 而不应出现击穿或闪络。

试验电压值如下：

——基本绝缘 1 000 V；

——附加绝缘 1 750 V；

——加强绝缘 3 000 V。

试验用的高压电源在输出电压调节到相应的试验电压后，应能够为输出端子间提供 200 mA 的短路电流。对任何小于脱扣电流的电流，过流脱扣器不动作，脱扣电流不应高于 100 mA。

施加的试验电压有效值允差在±3%以内。

例行试验时，允许试验时间为 3 s 或提高电压 20%历时 1 s。

8.13 充电器应能承受可能经受的瞬态过电压。

脉冲试验电压的空载波形的波前时间 T_1 为 1.2 μs±30%，半峰时间 T_2 为 50 μs±20%，它由一个有效阻抗为 12 Ω 的脉冲发生器提供。

试验时，脉冲试验电压以不小于 1 s 的间隔时间在电源端子的输入绕组，或线圈的相线与中性线间施加 5 次正脉冲，5 次负脉冲。

额定脉冲试验电压峰值为 1 000 V。

试验期间，不应有闪络出现。

8.14 充电器应能经受正常使用中可能出现的潮湿条件。

通过下述防潮试验来检验。

在空气相对湿度为(93±3)%的防潮箱内进行潮湿处理。箱内所有能放置试样处的空气温度保持在(20～30)℃间任何易达到的温度 t，并保持在±2 K 的波动范围内。为了实现防潮箱内的规定条件，应保证箱内空气不断循环，且通常使用隔热的防热箱。

试样在放入防潮箱前，其温度要达到 t 与$(t+4)$℃之间。在潮湿处理前保持这一温度至少 4 h，即认为充电器达到了规定温度。

充电器在防潮箱内存放 48 h。

试验后，充电器应在额定电压下测量泄漏电流，然后在防潮箱内承受工频耐电压试验，试验电压：Ⅱ类充电器为 1 750 V，对Ⅰ类充电器为 1 000 V。

试验结果应分别符合 8.11 和 8.12 的规定。

8.15 对于一旦绝缘失效可能带电的Ⅰ类充电器的易触及金属部件，应永久并可靠地连接到充电器内的一个接地端子。

接地端子不应与中性线端子呈电气连接。

Ⅱ类充电器及充电器内安全特低电压的电路不应接地。

接地端子应符合如下要求：

——接地端子的夹紧装置应充分牢固，以防意外松动；

——带电源线的充电器，其接线端子或软线固定装置与接线端子之间导线长度的设置，应使得如果软线从软线固定装置中滑出，载流导线在接地导线之前先绷紧；

——连接外部导线的接地端子，其所有零件都不应有由于与接地铜导线的接触或与其他金属接触而产生腐蚀的风险；

——充电器中印刷电路板上的印刷线路不应用来提供接地的连续性；

——接地端子与接地金属部件之间的连接，应具有低电阻，在充电器的接地端子与易触及金属部件之间的电阻值不应超过 0.1 Ω。

通过下述试验来检验。

从空载电压不超过 12 V(交流或直流)的电源获得电流，并且该电流等于充电器额定电流 1.5 倍或 25 A(两者取较大者)，让该电流在接地端子与易触及金属部件之间通过，测量其电压降，计算出电阻值。

对接地端子可靠性要求通过观察和试验来检验。

8.16 充电器中非金属材料的外部零件、支撑载流零件的热塑性材料零件、提供附加绝缘和加强绝缘的热塑性材料零件应具有足够的耐热变形能力。

通过相关零件经受 GB/T 5169.21—2006 的球压试验来检验。

可用两片或多片零件达到所需厚度。

试验在(40±2)℃再加上 8.10 中测得的最高温升的温度下进行,但至少应为:

——对外部零件,(75±2)℃;

——对带电零件的支撑件,(125±2)℃。

充电器中的非金属材料零件应具有足够的耐热和防火焰蔓延的能力。

非金属材料零件经受 GB/T 5169.11—2006 的灼热丝试验,温度为 550 ℃;

支撑载流连接的绝缘材料部件,以及距这些连接处 3 mm 范围内的绝缘材料部件,经受 GB/T 5169.11—2006 灼热丝试验,对正常工作期间连接件载流超过 0.2 A 的以上部件,温度为 850 ℃;对于其他连接件,温度为 650 ℃。

注:本要求不适用于装饰物、旋钮以及不可能被点燃或不可能传播由器具内部产生火焰的其他零件、含塑量小于5 g 的小零件和支撑 GB/T 3883.1—2014 附录 H 的低功率电路的连接件以及距离连接处 3 mm 范围内的零件。

此外,用于包封载流件的绝缘材料应至少符合 GB/T 5169.16—2008 的 V-1 类。

8.17 充电器中的部件,其爬电距离、电气间隙应符合如下规定。

充电器基本绝缘、附加绝缘的最小电气间隙为 1.5 mm,加强绝缘的最小电气间隙为 3.0 mm。功能绝缘的最小电气间隙为 1.5 mm,但如果该功能绝缘被短路时仍符合 GB/T 3883.1—2014 第 18 章要求,则不规定其电气间隙。绕组漆包线导体,作为裸露导体考虑,不需要测量在漆包线交叉点上的电气间隙。

注 1:在确定电气间隙时,认为充电器属于Ⅱ类过电压类别。

充电器基本绝缘、附加绝缘的最小爬电距离见表 2,加强绝缘的最小爬电距离为充电器基本绝缘、附加绝缘值的两倍。功能绝缘的最小爬电距离见表 3,但如果该功能绝缘被短路时仍符合GB/T 3883.1—2014 第 18 章要求,则爬电距离值可减小。

注 2:在确定爬电距离时,认为充电器属于材料组Ⅲ,适用 2 级污染等级。

通过测量来检验。爬电距离和电气间隙的测量方法见 GB/T 3883.1—2014 附录 A。

测量时,通过 GB/T 16842 的试具 B 施加力,其数值为:

——对内部导线和裸导体以及控温器和类似器件的无绝缘层金属细管,2 N;

——对外壳,30 N。

对于印制电路板的导电图形,除在电路板边缘者外,不同极性零件之间的值如下,只要电压梯度的峰值不超过如下值:

——150 V/mm,最小距离为 0.2 mm(防污物沉积的);

——100 V/mm,最小距离为 0.5 mm(无防污物沉积的)。

表 2 基本绝缘、附加绝缘的最小爬电距离

工作电压 V	爬电距离 mm
≤50	1.2
>50 且≤125	1.5
>125 且≤250	2.5
>250 且≤400	4.0

表 2 (续)

工作电压 V	爬电距离 mm
>400 且≤500	5.0
>500 且≤800	6.3
>800 且≤1000	8.0

表 3　功能绝缘的最小爬电距离

工作电压 V	爬电距离 mm
≤50	1.1
>50 且≤125	1.4
>125 且≤250	2.0
>250 且≤400	3.2
>400 且≤500	4.0
>500 且≤800	6.3
>800 且≤1000	8.0

8.18　用来导电的黑色金属零件和生锈可能导致充电器不符合本部分要求的铁质零件,应具有足够的防锈能力。

通过下述试验来检验。

将被试零件浸入除脂剂中 10 min,除去零件上的全部油脂。

然后将这些零件浸入温度为(20±5)℃的 10%的氯化铵(NH_4Cl)溶液中 10 min。

甩干水滴,但不必完全弄干,零件放在空气湿度饱和的、温度为(20±5)℃的箱中 10 min。

使用试验规定的液体时,应采取适当预防措施以防吸入其蒸气。

在温度为(100±5)℃的加热箱中干燥 10 min 后,这些零件从(500+50) mm 处正常视角观看时,不应呈现锈迹。

锐边上的锈迹和任何可以擦除的淡黄色膜斑可忽略不计。

9　不正常操作

9.1　充电器的变压器供电电路在正常使用中可能出现短路时,该变压器内或相关的电路中不会出现过高的温升。

通过将充电器的输出端子短路,充电器供电电压为 1.06 倍或 0.94 倍的额定电压(取两者中较为不利的情况)来检验。

安全特低电压电路中的导线绝缘层的温升值,不应超过 GB/T 3883.1—2014 表 1 规定值 15 K,线圈的温度不应超过 GB/T 3883.1—2014 表 3 规定的绕组相应的最高温升的规定值。

9.2　充电器中的电子电路的设计和应用应使得充电器即使在故障条件下也不会引起电击、着火等不安全情况。

通过对所有电路和电路的某一部分用 GB/T 3883.1—2014 的 18.6 和 18.6.1 规定的故障条件作评定来检验。

为模拟故障条件，给充电器施加额定电压，使充电器在正常工作状态下工作，发热试验期间动作的任何控制器短路。将充电器反插到一个完全充电的电池包上，该电池包具有使用说明书所规定的电池包类型的最大容量。充电器在额定电压下工作。如果充电器的结构设计具有防反插功能，则不必进行此项测试。

打算与直流配电板一起使用的充电器，以额定电压，使充电器在正常工作条件下工作直至稳定状态建立。增加负载使输出电流增大 10% 直到再次建立稳定状态，重复这个过程，直到保护装置动作或短路状态建立。

9.3 充电器的电子电路应当可靠。

通过下述抗扰度试验来检测，合格评定依据 GB/T 4343.2—2009 规定的性能判别 C：

——充电器依据 GB/T 17626.2—2006 进行静电放电试验，试验等级 4 适用，进行 10 次正极放电和 10 次负极放电试验；

——充电器依据 GB/T 17626.4—2008 进行快速瞬变脉冲群试验，试验等级 3 适用，脉冲应当以 5 kHz的重复频率在正极进行 2 min，在负极进行 2 min；

——充电器的电源接线端子依据 GB/T 17626.5—2008 进行电压浪涌试验。在选定点上进行 5 个正脉冲、5 个负脉冲试验。试验等级 3 适用于线对线耦合方式，使用电源阻抗为 2 Ω 的发生器，试验等级 4 适用于线对地的耦合方式，使用电源阻抗为 12 Ω 的发生器；

——充电器依据 GB/T 17626.6—2008 进行注入电流试验，试验等级 3 适用。试验过程要覆盖 0.15 MHz～230 MHz 的所有频率；

——充电器依据 GB/T 17626.11—2008 以 3 类产品的试验等级和持续时间进行电压暂降和短时中断试验。GB/T 17626.11—2008 的表 1 和表 2 中的值在电压过零点施加。

10 机械强度

10.1 充电器应具有足够的机械强度，应能经受在正常使用中预见可能会出现的粗率操作。

通过 10.2 和 10.3 规定的试验来检验。

紧接着试验后，充电器应在带电零件与易触及零件之间承受工频耐电压试验，且带电零件不应成为易触及的，爬电距离和电气间隙、防潮性能和机械安全性不应受到损害。

目视看不出的裂缝和纤维增强模制件等表面裂缝及表面镀层的损伤、小凹痕均忽略不计。

10.2 充电器应能承受用 GB/T 2423.55—2006 第 5 章规定的弹簧驱动的冲击试验对壳体施加的冲击。

充电器被刚性地支撑，对外壳上每个可能的薄弱处施加 3 次冲击，冲击能量为：(1.0±0.05)J。

10.3 质量不超过 5 kg 的充电器要在三个充电器上进行下述试验。

充电器从 1 m 高处跌落到混凝土地面上，每个充电器以不同的摆放位置跌落。

10.4 固定使用的充电装置应承受可能受到的振动。

通过在下述条件下进行 GB/T 2423.10—2008 所规定的振动试验来检验：

——将充电装置以正常使用的位置固定在振动试验台上；

——振动方向垂直；

——振动幅度为 0.35 mm；

——扫描频率范围为 10 Hz～55 Hz；

——试验时间为 30 min。

在 10.2、10.3 和 10.4 的检验后，充电器不应出现影响外壳对意外触及带电部件、防水等级的保护，电气间隙、爬电距离应符合 8.17 规定，并能承受 8.12 规定的工频耐电压试验。

11 电源连接

11.1 对携带式充电器，应提供下述任意一种电源连接装置：

a) 装有一个与电源连接的由插头和电源软线组成的不可拆卸的电源插头：

1) 电源软线应采用GB/T 5013.1—2008的普通橡胶护套软线或GB/T 5023.1—2008的聚氯乙烯护套软线，质量小于3 kg的可携式充电器允许采用轻型聚氯乙烯护套软线；

2) 电源插头的型式、尺寸和要求应符合GB/T 1002—2008和GB/T 2099.1—2008的规定；

3) Ⅰ类充电器的电源线应有一根黄/绿组合色芯线，联接在接地端子和插头的接地销之间。

a) 至少与充电器要求的防水等级要求相同的充电器输入接口。

b) 用来插入到输出插座的插脚。

通过观察和测量来检验。

11.2 进入充电器的电源软线应设置软线固定装置，该软线固定装置应使导线在接线端处免受拉力，并保护导线的绝缘不受磨损。

通过观察、手动试验并通过下述的试验来检验。

当软线经受表4中所示拉力时，在软线固定装置约20 mm处，或其他适当位置做一标记。

然后，在最不利的方向上施加规定的拉力，共进行25次，不得使用爆发力，每次持续1 s。

试验期间，软线不应损坏，并且在各个接线端子处不应有明显的张力，再次施加拉力时，软线的纵向位移不应超过2 mm。

表4 拉力

充电器质量 kg	拉力 N
≤1	30
>1且≤4	60
>4	100

11.3 软线固定装置，其结构和位置应使得：

——易于更换软线，除软线是专门制备外，能够连接不同类型的电源软线；

——如果软线固定装置和夹紧螺钉是易触及的，则软线不能触及到此螺钉，除非夹紧螺钉与易触及的金属部件是用附加绝缘隔开的；

——不允许使用金属螺钉直接将软线压紧；

——至少软线固定装置的一个零件被可靠地固定在充电器上；

——在更换软线时必须要拧动的螺钉，不能用来固定其他元件；

——在采用迷宫形式的情况下，不能绕过这些迷宫而经得起11.2的试验；

——对Ⅰ类充电器，除非软线绝缘的失效不会使易触及金属零件带电，否则它们均应由绝缘材料制造，或带有绝缘衬层；

——软线固定装置的放置，应只能借助于工具才能触及到，或者其结构只能借助于工具才能把软线装配上。

通过观察，并通过11.2的拉力试验来检验。

11.4 携带式充电器的结构应使电源软线在它进入充电器处，有充分的防止过度弯曲的保护。

通过在具有图3所示摆动件的装置上进行下述试验，确定其是否合格。

把充电器包括入口部分固定到摆动件上，当电源线处于其行程中点时，进入软线保护装置或入口处的软线轴线处于垂直状态，且通过摆动件的轴线。

对软线加负载，按如下施加力：

——对标称截面积超过 0.75 mm^2 的软线为 10 N；

——对其他软线为 5 N。

调节摆动轴线和软线或软线保护装置进入充电器那点之间距离 X（如图 3），以使得当摆动件在其全程范围内摆动时，软线和负载做最小的水平位移。

该摆动件以 90°（在垂直的两侧各 45°）摆动，弯曲次数为 10 000 次。弯曲速率为 60 次/min。

注 1：一次弯曲为一个 90°运动。

在完成了一半的弯曲次数后，要将软线和它的相关部件旋转 90°。

试验期间，对充电器的导线施加额定电压和额定电流的负载。

试验不应导致如下现象发生：

——导线之间短路；

——任何一根多股导线中的绞线丝断裂超过 10%；

——导线从它的接线端子上脱开；

——导线保护装置的松开；

——断裂的绞线穿过绝缘层并且成为易触及的导电体。

注 2：导线包括接地导线。

注 3：如果电流超过了充电器额定电流的两倍，则认为软线的导线之间出现了短路。

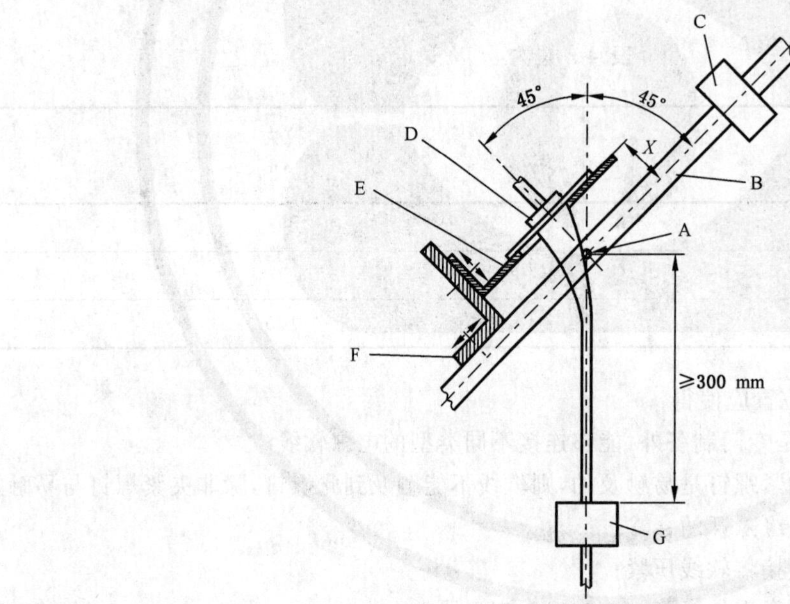

说明：

A ——摆动轴线；

B ——摆动架；

C ——平衡块；

D ——试样；

E ——可调拖板；

F ——可调支架；

G ——负载。

图 3　弯曲试验装置

11.5 充电器应提供通过螺钉、螺母或类似装置的方式联接的接线端子。

螺钉、螺母不应用于固定其他元件,但如果内部导线的设置使得其在装配电源导线时不可能移位,则也可以用来夹紧内部导线。

接线端子的结构应使其有足够的接触压力把导线夹紧在金属表面之间,而不损伤导线。

接线端子应被固定以使其在夹紧装置被拧紧或松开时不应导致如下现象发生:

——接线端子不松动;

——内部布线不受到应力;

——爬电距离和电气间隙不减小到 8.17 的规定值。

通过观察和测量来检验。如果试验后导线显现出深或尖锐的缺口,则认为导线被损坏。

11.6 对永久性连接到固定布线的充电器或充电装置,应允许将充电器或充电装置与支撑架固定在一起后再进行电源线的连接,并且这类充电器或充电装置上应具有下述的电源连接装置之一:

——允许连接具有 GB/T 3883.1—2014 中 24.5 规定的标称截面积的固定布线电缆的一组接线端子;

——允许连接柔性软线的一组接线端子;

——容纳在适合的隔间内的一组电源引线,或;

——允许连接适当类型的软线或导管的一组接线端子和软电缆入口、导管入口。

对于固定布线且额定电流不超过 16 A 的充电器,或充电装置,其软电缆和导管的入口应适合表 5 所示的具有最大外径尺寸的软电缆或导管。

表 5 软电缆或导管的尺寸

导线数目,包括接地导线	最大尺寸 mm	
	软线	导管
2	13.0	16.0
3	14.0	16.0
4	14.5	20.0
5	15.5	20.0

11.7 电源软线应通过下述方法之一连接到充电器上:

——X 型联接;

——Y 型联接;

——Z 型联接。

通过观察来检验。

11.8 电源软线的标称截面积应不小于表 6 的规定。软线不应与充电器内的尖点或锐边接触。

表 6 电源软线的最小截面积

工具额定电流 A	标称截面积 mm^2
>0.2 且≤3	0.5
>3 且≤6	0.75
>6 且≤10	1.0
>10 且≤16	1.5

通过观察来检验。

12 螺钉和连接件

12.1 失效可能会影响本部分的紧固装置、电气联接和提供接地连续性的连接，应能承受在正常使用中出现的机械应力。

用于此目的螺钉，不能由锌或铝等软的，或易于蠕变的金属材料制造，如果用绝缘材料制造的，则应有至少 3 mm 的标称直径，而且不应用于任何电气联接和提供接地连续性的联接。

用于电气联接或提供接地连续性联接的螺钉应旋入金属之中。

通过观察和下述试验来检验。

如果螺钉和螺母用于以下情况，则需要进行试验：

a） 用于电气联接；

b） 用于提供接地连续性连接；

c） 在下述条件下可能被拧紧的

1） 用户保养时；

2） 更换电源线时；

3） 安装/装配时；

将螺钉或螺母拧紧和松开：

——对与绝缘材料啮合的螺钉，10 次；

——螺母和其他螺钉，5 次。

与绝缘材料啮合的螺钉，每次都要完成旋出再重新拧入。

对接地端子螺钉、螺母试验时，放入端子中的导线最大截面积。施加的扭矩按 GB/T 3883.1—2014 的要求。

试验期间，不应出现有损于紧固件或电气联接件继续使用的损伤。

12.2 电气联接件应设计成接触压力不是通过易收缩或易变形的绝缘材料来传递的，除非金属零件有足够的弹性来补偿绝缘材料任何可能的收缩或变形。

通过观察来检验。

12.3 自攻螺钉(金属薄板螺钉)不应用于载流件的联接，除非用这些螺钉夹紧的载流件彼此直接连接，并具有适当的锁定措施。

自切螺钉不应用于载流件的电气联接，除非螺钉能切制出完整的标准机制螺纹，然而，这类螺钉如果有可能被使用者拧动，则不应采用，除非螺纹是挤压成形的。

12.4 充电器的不同零件之间构成机械联接的螺钉，如果也作为电气联接件，则应予锁紧以防松动。

弹簧垫圈及类似零件可提供良好锁紧。加热即软的密封胶仅对正常使用中不受到扭矩的螺钉联接件提供良好的锁定。

通过观察和手试来检验。

12.5 导线应通过一个以上的方式固定，或拆卸后不会损伤其安全性。

通过观察来检验。

13 毒性和有害物质

13.1 充电器应限制使用有铅、镉、汞、六价铬、多溴联苯(PBB)、多溴二苯醚(PBDE)等有害物质，并符合《电器电子产品有害物质限制使用管理办法》。

13.2 用于绝缘浸渍或滴浸处理的绝缘漆不能含有苯、甲苯、溶剂油等有害有毒、易燃易爆的有机溶剂。

公司简介

COMPANY INTRODUCTION

慈溪市贝士达电动工具有限公司，成立于1999年，位于浙江省宁波前湾新区，厂房总占地面积90亩，建筑面积90000平方米，产品涵盖全系列园林电动工具，包括打草机、吹吸机、割草机、碎枝机、修枝剪等，2001年研发的吹吸机和2004年研发的碎枝机，填补了当时的海关编码空缺。贝士达是较早一批被认定为国家高新技术企业的公司，建有浙江省级园林工具创新研究中心和宁波前湾新区企业工程技术中心，同时还建有通过ITS、TUV、UL认证的目击实验室。

二十多年来，贝士达始终秉持“做专做精做细”的发展理念，一直深耕园林电动工具行业，2013年，成为园林电动工具分委会的主任委员单位，2021年被评为“浙江省专精特新中小企业”“宁波市专精特新小巨人企业”。在谋求自身健康发展的同时，贝士达一直致力于行业规范化和标准化发展，主导和参与起草了18项国家标准和行业标准，其中以第一起草单位的名义制定了3项行业标准。

作为一家实业型制造企业，贝士达建有注塑车间、电机车间、电子车间、总装车间。注塑车间拥有大型节能伺服注塑机40余台，注塑机台安装机械手，实现半自动化生产，车间启用MES系统，实现生产过程数据实时获取、监控、控制和反馈。

凭借着过硬的基础，贝士达荣获2021年度杭州湾新区政府质量奖，此外，还先后被评为“国家星火计划项目企业”“浙江省出口名牌企业”“品字标浙江制造企业”“宁波市单项冠军重点培育企业”“宁波市绿色工厂”。

CIXI CITY BEST POWER TOOLS CO.,LTD.

Add:NO.538 binhai No.2 road, Hangzhou Bay New District, Cixi, Zhejiang Province, China
Tel:86-574-63830000 58968999 Fax:86-574-63830800
E-mail:jayyu@nbbest.com Http://www.nbbest.com

deli得力
20V
4.0Ah
INNOLINK
5.0Ah
2.0Ah
16V

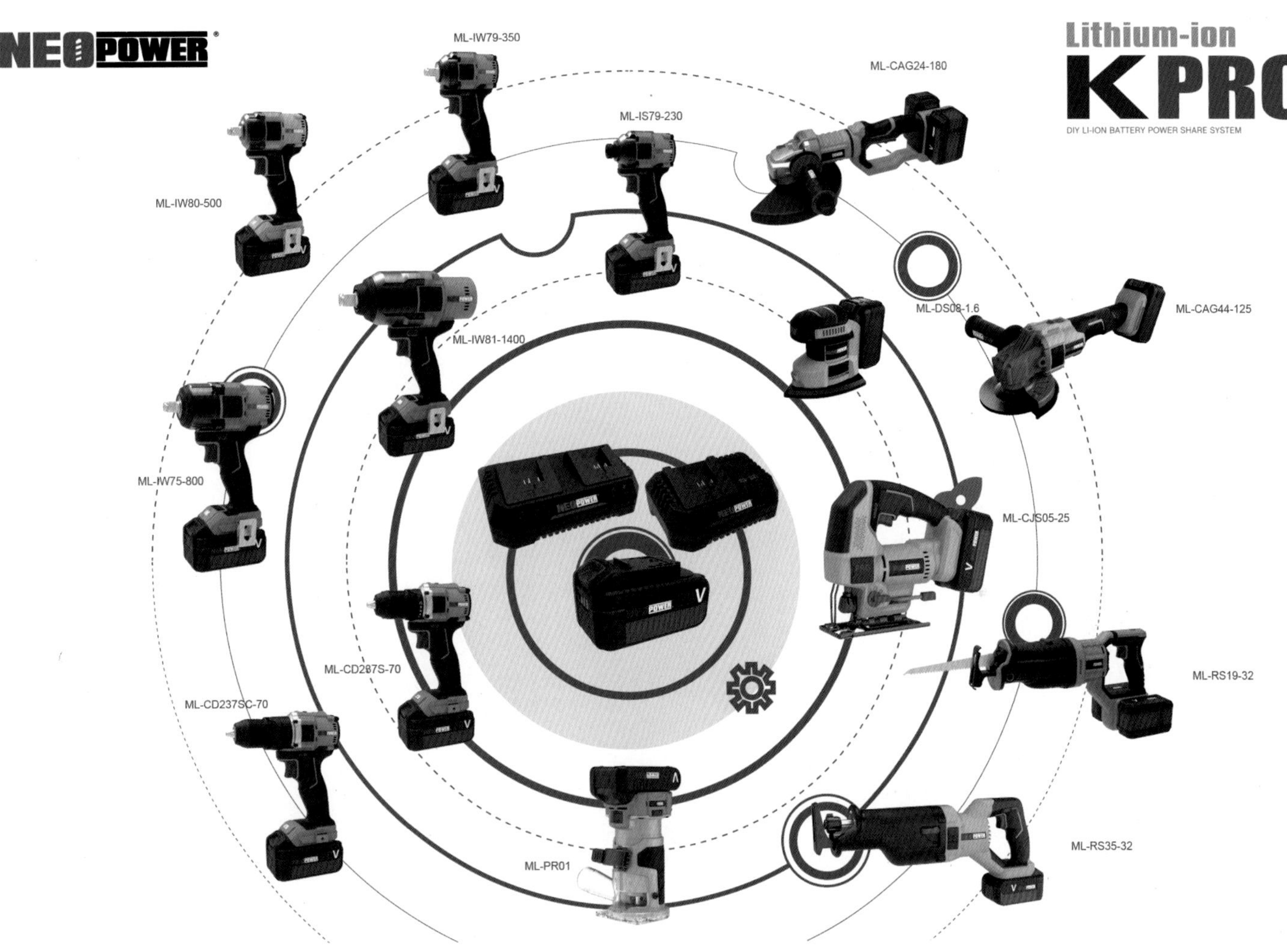
NEOPOWER
Lithium-ion
KPRO
DIY LI-ION BATTERY POWER SHARE SYSTEM
ML-IW79-350
ML-CAG24-180
ML-IS79-230
ML-IW80-500
ML-DS08-1.6
ML-CAG44-125
ML-IW81-1400
ML-IW75-800
ML-CJS05-25
ML-CD237S-70
ML-RS19-32
ML-CD237SC-70
ML-RS35-32
ML-PR01